U0387566

教育部高等学校电子信息类专业教学指导委员会规划教材

高等学校电子信息类专业系列教材·新形态教材

# 通信信号处理

## 原理、方法与应用

张静　苏颖　程猛　李洁慧　编著

清华大学出版社

北京

## 内容简介

本书阐述了通信信号处理的原理、方法与应用。全书共10章。第1章为数学基础，包括随机信号基础、矩阵分析基础、凸优化理论基础；第2章为新型数字调制基础，包括数字调制的基本原理、BPSK的基本原理、QAM的基本原理、扩展频谱调制、OFDM的原理与实现、SCMA的稀疏扩频与多维调制；第3章为无线信道的传播特性与模型，包括物理信道的定义、无线信道的一般特性、基带信道的谱域、衰落包络的统计分布、衰落信道的性能分析、常用的衰落信道模型；第4章为传输性能分析与分集接收，包括AWGN信道通信、分集接收、分集合并的性能分析、多天线分集；第5章为通信接收端的自适应均衡，包括时域均衡器、自适应均衡、频域均衡器、自适应盲均衡、智能盲均衡；第6章为多天线传输系统的符号检测与信道估计，包括MIMO传输系统、MIMO系统的符号检测、MIMO系统的空时编码、MIMO信道估计、MIMO-OFDM系统衰落信道估计；第7章为多天线传输系统的时间与频率同步，包括单天线系统的时频同步参数模型、MIMO传输同步模型、MIMO同步参数的估计下界、MIMO频偏参数估计的相关法、MIMO同步的最大似然估计法；第8章为时变随机通信模型中的滤波，包括动态滤波简介、线性预测器原理、状态空间模型、卡尔曼滤波原理、扩展卡尔曼滤波、无迹卡尔曼滤波、粒子滤波；第9章为压缩感知及其在无线信道估计中的应用，包括基本概念、字典矩阵设计、范数优化模型、范数优化问题的求解、动态稀疏信号恢复、稀疏信道估计；第10章为通信资源分配的优化模型与处理，包括资源分配问题概述、正交频分多址系统的资源分配、MIMO系统的资源分配、MIMO-OFDM系统的功率分配。

为便于读者高效学习，快速掌握并理解通信信号处理的原理和方法及应用，本书提供完整的教学课件和部分程序代码。

本书可以作为广大高校高年级本科生和研究生的学习教材，也可以作为相关研究人员和工程技术人员的参考书。



**图书在版编目（CIP）数据**

通信信号处理：原理、方法与应用／张静等编著. -- 北京：清华大学出版社，2025. 1.
（高等学校电子信息类专业系列教材）. -- ISBN 978-7-302-68161-8

Ⅰ. TN911.7

中国国家版本馆CIP数据核字第20259DW490号

**策划编辑**：盛东亮
**责任编辑**：吴彤云
**封面设计**：李召霞
**责任校对**：时翠兰
**责任印制**：曹婉颖

**出版发行**：清华大学出版社
网　址：https://www.tup.com.cn，https://www.wqxuetang.com
地　址：北京清华大学学研大厦A座　　邮　编：100084
社 总 机：010-83470000　　邮　购：010-62786544
投稿与读者服务：010-62776969，c-service@tup.tsinghua.edu.cn
质量反馈：010-62772015，zhiliang@tup.tsinghua.edu.cn
课件下载：https://www.tup.com.cn，010-83470236

**印 装 者**：三河市龙大印装有限公司
**经　销**：全国新华书店
**开　本**：185mm×260mm　　**印　张**：22.5　　**字　数**：548千字
**版　次**：2025年3月第1版　　**印　次**：2025年3月第1次印刷
**印　数**：1～1500
**定　价**：69.00元

产品编号：100275-01

# 序言

PREFACE

我于2006年与上海师范大学的张静教授相识，并联合指导、培养研究生，之后与上海师范大学通信工程专业的老师们有了广泛的接触，感觉到这是一支年轻而富有朝气的教学、科研团队，他们都怀着对通信技术的热爱和对教育事业的忠诚。我们经常在一起学习、交流，对通信领域中的一些新理论、新技术进行深入探究。尤其张静教授能够把通信信号处理的基础理论和教学、科研及指导研究生工作相结合，产生了良好的效果。之后张静教授作为博士后，加入了我在上海交通大学的研究团队，共同开展多天线和正交频分复用系统的研究课题，并参与了国际合作项目和移动通信标准化的部分研究工作。

今日，我受张静等老师之邀为教材写序，先得原稿并仔细研读，受益良多。本教材比较全面、系统地反映了通信信号处理的原理和方法，描述了通信信号处理的应用场景和解决实际问题的方法。本教材是该团队多年来的辛勤劳动、共同合作和研究的结晶。作为教育工作者，他们希望能够把自己的一生所学传承下去，甚至不遗余力。今天他们的心愿终于实现了，故此填词《如梦令》一首表示庆贺："师表为人心愿，授业著书致远。提笔担当传，心血多年浇灌。奉献，奉献，努力终成书卷。"同时，也为这支专业队伍的成长和奉献精神感到欣喜。

教材的第2～5章，主要从信号处理的角度对物理层的调制和解调、无线信道传输、分集与均衡技术做了细致的阐述，反映了编者对这些内容的认识和体会。第6～10章主要阐述了通信信号在空、时、频三维划分后的处理方法。虽然通信技术在不断更迭，移动通信领域的标志性术语几经变迁，但通信原理基本未变，通信系统追求低复杂度的算法设计和高性能通信指标的方向未变。本教材从单天线单载波通信的信号处理逐步过渡到多天线和多载波通信的信号处理，承前启后，脉络清晰，内容由浅入深，叙述结构合理，并且适当地加入了通信网的优化模型与方法，使全书内容更加丰富精彩。这是一本适合高年级本科生和研究生学习的通用教材，可帮助学生迅速掌握通信信号处理的概念和方法，并从中掌握一些数学模型和推导技巧。

本教材的内容与时俱进，加入了稀疏扩频和多维调制的原理，介绍了通信系统的新型调制应用内容，囊括了压缩感知处理通信信号的方法，以及时变随机信号处理内容，这些内容有望成为未来通信系统应用、通信感知一体化、智能通信等的基石。本教材还以概念和方法为主线，明确阐述了通信资源优化模型的特点和求解方法。

本教材的内容有一定的新颖性，吻合当前通信的关注热点。编写团队成员具有较好的科研基础，对通信信号处理问题的理解深刻到位，阐述清晰细致。有关具体内容还可以查阅本教材所附的参考文献、编者的学术论文和专利。本教材对从事通信行业的科研技术人员、工程师而言，是一本非常好的参考书；对从事统计信号处理、自适应信号处理和智能信息处理的科研和工程技术人员，亦有较高的参考价值。

众所周知，中国的通信业已经崛起，对通信人才的需求巨大，培养掌握先进通信技术的人才，是高校教师义不容辞的责任和担当。我为师范类地方高校能出版这样一本教材感到由衷的高兴，特此推荐给各位读者。

罗汉文

2024年8月于上海交通大学

# 前言

FOREWORD

编写一本能较全面、系统地涵盖通信信号处理方法的教材是编者长久以来的心愿。通信信号处理涉及面广，理论性强，随着通信系统的更新换代和不断发展，编者团队在本科生教学和研究生教学中一直在思考并推进教学内容的更新，希望能更有效地把理论知识和研究实践相结合，引领学生迅速掌握概念和方法，并能学以致用地分析问题和解决问题。

编者团队深入探讨、广泛搜集素材，结合多年的教学经验及科研工作，逐渐形成了覆盖无线通信系统从物理层到应用层的多方面信号处理的相关内容。本教材有点有面，既有基本原理内容，又有深入的细节推导，不仅包括部分方法的应用效果解释，而且包括多维调制原理和稀疏信号处理内容，还包括通信资源分配方向的优化模型与方法，内容丰富全面，有利于读者学习和掌握通信信号处理的知识内容。为了使读者既能知晓结论，也能理解和掌握结论的推导过程，本教材适当增加了公式推导过程和细节，以方便读者全面理解和掌握。

本教材定位为高年级本科生和研究生的选修教材。读者需要具备一定的数学基础，本教材特别理想的受众是旨在了解、学习和掌握通信信号处理方法的学生和工程技术人员。

本教材共分 10 章，内容涵盖了数学基础、新型数字调制基础、无线信道的传播特性与模型、传输性能分析与分集接收、通信接收端的自适应均衡、多天线传输系统的符号检测与信道估计、多天线传输系统的时间与频率同步、时变随机通信模型中的滤波、压缩感知及其在无线信道估计中的应用、通信资源分配的优化模型与处理，希望能够从理论到实践，帮助读者了解通信信号处理所涉及的模型，掌握原理及概念、方法与应用，助力读者打造自己的理论和应用知识体系结构。

本教材第 3、6、7、9 章由张静编写，第 1 章和第 10 章由苏颖编写，第 2 章和第 8 章由程猛编写，第 4 章和第 5 章由李洁慧编写，全书由张静统稿和校对。

在即将迈入第 6 代移动通信技术的关口，编者团队能以微薄之力，阐述一些通信信号处理方法，实乃幸事，愿与诸位读者共勉。

感谢上海交通大学罗汉文教授在百忙之中对本教材所提的宝贵建议和意见，并热情洋溢地为教材作序！感谢上海师范大学智能移动通信与信息处理科研团队的教师们，他们无私地分享了各自在教学及科研工作中的心得与体会；感谢通信工程专业的全体教师，他们对本教材的撰写工作提出了许多掷地有声的意见和建议；感谢我们的历届研究生对教材的编写所发挥的积极作用，特别是徐文颖、黄涛、马惠艳、王栋、张颖、孙锦程、刘勇、喻赟等对文字编写和课件制作作出的贡献。特别感谢上海师范大学高水平地方大学教材建设项目在本教材编写过程中所给予的资助。感谢清华大学出版社的大力支持。

由于通信技术日新月异，编者水平有限，书中难免有疏漏和不足之处，恳请读者批评指正！

编　者

2024 年 10 月

# 符号表

SYMBOLS TABLE

| 符　号 | 含　义 |
| --- | --- |
| $\mathbb{R}$,$\mathbb{C}$ | 实数域(欧氏空间),复数域(复数空间) |
| $\mathbb{R}_+$,$\mathbb{R}_{++}$ | 非负实数域,正实数集 |
| $\mathbb{R}^n$,$\mathbb{R}^{m\times n}$ | $n$ 维实列向量集,$m\times n$ 维实矩阵 |
| $\mathbb{C}^n$,$\mathbb{C}^{m\times n}$ | $n$ 维复列向量集,$m\times n$ 维复矩阵 |
| $\mathbb{S}^n$ | $n\times n$ 阶实对称矩阵 |
| $\boldsymbol{a}^{\mathrm{H}}$,$\boldsymbol{A}^{\mathrm{H}}$ | 向量 $\boldsymbol{a}$ 的共轭转置,矩阵 $\boldsymbol{A}$ 的共轭转置 |
| $\boldsymbol{a}^{\mathrm{T}}$,$\boldsymbol{A}^{\mathrm{T}}$ | 向量 $\boldsymbol{a}$ 的转置,矩阵 $\boldsymbol{A}$ 的转置 |
| $\boldsymbol{a}^*$,$\boldsymbol{A}^*$,$x^*$ | 向量 $\boldsymbol{a}$ 的共轭,矩阵 $\boldsymbol{A}$ 的共轭,实值的最优值 |
| $\boldsymbol{A}^{\dagger}$ | 矩阵 $\boldsymbol{A}$ 的 Moore-Penrose 伪逆矩阵 |
| $\mathbb{E}(\cdot)$ | 数学期望 |
| $\mathrm{Var}(\cdot)$ | 方差 |
| $\exp(\cdot)$,$\mathrm{e}^{(\cdot)}$ | 以 e 为底的指数函数 |
| $\boldsymbol{I}$,$\boldsymbol{I}_M$ | 单位矩阵,$M\times M$ 单位矩阵 |
| $\\|\cdot\\|$,$\\|\cdot\\|_0$,$\\|\cdot\\|_1$,$\\|\cdot\\|_2$,$\\|\cdot\\|_{\mathrm{F}}$ | 范数,$\ell_0$ 范数,$\ell_1$ 范数,$\ell_2$ 范数,F 范数 |
| $\vert\cdot\vert$ | 绝对值,有限集的长度(明确指明时) |
| $<\boldsymbol{a},\boldsymbol{b}>$,$\boldsymbol{a}\cdot\boldsymbol{b}$ | 向量 $\boldsymbol{a}$ 和 $\boldsymbol{b}$ 的内积 |
| $*$,$\otimes$,$\odot$,$\circledast$ | 卷积,Kronecker 积,Khatri-Rao 积,哈达玛积 |
| $\oplus$ | 模 2 加运算 |
| $\triangleq$ | 定义为 |
| $\mathrm{Re}\{\cdot\}$,$\mathrm{Im}\{\cdot\}$ | 复数的实部,复数的虚部 |
| $(\cdot)^+$ | 迭代更新值 |
| $\mathrm{dom}f$ | 函数 $f$ 的定义域 |
| $\boldsymbol{0}$,$\boldsymbol{0}_m$,$\boldsymbol{0}_{m\times n}$ | 全零向量或矩阵,$m$ 维全零向量,$m\times n$ 维全零矩阵 |
| $\boldsymbol{1}_m$,$\boldsymbol{1}_{m\times n}$ | $m$ 维全 1 向量,$m\times n$ 维全 1 矩阵 |
| $\boldsymbol{e}_l$ | 第 $l$ 个标准基向量 |
| $\lfloor\cdot\rfloor$ | 向下取整 |
| $\mathrm{vec}(\cdot)$ | 按列向量化 |
| $\mathrm{diag}(\cdot)$ | 对角化向量为矩阵 |
| $\mathrm{tr}(\cdot)$,$\mathrm{rank}(\cdot)$ | 矩阵的迹,矩阵的秩 |
| $\mathcal{N}(\boldsymbol{\mu},\boldsymbol{\Sigma})$,$\mathcal{CN}(\boldsymbol{\mu},\boldsymbol{\Sigma})$ | 均值为$\boldsymbol{\mu}$、方差为$\boldsymbol{\Sigma}$ 的实正态分布和复正态分布 |
| $\mathrm{epi}f$ | 函数 $f$ 的上境图 |
| $\mathrm{conv}\ \mathbb{C}$ | 集合$\mathbb{C}$ 的凸包 |
| $\mathrm{relint}\ \mathbb{C}$ | 集合$\mathbb{C}$ 的相对内部 |
| $\succeq$,$\preceq$ | 广义不等式 |
| $\Leftrightarrow$ | 等价于 |

# 目录

CONTENTS

# 视频目录

VIDEO CONTENTS

| 视 频 名 称 | 时长/min | 二维码位置 |
|---|---|---|
| 第 1 集　复高斯白噪声向量 | 9 | 1.1.4 节 |
| 第 2 集　最优化问题的数学模型 | 7 | 1.3.1 节 |
| 第 3 集　数字调制的基本原理 | 4 | 2.1 节 |
| 第 4 集　BPSK 调制的基本原理 | 14 | 2.2 节 |
| 第 5 集　QAM 调制的基本原理 | 8 | 2.3 节 |
| 第 6 集　扩展频谱调制 | 9 | 2.4 节 |
| 第 7 集　OFDM 的原理与实现 | 7 | 2.5 节 |
| 第 8 集　SCMA 的稀疏扩频与多维调制 | 7 | 2.6 节 |
| 第 9 集　物理信道的定义 | 7 | 3.1 节 |
| 第 10 集　无线信道的一般特性 | 6 | 3.2 节 |
| 第 11 集　大尺度衰落及其传播模型 | 10 | 3.2.1 节 |
| 第 12 集　小尺度衰落 | 8 | 3.2.2 节 |
| 第 13 集　AWGN 信道通信 | 5 | 4.1 节 |
| 第 14 集　分集接收 | 5 | 4.2 节 |
| 第 15 集　分集方式 | 6 | 4.2.1 节 |
| 第 16 集　时域均衡器 | 6 | 5.1 节 |
| 第 17 集　基于遗传算法优化的常模盲均衡算法 | 8 | 5.5.1 节 |
| 第 18 集　MIMO 传输系统 | 5 | 6.1 节 |
| 第 19 集　MIMO 传输的符号检测性能 | 10 | 6.2.2 节 |
| 第 20 集　单天线系统的时频同步参数模型 | 7 | 7.1 节 |
| 第 21 集　符号同步 | 6 | 7.1.2 节 |
| 第 22 集　状态空间模型 | 7 | 8.3 节 |
| 第 23 集　计算流程 | 3 | 8.4.5 节 |
| 第 24 集　仿真实验 | 3 | 8.4.7 节 |
| 第 25 集　字典与稀疏表示 | 6 | 9.1.1 节 |
| 第 26 集　范数优化模型 | 7 | 9.3 节 |
| 第 27 集　资源分配方式分类 | 5 | 10.1.3 节 |
| 第 28 集　单用户 OFDM 功率分配的注水法 | 6 | 10.2.2 节 |

# 第1章 数学基础

CHAPTER 1

通信信号模型涉及广泛，主要包括对承载信息的信号随机性（即不确定性）建模的随机信号模型，以及描述单维和多维信号的确定性信号模型。在通信系统的发送端，通过对基带信号预编码、调制和信道编码等对信号波形进行变换；在接收端，通过对已调信号解调、解码和均衡等得到传输信号；在通信系统组网中对网络性能优化时，需要对网络信号进行处理。这些通信信号处理方法，在调制和解调中变换了信号的时域波形和频域功率谱，包括信号与系统和数字信号处理的相关理论和方法；在对抗信道衰落的分集接收和均衡中，包括统计信号处理方法的检测、估计与滤波；在处理稀疏通信信号和网络性能优化时，包括依据压缩感知和信息论所开展的凸优化理论和方法的应用等。此外，在通信信号处理中，还包括连续时间信号、离散时间信号、数字信号、线性时不变系统和线性时变系统等概念和变换方法。

本章介绍在通信信号处理中常用的数学背景知识。首先介绍随机信号处理中所用的均值、相关性及方差、功率谱的概念、公式和典型例题，然后介绍多维信号处理中所涉及的向量与矩阵范数、二次型、行列式、特征值和特征向量、迹、秩、逆矩阵与伪逆矩阵、矩阵的向量化、矩阵的导数与梯度、矩阵的分解等常用的数学概念和公式，最后介绍凸优化的概念、保凸运算、拉格朗日对偶法、线性规划、二次规划和半正定规划等。

## 1.1 随机信号基础

根据信号传递信息的能力，可将信号分为确定性信号和随机信号。例如，用作载波的高频正弦波为确定性信号，它不传递任何信息，但可以作为承载变化的调制信号的载体；随机信号具有不可预测的波动性，如发送端和接收端的基带或已调的通信信号、语音和图像信号等。一个信号具有传递信息的能力，就必有一定程度的随机性。随机信号是每个通信系统的组成部分，如传输的信息内容、随机信道和噪声。虽然随机信号不可预测，但其表现出良好的统计特性，如均值、方差、相关性、功率谱和高阶统计值。随机信号通常用随机变量和随机过程来描述。

### 1.1.1 随机变量与随机过程

随机信号或噪声的取值可以是实数或复数。一路复信号可以看作两路实信号之和，分别用随机变量表示。随机过程是产生随机变量的任意过程或函数，其自变量通常是时间。

记一维的复随机变量为 $x(\xi)=x_R(\xi)+jx_I(\xi)$，其中，$x_R(\xi)$ 和 $x_I(\xi)$ 分别为实值随机变量，则一个 $m$ 维的复随机向(变)量可以表示为

$$\boldsymbol{x}(\xi)=\boldsymbol{x}_R(\xi)+j\boldsymbol{x}_I(\xi)=\begin{bmatrix} x_{R_1}(\xi) \\ \vdots \\ x_{R_m}(\xi) \end{bmatrix}+j\begin{bmatrix} x_{I_1}(\xi) \\ \vdots \\ x_{I_m}(\xi) \end{bmatrix} \tag{1.1.1}$$

该随机向量的累积分布函数(Cumulative Distribution Function，CDF)为

$$F(\boldsymbol{x})=P\{\boldsymbol{x}(\xi)\leqslant \boldsymbol{x}\}=P\{\boldsymbol{x}_R(\xi)\leqslant \boldsymbol{x}_R,\boldsymbol{x}_I(\xi)\leqslant \boldsymbol{x}_I\} \tag{1.1.2}$$

它的概率密度函数(Probability Density Function，PDF)为

$$f(\boldsymbol{x})=\frac{\partial^{2m}F(\boldsymbol{x})}{\partial x_{R_1}\partial x_{I_1}\cdots\partial x_{R_m}\partial x_{I_m}} \tag{1.1.3}$$

其中，累积分布函数是概率密度函数关于所有实部和虚部的 $2m$ 重积分，即

$$\begin{aligned} F(\boldsymbol{x}) &= F(x_1,x_2,\cdots,x_m) \\ &= \int_{-\infty}^{x_{R_1}}\int_{-\infty}^{x_{I_1}}\cdots\int_{-\infty}^{x_{R_m}}\int_{-\infty}^{x_{I_m}} f(v_1,v_2,\cdots,v_m)\mathrm{d}v_{R_1}\mathrm{d}v_{I_1}\mathrm{d}v_{R_2}\mathrm{d}v_{I_2}\cdots\mathrm{d}v_{R_m}\mathrm{d}v_{I_m} \end{aligned} \tag{1.1.4}$$

和实值随机变量一样，有

$$\int_{-\infty}^{+\infty} f(\boldsymbol{x})\mathrm{d}\boldsymbol{x}=1 \tag{1.1.5}$$

### 1.1.2 常用随机变量或随机过程的统计特征

随机变量或随机过程的统计特征主要包括均值、相关性及协方差、各态历经性以及功率谱等，它们是随机变量或过程的一阶矩或二阶矩。

**1. 均值**

若连续随机向量 $\boldsymbol{x}(\xi)$ 的概率密度函数为 $p(\boldsymbol{x})$，则其统计平均值(又称均值或数学期望)为

$$\boldsymbol{\mu}_x=\mathbb{E}[\boldsymbol{x}(\xi)]=\int_{-\infty}^{+\infty}\boldsymbol{x}p(\boldsymbol{x})\mathrm{d}\boldsymbol{x} \tag{1.1.6}$$

若对随机向量 $\boldsymbol{x}(\xi)$ 的映射为非线性函数 $\boldsymbol{y}(\xi)=g[\boldsymbol{x}(\xi)]$，则 $\boldsymbol{y}(\xi)$ 的均值可解析计算为

$$\mathbb{E}[\boldsymbol{y}(\xi)]=\int_{-\infty}^{+\infty}g(\boldsymbol{x})p(\boldsymbol{x})\mathrm{d}\boldsymbol{x} \tag{1.1.7}$$

**2. 相关性及协方差**

相关性是随机变量统计量中的二阶矩，表征信号在时间或空间上的波动相关性或依赖性。具有延迟的信号与其自身的相关为自相关，定义随机过程 $x(\xi)$ 的自相关为

$$\begin{aligned} r_{xx}(\xi_1,\xi_2) &= \mathbb{E}[x(\xi_1)x(\xi_2)] \\ &= \int_{-\infty}^{+\infty}\int_{-\infty}^{+\infty} x(\xi_1)x(\xi_2)f[x(\xi_1),x(\xi_2)]\mathrm{d}[x(\xi_1)]\mathrm{d}[x(\xi_2)] \end{aligned} \tag{1.1.8}$$

其中，$r_{xx}(\xi_1,\xi_2)$ 为随机过程 $x$ 在 $\xi_1$ 和 $\xi_2$ 时刻的自相关。若 $x(\xi_1)$ 和 $x(\xi_2)$ 不相关，则 $r_{xx}(\xi_1,\xi_2)=0$。

在通信系统中，接收信号与接收噪声不相关是典型实例。

复随机向量 $\boldsymbol{x}(\xi)\in\mathbb{C}^m$ 的自相关矩阵定义为

$$\boldsymbol{R}_x=\mathbb{E}[\boldsymbol{x}(\xi)\boldsymbol{x}^{\mathrm{H}}(\xi)]=\begin{bmatrix} r_{11} & \cdots & r_{1m} \\ \vdots & \ddots & \vdots \\ r_{m1} & \cdots & r_{mm} \end{bmatrix} \tag{1.1.9}$$

其中，$r_{ii}$ 为随机变量 $x_i(\xi)$ 的自相关函数，$r_{ii}=\mathbb{E}[|x_i(\xi)|^2]$，$i=1,2,\cdots,m$；$r_{ik}$ 为随机变量 $x_i(\xi)$ 和 $x_k(\xi)$ 的互相关函数，$r_{ik}=\mathbb{E}[x_i(\xi)x_k^*(\xi)]$，$i,k=1,2,\cdots,m$，$i\neq k$。

复随机向量 $\boldsymbol{x}(\xi)\in\mathbb{C}^m$ 的自协方差矩阵定义为

$$\boldsymbol{C}_x=\mathbb{E}\{[\boldsymbol{x}(\xi)-\boldsymbol{\mu}_x][\boldsymbol{x}(\xi)-\boldsymbol{\mu}_x]^{\mathrm{H}}\}=\begin{bmatrix} c_{11} & \cdots & c_{1m} \\ \vdots & \ddots & \vdots \\ c_{m1} & \cdots & c_{mm} \end{bmatrix} \tag{1.1.10}$$

其中，主对角线的元素 $c_{ii}=\mathbb{E}[|x_i(\xi)-\mu_i|^2]$，$i=1,2,\cdots,m$，它表示随机变量 $x_i(\xi)$ 的方差，即 $\sigma_i^2$；非主对角线元素 $c_{ik}=\mathbb{E}\{[x_i(\xi)-\mu_i][x_k(\xi)-\mu_k]^*\}=\mathbb{E}\{x_i(\xi)x_k^*(\xi)\}-\mu_i\mu_k^*$ 表示 $x_i(\xi)$ 与 $x_k(\xi)$ 之间的协方差。

自相关矩阵和自协方差矩阵之间存在关系式，即

$$\boldsymbol{C}_x=\boldsymbol{R}_x-\boldsymbol{\mu}_x\boldsymbol{\mu}_x^{\mathrm{H}} \tag{1.1.11}$$

把自相关矩阵和自协方差矩阵的概念推广到两个随机向量的互相关矩阵和互协方差矩阵，分别写为

$$\boldsymbol{R}_{xy}=\mathbb{E}[\boldsymbol{x}(\xi)\boldsymbol{y}^{\mathrm{H}}(\xi)]=\begin{bmatrix} r_{x_1,y_1} & \cdots & r_{x_1,y_m} \\ \vdots & \ddots & \vdots \\ r_{x_m,y_1} & \cdots & r_{x_m,y_m} \end{bmatrix} \tag{1.1.12}$$

$$\boldsymbol{C}_{xy}=\mathbb{E}\{[\boldsymbol{x}(\xi)-\boldsymbol{\mu}_x][\boldsymbol{y}(\xi)-\boldsymbol{\mu}_y]^{\mathrm{H}}\}=\begin{bmatrix} c_{x_1,y_1} & \cdots & c_{x_1,y_m} \\ \vdots & \ddots & \vdots \\ c_{x_m,y_1} & \cdots & c_{x_m,y_m} \end{bmatrix} \tag{1.1.13}$$

$$\boldsymbol{C}_{xy}=\boldsymbol{R}_{xy}-\boldsymbol{\mu}_x\boldsymbol{\mu}_y^{\mathrm{H}} \tag{1.1.14}$$

均值向量是随机向量的一阶矩，相关矩阵和协方差矩阵是随机向量的二阶矩。一个高斯随机变量 $x(\xi)$ 经线性变换 $y(\xi)=ax(\xi)+b$（$a$ 和 $b$ 为常数）后仍然为高斯随机变量，且变换后的均值为 $\mu_y=a\mu_x+b$，方差为 $\sigma_y^2=a^2\sigma_x^2$。一个随机向量 $\boldsymbol{x}(\xi)$ 经线性变换 $\boldsymbol{y}(\xi)=\boldsymbol{A}x(\xi)+\boldsymbol{b}$（$\boldsymbol{A}$ 为常数矩阵，$\boldsymbol{b}$ 为向量），则其均值和协方差分别为 $\boldsymbol{\mu}_y=\boldsymbol{A}\boldsymbol{\mu}_x+\boldsymbol{b}$ 和 $\boldsymbol{C}_y=\boldsymbol{A}\boldsymbol{C}_x\boldsymbol{A}^{\mathrm{H}}$。

1）不相关与正交

如果随机过程的自协方差函数为

$$c_{xx}(\xi_1,\xi_2)=\begin{cases}\sigma_x^2, & \xi_1=\xi_2 \\ 0, & \xi_1\neq\xi_2\end{cases} \tag{1.1.15}$$

则随机过程是不相关的。注意，不相关的概念用在协方差函数上。

如果随机过程的自相关函数为

$$r_{xx}(\xi_1,\xi_2)=\begin{cases}\mathbb{E}[x(\xi_1)x^*(\xi_1)], & \xi_1=\xi_2\\ 0, & \xi_1\neq\xi_2\end{cases} \tag{1.1.16}$$

则随机过程是正交的。不相关的零均值过程是正交过程。

2）广义平稳随机过程

相关性是衡量随机信号平稳性的度量指标。对于一个严格平稳的随机过程，它的一阶（均值）和二阶（相关性）统计量都恒定，且与时间均无关。

广义平稳（Wide-Sense Stationary，WSS）随机过程是一种特殊类型的随机过程，在通信信号处理中广泛应用。广义平稳随机过程满足以下准则。

（1）均值为常量，即 $\mu_x(t)=\mu_x$。

（2）自相关函数或协方差仅取决于时间差 $k=\xi_1-\xi_2$，有

$$r_{xx}(\xi_1+\tau,\xi_2+\tau)=r_{xx}(\xi_1,\xi_2)=r_{xx}(\xi_2-\xi_1)=r_{xx}(\tau) \tag{1.1.17}$$

相似的定义也适用于离散时间随机过程，有

$$\mu_x(n)=\mu_x \tag{1.1.18}$$

$$r_{xx}(n_1,n_2)=r_{xx}(n_2-n_1)=r_{xx}(k) \tag{1.1.19}$$

广义平稳随机过程的自相关函数具有以下性质。

（1）对称性：广义平稳随机过程的自相关序列是共轭对称的，即

$$r_{xx}(n)=r_{xx}^*(-n) \tag{1.1.20}$$

（2）最大值：广义平稳随机过程的自相关序列的幅度在 $n=0$ 时取得最大值，即

$$r_{xx}(n)\leqslant r_{xx}^*(0),\forall n \tag{1.1.21}$$

（3）均方值：广义平稳随机过程的自相关序列在 $n=0$ 时的值等于均方值，即

$$r_{xx}(0)=\mathbb{E}(|x(n)|^2) \tag{1.1.22}$$

**【例 1.1.1】** 设 $x(n)$为实广义平稳随机过程，其均值为 0，协方差 $r_{xx}(k)=\sigma_x^2\delta(k)$，再设 $y(n)=x(n)+0.5x(n-1)$，计算 $x(n)$的均值和协方差，并确定 $y(n)$是否为广义平稳随机过程。

解 因为 $x(n)$的均值为 0，且线性映射后的期望运算是线性的，所以 $y(n)$的均值为

$$\mathbb{E}[y(n)]=\mathbb{E}[x(n)+0.5x(n-1)]=0$$

因为 $y(n)$的均值为 0，所以协方差与相关函数相同，计算相关函数为

$$\begin{aligned}r_{yy}(n_1,n_2)&=\mathbb{E}[y(n_1)y^*(n_2)]\\&=\mathbb{E}\{[x(n_1)+0.5x(n_1-1)][x(n_2)+0.5x(n_2-1)]^*\}\\&=\mathbb{E}[x(n_1)x^*(n_2)+0.5x(n_1)x^*(n_2-1)+0.5x(n_1-1)x(n_2)+\\&\quad 0.25x(n_1-1)x^*(n_2-1)]\\&=r_{xx}(n_2-n_1)+0.5r_{xx}(n_2-n_1-1)+0.5r_{xx}(n_2-n_1+1)+\\&\quad 0.25r_{xx}(n_2-n_1)\\&=1.25r_{xx}(n_2-n_1)+0.5r_{xx}(n_2-n_1-1)+0.5r_{xx}(n_2-n_1+1)\end{aligned}$$

相关函数只是差值 $n_2-n_1$ 的函数，因此，$y(n)$是广义平稳随机过程，且将 $k=n_2-n_1$ 代入后，可以将相关函数简化为

$$r_{yy}(k)=1.25r_{xx}(k)+0.5r_{xx}(k-1)+0.5r_{xx}(k+1)$$

再将 $r_{xx}(k)$ 的值代入，可得

$$r_{yy}(k)=1.25\sigma_x^2\delta(k)+0.5\sigma_x^2\delta(k-1)+0.5\sigma_x^2\delta(k+1)$$

**3. 各态历经性**

由随机过程 $x(\xi)$ 的 $N$ 个样本可获得均值的时间平均估计值为

$$\hat{\mu}_x=\frac{1}{N}\sum_{\xi=0}^{N-1}x(\xi) \tag{1.1.23}$$

以及相关函数的时间平均估计值为

$$\hat{r}_{xx}(k)=\frac{1}{N-k}\sum_{n=0}^{N-1-k}x(\xi)x^*(\xi+k) \tag{1.1.24}$$

如果平稳过程的一个无限长实例的时间平均值与样本空间的总均值相同，则该随机过程具有各态历经性。对于一个具有各态历经性的随机过程，有

$$\lim_{N\to\infty}\hat{\mu}_x=\mathbb{E}[x(\xi)] \tag{1.1.25}$$

$$\lim_{N\to\infty}\hat{r}_{xx}(k)=\mathbb{E}[x(\xi)x^*(\xi+k)] \tag{1.1.26}$$

【例 1.1.2】 假设 $x(n)$ 为实随机过程，它的均值为 $m_x$，协方差 $c_{xx}(k)=\sigma_x^2\delta(k)$。证明此过程是各态历经的，即证明

$$\lim_{N\to\infty}\left\{\mathbb{E}\left[\frac{1}{N}\sum_{n=0}^{N-1}x(n)\right]-m_x\right\}^2=0$$

解 令 $m_N=\frac{1}{N}\sum_{n=0}^{N-1}x(n)$。先计算随机变量 $m_N$ 的均值，即

$$\begin{aligned}\mathbb{E}(m_N)&=\mathbb{E}\left[\frac{1}{N}\sum_{n=0}^{N-1}x(n)\right]\\&=\frac{1}{N}\sum_{n=0}^{N-1}\mathbb{E}[x(n)]\\&=m_x\end{aligned}$$

再计算采样的均方值，即

$$\begin{aligned}\mathbb{E}(m_N^2)&=\mathbb{E}\left\{\left[\frac{1}{N}\sum_{n=0}^{N-1}x(n)\right]\left[\frac{1}{N}\sum_{n=0}^{N-1}x(n)\right]\right\}\\&=\mathbb{E}\left[\sum_{m=0}^{N-1}\sum_{n=0}^{N-1}x(m)x(n)\right]=\frac{1}{N^2}\left\{\sum_{n=0}^{N-1}\mathbb{E}[x(n)^2]+\sum_{n\neq m}\mathbb{E}[x(n)x(m)]\right\}\\&=\frac{N}{N^2}\mathbb{E}[x(n)^2]+\frac{N^2-N}{N^2}m_x^2\\&=\frac{1}{N}\{\mathbb{E}[x(n)^2]-m_x^2\}+m_x^2\\&=\frac{\sigma_x^2}{N}+m_x^2\end{aligned}$$

则均方误差为

$$\begin{aligned}\mathbb{E}[(m_N-m_x)^2]&=\mathbb{E}(m_N^2-2m_Nm_x+m_x^2)\\&=\mathbb{E}(m_N^2)-2m_x\mathbb{E}(m_N)+m_x^2\end{aligned}$$

$$=\frac{\sigma_x^2}{N}+m_x^2-2m_x^2+m_x^2$$

$$=\frac{\sigma_x^2}{N}$$

只要 $\sigma_x^2$ 是有限值，随着 $N\to\infty$，上述极限值就为 0。因此，任意方差为有限值的广义平稳随机过程在均方值形式下是均值各态历经的。

**4. 功率谱**

一个随机过程沿频率轴给出的功率分布称为功率谱密度函数，简称为功率谱。随机过程 $x(\xi)$ 的功率谱是其自相关函数的傅里叶变换，即

$$P_{xx}(f)=\mathbb{E}[X(f)X^*(f)]=\int_{-\infty}^{+\infty} r_{xx}(t)\mathrm{e}^{-\mathrm{j}2\pi ft}\,\mathrm{d}t \tag{1.1.27}$$

功率谱密度是一个实值非负函数。由功率谱可得到自相关函数为

$$r_{xx}(t)=\frac{1}{2\pi}\int_{-\pi}^{\pi} P_{xx}(f)\mathrm{e}^{\mathrm{j}2\pi ft}\,\mathrm{d}f \tag{1.1.28}$$

类似地，对于两个随机过程的互相关和功率谱的计算，只需将式(1.1.27)和式(1.1.28)中的一个 $x$ 或 $X$ 变为另一个随机变量的时域表达 $y$ 或频域表达 $Y$。

**【例 1.1.3】** 设零均值广义平稳随机过程 $x(t)$ 为参数 $\beta>0$ 的指数相关函数，即

$$r_{xx}(t)=\mathrm{e}^{-2\beta|t|}$$

求 $x(t)$ 的功率谱。

解　由于 $x(t)$ 是零均值过程，因此计算功率谱需要进行自相关函数的傅里叶变换，即

$$\begin{aligned}P_{xx}(f)&=\int_{-\infty}^{+\infty} r_{xx}(t)\mathrm{e}^{-\mathrm{j}2\pi ft}\,\mathrm{d}t\\&=\int_{-\infty}^{+\infty}\mathrm{e}^{-2\beta|t|}\,\mathrm{e}^{-\mathrm{j}2\pi ft}\,\mathrm{d}t\\&=\int_{-\infty}^{0}\mathrm{e}^{(2\beta-\mathrm{j}2\pi f)t}\,\mathrm{d}t+\int_{0}^{\infty}\mathrm{e}^{-(2\beta+\mathrm{j}2\pi f)t}\,\mathrm{d}t\\&=\frac{1}{2\beta-\mathrm{j}2\pi f}+\frac{1}{2\beta+\mathrm{j}2\pi f}\end{aligned}$$

进行整理，可得数值结果为

$$P_{xx}(f)=\frac{\beta}{\beta^2+\pi^2 f^2}$$

## 1.1.3 随机变量的统计特征

**1. 均匀分布**

如图 1.1.1 所示，在直线域 $R$ 的区间 $[a,b]$ 内服从均匀分布的随机变量为 $x(\xi)$，其概率密度函数为

$$f(x)=\begin{cases}\dfrac{1}{b-a}, & a\leqslant x\leqslant b\\0, & x<a, x>b\end{cases} \tag{1.1.29}$$

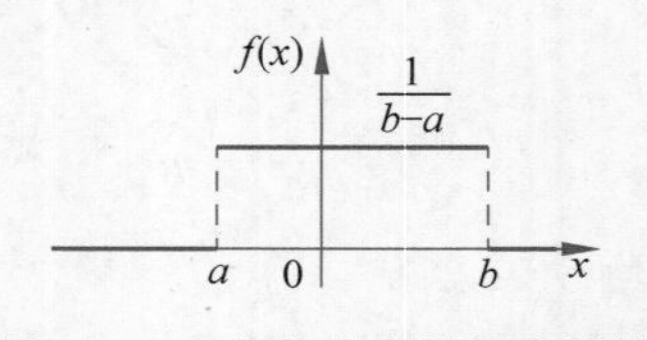

**图 1.1.1** 均匀分布随机变量的概率密度函数曲线

均匀分布随机变量 $x(\xi)$ 的均值和方差分别为

$$\mu_x = \frac{a+b}{2}$$

$$\sigma_x^2 = \frac{(b-a)^2}{12}$$

在无线通信系统中，常假设接收信号的随机相位服从$[0,2\pi)$内的均匀分布。

2. 高斯分布

高斯分布随机变量在通信系统的信号处理中应用广泛。一个均值为$\mu_x$，方差为$\sigma_x^2$的高斯分布随机变量$x(\xi)$的概率密度函数为

$$f(x) = \left(\frac{1}{2\pi\sigma_x^2}\right)^{1/2} \exp\left[-\frac{(x-\mu_x)^2}{2\sigma_x^2}\right] \tag{1.1.30}$$

高斯分布的重要特征：一个服从高斯分布的随机变量$x(\xi)$的概率密度函数完全由它的均值和方差表示，它的高阶统计特性完全取决于它的前二阶矩。

高斯分布随机变量及其概率密度函数的特点：以均值$\mu_x$对称分布；方差$\sigma_x^2$越大，$f(x)$曲线越平坦，反之$f(x)$曲线越尖锐。图1.1.2示出了均值为1，方差分别为4和9的高斯分布随机变量的概率密度函数(PDF)曲线。

如果对均值为$\mu_x$、方差为$\sigma_x^2$的高斯分布随机变量$x(\xi)$进行归一化处理，即令

$$\mu(\xi) = \frac{x(\xi)-\mu_x}{\sigma_x}$$

那么随机变量$\mu(\xi)$的概率密度函数为

$$f(\mu) = \left(\frac{1}{2\pi}\right)^{1/2} \exp\left(-\frac{\mu^2}{2}\right) \tag{1.1.31}$$

$\mu(\xi)$是均值为0，方差为1的标准高斯(正态)分布随机变量，记为$\mu(\xi) \sim \mathcal{N}(0,1)$。标准高斯分布随机变量的概率密度函数(PDF)曲线如图1.1.3所示。

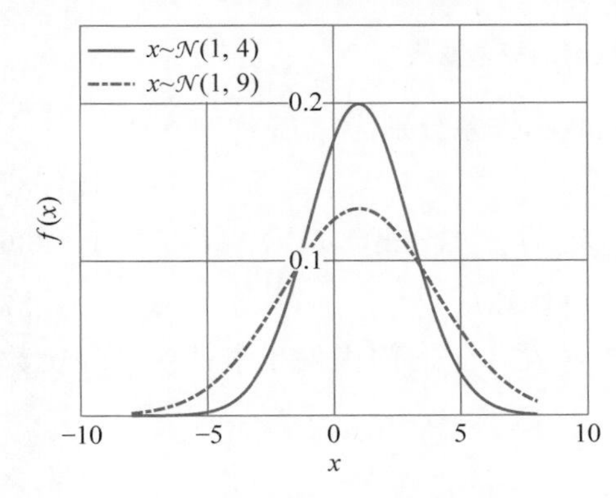


图1.1.2 高斯分布随机变量的PDF曲线

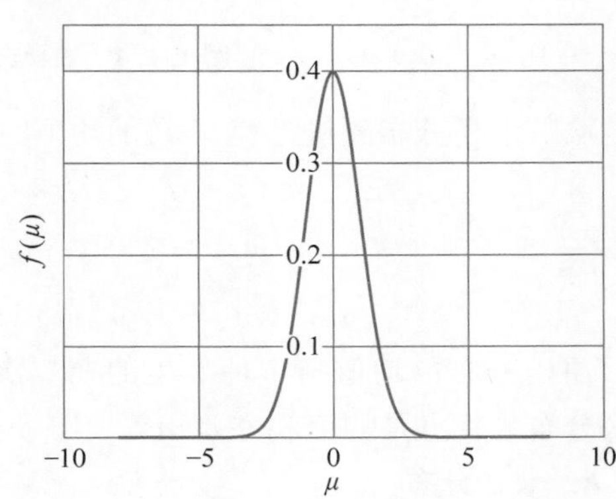


图1.1.3 标准高斯分布随机变量的PDF曲线

标准高斯分布随机变量$\mu(\xi)$的一维累积分布函数定义为

$$F(x) \triangleq \int_{-\infty}^{x} \left(\frac{1}{2\pi}\right)^{1/2} \exp\left(-\frac{\mu^2}{2}\right) du \tag{1.1.32}$$

超过某个给定$x$的概率称为互补累积分布函数，它是标准高斯分布的右尾积分，即

$$Q(x) = 1 - F(x) = \int_{x}^{+\infty} \left(\frac{1}{2\pi}\right)^{1/2} \exp\left(-\frac{u^2}{2}\right) du \tag{1.1.33}$$

在数字通信中，函数 $Q(x)$ 常被称为高斯 $Q$ 函数（见第 4 章）或辅助差错函数（见第 6 章），用于计算符号差错概率。

**3. 泊松分布**

泊松分布适合描述在大量独立的实验中稀有事件发生的次数。它可作为二项分布的极限情形，在理论上有重要意义和广泛的现实源泉，如描述电话交换机接到呼叫的次数、生产制造过程中的产品缺陷数、医学领域某种疾病患者发生症状的概率分布情况、社交网络中用户行为和文本主题的分布情况等。

泊松分布从数学角度可以这样描述：假定事件在任何时间区间内都可能发生，且在各时段发生与否相互独立；在任何区间内发生的次数只与区间长度有关，且在一个较小的时间段内发生两次或两次以上的可能性可以忽略。在这些基本合理的假设下，描述稀有事件在期间 $[0,t]$ 内发生 $k$ 次的概率为

$$P(X_t=k)=\frac{(\lambda t)^k}{k!}\mathrm{e}^{-\lambda t},\quad k=0,1,2,\cdots \tag{1.1.34}$$

其中，$\lambda$ 为由具体问题确定的常数。图 1.1.4 所示为当 $\lambda t=3$ 时，泊松分布随机变量的概率曲线。

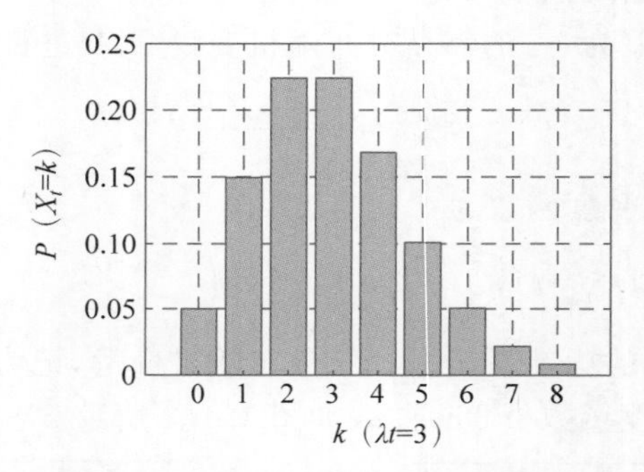


图 1.1.4 泊松分布随机变量的概率曲线

服从泊松分布随机过程 $x(t)$ 的均值、自相关函数和方差分别为

$$\mathbb{E}[x(t)]=\lambda t \tag{1.1.35}$$

$$r_{xx}(t_1,t_2)=\mathbb{E}[x(t_1)x(t_2)]=\lambda^2 t_1 t_2+\lambda\min(t_1,t_2) \tag{1.1.36}$$

$$\mathrm{Var}[x(t)]=\mathbb{E}[x^2(t)]-\mathbb{E}^2(x(t))=\lambda t \tag{1.1.37}$$

泊松分布的均值指事件发生的期望次数，方差指在一定时间内发生事件的平均次数。泊松分布的特点是均值和方差相等。

**4. 卡方分布**

设随机变量 $x_1,x_2,\cdots,x_n$ 相互独立且都服从$\mathcal{N}(0,1)$分布，它们的平方和

$$y=x_1^2+x_2^2+\cdots+x_n^2 \tag{1.1.38}$$

的分布称为自由度为 $n$ 的$\mathcal{X}^2$（卡方）分布，记为 $y\sim\mathcal{X}(n)$。卡方分布的概率密度函数为

$$f(y)=\begin{cases}\dfrac{1}{2^{\frac{n}{2}}\Gamma\left(\dfrac{n}{2}\right)}y^{\frac{n}{2}-1}\mathrm{e}^{-\frac{y}{2}}, & y\geqslant 0\\ 0, & y<0\end{cases} \tag{1.1.39}$$

其中，$\Gamma(\cdot)$为伽马函数，即$\Gamma(t)=\int_0^{\infty} u^{t-1}\mathrm{e}^{-u}\mathrm{d}u, t \geqslant 0$。图 1.1.5 所示为卡方分布随机变量的概率密度函数曲线。

由于对 $f(y)$积分困难，在求卡方分布随机变量的概率时，常使用分位点查表得出概率。

在通信系统中，卡方分布可用于分析不同信道衰落模型的符号差错概率。

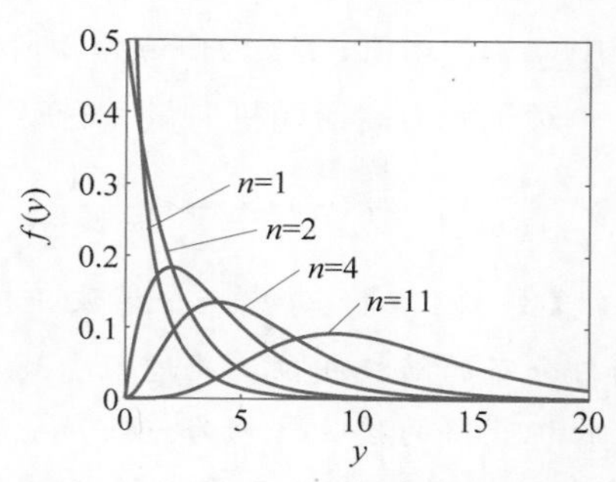


图 1.1.5　卡方分布随机变量的概率密度函数曲线

## 1.1.4　复高斯白噪声向量

复高斯白噪声向量$\boldsymbol{x}(t)=[x_1(t), x_2(t), \cdots, x_m(t)]^{\mathrm{T}}$ 的每个元素 $x_k(t)=x_{\mathrm{R}_k}(t)+\mathrm{j}x_{\mathrm{I}_k}(t), \forall k \in \{1,2,\cdots,m\}$都是零均值且方差相同（设为 $\sigma^2$）的复随机过程，常用 $\boldsymbol{x}(t) \sim \mathcal{CN}(\boldsymbol{0}, \sigma^2\boldsymbol{I})$表示。对于 $x_k(t)$，有

$$\mathbb{E}[x_{\mathrm{R}_k}(t)]=0, \quad \mathbb{E}[x_{\mathrm{I}_k}(t)]=0 \tag{1.1.40}$$

$$\mathbb{E}[x_{\mathrm{R}_k}^2(t)]=\mathbb{E}[x_{\mathrm{I}_k}^2(t)]=\frac{1}{2}\sigma^2 \tag{1.1.41}$$

$$\mathbb{E}[x_{\mathrm{R}_k}(t)x_{\mathrm{I}_k}(t)]=0 \tag{1.1.42}$$

$$\mathbb{E}[x_k(t)x_k^*(t)]=\mathbb{E}[x_{\mathrm{R}_k}^2(t)+x_{\mathrm{I}_k}^2(t)]=\sigma^2 \tag{1.1.43}$$

$$\begin{aligned}\mathbb{E}[x_k^2(t)] &= \mathbb{E}\{[x_{\mathrm{R}_k}(t)+\mathrm{j}x_{\mathrm{I}_k}(t)]^2\} \\ &= \mathbb{E}[x_{\mathrm{R}_k}^2(t)]-\mathbb{E}[x_{\mathrm{I}_k}^2(t)]+\mathrm{j}2\mathbb{E}[x_{\mathrm{R}_k}(t)x_{\mathrm{I}_k}(t)] \\ &= \frac{1}{2}\sigma^2-\frac{1}{2}\sigma^2+0=0\end{aligned} \tag{1.1.44}$$

第 1 集
微课视频

由于 $x_1(t), x_2(t), \cdots, x_m(t)$是 $m$ 个彼此不相关的复高斯白噪声过程，有

$$\mathbb{E}[x_i(t)x_k(t)]=0, \quad \forall i,k \tag{1.1.45}$$

$$\mathbb{E}[x_i(t)x_k^*(t)]=0, \quad i \neq k \tag{1.1.46}$$

因此，复高斯白噪声向量 $\boldsymbol{x}(t)$的统计特性为

$$\mathbb{E}\{\boldsymbol{x}(t)\}=\boldsymbol{0} \tag{1.1.47}$$

$$\mathbb{E}\{\boldsymbol{x}(t)\boldsymbol{x}^{\mathrm{H}}(t)\}=\sigma^2\boldsymbol{I} \tag{1.1.48}$$

复高斯白噪声向量是描述通信系统噪声时的常用模型。在统计信号处理中，常用独立同分布（Independent Identically Distribution，IID）假设，它是指随机噪声向量的元素均服从同一分布，并且互相独立。显然，复高斯白噪声向量是 IID 的。

循环对称复高斯白噪声（Circularly Symmetric Complex White Gaussian Noise）在通信信号处理中广泛使用，它是指复高斯白噪声随机向量中各随机变量的实部和虚部必须是 IID 的零均值随机变量。

复高斯随机向量 $\boldsymbol{x} \in \mathbb{C}^m$ 的概率密度函数为

$$f(\boldsymbol{x})=\frac{1}{\pi^m \mid \boldsymbol{\Gamma}_x \mid^m}\exp[-(\boldsymbol{x}-\boldsymbol{\mu}_x)^{\mathrm{H}}\boldsymbol{\Gamma}_x^{-1}(\boldsymbol{x}-\boldsymbol{\mu}_x)] \tag{1.1.49}$$

其中，$\boldsymbol{\mu}_x$ 为均值；$\boldsymbol{\Gamma}_x$ 为协方差矩阵。

对于实值高斯随机向量 $\boldsymbol{x}\in\mathbb{R}^m$，它的概率密度函数为

$$f(\boldsymbol{x})=\frac{1}{(2\pi)^{m/2}\mid\boldsymbol{\Gamma}_x\mid^{m/2}}\exp\left[-\frac{1}{2}(\boldsymbol{x}-\boldsymbol{\mu}_x)^{\mathrm{T}}\boldsymbol{\Gamma}_x^{-1}(\boldsymbol{x}-\boldsymbol{\mu}_x)\right] \tag{1.1.50}$$

【例 1.1.4】 考虑一个谐波随机过程 $x(n)=\cos(2\pi f_0 n+\phi)$，其中 $\phi$ 是在$[-\pi,\pi]$上均匀分布的随机相位。此过程受到与其不相关的加性高斯白噪声 $v(n)\sim\mathcal{N}(0,\sigma_v^2)$ 的干扰，接收机获得的接收信号为 $y(n)=x(n)+v(n)$。计算 $x(n)$的均值、协方差和功率谱密度。判断 $y(n)$是否为广义平稳随机过程。设 $x(n)$是期望信号，而 $v(n)$是噪声，计算信噪比(SNR)，即 $x(n)$的方差与 $v(n)$的方差的比值。

解　$x(n)$的均值为

$$\mathbb{E}[\cos(2\pi f_0 n+\phi)]=\int_{-\pi}^{\pi}\frac{1}{2\pi}\cos(2\pi f_0 n+x)\mathrm{d}x=0$$

因为 $x(n)$的均值为 0，所以 $x(n)$的协方差与相关函数相同，即

$$\begin{aligned}r_{xx}(n,n+l)&=\mathbb{E}\{\cos(2\pi f_0 n+\phi)\cos[2\pi f_0(n+l)+\phi]\}\\&=\int_{-\pi}^{\pi}\frac{1}{2\pi}\cos(2\pi f_0 n+\phi)\cos[2\pi f_0(n+l)+\phi]\mathrm{d}\phi\\&=\frac{\cos(2\pi f_0 l)}{2}\end{aligned}$$

可见，它不是 $n$ 的函数，写成 $r_{xx}(l)$，且有 $r_{yy}(l)=r_{xx}(l)+\sigma_v^2\delta(l)$。$y(n)$的功率谱密度是 $r_{yy}(l)$的离散时间傅里叶变换，即

$$P_y(\mathrm{e}^{\mathrm{j}2\pi f})=\sum_{m=-\infty}^{+\infty}\frac{1}{2}\delta(f-f_0+m)+\frac{1}{2}\delta(f+f_0+m)+\sigma_v^2$$

由于 $y(n)$的均值为 0，且协方差是时间差 $l$ 的函数，所以 $y(n)$是广义平稳随机过程。

信噪比为

$$\frac{r_{xx}(0)}{r_{vv}(0)}=\frac{1}{2\sigma_v^2}$$

### 1.1.5　随机向量的函数

在信号处理中涉及信号的变换问题。如果已知变换前随机向(变)量的概率密度函数，在确定变换后的随机变量的概率密度函数时，涉及雅可比变换(Jacobian Transformation)。

对于一维随机变量 $x(\xi)$，它的概率密度函数 $f(x)$已知，若 $x(\xi)$的一个函数为

$$y(\xi)=g[x(\xi)] \tag{1.1.51}$$

则映射后的变量也是一维随机变量。若它的反函数存在，即有 $x(\xi)=h[y(\xi)]$，且 $h(\cdot)$连续可导，则 $y(\xi)$的概率密度函数为

$$p(y)=p[x=h(y)]\mid J\mid \tag{1.1.52}$$

称这种变换为一维雅可比变换，其中雅可比函数 $J=\dfrac{\mathrm{d}h(y)}{\mathrm{d}y}$，$|\cdot|$是绝对值符号。

对于 $N$ 维随机向量 $\boldsymbol{x}(\xi)=[x_1(\xi),x_2(\xi),\cdots,x_N(\xi)]^{\mathrm{T}}$，其 $N$ 维联合概率密度函数 $p(\boldsymbol{x})=p(x_1,x_2,\cdots,x_N)$已知，将它的函数写为

$$y_k(\xi)=g_k[x_1(\xi),x_2(\xi),\cdots,x_N(\xi)],\quad k=1,2,\cdots,N \tag{1.1.53}$$

如果 $g_k(\cdot)$ 的反函数 $x_k(\xi)=h_k[y_1(\xi),y_2(\xi),\cdots,y_N(\xi)]$，$k=1,2,\cdots,N$ 存在，且 $y_k$，$k=1,2,\cdots,N$ 连续可导，则 $N$ 维随机向量 $\boldsymbol{y}(\xi)=[y_1(\xi),y_2(\xi),\cdots,y_N(\xi)]^{\mathrm{T}}$ 的 $N$ 维联合概率密度为

$$\begin{aligned}p(\boldsymbol{y})&=p(y_1,y_2,\cdots,y_N)\\&=p[x_1=h_1(y_1,y_2,\cdots,y_N),x_2=h_2(y_1,y_2,\cdots,y_N),\cdots,\\&\quad x_N=h_N(y_1,y_2,\cdots,y_N)]\,|\boldsymbol{J}|\end{aligned} \tag{1.1.54}$$

这种变换被称为 $N$ 维雅可比变换，其中雅可比行列式 $|\boldsymbol{J}|$ 为

$$|\boldsymbol{J}|=\begin{vmatrix}\dfrac{\partial h_1(\cdot)}{\partial y_1} & \dfrac{\partial h_1(\cdot)}{\partial y_2} & \cdots & \dfrac{\partial h_1(\cdot)}{\partial y_N}\\ \dfrac{\partial h_2(\cdot)}{\partial y_1} & \dfrac{\partial h_2(\cdot)}{\partial y_2} & \cdots & \dfrac{\partial h_2(\cdot)}{\partial y_N}\\ \vdots & \vdots & \ddots & \vdots\\ \dfrac{\partial h_N(\cdot)}{\partial y_1} & \dfrac{\partial h_N(\cdot)}{\partial y_2} & \cdots & \dfrac{\partial h_N(\cdot)}{\partial y_N}\end{vmatrix} \tag{1.1.55}$$

它是 $N$ 阶方阵的行列式。

**【例 1.1.5】** 设随机振幅、随机相位信号为

$$s(t;\,a,\theta)=a\cos(\omega_0 t+\theta)$$

其中，频率 $\omega_0$ 为常数；振幅 $a$ 是服从瑞利分布的随机变量，其概率密度函数为

$$p(a)=\begin{cases}\dfrac{a}{\sigma^2}\exp\left(-\dfrac{a^2}{2\sigma^2}\right), & a\geqslant 0\\ 0, & a<0\end{cases}$$

相位 $\theta$ 是 $[-\pi,\pi]$ 内均匀分布的随机变量。假定振幅 $a$ 与 $\theta$ 之间相互统计独立。设

$$s(t;\,a,\theta)=s_{\mathrm{R}}\cos\omega_0 t-s_{\mathrm{I}}\sin\omega_0 t$$

$$s_{\mathrm{R}}=a\cos\theta,\quad s_{\mathrm{I}}=a\sin\theta$$

求随机变量 $s_{\mathrm{R}}$ 和 $s_{\mathrm{I}}$ 的二维联合概率密度函数 $p(s_{\mathrm{R}},s_{\mathrm{I}})$ 及各自的一维概率密度函数 $p(s_{\mathrm{R}})$ 和 $p(s_{\mathrm{I}})$。

解　分析题意，可知

$$a=(s_{\mathrm{R}}^2+s_{\mathrm{I}}^2)^{1/2},\quad a\geqslant 0$$

$$\theta=\arctan\frac{s_{\mathrm{I}}}{s_{\mathrm{R}}},\quad -\pi\leqslant\theta\leqslant\pi$$

因为振幅与相位之间相互统计独立，所以

$$p(a,\theta)=p(a)p(\theta)=\frac{a}{2\pi\sigma^2}\exp\left(-\frac{a^2}{2\sigma^2}\right),\quad a\geqslant 0,\quad -\pi\leqslant\theta\leqslant\pi$$

利用二维雅可比变换，$s_{\mathrm{R}}$ 和 $s_{\mathrm{I}}$ 的二维联合概率密度函数为

$$p(s_{\mathrm{R}},s_{\mathrm{I}})=p\left[a=(s_{\mathrm{R}}^2+s_{\mathrm{I}}^2)^{1/2},\quad \theta=\arctan\frac{s_{\mathrm{I}}}{s_{\mathrm{R}}}\right]|\boldsymbol{J}|$$

其中，雅可比行列式 $|\boldsymbol{J}|$ 为

$$|\boldsymbol{J}| = \begin{vmatrix} \dfrac{\partial(s_R^2+s_I^2)^{1/2}}{\partial s_R} & \dfrac{\partial(s_R^2+s_I^2)^{1/2}}{\partial s_I} \\ \dfrac{\partial \arctan \dfrac{s_I}{s_R}}{\partial s_R} & \dfrac{\partial \arctan \dfrac{s_I}{s_R}}{\partial s_I} \end{vmatrix} = \begin{vmatrix} \dfrac{s_R}{(s_R^2+s_I^2)^{1/2}} & \dfrac{s_I}{(s_R^2+s_I^2)^{1/2}} \\ -\dfrac{s_I}{s_R^2+s_I^2} & \dfrac{s_R}{s_R^2+s_I^2} \end{vmatrix} = \frac{1}{(s_R^2+s_I^2)^{1/2}}$$

因此

$$p(s_R, s_I) = \frac{(s_R^2+s_I^2)^{1/2}}{2\pi\sigma^2}\exp\left(-\frac{s_R^2+s_I^2}{2\sigma^2}\right)\frac{1}{(s_R^2+s_I^2)^{1/2}} = \frac{1}{2\pi\sigma^2}\exp\left(-\frac{s_R^2+s_I^2}{2\sigma^2}\right)$$

接下来求 $s_R$ 和 $s_I$ 各自的一维概率密度函数 $p(s_R)$和 $p(s_I)$。因为

$$\begin{aligned} p(s_R, s_I) &= \frac{1}{2\pi\sigma^2}\exp\left(-\frac{s_R^2+s_I^2}{2\sigma^2}\right) \\ &= \left(\frac{1}{2\pi\sigma^2}\right)^{1/2}\exp\left(-\frac{s_R^2}{2\sigma^2}\right)\left(\frac{1}{2\pi\sigma^2}\right)^{1/2}\exp\left(-\frac{s_I^2}{2\sigma^2}\right) \\ &= p(s_R)p(s_I) \end{aligned}$$

所以

$$p(s_R) = \left(\frac{1}{2\pi\sigma^2}\right)^{1/2}\exp\left(-\frac{s_R^2}{2\sigma^2}\right)$$

$$p(s_I) = \left(\frac{1}{2\pi\sigma^2}\right)^{1/2}\exp\left(-\frac{s_I^2}{2\sigma^2}\right)$$

如果用求边缘概率密度函数的方法，则

$$\begin{aligned} p(s_R) &= \int_{-\infty}^{+\infty} p(s_R, s_I)\mathrm{d}s_I \\ &= \int_{-\infty}^{+\infty} \frac{1}{2\pi\sigma^2}\exp\left(-\frac{s_R^2}{2\sigma^2}\right)\exp\left(-\frac{s_I^2}{2\sigma^2}\right)\mathrm{d}s_I \\ &= \frac{1}{2\pi\sigma^2}\exp\left(-\frac{s_R^2}{2\sigma^2}\right)(2\pi\sigma^2)^{1/2} \\ &= \left(\frac{1}{2\pi\sigma^2}\right)^{1/2}\exp\left(-\frac{s_R^2}{2\sigma^2}\right) \end{aligned}$$

类似地，可得

$$\begin{aligned} p(s_I) &= \int_{-\infty}^{+\infty} p(s_R, s_I)\mathrm{d}s_R \\ &= \left(\frac{1}{2\pi\sigma^2}\right)^{1/2}\exp\left(-\frac{s_I^2}{2\sigma^2}\right) \end{aligned}$$

结果同前面一样。

## 1.2 矩阵分析基础

在多天线即多输入多输出(Multiple-Input Multiple-Output，MIMO)、多载波(Multiple Carrier，MC)和多用户(Multiple-User，MU)通信系统的信号处理中包含着大量的向量或矩

阵信号，对多维信号分析与处理的常用数学概念和方法总结如下。

## 1.2.1 向量范数和矩阵范数

### 1. 向量范数

范数是一种函数，它对向量空间中所有非零向量都定义了一个严格为正的长度或大小。定义了范数的向量空间称为赋范向量空间。换句话说，假设在实数子域 $F$ 中给定了一个向量空间 $V$，范数就是对该向量空间中任意向量的一种函数运算 $\|\cdot\|: V\rightarrow\mathbb{R}_+$。

范数具有以下性质，即对于所有 $a\in F$，以及向量 $\boldsymbol{u},\boldsymbol{v}\in V$，都有以下范数公理。

(1) $\|a\boldsymbol{v}\|=a\|\boldsymbol{v}\|$（正齐次性）。

(2) $\|\boldsymbol{u}+\boldsymbol{v}\|\leqslant\|\boldsymbol{u}\|+\|\boldsymbol{v}\|$（三角不等式或次可加性）。

(3) 当且仅当$\boldsymbol{v}$ 为零向量时，$\|\boldsymbol{v}\|=0$（正定性）。

向量$\boldsymbol{v}$ 的 $l_p$ 范数（或称为 $p$ 范数）用 $\|\boldsymbol{v}\|_p$ 表示，定义为

$$\|\boldsymbol{v}\|_p=\left(\sum_{i=1}^{n}|v_i|^p\right)^{1/p} \tag{1.2.1}$$

其中，$p\geqslant1$。

当 $p=1$ 时，该向量范数称为 $l_1$ 范数，定义为

$$\|\boldsymbol{v}\|_1=\sum_{i=1}^{n}|v_i| \tag{1.2.2}$$

当 $p=2$ 时，该向量范数称为 $l_2$ 范数，定义为

$$\|\boldsymbol{v}\|_2=\left(\sum_{i=1}^{n}|v_i|^2\right)^{1/2} \tag{1.2.3}$$

$l_2$ 范数也常被称为欧氏范数或向量形式的 Frobenius 范数。它是酉不变的，即对于所有酉矩阵$\boldsymbol{U}\in\mathbb{C}^{m\times m}$ 和所有$\boldsymbol{v}\in\mathbb{C}^m$，都有 $\|\boldsymbol{U}\boldsymbol{v}\|_2=\|\boldsymbol{v}\|_2$。以后在未指明范数类型时均指 $l_2$ 范数。

当 $p=\infty$时，该范数被称为最大范数、无穷范数、一致范数或上确界范数，定义为

$$\|\boldsymbol{v}\|_\infty=\max\{|v_1|,|v_2|,\cdots,|v_n|\} \tag{1.2.4}$$

无穷范数是 $l_p$ 范数在 $p\rightarrow\infty$时的极限形式。

当 $0\leqslant p<1$ 时，式(1.2.1)不满足三角不等式，所以不是向量$\boldsymbol{v}$ 的范数。但当 $p=0$ 时，可定义 $l_0$ 范数（或称为 0 范数）为

$$\|\boldsymbol{v}\|_0\triangleq\text{非零元素的个数} \tag{1.2.5}$$

由于 $l_0$ 范数不满足范数公理的正齐次性，因此它只是一种虚拟的范数，有时被称为 $l_0$ 拟范数。除 $l_0$ 范数外，所有范数都是凸函数。

范数的典型应用是稀疏信号处理。对于最小化 $l_1$ 范数的目标函数，其最优解可以通过凸优化方法求得；而对于最小化 $l_0$ 范数的目标函数，需要通过适当的转换才能求得。范数优化的具体方法详见 9.4 节和 9.5 节。

### 2. 矩阵范数

矩阵范数是向量范数的扩展。常用的矩阵范数有以下几种。

1）弗罗贝尼乌斯范数(Frobenius Norm)

一个 $m\times n$ 矩阵$\boldsymbol{A}$ 的 Frobenius 范数（或称为 F 范数）定义为

$$\|\boldsymbol{A}\|_{\mathrm{F}}=\left(\sum_{i=1}^{m}\sum_{j=1}^{n}|A_{ij}|^{2}\right)^{1/2}=\sqrt{\operatorname{tr}(\boldsymbol{A}^{\mathrm{T}}\boldsymbol{A})}\tag{1.2.6}$$

当 $n=1$ 时，矩阵 $\boldsymbol{A}$ 退化成一个 $m$ 维向量，相应的 F 范数也退化为向量的 $l_2$ 范数。

2) 诱导范数(Induced Norm)

$m\times n$ 矩阵的诱导范数又称为算子范数(Operator Norm)，定义为

$$\begin{aligned}\|\boldsymbol{A}\|&=\max\{\|\boldsymbol{A}\boldsymbol{u}\|:\boldsymbol{u}\in\mathbb{K}^{n},\|\boldsymbol{u}\|=1\}\\&=\max\left\{\frac{\|\boldsymbol{A}\boldsymbol{u}\|}{\|\boldsymbol{u}\|}:\boldsymbol{u}\in\mathbb{K}^{n},\boldsymbol{u}\neq\boldsymbol{0}\right\}\end{aligned}\tag{1.2.7}$$

假设 $\|\cdot\|_a$ 和 $\|\cdot\|_b$ 分别是作用于$\mathbb{R}^m$ 和$\mathbb{R}^n$ 上的范数，则矩阵 $\boldsymbol{A}\in\mathbb{R}^{m\times n}$ 的诱导范数可以通过 $\|\cdot\|_a$ 和 $\|\cdot\|_b$ 推导而得，定义为

$$\|\boldsymbol{A}\|_{a,b}=\sup\{\|\boldsymbol{A}\boldsymbol{u}\|_{a}\ \|\boldsymbol{u}\|_{b}\leqslant 1\}\tag{1.2.8}$$

其中，sup(·)表示上确界。当 $a=b$ 时，$\|\boldsymbol{A}\|_{a,b}$ 简记为 $\|\boldsymbol{A}\|_a$。

记 $m\times n$ 矩阵 $\boldsymbol{A}$ 为 $\boldsymbol{A}=[\boldsymbol{a}_1,\boldsymbol{a}_2,\cdots,\boldsymbol{a}_n]$，其常用的诱导范数有

$$\begin{aligned}\|\boldsymbol{A}\|_{1}&=\max_{\|\boldsymbol{u}\|_{1}\leqslant 1}\left\{\left\|\sum_{j=1}^{n}u_{j}\boldsymbol{a}_{j}\right\|_{1}\right\}\\&\leqslant\max_{\|\boldsymbol{u}\|_{1}\leqslant 1}\sum_{j=1}^{n}|u_{j}|\,\|\boldsymbol{a}_{j}\|_{1}\\&\leqslant\max_{1\leqslant j\leqslant n}\|\boldsymbol{a}_{j}\|_{1}=\max_{1\leqslant j\leqslant n}\sum_{i=1}^{m}|a_{ij}|,\quad a=b=1\end{aligned}\tag{1.2.9}$$

即 $\|\boldsymbol{A}\|_1$ 是矩阵 $\boldsymbol{A}$ 各列元素绝对值之和的最大值，当 $\boldsymbol{u}=\boldsymbol{e}_l$(第 $l$ 个标准基向量)时等号成立，其中 $l=\underset{1\leqslant j\leqslant n}{\operatorname{argmax}}\|\boldsymbol{a}_j\|_1$。

$$\begin{aligned}\|\boldsymbol{A}\|_{\infty}&=\max_{\|\boldsymbol{u}\|_{\infty}\leqslant 1}\left\{\max_{1\leqslant i\leqslant m}\left\|\sum_{j=1}^{n}a_{ij}u_{j}\right\|_{1}\right\}\\&\leqslant\max_{1\leqslant i\leqslant m}\left\{\max_{\|\boldsymbol{u}\|_{\infty}\leqslant 1}\left|\sum_{j=1}^{n}a_{ij}u_{j}\right|\right\}\\&\leqslant\max_{1\leqslant i\leqslant m}\sum_{j=1}^{n}|a_{ij}|,\quad a=b=\infty\end{aligned}\tag{1.2.10}$$

即 $\|\boldsymbol{A}\|_\infty$ 是矩阵 $\boldsymbol{A}$ 各行元素绝对值之和的最大值。

$a=b=2$ 的诱导范数称为谱范数或 $l_2$ 范数。矩阵 $\boldsymbol{A}$ 的谱范数既是其最大奇异值 $\sigma_{\max}$，也是半正定矩阵 $\boldsymbol{A}^{\mathrm{T}}\boldsymbol{A}$ 的最大特征值 $\lambda_{\max}$ 的平方根，即

$$\|\boldsymbol{A}\|_{2}=\sup\{\|\boldsymbol{A}\boldsymbol{u}\|_{2}\ \|\boldsymbol{u}\|_{2}\leqslant 1\}=\sigma_{\max}(\boldsymbol{A})=\sqrt{\lambda_{\max}(\boldsymbol{A}^{\mathrm{T}}\boldsymbol{A})}\tag{1.2.11}$$

### 1.2.2 矩阵的二次型

任意一个方阵 $\boldsymbol{A}$ 的二次型定义为 $\boldsymbol{x}^{\mathrm{H}}\boldsymbol{A}\boldsymbol{x}$，其中 $\boldsymbol{x}$ 可以是任意的非零复向量。

二次型是变元 $\boldsymbol{x}$ 的二次型函数。若设 $\boldsymbol{x}=[x_1,x_2,\cdots,x_n]^{\mathrm{T}}$，且 $n\times n$ 矩阵 $\boldsymbol{A}$ 的元素为 $a_{ij}$，则二次型可计算为

$$\boldsymbol{x}^{\mathrm{H}}\boldsymbol{A}\boldsymbol{x}=\sum_{i=1}^{n}\sum_{j=1}^{n}x_{i}^{*}x_{j}a_{ij}$$

$$
=\sum_{i=1}^{n} a_{ii}x_i^* x_i+\sum_{i=1,i\neq j}^{n}\sum_{j=1}^{n} a_{ij}x_i^* x_j
$$

$$
=\sum_{i=1}^{n} a_{ii}x_i^* x_i+\sum_{i=1}^{n-1}\sum_{j=i+1}^{n}(a_{ij}+a_{ji})x_i^* x_j \tag{1.2.12}
$$

对于任何一个二次型函数,存在许多矩阵 $\boldsymbol{A}$,它们的二次型形同。但是,只有一个唯一的对称矩阵 $\boldsymbol{A}$ 满足 $a_{ij}=a_{ji}^*=\frac{1}{2}(a_{ij}+a_{ji}^*)=\mathrm{Re}(a_{ij}),i=1,2,\cdots,n,j=1,2,\cdots,n$。因此,在讨论矩阵 $\boldsymbol{A}$ 的二次型时,通常假定 $\boldsymbol{A}$ 为实对称矩阵或复共轭对称矩阵(即 Hermitian 矩阵),此时二次型函数一定为实值函数。

对任意复共轭对称 $\boldsymbol{A}$ 和非零复向量 $\boldsymbol{x}$,有

$$
(\boldsymbol{x}^{\mathrm{H}}\boldsymbol{A}\boldsymbol{x})^*=(\boldsymbol{x}^{\mathrm{H}}\boldsymbol{A}\boldsymbol{x})^{\mathrm{H}}=\boldsymbol{x}^{\mathrm{H}}\boldsymbol{A}^{\mathrm{H}}\boldsymbol{x}=\boldsymbol{x}^{\mathrm{H}}\boldsymbol{A}\boldsymbol{x} \tag{1.2.13}
$$

对二次型函数 $f(\boldsymbol{x})=\boldsymbol{x}^{\mathrm{H}}\boldsymbol{A}\boldsymbol{x}$ 的导数,有

$$
\frac{\partial[f(\boldsymbol{x})]}{\partial\boldsymbol{x}}=\boldsymbol{A}\boldsymbol{x}+\boldsymbol{A}^{\mathrm{H}}\boldsymbol{x} \tag{1.2.14}
$$

用二次型定义复对称共轭矩阵的正定性、负定性和半负定性等。一个复共轭对称矩阵 $\boldsymbol{A}$ 被称为:

(1) 正定矩阵,记作 $\boldsymbol{A}>0$,若二次型 $\boldsymbol{x}^{\mathrm{H}}\boldsymbol{A}\boldsymbol{x}>0,\forall\boldsymbol{x}\neq 0$;

(2) 半正定矩阵,也称为非负定矩阵,记作 $\boldsymbol{A}\geq 0$,若二次型 $\boldsymbol{x}^{\mathrm{H}}\boldsymbol{A}\boldsymbol{x}\geqslant 0,\forall\boldsymbol{x}\neq 0$;

(3) 负定矩阵,记作 $\boldsymbol{A}<0$,若二次型 $\boldsymbol{x}^{\mathrm{H}}\boldsymbol{A}\boldsymbol{x}<0,\forall\boldsymbol{x}\neq 0$;

(4) 半负定矩阵,也称为非正定矩阵,记作 $\boldsymbol{A}\leq 0$,若二次型 $\boldsymbol{x}^{\mathrm{H}}\boldsymbol{A}\boldsymbol{x}\leqslant 0,\forall\boldsymbol{x}\neq 0$;

(5) 不定矩阵,若二次型 $\boldsymbol{x}^{\mathrm{H}}\boldsymbol{A}\boldsymbol{x}$ 既可能取正值,也可能取负值。

### 1.2.3 矩阵的行列式

记一个 $n\times n$ 方阵 $\boldsymbol{A}$ 的行列式为 $\det(\boldsymbol{A})$ 或 $|\boldsymbol{A}|$。$\det(\boldsymbol{A})$ 等于其任意行(或列)的元素与相对应的代数余子式乘积之和,即有

$$
\det(\boldsymbol{A})=a_{i1}\boldsymbol{A}_{i1}+a_{i2}\boldsymbol{A}_{i2}+\cdots+a_{in}\boldsymbol{A}_{in}=\sum_{j=1}^{n}a_{ij}(-1)^{i+j}\det(\boldsymbol{A}_{ij}) \tag{1.2.15a}
$$

或

$$
\det(\boldsymbol{A})=a_{1j}\boldsymbol{A}_{1j}+a_{2j}\boldsymbol{A}_{2j}+\cdots+a_{nj}\boldsymbol{A}_{nj}=\sum_{i=1}^{n}a_{ij}(-1)^{i+j}\det(\boldsymbol{A}_{ij}) \tag{1.2.15b}
$$

关于行列式的等式关系,有:

(1) 任何一个方阵 $\boldsymbol{A}$ 和它的转置矩阵 $\boldsymbol{A}^{\mathrm{T}}$ 具有相同的行列式,即 $\det(\boldsymbol{A})=\det(\boldsymbol{A}^{\mathrm{T}})$,但 $\det(\boldsymbol{A}^{\mathrm{H}})=[\det(\boldsymbol{A}^{\mathrm{T}})]^*$;

(2) 一个 Hermitian 矩阵的行列式为实数,因为

$$
\det(\boldsymbol{A})=\det(\boldsymbol{A}^{\mathrm{H}})=\det(\boldsymbol{A}^{\mathrm{T}})=\det(\boldsymbol{A}^*)=[\det(\boldsymbol{A})]^* \tag{1.2.16}
$$

(3) 若 $\boldsymbol{A}$ 非奇异,则有

$$
\det(\boldsymbol{A}^{-1})=1/\det(\boldsymbol{A}) \tag{1.2.17}
$$

(4) 若 $\boldsymbol{A}\in\mathbb{R}^{n\times n}$,它的特征值为 $\lambda_1,\lambda_2,\cdots,\lambda_n$,则

$$
\det(\boldsymbol{A})=\prod_{i=1}^{n}\lambda_i \tag{1.2.18}
$$

关于行列式的不等式关系，有：

(1) 柯西-施瓦茨(Cauchy-Schwartz)不等式，若$\boldsymbol{A}$和$\boldsymbol{B}$都是$m\times n$矩阵，则

$$|\det(\boldsymbol{A}^{\mathrm{H}}\boldsymbol{B})|^2\leqslant\det(\boldsymbol{A}^{\mathrm{H}}\boldsymbol{A})\det(\boldsymbol{B}^{\mathrm{H}}\boldsymbol{B}) \tag{1.2.19}$$

(2) 哈达玛(Hadamard)不等式，对于$m\times n$矩阵$\boldsymbol{A}$，有

$$\det(\boldsymbol{A})\leqslant\prod_{i=1}^{m}\sum_{j=1}^{m}(|a_{ij}|^2)^{\frac{1}{2}} \tag{1.2.20}$$

(3) 费希尔不等式，若有$\boldsymbol{A}_{m\times m}$、$\boldsymbol{B}_{m\times n}$、$\boldsymbol{C}_{n\times n}$，则

$$\det\begin{bmatrix}\boldsymbol{A} & \boldsymbol{B}\\ \boldsymbol{B}^{\mathrm{H}} & \boldsymbol{C}\end{bmatrix}\leqslant\det(\boldsymbol{A})\det(\boldsymbol{C}) \tag{1.2.21}$$

(4) 若$\boldsymbol{A}$是一个正定矩阵或半正定矩阵，则

$$\det(\boldsymbol{A})\leqslant\prod_{i}\boldsymbol{A}_{ii} \tag{1.2.22}$$

(5) 求导公式，即

$$\frac{\mathrm{d}[\det(\boldsymbol{A})]}{\mathrm{d}t}=\det(\boldsymbol{A})\mathrm{tr}\left(\boldsymbol{A}^{-1}\frac{\mathrm{d}\boldsymbol{A}}{\mathrm{d}t}\right) \tag{1.2.23}$$

其中，tr(·)为矩阵的迹。

### 1.2.4 矩阵的特征值和特征向量

对于$n\times n$矩阵$\boldsymbol{A}$，如果线性代数方程

$$\boldsymbol{Au}=\lambda\boldsymbol{u} \tag{1.2.24}$$

具有$n\times 1$非零解(向量)$\boldsymbol{u}$，那么称标量$\lambda$为矩阵$\boldsymbol{A}$的一个特征值，$\boldsymbol{u}$称为$\boldsymbol{A}$的关于$\lambda$的特征向量。

由于式(1.2.24)可等价地写为$(\boldsymbol{A}-\lambda\boldsymbol{I})\boldsymbol{u}=\boldsymbol{0}$，而$\boldsymbol{u}\neq\boldsymbol{0}$，故得

$$\det(\boldsymbol{A}-\lambda\boldsymbol{I})=0 \tag{1.2.25}$$

若特征值等于零，则$\det(\boldsymbol{A})$等于零，矩阵$\boldsymbol{A}$一定是奇异矩阵。矩阵的特征值常用符号$\mathrm{eig}(\boldsymbol{A})$表示。特征值具有以下几个基本性质。

(1) $\mathrm{eig}(\boldsymbol{AB})=\mathrm{eig}(\boldsymbol{BA})$。

(2) $m\times n$矩阵最多有$\min\{m,n\}$个特征值。

(3) 若$\mathrm{rank}(\boldsymbol{A})=r$，则矩阵$\boldsymbol{A}$最多有$r$个非零特征值。

(4) 逆矩阵的特征值$\mathrm{eig}(\boldsymbol{A}^{-1})=1/\mathrm{eig}(\boldsymbol{A})$。

(5) 令$\boldsymbol{I}$为单位矩阵，则

$$\mathrm{eig}(\boldsymbol{I}+c\boldsymbol{A})=1+c\,\mathrm{eig}(\boldsymbol{A}) \tag{1.2.26}$$

$$\mathrm{eig}(\boldsymbol{A}-c\boldsymbol{I})=\mathrm{eig}(\boldsymbol{A})-c \tag{1.2.27}$$

其中，$c$为常数。

(6) 正定矩阵的所有特征值都是正实数。

对性质(6)可证明如下。

设$\boldsymbol{A}$为正定矩阵，则其二次型$\boldsymbol{x}^{\mathrm{H}}\boldsymbol{Ax}>0$对任意非零向量$\boldsymbol{x}$都成立。若$\lambda$是正定矩阵$\boldsymbol{A}$的任意一个特征值，有$\boldsymbol{Au}=\lambda\boldsymbol{u}$，则$\boldsymbol{u}^{\mathrm{H}}\boldsymbol{Au}=\lambda\boldsymbol{u}^{\mathrm{H}}\boldsymbol{u}$，从而有$\lambda=\boldsymbol{u}^{\mathrm{H}}\boldsymbol{Au}/\boldsymbol{u}^{\mathrm{H}}\boldsymbol{u}$一定是正实数，因为它是两个正实数之比。

### 1.2.5 矩阵的迹

矩阵的迹(Trace)定义为一个 $n\times n$ 矩阵 $\boldsymbol{A}$ 的对角元素之和,记作 $\mathrm{tr}(\boldsymbol{A})$。非正方矩阵无迹的定义。

关于矩阵的迹的等式,有:

(1) 若 $\boldsymbol{A}$ 和 $\boldsymbol{B}$ 均为 $n\times n$ 矩阵,则 $\mathrm{tr}(\boldsymbol{A}\pm\boldsymbol{B})=\mathrm{tr}(\boldsymbol{A})\pm\mathrm{tr}(\boldsymbol{B})$;

(2) 若 $c_1$ 和 $c_2$ 为常数,则 $\mathrm{tr}(c_1\boldsymbol{A}\pm c_2\boldsymbol{B})=c_1\mathrm{tr}(\boldsymbol{A})\pm c_2\mathrm{tr}(\boldsymbol{B})$;

(3) $\mathrm{tr}(\boldsymbol{A}^{\mathrm{T}})=\mathrm{tr}(\boldsymbol{A})$,$\mathrm{tr}(\boldsymbol{A}^{*})=[\mathrm{tr}(\boldsymbol{A})]^{*}$,$\mathrm{tr}(\boldsymbol{A}^{\mathrm{H}})=[\mathrm{tr}(\boldsymbol{A})]^{*}$;

(4) 若 $\boldsymbol{A}\in\mathbb{C}^{m\times n}$,$\boldsymbol{B}\in\mathbb{C}^{n\times m}$,则 $\mathrm{tr}(\boldsymbol{AB})=\mathrm{tr}(\boldsymbol{BA})$;

(5) 若 $\boldsymbol{A}\in\mathbb{C}^{m\times n}$,则 $\mathrm{tr}(\boldsymbol{A}^{\mathrm{H}}\boldsymbol{A})=0$ 和 $\boldsymbol{A}=\boldsymbol{0}_{m\times n}$ 等价;

(6) $\boldsymbol{x}^{\mathrm{H}}\boldsymbol{A}\boldsymbol{x}=\mathrm{tr}(\boldsymbol{A}\boldsymbol{x}\boldsymbol{x}^{\mathrm{H}})$,$\boldsymbol{y}^{\mathrm{H}}\boldsymbol{x}=\mathrm{tr}(\boldsymbol{x}\boldsymbol{y}^{\mathrm{H}})$;

(7) 迹等于特征值之和,即 $\mathrm{tr}(\boldsymbol{A})=\lambda_1+\lambda_2+\cdots+\lambda_n$;

(8) 行列式与迹的关系式为 $\det[\exp(\boldsymbol{A})]=\exp[\mathrm{tr}(\boldsymbol{A})]$;

(9) 若 $\boldsymbol{A}\in\mathbb{C}^{m\times m}$,$\boldsymbol{B}\in\mathbb{C}^{m\times n}$,$\boldsymbol{C}\in\mathbb{C}^{n\times m}$,$\boldsymbol{D}\in\mathbb{C}^{n\times n}$,则有分块矩阵的迹满足

$$\mathrm{tr}\begin{bmatrix}\boldsymbol{A} & \boldsymbol{B}\\ \boldsymbol{C} & \boldsymbol{D}\end{bmatrix}=\mathrm{tr}(\boldsymbol{A})+\mathrm{tr}(\boldsymbol{D}) \tag{1.2.28}$$

(10) 对于任何正整数 $k$,有

$$\mathrm{tr}(\boldsymbol{A}^k)=\sum_{i=1}^{n}\lambda_i^k \tag{1.2.29}$$

(11) 一个 $m\times n$ 复矩阵 $\boldsymbol{A}$ 的 Frobenius 范数可以定义为

$$\|\boldsymbol{A}\|_{\mathrm{F}}=\sqrt{\mathrm{tr}(\boldsymbol{A}^{\mathrm{H}}\boldsymbol{A})}=\sqrt{\mathrm{tr}(\boldsymbol{A}\boldsymbol{A}^{\mathrm{H}})} \tag{1.2.30}$$

关于迹的不等式,有:

(1) 对一个复矩阵 $\boldsymbol{A}\in\mathbb{C}^{m\times n}$,$\mathrm{tr}(\boldsymbol{A}^{\mathrm{H}}\boldsymbol{A})=\mathrm{tr}(\boldsymbol{A}\boldsymbol{A}^{\mathrm{H}})\geqslant 0$;

(2) Schur 不等式,$\mathrm{tr}(\boldsymbol{A}^2)\leqslant\mathrm{tr}(\boldsymbol{A}^{\mathrm{T}}\boldsymbol{A})$;

(3) 若 $\boldsymbol{A}$ 和 $\boldsymbol{B}$ 都是 $m\times n$ 矩阵,则

$$\mathrm{tr}[(\boldsymbol{A}^{\mathrm{T}}\boldsymbol{B})^2]\leqslant\mathrm{tr}(\boldsymbol{A}^{\mathrm{T}}\boldsymbol{A})\mathrm{tr}(\boldsymbol{B}^{\mathrm{T}}\boldsymbol{B})$$
$$\mathrm{tr}[(\boldsymbol{A}^{\mathrm{T}}\boldsymbol{B})^2]\leqslant\mathrm{tr}(\boldsymbol{A}^{\mathrm{T}}\boldsymbol{A}\boldsymbol{B}^{\mathrm{T}}\boldsymbol{B})$$
$$\mathrm{tr}[(\boldsymbol{A}^{\mathrm{T}}\boldsymbol{B})^2]\leqslant\mathrm{tr}(\boldsymbol{A}\boldsymbol{A}^{\mathrm{T}}\boldsymbol{B}\boldsymbol{B}^{\mathrm{T}})$$

(4) $\mathrm{tr}[(\boldsymbol{A}+\boldsymbol{B})(\boldsymbol{A}+\boldsymbol{B})]^{\mathrm{T}}\leqslant 2[\mathrm{tr}(\boldsymbol{A}^{\mathrm{T}}\boldsymbol{A})+\mathrm{tr}(\boldsymbol{B}^{\mathrm{T}}\boldsymbol{B})]$;

(5) 若 $\boldsymbol{A}$ 和 $\boldsymbol{B}$ 都是 $m\times m$ 对称矩阵,则 $\mathrm{tr}(\boldsymbol{AB})\leqslant\frac{1}{2}\mathrm{tr}(\boldsymbol{A}^2+\boldsymbol{B}^2)$。

关于矩阵迹的求导,有以下对 $\boldsymbol{X}$ 的常用求导公式。

$$\mathrm{d}[\mathrm{tr}(\boldsymbol{XB})]=\mathrm{d}[\mathrm{tr}(\boldsymbol{BX})]=\boldsymbol{B}^{\mathrm{T}} \tag{1.2.31}$$

$$\mathrm{d}[\mathrm{tr}(\boldsymbol{A}^{\mathrm{T}}\boldsymbol{X}\boldsymbol{B}^{\mathrm{T}})]=\mathrm{d}[\mathrm{tr}(\boldsymbol{B}\boldsymbol{X}^{\mathrm{T}}\boldsymbol{A})]=\boldsymbol{AB} \tag{1.2.32}$$

$$\mathrm{d}[\mathrm{tr}(\boldsymbol{A}^{\mathrm{T}}\boldsymbol{X}\boldsymbol{B}\boldsymbol{X}^{\mathrm{T}})]=\boldsymbol{AXB}+\boldsymbol{A}^{\mathrm{T}}\boldsymbol{X}\boldsymbol{B}^{\mathrm{T}} \tag{1.2.33}$$

### 1.2.6 矩阵的秩

矩阵 $\boldsymbol{A}_{m\times n}$ 的秩定义为该矩阵中线性无关的行或列的数目。根据矩阵 $\boldsymbol{A}_{m\times n}$ 的秩的大

小,矩阵方程可分为 3 种类型。

(1) 适定方程。若 $m=n$, $\text{rank}(\boldsymbol{A})=n$,则称矩阵方程 $\boldsymbol{A}x=\boldsymbol{b}$ 为适定(Well-Determined)方程,此时方程组的解是唯一的,由 $\boldsymbol{x}=\boldsymbol{A}^{-1}\boldsymbol{b}$ 给出。

(2) 欠定方程。若独立的方程个数小于独立的未知参数个数,则称方程 $\boldsymbol{A}x=\boldsymbol{b}$ 为欠定(Under-Determined)方程,此时方程组存在无穷多组解。

(3) 超定方程。若独立的方程个数大于独立的未知参数个数,则称方程 $\boldsymbol{A}x=\boldsymbol{b}$ 为超定(Over-Determined)方程。此时方程组无解。但是,可以估计得出一个最小二乘解为 $\hat{\boldsymbol{x}}=(\boldsymbol{A}^{\mathrm{H}}\boldsymbol{A})^{-1}\boldsymbol{A}^{\mathrm{H}}\boldsymbol{b}$。

当矩阵 $\boldsymbol{A}$ 的秩为 $r_A$ 时,表明 $\boldsymbol{A}$ 有 $r_A$ 个线性无关的列向量。这 $r_A$ 个线性无关的列向量的所有线性组合,形成了一个线性空间,称为矩阵 $\boldsymbol{A}$ 的列空间、$\boldsymbol{A}$ 的值域(Range)或 $\boldsymbol{A}$ 的流形(Manifold),常记为 $R(\boldsymbol{A})$。

矩阵的秩也可以根据矩阵列空间的维数定义,即

$$r_A=\dim[R(\boldsymbol{A})]=\dim[\text{col}(\boldsymbol{A})] \tag{1.2.34}$$

矩阵的秩具有以下几个性质。

(1) 若 $\boldsymbol{A}\in\mathbb{C}^{m\times n}$, $\text{rank}(\boldsymbol{A})\leqslant\min\{m,n\}$。

(2) 若 $\boldsymbol{A},\boldsymbol{B}\in\mathbb{C}^{m\times n}$, $\text{rank}(\boldsymbol{A}+\boldsymbol{B})\leqslant\text{rank}[\boldsymbol{A},\boldsymbol{B}]\leqslant\text{rank}(\boldsymbol{A})+\text{rank}(\boldsymbol{B})$。

(3) 乘积矩阵 $\boldsymbol{AB}$ 的秩满足

$$\text{rank}(\boldsymbol{AB})\leqslant\min\{\text{rank}(\boldsymbol{A}),\text{rank}(\boldsymbol{B})\} \tag{1.2.35}$$

(4) 若 $\boldsymbol{A}\in\boldsymbol{C}^{m\times n}$, $c\neq 0$,则 $\text{rank}(c\boldsymbol{A})=\text{rank}(\boldsymbol{A})$。

(5) 矩阵 $\boldsymbol{A}_{m\times n}$ 左乘 $m\times m$ 非奇异矩阵 $\boldsymbol{P}_{m\times m}$ 或右乘奇异矩阵 $\boldsymbol{Q}_{n\times n}$,矩阵的秩不变。

(6) 若 $\boldsymbol{A},\boldsymbol{B}\in\mathbb{C}^{m\times n}$,且有 $\text{rank}(\boldsymbol{A})=\text{rank}(\boldsymbol{B})$,则存在非奇异向量 $\boldsymbol{P}\in\mathbb{C}^{m\times m}$ 和 $\boldsymbol{Q}\in\mathbb{C}^{n\times n}$,使 $\boldsymbol{B}=\boldsymbol{PAQ}$。

(7) 若 $\boldsymbol{A}\in\mathbb{C}^{m\times n}$,则 $\text{rank}(\boldsymbol{A}^{\mathrm{H}})=\text{rank}(\boldsymbol{A}^{\mathrm{T}})=\text{rank}(\boldsymbol{A}^{*})=\text{rank}(\boldsymbol{A})$。

(8) $\text{rank}(\boldsymbol{AA}^{\mathrm{T}})=\text{rank}(\boldsymbol{A}^{\mathrm{T}}\boldsymbol{A})=\text{rank}(\boldsymbol{A})$, $\text{rank}(\boldsymbol{AA}^{\mathrm{H}})=\text{rank}(\boldsymbol{A}^{\mathrm{H}}\boldsymbol{A})=\text{rank}(\boldsymbol{A})$。

(9) 若 $\boldsymbol{A}\in\mathbb{C}^{m\times n}$,则 $\text{rank}(\boldsymbol{A})=m$ 和 $\det(\boldsymbol{A})\neq 0$ 等价。

(10) 若 $\boldsymbol{A}\in\mathbb{C}^{m\times k}$ 和 $\boldsymbol{B}\in\mathbb{C}^{k\times n}$,则

$$\text{rank}(\boldsymbol{A})+\text{rank}(\boldsymbol{B})-k\leqslant\text{rank}(\boldsymbol{AB})\leqslant\min\{\text{rank}(\boldsymbol{A}),\text{rank}(\boldsymbol{B})\} \tag{1.2.36}$$

(11) 对于幂等矩阵 $\boldsymbol{A}^2=\boldsymbol{A}$,有 $\text{rank}(\boldsymbol{A})=\text{tr}(\boldsymbol{A})$。

### 1.2.7 逆矩阵与伪逆矩阵

**1. 逆矩阵**

一个 $n\times n$ 矩阵 $\boldsymbol{B}$ 满足 $\boldsymbol{BA}=\boldsymbol{AB}=\boldsymbol{I}$ 时,就称矩阵 $\boldsymbol{B}$ 是矩阵 $\boldsymbol{A}$ 的逆矩阵,记作 $\boldsymbol{A}^{-1}$。矩阵求逆是一种重要运算,在信号处理中经常用到。$n\times n$ 矩阵 $\boldsymbol{A}$ 的逆矩阵 $\boldsymbol{A}^{-1}$ 具有以下几个性质。

(1) 逆矩阵的行列式等于原矩阵行列式的倒数,即 $|\boldsymbol{A}^{-1}|=\dfrac{1}{|\boldsymbol{A}|}$。

(2) $(\boldsymbol{A}^{\mathrm{H}})^{-1}=(\boldsymbol{A}^{-1})^{\mathrm{H}}=\boldsymbol{A}^{-\mathrm{H}}$。

(3) 若 $\boldsymbol{A}^{\mathrm{H}}=\boldsymbol{A}$,则 $(\boldsymbol{A}^{-1})^{\mathrm{H}}=\boldsymbol{A}^{-1}$。

(4) $(\boldsymbol{A}^{*})^{-1}=(\boldsymbol{A}^{-1})^{*}$。

(5) 若 $\boldsymbol{A}$ 和 $\boldsymbol{B}$ 均可逆，则 $(\boldsymbol{AB})^{-1}=\boldsymbol{B}^{-1}\boldsymbol{A}^{-1}$。

(6) 分块矩阵的逆为

$$\begin{bmatrix}\boldsymbol{A} & \boldsymbol{B}\\ \boldsymbol{C} & \boldsymbol{D}\end{bmatrix}^{-1}=\begin{bmatrix}\boldsymbol{M} & -\boldsymbol{MBD}^{-1}\\ -\boldsymbol{D}^{-1}\boldsymbol{CM} & \boldsymbol{D}^{-1}+\boldsymbol{D}^{-1}\boldsymbol{CMBD}^{-1}\end{bmatrix} \tag{1.2.37}$$

其中，$\boldsymbol{M}=(\boldsymbol{A}-\boldsymbol{BD}^{-1}\boldsymbol{C})^{-1}$。

(7) 求导公式为

$$\frac{\mathrm{d}(\boldsymbol{A}^{-1})}{\mathrm{d}t}=-\boldsymbol{A}^{-1}\frac{\mathrm{d}(\boldsymbol{A})}{\mathrm{d}t}\boldsymbol{A}^{-1} \tag{1.2.38}$$

**2. 伪逆矩阵**

满足 $\boldsymbol{LA}=\boldsymbol{I}$，但不满足 $\boldsymbol{AL}=\boldsymbol{I}$ 的矩阵 $\boldsymbol{L}$，称为矩阵 $\boldsymbol{A}$ 的左逆矩阵。类似地，满足 $\boldsymbol{AR}=\boldsymbol{I}$，但不满足 $\boldsymbol{RA}=\boldsymbol{I}$ 的矩阵 $\boldsymbol{R}$，称为矩阵 $\boldsymbol{A}$ 的右逆矩阵。

一个矩阵 $\boldsymbol{A}\in\mathbb{C}^{m\times n}$ 的左逆矩阵和右逆矩阵往往非唯一。当 $m>n$，并且 $\boldsymbol{A}$ 具有满列秩($\mathrm{rank}(\boldsymbol{A})=n$)时，左逆矩阵

$$\boldsymbol{L}=(\boldsymbol{A}^{\mathrm{H}}\boldsymbol{A})^{-1}\boldsymbol{A}^{\mathrm{H}} \tag{1.2.39}$$

是唯一确定的，常称为左伪逆矩阵。

当 $m<n$，并且 $\boldsymbol{A}$ 具有满行秩($\mathrm{rank}(\boldsymbol{A})=m$)时，右逆矩阵

$$\boldsymbol{R}=\boldsymbol{A}^{\mathrm{H}}(\boldsymbol{AA}^{\mathrm{H}})^{-1} \tag{1.2.40}$$

也是唯一确定的，常称为右伪逆矩阵。

左伪逆矩阵与超定方程的最小二乘解密切相关，右伪逆矩阵与欠定方程的最小二乘最小范数解联系在一起。

**3. Moore-Penrose 逆矩阵**

令 $\boldsymbol{A}$ 是任意 $m\times n$ 矩阵，称矩阵 $\boldsymbol{A}^{\dagger}$ 是 $\boldsymbol{A}$ 的广义逆矩阵，若 $\boldsymbol{A}^{\dagger}$ 满足以下 4 个条件(常称 Moore-Penrose 条件)，则这个广义逆矩阵 $\boldsymbol{A}^{\dagger}$ 称为 Moore-Penrose 逆矩阵。

(1) $\boldsymbol{AA}^{\dagger}\boldsymbol{A}=\boldsymbol{A}$。

(2) $\boldsymbol{A}^{\dagger}\boldsymbol{AA}^{\dagger}=\boldsymbol{A}^{\dagger}$。

(3) $\boldsymbol{AA}^{\dagger}$ 为 Hermitian 矩阵，即 $\boldsymbol{AA}^{\dagger}=(\boldsymbol{AA}^{\dagger})^{\mathrm{H}}$。

(4) $\boldsymbol{A}^{\dagger}\boldsymbol{A}$ 为 Hermitian 矩阵，即 $\boldsymbol{A}^{\dagger}\boldsymbol{A}=(\boldsymbol{A}^{\dagger}\boldsymbol{A})^{\mathrm{H}}$。

Moore-Penrose 逆矩阵具有以下几个性质。

(1) $(\boldsymbol{A}^{\mathrm{H}})^{\dagger}=(\boldsymbol{A}^{\dagger})^{\mathrm{H}}$。

(2) 若 $c\neq 0$，$(c\boldsymbol{A})^{\dagger}=\frac{1}{c}\boldsymbol{A}^{\dagger}$。

(3) 若 $\boldsymbol{A}=\boldsymbol{BC}$，并且 $\boldsymbol{B}$ 满列秩，$\boldsymbol{C}$ 满行秩，则 $\boldsymbol{A}^{\dagger}=\boldsymbol{C}^{\dagger}\boldsymbol{B}^{\dagger}$。

(4) 若矩阵 $\boldsymbol{A}_i$ 相互正交，即 $\boldsymbol{A}_i^{\mathrm{H}}\boldsymbol{A}_j=\boldsymbol{0}, i\neq j$，则 $(\boldsymbol{A}_1+\boldsymbol{A}_2+\cdots+\boldsymbol{A}_m)^{\dagger}=\boldsymbol{A}_1^{\dagger}+\boldsymbol{A}_2^{\dagger}+\cdots+\boldsymbol{A}_m^{\dagger}$。

(5) $\mathrm{rank}(\boldsymbol{A}^{\dagger})=\mathrm{rank}(\boldsymbol{A})=\mathrm{rank}(\boldsymbol{A}^{\mathrm{H}})=\mathrm{rank}(\boldsymbol{A}^{\dagger}\boldsymbol{A})=\mathrm{rank}(\boldsymbol{AA}^{\dagger})=\mathrm{rank}(\boldsymbol{AA}^{\dagger}\boldsymbol{A})=\mathrm{rank}(\boldsymbol{A}^{\dagger}\boldsymbol{AA}^{\dagger})$。

### 1.2.8 矩阵的向量化

将矩阵向量化时，需要用到 Kronecker 积与 Khatri-Rao 积。Kronecker 积有右 Kronecker 积和左 Kronecker 积之分。$m\times n$ 矩阵 $\boldsymbol{A}=[\boldsymbol{a}_1,\boldsymbol{a}_2,\cdots,\boldsymbol{a}_n]$ 和 $p\times q$ 矩阵 $\boldsymbol{B}$ 的右

Kronecker 积记作 $\boldsymbol{A}\otimes\boldsymbol{B}$，它是一个 $mp\times nq$ 的矩阵，定义为

$$\boldsymbol{A}\otimes\boldsymbol{B}=[\boldsymbol{a}_1\boldsymbol{B},\boldsymbol{a}_2\boldsymbol{B},\cdots,\boldsymbol{a}_n\boldsymbol{B}]=\begin{bmatrix}a_{11}\boldsymbol{B} & a_{12}\boldsymbol{B} & \cdots & a_{1n}\boldsymbol{B}\\ a_{21}\boldsymbol{B} & a_{22}\boldsymbol{B} & \cdots & a_{2n}\boldsymbol{B}\\ \vdots & \vdots & \ddots & \vdots\\ a_{m1}\boldsymbol{B} & a_{m2}\boldsymbol{B} & \cdots & a_{mn}\boldsymbol{B}\end{bmatrix} \tag{1.2.41}$$

一个 $m\times n$ 矩阵 $\boldsymbol{A}$ 和一个 $p\times q$ 矩阵 $\boldsymbol{B}$ 的左 Kronecker 积可写成 $[\boldsymbol{A}\otimes\boldsymbol{B}]_{\text{left}}=\boldsymbol{B}\otimes\boldsymbol{A}$，故通常都采用右 Kronecker 积。

Khatri-Rao 积是指两个具有相同列数的矩阵的一种特殊乘积。$p\times n$ 矩阵 $\boldsymbol{A}=[\boldsymbol{a}_1,\boldsymbol{a}_2,\cdots,\boldsymbol{a}_n]$ 和 $q\times n$ 矩阵 $\boldsymbol{B}=[\boldsymbol{b}_1,\boldsymbol{b}_2,\cdots,\boldsymbol{b}_n]$ 的 Khatri-Rao 积记作 $\boldsymbol{A}\odot\boldsymbol{B}$，它是一个 $pq\times n$ 矩阵，定义为

$$\boldsymbol{A}\odot\boldsymbol{B}=[\boldsymbol{a}_1\otimes\boldsymbol{b}_1,\boldsymbol{a}_2\otimes\boldsymbol{b}_2,\cdots,\boldsymbol{a}_n\otimes\boldsymbol{b}_n] \tag{1.2.42}$$

矩阵 $\boldsymbol{A}_{m\times p}\boldsymbol{B}_{p\times q}\boldsymbol{C}_{q\times n}$ 乘积的向量化与 Kronecker 积及 Khatri-Rao 积的关系为

$$\text{vec}(\boldsymbol{ABC})=(\boldsymbol{C}^{\text{T}}\otimes\boldsymbol{A})\text{vec}(\boldsymbol{B}) \tag{1.2.43}$$

$$\text{vec}(\boldsymbol{AC})=(\boldsymbol{I}_q\otimes\boldsymbol{A})\text{vec}(\boldsymbol{C})=(\boldsymbol{C}^{\text{T}}\otimes\boldsymbol{I}_m)\text{vec}(\boldsymbol{A}) \tag{1.2.44}$$

其中，vec(·)为把 $m\times n$ 矩阵按列向量化为 $mn\times 1$ 向量的算子。当 $\boldsymbol{B}$ 为 $p\times p$ 对角矩阵且对角向量为 $\boldsymbol{b}$ 时，矩阵 $\boldsymbol{A}_{m\times p}\boldsymbol{B}_{p\times p}\boldsymbol{C}_{p\times n}$ 乘积的向量化为

$$\text{vec}(\boldsymbol{ABC})=(\boldsymbol{C}^{\text{T}}\odot\boldsymbol{A})\boldsymbol{b} \tag{1.2.45}$$

### 1.2.9 导数与梯度

对于向量 $\boldsymbol{x}\in\mathbb{R}^n$ 的向量函数 $\boldsymbol{f}:\mathbb{R}^n\to\mathbb{R}^m$，写成

$$\boldsymbol{f}(\boldsymbol{x})=\begin{bmatrix}f_1(\boldsymbol{x})\\ f_2(\boldsymbol{x})\\ \vdots\\ f_m(\boldsymbol{x})\end{bmatrix}=[f_1(\boldsymbol{x}),f_2(\boldsymbol{x}),\cdots,f_m(\boldsymbol{x})]^{\text{T}} \tag{1.2.46}$$

其中，每个 $f_i(\boldsymbol{x})$ 都是从 $\mathbb{R}^n$ 到 $\mathbb{R}$ 的函数。

1. 向量函数的导数

定义 $\boldsymbol{f}(\boldsymbol{x})$ 的偏导数为

$$\frac{\partial\boldsymbol{f}(\boldsymbol{x})}{\partial x_j}=\begin{bmatrix}\dfrac{\partial f_1(\boldsymbol{x})}{\partial x_j}\\ \dfrac{\partial f_2(\boldsymbol{x})}{\partial x_j}\\ \vdots\\ \dfrac{\partial f_m(\boldsymbol{x})}{\partial x_j}\end{bmatrix}=\left[\frac{\partial f_1(\boldsymbol{x})}{\partial x_j},\frac{\partial f_2(\boldsymbol{x})}{\partial x_j},\cdots,\frac{\partial f_m(\boldsymbol{x})}{\partial x_j}\right]^{\text{T}} \tag{1.2.47}$$

对一个可微函数 $\boldsymbol{f}:\mathbb{R}^n\to\mathbb{R}^m$ 求导，可以表示为一个 $m\times n$ 矩阵 $\text{D}f(\boldsymbol{x})$，定义为

$$\text{D}\boldsymbol{f}(\boldsymbol{x})=\left[\frac{\partial f(\boldsymbol{x})}{\partial x_1},\frac{\partial f(\boldsymbol{x})}{\partial x_2},\cdots,\frac{\partial f(\boldsymbol{x})}{\partial x_n}\right]^{\text{T}}$$

$$=\begin{bmatrix}\frac{\partial f_1(\boldsymbol{x})}{\partial x_1} & \cdots & \frac{\partial f_1(\boldsymbol{x})}{\partial x_n}\\ \vdots & \ddots & \vdots\\ \frac{\partial f_m(\boldsymbol{x})}{\partial x_1} & \cdots & \frac{\partial f_m(\boldsymbol{x})}{\partial x_n}\end{bmatrix}\in\mathbb{R}^{m\times n} \tag{1.2.48}$$

矩阵 $\mathrm{D}\boldsymbol{f}(\boldsymbol{x})$常被称为函数 $\boldsymbol{f}$ 在点 $\boldsymbol{x}$ 处的导数矩阵或雅可比(Jacobian)矩阵。

**2. 标量函数的梯度**

如果函数 $f:\mathbb{R}^n\to\mathbb{R}$ 可微,那么该函数在 $\boldsymbol{x}\in\mathbb{R}^n$ 处的梯度$\nabla f(\boldsymbol{x})$定义为

$$\nabla f(\boldsymbol{x})=\mathrm{D}f(\boldsymbol{x})^{\mathrm{T}}=\begin{bmatrix}\frac{\partial f(\boldsymbol{x})}{\partial x_1}\\ \frac{\partial f(\boldsymbol{x})}{\partial x_2}\\ \vdots\\ \frac{\partial f(\boldsymbol{x})}{\partial x_n}\end{bmatrix}\in\mathbb{R}^n \tag{1.2.49}$$

梯度$\nabla f(\boldsymbol{x})$与向量 $\boldsymbol{x}$ 具有相同维度,两者都是 $n$ 维列向量。

【例 1.2.1】 求实值函数 $f(\boldsymbol{x})=\boldsymbol{x}^{\mathrm{T}}\boldsymbol{A}\boldsymbol{x}$ 的雅可比矩阵和梯度。

解 由于 $\boldsymbol{x}^{\mathrm{T}}\boldsymbol{A}\boldsymbol{x}=\sum_{k=1}^{n}\sum_{l=1}^{n}a_{kl}x_kx_l$,故可求出$\frac{\partial f(\boldsymbol{x})}{\partial x_i}=\sum_{k=1}^{n}x_ka_{ki}+\sum_{l=1}^{n}x_la_{il}$,立即可得

$$\mathrm{D}f(\boldsymbol{x})=\boldsymbol{x}^{\mathrm{T}}\boldsymbol{A}+\boldsymbol{x}^{\mathrm{T}}\boldsymbol{A}^{\mathrm{T}}=\boldsymbol{x}^{\mathrm{T}}(\boldsymbol{A}+\boldsymbol{A}^{\mathrm{T}})$$
$$\nabla f(\boldsymbol{x})=(\boldsymbol{A}+\boldsymbol{A}^{\mathrm{T}})\boldsymbol{x}$$

如果函数 $f:\mathbb{R}^{n\times m}\to\mathbb{R}$ 可微,那么该函数在 $\boldsymbol{X}\in\mathbb{R}^{n\times m}$ 的梯度$\nabla f(\boldsymbol{X})$定义为

$$\nabla f(\boldsymbol{X})=\mathrm{D}f(\boldsymbol{X})^{\mathrm{T}}=\begin{bmatrix}\frac{\partial f(\boldsymbol{X})}{\partial x_{1,1}} & \cdots & \frac{\partial f(\boldsymbol{X})}{\partial x_{1,m}}\\ \vdots & \ddots & \vdots\\ \frac{\partial f(\boldsymbol{X})}{\partial x_{n,1}} & \cdots & \frac{\partial f(\boldsymbol{X})}{\partial x_{n,m}}\end{bmatrix}\in\mathbb{R}^{n\times m} \tag{1.2.50}$$

梯度$\nabla f(\boldsymbol{X})$与 $f(\boldsymbol{X})$有着相同的定义域 $\mathrm{dom}f$。

对于一个复向量

$$\boldsymbol{x}=\boldsymbol{u}+\mathrm{j}\boldsymbol{v}=\mathrm{Re}\{\boldsymbol{x}\}+\mathrm{j}\mathrm{Im}\{\boldsymbol{x}\} \tag{1.2.51}$$

其中,Re{·}和 Im{·}分别代表元素的实部和虚部;$\boldsymbol{u}$ 和$\boldsymbol{v}$ 为实变量。若它的函数 $f(\boldsymbol{x})$满足柯西-黎曼方程

$$\begin{aligned}\nabla_u\mathrm{Re}\{f(\boldsymbol{x})\}&=\nabla_v\mathrm{Im}\{f(\boldsymbol{x})\}\\ \nabla_v\mathrm{Re}\{f(\boldsymbol{x})\}&=-\nabla_u\mathrm{Im}\{f(\boldsymbol{x})\}\end{aligned} \tag{1.2.52}$$

假定 $\boldsymbol{x}$ 与其复共轭 $\boldsymbol{x}^*$ 为独立变量,则函数 $f$ 关于变量 $\boldsymbol{x}$ 和 $\boldsymbol{x}^*$ 的梯度定义为

$$\nabla_x f(\boldsymbol{x})\triangleq\frac{1}{2}[\nabla_u f(\boldsymbol{x})-\mathrm{j}\,\nabla_v f(\boldsymbol{x})] \tag{1.2.53}$$

$$\nabla_{x^*} f(\boldsymbol{x}) \triangleq \frac{1}{2}[\nabla_u f(\boldsymbol{x}) + \mathrm{j}\,\nabla_v f(\boldsymbol{x})] \tag{1.2.54}$$

若复变函数 $f(\boldsymbol{x})$是解析函数,则必定满足式(1.2.52)。当 $\boldsymbol{x}$ 是实数时,$\nabla_x f(\boldsymbol{x})$为函数 $f$ 的梯度,且$\nabla_{x^*} f(\boldsymbol{x})=0$。

对于任意 $\boldsymbol{x},\boldsymbol{a}\in\mathbb{C}^n$,有

$$\nabla_x f(\boldsymbol{x}) \triangleq \nabla_u f(\boldsymbol{x}) + \mathrm{j}\,\nabla_v f(\boldsymbol{x}) = 2\,\nabla_{x^*} f(\boldsymbol{x}) \tag{1.2.55}$$

$$\nabla_x \boldsymbol{x}^{\mathrm{H}}\boldsymbol{A}\boldsymbol{x} = 2\boldsymbol{A}\boldsymbol{x}, \quad \nabla_x(\boldsymbol{x}^{\mathrm{H}}\boldsymbol{a} + \boldsymbol{a}^{\mathrm{H}}\boldsymbol{x}) = 2\boldsymbol{a} \tag{1.2.56}$$

对于复矩阵变量 $\boldsymbol{X}\in\mathbb{C}^{m\times n}$ 和 $n$ 维 Hermitian 矩阵 $\boldsymbol{Y}$,则有

$$\nabla_X \mathrm{tr}(\boldsymbol{X}\boldsymbol{A}\boldsymbol{X}^{\mathrm{H}}) = 2\boldsymbol{X}\boldsymbol{A}, \quad \nabla_Y[\mathrm{tr}(\boldsymbol{A}\boldsymbol{Y}) + \mathrm{tr}(\boldsymbol{A}^*\boldsymbol{Y}^*)] = 2\boldsymbol{A} \tag{1.2.57}$$

### 1.2.10 矩阵的分解

**1. 奇异值分解**

奇异值分解(Singular Value Decomposition,SVD)是对实矩阵或复矩阵进行正交分解的分解形式。当矩阵为方阵时,称为特征值分解。

令矩阵 $\boldsymbol{A}\in\mathbb{R}^{m\times n}$,$\mathrm{rank}(\boldsymbol{A})=r$,则 $\boldsymbol{A}$ 的奇异值分解可以表示为

$$\boldsymbol{A} = \boldsymbol{U}\boldsymbol{\Sigma}\boldsymbol{V}^{\mathrm{T}} \tag{1.2.58}$$

其中,$\boldsymbol{U}\in\mathbb{R}^{m\times m}$ 由 $\boldsymbol{A}$ 的左奇异向量组成,$\boldsymbol{U}=[\boldsymbol{u}_1,\cdots,\boldsymbol{u}_r,\boldsymbol{u}_{r+1},\cdots,\boldsymbol{u}_m]$,前 $r$ 个奇异向量组成$\boldsymbol{U}_r=[\boldsymbol{u}_1,\boldsymbol{u}_2,\cdots,\boldsymbol{u}_r]\in\mathbb{R}^{m\times r}$ 分别对应于$r$个不为零的奇异值,并且$\boldsymbol{U}_r$ 为酉矩阵,$\boldsymbol{U}_r\boldsymbol{U}_r^{\mathrm{T}}=\boldsymbol{I}$,$\boldsymbol{U}_r^{\mathrm{T}}\boldsymbol{U}_r=\boldsymbol{I}$;$\boldsymbol{V}\in\mathbb{R}^{n\times n}$ 由 $\boldsymbol{A}$ 的右奇异向量组成,$\boldsymbol{V}=[\boldsymbol{v}_1,\cdots,\boldsymbol{v}_r,\boldsymbol{v}_{r+1},\cdots,\boldsymbol{v}_n]$,前 $r$ 个向量 $\boldsymbol{V}_r=[\boldsymbol{v}_1,\boldsymbol{v}_2,\cdots,\boldsymbol{v}_r]\in\mathbb{R}^{n\times r}$ 对应于 $r$ 个不为零的奇异值,并且 $\boldsymbol{V}_r$ 也为酉矩阵,$\boldsymbol{V}_r\boldsymbol{V}_r^{\mathrm{T}}=\boldsymbol{I}$,$\boldsymbol{V}_r^{\mathrm{T}}\boldsymbol{V}_r=\boldsymbol{I}$;矩阵$\boldsymbol{\Sigma}$ 为

$$\boldsymbol{\Sigma} = \begin{bmatrix} \mathrm{diag}(\sigma_1,\sigma_2,\cdots,\sigma_r) & \boldsymbol{0}_{r\times(n-r)} \\ \boldsymbol{0}_{(m-r)\times r} & \boldsymbol{0}_{(m-r)\times(n-r)} \end{bmatrix} \tag{1.2.59}$$

其中,$\sigma_1,\sigma_2,\cdots,\sigma_r$ 为 $r$ 个不为零的正奇异值;$\mathrm{diag}(\cdot)$代表对角矩阵,其对角元素对应于 $r$ 个不为零的正奇异值。

经奇异值分解后,可知

$$\boldsymbol{A} = \boldsymbol{U}_r\boldsymbol{\Sigma}_r\boldsymbol{V}_r^{\mathrm{T}} = \sum_{i=1}^{r}\sigma_i\boldsymbol{u}_i\boldsymbol{v}_i^{\mathrm{T}} \tag{1.2.60}$$

$$\sigma_i = \boldsymbol{u}_i\boldsymbol{A}\boldsymbol{v}_i^{\mathrm{T}} \tag{1.2.61}$$

$$\boldsymbol{A}^{\dagger} = \boldsymbol{V}_r\boldsymbol{\Sigma}_r^{-1}\boldsymbol{U}_r^{\mathrm{T}} \in \mathbb{R}^{n\times m} \tag{1.2.62}$$

并且有

$$\sigma_i(\boldsymbol{A}) = \sqrt{\lambda_i(\boldsymbol{A}^{\mathrm{T}}\boldsymbol{A})} = \sqrt{\lambda_i(\boldsymbol{A}\boldsymbol{A}^{\mathrm{T}})} \tag{1.2.63}$$

其中,$\boldsymbol{A}$ 的奇异值$\sigma_i$ 和 $\boldsymbol{A}^{\mathrm{T}}\boldsymbol{A}$ 或 $\boldsymbol{A}\boldsymbol{A}^{\mathrm{T}}$ 的特征值 $\lambda_i$ 都按递减顺序排列。

**2. 平方根分解**

若 $\boldsymbol{A}$ 为 $n$ 阶正定的 Hermitian 矩阵,则存在唯一的主对角线元素都是正数的下三角矩阵 $\boldsymbol{L}$,使得

$$A = LL^{\mathrm{T}} \tag{1.2.64}$$

称此分解为平方根分解，又常称为乔莱斯基(Cholesky)分解。

通过平方根分解，可以使方阵的求逆计算转变为

$$A^{-1} = (LL^{\mathrm{T}})^{-1} = (L^{\mathrm{T}})^{-1}L^{-1} = (L^{-1})^{\mathrm{T}}L^{-1} \tag{1.2.65}$$

其中，下三角矩阵的逆记为 $B = L^{-1}$，可以计算为：

(1) $B$ 的主对角元素为 $L$ 的对角元素的倒数；

(2) $B$ 的第 $i$ 行第 $j$ 列的元素，可以通过 $b_{ij} = -\frac{1}{l_{jj}}(l_{ij}b_{jj} + l_{i,j-1}b_{j-1,j} + \cdots + l_{i,1}b_{1,j})$ 求得。

**3. QR 分解**

设 $A \in \mathbb{R}^{m\times n}$，$m \geqslant n$，若存在 $n$ 阶酉矩阵 $Q$ 和 $n$ 阶上三角矩阵 $R$，使得 $A = QR$，则称该分解为 $A$ 的 QR 分解或酉三角分解。

通过 QR 分解，可将矩阵 $A$ 变为上三角矩阵，即

$$Q^{-1}A = Q^{\mathrm{H}}A = \begin{bmatrix} R \\ 0 \end{bmatrix} \tag{1.2.66}$$

其中，$Q \in \mathbb{C}^{m\times m}$；$R \in \mathbb{C}^{n\times n}$；$0$ 是零矩阵。

当 $A \in \mathbb{C}^{n\times n}$ 时，QR 分解为 $A$ 的正三角分解。QR 分解经常用来求解线性最小二乘问题。

任何一个满秩的实(复)方阵，都可以唯一地进行 QR 分解。计算 QR 分解有很多方法，如 Givens 旋转、Householder 变换、格拉姆-施密特(Gram-Schmidt)正交化等。

**4. 满秩分解**

矩阵的 Moore-Penrose 伪逆可以用满秩分解法计算。一个秩为 $r$ 的 $m\times n$ 矩阵 $A$ 可以分解为

$$A = F_{m\times r}G_{r\times n} \tag{1.2.67}$$

其中，$F$ 和 $G$ 分别具有满列秩和满行秩。

若 $A = FG$ 是矩阵 $A$ 的满秩分解，则

$$A^{\dagger} = G^{\dagger}F^{\dagger} = G^{\mathrm{H}}(GG^{\mathrm{H}})^{-1}(FF^{\mathrm{H}})^{-1}F^{\mathrm{H}} \tag{1.2.68}$$

用矩阵的初等行变换可以求出一个秩亏缺矩阵 $A_{m\times n}$ 的满秩分解，方法如下。

(1) 使用初等行变换将矩阵 $A$ 变成行简约阶梯形。

(2) 按照 $A$ 主元的列顺序组成满列秩矩阵 $F$ 的列向量。

(3) 按照行简约阶梯形的非零行顺序组成满行秩矩阵 $G$ 的行向量。最后，得到满秩分解 $A = FG$。

矩阵的 Moore-Penrose 伪逆的另一种计算方法为递推法。对矩阵 $A_{m\times n}$ 的前 $k$ 列进行分块 $A_k = [A_{k-1}\ a_k]$，其中 $a_k$ 是矩阵 $A$ 的第 $k$ 列，分块矩阵 $A_k$ 的 Moore-Penrose 逆矩阵 $A_k^{\dagger}$ 可以由 $A_{k-1}^{\dagger}$ 递推计算。具体方法如下。

(1) 设定初始值 $A_1^{\dagger} = a_1^{\dagger} = (a_1^{\mathrm{H}}a_1)^{-1}a_1^{\mathrm{H}}$。

(2) 当 $k = 2, 3, \cdots, n$ 时，计算

$$d_k = A_{k-1}^{\dagger}a_k$$

$$\boldsymbol{b}_k=\begin{cases}(1+\boldsymbol{d}_k^{\mathrm{H}}\boldsymbol{d}_k)^{-1}\boldsymbol{d}_k^{\mathrm{H}}\boldsymbol{A}_{k-1}^{\dagger}, & \boldsymbol{a}_k-\boldsymbol{A}_{k-1}\boldsymbol{d}_k=0\\(\boldsymbol{a}_k-\boldsymbol{A}_{k-1}\boldsymbol{d}_k)^{\dagger}, & \boldsymbol{a}_k-\boldsymbol{A}_{k-1}\boldsymbol{d}_k\neq 0\end{cases}$$

(3) $\boldsymbol{A}_k^{\dagger}=\begin{bmatrix}\boldsymbol{A}_{k-1}^{\dagger}-\boldsymbol{d}_k\boldsymbol{b}_k\\ \boldsymbol{b}_k\end{bmatrix}$。

## 1.3 凸优化理论基础

以凸优化为代表的最优化问题及其求解方法，已成为解决诸多科学与工程问题的有效工具之一，并已经被成功且广泛地应用于 MIMO 无线通信、信号处理和网络中的各种问题。本节主要介绍凸优化相关的基本概念和方法。

### 1.3.1 最优化问题的数学模型

**1. 一般形式**

最优化数学模型是对实际问题的数学描述，由设计变量、目标函数和约束条件 3 部分组成，分别表示如下。

(1) 设计变量：$x_1,x_2,\cdots,x_n$。

(2) 目标函数：$f_0(x_1,x_2,\cdots,x_n)$：$\mathbb{R}^n\to\mathbb{R}$。

第 2 集
微课视频

(3) 约束条件：$f_i(x_1,x_2,\cdots,x_n)\leqslant 0,i=1,2,\cdots,m$；$h_j(x_1,x_2,\cdots,x_n)=0,j=1,2,\cdots,p$。

通常用向量 $\boldsymbol{x}=(x_1,x_2,\cdots,x_n)^{\mathrm{T}}$ 表示 $n$ 个设计变量，用 min 和 max 分别表示极小化和极大化，用 s. t. 表示“受约束于”，最优化设计问题的数学模型一般可表示为向量形式的标准型，即

$$\begin{aligned}&\min f_0(\boldsymbol{x})\\&\text{s.t. } f_i(\boldsymbol{x})\leqslant 0,\quad i=1,2,\cdots,m\\&\quad\ \ h_j(\boldsymbol{x})=0,\quad j=1,2,\cdots,p\end{aligned}\tag{1.3.1}$$

且该优化问题的定义域为集合$\mathcal{D}=\left\{\bigcap_{i=0}^{m}\operatorname{dom}f_i\right\}\bigcap\left\{\bigcap_{i=1}^{p}\operatorname{dom}h_i\right\}$。

如果在所有满足约束的向量中，向量 $\boldsymbol{x}^*$ 对应的目标函数值最小，即对于任意满足约束 $f_1(\boldsymbol{x})\leqslant 0,\cdots,f_m(\boldsymbol{x})\leqslant 0$；$h_1(\boldsymbol{x})=0,\cdots,h_p(\boldsymbol{x})=0$ 的向量 $\boldsymbol{x}$，有 $f_0(\boldsymbol{x})\geqslant f_0(\boldsymbol{x}^*)$，那么称 $\boldsymbol{x}^*$ 为式(1.3.1)所表示的问题的最优解。

**2. 设计变量与设计空间**

在式(1.3.1)的优化模型中，设计变量(也称为优化变量)$\boldsymbol{x}=(x_1,x_2,\cdots,x_n)^{\mathrm{T}}$ 是一组待定的未知数。它的任意一组确定的数值代表了该优化问题一个特定的设计方案。设计变量有连续变量和离散变量之分。在建立优化模型时，应首先选取那些能够代表设计方案的关键性参数作为设计变量。

由线性代数可知，$n$ 个设计变量 $x_1,x_2,\cdots,x_n$ 可以构成一个 $n$ 维实欧氏空间，记作$\mathbb{R}^n$，称这样的空间为设计空间，称空间中的点为设计点。于是，每个设计点都对应设计变量的一

组确定的值,都代表设计问题的一个确定的解。设计空间就是最优化问题的解空间。最优化的目的就是要在设计空间内无穷多个设计点中找到一个既满足所有约束条件,又使目标函数取得极小值的点,称为最优点,它所代表的解称为设计空间的最优解。

**3. 约束条件和可行域**

优化问题一般都附带设计要求和限制条件,将这样的要求和限制表示成设计变量 $\boldsymbol{x}$ 的函数 $f_i(\boldsymbol{x})$ 和 $h_j(\boldsymbol{x})$,进而构成以下不等式约束和等式约束条件,即

$$\begin{cases} f_i(\boldsymbol{x}) \leqslant 0, & i=1,2,\cdots,m \\ h_j(\boldsymbol{x})=0, & j=1,2,\cdots,p \end{cases} \tag{1.3.2}$$

其中,函数 $f_i: \mathbb{R}^n \to \mathbb{R}, i=1,2,\cdots,m$ 和 $h_j: \mathbb{R}^n \to \mathbb{R}, j=1,2,\cdots,p$ 分别称为不等式约束函数和等式约束函数,$m$ 和 $p$ 分别表示不等式约束条件和等式约束条件的个数。

将不等式约束中的不等号改成等号后得到的方程 $f_i(\boldsymbol{x})=0$,称为约束方程,对应的图像称为约束边界。约束边界将设计空间一分为二,一部分区域内的所有点均满足原不等式约束,而另一部分区域内的点都不满足原不等式约束。等式约束 $h_j(\boldsymbol{x})=0$ 本身就是一种约束方程和约束边界。因此,每个不等式约束和等式约束都将设计空间分为满足约束和不满足约束的两个区域。满足所有约束条件的部分构成的区域,称为最优化问题的约束可行域、约束集或可行集,用集合 $\mathcal{C}$ 表示,即

$$\mathcal{C}=\{\boldsymbol{x} \mid \boldsymbol{x} \in \mathcal{D}, f_i(\boldsymbol{x}) \leqslant 0, i=1,2,\cdots,m, h_j(\boldsymbol{x})=0, j=1,2,\cdots,p\} \tag{1.3.3}$$

**4. 目标函数**

目标函数 $f_0(\boldsymbol{x})$ 是关于设计变量的函数,通常代表设计问题的某项技术经济性能指标,是衡量优化问题设计方案优劣的定量标准。不同的优化设计问题有不同的方案评价标准,对应不同的目标函数。实际工程问题中,一个优化设计问题通常有多种评价设计方案优劣的技术经济指标,就构成了多个目标函数或优化目标。

当一个设计问题只有一个目标函数时,称该优化问题为单目标最优化问题;当优化问题同时有多个目标函数时,则称为多目标最优化问题。

多目标最优化问题一般不可能存在使每个目标都同时达到最优的完全最优解。这是因为,这些目标往往是相互矛盾的,对于一个目标较好的设计方案对另外的目标则不一定好,甚至会导致较差。另外,不同目标的重要性也不完全相同。因此,在多目标优化设计问题中,往往只能求得对每个设计目标都相对比较满意的折中方案,即相对最优有效解或称有效解。

## 1.3.2 凸集、凸函数与凸优化

**1. 凸集**

设 $S$ 为 $n$ 维欧氏空间 $\mathbb{R}^n$ 中的一个集合,若 $S$ 中任意两点所构成的线段仍属于 $S$,即对于 $S$ 中任意 $\boldsymbol{x}, \boldsymbol{y}$,任意 $\alpha, \beta \in \mathbb{R}$ 且满足 $\alpha+\beta=1, \alpha \geqslant 0, \beta \geqslant 0$,有

$$\alpha \boldsymbol{x}+\beta \boldsymbol{y} \in S \tag{1.3.4}$$

成立,则称 $S$ 为凸集。

**2. 凸函数**

设 $S$ 为 $\mathbb{R}^n$ 中的非空凸集,$f$ 为定义在集合 $S$ 上的函数,若对任意 $\boldsymbol{x}, \boldsymbol{y} \in \operatorname{dom} f$,任意的

$\alpha,\beta\in\mathbb{R}$ 且满足 $\alpha+\beta=1,\alpha\geqslant 0,\beta\geqslant 0$，都有不等式

$$f(\alpha\boldsymbol{x}+\beta\boldsymbol{y})\leqslant\alpha f(\boldsymbol{x})+\beta f(\boldsymbol{y})\tag{1.3.5}$$

成立，则称 $f$ 为 $S$ 上的凸函数。

如果对任意 $\boldsymbol{x},\boldsymbol{y}\in\mathrm{dom}f$，任意 $\alpha,\beta\in\mathbb{R}$ 且满足 $\alpha+\beta=1,\alpha\geqslant 0,\beta\geqslant 0$，都有不等式

$$f(\alpha\boldsymbol{x}+\beta\boldsymbol{y})<\alpha f(\boldsymbol{x})+\beta f(\boldsymbol{y})\tag{1.3.6}$$

成立，则称 $f$ 为 $S$ 上的严格凸函数。

如果 $-f$ 为 $S$ 上的凸函数，则称 $f$ 为 $S$ 上的凹函数。

**3. 凸优化**

考虑式(1.3.1)的优化问题。如果目标函数 $f_0(\boldsymbol{x})$ 是凸函数，式(1.3.3)定义的约束集 $\mathcal{C}$ 是凸集，且不等式约束函数 $f_i(\boldsymbol{x})$ 是凸函数，等式约束函数 $h_i(\boldsymbol{x})$ 是线性函数，那么称式(1.3.1)的优化问题为凸规划，也称为凸优化问题。

注意，如果 $f_1,f_2,\cdots,f_m$ 是凸的，且 $h_1,h_2,\cdots,h_p$ 是仿射函数，即 $h_i:\mathbb{R}^n\rightarrow\mathbb{R}^p$ 为

$$h_i(\boldsymbol{x})=\boldsymbol{A}\boldsymbol{x}+\boldsymbol{b}\quad i=1,2,\cdots,p\tag{1.3.7}$$

其中，$\boldsymbol{A}\in\mathbb{R}^{p\times n}$，$\boldsymbol{b}\in\mathbb{R}^p$，那么 $\mathcal{C}$ 是凸集。因此，凸问题的标准形式定义为

$$\begin{aligned}&\min\ f_0(\boldsymbol{x})\\&\text{s.t.}\ f_i(\boldsymbol{x})\leqslant 0,\quad i=1,2,\cdots,m\\&\qquad \boldsymbol{A}\boldsymbol{x}=\boldsymbol{b}\end{aligned}\tag{1.3.8}$$

换句话说，一个标准形式的凸优化问题要求目标函数是凸的，且具有的可行集

$$\mathcal{C}=\{\boldsymbol{x}\mid\boldsymbol{x}\in\mathcal{D},f_i(\boldsymbol{x})\leqslant 0,i=1,2,\cdots,m,\boldsymbol{A}\boldsymbol{x}=\boldsymbol{b}\}\tag{1.3.9}$$

也是凸的。

**定理**(全局最优性)：对于式(1.3.8)定义的凸优化问题，任意局部最优解必定为全局最优解。

凸优化是最优化问题中非常重要的一类，它具有全局最优性等很好的性质，且针对凸优化问题存在一些有效的算法，可应用 MATLAB 的 CVX 优化工具或 LINGO 等优化软件工具方便地求解。因此，凸优化理论在无线通信信号处理与资源分配应用中有着非常关键的作用。

### 1.3.3 函数凸性判定

**1. 凸函数判定定理**

本质上，凸优化是在凸集约束下对凸(或凹)目标函数的极小化(或极大化)。给定一个定义在凸集 $\mathcal{C}$ 上的目标函数 $f_0(\boldsymbol{x})$：$\mathcal{C}\rightarrow\mathbb{R}$，如何判定该函数是否是凸函数尤为关键。凸函数的判定方法分为一阶条件和二阶条件。

**定理**(凸函数判定的一阶条件)：函数 $f$：$\mathbb{R}^n\rightarrow\mathbb{R}$ 可微且为凸函数，当且仅当 $\mathrm{dom}f$ 是凸集，且

$$f(\boldsymbol{y})\geqslant f(\boldsymbol{x})+\nabla f(\boldsymbol{x})^{\mathrm{T}}(\boldsymbol{y}-\boldsymbol{x}),\quad\forall\,\boldsymbol{x},\boldsymbol{y}\in\mathrm{dom}\ f\tag{1.3.10}$$

其中，$\nabla f(\boldsymbol{x})$ 为函数的一阶导数，称为梯度，$\nabla f(\boldsymbol{x})=\left[\dfrac{\mathrm{d}f(\boldsymbol{x})}{\mathrm{d}x_1},\dfrac{\mathrm{d}f(\boldsymbol{x})}{\mathrm{d}x_2},\cdots,\dfrac{\mathrm{d}f(\boldsymbol{x})}{\mathrm{d}x_n}\right]^{\mathrm{T}}$。

**定理**(凸函数判定的二阶条件)：函数 $f$：$\mathbb{R}^n\rightarrow\mathbb{R}$ 是二次可微函数且为凸函数，当且仅当 $\mathrm{dom}f$ 是凸集，且 $f$ 的 Hessian 矩阵是半正定矩阵，即

$$\nabla^2 f(\boldsymbol{x}) \geq 0, \quad \forall \boldsymbol{x} \in \text{dom}\ f \tag{1.3.11}$$

其中，$\nabla^2 f(\boldsymbol{x})$为函数 $f: \mathbb{R}^n \to \mathbb{R}$ 的二阶导数，称为 Hessian 矩阵，即

$$\nabla^2 f(\boldsymbol{x}) = \begin{bmatrix} \dfrac{\partial^2 f(\boldsymbol{x})}{\partial x_1^2} & \cdots & \dfrac{\partial^2 f(\boldsymbol{x})}{\partial x_1 \partial x_n} \\ \vdots & \ddots & \vdots \\ \dfrac{\partial^2 f(\boldsymbol{x})}{\partial x_n \partial x_1} & \cdots & \dfrac{\partial^2 f(\boldsymbol{x})}{\partial x_n^2} \end{bmatrix} \tag{1.3.12}$$

**2. 上境图**

函数 $f: \mathbb{R}^n \to \mathbb{R}$ 的上境图定义为

$$\text{epi}\ f = \{(\boldsymbol{x}, \boldsymbol{t}) \mid x \in \text{dom}\ f, f(\boldsymbol{x}) \leqslant t\} \subseteq \mathbb{R}^{n+1} \tag{1.3.13}$$

其中，epi 取意于单词 Epigraph，表示"在函数图像之上"。函数的上境图是由该函数定义的一个集合，它是$\mathbb{R}^{n+1}$ 空间的一个子集。该集合在图像上是 $f(\boldsymbol{x})$上面的部分。

epi$f$ 的凸性与相应的函数 $f$ 的凸性有很强的关系，如下所述。

(1) 当且仅当 epi$f$ 是凸集时，$f$ 是凸函数。

(2) 当且仅当 epi$f$ 是严格凸集时，$f$ 是严格凸函数。

定义(一个非凸函数的凸包络)：函数 $f: \mathbb{R}^n \to \mathbb{R}$ (凸函数)的凸包络被定义为

$$g_f(\boldsymbol{x}) = \inf\{t \mid (\boldsymbol{x}, t) \in \text{convepi}\ f\}, \text{dom}\ g_f = \text{dom}\ f \tag{1.3.14}$$

其中，dom $f$ 代表函数 $f$ 的定义域，dom $f$ 是凸的；conv(·)代表集合的凸包。式(1.3.14)表明，对于任意 $\boldsymbol{x}$，有 epi $g_f$ = conv(epi $f$)和 $g_f(\boldsymbol{x}) \leqslant f(\boldsymbol{x})$。

## 1.3.4 保凸运算

基于以下操作可进一步构造新的凸函数或凹函数，这些操作可用于对优化问题进行凸分析。

**1. 非负加权和**

若函数 $f_1, f_2, \cdots, f_m$ 是凸函数且$w_1, w_2, \cdots, w_m \geqslant 0$，则函数$\sum_{i=1}^{m} w_i f_i$ 也为凸函数，即任意多个凸函数的非负加权的线性组合也为凸函数。类似地，凹函数的非负加权和仍然是凹函数。严格凸(凹) 函数的非负非零加权求和是严格凸(凹) 函数。

该性质可以扩展至无限项的求和以及积分的情形。即对于任意 $\boldsymbol{y} \in \mathcal{A}$和 $w(\boldsymbol{y}) \geqslant 0$，$f(\boldsymbol{x}, \boldsymbol{y})$ 关于 $\boldsymbol{x}$ 是凸函数，那么函数 $g(\boldsymbol{x}) = \int_{\mathcal{A}} w(\boldsymbol{y}) f(\boldsymbol{x}, \boldsymbol{y}) \mathrm{d}\boldsymbol{y}$ 关于 $\boldsymbol{x}$ 是凸函数(若此积分存在)。

**2. 仿射映射集合**

仿射映射集合定义：若函数 $f: \mathbb{R}^n \to \mathbb{R}$ 为凸函数，则函数 $g(\boldsymbol{x}) = f(\boldsymbol{A}\boldsymbol{x} + \boldsymbol{b})$也为凸函数，其中 $\boldsymbol{A} \in \mathbb{R}^{n \times m}, \boldsymbol{b} \in \mathbb{R}^n, \boldsymbol{x} \in \mathbb{R}^m$，dom $g = \{\boldsymbol{A}\boldsymbol{x} + \boldsymbol{b} \in \text{dom}\ f\}$；若函数 $f$ 是凹函数，则函数 $g$ 也是凹函数。

**3. 延拓函数**

设 $h(\boldsymbol{x})$: dom $h \to \mathbb{R}$ 是一个凸(或凹)函数，其定义域为 dom $h \subset \mathbb{R}^n$。定义 $h$ 的延拓函

数$\tilde{h}(x)$，dom $\tilde{h}=\mathbb{R}^n$，即函数定义域扩展到整个空间$\mathbb{R}^n$。当$\boldsymbol{x}\in$ dom $h$ 时，$\tilde{h}$ 与$h$ 取相同值；当$\boldsymbol{x}\notin$ dom $h$ 时，如果$h$ 为凸(或凹)函数，$\tilde{h}(\boldsymbol{x})=+\infty$(或$-\infty$)。延拓函数$\tilde{h}(\boldsymbol{x})$不影响原函数$h(\boldsymbol{x})$的凹凸性。

**4. 复合函数**

设$f(\boldsymbol{x})=h[g(\boldsymbol{x})]$，其中$h:\mathbb{R}\to\mathbb{R}$，$g:\mathbb{R}^n\to\mathbb{R}$，则有如下关于复合函数凸性的判断结论。

(1) 若函数$h$ 和$g$ 均为凸(或凹)函数，且$\tilde{h}(\boldsymbol{x})$为非减函数，则$f$ 为凸(或凹)函数。

(2) 若函数$h$ 为凸(或凹)函数，$g$ 也为凹(或凸)函数，且$\tilde{h}(\boldsymbol{x})$为非增函数，则$f$ 为凸(或凹)函数。

【例 1.3.1】 已知$h(\boldsymbol{x})=\log\boldsymbol{x}$，dom $h\in\mathbb{R}_{++}$，判断其延拓函数$\tilde{h}(\boldsymbol{x})$的性质。

解 $h(\boldsymbol{x})$是凹的，$\tilde{h}(\boldsymbol{x})$是凹且非减的。

【例 1.3.2】 已知$h(\boldsymbol{x})=\boldsymbol{x}^{\frac{1}{2}}$，dom $h\in\mathbb{R}_+$，判断其延拓函数$\tilde{h}(\boldsymbol{x})$的性质。

解 $h(\boldsymbol{x})$是凹的，$\tilde{h}(\boldsymbol{x})$是凹且非减的。

【例 1.3.3】 已知$h(\boldsymbol{x})=\boldsymbol{x}^2$，dom $h\in\mathbb{R}_+$，判断其延拓函数$\tilde{h}(\boldsymbol{x})$的性质。

解 $h(\boldsymbol{x})$是凸的，$\tilde{h}(\boldsymbol{x})$是凸的，但既非增也非减的。

**5. 逐点最大(小)函数**

如果函数$f_1$ 和$f_2$ 均为凸函数，则二者的逐点最大函数$f(\boldsymbol{x})=\max\{f_1(\boldsymbol{x}),f_2(\boldsymbol{x})\}$也是凸函数，其定义域 dom $f=$ dom $f_1(\boldsymbol{x})\cap$ dom $f_2(\boldsymbol{x})$。

该结论可以扩展到多个函数的逐点最大函数情形。即如果函数$f_1,f_2,\cdots,f_m$ 均为凸函数，则它们的逐点最大函数$f(\boldsymbol{x})=\max\{f_1(\boldsymbol{x}),f_2(\boldsymbol{x}),\cdots,f_m(\boldsymbol{x})\}$仍是凸函数。

类似地，如果函数$f_1$ 和$f_2$ 均为凹函数，则二者的逐点最小函数$f(\boldsymbol{x})=\min\{f_1(\boldsymbol{x}),f_2(\boldsymbol{x})\}$也是凹函数，其定义域 dom $f=$ dom $f_1(\boldsymbol{x})\cap$ dom $f_2(\boldsymbol{x})$。同样地，该结论也可以扩展到多个函数的逐点最小函数情形。

**6. 上(下)确界**

逐点最大的性质可以扩展至无限个凸函数的逐点上确界。如果对于任意$\boldsymbol{y}\in\mathcal{A}$，$f(\boldsymbol{x},\boldsymbol{y})$关于$\boldsymbol{x}$ 是凸函数，其定义域为 dom $f_{\boldsymbol{y}}$，那么其上确界函数

$$\tilde{g}(\boldsymbol{x})=\sup_{\boldsymbol{y}\in\mathcal{A}} f(\boldsymbol{x},\boldsymbol{y}) \tag{1.3.15}$$

在 dom $\tilde{g}=\bigcap_{\boldsymbol{y}\in\mathcal{A}}$ dom $f_{\boldsymbol{y}}$ 上关于$\boldsymbol{x}$ 也是凸函数。

类似地，如果对于任意$\boldsymbol{y}\in\mathcal{A}$，$f(\boldsymbol{x},\boldsymbol{y})$关于$\boldsymbol{x}$ 是凹函数，其定义域为 dom $f_{\boldsymbol{y}}$，那么其下确界函数

$$\tilde{g}(\boldsymbol{x})=\inf_{\boldsymbol{y}\in\mathcal{A}} f(\boldsymbol{x},\boldsymbol{y}) \tag{1.3.16}$$

在 dom $\tilde{g}=\bigcap_{\boldsymbol{y}\in\mathcal{A}}$ dom $f_{\boldsymbol{y}}$ 上关于$\boldsymbol{x}$ 也是凹函数。

**7. 透视函数**

函数$f:\mathbb{R}^n\to\mathbb{R}$ 的透视函数$g:\mathbb{R}^{n+1}\to\mathbb{R}$ 定义为$g(\boldsymbol{x},t)=tf(\boldsymbol{x}/t)$，其定义域为 dom $g=\{(\boldsymbol{x},t)\,|\,\boldsymbol{x}/t\in$ dom $f,t>0\}$。

透视运算是保凸运算，即如果函数$f(\boldsymbol{x})$是凸函数，则其透视函数$g(\boldsymbol{x},t)$也是凸函数。类似地，如果函数$f(\boldsymbol{x})$是凹函数，则其透视函数$g(\boldsymbol{x},t)$也是凹函数。

**8. 共轭函数**

设函数 $f: \mathbb{R}^n \to \mathbb{R}$,定义它的共轭函数 $f^*: \mathbb{R}^n \to \mathbb{R}$ 为

$$f^*(\boldsymbol{u}) = \sup_{x \in \mathrm{dom}\, f} \{\boldsymbol{u}^{\mathrm{T}}\boldsymbol{x} - f(\boldsymbol{x})\} \tag{1.3.17}$$

其定义域 $\mathrm{dom}\, f^* = \{\boldsymbol{u} \mid f^*(\boldsymbol{u}) < \infty\}$。无论 $f$ 是否是凸函数,它的共轭函数都是凸函数。

【例 1.3.4】 设 $f(x) = -\log x$,求它的共轭函数。

解 $f(x)$ 的共轭函数为

$$f^*(u) = \sup_{x > 0}\{ux + \log x\}$$

对于固定的 $u$,令 $ux + \log x$ 对 $x$ 的导数为 0,得到 $u + \frac{1}{x} = 0$。将其代入消去 $x$,得到

$$f^*(u) = -\log(-u) - 1$$

## 1.3.5 拉格朗日对偶法

对偶理论在理解和求解优化问题中起着关键作用。利用对偶可以从对偶问题最大化的角度分析原始问题的最小化。

本节针对一般不等式约束的凸优化问题,就对偶基础理论、强对偶性问题(即原始问题和对偶问题具有相同最优值)的 Slater 条件及 KKT 条件(Karush-Kuhn-Tucker Conditions)进行阐述。

**1. 拉格朗日对偶函数**

考虑一个优化问题(注意,此处并未假设是凸优化问题),并表示为

$$\begin{aligned} &\min f_0(\boldsymbol{x}) \\ &\text{s.t. } f_i(\boldsymbol{x}) \leqslant 0, \quad i = 1, 2, \cdots, m \\ &\qquad h_j(\boldsymbol{x}) = 0, \quad j = 1, 2, \cdots, p \end{aligned} \tag{1.3.18}$$

其中,自变量 $\boldsymbol{x} \in \mathbb{R}^n$。设问题的定义域 $\mathcal{D} = \bigcap_{i=1}^{m} \mathrm{dom}\, f_i \bigcap_{j=1}^{p} \mathrm{dom}\, h_j$ 是非空集合,且优化问题的最优值为 $p^*$。

拉格朗日对偶的基本思想是在目标函数中考虑式(1.3.18)的约束条件,即添加约束条件的加权和,得到增广的目标函数。

定义式(1.3.18)的拉格朗日对偶函数 $\mathcal{L}: \mathbb{R}^n \times \mathbb{R}^m \times \mathbb{R}^p \to \mathbb{R}$ 为

$$\mathcal{L}(\boldsymbol{x}, \boldsymbol{\lambda}, \boldsymbol{\nu}) = f_0(\boldsymbol{x}) + \sum_{i=1}^{m} \lambda_i f_i(\boldsymbol{x}) + \sum_{j=1}^{p} v_j h_j(\boldsymbol{x}) \tag{1.3.19}$$

其中,定义域为 $\mathrm{dom}\, \mathcal{L} = \mathcal{D} \times \mathbb{R}^m \times \mathbb{R}^p$;$\lambda_i$ 为第 $i$ 个不等式 $f_i(\boldsymbol{x}) \leqslant 0$ 对应的拉格朗日乘子;$v_j$ 为第 $j$ 个等式 $h_j(\boldsymbol{x}) = 0$ 对应的拉格朗日乘子;称向量 $\boldsymbol{\lambda}$ 和 $\boldsymbol{\nu}$ 为对偶变量或是式(1.3.18)的拉格朗日乘子向量。

定义相应的拉格朗日对偶函数(简称对偶函数)为 $g: \mathbb{R}^m \times \mathbb{R}^p \to \mathbb{R}$,表示为

$$g(\boldsymbol{\lambda}, \boldsymbol{\nu}) \triangleq \inf_{x \in \mathcal{D}} \mathcal{L}(\boldsymbol{x}, \boldsymbol{\lambda}, \boldsymbol{\nu}) = \inf_{x \in \mathcal{D}} \left[f_0(\boldsymbol{x}) + \sum_{i=1}^{m} \lambda_i f_i(\boldsymbol{x}) + \sum_{j=1}^{p} v_j h_j(\boldsymbol{x})\right] \tag{1.3.20}$$

其定义域是对于 $\boldsymbol{\lambda} \in \mathbb{R}^m$ 和 $\boldsymbol{\nu} \in \mathbb{R}^p$ 的,即

$$\mathrm{dom}\, g = \{(\boldsymbol{\lambda}, \boldsymbol{\nu}) \mid g(\boldsymbol{\lambda}, \boldsymbol{\nu}) \mid > -\infty\} \tag{1.3.21}$$

如果拉格朗日对偶函数关于 $\boldsymbol{x}$ 无下界，则对偶函数取值为 $-\infty$。因为对偶函数是一族关于 $(\boldsymbol{\lambda},\boldsymbol{\nu})$ 仿射函数的逐点下确界，所以即使原式(1.3.18)不是凸的，对偶函数也是关于 $(\boldsymbol{\lambda},\boldsymbol{\nu})$ 的凹函数。当 $\boldsymbol{\lambda}\succeq 0$ 且原式(1.3.18)是一个凸问题时，式(1.3.20)也是一个凸问题。

**定理** 对任意 $\boldsymbol{\lambda}\succeq 0$ 和 $\boldsymbol{\nu}$，有

$$g(\boldsymbol{\lambda},\boldsymbol{\nu})\leqslant p^* \tag{1.3.22}$$

即原式(1.3.18)的最优值是其对偶函数的上界。也就是说，对于任意一组 $(\boldsymbol{\lambda},\boldsymbol{\nu})$，其中 $\boldsymbol{\lambda}\succeq 0$，拉格朗日对偶函数给出了原式(1.3.18)的最优值 $p^*$ 的一个下界。

为求得拉格朗日函数的最好下界，可以将这个问题表述为优化问题，即

$$\begin{aligned}&\max\ g(\boldsymbol{\lambda},\boldsymbol{\nu})\\&\text{s.t.}\ \boldsymbol{\lambda}\succeq 0\end{aligned} \tag{1.3.23}$$

该问题称为式(1.3.18)的拉格朗日对偶问题。它的最优解 $(\boldsymbol{\lambda}^*,\boldsymbol{\nu}^*)$ 称为对偶最优解或最优拉格朗日乘子。

拉格朗日对偶函数式(1.3.23)是一个凸优化问题，这是因为对偶函数是一族关于 $(\boldsymbol{\lambda},\boldsymbol{\nu})$ 的仿射函数(也是凹函数)的逐点下确界，故对偶函数 $g$ 也是关于 $(\boldsymbol{\lambda},\boldsymbol{\nu})$ 的凹函数。因此，对偶问题的凸性与原式(1.3.18)是否为凸优化问题无关。这也揭示出研究对偶问题的意义：无论原问题是凸还是非凸，对偶问题都是凸优化问题。通过将原问题转化为对偶问题，就有了将复杂优化问题简单化的可能性，并能够求得原问题的全局最优解。

**2. 弱对偶性与强对偶性**

拉格朗日对偶问题的最优值用 $d^*$ 表示。根据式(1.3.22)可知，$d^*$ 是原问题最优解 $p^*$ 的一个下界，故有

$$d^*\leqslant p^* \tag{1.3.24}$$

即使原问题不是凸问题，式(1.3.24)也成立。这个性质称为弱对偶性。

定义差值 $p^*-d^*$ 是原问题的最优对偶间隙。它给出了原问题最优值以及通过拉格朗日对偶函数所能得到的最好(最大)下界之间的差值。最优对偶间隙总是非负的。

当原问题很难求解时，弱对偶不等式(1.3.24)可以给出原问题最优值的一个下界，这是因为对偶问题总是凸问题，而且在很多情况下都可以进行有效的求解得到 $d^*$。

如果等式

$$d^*=p^* \tag{1.3.25}$$

成立，即最优对偶间隙为零，则称强对偶性成立。

**3. Slater 条件**

凸问题往往具有强对偶性，但并不总是成立。考虑由式(1.3.18)给出的标准凸优化问题，并且其等式约束为仿射函数，即

$$\begin{aligned}&\min\ f_0(\boldsymbol{x})\\&\text{s.t.}\ f_i(\boldsymbol{x})\leqslant 0,\quad i=1,2,\cdots,m\\&\qquad \boldsymbol{A}\boldsymbol{x}=\boldsymbol{b}\end{aligned} \tag{1.3.26}$$

其中，函数 $f_0,f_1,\cdots,f_m$ 是凸函数；$\boldsymbol{A}=[\boldsymbol{a}_1,\boldsymbol{a}_2,\cdots,\boldsymbol{a}_p]^{\mathrm{T}}\in\mathbb{R}^{p\times n}$；$\boldsymbol{b}=[b_1,b_2,\cdots,b_p]^{\mathrm{T}}$。

该凸问题具有强对偶性的一个充分条件如下。

Slater 条件：存在一点 $\boldsymbol{x}\in\operatorname{relint}\mathcal{D}$(集合 $\mathcal{D}$ 的相对内部)，使得

$$f_i(\boldsymbol{x})<0,\quad i=1,2,\cdots,m,\quad \boldsymbol{A}\boldsymbol{x}=\boldsymbol{b} \tag{1.3.27}$$

成立。

当 Slater 条件成立且原问题是凸问题时，强对偶性成立。若 Slater 条件成立，对于具有二次目标函数和一个二次不等式约束的优化问题，强对偶性总是成立。

**4. 互补松弛性**

令 $\boldsymbol{x}^*$ 和$(\boldsymbol{\lambda}^*,\boldsymbol{\nu}^*)$分别为原式(1.3.18)和其对偶函数式(1.3.23)的最优解，则 $f_i(\boldsymbol{x}^*)\leqslant 0$，$i=1,2,\cdots,m$，$h_j(\boldsymbol{x}^*)=0$，$j=1,2,\cdots,p$ 且 $\boldsymbol{\lambda}^*\geq\boldsymbol{0}_m$。当强对偶性成立时，条件

$$\lambda_i^* f_i(\boldsymbol{x}^*)=0,\quad i=1,2,\cdots,m \tag{1.3.28}$$

一定成立。也就是说，此时一定有

$$\boldsymbol{0}_m \leq \boldsymbol{\lambda}^* \perp \boldsymbol{f}(\boldsymbol{x}^*) \leq \boldsymbol{0}_m \tag{1.3.29}$$

其中，$\boldsymbol{f}(\boldsymbol{x}^*)=[f_1(\boldsymbol{x}^*),f_2(\boldsymbol{x}^*),\cdots,f_m(\boldsymbol{x}^*)]^{\mathrm{T}}$，即形如式(1.3.19)中$\mathcal{L}(\boldsymbol{x}^*,\boldsymbol{\lambda}^*,\boldsymbol{\nu}^*)$的第 2 项$\sum_{i=1}^{m}\lambda_i^* f_i(\boldsymbol{x}^*)=0$。该条件表明

$$\lambda_i^*>0\Rightarrow f_i(\boldsymbol{x}^*)=0 \tag{1.3.30a}$$

$$f_i(\boldsymbol{x}^*)<0\Rightarrow\lambda_i^*=0 \tag{1.3.30b}$$

**定理** 如果优化问题具有强对偶性，且该优化问题的目标函数和不等式约束 $f_i(i=0,1,\cdots,m)$及等式约束函数 $h_j(j=1,2,\cdots,p)$ 均可微，则由式(1.3.20)可知 $\boldsymbol{x}=\boldsymbol{x}^*$ 成立的必要条件为$\nabla_x\mathcal{L}(\boldsymbol{x},\boldsymbol{\lambda}^*,\boldsymbol{\nu}^*)=0$。

因此，通过对偶问题求解原问题是可能的一种方法。假设强对偶性成立，并且通过求解对偶问题得到了最优解$(\boldsymbol{\lambda}^*,\boldsymbol{\nu}^*)$，则可以找到无约束最优化问题 $\min_x\mathcal{L}(\boldsymbol{x},\boldsymbol{\lambda}^*,\boldsymbol{\nu}^*)$的解集。进而通过这个解集可以找到最优的 $\boldsymbol{x}^*$，并且原问题的目标最小值为 $f_0(\boldsymbol{x}^*)=g(\boldsymbol{\lambda}^*,\boldsymbol{\nu}^*)$。

**5. KKT 条件**

求解优化问题的过程可以转化为寻找满足 KKT 条件的解的过程。假设函数 $f_0,f_1,\cdots,f_m,h_1,h_2,\cdots,h_p$ 均可微，则式(1.3.18)(不一定为凸)和式(1.3.23)(凸的)分别对应的原最优解 $\boldsymbol{x}^*$ 和对偶最优解$(\boldsymbol{\lambda}^*,\boldsymbol{\nu}^*)$的 KKT 条件如下。

$$\nabla f_0(\boldsymbol{x}^*)+\sum_{i=1}^{m}\lambda_i^*\ \nabla f_i(\boldsymbol{x}^*)+\sum_{j=1}^{p}\nu_j^*\ \nabla h_j(\boldsymbol{x}^*)=0 \tag{1.3.31a}$$

$$f_i(\boldsymbol{x}^*)\leqslant 0,\quad i=1,2,\cdots,m \tag{1.3.31b}$$

$$h_j(\boldsymbol{x}^*)=0,\quad j=1,2,\cdots,p \tag{1.3.31c}$$

$$\lambda_i^*\geqslant 0,\quad i=1,2,\cdots,m \tag{1.3.31d}$$

$$\lambda_i^* f_i(\boldsymbol{x}^*)=0,\quad i=1,2,\cdots,m \tag{1.3.31e}$$

其中，式(1.3.31b)和式(1.3.31c)所给出的 KKT 条件实际上是原问题的不等式和等式约束；而式(1.3.31a)(关于$(\boldsymbol{\lambda},\boldsymbol{\nu})$的等式约束)和式(1.3.31d)(不等式约束)实际上是对偶问题的约束；式(1.3.31e)给出了互补松弛性，它结合了原问题和对偶问题的不等式约束函数。

KKT 条件在求解优化问题中的作用可归纳为以下 3 点。

(1) 对于强对偶性的问题，KKT 条件是最优性的必要条件。可以证明，如果 $\boldsymbol{x}^*$ 和$(\boldsymbol{\lambda}^*,\boldsymbol{\nu}^*)$分别是原问题的最优解和对偶问题的最优解，则 KKT 条件一定成立。

(2) 如果最优化问题不具有强对偶性，在适当的假设下，KKT 条件是局部最优的必要

条件，即如果 $\boldsymbol{x}^*$ 是局部最优且 $\boldsymbol{x}^*$ 是正则点，那么存在 $\boldsymbol{\lambda}^*=(\lambda_1^*,\lambda_2^*,\cdots,\lambda_m^*)\geq 0$ 和 $\boldsymbol{\nu}^*$，且对于任意 $i\notin\mathcal{I}(\boldsymbol{x}^*)$，有 $\lambda_i^*=0$，使得 KKT 条件成立。其中，$\mathcal{I}(\boldsymbol{x}^*)$ 是不等式约束中有效约束的索引集，即

$$\mathcal{I}(\boldsymbol{x}^*)\triangleq\{f_i(\boldsymbol{x}^*)=0\} \tag{1.3.32}$$

如果向量 $\nabla f_i(\boldsymbol{x}^*)$ 和 $\nabla h_i(\boldsymbol{x}^*)$ 对任意 $i\in\mathcal{I}(\boldsymbol{x}^*)$，$1\leqslant j\leqslant p$ 是线性独立的，则称 $\boldsymbol{x}^*$ 是一个正则点。

(3) 对于强对偶性的凸问题（如当满足 Slater 条件时），KKT 条件是最优性的充分必要条件，即当且仅当 KKT 条件成立时，$\boldsymbol{x}^*$ 和 $(\boldsymbol{\lambda}^*,\boldsymbol{\nu}^*)$ 分别是原问题的最优解和对偶问题的最优解。注意：KKT 条件不是对可行解的约束。

### 1.3.6 线性规划和二次规划

**1. 线性规划**

1) 线性规划问题的一般形式

线性规划(Linear Programming，LP)和二次规划(Quadratic Programming，QP)是两类重要的凸优化问题，已经被广泛应用于无线通信信号处理问题。

线性规划问题的标准形式为

$$\begin{aligned}&\min\ \boldsymbol{c}^{\mathrm{T}}\boldsymbol{x}\\&\text{s.t.}\ \boldsymbol{A}\boldsymbol{x}=\boldsymbol{b}\\&\qquad\boldsymbol{x}\geq 0\end{aligned} \tag{1.3.33}$$

其中，$\boldsymbol{c}\in\mathbb{R}^n$，$\boldsymbol{x}\in\mathbb{R}^n$，$\boldsymbol{A}\in\mathbb{R}^{m\times n}$，$\boldsymbol{b}\in\mathbb{R}^m$，且 $m<n$，$\mathrm{rank}(\boldsymbol{A})=m$。不失一般性，假设 $\boldsymbol{b}\geq 0$，如果列向量中的第 $i$ 个元素是负数，那么在第 $i$ 个约束方程两边同乘以 $-1$，就可以满足方程的右端项大于零。根据实际应用问题所建立的线性规划模型在形式上未必是标准型，对于不同类型的非标准型可采用相应的方法，转化为线性规划的标准型。一个线性规划问题的最优解可以通过单纯形及其改进方法或内点法迭代求得。

2) $\ell_\infty$ 范数问题

$\ell_\infty$ 范数问题定义为

$$\min\ \|\boldsymbol{A}\boldsymbol{x}-\boldsymbol{b}\|_\infty \tag{1.3.34}$$

其中，$\boldsymbol{A}\in\mathbb{R}^{m\times n}$；$\boldsymbol{b}\in\mathbb{R}^m$。利用上境图，式(1.3.34)可转化为 LP 问题，即

$$\begin{aligned}&\min\ t\\&\text{s.t.}\ \max_{i=1,2,\cdots,m}|r_i|\leqslant t\\&\qquad\boldsymbol{r}=\boldsymbol{A}\boldsymbol{x}-\boldsymbol{b}\end{aligned}\quad\Leftrightarrow\quad\begin{aligned}&\min\ t\\&\text{s.t.}\ -t\mathbf{1}_m\leq\boldsymbol{r}\leq t\mathbf{1}_m\\&\qquad\boldsymbol{r}=\boldsymbol{A}\boldsymbol{x}-\boldsymbol{b}\end{aligned} \tag{1.3.35}$$

其中，$\boldsymbol{r}$ 为辅助变量；$\boldsymbol{x}$、$\boldsymbol{r}$ 和 $t$ 均为未知变量。

3) $\ell_1$ 范数问题

$\ell_1$ 范数问题定义为

$$\min\ \|\boldsymbol{A}\boldsymbol{x}-\boldsymbol{b}\|_1 \tag{1.3.36}$$

其中，$\boldsymbol{A}\in\mathbb{R}^{m\times n}$；$\boldsymbol{b}\in\mathbb{R}^m$。利用上境图，式(1.3.36)可转化为 LP 问题，即

$$
\begin{array}{ll}
\min \sum_{i=1}^{m} |r_i| & \qquad \min \sum_{i=1}^{m} |t_i| \\
\text{s.t. } \boldsymbol{r}=\boldsymbol{A}\boldsymbol{x}-\boldsymbol{b} \quad \Leftrightarrow & \qquad \text{s.t. } -t_i \leqslant r_i \leqslant t_i, i=1,2,\cdots,m \\
 & \qquad \boldsymbol{r}=\boldsymbol{A}\boldsymbol{x}-\boldsymbol{b}
\end{array}
\tag{1.3.37}
$$

其中，$\boldsymbol{r}$ 为辅助变量；$\boldsymbol{x}$、$\boldsymbol{r}$ 和 $t_i, i=1,2,\cdots,m$ 均为未知变量。

**2. 二次规划**

1）二次规划问题

二次规划问题是指目标函数为二次函数，约束条件是线性等式或不等式的最优化问题。它是非线性规划中最简单且研究最成熟的一类问题，可以通过有限次迭代求得精确解。很多非线性规划可以转化为一系列二次规划问题，因此二次规划(QP)算法成为求解非线性规划的一个重要途径。

二次规划问题模型可以表述为如下标准形式。

$$
\begin{aligned}
&\min \frac{1}{2}\boldsymbol{x}^{\mathrm{T}}\boldsymbol{H}\boldsymbol{x}+\boldsymbol{c}^{\mathrm{T}}\boldsymbol{x} \\
&\text{s.t. } \boldsymbol{A}\boldsymbol{x} \preceq \boldsymbol{b}
\end{aligned}
\tag{1.3.38}
$$

其中，$\boldsymbol{H}\in\mathbb{S}^n$（$n\times n$ 实对称矩阵集）；$\boldsymbol{A}\in\mathbb{R}^{m\times n}$；$\boldsymbol{c}\in\mathbb{R}^n$；$\boldsymbol{b}\in\mathbb{R}^m$；$\boldsymbol{x}\in\mathbb{R}^n$。

当 $\boldsymbol{H}$ 正定且目标函数为凸函数，线性约束下可行域又是凸集时，式(1.3.38)称为凸二次规划。凸二次规划满足凸规划特有的性质，如 KKT 条件是最优解充要条件、凸二次规划具有全局最优性等性质。

等式约束的 QP 问题可以表示为

$$
\begin{aligned}
&\min \frac{1}{2}\boldsymbol{x}^{\mathrm{T}}\boldsymbol{H}\boldsymbol{x}+\boldsymbol{c}^{\mathrm{T}}\boldsymbol{x} \\
&\text{s.t. } \boldsymbol{A}\boldsymbol{x}=\boldsymbol{b}
\end{aligned}
\tag{1.3.39}
$$

针对等式约束的 QP 问题，即式(1.3.39)，可以采用直接消去法和拉格朗日乘子法求解。针对不等式约束的 QP 问题，即式(1.3.38)，可采用有效集方法、Wolfe 算法、Lemke 算法求解。

在 MATLAB 中，CVX 工具提供了用于求解二次规划问题的 quadprog()函数，该函数带不同数量的参数，可以根据不同的 QP 模型形式，对相关参数进行设置。如函数调用格式 $\boldsymbol{x}=\text{quadprog}(\boldsymbol{H}, f, \boldsymbol{A}, \boldsymbol{b}, \boldsymbol{A}_{\text{eq}}, \boldsymbol{b}_{\text{eq}}, \boldsymbol{l}_{\text{b}}, \boldsymbol{u}_{\text{b}})$，可以用于求解如下形式的最优化问题。

$$
\begin{aligned}
&\min f(\boldsymbol{x})=\frac{1}{2}\boldsymbol{x}^{\mathrm{T}}\boldsymbol{H}\boldsymbol{x}+\boldsymbol{c}^{\mathrm{T}}\boldsymbol{x} \\
&\text{s.t. } \boldsymbol{A}\boldsymbol{x} \leqslant \boldsymbol{b} \\
&\qquad \boldsymbol{A}_{\text{eq}}\boldsymbol{x} \leqslant \boldsymbol{b}_{\text{eq}} \\
&\qquad \boldsymbol{l}_{\text{b}} \leqslant \boldsymbol{x} \leqslant \boldsymbol{u}_{\text{b}}
\end{aligned}
\tag{1.3.40}
$$

如果问题中没有等式约束，则可以在 MATLAB 语句中设置 $\boldsymbol{A}_{\text{eq}}=[]$，$\boldsymbol{b}_{\text{eq}}=[]$。

2）二次约束二次规划问题

在二次规划问题中，除了目标函数为二次函数外，如果不等式约束函数也为二次函数，则所对应的问题称为二次约束二次规划(Quadratic Constraint Quadratic Programming，QCQP)问题，其一般形式为

$$\min \frac{1}{2}\boldsymbol{x}^{\mathrm{T}}\boldsymbol{H}_0\boldsymbol{x}+\boldsymbol{c}_0^{\mathrm{T}}\boldsymbol{x}+r_0$$

$$\text{s.t.}\ \frac{1}{2}\boldsymbol{x}^{\mathrm{T}}\boldsymbol{H}_i\boldsymbol{x}+\boldsymbol{c}_i^{\mathrm{T}}\boldsymbol{x}+r_i\leqslant 0,\quad i=1,2,\cdots,m$$

$$\boldsymbol{Ax}=\boldsymbol{b} \tag{1.3.41}$$

其中,$\boldsymbol{H}_i\in\mathbb{S}^n, i=0,1,\cdots,m$;$\boldsymbol{A}\in\mathbb{R}^{p\times n}$;$\boldsymbol{c}_0\in\mathbb{R}^n$;$\boldsymbol{b}\in\mathbb{R}^m$;$\boldsymbol{x}\in\mathbb{R}^n$。

该问题具有以下特点和性质。

(1) 若 $\boldsymbol{H}_i\succeq 0, i=0,1,\cdots,m$,则 QCQP 问题是凸优化问题。

(2) 若 $\boldsymbol{H}_i\succ 0, i=1,2,\cdots,m$,则 QCQP 是 $m$ 个椭球交集上的二次最小化问题,且仿射集为$\{\boldsymbol{x}\mid\boldsymbol{Ax}=\boldsymbol{b}\}$。

(3) 若 $\boldsymbol{H}_i=\boldsymbol{0}, i=1,2,\cdots,m$,则 QCQP 问题可退化为 QP 问题。

(4) 若 $\boldsymbol{H}_i=\boldsymbol{0}, i=0,1,\cdots,m$,则 QCQP 问题可退化为 LP 问题。

(5) 式(1.3.41)的目标函数、约束函数可改写为以下形式。

$$\frac{1}{2}\boldsymbol{x}^{\mathrm{T}}\boldsymbol{H}_i\boldsymbol{x}+\boldsymbol{c}_i^{\mathrm{T}}\boldsymbol{x}+r_i=\|\boldsymbol{A}_i\boldsymbol{x}+\boldsymbol{b}_i\|_2^2-(\boldsymbol{p}_i^{\mathrm{T}}\boldsymbol{x}+d_i)^2,\quad i=0,1,\cdots,m \tag{1.3.42}$$

对于问题定义域内的任意 $\boldsymbol{x}$ 有 $\boldsymbol{p}_0=\boldsymbol{0}_n$ 且 $\boldsymbol{p}_i^{\mathrm{T}}\boldsymbol{x}+d_i>0$,则式(1.3.41)可描述为

$$\min\ \|\boldsymbol{A}_0\boldsymbol{x}+\boldsymbol{b}_0\|_2$$

$$\text{s.t.}\ \|\boldsymbol{A}_i\boldsymbol{x}+\boldsymbol{b}_i\|_2\leqslant\boldsymbol{p}_i^{\mathrm{T}}\boldsymbol{x}+d_i,\quad i=1,2,\cdots,m$$

$$\boldsymbol{Ax}=\boldsymbol{b} \tag{1.3.43}$$

或者写成上境图形式,即

$$\min\ t$$

$$\text{s.t.}\ \|\boldsymbol{A}_0\boldsymbol{x}+\boldsymbol{b}_0\|_2\leqslant t\ \|\boldsymbol{A}_i\boldsymbol{x}+\boldsymbol{b}_i\|_2\leqslant p_i^{\mathrm{T}}\boldsymbol{x}+d_i,\quad i=1,2,\cdots,m$$

$$\boldsymbol{Ax}=\boldsymbol{b} \tag{1.3.44}$$

可见,QCQP 问题不一定是凸优化问题,但是通过一些转化方式,可将 QCQP 问题转化为凸问题从而得以解决。

### 1.3.7 半正定规划

半正定规划(Semi-Definite Programming,SDP)是另一类应用广泛的优化问题,实际应用中往往遇到的是非确定性多项式(Non-deterministic Polynomial,NP)难问题,因此需要对问题的目标函数或约束函数,或者同时对二者进行改写或凸近似,最终得到一个可解的 SDP 问题,并且得到的解是原问题的次优解。

**1. SDP 的标准形式**

SDP 是凸规划问题的一个分支,求解的是线性矩阵不等式约束下的线性目标函数的极小值,其描述形式如下。

1) 不等式形式

不等式约束下的 SDP 问题为

$$\min\ \boldsymbol{c}^{\mathrm{T}}\boldsymbol{x} \tag{1.3.45a}$$

$$\text{s.t.}\ \boldsymbol{F}(\boldsymbol{x})\preceq 0 \tag{1.3.45b}$$

其中,$\boldsymbol{c}\in\mathbb{R}^n$;变量为 $\boldsymbol{x}\in\mathbb{R}^n$,而

$$\boldsymbol{F}(\boldsymbol{x})=\boldsymbol{F}_0+\sum_{i=1}^{n} x_i \boldsymbol{F}_i \tag{1.3.46}$$

其中，$\boldsymbol{F}_i \in \mathbb{S}^m$。式(1.3.45b)是线性矩阵不等式(Linear Matrix Inequality，LMI)约束条件。

可以看出，半正定规划可以视为线性规划的扩展，区别在于把线性规划中的向量不等式约束替换成矩阵不等式约束。

2）标准形式

SDP 问题的标准形式为

$$\begin{aligned}&\min\ \operatorname{tr}(\boldsymbol{C}\boldsymbol{X})\\&\text{s.t. } \boldsymbol{X} \succeq 0\\&\qquad \operatorname{tr}(\boldsymbol{A}_i\boldsymbol{X})=b_i \in \mathbb{R},\quad i=1,2,\cdots,m\end{aligned} \tag{1.3.47}$$

其中，$\boldsymbol{A}_i \in \mathbb{S}^n$；$\boldsymbol{C} \in \mathbb{S}^n$；变量为 $\boldsymbol{X} \in \mathbb{S}^n$。

根据对偶理论，可以证明 SDP 问题的不等式形式和标准形式是等价的。具有多个线性矩阵不等式约束的 SDP 问题表示为

$$\begin{aligned}&\min\ \boldsymbol{c}^{\mathrm{T}}\boldsymbol{x}\\&\text{s.t. } \boldsymbol{F}_i(\boldsymbol{x}) \preceq 0,\quad i=1,2,\cdots,m\end{aligned} \tag{1.3.48}$$

它可以等价为以下只有一个线性矩阵不等式约束的 SDP 问题，即

$$\begin{aligned}&\min\ \boldsymbol{C}^{\mathrm{T}}\boldsymbol{x}\\&\text{s.t. } \operatorname{diag}(\boldsymbol{F}_1(\boldsymbol{x}),\boldsymbol{F}_2(\boldsymbol{x}),\cdots,\boldsymbol{F}_m(\boldsymbol{x})) \preceq 0\end{aligned} \tag{1.3.49}$$

**2. Boolean 二次规划**

考虑一个 Boolean 二次规划(Boolean Quadratic Program，BQP)问题，表示为

$$\begin{aligned}&\max\ \boldsymbol{x}^{\mathrm{T}}\boldsymbol{C}\boldsymbol{x}\\&\text{s.t. } x_i \in \{-1,+1\},\quad i=1,2,\cdots,n(\text{即 } \boldsymbol{x}\in\{-1,+1\}^n)\end{aligned} \tag{1.3.50}$$

其中，$\boldsymbol{C} \in \mathbb{S}^n$。当且仅当 $\boldsymbol{C} \succeq 0$ 时，二次目标函数是凸的。然而，由于约束集是非凸集，因此 BQP 问题仍然是非凸组合优化问题。用穷举法求解 BQP 问题的复杂度为 $2^n$。可通过 BQP 问题的变换和半正定松弛(Semi-Definite Relaxation，SDR)获得一个多项式时间可解的凸问题，并可获得高精度的近似解。

对于式(1.3.50)的 BQP 问题，由于 $\boldsymbol{x}^{\mathrm{T}}\boldsymbol{C}\boldsymbol{x}=\operatorname{tr}(\boldsymbol{C}\boldsymbol{x}\boldsymbol{x}^{\mathrm{T}})$，定义辅助变量为

$$\boldsymbol{X}=\boldsymbol{x}\boldsymbol{x}^{\mathrm{T}} \tag{1.3.51}$$

则式(1.3.50)可以变换为

$$\max\ \operatorname{tr}(\boldsymbol{C}\boldsymbol{X}) \tag{1.3.52a}$$

$$\text{s.t. } \boldsymbol{X}=\boldsymbol{x}\boldsymbol{x}^{\mathrm{T}} \tag{1.3.52b}$$

$$[\boldsymbol{X}]_{ii}=1,\quad i=1,2,\cdots,n \tag{1.3.52c}$$

其中，式(1.3.52a)的目标函数是凸函数；式(1.3.52c)表示 $\boldsymbol{X}$ 是所有对角线元素为 1 的等式约束，它是关于 $\boldsymbol{X}$ 的凸约束；式(1.3.52b)表示 $\boldsymbol{X}$ 是秩一1 的半正定矩阵，是非凸的。因此式(1.3.52)是非凸问题。

由于 $\boldsymbol{X}=\boldsymbol{x}\boldsymbol{x}^{\mathrm{T}} \Leftrightarrow \boldsymbol{X} \succeq 0$ 且 $\operatorname{rank}(\boldsymbol{X})=1$，因此去掉秩一1 约束对式(1.3.52b)约束松弛，将式(1.3.52)改写为

$$\max \ \text{tr}(\boldsymbol{CX}) \tag{1.3.53a}$$

$$\text{s.t.} \ \boldsymbol{X} \succeq 0 \tag{1.3.53b}$$

这种做法称为半正定松弛。通过半正定松弛，式(1.3.53)的最优解 $\boldsymbol{X}^*$ 可用于寻找式(1.3.52)问题的近似解。如果 $\boldsymbol{X}^*$ 的秩为1，通过特征值分解 $\boldsymbol{X}^*=\boldsymbol{x}^*\boldsymbol{x}^{*\mathrm{T}}$ 可以直接得到式(1.3.52)问题的最优解 $\boldsymbol{x}^*$。如果 $\boldsymbol{X}^*$ 的秩不为1，往往需要通过秩-1近似和高斯随机化方法得到式(1.3.50)问题的近似解。

## 本章小结

本章首先介绍了统计信号处理与多维信号处理的主要数学基础，对均值、方差、相关性、功率谱的计算给出了典型例题，总结了矩阵分析中的常用概念和公式；然后概括介绍了凸优化相关的基本概念、理论和方法，主要包括凸集、凸函数、凸优化、对偶等基本概念和理论，以及信号处理与无线通信中常用的线性规划、二次规划、半正定规划等优化模型。

## 本章习题

1.1 假设 $v(n)$ 是IID复高斯随机过程，均值为0，方差为 $\sigma_v^2$，令 $a$ 和 $b$ 表示常量。假设 $w(n)$ 是IID复高斯随机过程，均值为0，方差为 $\sigma_w^2$。$v(n)$ 和 $w(n)$ 是独立的。

(1) 计算 $y(n)=aw(n)+bw(n-2)+v(n)$ 的均值。

(2) 计算 $w(n)$ 的相关。

(3) 计算 $v(n)$ 的相关。

(4) 计算 $y(n)$ 的相关。

(5) 计算 $y(n)$ 的协方差。

(6) $y(n)$ 是否广义平稳？请证明。

(7) $y(n-4)$ 是否广义平稳？请证明。

(8) 给定采样值 $y(0), y(2), \cdots, y(99)$，如何估计 $y(n)$ 的相关？

1.2 试证明 $\boldsymbol{x}^{\mathrm{T}}\boldsymbol{A}\boldsymbol{x}=\text{tr}(\boldsymbol{x}^{\mathrm{T}}\boldsymbol{A}\boldsymbol{x})$ 和 $\boldsymbol{x}^{\mathrm{T}}\boldsymbol{A}\boldsymbol{x}=\text{tr}(\boldsymbol{A}\boldsymbol{x}\boldsymbol{x}^{\mathrm{T}})$。

1.3 试证明式(1.2.60)。

1.4 用定义验证下列各集合是凸集。

(1) $S=\{(x_1,x_2) \mid x_2 \geqslant |x_1|\}$。

(2) $S=\{(x_1,x_2) \mid x_1^2+x_2^2 \leqslant 4\}$。

1.5 判断下列函数是否为凸函数。

(1) $f(x_1,x_2)=(x_1-x_2)^2+4x_1x_2+\mathrm{e}^{x_1+x_2}$。

(2) 设 $f(x_1,x_2)=10-2(x_2-x_1^2)^2$，$S=\{(x_1,x_2) \mid -11 \leqslant x_1 \leqslant 1, -1 \leqslant x_2 \leqslant 1\}$，$f(x_1,x_2)$ 是否为 $S$ 上的凸函数？

1.6 试证明 $f(\boldsymbol{x})=\dfrac{1}{2}\boldsymbol{x}^{\mathrm{T}}\boldsymbol{A}\boldsymbol{x}+\boldsymbol{b}^{\mathrm{T}}\boldsymbol{x}$ 为严格凸函数的充要条件是Hessian矩阵正定。

1.7 设 $f(x)=\mathrm{e}^x$，求它的共轭函数。

第 2 章

CHAPTER 2

# 新型数字调制基础

数字通信系统使用数字调制技术改变基带信号的频谱，使信号更适合无线信道的传输。数字调制是指用基带信号改变高频正弦载波信号的特征参数，包括振幅、频率和相位等，从而实现信息的承载和传输。根据所改变特征参数的不同，数字调制可分为幅移键控(Amplitude Shift Keying，ASK)、频移键控(Frequency Shift Keying，FSK)和相移键控(Phase Shift Keying，PSK)三大类。在数字无线通信系统中，调制可以只改变载波信号的一种特征，如二进制相移键控(Binary Phase Shift Keying，BPSK)和正交相移键控(Quadrature Phase Shift Keying，QPSK)只改变载波的相位；也可以同时改变载波信号的多个特征，如正交幅度调制(Quadrature Amplitude Modulation，QAM)同时改变载波的振幅和相位。随着现代数字通信系统对传输速率的更高要求，所使用的调制方式朝着更高阶的方向发展，一个调制符号将承载更多的原始信息比特。例如，第三代(3G)移动通信系统采用了 QPSK 和 16QAM；第四代(4G)移动通信系统采用了 16QAM、64QAM 和 256QAM 等高阶调制。值得注意的是，第五代(5G)移动通信系统除了采用 16QAM、64QAM 和 256QAM 等高阶调制外，还引入了 $\pi/2$-BPSK 低阶调制，用于提升上行链路的可靠性。另外，调制与多址方式、时频资源分配相结合也是现代无线通信系统在设计上的技术特点之一。

第 3 集
微课视频

本章首先介绍现代无线通信系统中常用的几种数字调制方式，包括其基本原理和调制方法，然后阐述正交频分复用(Orthogonal Frequency Division Multiplexing，OFDM)的基本概念和调制原理，最后介绍以稀疏码分多址(Sparse Code Multiple Access，SCMA)为代表的稀疏扩频与多维调制的原理和具体方法。

## 2.1 数字调制的基本原理

在无线通信系统中，调制的目的是把基带信息比特变换成适合无线信道传输的高频信号。现代无线传输系统通常使用带通数字调制，或称为载波数字调制，即用一串信息比特改变高频正弦载波的参数。根据如式(2.1.1)所示的正弦载波，用基带信号分别控制正弦载波的幅度 $A(t)$、频率 $w(t)$ 和相位 $\varphi(t)$ 这 3 个参数实现 ASK、FSK 和 PSK 调制。

$$y(t)=A(t)\sin[w(t)t+\varphi(t)] \tag{2.1.1}$$

举例来说，假设待传输的基带信息比特为 10110，使用 3 种基本调制方式的载波变换波

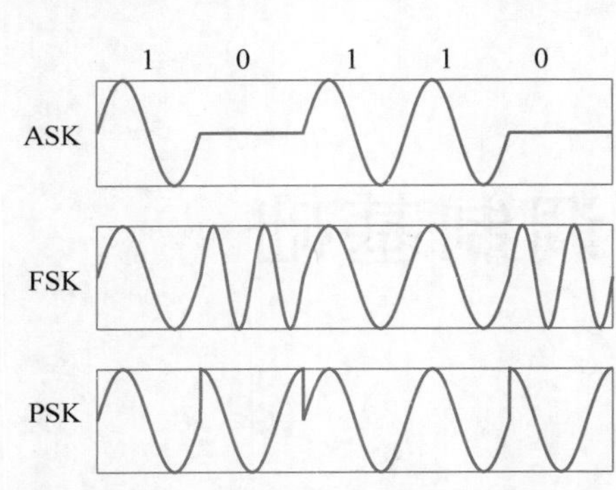

图 2.1.1 3种基本调制的载波变换波形

形如图 2.1.1 所示。

对于 ASK,在比特 1 的传输时间内,对应的载波为一个固定振幅的正弦波;在比特 0 的传输时间内,对应的载波振幅为 0。因此,接收端可以通过载波振幅的大小区分其所携带的信息比特。对于 FSK,在比特 0 的传输时间内,载波频率比传输 1 时的载波频率高,从而让接收端可以通过载波频率的高低判断所传输的比特。对于 PSK,在比特 1 传输时,载波的相位与传输 0 时的相位相差 180°,从而让接收端能够判断传输比特并顺利解调。

## 2.2 BPSK 的基本原理

二进制相移键控通常记作 BPSK 或 2PSK,它是多进制相移键控(Multiple Phase Shift Keying,MPSK)的一种最简单形式。它利用载波振荡相位的变化承载和传输数字信息。相移键控可以分为绝对相移和相对相移两种方式。

### 2.2.1 绝对相移和相对相移

第 4 集
微课视频

**1. 绝对码和相对码**

绝对码和相对码是相移键控的基础。绝对码用信息比特(即基带信号码元)的电平直接表示数字信息。如图 2.2.1 中的数字信息$\{a_n\}$,高电平代表比特 1,低电平代表比特 0。相对码(又称为差分码)用基带信号码元的电平相对于前一码元的电平有无变化表示数字信息。若相对电平有跳变,则表示为 1,无跳变则表示为 0。由于初始电平有两种可能,因此相对码也有两种波形,如图 2.2.1 中的$\{b_n\}_1$ 和$\{b_n\}_2$ 所示。显然,$\{b_n\}_1$ 和$\{b_n\}_2$ 互为反码,分别用$\{b_n\}_1$ 和$\{b_n\}_2$ 调制时,载波的相位相反。上述关于相对码的约定也可作相反的规定。

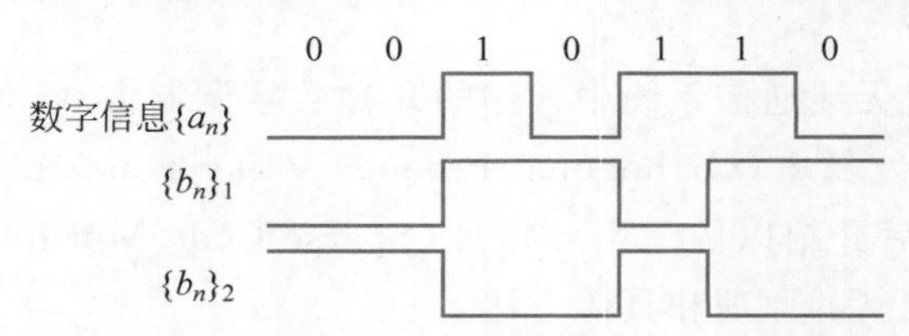

图 2.2.1 绝对码和相对码

绝对码和相对码是可以互相转换的,实现方法是使用模二加法器,或者延迟一个码元宽度。图 2.2.2 所示为绝对码与相对码的转换过程。其中,图 2.2.2(a)是把绝对码转换为相对码的方法,用差分编码器实现,完成的功能是 $b_n=a_n\oplus b_{n-1}$;图 2.2.2(b)是把相对码转换为绝对码的方法,用差分译码器实现,完成的功能是 $a_n=b_n\oplus b_{n-1}$。

**2. 绝对相移与相对相移**

绝对相移是利用载波相位偏移直接表示数字信号的相移调制方式。这里的载波相位偏移指的是与最初的参考相位的差别。例如,可以用保持载波相位不变表示信号码元 0,用载波反相表示信号码元 1。

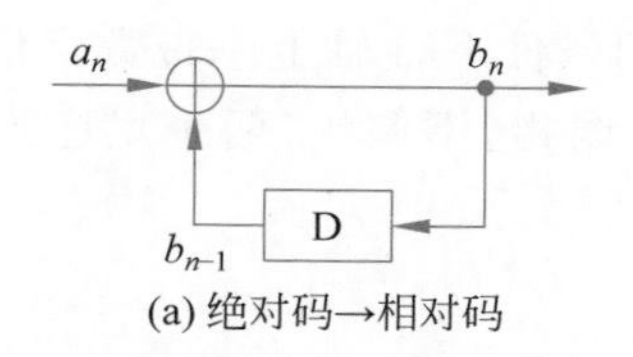

(a) 绝对码→相对码

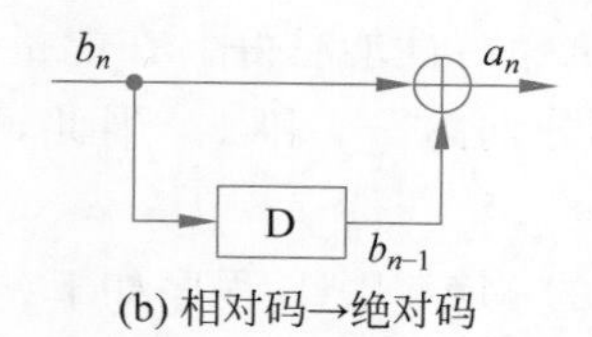

(b) 相对码→绝对码

图 2.2.2 绝对码与相对码的转换过程

相对相移是利用载波的相对相位变化表示信号码元的相移方式。所谓相对相位是指本码元初相与前一码元末相的相位差(即向量偏移)。有时为了讨论方便,也可用相位偏移来描述。此处的相位偏移指的是本码元的初相与前一码元(参考码元)初相的相位差。当载波频率是码元速率的整数倍时,向量偏移与相位偏移是等效的,否则是不等效的。

例如,可以不改变载波相对相位以表示信号码元 0,改变载波相位 π 以表示信号码元 1。由于初始参考相位有两种可能,相对相移波形也有两种形式,如图 2.2.1 中的 $\{b_n\}_1$ 和 $\{b_n\}_2$。显然,两种调制后的载波相位是相反的,但规律不变,即信号码元 1 总是与相邻码元相位突变相对应,信号码元 0 总是与相邻码元相位不变相对应。从本质上说,相对相移是差分码所对应的信号码元序列的绝对相移。

### 2.2.2 BPSK 的调制与解调

BPSK 调制器包含两个基本的输入,一个是二进制数据,另一个是作为载波的正弦波,其调制过程如图 2.2.3 所示。

简单来说,BPSK 调制器是将载波信号和已转换为相应相位调制信号的二进制数据混频(相乘)并输出。例如,当二进制数字信号的码元为 1 时,调制后的载波与未调制的载波同相;码元为 0 时,调制后的载波与未调制的载波反相。基于这个约定的 BPSK 输入与输出波形如图 2.2.4 所示。当然,载波的相位变换规律也可以与上述约定相反,但无论是哪种情况,输入的二进制数字信号 1 和 0 所对应的调制载波相位均相差 180°。

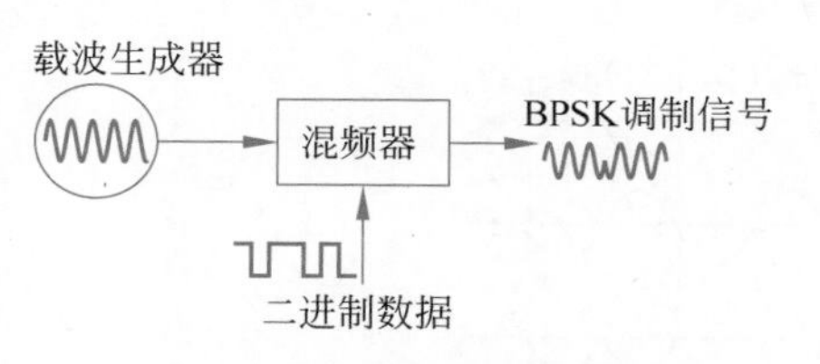

图 2.2.3 BPSK 调制过程

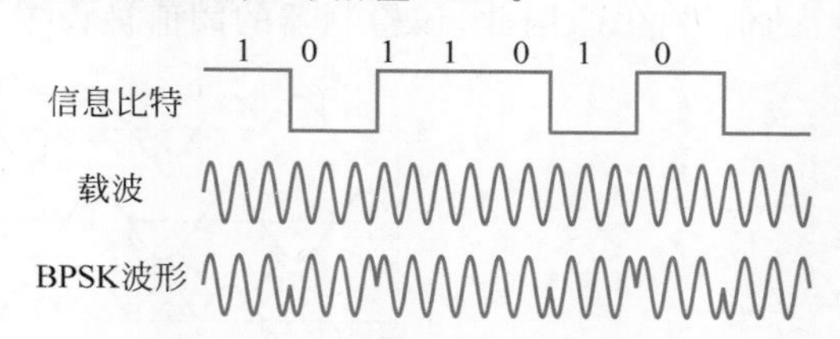

图 2.2.4 BPSK 的输入与输出波形

基于前一约定的 BPSK 调制符号星座图如图 2.2.5 所示。在星座图坐标系中,横坐标是 I(In-phase),纵坐标是 Q (Quadrature),在 I 轴上的投影为同相分量,在 Q 轴上的投影为正交分量。由于 BPSK 的调制输出有两种情况,且相位差为 180°,因此星座图上也有两个相位差为 π 的点。星座点到原点的距离代表对应信号的能量,离原点越远,意味着此信号能量越大。另外,相邻两个点的距离称为欧几里得(欧氏)距离,表示的是这种调制所具有的抗噪声性能,

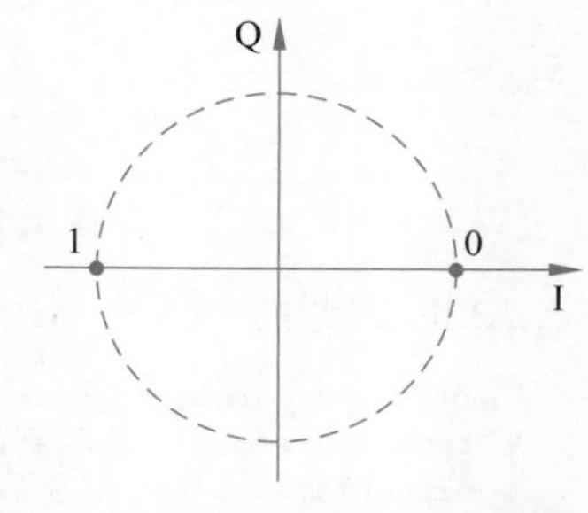

图 2.2.5 BPSK 调制符号星座图

欧氏距离越大,抗噪声性能越好。在能量归一化的条件下,I 轴上基带数字信息 0 和 1 所对应的星座点坐标分别为 −1 和 1。因此,BPSK 只调相,不调幅,两个星座点落在同一单位圆上。

BPSK 调制的 MATLAB 程序如下。

```
function [modulated_signal] = bpsk_modulation(Bits)
 % Bits: 输入的比特序列
 % modulated_signal: 输出的 BPSK 调制符号
modulated_signal = 1 - 2 * Bits;                    % 将比特映射为 BPSK 符号
end
```

BPSK 通常采用相干解调,解调过程如图 2.2.6 所示。在相干检测技术中,接收机必须知道原始载波的频率和相位,并保持时间同步,这可以通过在接收机本振电路上所使用的锁相环来实现。BPSK 接收信号与本振电路生成的信号混频,再经过积分器、采样和检测器后,得到原始的二进制数字信息。

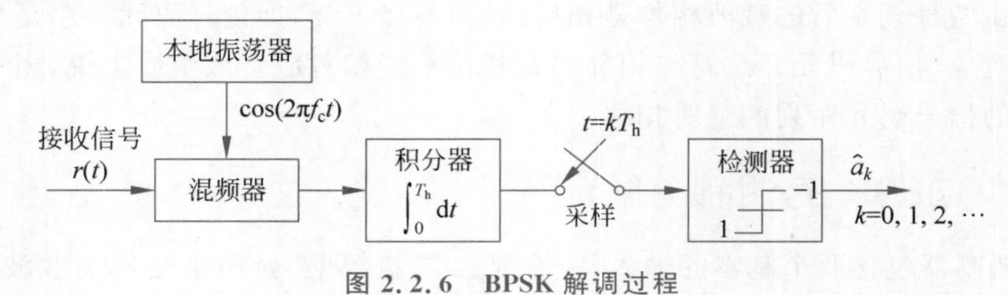


图 2.2.6 BPSK 解调过程

一个 BPSK 相干解调过程的波形变换实例如图 2.2.7 所示。具体来说,波形 a 所示为 BPSK 已调信号,波形 b 所示为本地生成的载波,波形 a 与波形 b 相乘得到波形 c 所示的混频信号。对该混频信号在每个码元的时间内进行积分,可以得到波形 d,其振幅的正负极性对应于原始二进制数字信息。随后,检测器根据阈值对每个积分码元作出判定,从而估计出原始二进制数字信息,即波形 e。由于在发射器中使用了不归零码(Not-Return-to-Zero, NRZ)的信号格式,因此,该检测器的阈值被设置为 0。

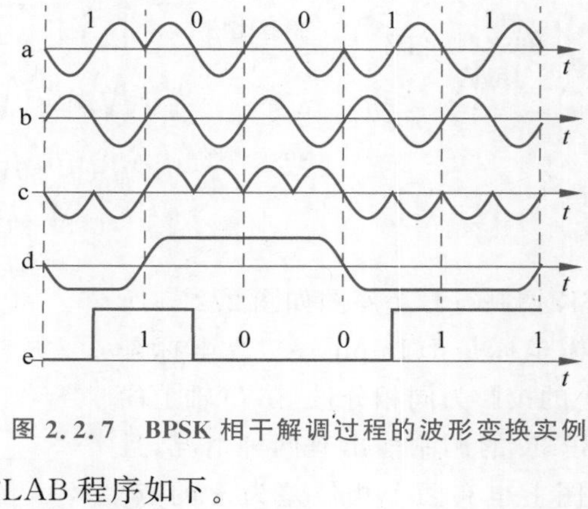

图 2.2.7 BPSK 相干解调过程的波形变换实例

BPSK 解调的 MATLAB 程序如下。

```
function [demodulated_bits] = bpsk_demodulation(received_signal)
 % received_signal: 接收到的 BPSK 信号
 % demodulated_bits: 解调后得到的比特序列
demodulated_bits = received_signal < 0;                  % 解调
end
```

### 2.2.3　π/2-BPSK 的调制与解调

π/2-BPSK 使用两组 BPSK 星座点，两组间有 π/2 的相位差。π/2-BPSK 的调制规则是：当输入为比特序列的偶数(Even)位时，与 BPSK 调制信号一致；当输入为比特序列的奇数(Odd)位时，将其对应的 BPSK 调制符号相位偏移 π/2。也就是说，π/2-BPSK 定义了 4 种相位表示 0 和 1。下面通过星座点的变化进一步说明其调制原理。

图 2.2.8 所示为 BPSK 和 π/2-BPSK 星座图及变换过程。其中，图 2.2.8(a)表示了一种 BPSK 的星座点，它是由如图 2.2.5 所示的常用 BPSK 归一化星座点逆时针旋转 π/4 得到的。基于图 2.2.8(a)的星座点位置，图 2.2.8(b)给出了 π/2-BPSK 的星座点与变换过程。具体来说，调制器根据当前的输入比特处于序列的奇数位还是偶数位，进行相应的星座点映射操作，即对相邻的输入比特采取不同的映射方式。例如，当输入为偶数位比特时，π/2-BPSK 采取图 2.2.8(a)的 BPSK 星座点进行比特映射；当输入为奇数位比特时，在图 2.2.8(a)星座点的基础上逆时针旋转 π/2。因此，π/2-BPSK 的星座点在平面坐标系上共有 4 个，而不是传统 BPSK 的两个。

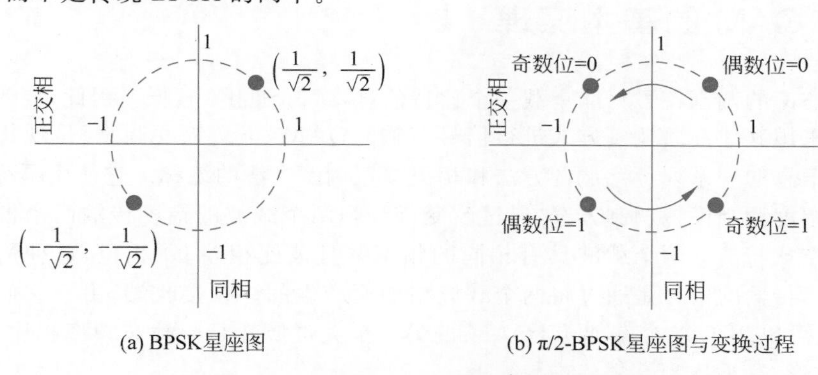


图 2.2.8　BPSK 和 π/2-BPSK 星座图及变换过程

该星座图映射规则可以用一个数学模型来表示。令 $d[i]$ 表示归一化的 π/2-BPSK 映射星座点，则

$$d[i]=\frac{\mathrm{e}^{\mathrm{j}\frac{\pi}{2}(i \bmod 2)}}{\sqrt{2}}[1-2b[i]+\mathrm{j}(1-2b[i])] \tag{2.2.1}$$

其中，$i$ 表示输入比特的序号；$b[i]$ 表示在第 $i$ 个序号上的比特符号。

由于每个传输符号仍然只关联两个星座点，因此，π/2-BPSK 的解调方法与 BPSK 类似。

图 2.2.9 展示了在输入相同的信息比特时，BPSK 和 π/2-BPSK 已调信号的波形。可以看到，π/2-BPSK 比 BPSK 拥有更多的相变。因此，π/2-BPSK 有助于更好地同步，特别是对于输入序列中有长串 1 和 0 的情况。5G 新空口(New Radio，NR)标准的上行链路可支持 π/2-BPSK 调制，并与带循环前缀的 OFDM 或由离散傅里叶变换(Discrete Fourier Transformation，DFT)实现的带循环前缀 OFDM 相结合。在上行链路中使用 π/2-BPSK 调制，旨在进一步降低 OFDM 的峰均功率比(Peak Average Power Ratio，PAPR)，并在较低的数据速率下提高射频(Radio Frequency，RF)放大器的功率效率。

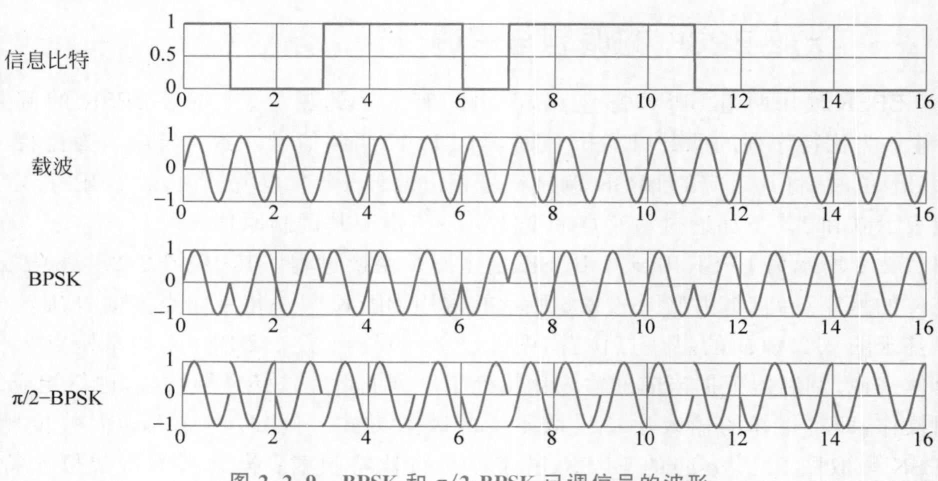


图 2.2.9 BPSK 和 π/2-BPSK 已调信号的波形

## 2.3 QAM 的基本原理

第 5 集
微课视频

一个 BPSK 的调制符号只能承载一个比特信息，频谱利用率较低。因此，现代数字通信系统更多地采用其他高阶调制方式进行信号传输。QAM（正交幅度调制）是现代通信中广泛用于传输信息的一系列数字调制方法和相关模拟调制方法的统称。它使用幅移键控数字调制方案或幅度调制模拟调制方案，通过改变（调制）两个载波的幅度传输两个模拟消息信号或两个数字比特流。两个载波具有相同的频率并且彼此相差 90°相位，这种情况称为两个载波正交。传输的信号是通过将两个载波相加而产生的。在接收端，由于它们的正交特性，两个载波可以相干分离（解调）。QAM 的另一个关键属性是与载波频率相比，调制是低频/低带宽波形，这被称为窄带假设。

QAM 的优点包括可靠性高、频谱利用率高、数据传输速率高等。它广泛应用于数字通信系统中，如有线电视、数字电视、数字广播、数字通信等领域。最成功的一个用例之一是 IEEE 802.11 Wi-Fi 标准。通过设置合适的星座大小，QAM 可以实现任意高的频谱效率，而仅受通信信道的噪声水平和线性度限制。

在 QAM 中，信号可以被表示为 I-Q 图像，其中 I 即 In-phase，代表实数轴上的幅度；Q 即 Quadrature，代表虚数轴上的幅度。这种表示方式使得调制信号可以用星座图的方式在二维平面上表示。在星座图上，每个星座点对应发送信号中的一个符号。若 QAM 的发送信号星座集合的大小为 $N$，则称为 $N$QAM。星座点经常采用在水平和垂直方向上等间距的正方网格配置，还有其他的配置方式。由于数字通信中的数据常用二进制表示，星座点的个数一般是 2 的整数幂。常见的 QAM 方式有 16QAM、64QAM、256QAM，以及 5G 所采用的 512QAM 和 1024QAM。星座点数越多，每个符号能传输的信息量就越大。但是，在星座点的平均能量保持不变的情况下，增加星座点会使星座点之间的距离变小，进而导致误码率上升。因此，在接收端信噪比相同的条件下，高阶星座图的误码率比低阶要大。

### 2.3.1 4QAM（QPSK）的调制与解调

4QAM 是一种较为特殊的 QAM，它实际上与 QPSK 拥有相同的星座图。也就是说，两者虽然在调制原理上有所区别，但从结果上看是等价的，即载波调制只体现在相位的差别变换上。因此，本节合并了 QPSK 与 4QAM 的内容。

相比于 BPSK 调制，4QAM 在现代数字通信系统中的应用更为广泛。4QAM 采用两个正交的载波，将数字信号分别调制在这两个载波上，即每个符号承载两个二进制信息比特，从而在不增加带宽的条件下实现了双倍传输速率。4QAM 采用 4 个相位的正交信号进行调制，它的调制符号可以用两个二进制比特表示。

具体来说，将一组相位差为 90°的正交信号进行调制，得到的调制符号可以表示为

$$s(t)=I_c(t)\cos(2\pi f_c t)-Q_c(t)\cos(2\pi f_c t) \tag{2.3.1}$$

其中，$I_c(t)$和 $Q_c(t)$分别代表基带信号在 I 轴和 Q 轴上的投影；$f_c$ 为载波频率。一种 4QAM 符号星座图如图 2.3.1 所示。

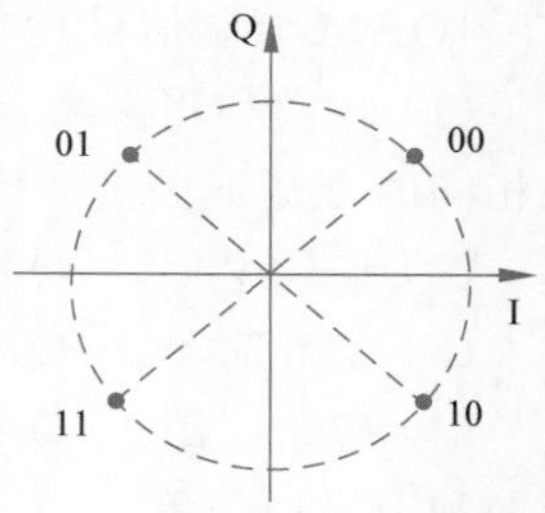

在 4QAM 中，调制符号在能量归一化的平面坐标系上共有 4 种可能的取值，分别为$\left(\frac{\sqrt{2}}{2},\frac{\sqrt{2}}{2}\right)$、$\left(\frac{\sqrt{2}}{2},-\frac{\sqrt{2}}{2}\right)$、$\left(-\frac{\sqrt{2}}{2},\frac{\sqrt{2}}{2}\right)$和$\left(-\frac{\sqrt{2}}{2},-\frac{\sqrt{2}}{2}\right)$。可以看出，4QAM 的 4 个调制符号对应着 I-Q 平面上一个正方形的 4 个顶点，因此也被称为正方形调制。

图 2.3.1 一种 4QAM 符号星座图

当接收到经过信道传输后的 4QAM 信号时，需要进行解调以恢复原始的数字信号。QPSK 信号可以分解为 I 和 Q 两路分量，每个分量都是一个 BPSK 信号。因此，解调过程就是将 I 和 Q 分量上的 BPSK 信号分别解调，并将它们重新组合成原始的数字信号。解调过程可以分为以下几个步骤。

(1) 信号采样。对接收到的连续 4QAM 信号，需要进行采样以获得离散的信号点。

(2) 匹配滤波。对采样后的信号进行匹配滤波以获得最大的信噪比。匹配滤波的作用是在频率和相位未知的情况下，消除码间干扰(Inter Symbol Interference，ISI)带来的影响，从而实现最大似然接收。

(3) 相干解调。使用本地振荡器产生与发送端相同的载波，并将接收到的信号与本地载波进行乘积运算，得到 I 和 Q 两路分量。

(4) BPSK 解调。对 I 和 Q 两路分量分别进行 BPSK 解调，得到各自的原始数字信号。

(5) 重新组合。将 I 和 Q 两路分量的数字信号重新组合成原始数字信号。

实现 4QAM 的调制与解调的 MATLAB 程序如下。

```
function [modulated_signal] = qpsk_modulation(Bits)
% Bits: 输入的信息比特序列
% modulated_signal: 4QAM 调制符号
    if mod(length(Bits),2) ~= 0
    % 判断输入的比特序列长度是否为偶数
        error('Length of Bits should be even for QPSK modulation');
    % 输出出错信息
    end
    % 将比特映射到相应的 4QAM 符号
    I_bits = Bits(2:2:end);                 % 低位(右侧)比特
    Q_bits = Bits(1:2:end);                 % 高位(左侧)比特
    I_symbols = 1 - 2 * I_bits;             % 低位比特映射
    Q_symbols = 1 - 2 * Q_bits;             % 高位比特映射
    modulated_signal = sqrt(1/2) * I_symbols + 1i * sqrt(1/2) * Q_symbols;
    % I-Q 符号合并
```

```
end
function [demodulated_bits] = qpsk_demodulation(received_signal)
 % received_signal: 接收到的 QPSK 信号
 % demodulated_bits: 解调后的比特序列
    I_bits = real(received_signal) < 0;   % 解调 I 分量
    Q_bits = imag(received_signal) < 0;   % 解调 Q 分量
    demodulated_bits = zeros(1, 2 * length(received_signal));
     % 计算解调信号总长
    demodulated_bits(1:2:end) = Q_bits;
     % 合并解调的比特序列
    demodulated_bits(2:2:end) = I_bits;
end
```

4QAM 调制信号具有以下特点。

(1) 频谱利用率高。4QAM 的每个符号可以携带 2 比特的信息,相比于 BPSK,它可以在相同的带宽下提供 2 倍于 BPSK 的数据传输速率。

(2) 误码率低。4QAM 的传输误码率比许多其他调制方式都要低。

(3) 实现简单。4QAM 很容易实现,它只需要一个载波和一个相位调制器。

(4) 应用广泛。4QAM 适用于多种数字通信系统,如数字音频广播,数字电视,无线局域网和卫星通信等。

### 2.3.2 16QAM 的调制与解调

比 4QAM 更高阶的正交幅度调制是 16QAM,它在 I 和 Q 两个正交方向上分别调整符号的幅度和相位,从而产生 16 种不同的符号。这些符号在信号空间中的表示形式类似于一个矩阵,其中每个点代表一种符号,符号的幅度和相位决定了符号在信号空间中的位置。一种 16QAM 符号星座图如图 2.3.2 所示。

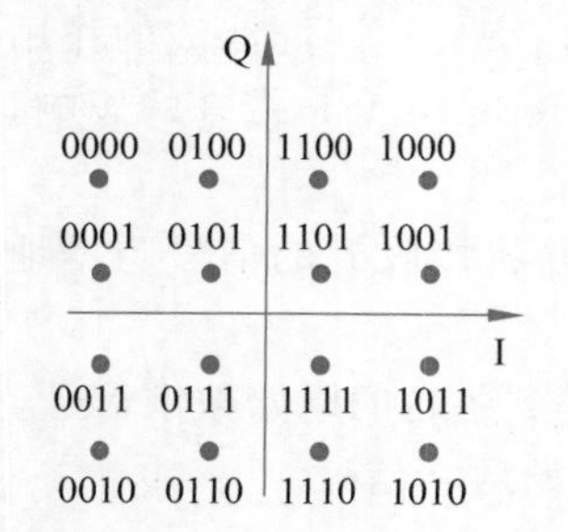

图 2.3.2 一种 16QAM 符号星座图

16QAM 的星座图共有 16 种具有不同幅度和相位的符号,分布在 4 个不同的象限,每个符号可以承载 4 个二进制信息比特。16QAM 的调制过程是:按照一定的规则,将每 4 个连续的比特映射到相应的符号上。从比特到符号的映射可以通过两个正交的调制器(即 I 调制器和 Q 调制器)来设置。

基于如图 2.3.2 所示的 16QAM 星座图,采用格雷映射(相邻两个符号之间只有一比特发生变化)的规则如下:先对连续输入的比特序列,每 4 比特为一组进行调制,并从位高到位低排列为 $b_3b_2b_1b_0$;再利用高位 $b_3b_2$ 得到调制符号在 I 轴上的幅度,然后利用 $b_1b_0$ 得到调制符号在 Q 轴上的幅度。

在功率归一化的条件下,16QAM 的格雷映射如表 2.3.1 所示。

表 2.3.1 一种 16QAM 的格雷映射

| $b_3b_2$ 或 $b_1b_0$ | 00 | 01 | 10 | 11 |
|---|---|---|---|---|
| I | −0.9487 | −0.3162 | 0.9487 | 0.3162 |
| Q | 0.9487 | 0.3162 | −0.9487 | −0.3162 |

例如,当要调制的数字信息为二进制序列 1011 时,首先,将其拆分成高两位 10 和低两位 11;然后,根据表 2.3.1 查到高两位 10 对应 I 轴的幅度为 0.9487,低两位 11 对应 Q 轴的幅度为−0.3162,则 1011 所对应的 16QAM 符号的星座点坐标为(0.9487,−0.3162)。

16QAM信号解调的原理是：将接收到的信号与本地振荡器产生的本振信号进行混频，然后通过低通滤波器去除高频成分，得到带限信号，对带限信号进行采样，并使用匹配滤波器将其与16QAM调制器中所使用的相同正交基底进行比较，最后将解调后的信号转换为数字信息，即恢复了原始数据。

目前，16QAM被广泛应用在高速的无线数据传输中，如高清数字电视、卫星通信、无线蜂窝网络等。无线局域网（Wireless Local Area Network，WLAN）的IEEE 802.11a/g/n/ac标准就采用了16QAM作为其中的一种调制技术。在WLAN中，当信道条件较好时，系统可自适应地切换到16QAM，用于传输高速数据，提高了无线传输的效率和速度。16QAM也可以应用于数字移动通信中，如长期演进（Long-Term Evolution，LTE）标准采纳了16QAM，用于传输高速数据并提高传输效率。

## 2.3.3 64QAM的应用

64QAM的每个调制符号可以表示6比特信息，因此，64QAM的符号数分别是QPSK和16QAM的16倍和4倍。在如图2.3.3所示的64QAM符号星座图中，6比特中的3比特可用于表示某一星座点的实部，另外3比特可用于表示星座点的虚部。这些符号可以被视为沿I轴和Q轴均匀分布的星座点，每个星座点都有不同的幅度和相位。

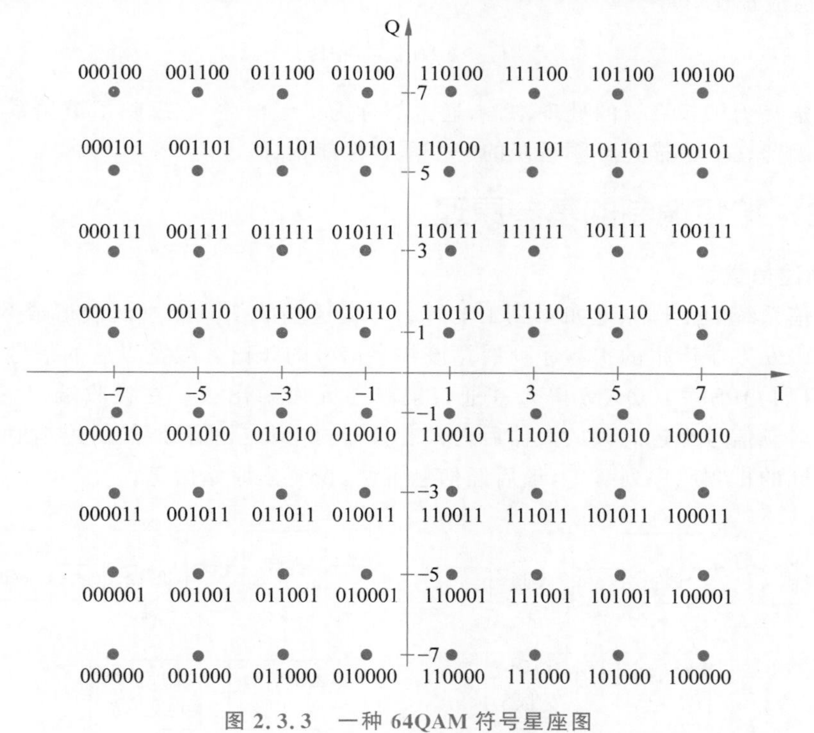


图2.3.3 一种64QAM符号星座图

相比于16QAM，64QAM可以在有限的频谱带宽内传输更多的数据，并提供更高的传输速率。由于64QAM每个符号携带更多的比特，传输相同的数据量所需的符号数量较少，从而降低了传输时延。这在对实时性要求较高的应用场景中很有优势。

尽管较高阶的调制速率能够为无线电通信系统提供更快的数据速率和更高水平的频谱

效率，但这并不是没有代价的。较高阶的调制方案对噪声和干扰的适应性要差得多。因为发送一个符号所用的载波频宽是固定的，发送时长也是一定的，越高阶的调制意味着两个符号之间的差异就越小。这不仅对接收双方的器件要求很高，而且对通信环境的要求也很高。也就是说，如果通信环境过于恶劣，终端将无法使用高阶 QAM 模式进行通信，只能使用较低阶的调制模式。

## 2.4 扩展频谱调制

### 2.4.1 扩频通信的基本概念

扩展频谱通信简称扩频通信，是一种常见的信息传输方式。扩频通信系统在发送端采用扩频码对原始信息进行调制，使得信号所占的频带宽度远大于其所需的带宽，在接收端使用相同的扩频码对信号进行相关解扩，恢复出原始信息。

扩频技术通过在传输过程中引入较大的带宽，使得信号在频谱上更加分散。因此，窄带干扰在扩频信号中表现为更低的干扰功率密度，从而减小了对信号的影响，提高了信号的可靠性和鲁棒性。理论分析表明，扩频通信系统的抗干扰能力大体上与扩频带宽 $B$ 和信息带宽 $B_m$ 的比值成正比，即

$$G_p = 10\lg \frac{B}{B_m} \text{dB} \tag{2.4.1}$$

第 6 集
微课视频

其中，$G_p$ 被定义为扩频系统的处理增益，通常简称为扩频增益，它反映了扩频系统信噪比的改善程度。因此，$G_p$ 是描述扩频系统的一个重要性能指标。

### 2.4.2 扩频调制的基本原理

**1. 扩频通信类型**

扩频通信系统的工作原理如图 2.4.1 所示。发送端的信息经过调制形成数字信号，然后通过扩频码发生器产生的扩频序列展宽该数字信号的频谱。展宽以后的信号再对载频进行射频调制(如 QPSK、16QAM 等)，并通过射频单元发射出去。在接收端，从接收天线上得到的宽带射频信号经过高频放大器后送入变频器，得到中频信号，然后用本地产生的与发送端完全相同的扩频码序列解扩，最后经信息解调，恢复出原始信息。

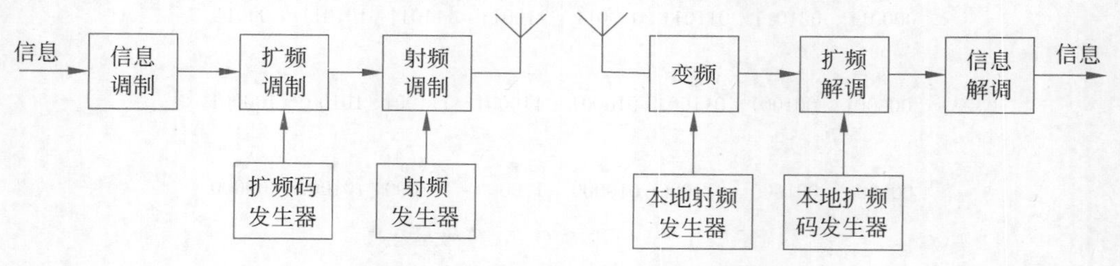


图 2.4.1 扩频通信系统的工作原理

由图 2.4.1 可知，扩频通信系统与普通的数字通信系统相比，多了扩频调制和扩频解扩的步骤。按照扩展频谱方式的不同，目前的扩频通信可以分为直接序列扩频、跳频等实现方式。

**2. 直接序列扩频**

直接序列扩频(Direct Sequence Spread Spectrum,DSSS)是用高速率的扩频序列在发送端展宽信号的频谱,在接收端用相同的扩频码序列进行解扩,把展开的扩频信号还原成原始信号。直接序列扩频技术最初在军事通信和机密工业中得到了广泛的应用,现在已经在很多民用通信设备中普及,如信号基站、无线电视、蜂窝手机、无线婴儿监视器等,是一种可靠安全的工业应用方案。

假设经过调制后,传输的信息码元为 $b(t)$,其码元周期为 $T_b$;扩频码为 $p(t)$,其码元周期为 $T_p$。由于扩频码的速率 $R_p$ 远大于信息码元的速率 $R_b$,即 $R_p \gg R_b$,所以信息码元的周期 $T_b$ 远大于扩频码的码元周期 $T_p$,即 $T_b \gg T_p$。扩频后的信号 $c(t)$可计算为

$$c(t)=b(t)\oplus p(t) \tag{2.4.2}$$

其中,符号$\oplus$表示模二加运算。

当 $b(t)$与 $p(t)$符号相同时,$c(t)$为 0;而当 $b(t)$与 $p(t)$符号不同时,$c(t)$为 1。直接序列扩频的信号波形如图 2.4.2 所示。

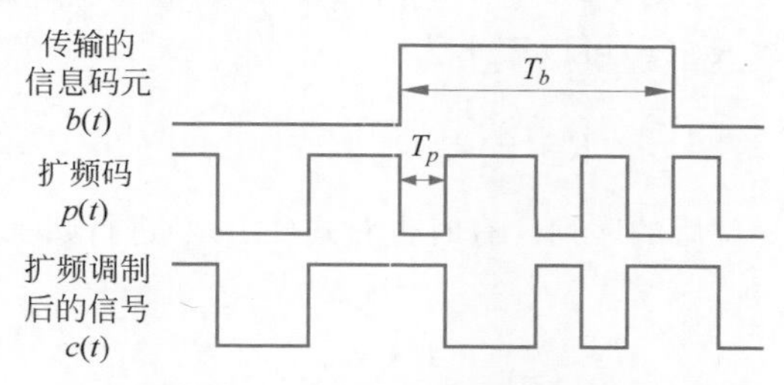


图 2.4.2 直接序列扩频的信号波形

显然,扩频后,$c(t)$的码元周期已变为 $T_p$。用码元周期表示的扩频增益为

$$G_{\mathrm{p}}=10\lg\frac{T_b}{T_p}\mathrm{dB} \tag{2.4.3}$$

在 $T_b$ 一定的情况下,扩频码速率越高,$T_p$ 越小,则扩频增益 $G_{\mathrm{p}}$ 越大。

**3. 跳频**

跳频(Frequency Hopping,FH)是通过一个特定的码序列选择载波频率的多频率频移键控。具体来说,就是用扩频码序列去进行频移键控调制,使载波频率不断地跳变,因此称为跳频。例如,简单的二进制频移键控(2FSK)只有两个频率,分别代表传号和空号,而跳频系统则有几个、几十个甚至上千个频率,通过传输信息与扩频码的组合选择载波频率,使载波频率随机跳变。

跳频传输系统的基本原理如图 2.4.3 所示。在发送端,原始信息码序列与扩频码序列组合以后,按照不同的码字控制频率合成器。输出频率根据码字的改变而改变,形成了频率的跳变过程。在接收端,为了解调跳频信号,需要用与发送端完全相同的本地扩频码控制本地频率合成器,使其输出的跳频信号能够在混频器中与接收信号差频出固定的中频信号,然后经过中频带通滤波器及信息解调器输出恢复的信息。

## 2.4.3 PN序列

从前面的讨论可以看到,扩频码的设计是扩频通信技术的核心。扩频通信系统一般使

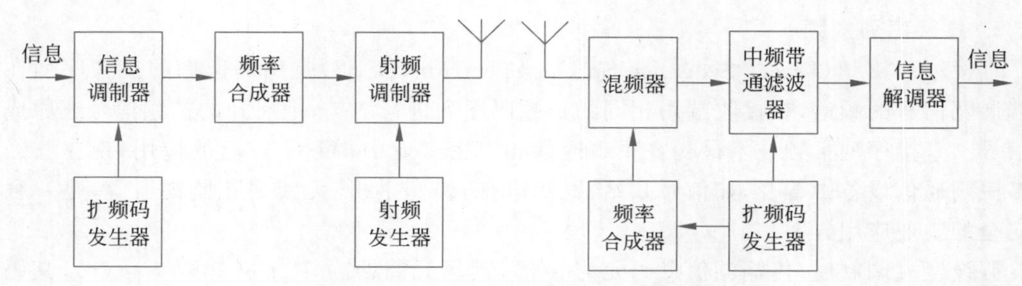


图 2.4.3 跳频传输系统的基本原理

用伪噪声(Pseudo-Noise,PN)序列进行扩频,这类码序列具有接近随机信号的性能。但是,真正的随机信号是不能重复出现和产生的,我们只能通过设计某种周期性的码序列逼近随机信号的性能,故称之为 PN 序列。在 PN 序列的设计中,序列的自相关性和互相关性非常重要,它们对系统的性能和通信质量都有直接的影响。

自相关性是指相同的扩频序列在不同的时间点上的相关性。长度(周期)为 $P$ 的二进制码序列 $x$ 的自相关函数 $R_x(\tau)$ 可以表示为

$$R_x(\tau)=\sum_{i=1}^{P}x_i \cdot x_{i+\tau} \tag{2.4.4}$$

其中,$x_{i+\tau}$ 表示 $x_i$ 移动 $\tau$ 位后的序列。有时也对式(2.4.4)进行归一化,用自相关系数 $\rho_x(\tau)$ 表示相关性,即

$$\rho_x(\tau)=\frac{1}{P}\sum_{i=1}^{P}x_i \cdot x_{i+\tau} \tag{2.4.5}$$

在码分多址系统中,理想的自相关性应当是完全的正相关(即自相关性函数的值为 1)或完全的负相关(即自相关性函数的值为−1)。这样,当接收器在解扩频时,可以准确地识别出原始的数据信号。如果自相关性不高,在解扩频时可能会产生误码,导致通信质量下降。

互相关性是指不同的扩频序列之间的相关性。对于周期均为 $P$ 的二进制码序列 $x$ 和 $y$,其互相关函数为

$$R(x,y)=\sum_{i=1}^{P}x_i \cdot y_i \tag{2.4.6}$$

其互相关系数可以定义为

$$\rho(x,y)=\frac{1}{P}\sum_{i=1}^{P}x_i \cdot y_i \tag{2.4.7}$$

在码分多址系统中,理想的互相关性应当是完全的无相关,即互相关性函数的值为 0。这是因为,每个多址用户都有一个唯一的扩频码,如果不同用户的扩频码之间存在高相关性,那么在接收器解扩时,可能会把某个用户的信号误认为是另一个用户的信号,导致通信干扰和误码。

PN 序列有很多种,其中最常用的是 m 序列,它是最长线性移位寄存器序列的简称,在通信、密码学和信号处理等领域具有广泛应用。生成 m 序列的一般方法是使用线性反馈移位寄存器(Linear Feedback Shift Register,LFSR)。LFSR 由一组寄存器位和一个反馈多项式组成,在每个时钟周期,将最低位的数据送入反馈多项式,计算反馈值,并将其插入最高

位。这个过程重复一个完整的序列周期，就产生 m 序列。m 序列的周期性、良好的互相关性和高度伪随机性，适用于扩频通信系统中的信号扩展、干扰抑制和同步等关键任务。

## 2.5　OFDM 的原理与实现

正交频分复用，即 OFDM，属于多载波调制的一种。20 世纪 60 年代，OFDM 技术首次被提出，但由于当时的计算机处理能力不足，无法实现 OFDM 信号的调制和解调，因此并未引起重视。20 世纪 70 年代，随着数字信号处理的发展，OFDM 得到广泛的研究和应用，那时 OFDM 已经可以用于高速数据传输和广播系统。20 世纪 90 年代，OFDM 已经成为移动通信系统中广泛应用的数字调制技术之一，如欧洲的数字音频广播（Digital Audio Broadcasting，DAB）系统和数字电视广播（Digital Video Broadcasting，DVB）系统。同时，OFDM 也逐渐被应用于 WLAN 和宽带接入等领域。进入 21 世纪，随着移动通信系统的不断发展和普及，OFDM 已经成为 4G 和 5G 无线通信系统的重要技术之一。今后，OFDM 技术还将在更广泛的领域得到应用，如车联网、工业物联网和卫星通信等。

### 2.5.1　OFDM 的基本原理

OFDM 是一种特殊的正交多载波传输技术。传统的多载波传输需要通过保留频率间隔保证传输的可靠性，OFDM 则通过保证频域多个子载波之间的正交性实现传输。OFDM 在时域上包含了多个不同频率的子载波，信息数据也正是通过相应的子信道进行传输。

第 7 集

微课视频

OFDM 系统的每个子信道之间因正交而互不影响，这样既可以有效地减少多径干扰，又能有效提高频谱的利用效率。图 2.5.1 给出了有 4 个正交子载波 $f_1$、$f_2$、$f_3$、$f_4$ 的 OFDM 时域波形，将这 4 个时域信号合成一路后造成了混叠，但利用载波的正交性，仍然可以将 4 个正交载波区分开来。

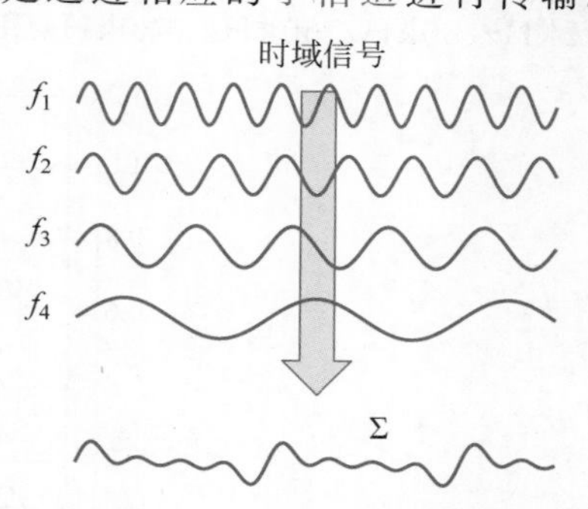


图 2.5.1　OFDM 时域波形

为了在接收端使 $N$ 路子信道信号能够完全分离，需要满足任意两个载波在一个码元持续时间 $T_s$ 内相互正交。由三角函数的性质可知，集合{1，sin($t$)，cos($t$)，…，sin($nt$)，cos($nt$)}中任意两个不同函数相互正交，即集合中两个不同函数的乘积在[$-\pi$，$\pi$]内的积分为 0。根据这一性质，可以获得彼此相互正交的子载波。

从时域来看，发送端信号在空间中的叠加可以表示为

$$f(t)=\sum A_i\sin(2\pi f_i t)+\sum B_i\cos(2\pi f_i t) \tag{2.5.1}$$

其复数形式为

$$f(t)=\sum C_i \mathrm{e}^{\mathrm{j}2\pi f_i t} \tag{2.5.2}$$

从式(2.5.2)可以看出，当对时间 $t$ 进行离散化时，OFDM 其实就是对各路子载波上的传输信号 $C_i$ 进行傅里叶逆变换。事实上，OFDM 系统的调制功能正是利用快速傅里叶逆变换（Inverse Fast Fourier Transform，IFFT）模块实现的。时域上，OFDM 的调制过程是

一个正弦载波和一个码元波形（门函数 $g(t)$）的乘积；而在频域上体现的是对门函数频谱的搬移，其中门函数在时域上为方波，其频谱 $G(f)$ 为辛格（Sinc）函数，即

$$G(f)=\begin{cases}1, & f=0\\ \dfrac{\sin(f)}{f}, & f\neq 0\end{cases} \tag{2.5.3}$$

对于周期为 $T$ 的方波 $g(t)$，$G(f)$ 的零点为 $k/T$，$k=0,\pm1,\pm2,\cdots$。根据傅里叶变换的频移特性，当把频域的 $G(f)$ 函数平移到不同的子载波上时，等效为

$$g_k(t)=g(t)\mathrm{e}^{\mathrm{j}2\pi f_k t}=g(t)\mathrm{e}^{\mathrm{j}2\pi \frac{k}{T}t}\leftrightarrow G\left(f-\frac{k}{T}\right) \tag{2.5.4}$$

在时域上，把多个携带信息符号（基带调制后的符号）的子载波信号叠加，就得到了一个OFDM 符号，这些信号通过多载波一起发送出去。由于子载波通常在零频附近对称排列，包含 $N$ 个子载波信息的 OFDM 符号在时域上的表达式可以写为

$$s(t)=\sum_{k=-\frac{N}{2}}^{\frac{N}{2}-1}C_k g_k(t)=\sum_{k=-\frac{N}{2}}^{\frac{N}{2}-1}C_k \mathrm{e}^{\mathrm{j}2\pi\frac{k}{T}t}g(t)=\sum_{k=-\frac{N}{2}}^{\frac{N}{2}-1}C_k \mathrm{e}^{\mathrm{j}2\pi\frac{k}{T}t} \tag{2.5.5}$$

经式(2.5.5)的 IFFT，频域的 OFDM 信号波形如图 2.5.2 所示。可见，OFDM 子载波之间没有严格的频率间隔，而是数学意义上的正交，因此相同频带内可以容纳更多的子载波。各子载波中心频点的最小子载频间隔为 $\Delta f=1/T$。在实际的移动通信网络中，4G 系统支持固定的 15kHz 子载波间隔；在 5G 新空口系统中，有 5 种可选的子载波间隔，包括15kHz、30kHz、60kHz、120kHz 和 240kHz。

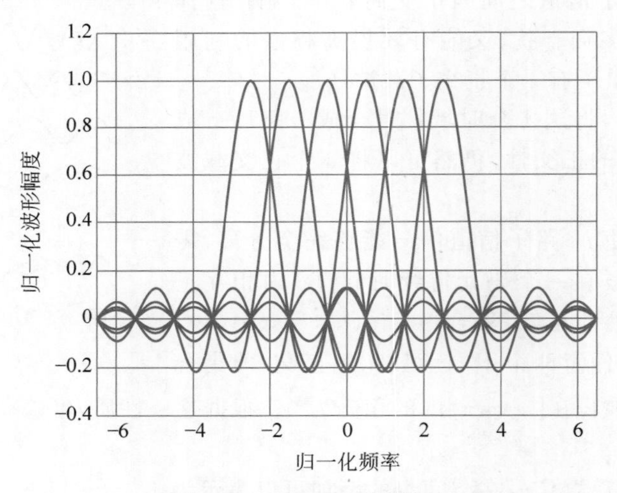


**图 2.5.2 OFDM 频域波形**

需要注意的是，图 2.5.2 所示的 OFDM 频谱为理想状态，即码元波形为边缘垂直的标准门函数。假设有 $N$ 路子信道，每路子载波采用 $M$ 阶调制，则 OFDM 的总带宽为

$$B_1=\frac{N+1}{T_s} \tag{2.5.6}$$

其中，$T_s$ 为码元周期。

信息的平均传输速率为

$$R_b = \frac{N}{T_s} \text{lb} M \tag{2.5.7}$$

频带利用率为

$$\eta_1 = \frac{R_b}{B_1} = \frac{N}{N+1} \text{lb} M \tag{2.5.8}$$

作为对比，单载波传输系统为了得到相同的码元传输速率，其所需带宽至少应达到

$$B_2 = \frac{2N}{T_s} \tag{2.5.9}$$

相应的带宽利用率为

$$\eta_2 = \frac{R_b}{B_2} = \frac{N}{T_s} \text{lb} M \cdot \frac{T_s}{2N} = \frac{1}{2} \text{lb} M \tag{2.5.10}$$

当 $N$ 较大时，$\eta_1$ 趋于极限数值 $\text{lb}M$，而 $\eta_2$ 为固定数值 $\frac{1}{2}\text{lb}M$。因此，在通常情况下，OFDM 与单载波相比，频带利用率大约变为 2 倍。

## 2.5.2　OFDM 的实现方法

OFDM 的实现原理如图 2.5.3 所示。在发送端，串行的数据流在经过编码、调制以及串/并转换之后，送入 OFDM 调制运算单元，即进行 IFFT，接着进行并/串转换并加入循环前缀(Cyclic Prefix，CP)，再经数/模(D/A)转换变为模拟信号后，经由信道传输。在接收端，由信道接收到的模拟 OFDM 信号首先通过模/数(A/D)转换变为串行的数字信号，接着去除循环前缀，再经串/并转换将其送入 OFDM 解调运算单元进行 FFT 运算，最后经过并/串转换和解码，还原出原始的信源信号。

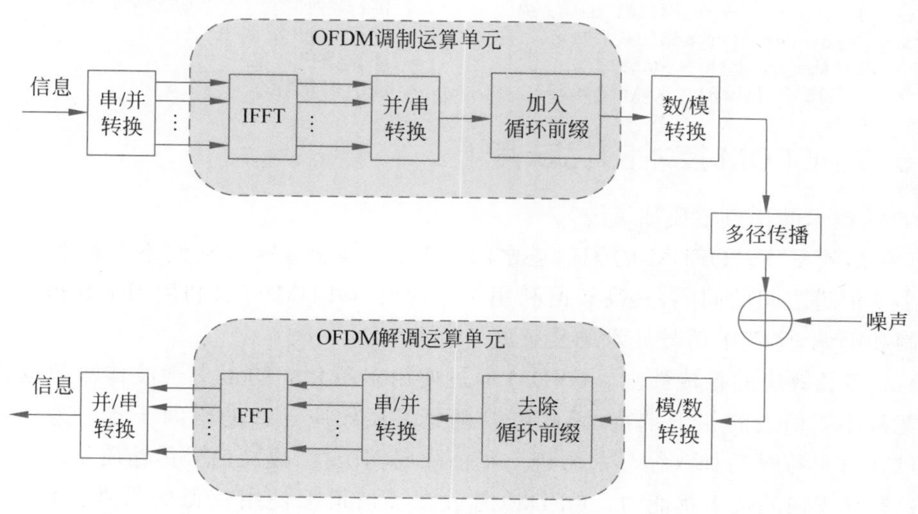


图 2.5.3　OFDM 的实现原理

在 OFDM 中，通过串/并转换和并/串转换将串行数据变换为并行数据或反之，以便于进行正或逆的傅里叶变换。在调制和解调部分，串/并转换和并/串转换都为时频变换服务。如果把它们 3 个看作一个整体，相当于输入和输出都是串行数据。

加入循环前缀是 OFDM 的一个重要特点。在 OFDM 系统中，码间干扰会导致较高的

误码率，同时产生载波间干扰(Inter Carrier Interference，ICI)，丧失正交性，使系统性能下降。为削弱码间干扰的影响，通常在OFDM符号中插入保护间隔，其长度一般大于或等于信道冲激响应长度。保护间隔可以是不包含任何信号的零信号，但是这样仍会引入ICI，破坏子载波间的正交性。如果构成保护间隔的信号由发送信号通过循环扩展构成，引入长度可消除码间干扰的循环前缀时可消除载波间干扰。

虽然OFDM通过串/并转换将数据分散到$N$个子载波上，这一速率已经降低到了$1/N$，但为了最大限度地消除码间干扰，通常需要在每个OFDM符号之间加入保护间隙，以更好地应对多径效应造成的延时，但插入保护间隙会使数据传输效率降低到原来的$N/(N+L)$，其中$L$表示插入保护间隙的长度。加入保护间隙并完成IFFT后，临时将结果存入随机存储器(Random Access Memory，RAM)中，从RAM读取数据时，采取部分重复读取的方式，将部分数据重复复制，加到首尾，以形成循环前缀。

以下是一个简单的OFDM MATLAB程序示例，其中子载波数量为64，每个子信道的数据采用QPSK调制和解调。

```
% 设定 OFDM 参数
N = 64;                                              % 子载波数量
cp_len = 16;                                         % 循环前缀长度
SNR = 10;                                            % 信噪比
data = randi([0 3], N, 1);                           % 生成并行的随机比特序列
mod_data = qammod(data, 4);                          % 生成 4QAM 符号
ifft_data = ifft(mod_data, N);                       % 进行 IFFT
serial_data = reshape(ifft_data, 1, numel(ifft_data));                      % 并/串转换
cp_data = [serial_data(end-cp_len+1:end) serial_data];                      % 添加循环前缀
rx_cp_data = awgn(cp_data, SNR, 'measured');         % 加入高斯噪声
rx_ifft_data = rx_cp_data(:, cp_len+1:end);          % 去掉循环前缀
rx_parallel_data = reshape(rx_ifft_data, numel(rx_ifft_data), 1);           % 串/并转换
rx_mod_data = fft(rx_parallel_data, N);              % 进行 FFT
rx_data = qamdemod(rx_mod_data, 4);                  % 进行 4QAM 解调
ber = sum(abs(rx_data - data))/N;                    % 计算误比特率
fprintf('误比特率(BER): %f\n', ber);                 % 输出误比特率
```

### 2.5.3 OFDM技术的优缺点

OFDM技术的优点主要如下。

(1) 频谱效率高。OFDM的子信道之间相互正交，这意味着它们不会相互干扰，因此可以缩小子信道之间的间隔，提高频谱利用率。同时，OFDM可以利用IFFT和FFT分别实现调制和解调，降低了信号处理的复杂度。

(2) 对多径效应的鲁棒性强。OFDM通过使用多条独立的正交载波传输数据，每个载波的带宽都小于信道的相干带宽，因此可以避免多径效应导致的码间干扰。另外，OFDM还可通过在每个符号后加入循环前缀进一步消除码间干扰，提高信号传输质量。

(3) 具有较强的抗干扰能力。OFDM通过在子信道上使用较低的带宽抵消带宽有限的干扰信号，如窄带干扰或频率选择性衰落。由于每个子信道上的数据速率较低，因此OFDM也可以使用较低阶的调制方式提高误码率性能，如QPSK或16QAM。

(4) 易于实现。OFDM的信号处理方式简单，易于实现，只需要使用FFT/IFFT等基本运算就可以完成调制和解调。同时，由于OFDM是一种数字信号处理技术，因此便于与其他数字技术相结合，如编码、加密、多址等。

OFDM 技术的缺点主要如下。

（1）对频偏和相位噪声比较敏感。OFDM 技术要求子载波之间保持正交性，但是如果存在载波频偏或相位噪声，就会破坏正交性，导致 ISI 或星座点的旋转、扩散，影响信号的传输质量。

（2）功率峰值与均值比（PAPR）大。OFDM 信号由多个子载波叠加而成，因此在时域上可能出现很大的峰值，而这些峰值与信号的均值相比，会形成很大的比值，即 PAPR。PAPR 过大会导致射频放大器的功率效率较低，同时也会增加非线性失真的可能性。

（3）系统复杂度较高。OFDM 技术为了提高传输性能，通常需要使用负载算法和自适应调制，根据信道状态分配子载波和调制方式。但是，这些技术会增加系统的计算量和控制开销，从而增大系统的复杂度。

## 2.6 SCMA 的稀疏扩频与多维调制

未来的无线网络不仅需要大幅提升系统的频谱效率，而且还要具备支持海量设备连接的能力，并对简化系统设计及信令流程方面提出更高要求。这些都将使 LTE 现有的正交多址接入技术面临严峻的挑战。稀疏扩频与多维调制是在 5G 演进及 6G 探索过程中配合新型多址接入技术而提出的具体方案。

### 2.6.1 SCMA 的基本原理

第 8 集

微课视频

非正交多址接入（Non-orthogonal Multiple Access，NOMA）是一种允许多个终端同时共享同一时频资源的新型多址技术。它可以在有限频谱资源的复用下，实现良好的系统吞吐率和用户公平性。以稀疏码分多址（SCMA）为代表的新型多址技术通过多用户信息在相同资源上叠加传输，在接收端利用先进的检测算法分离多用户信息，不仅可以有效提升系统的频谱效率，成倍增加系统的接入容量，还可以通过免调度传输大幅简化信令流程并降低空口传输时延。

图 2.6.1 为 SCMA 系统发送端的基本模型。其中，数据流的编码比特直接映射到基于多维星座构建的码本中的码字。可见，SCMA 系统的基本结构类似于 LTE 传输模型，但关键区别在于调制和扩频的联合设计。

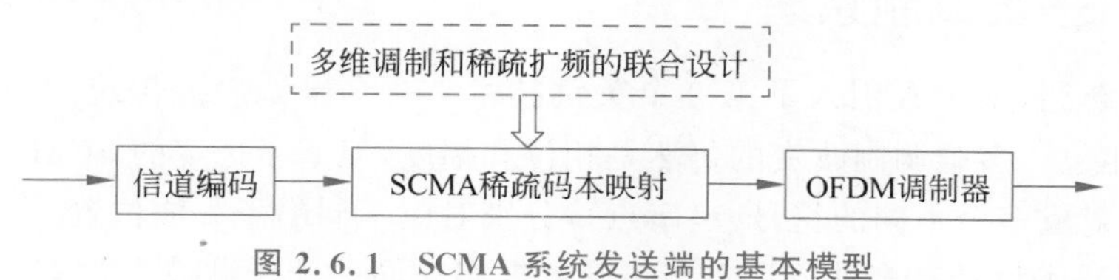


图 2.6.1 SCMA 系统发送端的基本模型

与码分多址类似，SCMA 是一种基于码域叠加的多址方案。区别在于 SCMA 使用低密度的稀疏码，并与调制技术相结合，通过共轭、转置以及相位旋转等方式获得最优的码本集合，使不同用户基于所分配的码本进行信息传输。接收端通过消息传递算法（Message Passing Algorithm，MPA）进行解码。由于它采用了非正交稀疏编码叠加技术，在同样资源条件下，SCMA 可以支持更多的用户连接；同时，由于它利用了扩频和多维调制技术，单用户链路的传输质量也将大幅提升。

## 2.6.2 稀疏扩频原理

稀疏扩频的目的是减少在同一资源单元上叠加的符号数,从而降低接收端的多用户检测复杂度,有利于 SCMA 的硬件系统实现。以如图 2.6.2 所示的一种 SCMA 稀疏映射方法为例,SCMA 将单用户(单数据层)的数据符号扩频到 4 个子载波上,并让 6 个用户共享这 4 个子载波。每个用户都关联一个 SCMA 码本。其中,不同的图案代表不同的调制符号,而空白则表示在该资源上没有符号。因此,SCMA 码本不仅决定了具体的调制符号,还决定了其扩频的位置。例如,当用户 1 传输信息比特 11 时,它会把码本第 4 列上的两个调制符号分配在第 1 和第 3 个子载波上进行传输。又如,当用户 2 传输信息比特 10 时,它会把码本第 3 列上的两个调制符号分配在第 2 和第 4 个子载波上进行传输。本例中,4 个子载波最多可以允许来自 6 个用户的信号进行叠加,即频谱效率最多可以提升 150%。

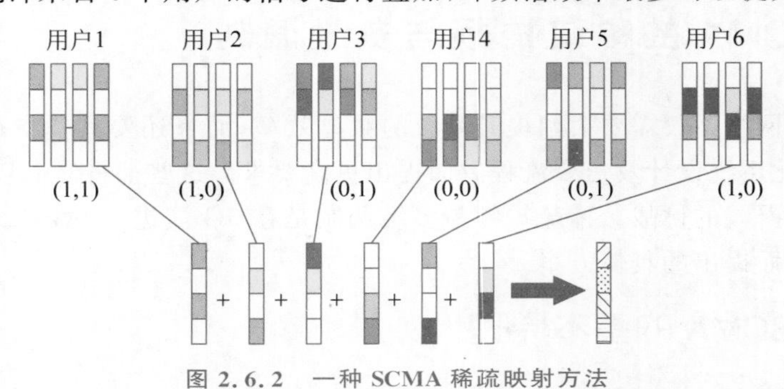


图 2.6.2 一种 SCMA 稀疏映射方法

该技术之所以称为稀疏扩频,是因为单用户的数据只扩频到了 4 个子载波当中的两个,而另外两个子载波是空载波。这就相当于 6 位乘客共享 4 个座位,每个人占用两个座位。这也是 SCMA 中“稀疏”(Sparse)称谓的由来。相反,不稀疏就意味着在全载波上扩频,那么同一个子载波上就有可能存在 6 个用户的叠加数据,接收端的多用户检测将十分困难。当 4 个座位被 6 位乘客使用后,乘客之间就不再严格正交,即每位乘客占了两个座位,系统无法再通过座位号,即子载波号,来区分乘客。另外,单一子载波上将存在最多 3 个用户的叠加数据,多用户解调依然存在困难。

## 2.6.3 多维调制原理

为了便于解调,SCMA 引入了第 2 个关键技术——多维调制。传统的 IQ 调制只有两维,即幅度和相位。多维调制改变的仍然是相位和幅度,但基于选定的 SCMA 码本,每个比特组可以被映射成多个不同的符号(星座点),分别对应不同的子载波位置。

SCMA 的码本设计有多种方法。当不同数据层在同一个子载波上没有冲突时,使用多维星座点之间最大的最小欧氏距离,可确保在只有少量数据层时 SCMA 系统的良好性能。一旦层数增加,两层或更多层可能会在一个子载波上发生冲突。在这种情况下,需要引入码字非零元素之间的相关性,以便恢复遭遇冲突的码字。此外,码字的功率不平衡会导致远近效应,这使 MPA 检测器能更有效地消除冲突数据层之间的干扰。如果星座具有理想的欧氏距离,则可以在基本星座上应用单一旋转,控制星座的维度依赖性和功率变化,同时保持欧氏距离不变。受快衰落信道通信代码设计的启发,可以设计单一旋转最大化星座的最小乘积距离。例如，应用格子(Lattice)旋转技术设计多维母星座，旋转具有所需欧氏距离的基本晶格星座，以引起尺寸依赖性和功率变化，同时保持欧氏距离不变。

表 2.6.1 给出了一种已优化的 4 点 SCMA 码本，用于在 4 个子载波上叠加最多 6 个用户(或数据层)的信息传输。所谓 4 点，是一种类似 QPSK 的在单个子载波上用 4 个非零星座点表示 2 位比特信息的调制类型。CB1～CB6 代表 6 种不同的 SCMA 码本签名(Signature)，并按列给出了 00、01、10、11 所对应的 4 种符号码字，按行给出了可扩频的子载波位置。例如，CB1 只允许用户在第 2 和第 4 个子载波上扩频；当调制比特信息为 00 时，系统会将 −0.1815−0.1318j 和 0.7851 分别映射到第 2 和第 4 个资源块上。对于使用 CB4 的用户，当调制信息为 10 时，系统会将 0.2243 和 0.0193+0.7848j 分别映射到第 3 和第 4 个资源块。该码本支持 6 个用户共享 4 个子载波，系统容量最多提升 150%。

表 2.6.1　一种已优化的 4 点 SCMA 码本

| 码本序号 | SCMA 各层码本 |
| --- | --- |
| CB1 | $\begin{bmatrix} 0 & 0 & 0 & 0 \\ -0.1815-0.1318j & -0.6351-0.4615j & 0.6351+0.4615j & 0.1815+0.1318j \\ 0 & 0 & 0 & 0 \\ 0.7851 & -0.2243 & 0.2243 & -0.7851 \end{bmatrix}$ |
| CB2 | $\begin{bmatrix} 0.7851 & -0.2243 & 0.2243 & -0.7851 \\ 0 & 0 & 0 & 0 \\ -0.1815-0.1318j & -0.6351-0.4615j & 0.6351+0.4615j & 0.1815+0.1318 \\ 0 & 0 & 0 & 0 \end{bmatrix}$ |
| CB3 | $\begin{bmatrix} -0.6351+0.4615j & 0.1815-0.1318j & -0.1815+0.1318j & 0.6351-0.4615j \\ 0.1392-0.1759j & 0.4873-0.6156j & -0.4873+0.6156j & -0.1392+0.1759j \\ 0 & 0 & 0 & 0 \\ 0 & 0 & 0 & 0 \end{bmatrix}$ |
| CB4 | $\begin{bmatrix} 0 & 0 & 0 & 0 \\ 0 & 0 & 0 & 0 \\ 0.7851 & -0.2243 & 0.2243 & -0.7851 \\ -0.0055-0.2242j & -0.0193-0.7848j & 0.0193+0.7848j & -0.0055+0.2242j \end{bmatrix}$ |
| CB5 | $\begin{bmatrix} -0.0055-0.2242j & -0.0193-0.7848j & 0.0193+0.7848j & -0.0055+0.2242j \\ 0 & 0 & 0 & 0 \\ 0 & 0 & 0 & 0 \\ -0.6351+0.4615j & 0.1815-0.1318j & -0.1815+0.1318j & 0.6351-0.4615j \end{bmatrix}$ |
| CB6 | $\begin{bmatrix} 0 & 0 & 0 & 0 \\ 0.7851 & -0.2243 & 0.2243 & -0.7851 \\ 0.1392-0.1759j & 0.4873-0.6156j & -0.4873+0.6156j & -0.1392+0.1759j \\ 0 & 0 & 0 & 0 \end{bmatrix}$ |

表 2.6.1 定义的 SCMA 码本所对应的星座图如图 2.6.3 所示。其中，VN_1～VN_6 表示作为变量节点(Variable Node，VN)的 6 个用户。可见，该码本也是由一组基础星座点进行旋转所得的。

对于其他更多点数的 SCMA 码本，可利用类似的思想基于母星座点旋转获得。图 2.6.4 所示为一种 16 点 SCMA 多维调制码本，它可以通过对两个 QAM 星座点进行旋转得到。

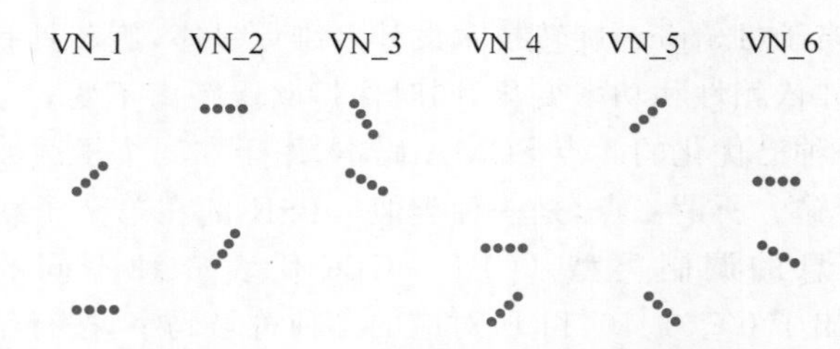


图 2.6.3　4 点 SCMA 码本对应的星座图

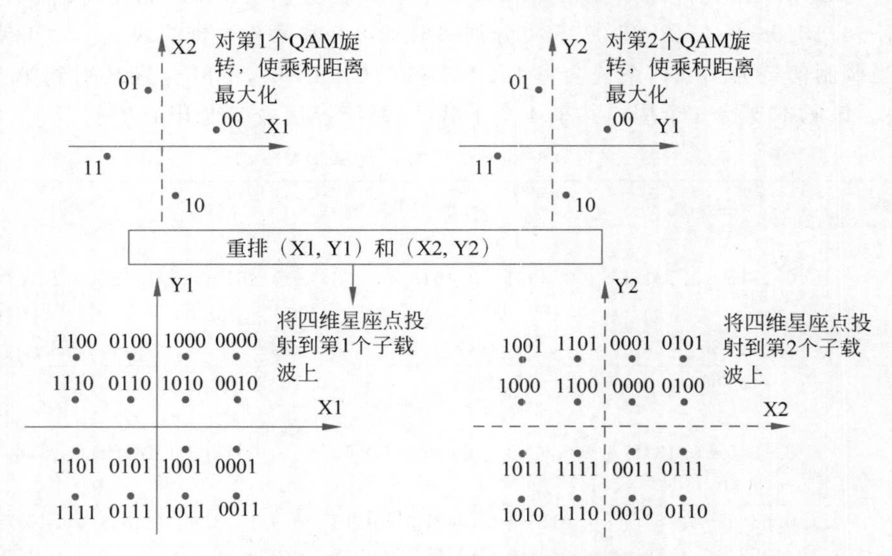


图 2.6.4　一种 16 点 SCMA 多维调制码本

值得注意的是，SCMA 码本的设计倾向于在每个资源单元上配置更少的投影点，以进一步增大星座点之间的最小欧氏距离。具体做法是多维星座点的一部分会被置于零点。图 2.6.5 给出了一种 4 点映射到 3 点的 SCMA 码本示例。其中，01 和 10 所对应的星座点在第 1 个子载波上为零分量，因此仅凭该子载波位置的接收信号无法正确恢复 01 和 10 的信息。但在第 2 个子载波上 01 和 10 对应的是非零分量，可以进行符号分离。很显然，在多用户接入时，3 个星座点比 4 个星座点有获得更大的最小欧氏距离的机会，这得益于 SCMA 信号的多维调制方式。

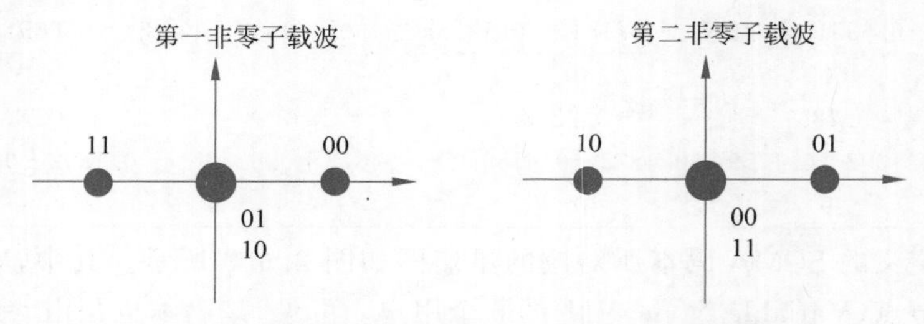


图 2.6.5　一种 4 点映射到 3 点的 SCMA 码本

即使两个星座点在某一子载波上的非零分量上发生碰撞，它们仍然可以在另一子载波的非零分量上被分离。图 2.6.6 给出了一种 16 点映射到 9 点的 SCMA 码本示例，其中，(X1，Y1)中的 1101 和 1110 被分配到同一个非零星座点，在该子载波无法区分 1101 和

1110。而在(X2,Y2)中,1101 和 1110 并不处于同一非零星座点上。因此,接收端通过两个子载波上的多维调制符号,可以准确地恢复出原始的发送信息。

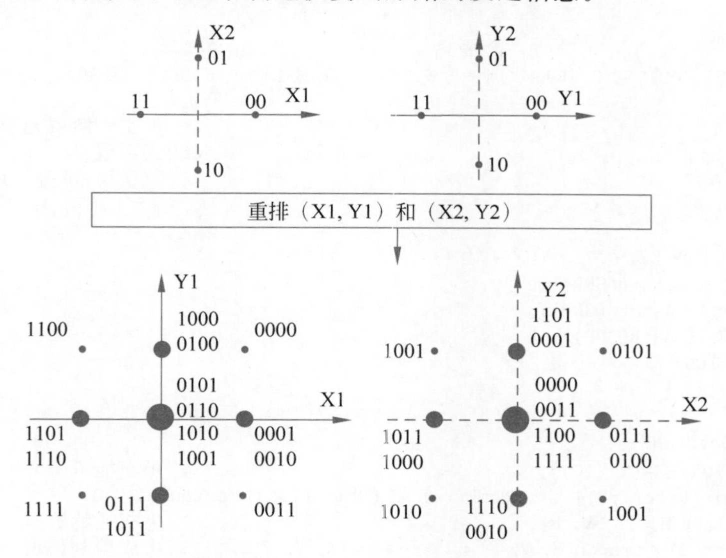


图 2.6.6　一种 16 点映射到 9 点的 SCMA 码本示例

从多点到少点的 SCMA 码本映射,可使多用户星座点之间的欧氏距离拉得更远,多用户解调和抗干扰性能大大增强。每个用户的数据都使用系统分配的稀疏码本进行多维调制,而系统又知道每个用户的码本,这样就可以在不正交的情况下,把不同用户的信息最终解调出来。这就相当于虽然无法再用座位号区分乘客,但是可以给这些乘客贴上不同颜色的标签,结合座位号还是能够将乘客区分出来。

基于表 2.6.1 码本的 SCMA 编解码的 MATLAB 程序如下。

```
% 4 点码本示例
CB(:,:,1) = ...
    [ 0                    0                    0                    0;
     -0.1815-1j*0.1318 -0.6351-1j*0.4615 0.6351+1j*0.4615 0.1815+1j*0.1318;
     0                    0                    0                    0;
     0.7851               -0.2243              0.2243               -0.7851 ];
CB(:,:,2) = ...
    [ 0.7851              -0.2243              0.2243               -0.7851;
     0                    0                    0                    0;
    -0.1815-1j*0.1318 -0.6351-1j*0.4615 0.6351+1j*0.4615 0.1815+1j*0.1318;
     0                    0                    0                    0 ];
CB(:,:,3) = ...
    [-0.6351+1j*0.4615 0.1815-1j*0.1318 -0.1815+1j*0.1318 0.6351-1j*0.4615;
     0.1392-1j*0.1759 0.4873-1j*0.6156 -0.4873+1j*0.6156 -0.1392+1j*0.1759;
     0                    0                    0                    0;
     0                    0                    0                    0 ];
CB(:,:,4) = ...
     0 [ 0                0                    0;
     0                    0                    0                    0;
     0.7851               -0.2243              0.2243               -0.7851;
    -0.0055-1j*0.2242 -0.0193-1j*0.7848 0.0193+1j*0.7848 0.0055+1j*0.2242 ]
CB(:,:,5) = ...
    [-0.0055-1j*0.2242 -0.0193-1j*0.7848 0.0193+1j*0.7848 0.0055+1j*0.2242;
     0                    0                    0                    0;
```

```
        0                        0                        0                          0;
      -0.6351 + 1j*0.4615 0.1815 - 1j*0.1318  -0.1815 + 1j*0.1318 0.6351 - 1j*0.4615 ];
CB(:,:,6) = ...
        0 [ 0                    0                        0;
        0.7851                   -0.2243                  0.2243                     -0.7851;
      0.1392 - 1j*0.1759 0.4873 - 1j*0.6156 0.4873 + 1j*0.6156  -0.1392 + 1j*0.1759;
        0                        0                        0                          0 ];
K = size(CB, 1);                                              % 正交资源单元数目
M = size(CB, 2);                                              % 码字数目
V = size(CB, 3);                                              % 数据层(可叠加用户)数目
N = 10000;
EbN0 = 0:20;
SNR = EbN0 + 10*log10(log2(M)*V/K);
Nerr = zeros(V, length(SNR));
Nbits = zeros(V, length(SNR));
BER = zeros(V, length(SNR));
maxNumErrs = 100;
maxNumBits = 1e7;
Niter = 10;
for k = 1:length(SNR)
    N0 = 1/(10^(SNR(k)/10));                                  % 噪声能量
    while ((min(Nerr(:,k)) < maxNumErrs) && (Nbits(1,k) < maxNumBits))
    x = randi([0 M-1], V, N);                                 % 生成比特数据
    h = 1/sqrt(2)*(randn(K, V, N) + 1j*randn(K, V, N));      % 生成瑞利信道
    s = scmaenc(x, CB, h);                                    % 包含过信道的SCMA符号生成
    y = awgn(s, SNR(k));                                      % 加噪
    LLR = scmadec(y, CB, h, N0, Niter);                       % SCMA软解码
    r = de2bi(x, log2(M), 'left-msb');                        % 符号到比特转换
    data = zeros(log2(M)*N, V);
    for kk = 1:V
        data(:,kk) = reshape(downsample(r, V, kk-1).',[],1);
    end
    % LLR到比特转换
    datadec = reshape((LLR <= 0), [log2(M) N*V]).';
    datar = zeros(log2(M)*N, V);
    for kk = 1:V
        datar(:,kk) = reshape(downsample(datadec, V, kk-1).', [], 1);
    end
    err = sum(xor(data, datar));
    Nerr(:,k) = Nerr(:,k) + err.';
    Nbits(:,k) = Nbits(:,k) + log2(M)*N;
    end
        BER(:,k) = Nerr(:,k)./Nbits(:,k);
        k
end
function y = scmaenc(x, CB, h)                                % SCMA编码子函数
        K = size(CB, 1);
        V = size(CB, 3);
        N = size(x, 2);
        y = zeros(K, N);
        for n = 1:N
            for k = 1:V
                y(:,n) = y(:,n) + CB(:, x(k,n)+1, k).*h(:,k,n);
        end
    end
end
function LLR = scmadec(y, CB, h, N0, Nit)                      % SCMA解码子函数
        K = size(CB, 1);
        M = size(CB, 2);
        V = size(CB, 3);
```

```
        F = zeros(K, V);                                    % 因子图计算
        s = [K, M];
        for k = 1:V
            IND = find(CB(:,:,k));
            [I, ~] = ind2sub(s, IND);
            F(unique(I),k) = 1;
    end
    N = size(y, 2);
    LLR = zeros(log2(M) * V, N);
    Noise = 1/N0;
    parfor jj = 1:N
        f = zeros(M, M, M, K);                              % 步骤 1: 初始化
        for k = 1:K
            ind = find(F(k,:) == 1);                        % 非零单元
            for m1 = 1:M
                for m2 = 1:M
                    for m3 = 1:M
                        d = y(k,jj) - (CB(k,m1,ind(1)) * h(k,ind(1),jj)
                            + CB(k,m2,ind(2)) * h(k,ind(2),jj)...
                            + CB(k,m3,ind(3)) * h(k,ind(3),jj));
                           f(m1,m2,m3,k) = - Noise * sum(real(d)^2 + imag(d)^2);
                    end
                end
            end
        end
        Ap = log(1/M);
        Igv = zeros(K, V, M);
        Ivg = Ap * ones(K, V, M);
        for iter = 1:Nit                                    % 步骤 2: 迭代检测
            for k = 1:K                                     % Igv 更新
                ind = find(F(k,:) == 1);
                for m1 = 1:M
                    sIgv = zeros(1, M * M);
                    for m2 = 1:M
                        for m3 = 1:M
                        sIgv((m2 - 1) * M + m3) = f(m1,m2,m3,k) + Ivg(k,ind(2),m2) + Ivg(k,
ind(3),m3);
                    end
                end
                Igv(k,ind(1),m1) = log_sum_exp(sIgv);
            end
        for m2 = 1:M
                sIgv = zeros(1, M * M);
            for m1 = 1:M
                for m3 = 1:M
                    sIgv((m1 - 1) * M + m3) =
                    f(m1,m2,m3,k) + Ivg(k,ind(1),m1) + Ivg(k,ind(3),m3);
            end
        end
            Igv(k,ind(2),m2) = log_sum_exp(sIgv);
        end
        for m3 = 1:M
            sIgv = zeros(1, M * M);
            for m1 = 1:M
                for m2 = 1:M
                    sIgv((m1 - 1) * M + m2) =
                    f(m1,m2,m3,k) + Ivg(k,ind(1),m1) + Ivg(k,ind(2),m2);
                end
            end
                Igv(k,ind(3),m3) = log_sum_exp(sIgv);
```

```
                end
            end
            for k = 1:V                                                    % Ivg 更新
                ind = find(F(:,k) == 1);
                s1 = log(sum(exp(Igv(ind(1),k,:))));
                s2 = log(sum(exp(Igv(ind(2),k,:))));
                for n = 1:M
                    Ivg(ind(1),k,n) = Igv(ind(2),k,n) - s2;
                    Ivg(ind(2),k,n) = Igv(ind(1),k,n) - s1;
                end
            end
        end
        Q = zeros(M, V);                                                   % 步骤 3: LLR 计算
        for k = 1:V
            ind = find(F(:,k) == 1);
            for m = 1:M
                Q(m,k) = Ap + Igv(ind(1),k,m) + Igv(ind(2),k,m);
            end
        end
        LLR_tmp = zeros(log2(M) * V, 1);
        for k = 1:V
            LLR_tmp(2 * k - 1) =
            log((exp(Q(1,k)) + exp(Q(2,k)))/((exp(Q(3,k)) + exp(Q(4,k)))));
            LLR_tmp(2 * k) =
                log((exp(Q(1,k)) + exp(Q(3,k)))/((exp(Q(2,k)) + exp(Q(4,k)))));
            end
            LLR(:,jj) = LLR_tmp;
        end
    end
    function y = log_sum_exp(x)                                            % 对数似然值计算函数
        xm = max(x);
        x = x - repmat(xm, size(x,1), 1);
        y = xm + log(sum(exp(x)));
    end
```

## 本章小结

本章重点阐述了无线通信系统中的数字调制技术原理。首先，本章介绍了传统的BPSK、$\pi/2$-BPSK 和 QAM 等调制技术的基本原理、特点和应用，对调制解调过程、相关波形图、星座图等进行了分析，并提供了必要的代码示例。其次，本章介绍了扩频通信的基本原理，包括直接序列扩频和跳频等方式，结合扩频通信的概念，对 OFDM 的基本原理和具体的实现步骤进行了阐述，并分析了其技术优缺点。最后，本章介绍了以稀疏码分多址为代表的非正交多址接入技术，对稀疏扩频和多维调制技术的原理和实现方式进行了重点分析，并提供了链路级系统的示例代码。

## 本章习题

2.1 设信息比特为 1100101101，画出 BPSK 与 $\pi/2$-BPSK 的星座图和调制波形，并说明它们的波形差别。

2.2 基于图 2.2.5，假设 BPSK 调制符号的平均功率为 1，当传输信号叠加了均值为 0，方差为 1 的高斯白噪声信道后，接收机将 1 错误地解调成 0 的概率为多少？

2.3 基于图2.3.2,假设将16QAM各调制符号的平均能量归一化,试计算星座图上各星座点所对应的功率。

2.4 假设一个小区中有100个用户,每个用户的数据传输速率为500kb/s,每个OFDM子载波的带宽为180kHz,则这个系统需要多少个OFDM子载波来满足所有用户的速率需求?

2.5 结合SCMA的非正交传输特性,试分析为什么SCMA可用作免调度传输。

# 第3章 CHAPTER 3 无线信道的传播特性与模型

无线信道在发射机和接收机之间建立起信息传输的通道，它对传输速率起根本性的限制。与采用铜线、波导或光纤的有线通信系统相比，无线通信系统中的电波在开放的环境中传播，传播路径非常复杂，除视距传播外，电波在传播中还受到周围环境地形地物的影响，产生反射、折射、散射和衍射(绕射)等。绝大多数无线信道都具有时变特性和弥散特性，影响无线电链路的信噪比，进而影响通信系统的信道容量和符号差错概率。分析电波的传播特性并建立无线衰落信道的模型是无线通信系统设计和研究的重要组成部分。

本章阐述无线信道的相关概念、分析方法与模型，首先介绍物理信道的定义和电波传播方式；随后阐述衰落信道的特性，包括大尺度衰落和小尺度衰落；接着阐述衰落信道的统计特性以及常用信道的数学模型。

第9集 微课视频

## 3.1 物理信道的定义

在无线信道上传播的是空间电磁波(简称电波)。当电波的频率大于30MHz时，典型的传播方式有直射、反射、折射、散射和衍射。为了清晰地理解无线信道的特点，首先回顾电磁波的传播特性。在描述电波传播时必须使用向量形式的电通量或磁通量，但无线接收机却不能接收向量信号，只能由电场与天线极化向量的内积得到标量电压或电流。如果有多个电波从不同方向到达天线，就需要用不同的极化向量合成基带电压，即

$$h(\boldsymbol{r}) = \underbrace{\boldsymbol{E}_1(\boldsymbol{r}) \cdot \boldsymbol{a}_1}_{V_1(\boldsymbol{r})} + \underbrace{\boldsymbol{E}_2(\boldsymbol{r}) \cdot \boldsymbol{a}_2}_{V_2(\boldsymbol{r})} + \underbrace{\boldsymbol{E}_3(\boldsymbol{r}) \cdot \boldsymbol{a}_3}_{V_3(\boldsymbol{r})} + \cdots \tag{3.1.1}$$

其中，$h(\boldsymbol{r})$表示基带电压；$\boldsymbol{r}$为传输方向距离向量；$\boldsymbol{E}_1(\boldsymbol{r})$、$\boldsymbol{E}_2(\boldsymbol{r})$和$\boldsymbol{E}_3(\boldsymbol{r})$等为入射波的电场向量；$\boldsymbol{a}_1$、$\boldsymbol{a}_2$和$\boldsymbol{a}_3$等为入射波的极化向量。

在式(3.1.1)中，$h(\boldsymbol{r})$就是在物理信道协定中的信道定义，它的量纲为电压单位，表示在天线端的电磁场所激励的电压。也就是说，如果一个无单位的信号$x(t)$通过这个物理信道，那么接收到的信号$y(t)$的单位就是伏特，代表由接收机硬件处理的一个实际信号。

为了描述电波在有界的线性自由空间区域中传播的复杂性，把作为空间函数的接收电压$h(\boldsymbol{r})$分解为基础解的线性组合，而基础解根据电波传播的麦克斯韦方程求解得到。设接收电压为所有复正弦波之和，即

$$h(\boldsymbol{r})=\underbrace{\sum_{i}V_{i}\exp\left(\mathrm{j}\varphi_{i}-\boldsymbol{k}_{i}\cdot\boldsymbol{r}\right)}_{\text{均匀平面波,实}k_{i}}+\underbrace{\sum_{m}V_{m}\exp\left(\mathrm{j}\varphi_{m}-\boldsymbol{k}_{m}\cdot\boldsymbol{r}\right)}_{\text{非均匀平面波,复}k_{m}} \tag{3.1.2}$$

其中,$V_i$ 和 $V_m$ 为实数幅度;$\varphi_i$ 和 $\varphi_m$ 为实数相位;$\boldsymbol{k}_i$ 为实数的波数向量;$\boldsymbol{k}_m$ 为复数的波数向量。

对于均匀平面波,其包络为恒定值,不随空间位置的变化而变化,且有 $\boldsymbol{k}\cdot\boldsymbol{k}=k_0^2$,进一步表示为

$$V(\boldsymbol{r})=V_0\exp(\mathrm{j}\varphi_0-k_0\mathbf{k}\cdot\boldsymbol{r}) \tag{3.1.3}$$

其中,$\mathbf{k}$ 为指向波数向量 $\boldsymbol{k}$ 传播方向的单位向量;$\varphi_0$ 为实值的相位;$k_0$ 为自由空间波数,即

$$k_0=\frac{2\pi}{\lambda} \tag{3.1.4}$$

其中,$\lambda$ 为电波波长。

在不考虑传播方向时,所有均匀平面波都以相同波数、相同速度传播。

对于非均匀平面波,将波数向量分解为实部和虚部两部分,有

$$\boldsymbol{k}=\beta\boldsymbol{\beta}-\mathrm{j}\alpha\boldsymbol{\alpha} \tag{3.1.5}$$

其中,$\boldsymbol{\beta}$ 是指向 $\boldsymbol{k}$ 实部方向的单位向量;$\boldsymbol{\alpha}$ 是指向 $\boldsymbol{k}$ 虚部方向的单位向量;$\beta$ 和 $\alpha$ 均为正数。在满足 $\boldsymbol{k}\cdot\boldsymbol{k}=k_0^2$ 时,可知 $k_0^2=\beta^2-\alpha^2$。非均匀平面波可以分解为平面波传播的表达式,即

$$V(\boldsymbol{r})=V_0\exp[-\alpha(\boldsymbol{\alpha}\cdot\boldsymbol{r})]\exp[\mathrm{j}(\varphi_0-\beta(\boldsymbol{\beta}\cdot\boldsymbol{r}))] \tag{3.1.6}$$

其中,$\beta$ 是非均匀平面波的波数,决定了在空间中沿 $\boldsymbol{\beta}$ 方向的相位变化速率;$\alpha$ 是幅度衰减的速率。平面波的幅度沿 $\boldsymbol{\alpha}$ 方向衰减,幅度衰减的方向与非均匀平面波的传播方向正交。

非均匀平面波由散射体或散射源产生,对非常靠近散射体的电磁场需要考虑非均匀平面波的影响,而距离散射体较远的电磁场可以忽略非均匀平面波的影响,这是因为它们呈指数衰减。

无线信道的另一个定义方法是根据归一化信道协定。在该协定中,无线信道被定义为

$$h(\boldsymbol{r})=\frac{\sum_{i}V_i(\boldsymbol{r})}{\sqrt{\overline{\left(\left|\sum_{i}V_i(\boldsymbol{r})\right|^2\right)}}} \tag{3.1.7}$$

其中,$\overline{(\cdot)}$表示求平均算子。在这个定义中,平均功率被当作常数因子,它包括了阻抗、数字信号滤波器等与硬件有关的常数。

这些电波传播的概念对我们理解无线信道特性有很大的帮助,虽然我们难以通过求解麦克斯韦方程获得电波传播在某种传播场景的具体表达式,但依据这些传播特性对无线信道进行衰落建模是十分重要的。

我们还可以依据几何光学对电波的传播特性进行简化的定性分析,此时通常采用这样的传播概念。在如图 3.1.1 所示的室内无线传播场景中包含了视距(Line-Of-Sight,LOS)路径的传播,除视距传播外,当传播路径上存在障碍物的阻挡时,电波还会通过反射(Reflection)、折射(Refraction)、散射(Scattering)和衍射(Diffraction)到达接收机。在间接路径上的传播都称为非视距(Non-Line-Of-Sight,NLOS)传播。

**1. 直射**

电波的直射是指发射天线发射的电波直接到达接收机,没有遭受任何反射、折射、衍射

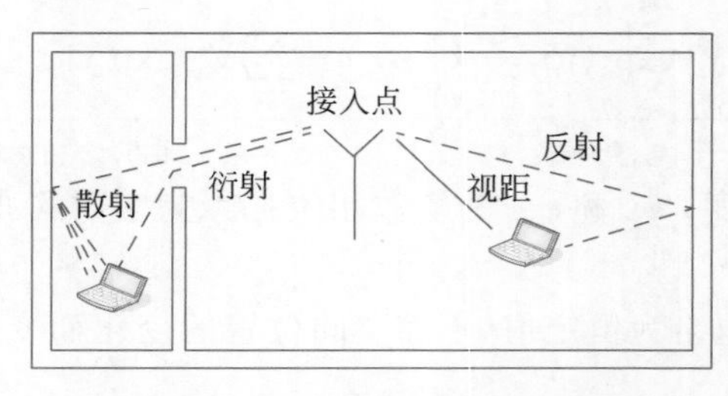


图 3.1.1　室内无线传播场景

或散射，是沿着 LOS 路径的传播。接收信号中的 LOS 分量具有最短的延时，并且是接收到的最强一路信号，可以按照在自由空间传播衡量它的路径损耗。自由空间传播是指天线周围为无限大真空时的电波传播，是理想的传播条件。虽然直射电波在自由空间里传播不受阻挡，但是在传播一段距离后，仍然会由于辐射能量的扩散发生能量衰减。

2. 反射

当电波遇到比波长大得多的光滑界面时会发生镜面发射。反射波的强度取决于界面材料的类型，反射角度由斯奈尔(Snell)定律给出。

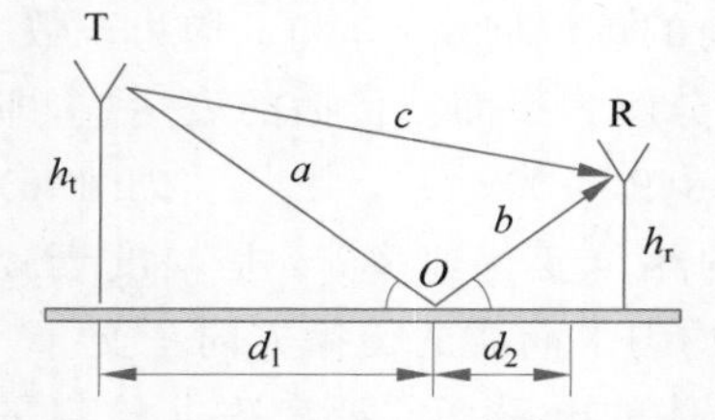


图 3.1.2　反射波与直射波的路径差

反射波与直射波的路径差如图 3.1.2 所示，可计算为

$$\Delta d=\frac{2h_t h_r}{d} \tag{3.1.8}$$

其中，$h_t$ 和 $h_r$ 分别为发射台和接收台的天线高度；$d=d_1+d_2$ 为天线间距离。

由发射天线和接收天线的路径差 $\Delta d$ 所引起的附加相移为

$$\Delta\varphi=\frac{2\pi}{\lambda}\Delta d \tag{3.1.9}$$

直射波与地面反射波的合成场强将随发射系数以及路径差的变化而变化，有时会同相累加，有时会反相抵消，造成了合成波的衰落现象。

3. 折射

对于靠近陆地表面所传输的无线电波，由于低层大气不是均匀媒质，会发生电波的折射与吸收现象。在超高频(Ultra-High Frequency，UHF)、甚高频(Very High Frequency，VHF)波段，折射现象尤为突出。当一束电波通过折射率随高度变化的大气层时，由于不同高度上的电波传播速度不同使电波波束发生弯曲。弯曲的方向和程度取决于大气折射率的垂直梯度。这种由大气折射率的不同引起电波传播方向发生弯曲的现象，叫作大气对电波的折射。

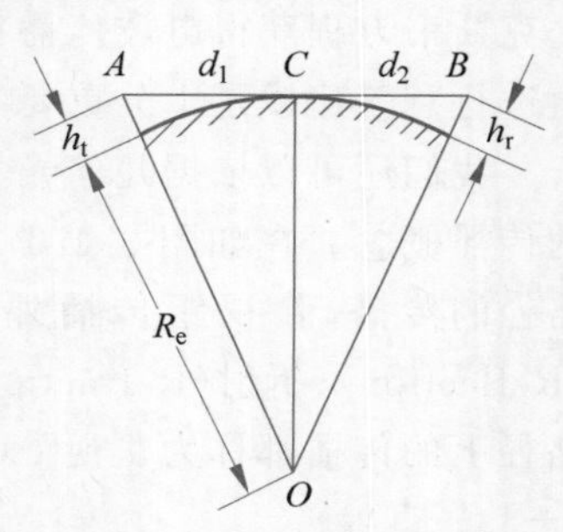


图 3.1.3　视线传播的极限距离

在标准大气折射情况下，设地球的等效半径 $R_e=8500$km，如图 3.1.3 所示，视线传播的极限距离可计算为

$$d=4.12(\sqrt{h_t}+\sqrt{h_r}) \tag{3.1.10}$$

其中，$h_t$ 和 $h_r$ 分别为发射台和接收台的天线高度，它们的单位为 m；$d$ 的单位为 km。

**4. 散射**

当电波撞击在粗糙或不规则物体上且该物体具有与波长量级相当的尺寸时，由于散射角是随机的，电波经由散射后，会从多条路径以略有不同的延迟传播到达接收机，造成较大的能量损失。

**5. 衍射**

电波在传播过程中通过孔、缝隙等障碍物时产生辐射场，发生衍射现象，称为衍射或绕射。它是沿着尖角周围电波的弯曲。衍射的重要例子包括在建筑物顶部、街角和门道弯曲的波。衍射是可以在城市中提供蜂窝覆盖的主要方式之一。

## 3.2 无线信道的一般特性

由于电波在无线环境中的多种传播方式，无线移动信道具有 3 种典型效应：多径效应、阴影效应和多普勒效应。

(1) 多径效应是指信号经过多点反射，从多条路径到达接收机。多径信号的幅度、相位和到达时间都不一样，它们相互叠加会产生电平衰落和时延扩展，这种损耗称为多径衰落。

(2) 阴影效应是指电波不仅会随着传播距离的增加发生弥散损耗，而且会受到地形、地物的遮蔽发生损耗，这种损耗称为阴影衰落。

(3) 多普勒效应。收发机中的一方或双方快速移动时，不仅会引起多普勒频移，产生随机调频，而且会使电波传播特性发生快速的随机起伏，严重影响通信质量。

**第 10 集**
**微课视频**

基于这 3 种效应，对衰落信道进行分类的方法有多种。常用的一种分类方法是从尺度(Scale)即波长角度区分。大尺度衰落是指从数百个波长的时长中观察到的传播特性；小尺度衰落是指在波长量级的时长中观察到的传播特性。自由空间传播损耗和阴影衰落属于大尺度衰落，用以表征接收信号的均值随传播距离和环境变化而呈现的缓慢变化，也常被称为慢衰落。描述慢衰落路径损耗，可以根据室内外传播环境，通过实测数据建立不同的传播模型，如 COST-231 模型、COST-207 模型和 Hata 模型等。多径衰落属于小尺度衰落，表征接收信号在短时间内的快速波动，也称为快衰落，同样可以建立不同的传播模型描述快衰落。

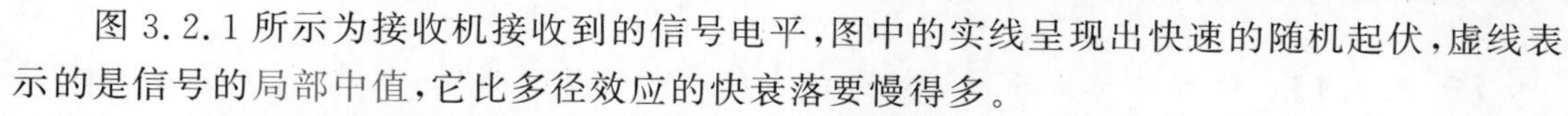

图 3.2.1 所示为接收机接收到的信号电平，图中的实线呈现出快速的随机起伏，虚线表示的是信号的局部中值，它比多径效应的快衰落要慢得多。

为了计算移动信道中信号电场强度中值，即传播损耗中值，可将地形分为两大类：中等起伏地形和不规则地形，并以中等起伏地形作为传播基准。为了防止因慢衰落和快衰落所引起的通信中断，必须使信号的电平留有足够的余量，以使通信中断率小于规定指标，这种电平余量称为衰落储备。

从尺度衰落的角度，一个离散时间等效信道模型可以分解为

$$h(l)=\sqrt{G}h_{\mathrm{s}}(l),\quad l=1,2,\cdots,L \tag{3.2.1}$$

其中，$G=E_{\mathrm{s}}/P_{\mathrm{rx}}$ 为大尺度增益，$E_{\mathrm{s}}$ 是发射机功率，$P_{\mathrm{rx}}$ 是与距离相关的路径损失项；$h_{\mathrm{s}}(l)$为第 $l$ 个抽头的小尺度衰落系数；$L$ 为信道抽头数。由于这里的路径损耗是发射功率与接收功率之比，因此 $h_{\mathrm{s}}(l)$也常称为路径增益。

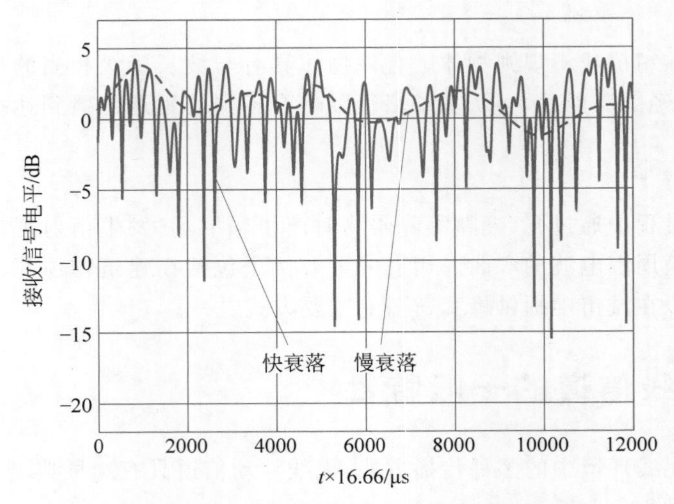


图 3.2.1 接收机接收到的信号电平

## 3.2.1 大尺度衰落及其传播模型

1. 自由空间传播损耗

自由空间传播损耗是指电磁波在理想的、均匀的、各向同性的介质空间中传播，且不发生反射、折射、散射和吸收现象，只存在电磁波能量扩散而引起的传播损耗。它定义为发射功率与接收功率之比的分贝数，即

第 11 集 微课视频

$$L_{\mathrm{fs}} = -10\lg(P_{\mathrm{r}}/P_{\mathrm{t}}) = -10\lg\left[\frac{G_{\mathrm{t}}G_{\mathrm{r}}\lambda^2}{(4\pi)^2 d^2}\right] \tag{3.2.2}$$

其中，$P_{\mathrm{t}}$ 和 $P_{\mathrm{r}}$ 分别为发射功率与接收功率；$G_{\mathrm{t}}$ 和 $G_{\mathrm{r}}$ 分别为发射和接收天线的增益；$\lambda$ 为波长；$d$ 为收发天线间的距离。

当收发天线增益相等且为 1 时，将 $\lambda = c/f$ 代入，并且将 $f$ 的量纲设定为 MHz，$d$ 的量纲设定为 km，则有

$$L_{\mathrm{fs}} = 32.44 + 20\lg d + 20\lg f\,\mathrm{dB} \tag{3.2.3}$$

【例 3.2.1】 试计算传输距离为 100m 的自由空间路径损耗，假设 $G_{\mathrm{t}} = G_{\mathrm{r}} = 0\mathrm{dB}$，且 $\lambda = 0.01\mathrm{m}$。

解 0.01m 波长对应的频率为 $3\times10^8/0.01 = 3\times10^4\,\mathrm{MHz}$，所以

$$L_{\mathrm{fs}} = 32.44 + 20\lg 0.1 + 20\lg(3\times10^4) = 102\mathrm{dB}$$

2. 阴影衰落模型

阴影衰落是由于传播环境中的地形、建筑物及其他障碍物对电波遮蔽所引起的衰落，随着用户较长距离的运动，传播环境的改变会导致阴影衰落的起伏，从而接收信号场强的均值缓慢改变。这种变化常用对数距离路径损耗模型来表征，即

$$P_{\mathrm{r}}(d) = \alpha + 10\beta\lg d + \eta \tag{3.2.4}$$

其中，$\alpha$ 和 $\beta$ 为线性参数；$\eta$ 为一个对应于阴影的随机变量。该等式对于 $d \geqslant d_0$ 有效，其中 $d_0$ 是参考距离。

在该模型中，与对数距离呈线性函数的部分称为平均路径损耗，而随机变量 $\eta$ 用来弥补

与实测数据的差异。通常选取 $\eta \sim N(0,\sigma^2)$，这就是常说的对数正态阴影。因为 $\eta$ 被添加到对数域中，在线性域中 $\lg(\eta)$ 具有对数正态分布。参数 $\sigma$ 将根据测量数据确定，通常取值为 6～8dB。

【例 3.2.2】 假设 $\beta=4$，计算传输距离为 100m 的平均对数距离路径损耗。已知 $G_t=G_r=0$，且 $\lambda=0.01$m，参考距离 $d_0=1$m。

解 参考距离处的自由空间损耗为

$$L_{fs}=32.44+20\lg 0.001+20\lg(3\times10^4)=62\text{dB}$$

平均对数距离路径损耗为

$$P_r(100)=62+10\times4\lg(100)=142\text{dB}$$

**3. LOS/NLOS 路径损耗模型**

对数距离路径损耗模型使用阴影项建模阴影衰落。另一种方法是对每条 LOS 路径和 NLOS 路径的损耗建模。定义长度为 $d$ 的任意链路为 LOS 的概率为 $f_{\text{LOS}}(d)$，则为 NLOS 的概率为 $1-f_{\text{LOS}}(d)$。可设 LOS 路径的概率为

$$f_{\text{LOS}}(d)=\mathrm{e}^{-d/C} \tag{3.2.5}$$

其中，$C$ 与环境有关，可利用随机成形理论计算出任何区域的 $C$ 值。这个负指数衰减意味着对于较大的 $d$，$f_{\text{LOS}}(d)$很快就衰减到零。

若假设建筑物在空间中均匀分布，则有

$$C=\frac{\pi}{\lambda_{bc}\,\mathbb{E}[P_{bc}]} \tag{3.2.6}$$

第 12 集

微课视频

其中，$\lambda_{bc}$ 为区域中的建筑物的平均数量；$\mathbb{E}[P_{bc}]$为区域中建筑物的平均周长。该公式提供了一种快速近似 LOS 概率分布的方法。

令 $P_r^{\text{LOS}}(d)$和 $P_r^{\text{NLOS}}(d)$分别表示链路为 LOS 和 NLOS 时的路径损耗函数，它们通常采用对数距离路径损耗模型，而 LOS 模型中一般不包括阴影。路径损耗模型为

$$P_r(d)=I[f_{\text{LOS}}(d)]P_r^{\text{LOS}}(d)+I[f_{\text{LOS}}(d)]P_r^{\text{NLOS}}(d) \tag{3.2.7}$$

其中，$f_{\text{LOS}}(d)$是伯努利随机变量，该变量为 1 的概率是 $f_{\text{LOS}}(d)$，$I(\cdot)$为指示函数，表示当自变量为真时输出为 1，否则输出为 0。$d$ 取值小时 LOS 路径损耗函数占优，$d$ 取值大时 NLOS 路径损耗函数占优。

【例 3.2.3】 计算当 $C=200$m，$d=100$m 时，式(3.2.7)中的平均路径损耗。

解 先计算式(3.2.7)的期望值，即

$$\begin{aligned}\mathbb{E}[P_r(d)]&=\mathbb{E}\{I[f_{\text{LOS}}(d)]P_r^{\text{LOS}}(d)\}+\mathbb{E}\{I[f_{\text{LOS}}(d)]P_r^{\text{NLOS}}(d)\}\\&=f_{\text{LOS}}(d)P_r^{\text{LOS}}(d)+[1-f_{\text{LOS}}(d)]P_r^{\text{NLOS}}(d)\end{aligned}$$

根据例 3.2.1 和例 3.2.2 的结果，可得平均路径损耗为

$$\mathbb{E}[P_r(100)]=\mathrm{e}^{-100/200}\times102\text{dB}+(1-\mathrm{e}^{-100/200})\times142\text{dB}=117.6\text{dB}$$

## 3.2.2 小尺度衰落

小尺度衰落发生在波长距离的数量级上，由同一传输信号沿两条或多条路径传播，以微小的时间差到达接收机的信号相互干涉引起。小尺度衰落表现在时域上导致时间选择性，表现在频域上导致频率选择性。影响小尺度衰落的主要因素包括多径传播引起的时延扩展、由移动台运动引起的多普勒扩展以及散射环境不同引起的角度扩展。这种衰落的程度

和影响远远大于由传播损耗和阴影衰落等引起的大尺度衰落。

1. 频率选择性衰落

频率选择性衰落指接收信号(信道)幅度相对于频率的变化。信道幅度保持恒定的频率范围称为相干带宽。频率选择性由多径效应引起的时延扩展导致。接收信号的脉冲展宽使接收信号的持续时间变长,信道对信号中不同频率成分有不同的响应,即频率选择性,造成波形失真,严重影响数字信号的传输质量。

多径传输引起的频率选择性可用傅里叶变换来解释。对于单抽头信道函数的傅里叶变换产生平坦信道,信道幅度不随频率变化。当信道脉冲信号响应含有显著的多径成分,对这种移位的脉冲信号函数之和进行傅里叶变换时,幅度随频率变化就会很大,即频率选择。

频率选择性与在该信道上进行通信的传输带宽有关。在较小的带宽上,信道脉冲信号响应对应于平坦信道。随着带宽的增大,符号周期变短,信道脉冲信号响应将有更多的抽头,导致频率选择性和码间干扰。

使用功率延迟分布 $P(\tau)$ 可以确定信道是否是频率选择性衰落信道。功率延迟分布 $P(\tau)$ 是基于固定时延参考量 $\tau_0$ 的附加时延 $\tau$ 的函数,根据 $P(\tau)$ 可以求得平均附加时延 $\bar{\tau}$ 和均方根时延扩展 $\sigma_{\tau_{\text{RMS}}}$,即分别计算

$$\bar{\tau}=\frac{\int_0^{+\infty}\tau P(\tau)\mathrm{d}\tau}{\int_0^{+\infty}P(\tau)\mathrm{d}\tau} \tag{3.2.8}$$

$$\bar{\tau}^2=\frac{\int_0^{+\infty}\tau^2 P(\tau)\mathrm{d}\tau}{\int_0^{+\infty}P(\tau)\mathrm{d}\tau} \tag{3.2.9}$$

则均方根(Root Mean Squared,RMS)时延扩展为

$$\sigma_{\tau_{\text{RMS}}}=\sqrt{\bar{\tau}^2-(\bar{\tau})^2} \tag{3.2.10}$$

也就是说,平均附加时延 $\bar{\tau}$ 是功率延迟分布的一阶矩,均方根时延扩展 $\sigma_{\tau_{\text{RMS}}}$ 是功率延迟分布的二阶矩的平方根。

一般基于均方根时延扩展 $\sigma_{\tau_{\text{RMS}}}$ 定义信道的一致带宽,表示为

$$B_{\text{coh}}=\frac{1}{5\sigma_{\tau_{\text{RMS}}}} \tag{3.2.11}$$

如果信号带宽 $B\ll B_{\text{coh}}$,则可称信道是平坦的。如果信号的符号周期满足 $T\gg\sigma_{\tau_{\text{RMS}}}$,则称信道为频率平坦的。这意味着相邻符号之间基本没有干扰。

通常,$P(\tau)$ 根据测量结果确定。例如,在平坦信道中,$P(\tau)$ 接近于 $\delta$ 函数。当确定了 $P(\tau)$ 后,就可计算出信道的均方根时延扩展。

【例 3.2.4】 功率延迟分布服从指数分布

$$P(\tau)=\mathrm{e}^{-\frac{\tau}{T}},\quad 0<\tau<\infty \tag{3.2.12}$$

试计算 $\sigma_{\tau_{\text{RMS}}}$。

解 由式(3.2.8)、式(3.2.9)和式(3.2.10),可推导得出

$$\bar{\tau}=\frac{\int_0^{+\infty}\tau \mathrm{e}^{-\frac{\tau}{T}}\mathrm{d}\tau}{\int_0^{+\infty}\mathrm{e}^{-\frac{\tau}{T}}\mathrm{d}\tau}=\frac{T^2}{T}=T$$

$$\bar{\tau}^2=\frac{\int_0^{+\infty}\tau^2 \mathrm{e}^{-\frac{\tau}{T}}\mathrm{d}\tau}{\int_0^{+\infty}\mathrm{e}^{-\frac{\tau}{T}}\mathrm{d}\tau}=\frac{2T^3}{T}=2T^2$$

$$\sigma_{\tau_{\mathrm{RMS}}}=\sqrt{\bar{\tau}^2-(\bar{\tau})^2}=\sqrt{2T^2-T^2}=T$$

功率延迟分布的傅里叶变换称为间隔频率相关函数，表示为

$$S_\tau(\Delta_f)=\int_0^{+\infty}P(\tau)\mathrm{e}^{-\mathrm{j}2\pi\Delta_f\tau}\mathrm{d}\tau \tag{3.2.13}$$

其中，$\Delta_f=f_2-f_1$ 为频率差。

可以用间隔频率相关函数定义信道的一致带宽，即用使 $|S_\tau(B_{\mathrm{coh}})|=0.5S_\tau(0)$ 的 $\Delta_f$ 的最小值定义。

【例 3.2.5】 由式(3.2.12)的指数功率延迟分布确定间隔频率相关函数和一致带宽。

解　由间隔频率相关函数式(3.2.13)计算得到

$$S_\tau(0)=\int_0^{+\infty}P(\tau)\mathrm{d}\tau=\int_0^{+\infty}\mathrm{e}^{-\tau/T}\mathrm{d}\tau=T$$

因此

$$|S_\tau(0)|=T$$

$$\begin{aligned}S_\tau(\Delta_f)&=\int_0^{+\infty}P(\tau)\mathrm{e}^{-\mathrm{j}2\pi\Delta_f\tau}\mathrm{d}\tau\\&=\int_0^{+\infty}\mathrm{e}^{-\tau/T}\mathrm{e}^{-\mathrm{j}2\pi\Delta_f\tau}\mathrm{d}\tau\\&=\frac{1}{T^{-1}+\mathrm{j}2\pi\Delta_f}\end{aligned}$$

得到

$$|S_\tau(\Delta_f)|=\frac{1}{\sqrt{T^{-2}+4\pi^2(\Delta_f)^2}}$$

故基于 $\Delta_f$ 最小非负值确定的一致带宽为

$$B_{\mathrm{coh}}=\frac{\sqrt{3}}{2\pi}\frac{1}{T}$$

再由式(3.2.11)，基于均方根时延扩展确定的一致带宽为

$$B_{\mathrm{coh}}=\frac{1}{5T}$$

比较这两个结果可知，由均方根时延扩展确定的一致带宽更保守。

2. 时间选择性衰落

由于移动台与基站间的相对运动，或传播环境中物体运动引起的多普勒频偏所形成的频率色散，会引起时间选择性衰落，它由多普勒扩展确定。

多普勒频移可表示为

$$f = v\cos\theta/\lambda \tag{3.2.14}$$

其中，$v$ 为移动速度；$\theta$ 为速度方向与收发端连线之间的夹角；$\lambda$ 为信号的波长。

多普勒扩展用多普勒功率谱密度 $S(f)$ 来描述，根据 $S(f)$ 可求得平均多普勒频移 $\bar{f}_{\mathrm{d}}$ 和多普勒扩展 $\sigma_{f_{\mathrm{RMS}}}$，表示为

$$\bar{f}_{\mathrm{d}} = \frac{\int_{-\infty}^{+\infty} fS(f)\mathrm{d}f}{\int_{-\infty}^{+\infty} S(f)\mathrm{d}f} \tag{3.2.15}$$

$$\sigma_{f_{\mathrm{RMS}}} = \sqrt{\bar{f}^2 - (\bar{f}_{\mathrm{d}})^2} \tag{3.2.16}$$

其中，

$$\bar{f}^2 = \frac{\int_{-\infty}^{+\infty} f^2 S(f)\mathrm{d}f}{\int_{-\infty}^{+\infty} S(f)\mathrm{d}f} \tag{3.2.17}$$

平均多普勒频移是多普勒功率谱密度的一阶矩（均值），多普勒扩展是多普勒功率谱密度的二阶中心矩的平方根（标准差）。

通常基于均方根多普勒扩展定义相干时间，有

$$T_{\mathrm{coh}} = 1/\sigma_{f_{\mathrm{RMS}}} \tag{3.2.18}$$

信道的时间选择性也可以由间隔时间相关函数确定。间隔时间相关函数是多普勒频谱的傅里叶反变换，即

$$R_f(\Delta_t) = \int_{-\infty}^{+\infty} S(f)\mathrm{e}^{\mathrm{j}2\pi\Delta_t f}\mathrm{d}f \tag{3.2.19}$$

间隔时间相关函数给出了窄带信号两个不同时间点 $\Delta_t = t_2 - t_1$ 之间的相关性。与相干带宽的定义类似，信道的相干时间 $T_{\mathrm{coh}}$ 还可定义为使 $|R_f(\Delta_t)| = 0.5R_f(0)$ 的 $\Delta_t$ 的最小值。

对于典型的 Clarke-Jakes 谱，间隔时间相关函数可以计算为

$$R_f(\Delta_t) = J_0(2\pi f_{\mathrm{m}}\Delta_t) \tag{3.2.20}$$

其中，$J_0(\cdot)$ 是第一类零阶贝塞尔函数；$f_{\mathrm{m}}$ 为最大多普勒频移。

在实际中，通常采用如下方法获得相干时间。

$$T_{\mathrm{coh}} = \frac{1}{5f_{\mathrm{m}}} \tag{3.2.21}$$

或

$$T_{\mathrm{coh}} \approx \sqrt{9/(16\pi f_{\mathrm{m}}^2)} = 0.423/f_{\mathrm{m}} \tag{3.2.22}$$

如果信号的符号周期 $T \ll T_{\mathrm{coh}}$，则称信道是时不变的。从相干时间与多普勒扩展的关系可以看出，较大的多普勒扩展意味着信道在时间上变化较快，且相干时间较小。

【例 3.2.6】 试写出多普勒扩展为 $\sigma_{f_{\mathrm{RMS}}}$ 的高斯形状多普勒谱及自相关函数的表达式。

解 多普勒扩展为 $\sigma_{f_{\mathrm{RMS}}}$ 的高斯形状多普勒谱具有如下形式。

$$S(f) = S_0\exp\left(-\frac{f^2}{2\sigma_{f_{\mathrm{RMS}}}}\right)$$

自相关函数是多普勒谱的傅里叶反变换，即

$$R(\Delta_t)=\frac{S_0\sigma_{f_{\mathrm{RMS}}}}{\sqrt{2\pi}}\exp\left[-\frac{\Delta_t^2\sigma_{f_{\mathrm{RMS}}}^2}{2}\right]$$

【例 3.2.7】 设蜂窝系统的载频 $f_c=1.9\mathrm{GHz}$，该系统为 300km/h 的高速列车服务，试用最大多普勒频移确定相干时间。如果使用 1MHz 的单载波系统，并且使用长度为 $N=100$ 的分组，确定信道是否是时间选择性的。

解　300km/h≈83.3m/s，则最大多普勒频移为

$$f_m=1.9\times10^9\times\frac{83.3}{3\times10^8}\approx528\mathrm{Hz}$$

相干时间为

$$T_{\mathrm{coh}}=1/(5f_m)\approx0.379\mu\mathrm{s}$$

假设采用正弦脉冲信号整形，带宽为 1MHz 时，符号周期 $T$ 最多为 $1\mu\mathrm{s}$，$NT=100\mu\mathrm{s}$。比较 $NT$ 与 $T_{\mathrm{coh}}$，可知信道在分组发送时间内将是时不变的。

由于多普勒频移与载波相关，时间选择性衰落将取决于载波。载波频率越高，固定速度的相干时间越小，这意味着频率高的信号比频率低的信号经历更多的时间变化。

根据信道与传输信号两者之间的关系，可以对小尺度衰落进行分类，如图 3.2.2 所示。当信号带宽大于信道的相干带宽时，称信道为频率选择性衰落信道，也即通常所说的宽带信道；反之，则称为非频率选择性衰落信道，即平坦信道。当信号的符号周期大于信道的相干时间时，称信道为时间选择性衰落信道；反之，则称信道为非时间选择性衰落信道。

基于多径时延扩展的小尺度衰落
- 平坦衰落（信号带宽<信道带宽<br>延迟扩展<符号周期）
- 频率选择性衰落（信号带宽>信道带宽<br>延迟扩展>符号周期）

基于多普勒扩展的小尺度衰落
- 快衰落（高多普勒频移<br>相干时间<符号周期<br>信道变化快于基带信号变化）
- 慢衰落（低多普勒频移<br>相干时间>符号周期<br>信道变化慢于基带信号变化）

图 3.2.2　小尺度衰落的分类

## 3.2.3　空间选择性衰落

由于移动台和基站周围的散射空间环境不同，使得在不同空间位置处，接收信号所经历的衰落不同，形成角度色散，这种扩展将会引起空间选择性衰落，意味着信号幅值与天线的空间位置有关。

通过固定空间变量的角度方向，一个以三维空间位置向量为自变量的函数可以表示为以位置标量为自变量的函数。图 3.2.3 所示为三维空间坐标$(r,\theta,\varphi)$与笛卡儿坐标$(x,y,z)$之间的投影关系。

可得

$$x=r\cos\varphi\cos\theta \tag{3.2.23a}$$

$$y=r\cos\varphi\sin\theta \tag{3.2.23b}$$

$$z=r\sin\varphi \tag{3.2.23c}$$

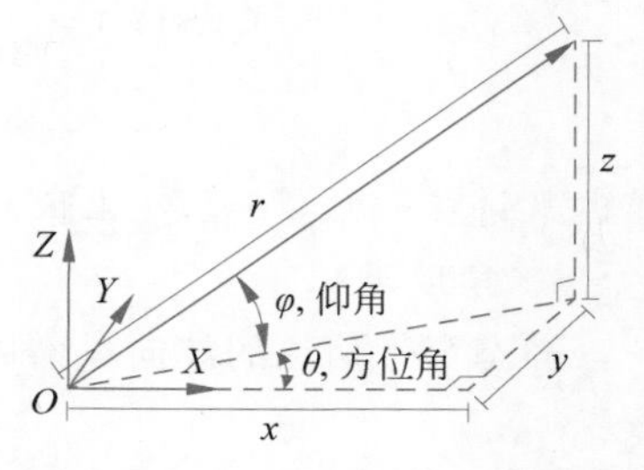


图 3.2.3　$(r,\theta,\varphi)$和$(x,y,z)$之间的投影关系

记标量信道为 $h(r,\theta,\varphi)$，并记标量距离信道为 $h(r)$，它意味着 $\theta$ 和 $\varphi$ 已经被固定到某个任意的方向上。这种向量到标量的转换可以应用于将三维空间变换为某一个自变量的函数，如描述空-时信道、接收信号的自相关函数等。例如，静态窄带信道

$$h(\boldsymbol{r})=V_0\exp(-\mathrm{j}k_0\boldsymbol{r}\boldsymbol{x}) \tag{3.2.24}$$

是三维空间的函数。如果方位角和仰角已知，向量 $\boldsymbol{r}$ 可以表示为 $r\mathbf{r}$，其中 $r$ 是标量位置，而 $\mathbf{r}$ 是单位向量，即

$$\mathbf{r}=\cos\varphi\cos\theta\mathbf{x}+\cos\varphi\sin\theta\mathbf{y}+\sin\varphi\mathbf{z} \tag{3.2.25}$$

将 $\boldsymbol{r}=r\mathbf{r}$ 代入向量信道模型中，则可得到标量表示为

$$h(r)=V_0\exp(-\mathrm{j}k_0r\cos\varphi\cos\theta) \tag{3.2.26}$$

对标量信道 $h(r)$，对应着一个以标量波数 $k$ 为自变量的傅里叶变换 $H(k)$，它可代替原来的波向量。两者之间的对应关系为

$$h(r)=\frac{1}{(2\pi)^3}\int_{-\infty}^{+\infty}H(\boldsymbol{k})\exp(\mathrm{j}r\boldsymbol{k}\cdot\mathbf{r})\mathrm{d}\boldsymbol{k} \tag{3.2.27}$$

$$\begin{aligned}H(k)&=\frac{1}{(2\pi)^3}\int_{-\infty}^{+\infty}\int_{-\infty}^{+\infty}H(\boldsymbol{k})\exp[-\mathrm{j}r(k-\boldsymbol{k}\cdot\mathbf{r})]\mathrm{d}r\mathrm{d}\boldsymbol{k}\\&=\frac{1}{(2\pi)^2}\int_{-\infty}^{+\infty}H(\boldsymbol{k})\delta(k-\boldsymbol{k}\cdot\mathbf{r})\mathrm{d}\boldsymbol{k}\end{aligned} \tag{3.2.28}$$

式(3.2.28)的关系对于波向量谱 $S(\boldsymbol{k})$ 和波数谱 $S(k)$ 也成立。

【例 3.2.8】 对于球壳谱

$$S(k)=\frac{2\pi S_0}{k_0}\delta(|k|-k_0)$$

试求空间任意方向的波数谱。

解 将笛卡儿坐标 $(k_x,k_y,k_z)$ 的三维波向量谱代入积分公式，因为波向量谱是等方向的，所以波数谱对所有可能的 $\mathbf{r}$ 都相同，方便起见，令 $\mathbf{r}=\mathbf{z}$，有

$$\begin{aligned}S(k)&=\frac{S_0}{2\pi k_0}\int_{-\infty}^{+\infty}\int_{-\infty}^{+\infty}\int_{-\infty}^{+\infty}\delta(k-k_z)\mathrm{d}k_x\mathrm{d}k_y\mathrm{d}k_z\\&=\int_{-\infty}^{+\infty}\int_{-\infty}^{+\infty}\delta(\sqrt{k_x^2+k_y^2+k_z^2}-k_0)\mathrm{d}k_x\mathrm{d}k_y\end{aligned}$$

该二重积分以极坐标计算比较方便。将 $k'^2=k_x^2+k_y^2$ 和 $\mathrm{d}k_x\mathrm{d}k_y=k'\mathrm{d}k'\mathrm{d}\theta'$ 代入，可得波数谱为

$$\begin{aligned}S(k)&=\frac{S_0}{2\pi k_0}\int_0^{+\infty}\int_0^{2\pi}k'\delta(\sqrt{k'+k^2}-k_0)\mathrm{d}\theta'\mathrm{d}k'\\&=S_0u(k_0-|k|)\end{aligned}$$

该波数谱在 $-k_0\leqslant k\leqslant k_0$ 上恒为 $S_0$，在其他地方则为 0。

1. 角度谱

静态窄带信道的波向量谱可以写为

$$S(\boldsymbol{k})=(2\pi)^3\sum_{i=1}^{N}P_i\delta(\boldsymbol{k}-\boldsymbol{k}_i) \tag{3.2.29}$$

其中，$P_i$ 为第 $i$ 个多径分量的功率。波数向量 $\boldsymbol{k}_i$ 和 $\boldsymbol{k}$ 可以表示成包括方位角和仰角的球

面坐标的形式，即

$$\boldsymbol{k}_i = k_0(\cos\varphi_i\cos\theta_i\mathbf{x} + \cos\varphi_i\sin\theta\mathbf{y} + \sin\varphi_i\mathbf{z}) \tag{3.2.30}$$

$$\boldsymbol{k} = |\boldsymbol{k}|(\cos\varphi\cos\theta\mathbf{x} + \cos\varphi\sin\theta\mathbf{y} + \sin\varphi\mathbf{z}) \tag{3.2.31}$$

其中，方位角 $\theta_i$ 和仰角 $\varphi_i$ 是第 $i$ 个多径的到达角坐标。根据 $\boldsymbol{k}_i$ 和 $\boldsymbol{k}$ 的表达式，可以将式(3.2.29)中的冲激响应函数整理为

$$\delta(\boldsymbol{k} - \boldsymbol{k}_i) = \frac{\delta(|\boldsymbol{k}| - k_0)\delta(\varphi - \varphi_0)\delta(\theta - \theta_0)}{k_0^2\cos\varphi_i} \tag{3.2.32}$$

因此，可以将波向量谱表示为

$$\begin{aligned} S(\boldsymbol{k}) &= \frac{(2\pi)^3\delta(|\boldsymbol{k}| - k_0)}{k_0^2}\underbrace{\sum_{i=1}^{N}\frac{P_i\delta(\varphi - \varphi_i)\delta(\theta - \theta_i)}{\cos\varphi_i}}_{P(\theta,\varphi)} \\ &= \frac{(2\pi)^3\delta(|\boldsymbol{k}| - k_0)}{k_0^2}P(\theta,\varphi) \end{aligned} \tag{3.2.33}$$

式(3.2.33)反映了信道模型的一个关键原理：任何不相关相位开阔地区随机信道的波向量都可以用角度谱 $P(\theta,\varphi)$ 的形式完整地表示。

2. 角度至波数的映射

沿空间中某一特定方向刻画小尺度衰落需要一维的波数谱。当给定空间中的方向 $\boldsymbol{r}$，波数谱可以从波向量谱计算得到，即

$$S(k) = \frac{1}{(2\pi)^2}\int_{-\infty}^{+\infty} S(\boldsymbol{k})\delta(k - \boldsymbol{k}\cdot\mathbf{r})\mathrm{d}\boldsymbol{k} \tag{3.2.34}$$

将式(3.2.33)代入，由角度谱得到的波数谱为

$$S(k) = 2\pi\int_0^{2\pi}\int_{-\frac{\pi}{2}}^{\frac{\pi}{2}} P(\theta,\varphi)\delta(k - k_0\boldsymbol{k}\cdot\mathbf{r})\cos\varphi\mathrm{d}\varphi\mathrm{d}\theta \tag{3.2.35}$$

$$\boldsymbol{k} = \cos\varphi\cos\theta\mathbf{x} + \cos\varphi\sin\theta\mathbf{y} + \sin\varphi\mathbf{z} \tag{3.2.36}$$

3. 水平传播

考虑仰角为零的沿水平方向的电波传播情况。这种类型信道的角度功率谱可以写为

$$P(\theta,\varphi) = P(\theta)\delta\varphi \tag{3.2.37}$$

其中，$P(\theta)$为方位角的角度谱，单位为瓦特每弧度(W/rad)。将式(3.2.37)代入式(3.2.35)，可得

$$S(k) = 2\pi\int_0^{2\pi} P(\theta)\delta[k - k_0\cos(\theta - \theta_{\mathrm{R}})]\mathrm{d}\theta \tag{3.2.38}$$

其中，$\theta_{\mathrm{R}}$ 为观察的方位角。该积分结果是 Gans 映射，即

$$S(k) = \frac{2\pi}{\sqrt{k_0^2 - k^2}}\left[P\left(\theta_{\mathrm{R}} + \arccos\frac{k}{k_0}\right) + P\left(\theta_{\mathrm{R}} - \arccos\frac{k}{k_0}\right)\right],\quad |k| \leqslant k_0 \tag{3.2.39}$$

在该映射中，方向向量即水平方向可以写为

$$\mathbf{r} = \cos\theta_{\mathrm{R}}\mathbf{x} + \sin\theta_{\mathrm{R}}\mathbf{y} + 0\mathbf{z} \tag{3.2.40}$$

大多数陆地移动接收机的运动中都没有垂直运动的水平移动。具有多天线的接收机一般将其天线阵或分集天线分布在同一方位角平面上，这时就可以忽略对垂直方向的建模。从传播的几何学可以对式(3.2.39)进行直观解释。如图 3.2.4 所示，将多径功率从角度谱

映射为波数谱，多径波沿水平方向以 $\theta$ 角到达，映射方位角的运动方向为 $\theta_R$，该多径波的相位变化为自由空间波数 $k_0$。然而，沿 $\theta_R$ 方向运动的接收机，其真实的波数 $k$ 被因子 $\cos(\theta-\theta_R)$ 缩短了，于是有

$$k=k_0\cos(\theta-\theta_R) \quad 和 \quad \frac{dk}{d\theta}=-k_0\sin(\theta-\theta_R) \tag{3.2.41}$$

可以通过使波向量功率与角度谱功率相等，即令 $S(k)|dk|=2\pi P(\theta)|d\theta|$，同样得到式(3.2.39)。因此，式(3.2.39)在空间选择性和多径到达角特性之间建立起了一座桥梁。

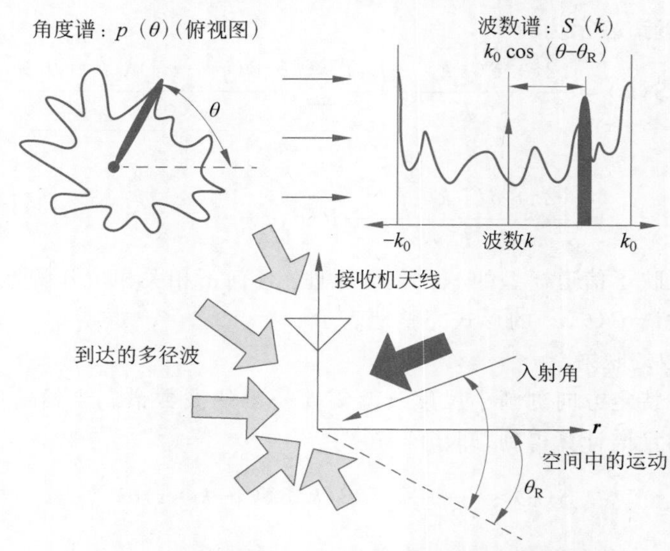


图 3.2.4 将多径功率从角度谱映射为波数谱

**4. 角度扩展**

角度扩展根据多径功率角度分布 $p(\theta)$描述，定义为

$$\sigma_{\theta^2}^2=\frac{\int_0^{2\pi}(\theta-\bar{\theta})^2 p(\theta)d\theta}{\int_0^{2\pi}p(\theta)d\theta} \tag{3.2.42}$$

$$\bar{\theta}=\frac{\int_0^{2\pi}\theta p(\theta)d\theta}{\int_0^{2\pi}p(\theta)d\theta} \tag{3.2.43}$$

角度扩展是角度功率谱的二阶中心矩的平方根，表征了功率谱在空间上的色散程度，角度扩展越大，表明散射环境越强，信号在空间上的色散程度越高。

**5. 波数扩展**

波数扩展是波数谱二阶中心矩的均方根。波数谱二阶中心距定义为

$$\sigma_k^2=\bar{k}^2-(\bar{k})^2 \tag{3.2.44}$$

$$\bar{k}^2=\frac{\int_{-\infty}^{+\infty}k^2 S(k)dk}{\int_{-\infty}^{+\infty}S(k)dk} \tag{3.2.45}$$

【例 3.2.9】 设多径功率的角度谱近似为均匀分布,即

$$p(\theta)=\frac{P_{\mathrm{T}}}{2\pi}$$

其中,$P_{\mathrm{T}}$ 为常数。试求该角度谱的波数扩展。

解　由式(3.2.39),电波传播的波数谱为

$$S(k)=\frac{2\pi}{\sqrt{k_0^2-k^2}},\quad |k|\leqslant k_0$$

它独立于方向 $\theta_{\mathrm{R}}$。由式(3.2.44),可得波数扩展为

$$\sigma_k=\sqrt{\frac{k_0^2}{2}}=\frac{k_0}{\sqrt{2}}$$

6. 相干距离

相干距离 $D_{\mathrm{coh}}$ 通常用来描述信道冲激响应保证相干的空间间隔,它是一个无线接收机在信道时不变的条件下可以移动的大致距离。对于在三维空间中移动的空间接收机,相干距离是接收机运动方向的一个函数,空间 3 个维度的特性使得对空间相干性的研究比对时间或频率相干性的标量研究更为困难。一般可将相干距离表示为

$$D_{\mathrm{coh}}=\frac{0.187}{\sigma_{\bar{\theta}^2}\cos\theta}\tag{3.2.46}$$

其中,$\theta$ 为到达角;$\sigma_{\bar{\theta}^2}$ 为角度扩展。

式(3.2.46)说明,在到达角相同的情况下,角度扩展越大,相干距离越小,即信号的空间选择性比较严重;反之,角度扩展越小,不同天线接收信号之间的相干性越大。同样地,在角度扩展相同的情况下,信号的到达角越大,天线之间的相干性就越大;信号的到达角越小,天线之间的相干性就越小。

7. 多径形状因子

与角度谱的含义相似,多径形状因子用于描述方位角度谱的几何特性和小尺度的空间选择性。它包含了 3 方面的度量。

1) 形状因子角度扩展

形状因子角度扩展是对某单一的方位角方向上多径的集中程度测量,定义为

$$\Lambda=\sqrt{1-\frac{|F_1|^2}{F_0^2}}\tag{3.2.47}$$

其中,$F_0$ 和 $F_1$ 为基于多径功率角度分布 $p(\theta)$ 的复傅里叶系数,它们根据傅里叶系数的通式

$$F_n=\int_0^{2\pi}p(\theta)\exp(\mathrm{j}n\theta)\mathrm{d}\theta\tag{3.2.48}$$

得出。

用这种方式定义角度扩展的好处主要体现在:该角度扩展对 $F_0$ 进行了归一化,所以它不随发射功率的变化而变化;对 $p(\theta)$ 的任何旋转或反射变换都保持不变;该定义相比于式(3.2.42)所定义的包含了 $\theta$ 二阶中心矩的角度扩展更加直观。

2）形状因子角压缩度

形状因子角压缩度是对多径分量在两个方向上集中的度量，定义为

$$\gamma=\frac{|F_0F_2-F_1^2|}{F_0^2-|F_1|^2} \tag{3.2.49}$$

其中，$F_0$、$F_1$ 和 $F_2$ 均由式(3.2.48)所定义。形状因子角压缩度 $\gamma$ 也不因发射功率或 $p(\theta)$ 的任何旋转或反射变换所改变。

3）最大衰落的方位角

另一个形状因子是最大衰落的方位角，定义为

$$\theta_{\max}=\frac{1}{2}\arg\{F_0F_2-F_1^2\} \tag{3.2.50}$$

其中，arg(·)表示辐角运算。

采用形状因子参数后，当描述小尺度衰落时，波数扩展可以用 3 个形状因子唯一地表示为

$$\sigma_k^2=\frac{2\pi^2\Lambda^2}{\lambda^2}\{1+\gamma\cos[2(\theta_{\mathrm{R}}-\theta_{\max})]\} \tag{3.2.51}$$

其中，$\lambda$ 为载波的波长；$\Lambda$ 为形状因子角度扩展；$\gamma$ 形状因子角压缩度；$\theta_{\max}$ 为最大衰落的方位角。

波数扩展 $\sigma_k$ 描述了在开阔地区接收机沿 $\theta_{\mathrm{R}}$ 方向的信道空间选择性。该公式对所有沿水平方向到达的多径电波都有效。这是在描述无线移动传播时常用的一种假设。

采用多径形状因子计算波数扩展 $\sigma_k$ 具有便利性。如果采用式(3.2.38)计算波数谱，则需要首先选择一个方向 $\theta_{\mathrm{R}}$，然后应用 Gans 映射计算波数谱，再计算波数谱的矩，然后才能求得 $\sigma_k$，对其他空间方向的 $\theta_{\mathrm{R}}$ 要重复这个过程。而应用形状因子常数就省去了对每个可能的方向 $\theta_{\mathrm{R}}$ 的所有计算步骤。

当多径波在全方向传播时，无论是在到达角的一个或两个方向上都没有偏置，导致最大的形状因子角度扩展($\Lambda=1$)和最小的形状因子角压缩度($\gamma=0$)。全方向传播的统计量是等方向的，表现为不依赖于接收信号的方位角方向。此时，若用全方向传播的波数扩展平方 $\sigma_{k(\mathrm{omin})}^2=2\pi^2/\lambda^2$ 对式(3.2.51)进行归一化，可得

$$\sigma^2(\theta_{\mathrm{R}})=\frac{\sigma_k^2(\theta_{\mathrm{R}})}{\sigma_{k(\mathrm{omin})}^2}=\Lambda^2\{1+\gamma\cos[2(\theta_{\mathrm{R}}-\theta_{\max})]\} \tag{3.2.52}$$

其中，$\sigma^2(\theta_{\mathrm{R}})$为归一化波数扩展平方。式(3.2.52)给出了一种分析形状因子对小尺度衰落二阶统计量影响的方法。

**8. 相干性与选择性**

衰落是用来描述受某种选择性影响的无线信道的一般性术语。如果信道是一个与时间、频率或空间相关的函数，则它具有选择性。与选择性相反的是相干性(Coherence)。如果信道在通信“窗口”中，不是一个与时间、频率或空间相关的函数，则它具有相干性。在描述选择性衰落信道时，所定义的相干时间 $T_{\mathrm{coh}}$、相干带宽 $B_{\mathrm{coh}}$ 和相干距离 $D_{\mathrm{coh}}$ 就是信道表现为静止的时间窗、频率范围和空间范围。

在微波和毫米波频率范围，时间非相干的一般原因是发射机的运动或传播环境中的严重散射。如果传输的数据速率与相干时间可比，接收机将很难可靠地解调发送信号。这是

因为由调制引起的波动和因时变信道引起的波动在同一时间尺度上发生,会造成接收信号很大的畸变。频率非相干的原因是多径传播的色散。由于每个接收到的多径电波经过了不同的路径,同一个发送符号以一簇符号的多径色散形式到达接收机,并且每个符号有各自的时延。在时域,一个色散信道引入了码间干扰;在频域,一个色散信道在感兴趣的带宽上有峰和谷。

空间非相干是由于电波从空间不同的方向到达所致,这些多径电波形成了有利的波峰和有害的波谷,以至于接收信号功率在不同的接收机位置不恒定,表现出空间选择性。如果一个接收机的运动距离大于信道的相干距离,我们就说信道经历了小尺度衰落。

**9. 信道对偶性原理**

从上文可以看到,信道在时间、频率及空间上的随机特性存在着许多的相似之处。不论是自相关函数、功率谱密度,还是均方根带宽,或者其他量,对某一自变量的分析方法同样可以应用于其他自变量的分析,这种特性称为信道模型的对偶性原理。信道关于时间、频率和空间的对偶性关系如表 3.2.1 所示。

具有时间、频率和空间特性的无线随机信道可以通过其自相关函数进行描述。对该自相关函数进行傅里叶变换就可得到关于多普勒、时延、波数的谱函数。用均方根扩展就可以得到相应的带宽。当这些扩展增大时,信道的时间、频率、空间选择性衰落增大而相干减小。

表 3.2.1 信道关于时间、频率和空间的对偶性关系

| 信道的特征 | 时间 | 频率 | 空间 |
| --- | --- | --- | --- |
| 自变量 | 时间,$t$ | 频率,$f$ | 位置,$r$ |
| 相干 | 时间,$T_{coh}$ | 带宽,$B_{coh}$ | 距离,$D_{coh}$ |
| 谱域 | 多普勒,$\omega$ | 时延,$\tau$ | 波数,$k$ |
| 谱函数带宽 | 多普勒扩展,$\sigma_\omega$ | 时延扩展,$\sigma_\tau$ | 波数扩展,$\sigma_k$ |

## 3.3 基带信道的谱域

在物理信道上传输的是高频已调信号,这个信道称为通带信道,但我们仍然可使用基带信道的概念消除通带信道对载频的依赖,以统一和简化信道模型。完整的无线基带信道 $h(f,r,t)$是一个以频率、空间和时间为变量的函数。

### 3.3.1 空时频谱域

定义基带信道的 3 种谱域如下。

(1) 时延域。频率 $f$ 的谱域,其变量记作 $\tau$,$f$ 具有频率单位,$\tau$ 具有时间单位。

(2) 波数域。位置 $r$ 的谱域,其变量记作 $k$,$r$ 具有距离单位,$k$ 的单位为弧度/距离单位。

(3) 多普勒域。时间 $t$ 的谱域,其变量记作 $\omega$,$t$ 具有时间单位,$\omega$ 的单位为弧度/时间单位。

这 3 个谱域以及相应的傅里叶变换的数学定义如表 3.3.1 所示。表 3.3.1 中的变换可以对 $h(f,r,t)$的变量以任意顺序和组合进行。当一个或多个信道变量已被变换到谱域,就生成了一个传递函数:

$$H(\text{变换变量；未变换变量})$$

其中，变换变量是 $\tau$、$k$ 和 $\omega$ 之一；未变换变量是 $f$、$r$ 和 $t$ 之一。

表 3.3.1　信道的傅里叶变换对

| 域　对 | 变　换 | 反 变 换 |
|---|---|---|
| 频率 $f \leftrightarrow$ 时延 $\tau$ | $\int_{-\infty}^{+\infty} h(\cdot)\exp(-\mathrm{j}2\pi\tau f)\mathrm{d}f$ | $\int_{-\infty}^{+\infty} h(\cdot)\exp(\mathrm{j}2\pi\tau f)\mathrm{d}\tau$ |
| 位置 $r \leftrightarrow$ 波数 $k$ | $\int_{-\infty}^{+\infty} h(\cdot)\exp(-\mathrm{j}kr)\mathrm{d}r$ | $\frac{1}{2\pi}\int_{-\infty}^{+\infty} h(\cdot)\exp(\mathrm{j}kr)\mathrm{d}k$ |
| 时间 $t \leftrightarrow$ 多普勒 $\omega$ | $\int_{-\infty}^{+\infty} h(\cdot)\exp(-\mathrm{j}\omega t)\mathrm{d}t$ | $\frac{1}{2\pi}\int_{-\infty}^{+\infty} h(\cdot)\exp(\mathrm{j}\omega t)\mathrm{d}\omega$ |

在表 3.3.1 中，频率 $f \leftrightarrow$ 时延 $\tau$ 的傅里叶变换对不同于其他两种变换对，其反变换没有系数 $1/2\pi$。这个定义不仅是遵循相关文献的习惯，也是为了强调易于混淆的频率$\leftrightarrow$时延和时间$\leftrightarrow$多普勒关系。

各种类型的传递函数被广泛用于信道模型中。将几种专门的传递函数归纳如下。

(1) $H(\tau;r;t)$。这个传递函数被称为信道冲激响应(Channel Impulse Response，CIR)，它是当发射机发送一个非常窄的已调脉冲信号时，接收到的基带信号。

(2) $H(k;f;t)$。具有这个一般形式的传递函数被国际电信联盟(International Telecommunication Union，ITU)称为无线信道，它是该组织用于表征无线电传播的正式定义。

(3) $H(\tau;k;\omega)$。这个传递函数是 $h(f,r,t)$ 关于所有 3 个变量的傅里叶变换，定义它为完全传递函数。

在通信理论中，时间域总是基本的域，所有的变换都以该域作为参照。在信道建模中，还常将频率域也视作基本域。

## 3.3.2　等效的基带传输

### 1. 线性时不变信道传输

设基带信号 $\tilde{x}(t)$经调制后变成通带信号 $x(t)$，$X(f)$是相应于基带时域信号 $\tilde{x}(t)$的频域信号，有

$$X(f) = \int_{-\infty}^{+\infty} \tilde{x}(t)\exp(-\mathrm{j}2\pi f t)\mathrm{d}t \tag{3.3.1}$$

则通带信号 $x(t)$的傅里叶变换可以根据基带的频域信号 $X(f)$计算为

$$X_{\mathrm{p}}(f) = \frac{1}{2}X(f - f_{\mathrm{c}}) + \frac{1}{2}X^{*}(-f - f_{\mathrm{c}}) \tag{3.3.2}$$

其中，上标 * 表示复数共轭；$f_{\mathrm{c}}$ 为载波频率。

描述最简单的无线通信系统需要 3 个函数：在通带上的发送信号 $x_{\mathrm{p}}(t)$、通带信道 $h_{\mathrm{p}}(t)$和通带接收信号 $y_{\mathrm{p}}(t)$。如果信道是线性和时不变的，则能用卷积运算在通带上表示为

$$y_{\mathrm{p}}(t) = x_{\mathrm{p}}(t) * h_{\mathrm{p}}(t) \tag{3.3.3}$$

但在基带上描述时，通常写为

$$y(t) = \frac{1}{2}x(t) * h(t) \tag{3.3.4}$$

其中，在基带上描述的1/2系数是为了和通带传输有一样的信号总功率（当基带信号变为通带信号时，它的单边谱功率只有总功率的1/2），或者写为在频域上的发送信号与信道的乘积，即

$$Y(f)=\frac{1}{2}X(f)H(f) \tag{3.3.5}$$

考虑到频域信道是经过理想频带滤波器之后的产物，假设基带信道的带宽为$B$，相应的理想频带滤波器的带宽为$B$并以载频$f_c$为中心，则理想滤波器的频域响应为

$$\begin{aligned}P(f)&=\mathrm{rect}\left(\frac{f-f_c}{B}\right)+\mathrm{rect}\left[\frac{-(f+f_c)}{B}\right]\\&=\mathrm{rect}\left(\frac{f-f_c}{B}\right)+\mathrm{rect}\left(\frac{f+f_c}{B}\right)\end{aligned} \tag{3.3.6}$$

其中，rect(·)表示矩形脉冲函数。这个理想滤波器在时域中等价为

$$p(t)=2B\cos(2\pi f_c t)\mathrm{sinc}(Bt) \tag{3.3.7}$$

其中，sinc(·)为辛格函数。因此，通带滤波信道可写为

$$H_{\mathrm{pf}}(f)=P(f)H_{\mathrm{p}}(f) \tag{3.3.8}$$

其中，$H_{\mathrm{p}}(f)$代表通带物理信道。再对通带滤波信道进行傅里叶变换，可得时域基带响应为

$$\begin{aligned}h(t)&=B\,\mathrm{sinc}(Bt)*h_{\mathrm{p}}(t)\mathrm{e}^{\mathrm{j}2\pi f_c t}\\&=B\int\mathrm{sinc}[B(t-\tau)]h_{\mathrm{p}}(\tau)\mathrm{e}^{\mathrm{j}2\pi f_c\tau}\mathrm{d}\tau\end{aligned} \tag{3.3.9}$$

【例3.3.1】 假设信号在抵达接收机之前传播了100m的距离，遭受了0.1比例的衰减，为此信道$h_{\mathrm{p}}(t)$建立线性时不变模型，然后求解通带滤波信道$h_{\mathrm{pf}}(f)$以及基带等效信道$h(t)$。设基带信号带宽为5MHz，载波频率$f_c=2\mathrm{GHz}$。

解　考虑到传播速度$c=3\times10^8\mathrm{m/s}$，则发射机与接收机之间的延迟$\tau_{\mathrm{d}}=100/c=1/3\mu\mathrm{s}=1/3\times10^{-6}\mathrm{s}$。因此，未滤波前的通带信道可以建模为

$$h_{\mathrm{p}}(t)=0.1\delta(t-1/3\times10^{-6})$$

由于基带信号带宽为5MHz，因此通带带宽$B=10\mathrm{MHz}$。设$p(t)$为滤波器时域响应且为辛格函数时，有

$$\begin{aligned}h_{\mathrm{pf}}(t)&=h_{\mathrm{p}}(t)*p(t)\\&=\int p(t-\tau)h_{\mathrm{p}}(\tau)\mathrm{d}\tau\\&=0.1\int p(t-\tau)\delta(t-1/3\times10^{-6})\mathrm{d}\tau\\&=0.1p(t-1/3\times10^{-6})\\&=0.1\times2\times10^7\cos[2\pi2\times10^9(t-1/3\times10^{-6})]\mathrm{sinc}[10^7(t-1/3\times10^{-6})]\end{aligned}$$

利用式(3.3.9)求解基带信道，可得

$$\begin{aligned}h(t)&=0.1\times10^7\int\mathrm{sinc}[10^7(t-\tau)]\delta(\tau-1/3\times10^{-6})\mathrm{e}^{-\mathrm{j}2\pi\times2\times10^9\tau}\mathrm{d}\tau\\&=0.1\times10^7\mathrm{sinc}[10^7(t-1/3\times10^{-6})]\mathrm{e}^{-\mathrm{j}2\pi\frac{2}{3}\times10^3}\end{aligned}$$

进一步简化，得

$$h(t)=10^6\operatorname{sinc}[10^7(t-1/3\times 10^{-6})]\mathrm{e}^{-\mathrm{j}\pi\frac{4}{3}}$$

2. 线性时变信道传输

如果一个信道是时变的，则无论时域的卷积还是频域的乘积都不能用来计算通过信道的信号传输，而必须使用输入-输出关系，即

$$y(t)=\frac{1}{2}\int_{-\infty}^{+\infty}X(f)h(f,t)\exp(\mathrm{j}2\pi ft)\mathrm{d}f \tag{3.3.10}$$

在使用式(3.3.10)时，频率 $f$ 和时间 $t$ 将不再像在时不变系统中那样构成变换域对，信道的频率和时间必须始终保持分离。

当一个信号经过随空间、时间和频率变化的线性信道时，接收信号为时间和空间的函数，表示为

$$y(t,r)=\frac{1}{2}\int_{-\infty}^{+\infty}H(\tau;\ t;\ r)x(t-\tau)\mathrm{d}\tau \tag{3.3.11}$$

式(3.3.11)也可以用未变换的信道 $h(f,r,t)$ 而不是它的时延变换 $H(\tau;\ r;\ t)$ 表示为

$$y(t,r)=\frac{1}{2}\int_{-\infty}^{+\infty}h(f,t,r)X(f)\exp(\mathrm{j}2\pi ft)\mathrm{d}f \tag{3.3.12}$$

它们是信号通过一发一收(单)天线即单输入单输出(Single-Input Single-Output，SISO)无线信道时的输入-输出关系。

事实上，将式(3.3.10)加上空间变量 $r$，可得

$$y(t,r)=\frac{1}{2}\int_{-\infty}^{+\infty}X(f)h(f,t,r)\exp(\mathrm{j}2\pi ft)\mathrm{d}f \tag{3.3.13a}$$

$$=\frac{1}{2}\int_{-\infty}^{+\infty}\underbrace{\left[\int_{-\infty}^{+\infty}x(\xi)\exp(-\mathrm{j}2\pi f\xi)\mathrm{d}\xi\right]}_{X(f)}h(f,t,r)\exp(\mathrm{j}2\pi ft)\mathrm{d}f \tag{3.3.13b}$$

$$=\frac{1}{2}\int_{-\infty}^{+\infty}x(\xi)\left\{\int_{-\infty}^{+\infty}h(f,t,r)\exp[\mathrm{j}2\pi f(t-\xi)]\mathrm{d}f\right\}\mathrm{d}\xi \tag{3.3.13c}$$

$$=\frac{1}{2}\int_{-\infty}^{+\infty}x(\xi)H(t-\xi;\ t;\ r)\mathrm{d}\xi \tag{3.3.13d}$$

在做变量替换 $\xi=t-\tau$ 后，这个表达式即为式(3.3.11)。因此，式(3.3.11)是式(3.3.10)的推广。

虽然无线信道是典型的时变信道，但通过尺度分析等方法，可将一个无线信道分解为两部分，即一个不随时间变化的静态部分和一个随时间变化的动态部分，表示为

$$h(f,r,t)=\underbrace{h(f,r)}_{\text{静态部分}}+\underbrace{\delta h(f,r,t)}_{\text{瞬态部分}} \tag{3.3.14}$$

若瞬态部分是不存在的或是可以忽略的，只考虑静态部分的信道，就是时不变信道，它只依赖于频率 $f$ 和位置 $r$。对于这样的基带信道，一般的传输公式退化为

$$y(t,r)=\frac{1}{2}\int_{-\infty}^{+\infty}H(\tau;\ r)x(t-\tau)\mathrm{d}\tau \tag{3.3.15}$$

它是一个卷积积分形式。所以，接收信号可以写为发射信号和信道的卷积形式，即

$$y(t,r)=\frac{1}{2}H(\tau;\ r)\,|_{\tau=t} * x(t) \tag{3.3.16}$$

也可以写成它的傅里叶对的乘积形式，即

$$Y(f,r)=\frac{1}{2}h(f,r)X(f) \tag{3.3.17}$$

### 3.3.3 时频信道的统计特性

当接收天线为全向天线，忽略电波传播的空间特性而只考虑时频二维的传输信道时，其短期统计特性由基本统计函数——散射函数表示。散射函数是时域和频域上的4个等效相关函数之一，时频之间的二阶统计量关系如图3.3.1所示。其中，间隔时间相关函数$R_C(\tau;\Delta t)$与$\tau=0$时的延迟多普勒功率谱$S_C(\tau;\Delta f)$构成傅里叶变换对，间隔频率多普勒功率谱$S_C(\Delta f;\psi)$与时间差-频率差相关函数在时间差$\Delta t=0$时的相关函数$R_C(\Delta f;t)$构成傅里叶变换对。

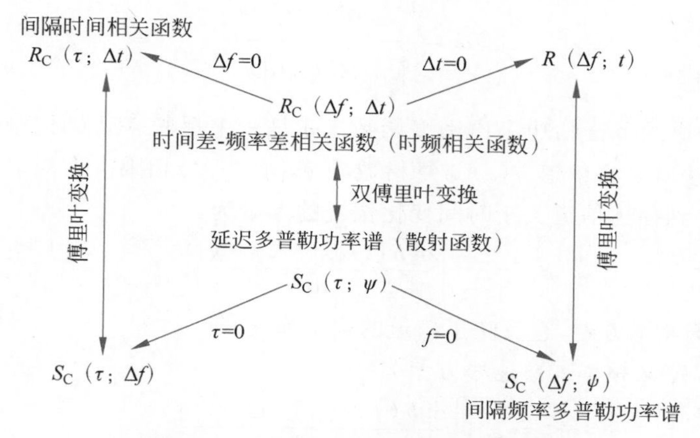


图 3.3.1 时频之间的二阶统计量关系

图3.3.1中，4个二阶统计量如下。

(1) 时频相关函数：

$$R_C(\Delta f;\Delta t)=\mathbb{E}[h(f;t)h^*(f+\Delta f;t+\Delta t)] \tag{3.3.18}$$

(2) 间隔时间相关函数：

$$R_C(\tau;\Delta t)=\mathbb{E}[h(\tau;t)h^*(\tau;t+\Delta t)] \tag{3.3.19}$$

(3) 间隔频率多普勒功率谱：

$$S_C(\Delta f;\psi)=\int_{-\infty}^{+\infty}R_C(\Delta f;\Delta t)\mathrm{e}^{-\mathrm{j}2\pi f(\Delta t)}\mathrm{d}(\Delta t) \tag{3.3.20}$$

(4) 延迟多普勒功率谱(散射函数)：

$$S_C(\tau;\psi)=\int_{-\infty}^{+\infty}R_C(\tau;\Delta t)\mathrm{e}^{-\mathrm{j}2\pi f(\Delta t)}\mathrm{d}(\Delta t) \tag{3.3.21}$$

其中，$\psi=2\pi f$为多普勒频谱的角频率变量，$f$为频率变量。

通常，在忽略角度参数时，假设信道的多径传播时延为$\tau$，电波传播时间为$t$，$\Delta t$为观测时间差，$h(\tau;t)$为信道的冲激响应，则信道的自相关函数为

$$R(\tau_1,\tau_2;t+\Delta t,t)=\mathbb{E}\{h(\tau_1;t+\Delta t)h^*(\tau_2;t)\} \tag{3.3.22}$$

式中涉及4个变量，在广义平稳非相关散射(WSSUS)的假设下可简化为

$$R(\tau_1,\tau_2;t+\Delta t,t)=R(\tau_1;\Delta t)\delta(\tau_1-\tau_2) \tag{3.3.23}$$

### 3.3.4 速率方差的定义

为了描述信道变化的快慢程度，可以使用信道函数的导数。但当信道为广义平稳随机过程时，其导数的均值为0，因此需要改变描述方法。首先将复信道函数的相位随机过程写为

$$\phi(t)=\arg\{h(t)\} \tag{3.3.24}$$

其中，arg{·}表示辐角。如果多普勒谱的中心非零，则相位不是平稳的随机过程，其均值是时间的函数，写为

$$\mathbb{E}\{\phi(t)\}=\phi_0+\bar{\omega}t \tag{3.3.25}$$

其中，

$$\bar{\omega}=\frac{\int_{-\infty}^{+\infty}\omega S_h(\omega)\mathrm{d}\omega}{\int_{-\infty}^{+\infty}S_h(\omega)\mathrm{d}\omega} \tag{3.3.26}$$

其中，$S_h(\omega)$为信道的多普勒功率谱密度函数。$\bar{\omega}$是一个反映多普勒谱中心的常数。消去非平稳相位的方法就是将信道$h(t)$与复指数项$\exp(-\mathrm{j}\bar{\omega}t)$相乘。在对非平稳的相位进行调整之后，可以得到描述信道关于时间变化快慢的参量为

$$\sigma_t^2=\mathbb{E}\left\{\left|\frac{\mathrm{d}[h(t)\exp(-\mathrm{j}\bar{\omega}t)]}{\mathrm{d}t}\right|^2\right\} \tag{3.3.27}$$

其中，$\sigma_t^2$称为衰落速率方差，它反映了信道的包络变化。

类似地，可以定义频率衰落速率方差为

$$\sigma_f^2=\mathbb{E}\left\{\left|\frac{\mathrm{d}[h(f)\exp(-\mathrm{j}2\pi\bar{\tau}t)]}{\mathrm{d}f}\right|^2\right\} \tag{3.3.28}$$

其中，$\bar{\tau}$为时延谱的中心。根据信道的对偶性，可以得到静态窄带信道$h(r)$的空间衰落速率方差为

$$\sigma_r^2=\mathbb{E}\left\{\left|\frac{\mathrm{d}[h(r)\exp(-\mathrm{j}2\bar{k}r)]}{\mathrm{d}r}\right|^2\right\} \tag{3.3.29}$$

其中，$\bar{k}$为沿空间某一方向的位置计算得到的波数谱的中心。

这些衰落速率方差与功率谱密度函数的均方根扩展之间有着密切的联系。给定信道的多普勒谱，就可以计算时变信道导数的均方值。由随机过程导数的均方值与其复值功率谱密度函数之间的关系，即

$$\mathbb{E}\left[\left|\frac{\mathrm{d}^n h(t)}{\mathrm{d}t^n}\right|^2\right]=\frac{1}{2\pi}\int_{-\infty}^{+\infty}\omega^{2n}S_h(\omega)\mathrm{d}\omega \tag{3.3.30}$$

可知当$n=1$时，有

$$\mathbb{E}\left[\left|\frac{\mathrm{d}h(t)}{\mathrm{d}t}\right|^2\right]=\frac{1}{2\pi}\int_{-\infty}^{+\infty}\omega^2 S_h(\omega)\mathrm{d}\omega \tag{3.3.31}$$

考虑到因子$\exp(-\mathrm{j}\bar{\omega}t)$对该随机过程的调制，对多普勒谱进行$-\bar{\omega}$的搬移并对积分的上下限也作相应的调整，可得

$$\sigma_t^2=\frac{1}{2\pi}\int_{-\infty}^{+\infty}(\omega-\bar{\omega})^2 S_h(\omega)\mathrm{d}\omega \tag{3.3.32}$$

式(3.3.32)可以改写为

$$\sigma_t^2 = \underbrace{\frac{1}{2\pi}\int_{-\infty}^{+\infty} S_h(\omega)\mathrm{d}\omega}_{\mathbf{E}[P(t)]} \underbrace{\frac{\int_{-\infty}^{+\infty}(\omega-\bar{\omega})^2 S_h(\omega)\mathrm{d}\omega}{\int_{-\infty}^{+\infty} S_h(\omega)\mathrm{d}\omega}}_{\sigma_\omega^2} \tag{3.3.33}$$

其中,$P(t)=|h(t)|^2$。因此,衰落速率方差是平均功率和均方根多普勒扩展的函数。这是衰落速率方差和频谱扩展之间的基本结论。对于无线随机信道,关于速率方差有如下结论。

$$\text{时间}: \sigma_t^2 = \mathbb{E}[P(t)]\sigma_\omega^2 \tag{3.3.34a}$$

$$\text{频率}: \sigma_f^2 = (2\pi)^2\mathbb{E}[P(f)]\sigma_\tau^2 \tag{3.3.34b}$$

$$\text{空间}: \sigma_r^2 = \mathbb{E}[P(r)]\sigma_k^2 \tag{3.3.34c}$$

## 3.4 衰落包络的统计分布

信号经过多径传播,在接收端进行叠加后的包络呈现随机性,这种随机性常服从瑞利(Rayleigh)分布、莱斯(Rician)分布或 Nakagami-$m$ 分布,它们表征的都是接收场强的快速波动,属于小尺度衰落模型的包络特性。

### 3.4.1 瑞利衰落

瑞利衰落用来描述富含散射体却无直射波的移动信道,广泛应用于无线蜂窝移动通信系统中。它假设多径信号是互相独立的,直射波由于扩散损耗较大而很弱,或者由于遮蔽而没有直射波,仅有大量散射波。瑞利衰落信道的传播场景如图 3.4.1 所示。

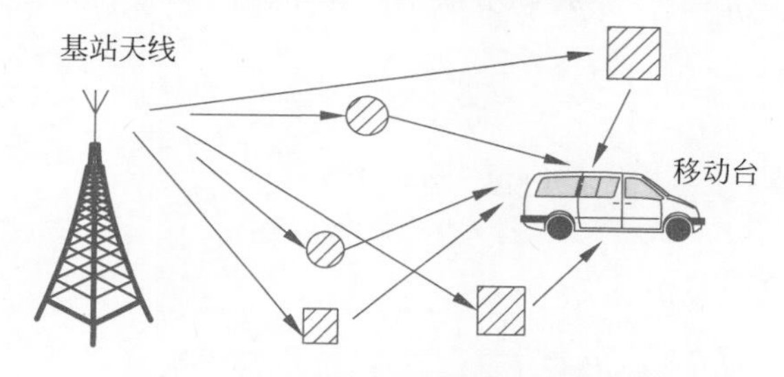


图 3.4.1 瑞利衰落信道的传播场景

假设基站发射的信号为

$$S_0(t) = \alpha_0 \exp[\mathrm{j}(\omega_0 t + \varphi_0)] \tag{3.4.1}$$

其中,$\omega_0$ 为载波角频率;$\varphi_0$ 为载波初相。经反射或散射到达接收天线的第 $i$ 个接收信号为 $S_i(t)$,设其振幅为 $\alpha_i$,相移为 $\varphi_i$,同时设 $S_i(t)$ 与移动接收台运动方向之间的夹角为 $\theta_i$,多普勒频移为 $f_i$,因此 $S_i(t)$ 可以写为

$$S_i(t) = \alpha_i \exp[\mathrm{j}(\varphi_i + f_i)]\exp[\mathrm{j}(\omega_0 + \varphi_0)] \tag{3.4.2}$$

假设 $N$ 路接收信号统计独立,将接收信号表示为

$$S(t) = \sum_{i=1}^{N} S_i(t) = (x + \mathrm{j}y)\exp[\mathrm{j}(\omega_0 + \varphi_0)] \tag{3.4.3}$$

其中，$x$ 和 $y$ 都是独立随机变量之和。按照中心极限定理，当 $N$ 趋于无穷时，$x$ 和 $y$ 趋于正态分布，可设 $x \sim N(0,\sigma_x^2)$，$y \sim N(0,\sigma_y^2)$，且 $x$ 和 $y$ 相互独立。

设 $\sigma_x^2=\sigma_y^2=\sigma^2$，则有

$$p(x,y)=\frac{1}{2\pi\sigma^2}\exp\left(-\frac{x^2+y^2}{2\sigma^2}\right) \tag{3.4.4}$$

采用极坐标的模 $r=\sqrt{x^2+y^2}$ 和辐角 $\theta=\arctan(y/x)$ 替换式(3.4.4)中的变量 $x=r\cos\theta$ 和 $y=r\sin\theta$，且在 $\mathrm{d}r\mathrm{d}\theta$ 中的取值概率为 $p(x,y)\mathrm{d}x\mathrm{d}y=p(r,\theta)\mathrm{d}r\mathrm{d}\theta$，可得联合概率密度函数为

$$p(r,\theta)=\frac{r}{2\pi\sigma^2}\exp\left(-\frac{r^2}{2\sigma^2}\right) \tag{3.4.5}$$

对 $\theta$ 和 $r$ 分别求积分，可分别得到包络和相角的概率密度函数为

$$p(r)=\int_0^{2\pi}\frac{r}{2\pi\sigma^2}\exp\left(-\frac{x^2+y^2}{2\sigma^2}\right)\mathrm{d}\theta=\frac{r}{\sigma^2}\exp\left(-\frac{r^2}{2\sigma^2}\right) \tag{3.4.6}$$

$$p(\theta)=\int_0^{+\infty}\frac{r}{2\pi\sigma^2}\exp\left(-\frac{r^2}{2\sigma^2}\right)\mathrm{d}r=\frac{1}{2\pi} \tag{3.4.7}$$

式(3.4.6)表明，接收信号的包络即接收信号的模服从瑞利分布，故称这种多径衰落为瑞利衰落。换句话说，瑞利信道是指幅值服从瑞利分布且相位服从(0,2π]均匀分布的衰落信道。

【例 3.4.1】 求服从瑞利分布的信道衰落包络的均值和方差。

解 包络的均值为

$$\mu=\int_0^{+\infty}rp(r)\mathrm{d}r=\int_0^{+\infty}\frac{r^2}{\sigma^2}\exp\left(-\frac{r^2}{2\sigma^2}\right)\mathrm{d}r$$

根据常用积分公式

$$\int_0^{+\infty}x^2\exp(-ax^2)\mathrm{d}x=\frac{1}{4}\sqrt{\frac{\pi}{a^3}}$$

可知

$$\mu=\frac{1}{4\sigma^2}\sqrt{\frac{\pi}{\frac{1}{(2\sigma^2)^3}}}=\frac{\sqrt{\pi}}{2}\sigma$$

再求包络的方差为

$$\mathbb{E}(r^2)=\int_0^{+\infty}r^2p(r)\mathrm{d}r=\int_0^{+\infty}\frac{r^3}{\sigma^2}\exp\left(-\frac{r^2}{2\sigma^2}\right)\mathrm{d}r$$

令 $r^2=t$，则 $r=\sqrt{t}$，且 $2r\mathrm{d}r=\mathrm{d}t$；进行变量代换并采用分部积分法，可得

$$\mathbb{E}(r^2)=\int_0^{+\infty}\frac{t}{\sigma^2}\exp\left(-\frac{t}{2\sigma^2}\right)\mathrm{d}t=2\sigma^2$$

### 3.4.2 莱斯衰落

莱斯衰落是指信道衰落的幅值服从莱斯分布。莱斯分布又称为广义瑞利分布，它在瑞

利衰落的基础上考虑了占主导地位的 LOS 路径。设复信号的模为 $r$，相位 $\theta$ 在 $(-\pi,\pi]$ 均匀分布，复信号的实部 $x$ 和虚部 $y$ 都服从均值为 0、方差为 $\sigma^2$ 的高斯分布，则莱斯分布随机变量的概率密度函数为

$$p(r)=\frac{r}{\sigma^2}\exp\left(-\frac{r^2+\mu^2}{2\sigma^2}\right)I_0\left(\frac{\mu r}{\sigma^2}\right),\quad r\geqslant 0 \tag{3.4.8}$$

其中，$I_0(\cdot)$ 为第一类零阶修正贝塞尔函数。图 3.4.2 和图 3.4.3 分别给出了瑞利分布和莱斯分布随机变量的概率密度函数（PDF）曲线。

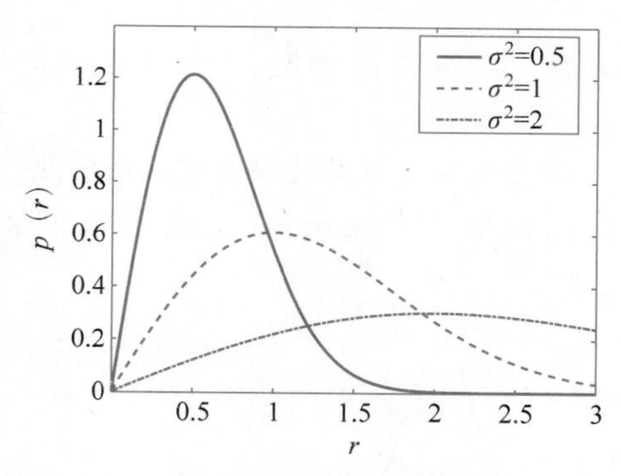


图 3.4.2　瑞利分布随机变量的 PDF 曲线

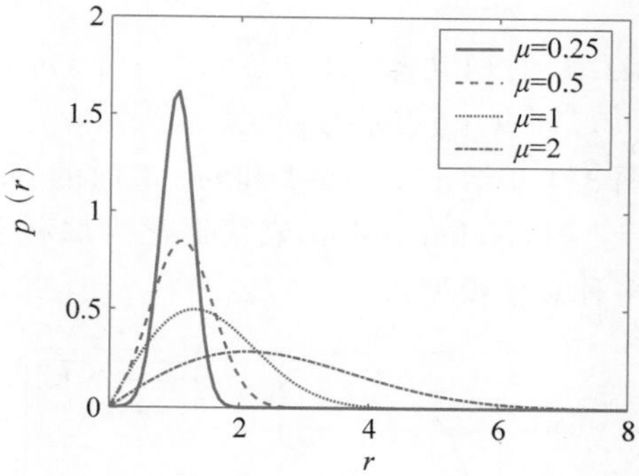

图 3.4.3　莱斯分布随机变量的 PDF 曲线（$\sigma^2=1$）

为了方便，可对莱斯分布进行归一化处理。令 $u=r/\sigma$，并记 $d=\mu/\sigma$，则归一化的莱斯分布为

$$p(u)=u\exp\left(-\frac{u^2+d^2}{2}\right)I_0(du),\quad u\geqslant 0 \tag{3.4.9}$$

对莱斯衰落信道可以这样理解：在式(3.4.8)中，$r$ 为正弦信号加窄带高斯随机信号的包络，$\mu$ 为主信号幅度的峰值，$\sigma^2$ 为多径信号分量的功率，将主信号的功率与多径分量功率之比定义为莱斯因子 $K$，$K=|\mu|^2/\sigma^2$，且有 $\mu^2+\sigma^2=1$，由莱斯因子可以完全确定莱斯分布。

分析莱斯分布的统计参数，可知该分布的均值为 $|\mu|=\sqrt{K/(1+K)}$，方差为 $\sigma^2=1/(1+K)$。当莱斯因子 $K$ 趋于 0 时，$\mu$ 趋于 0，$I_0(\mu r/\sigma^2)$ 趋于 1，莱斯分布退化为瑞利分布；当莱斯因子 $K$ 趋于无穷时，$I_0(x)\approx \mathrm{e}^x/\sqrt{2\pi x}$，在 $r=u$ 附近，$p(r)$ 近似为高斯分布。

莱斯信道模型是一个单模平面波与无数个散射波叠加的结果。如果散射波的功率关于方位角的分布为偶函数，那么信道可以用功率函数 $P(\theta)$ 建模为

$$P(\theta)=\frac{P_{\mathrm{T}}}{2\pi(K+1)}[1+2\pi K\delta(\theta-\theta_0)] \tag{3.4.10}$$

其中，$P_{\mathrm{T}}$ 为常数；$K$ 为莱斯因子。

这种分布的角度扩展、角度压缩和最大衰落的方位角方向分别为

$$\Lambda=\frac{\sqrt{2K+1}}{K+1},\quad \gamma=\frac{K}{K+1},\quad \theta_{\max}=\theta_0 \tag{3.4.11}$$

对于较小的莱斯因子 $K$，信道表现为全方向性。随着莱斯因子 $K$ 的增加，莱斯信道的角度扩展减小并且角度压缩增加，这意味着莱斯信道的衰落速率减小，并且衰落速率方差的

最大值和最小值之差减小，但是不同方向上的差值增加。

### 3.4.3 Nakagami-$m$ 衰落

瑞利衰落信道和莱斯衰落信道有时与实验数据不太吻合，因此人们提出了一种能吻合更多实验数据、更通用的信道衰落分布，就是 Nakagami-$m$ 衰落，用于描述频率选择性信道的衰落幅值服从 Nakagami-$m$ 分布，即

$$p(r)=\frac{2m^m r^{2m-1}}{\Gamma(m)\Omega^m}\mathrm{e}^{-\frac{mr^2}{\Omega}} \tag{3.4.12}$$

其中，$\Omega$ 为平均功率，$\Omega=\mathbb{E}(r^2)$；$\Gamma(m)$为伽马函数；$m$ 为衰落参数，$m=\mathbb{E}^2(r^2)/\mathrm{Var}(r^2)$，$\mathrm{Var}(\cdot)$表示方差。

图 3.4.4 给出了 $m=1$ 和 $m=2$ 时的 Nakagami-$m$ 分布随机变量的概率密度函数曲线。当 $m=1$ 时，Nakagami-$m$ 衰落退化为瑞利衰落；改变 $m$ 的值，Nakagami-$m$ 衰落还可以转化为多种衰落模型。

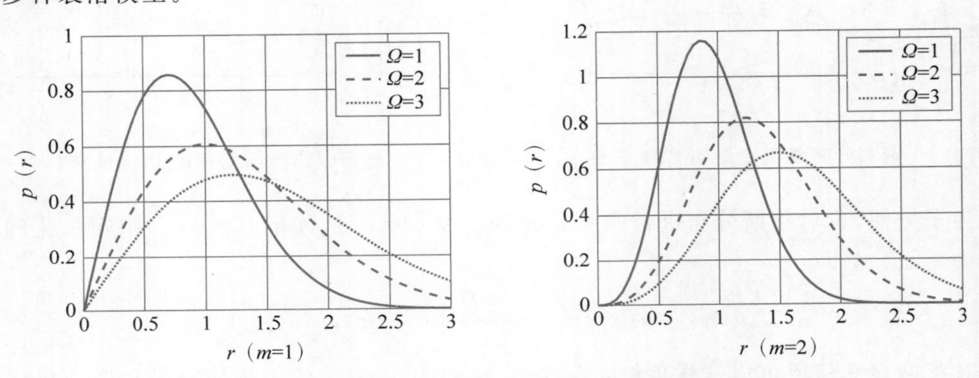


图 3.4.4 Nakagami-$m$ 分布随机变量的概率密度函数曲线

## 3.5 衰落信道的性能分析

本节以瑞利衰落信道为例，讨论衰落信道的性能。已知标量随机变量的概率密度函数和其特征函数是一对傅里叶变换对，包络的概率密度函数 $p(r)$与其特征函数 $\phi(v)$的关系为

$$\phi(v)=\int_0^{+\infty}p(r)J_0(vr)\mathrm{d}r \tag{3.5.1}$$

$$p(r)=r\int_0^{+\infty}\phi(v)J_0(vr)\mathrm{d}v \tag{3.5.2}$$

它们以傅里叶-贝塞尔的形式定义了一对变换对，也称为汉克尔(Hankel)变换。

通常，随机包络低于某一电平 $\rho$ 的概率称为累积分布函数。瑞利衰落包络的累积分布函数 $F(\rho)$可以通过对联合概率密度函数 $p(x,y)$进行积分得到，有

$$F(\rho)=\Pr[r<\rho]=\int_0^{2\pi}\int_0^{\rho}p(r\cos\theta,r\sin\theta)\rho\mathrm{d}\rho\mathrm{d}\theta \tag{3.5.3}$$

将该累积分布函数对 $\rho$ 求导数，把式(3.4.5)代入，得到

$$
\begin{aligned}
p(\rho) &= \frac{\mathrm{d}F(\rho)}{\mathrm{d}\rho} \\
&= \rho\int_0^{2\pi} \phi(\rho\cos\phi, \rho\sin\phi)\mathrm{d}\phi \\
&= \frac{\rho}{2\pi\sigma^2}\int_0^{2\pi} \exp\left[-\frac{(\rho\cos\phi)^2+(\rho\sin\phi)^2}{2\sigma^2}\right]\mathrm{d}\phi \\
&= \frac{\rho}{\sigma^2}\exp\left(-\frac{\rho^2}{2\sigma^2}\right)
\end{aligned}
\tag{3.5.4}
$$

若以 $P_{\mathrm{dif}}=2\sigma^2$ 替换,则可得

$$
p(\rho)=\frac{2\rho}{P_{\mathrm{dif}}}\exp\left(-\frac{\rho^2}{P_{\mathrm{dif}}}\right) \tag{3.5.5}
$$

在这个表达式中,$P_{\mathrm{dif}}$ 的物理意义是散射电压成分功率的均值,即 $P_{\mathrm{dif}}=\mathbb{E}\{|V_{\mathrm{dif}}|^2\}$。

将式(3.5.5)代入式(3.5.1),可得

$$
\phi(v)=\exp\left(-\frac{v^2 P_{\mathrm{dif}}}{4}\right) \tag{3.5.6}
$$

**【例 3.5.1】** 链路掉话率的预测:某室内无线链路在瑞利衰落信道上发送数据包,如果该链路中信号受到的衰落比平均功率低 10dB 以上,包就会丢掉,数据就会丢失。试求数据包的丢失率。

解 如果瑞利衰落信道链路的平均功率为 $P_{\mathrm{dif}}$,那么 10dB 的衰落就是 $0.1P_{\mathrm{dif}}$,或等价地,包络衰减为 $0.3162\sqrt{P_{\mathrm{dif}}}$。计算瑞利信道低于该门限的概率为

$$
\begin{aligned}
\Pr\left[0\leqslant r<0.3162\sqrt{P_{\mathrm{dif}}}\right] &= \int_0^{0.3162\sqrt{P_{\mathrm{dif}}}} \frac{2}{P_{\mathrm{dif}}}\exp\left(\frac{-\rho^2}{P_{\mathrm{dif}}}\right)\mathrm{d}\rho \\
&= -\exp\left(\frac{-\rho^2}{P_{\mathrm{dif}}}\right)\Bigg|_0^{\rho=0.3162\sqrt{P_{\mathrm{dif}}}} \\
&= 0.0952
\end{aligned}
$$

因此,我们可以得出 9.52%的包丢失率。

## 3.5.1 电平通过率

随机过程表示为时间的函数。电平通过率定义为该随机过程每秒通过并低于某一特定门限的平均次数,可以通过包络 $r$ 和它对时间的一阶微分的联合概率分布密度计算为

$$
N_t=\int_0^{+\infty}\dot{\rho}f_{r\dot{r}}(r,\dot{\rho})\mathrm{d}\dot{\rho} \tag{3.5.7}
$$

其中,$r$ 代表感兴趣的门限值;$f_{r\dot{r}}(r,\dot{\rho})$是包络 $r(t)$和包络对时间导数的联合概率密度函数。

对于瑞利衰落过程,其包络关于时间的导数服从高斯分布,并且与包络本身是相互独立的,写为

$$
f_{r\dot{r}}(r,\dot{\rho})=\underbrace{\frac{2\rho}{P_{\mathrm{dif}}}\exp\left(-\frac{\rho^2}{P_{\mathrm{dif}}}\right)}_{f_r(\rho)}\underbrace{\frac{1}{\sigma_t\sqrt{\pi}}\exp\left(-\frac{\dot{\rho}^2}{P_{\mathrm{dif}}}\right)}_{f_{\dot{r}}(\rho)} \tag{3.5.8}
$$

其中，$P_{\text{dif}}$ 为信号的平均功率；$\sigma_t$ 为时间衰落速率方差的均方根。

根据谱扩展的基本原理式(3.3.34a)，时间衰落速率方差可表示为

$$\sigma_t^2 = P_{\text{dif}}\sigma_\omega^2 \tag{3.5.9}$$

其中，$\sigma_\omega^2$ 为多普勒扩展平方。

将式(3.5.8)代入式(3.5.7)，并利用式(3.5.9)，可得

$$N_t = \frac{\sigma_\omega}{\sqrt{\pi}}\rho_{\text{RMS}}\exp(-\rho_{\text{RMS}}^2) \tag{3.5.10}$$

其中，$\rho_{\text{RMS}}$ 为包络门限相对于包络均方根的归一化值，并且有 $\rho_{\text{RMS}}^2 = r^2/P_{\text{dif}}$。

图 3.5.1 所示为衰落信道的一段样本，用以说明电平通过点、衰落持续时间和包络门限的含义。

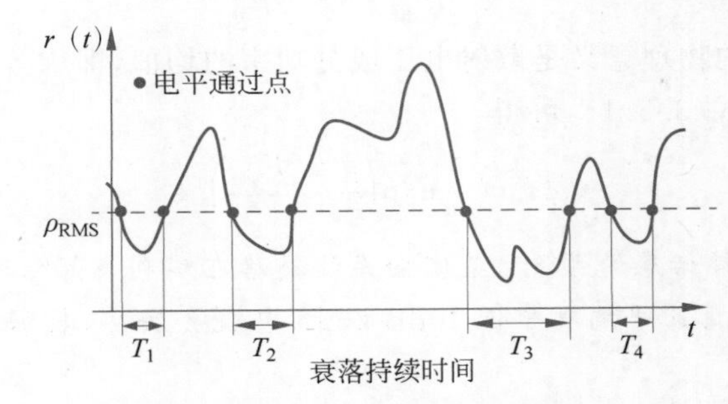


图 3.5.1　衰落信道的一段样本

【例 3.5.2】　在一个窄带无线通信系统中，每 20ms 经由一个多普勒扩展为 5Hz 的时间选择性瑞利信道传输一个数据包，如果接收到的信号强度比平均接收信号功率低 10dB 以上，那么数据包将丢失，也就是说，该系统不能容忍每 5 个数据包传输中有超过 1 包的衰落，试问该系统是否能达到这个要求？

解　5Hz 的多普勒扩展意味着 $\sigma_w = 2\pi \times 5\text{Hz} = 31.4\text{rad/s}$。低于平均接收功率 10dB 即 $\rho_{\text{RMS}} = \sqrt{0.1}$，将这些值代入式(3.5.10)，可得

$$\begin{aligned} N_t &= \frac{31.4}{\sqrt{\pi}}\sqrt{0.1}\exp(-0.1) \\ &= 5.06 \text{ 电平通过次数 / 秒} \end{aligned}$$

如果每秒有 5.06 个门限电平通过点，那么平均每 200ms 通过平均门限一次。由于该系统考虑每 20ms 发送一个数据包，在 200ms 中将有 10 个数据包被发送，而只有 1 个丢包，说明可以达到系统要求。

## 3.5.2　平均衰落持续时间

平均衰落持续时间指当包络通过某一电平值后，持续低于该电平的平均时间。给定电平门限，平均衰落持续时间计算为

$$\bar{t} = \frac{1}{N_t}\int_0^r p_r(\rho)\rho\,\mathrm{d}\rho \tag{3.5.11}$$

对于时间选择瑞利衰落的情况，平均衰落持续时间计算为

$$\bar{t}=\frac{\sqrt{\pi}}{\sigma_w \rho_{\mathrm{RMS}}}[\exp(-\rho_{\mathrm{RMS}}^2)-1] \tag{3.5.12}$$

【例 3.5.3】 如果在例 3.5.2 的传输系统中,假定一旦包络电平通过低于平均功率 10dB 的门限,衰落持续时间应当低于一个数据包传输的持续时间(20ms)。从平均衰落持续时间上分析,这个假定正确吗?

解 该瑞利信道的特征是多普勒扩展 $\sigma_w=2\pi\times5=31.4\mathrm{rad/s}$,平均接收功率 $\rho_{\mathrm{RMS}}=\sqrt{0.1}$,将其代入式(3.5.12),可得

$$\bar{t}=\frac{\sqrt{\pi}}{31.4\sqrt{0.1}}[\exp(-0.1)-1]=18.8\mathrm{ms}$$

它低于包传输的 20ms 持续时间,故假定是正确的。

### 3.5.3 频率电平通过率

对于时不变的静态信道,可以用每赫兹的电平通过次数定义电平通过率。应用对偶性质($\sigma_\omega\to2\pi\sigma_\tau$),将频率选择信道的电平通过率写为

$$N_f=2\sqrt{\pi}\sigma_\tau\rho_{\mathrm{RMS}}\exp(-\rho_{\mathrm{RMS}}^2) \tag{3.5.13}$$

其中,$\sigma_\tau$ 为时延扩展。

同样地,平均衰落带宽可以由时延扩展计算为

$$\bar{f}=\frac{\exp(\rho_{\mathrm{RMS}}^2)-1}{2\sqrt{\pi}\sigma_\tau\rho_{\mathrm{RMS}}} \tag{3.5.14}$$

平均衰落带宽对于采用调频方式的通信系统是一个有用的参数。为了保持可以接受的信噪比,相邻的频率跳变在平均意义上应使发送载波频率的变化超过平均衰落带宽。

### 3.5.4 空间电平通过率

将静态窄带接收信号包络作为空间的函数,也可以对无线信道进行电平通过率的分析,应用对偶性质($\sigma_w\to\sigma_k$),得到每单位距离电平通过点数为

$$N_r=\frac{\sigma_k}{\sqrt{\pi}}\rho_{\mathrm{RMS}}\exp(-\rho_{\mathrm{RMS}}^2) \tag{3.5.15}$$

同样地,平均衰落距离可计算为

$$\bar{r}=\frac{\sqrt{\pi}[\exp(\rho_{\mathrm{RMS}}^2)-1]}{\sigma_k\rho_{\mathrm{RMS}}} \tag{3.5.16}$$

这表明,空间电平通过率和平均衰落距离均由波数扩展 $\sigma_k$ 决定。

将形状因子与波数扩展的关系式(3.2.51)依次代入式(3.5.15)和式(3.5.16),可以进一步分别得到空间电平通过率和平均衰落距离为

$$N_r=\frac{\sqrt{2\pi}\Lambda\rho_{\mathrm{RMS}}}{\lambda}\sqrt{1+\gamma\cos[2(\theta_{\mathrm{R}}-\theta_{\max})]}\exp(-\rho_{\mathrm{RMS}}^2) \tag{3.5.17}$$

$$\bar{r}=\frac{\lambda[\exp(\rho_{\mathrm{RMS}}^2)-1]}{\sqrt{2\pi}\rho_{\mathrm{RMS}}\Lambda\sqrt{1+\gamma\cos[2(\theta_{\mathrm{R}}-\theta_{\max})]}} \tag{3.5.18}$$

其中,$\lambda$ 为传播电波波长;$\theta_{\mathrm{R}}$ 为水平指向。

# 3.6 常用的衰落信道模型

在通信系统的设计和研究中，从信号角度对信道建模的方法主要有两类，第一类为多径衰落信道模型，这类模型主要考虑功率、多普勒特性和功率时延谱；第二类为空时信道模型，包含衰落、多普勒扩展、时延扩展、到达角度和自适应天线阵列几何分布等信息，多用于智能多天线系统。

## 3.6.1 多径衰落信道模型

一个全向单发单收天线系统的多径信道模型通常可表示为

$$h(t)=\sum_{l=1}^{L}\alpha_l\delta(t-\tau_l)\mathrm{e}^{\mathrm{j}\varphi_l} \tag{3.6.1}$$

其中，$L$ 为可分辨的多径数目；$\alpha_l$ 为每个多径的幅值；$\tau_l$ 为多径的时延（相对时延差）；$\varphi_l$ 为多径的相位。

**1. Clarke-Jakes 仿真模型**

假设发射机静止，接收机以速度 $v$ 向发射机移动，传播环境中存在大量散射体，信号从不同方向到达并且具有不同的多普勒频移，则多径信道可以描述为

$$y(t)=\sum_{n=0}^{N}a_n\mathrm{e}^{\mathrm{j}[w_\mathrm{d}t\cos\alpha_n+\phi_n]} \tag{3.6.2}$$

其中，$N$ 为多径数；$a_n$ 为第 $n$ 条路径的幅值；$w_\mathrm{d}$ 为多普勒角频率；$\alpha_n$ 为接收机移动方向与第 $n$ 条路径方向的夹角；$\phi_n$ 为第 $n$ 条路径的相位。

将 $\phi_n$ 等效为时延后，多径信道可以用如图 3.6.1 所示的仿真模型来仿真。

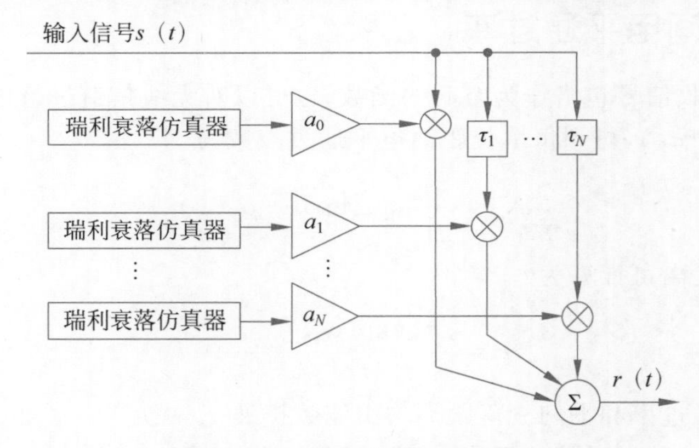


图 3.6.1 多径信道仿真模型

在这种电波传播环境假设下，多径信道的功率谱为多普勒频谱，表示为

$$P(f)=\begin{cases}\dfrac{P_\mathrm{av}}{\pi f_\mathrm{m}\sqrt{1-(f/f_\mathrm{m})^2}}, & -f_\mathrm{m}\leqslant f\leqslant f_\mathrm{m}\\ 0, & |f|>f_\mathrm{m}\end{cases} \tag{3.6.3}$$

其中，$P_\mathrm{av}$ 为每路信号的平均功率。式(3.6.3)称为典型多普勒谱，也被称作 U 形谱，如

图 3.6.2 所示。

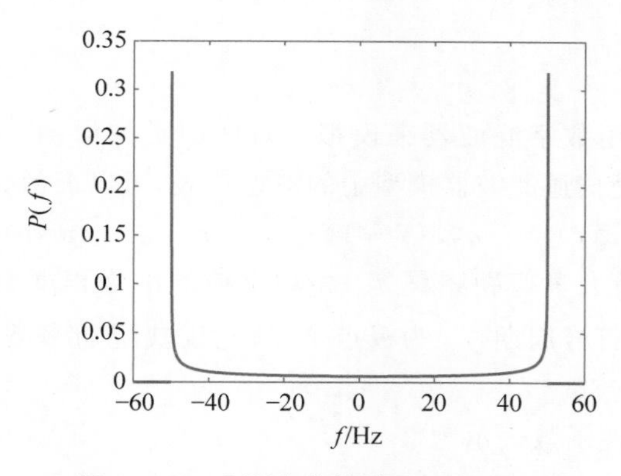


图 3.6.2　典型多普勒谱($f_m$=50Hz)

当有直射路径分量时，信道幅值的功率谱由典型的多普勒谱和直射路径谱组成，可以表示为

$$P(f)=\frac{0.41}{2\pi f_m\sqrt{1-(f/f_m)^2}}+0.91\delta(f-0.7f_m) \tag{3.6.4}$$

式(3.6.4)称为莱斯多普勒谱。

运用 Clarke-Jakes 方法可以从 U 形功率谱的角度对多径信道进行仿真。假设最大多普勒频移为 $f_m$，每条路径的幅度均服从瑞利分布，即 $r(t)=\sqrt{n_c^2(t)+n_s^2(t)}$，其中 $n_c(t)$和 $n_s(t)$分别为窄带高斯过程的同相和正交支路的基带信号。首先产生独立的复高斯噪声样本，经过 FFT 后形成频域样本，然后与 $S(f)$开方后的值相乘，获得满足多普勒频谱特性要求的信号，再经 IFFT 后变换成时域波形，经过平方，将两路信号相加并通过开方运算后，形成瑞利衰落的信号，如图 3.6.3 所示。

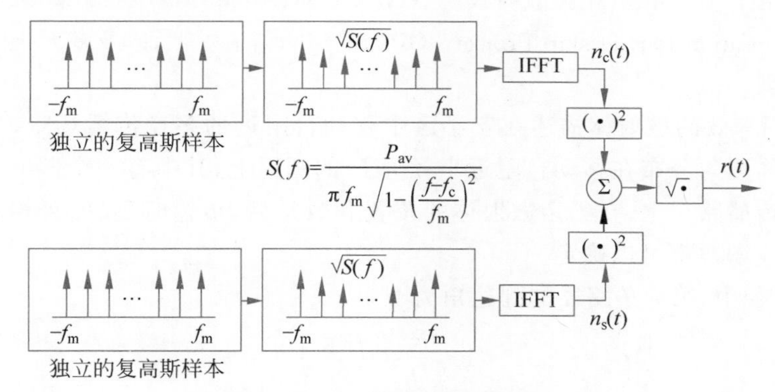


图 3.6.3　瑞利衰落信号的生成

2. 功率时延谱模型

另一种描述多径信道的方式是采用功率时延谱(Power Delay Profile，PDP)，用以表征不同多径时延下多径功率的取值。在 COST-207 标准信道模型中，给出了 4 种典型环境下的 PDP 或各路径的功率取值和多普勒频谱。这 4 种典型环境分别是乡村地区、典型市区、恶劣城市地区和山区地形，在这些典型环境中的功率时延谱均为指数形式，即

$$P(\tau)=\exp(-\alpha\tau),\quad \tau_1<\tau<\tau_2 \tag{3.6.5}$$

其中，$\alpha$ 为衰减指数。

**3. ARMA 模型**

无线移动信道可以用数字滤波器来模拟。自回归平均滑动(Auto-Regressive Moving Average，ARMA)模型是信道滤波器模型中的典型代表，可以表示为

$$c(t)=-a_1c(t-1)-a_2c(t-2)+w(t) \tag{3.6.6}$$

其中，系数 $a_1$ 和 $a_2$ 与最大多普勒频移 $f_d$ 和功率谱的滚降程度有关，可设 $a_1=-2r_d\cos(2\pi f_d T)$，$a_2=r_d^2$，$T$ 为符号周期，$r_d$ 为极点半径，它反映了功率谱衰减的滚降程度；$w(t)$ 为零均值高斯白噪声。

该信道模型可用传递函数表示为

$$H(z)=\frac{C(z)}{W(z)}=\frac{1}{1+a_1z^{-1}+a_2z^{-2}} \tag{3.6.7}$$

将式(3.6.7)写成状态方程，有

$$\boldsymbol{x}(k+1)=\boldsymbol{A}(k)\boldsymbol{x}(k)+\boldsymbol{G}(k)\boldsymbol{w}(k) \tag{3.6.8}$$

其中，$\boldsymbol{x}(k)=[c_k(k)\quad c_k(k-1)]^{\mathrm{T}}$；$\boldsymbol{A}(k)=\begin{bmatrix}-a_1 & -a_2\\ 1 & 0\end{bmatrix}$；$\boldsymbol{G}(k)=[1\quad 0]$；$\boldsymbol{w}(k)$为输入信号，可假设为高斯白噪声。

## 3.6.2 空时信道模型

上述多径衰落信道模型是当天线为全向天线时的信道模型。当系统采用方向性天线时，接收机对不同方向到达的信号具有不同的响应特征，在天线方向的主瓣方向内到达的多径信号被正常接收，而在其他方向上到达的多径信号被大大衰减。典型的空时向量信道模型包括 Lee 模型、高斯广义平稳非相关散射模型(GWSSUS)、Saleh-Valenzuela 模型、第三代合作伙伴计划(3rd Generation Partnership Project，3GPP)的空间信道模型，以及多天线模型等。

**1. Lee 模型**

Lee 模型用等效的散射体描述在宏小区中移动台附近的多径传播场景，如图 3.6.4 所示。假设散射体均匀分布在移动台附近半径为 $R$ 的圆周上，其中有一个散射体处于移动台与基站的视线传播路径上，在给定散射体的位置和数量后，传输时延、路径损耗、到达角、到达角对应的天线增益都可以确定。

设 $N$ 条路径中，第 $i$ 条路径的到达角为

$$\theta_i=\frac{R}{D}\sin\left(\frac{2\pi}{N}i\right) \tag{3.6.9}$$

其中，$D$ 为移动台与基站之间的传输距离。

各路径之间的相关性可以表示为

$$\rho(d,\theta_0,R,D)=\frac{1}{N}\sum_{i=0}^{N-1}\exp[-\mathrm{j}2\pi d\cos(\theta_0+\theta_i)] \tag{3.6.10}$$

其中，$d$ 为基站天线阵元之间的距离；$\theta_0$ 为移动台到基站连线中点与基站阵元之间连线的夹角。为了在该模型中反映出多普勒频移，还可以使散射体在环上以一定的角速度绕环运动。

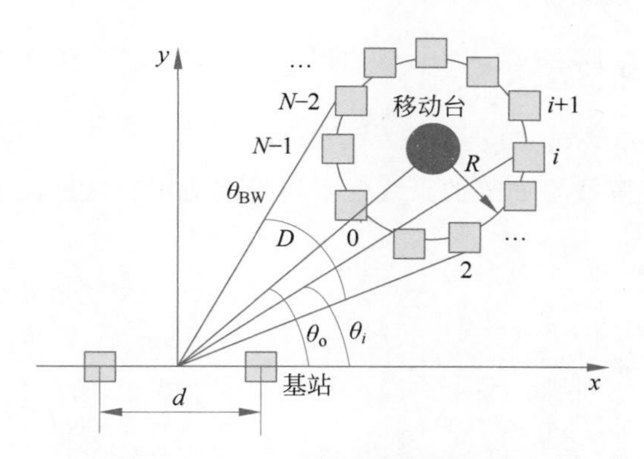


图 3.6.4　Lee 模型的传播场景

**2. 高斯广义平稳不相关散射模型**

在高斯广义平稳不相关散射(Gaussian Wide Sense Stationary Uncorrelated Scattering, GWSSUS)模型中,假定散射体在空间分成 $d$ 簇,在每个簇中,多径是不可分辨的,簇与簇之间的衰落不相关,簇衰落统计特性服从复高斯分布。假定每簇中的平均到达角为 $\theta_{0,k}$,在数据传输的连续 $b$ 个突发中,每个簇的位置和时延保持不变,则接收信号向量可表示为

$$\boldsymbol{x}_b(t)=\sum_{k=1}^{d}\boldsymbol{v}_{k,b}s(t-\tau_k) \tag{3.6.11}$$

其中,$d$ 为散射体簇数;$\boldsymbol{v}_{k,b}$ 为在第 $b$ 个突发中第 $k$ 个散射体簇的复合导向向量,表示为

$$\boldsymbol{v}_{k,b}=\sum_{i=1}^{N_k}a_{k,i}\mathrm{e}^{\mathrm{j}\varphi_{k,i}}\boldsymbol{\beta}(\theta_{0,k}-\theta_{k,i}) \tag{3.6.12}$$

其中,$N_k$ 为第 $k$ 个散射体簇中散射体的个数;$a_{k,i}$、$\varphi_{k,i}$ 和 $\theta_{k,i}$ 分别为第 $k$ 个散射体簇中第 $i$ 个散射体对应的幅度、相位和到达角度;$\boldsymbol{\beta}(\cdot)$为方向 $\theta$ 的阵列响应向量。

当 $N_k$ 足够大($\geqslant 10$)时,根据中心极限定理,$\boldsymbol{v}_{k,b}$ 服从高斯分布,并假定$\boldsymbol{v}_{k,b}$ 为高斯广义平稳随机过程,其特征由其均值和方差决定。当无视距分量时,假定相位在$(0,2\pi)$均匀分布,则$\mathbb{E}\{\boldsymbol{v}_{k,b}\}$的均值为 0。在有视距分量时,$\mathbb{E}\{\boldsymbol{v}_{k,b}\}$正比于$\boldsymbol{\beta}(\theta_{0,k})$,并且第 $k$ 个散射体簇的协方差矩阵为$\boldsymbol{R}_k=\mathbb{E}\{\boldsymbol{v}_{k,b}\boldsymbol{v}_{k,b}^{\mathrm{H}}\}$。

**3. Saleh-Valenzuela 模型**

Saleh-Valenzuela 模型是毫米波信道的典型模型。它假设多径信号以空间扩展角度和时间簇到达接收天线,并假设时间和角度统计独立,可以表示为

$$\boldsymbol{H}=\sqrt{\frac{NM}{L}}\sum_{l=1}^{L}\rho_l\boldsymbol{\alpha}_r(\theta_l^{\mathrm{r}},\varphi_l^{\mathrm{r}})\boldsymbol{\alpha}_{\mathrm{t}}^{\mathrm{H}}(\theta_l^{\mathrm{t}},\varphi_l^{\mathrm{t}}) \tag{3.6.13}$$

其中,$M$ 和 $N$ 分别为收发天线阵元个数;$L$ 为可分辨路径(波束)的数目;$\rho_l$ 为第 $l$ 条路径的复衰落系数;$(\theta_l^{\mathrm{r}},\varphi_l^{\mathrm{r}})$和$(\theta_l^{\mathrm{t}},\varphi_l^{\mathrm{t}})$分别为接收端和发送端平面阵列的方位角和仰角;$\boldsymbol{\alpha}_{\mathrm{r}}(\cdot)$和$\boldsymbol{\alpha}_{\mathrm{t}}(\cdot)$分别为收发阵列的波束导向向量,可以统一表示为

$$\boldsymbol{\alpha}(\theta_l,\varphi_l)=\frac{1}{\sqrt{Q}}\left[1,\mathrm{e}^{\mathrm{j}\frac{2\pi}{\lambda}d\cos\theta_l\sin\varphi_l},\cdots,\mathrm{e}^{\mathrm{j}\frac{2\pi}{\lambda}d(N-1)\cos\theta_l\sin\varphi_l}\right]^{\mathrm{T}} \tag{3.6.14}$$

其中,$Q$ 为发送端或接收端平面阵列天线的个数;$d$ 为天线之间的间距,通常设 $d=0.5\lambda$。

当天线阵列为线阵时,波束导向向量可以写为

$$\boldsymbol{\alpha}(\gamma_l)=\frac{1}{\sqrt{Q}}\left[1,\mathrm{e}^{\mathrm{j}\frac{2\pi}{\lambda}d\cos\gamma_l},\cdots,\mathrm{e}^{\mathrm{j}\frac{2\pi}{\lambda}d(N-1)\cos\gamma_l}\right]^{\mathrm{T}} \tag{3.6.15}$$

其中,$\gamma_l$ 为波束的到达角或离开角。

式(3.6.13)对于线阵或平面阵的天线配置场景都适用。这种信道模型的 MATLAB 实现程序如下。

```
Nt = 4; Nr = 4; P = 2;                              % Nr 和 Nt 为收发端的天线数目,P 为路径数
H = generate_channel(Nt, Nr, P);
function H = generate_channel(Nt, Nr, L)
    AOD1 = unifrnd( - pi,pi,L,1);                   % 发送端仰角
    AOD2 = unifrnd( - pi/2,pi/2,L,1);               % 发送端方位角
    AOA1 = unifrnd( - pi,pi,L,1);                   % 接收端仰角
    AOA2 = unifrnd( - pi/2,pi/2,L,1);               % 接收端方位角
    alpha(1) = (randn(1) + 1j * randn(1)) / sqrt(2);    % 主径的功率
    alpha(2:L) = 10^( - 0.5) * (randn(1,L - 1) + 1i * randn(1,L - 1))/sqrt(2);
                                                    % 其他径的功率
    H = zeros(Nr, Nt);
    for l = 1:1:L
        ar = array_response(AOA1(l,1),AOA2(l,1), Nr);
        at = array_response(AOD1(l,1),AOD2(l,1), Nt);
        H = H + sqrt(Nr * Nt) * alpha(l) * ar * at';
    end
    H = H ./ sqrt(L);
end
function y = array_response(phi,theta, N)
    for m = 0:sqrt(N) - 1
        for n = 0:sqrt(N) - 1
            y(m * (sqrt(N)) + n + 1) = exp(1i * pi * (m * sin(phi) * cos(theta) + n * cos(phi)));
                                                                    %方形的阵列
        end
    end
    y = y.'/sqrt(N);
end
```

**4. 空间信道模型**

在 3GPP 的空间信道模型(Spatial Channel Model,SCM)中,假设有若干单独的主反射物,每个主反射物对应一条可分辨径,所包含的不可分辨径的角度扩展不为零,并在扩展的抽头时延线模型上加入角度信息。

图 3.6.5 所示为空间信道模型中第 $n$ 条可分辨路径的角度参数。设在远场存在若干单独的主反射物,对于每个主反射物有一条明显的可分辨多径信道,每条可分辨路径包含了许多由于散射产生的具有微小相对时延(近似相等)的不可分辨径,使得角度扩展不为零,但可分辨径之间互相独立,符合 WSSUS 模型的假设,接收天线(移动台)在发射天线(基站)的远场内,故接收的信号被视为平面波。

设 $N$ 为不可分离子径数,则第 $p$ 根发射天线和第 $q$ 根接收天线间第 $n$ 条路径的信道冲激响应为

$$h_{p,q,n}(t)=\sqrt{\frac{P_{p,q,n}\sigma_{\mathrm{F}}}{N}}\sum_{m=1}^{N}\mathrm{e}^{\mathrm{j}\Phi_{n,m}}\sqrt{G_{\mathrm{BS}}(\theta_{n,m,\mathrm{AoD}})}\,\mathrm{e}^{\mathrm{j}\frac{2\pi}{\lambda}d_j\sin(\theta_{n,m,\mathrm{AoD}})}\sqrt{G_{\mathrm{MS}}(\theta_{n,m,\mathrm{AoA}})}\times \mathrm{e}^{\mathrm{j}\frac{2\pi}{\lambda}d_i\sin(\theta_{n,m,\mathrm{AoA}})}\times\mathrm{e}^{\mathrm{j}\frac{2\pi}{\lambda}\|v\|\cos(\theta_{n,m,\mathrm{AoA}}-\theta_v)t} \tag{3.6.16}$$

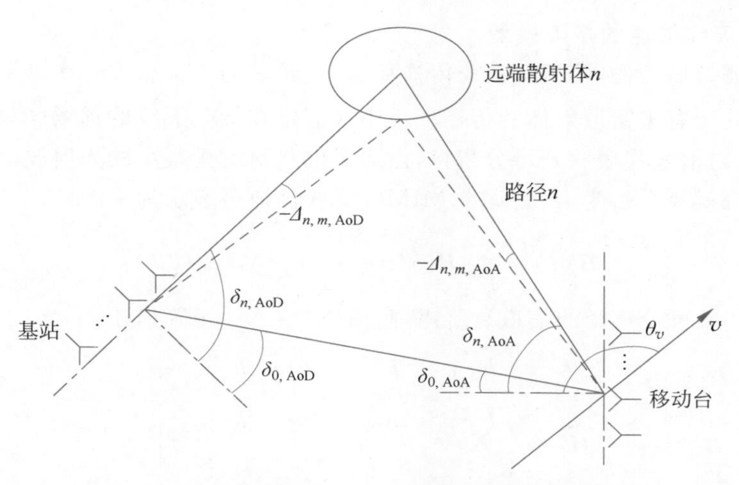


图 3.6.5 空间信道模型中第 $n$ 条可分辨路径的角度参数

其中，$P_{p,q,n}$ 为第 $n$ 条路径的功率；$\sigma_{\mathrm{F}}$ 为由阴影衰落与自由空间传播损耗合成的大尺度衰落；$\Phi_{n,m}$ 为第 $n$ 条路径的第 $m$ 条子径的相位；$G_{\mathrm{MS}}(\theta_{n,m,\mathrm{AoA}})$ 和 $G_{\mathrm{BS}}(\theta_{n,m,\mathrm{AoD}})$ 分为收、发端天线增益，$\theta_{n,m,\mathrm{AoA}}=\delta_{n,\mathrm{AoA}}+\Delta_{n,m,\mathrm{AoA}}$ 为第 $n$ 条路径第 $m$ 条子径的到达角度，$\theta_{n,m,\mathrm{AoD}}=\delta_{n,\mathrm{AoD}}+\Delta_{n,m,\mathrm{AoD}}$ 为离开角，$\delta_{n,\mathrm{AoA}}$ 和 $\delta_{n,\mathrm{AoD}}$ 分别为平均到达角和离开角；$d_i$ 和 $d_j$ 为收发端天线到参考天线的间距；$\theta_v$ 为移动速度方向；$v$ 为移动速度。

若只考虑小尺度衰落并设天线增益为 1，则有

$$h_{p,q,n}(t)=\sqrt{\frac{P_{p,q,n}}{N}}\sum_{m=1}^{N}\mathrm{e}^{\mathrm{j}\Phi_{n,m}}\mathrm{e}^{\mathrm{j}\frac{2\pi}{\lambda}d_j\sin(\theta_{n,m,\mathrm{AoD}})}\mathrm{e}^{\mathrm{j}\frac{2\pi}{\lambda}d_i\sin(\theta_{n,m,\mathrm{AoA}})}\mathrm{e}^{\mathrm{j}\frac{2\pi}{\lambda}\|v\|\cos(\theta_{n,m,\mathrm{AoA}}-\theta_v)t} \tag{3.6.17}$$

定义任意天线对之间的空间相关函数为

$$\rho_{p_2,q_2}^{p_1,q_1}=\mathbb{E}\left\{\frac{h_{p_1,q_1,n}(t)h_{p_2,q_2,n}^{*}(t)}{\sigma_{p_1,q_1,n}\sigma_{p_2,q_2,n}}\right\} \tag{3.6.18}$$

其中，标准差 $\sigma_{p_1,q_1,n}=\sqrt{P_{p_1,q_1,n}}$，$\sigma_{p_2,q_2,n}=\sqrt{P_{p_2,q_2,n}}$。

为简化分析，假设当 $m_1\neq m_2$ 时，有 $\mathbb{E}\{\mathrm{e}^{\mathrm{j}\Phi_{n,m_1}-\mathrm{j}\Phi_{n,m_2}}\}=0$。根据式(3.6.18)，可得

$$\rho_{p_2,q_2}^{p_1,q_1}=\frac{1}{N}\sum_{m=1}^{N}\mathbb{E}\left\{\mathrm{e}^{\mathrm{j}\frac{2\pi}{\lambda}\Delta d_p\sin(\theta_{n,m,\mathrm{AoD}})}\mathrm{e}^{\mathrm{j}\frac{2\pi}{\lambda}\Delta d_q\sin(\theta_{n,m,\mathrm{AoA}})}\right\} \tag{3.6.19}$$

其中，

$$\rho_{p,q_2}^{p,q_1}=\frac{1}{N}\sum_{m=1}^{N}\mathbb{E}\left\{\mathrm{e}^{\mathrm{j}\frac{2\pi}{\lambda}\Delta d_q\sin(\theta_{n,m,\mathrm{AoA}})}\right\},\quad \Delta d_p=0 \tag{3.6.20}$$

$$\rho_{p_2,q}^{p_1,q}=\frac{1}{N}\sum_{m=1}^{N}\mathbb{E}\left\{\mathrm{e}^{\mathrm{j}\frac{2\pi}{\lambda}\Delta d_p\sin(\theta_{n,m,\mathrm{AoD}})}\right\},\quad \Delta d_q=0 \tag{3.6.21}$$

显然，$\rho_{p_2,q_2}^{p_1,q_1}\neq\rho_{p,q_2}^{p,q_1}\rho_{p_2,q}^{p_1,q}$，表明该模型的空间相关函数是不可分的，收发端存在相关性。如果传播环境可分离，即收发端不存在相关性，则空间相关矩阵可以由发射端相关矩阵和接收端相关矩阵的 Kronecker 乘积得到。

**5. 空时多天线信道的矩阵模型**

考虑一个典型城区的 MIMO 系统传播环境，发送端的 $N_T$ 根发送天线和接收端的 $N_R$ 根接收天线都处于有丰富散射体的传播环境中。假定在接收天线的远场区只存在较少的强反射体，每个反射信号代表一条可分辨径，由大量的相对时延很小的入射波经反射合成。假定接收机的可分辨径数目为 $L$，则宽带 MIMO 无线信道可表示为

$$\boldsymbol{H}(\tau)=\sum_{l=1}^{L}\boldsymbol{H}_l\delta(\tau-\tau_l)\rho_1(\phi_l)\rho_2(\theta_l) \tag{3.6.22}$$

其中，$\boldsymbol{H}_l$ 为第 $l$ 条可分辨径的信道衰落矩阵，由 $N_R\times N_T$ 矩阵描述：

$$\boldsymbol{H}_l=\begin{bmatrix} h_{1,1}^l & h_{1,2}^l & \cdots & h_{1,N_T}^l \\ h_{2,1}^l & h_{2,2}^l & \cdots & h_{2,N_T}^l \\ \vdots & \vdots & \ddots & \vdots \\ h_{N_R,1}^l & h_{N_R,2}^l & \cdots & h_{N_R,N_T}^l \end{bmatrix} \tag{3.6.23}$$

其中，每个元素代表一对收发天线信道响应，有

$$h_{r,t}(t)=\sum_{l=1}^{L}\alpha_{r,t}^l\delta(t-\tau_{r,t}^l)\rho_1(\phi_{r,t}^l)\rho_2(\theta_{r,t}^l) \tag{3.6.24}$$

其中，$\alpha_{r,t}^l$ 为对应于收发天线 $r$ 和 $t$ 之间第 $l$ 径的复衰落；$\tau_{r,t}^l$ 为该条路径的时延，其方向响应分别为 $\rho_1$ 和 $\rho_2$，对应于离开角 $\phi_{r,t}^l$ 和到达角 $\theta_{r,t}^l$。

设信道的传输系数向量为 $\tilde{\boldsymbol{h}}_l=[h_{1,1}^l,h_{2,1}^l,\cdots,h_{N_R,1}^l,h_{1,2}^l,h_{2,2}^l,\cdots,h_{N_RN_T}^l]^{\mathrm{T}}$，由 $N_RN_T\times1$ 个子信道的第 $l$ 条径的复衰落组成，并设 $P_l$ 为功率延迟谱分布中第 $l$ 条径的功率，由大尺度衰落确定，$\boldsymbol{\alpha}_l=[\alpha_{1,1}^l,\alpha_{1,2}^l,\cdots,\alpha_{N_R,N_T}^l]^{\mathrm{T}}$ 为 $N_RN_T\times1$ 个相互独立的小尺度衰落，$\boldsymbol{R}_l$ 为第 $l$ 条径的 $N_RN_T\times N_RN_T$ 维的空间相关矩阵，$\boldsymbol{R}_l=\boldsymbol{C}_l\boldsymbol{C}_l^{\mathrm{H}}$，则在给定 MIMO 信道的相关矩阵下，信道的传输系数向量可表示为 $\tilde{\boldsymbol{h}}_l=\sqrt{P_l}\boldsymbol{C}_l\boldsymbol{\alpha}_l$，将信道向量组成矩阵，可得到信道第 $l$ 条径的传输衰落矩阵 $\boldsymbol{H}_l$。

一个 MIMO 系统可以看作 $N_T$ 个单输入多输出(Single-Input Single-Output，SIMO)系统或 $N_R$ 个多输入单输出(Multiple-Input Single-Output，MISO)系统的叠加。当分别考查收发两端的散射环境并考虑空间相关性时，MIMO 信道可表示为

$$\overline{\boldsymbol{H}}_l=\boldsymbol{R}_{N_R}^{1/2}\boldsymbol{H}_l\boldsymbol{R}_{N_T}^{\mathrm{H}/2} \tag{3.6.25}$$

其中，$\boldsymbol{R}_{N_R}^{1/2}$ 代表接收相关矩阵的下三角矩阵；$\boldsymbol{R}_{N_T}^{\mathrm{H}/2}$ 代表发送相关矩阵的上三角阵。通常可以假设相关矩阵在连续的多个符号周期内保持不变。

天线的空间相关性随着天线的间距增大而下降。在天线间距为定值时，角度扩展越小，即散射环境越弱，则信号的空间相关性越强。在天线间距和角度扩展都一定的情况下，平均离开角越小，则信号的空间相关性越强。

## 本章小结

本章阐述无线信道的相关概念、分析方法与模型。首先介绍物理信道的定义和电波传播方式；随后阐述无线信道的一般特性，包括大尺度衰落及其传播模型、小尺度衰落的种类

和特点，以及空间选择性衰落中的角度谱和多径形状因子等概念；接着总结基带信号的谱域，分析时延域、波数域和多普勒域的特点，阐述时频空三维信道的二阶统计特性和描述信道变化快慢的速率方差；并给出了衰落包络的统计分布，以瑞利信道为例讨论了衰落信道的性能，如电平通过率、平均衰落持续时间等；最后总结了常用的衰落信道模型。

## 本章习题

3.1　一个数字通信系统的平均包传输间隔为600μs，信道为瑞利衰落信道，可以忍受的平均接收功率为20dB，多普勒扩展为30Hz。

(1) 这个信道的相干时间是多少？

(2) 信道每隔多久就衰落到可以忍受的信号强度门限以下？

3.2　一个时变、频率选择性信道，它有指数衰减的色散和振荡的相位，$h(\tau,t)=\exp(-\alpha\tau+\mathrm{j}\beta t)u(\tau)$，一个宽度为 $T$ 的方波脉冲信号 $x(t)=u(t-T/2)$ 经过这个无线信道，请计算：

(1) 接收信号的同相部分；

(2) 接收信号的正交部分；

(3) 接收信号的包络；

(4) 接收信号的功率。

3.3　某些类型的通信系统工作于无载波调制的基带状态，如果用 $f_c=0$ 建模一个物理信道，这对于通带信道 $\tilde{h}(f,r,t)$ 和基带信道 $h(f,r,t)$ 各意味着什么？

# 第4章 CHAPTER 4 传输性能分析与分集接收

衡量无线通信系统的传输性能主要包括信噪比和符号差错概率指标，它们与发射端的调制信号波形、发射端和接收端的脉冲信号整形滤波器以及信号处理方法密切相关。同时，无线移动通信信道的衰落是影响通信质量的主要因素，快衰落会造成接收信号深衰落而导致通信中断，分集接收是无线移动通信系统对抗信道衰落的典型信号处理方法。本章从加性高斯白噪声(Additive White Gaussian Noise，AWGN)信道通信出发，阐述脉冲信号整形滤波器、符号检测方法和符号差错概率分析方法；随后介绍衰落信道中分集接收的概念和常用的分集合并方式，分析单输入多输出天线系统的接收合并和多输入单输出天线系统的发射分集方案。

第13集
微课视频

## 4.1 AWGN信道通信

在发射机端，信源的比特序列 $b[n]$ 由所采用的调制方式星座图映射为I支路和Q支路信号，它们分别通过脉冲信号整形滤波器 $g_{tx}(t)$，将Q支路的信号移相90°，再把两个正交支路合成一路信号，经功率放大器放大 $E_x$ 倍后输出复基带波形信号 $x(t)$。发射机的复基带信号映射过程如图4.1.1所示。

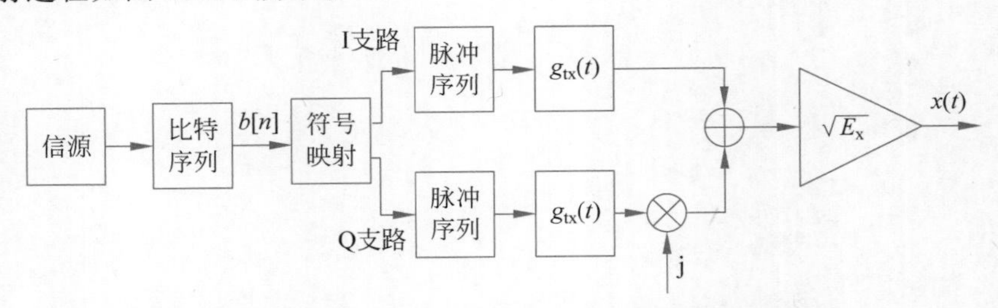


图4.1.1 发射机的复基带信号映射过程

**1. 星座图**

常见的调制信号已在第2章介绍过。事实上，任何给定的复数有限集C都可以用作星座。在无线通信系统中，一般使星座符号的平均值 $\mu_s=\mathbb{E}_s\{s[n]\}$ 等于零。为了计算平均值即星座的电平偏移，通常假设星座符号具有相等的可能性，并且 $s[n]$ 是IID(独立同分布)随机过程。在这个假设下，计算平均值为

$$\mu_s = \frac{1}{M}\sum_{m=0}^{M-1} c_m \tag{4.1.1}$$

式中，$M$ 为星座点的个数；$c_m$ 为星座符号。

若星座符号的均值不等于零，则可以减去平均值以构造新的零均值星座，即有

$$\widetilde{\mathbb{C}} = \{c_0 - \mu_s, c_1 - \mu_s, \cdots, c_{M-1} - \mu_s\} \tag{4.1.2}$$

**2. 符号能量**

对于零均值星座，符号能量被定义为 $E_s = \mathbb{E}_s\{|s[n]|^2\}$。同样地，在假设 $s[n]$ 等概率和 IID 时，有

$$E_s = \frac{1}{M}\sum_{m=0}^{M-1} |c_m|^2 \tag{4.1.3}$$

我们可以调整星座点，使 $E_s = 1$，该过程称为符号能量的归一化或缩放星座。因为符号能量包含在发射信号 $x(t)$ 的功率数值中，符号归一化后，采用 $\sqrt{E_x}$ 表示发射信号的增益。

设 $\alpha$ 是使星座具有归一化能量的缩放因子。记缩放后的星座为

$$\mathbb{C}_\alpha = \{\alpha c_0, \alpha c_1, \cdots, \alpha c_{M-1}\} \tag{4.1.4}$$

将其代入式(4.1.3)，并令 $E_s = 1$，可得

$$\alpha = \sqrt{\frac{1}{\frac{1}{M}\sum_{m=0}^{M-1} |c_m|^2}} \tag{4.1.5}$$

【例 4.1.1】 考虑一个 8 点的信号星座图，如图 4.1.2 所示，设相邻点之间的最小距离为 $B$，假设信号点在每个星座的可能性相同。试选择适当的缩放因子使星座具有单位能量。

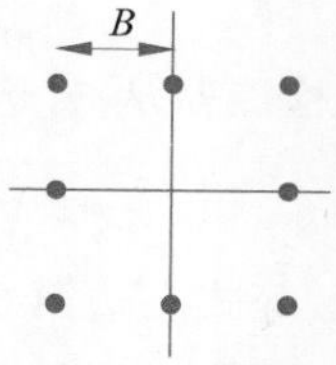

图 4.1.2 信号星座图

解 该星座的平均功率为

$$E_s = \frac{1}{8}(B^2 + B^2 + B^2 + B^2) + \frac{1}{8}(2B^2 + 2B^2 + 2B^2 + 2B^2) = \frac{3}{2}B^2$$

故将归一化因子选为

$$\alpha = \sqrt{\frac{2}{3B^2}}$$

经符号能量归一化并通过脉冲信号整形滤波器整形后，发射机生成的复基带信号的波形为

$$x(t) = \sqrt{E_x}\sum_{n=-\infty}^{+\infty} s[n] g_{\text{tx}}(t - nT) \tag{4.1.6}$$

其中，比例因子 $E_x$ 指发射机的功率放大倍数；$T$ 为符号周期。

信号 $x(t)$ 通过 AWGN 信道传输，接收到的信号可以表示为

$$y(t) = x(t) + v(t) \tag{4.1.7}$$

其中，$v(t)$ 为 AWGN，它表示由通信接收机的热噪声等原因所引起的损伤(Impairment)。该传输过程如图 4.1.3 所示。



图 4.1.3 AWGN 信道的传输过程

在数字通信系统中，通过观察连续信号 $y(t)$ 的离散采样信号 $y[n]$ 对发送符号 $s[n]$ 进行检测。在

接收端,先由接收端脉冲信号整形滤波器 $g_{rx}(t)$ 执行限带操作,接着通过连续-离散(C/D)转换器以 $1/T$ 的符号采样率对接收到的符号采样,再由检测器检出符号 $\hat{s}[n]$,最后通过逆符号映射器得到发送比特 $\hat{b}[n]$。接收机的信号处理过程如图 4.1.4 所示。

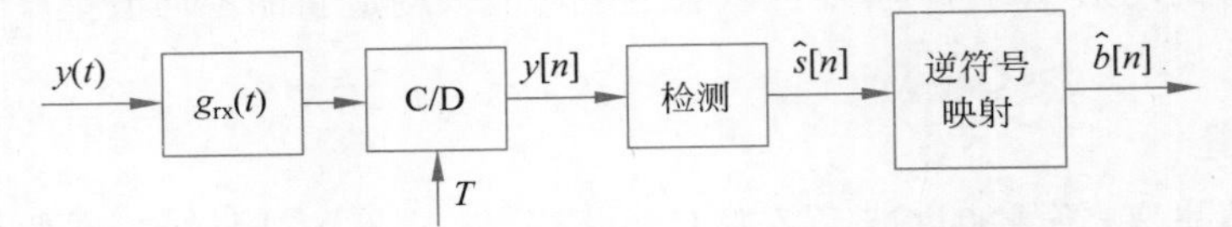


图 4.1.4　接收机的信号处理过程

## 4.1.1　脉冲信号形状设计

考虑发射脉冲信号形状 $g_{tx}(t)$ 和接收滤波器 $g_{rx}(t)$ 后,接收信号模型可以表示为

$$y(t)=\sqrt{E_x}\,g_{rx}(t)*g_{tx}(t)*\sum_m s[m]\delta(t-mT)+g_{rx}(t)*v(t) \tag{4.1.8}$$

其中,符号 $*$ 表示卷积。令

$$g(t)\triangleq g_{rx}(t)*g_{tx}(t) \tag{4.1.9}$$

表示组合的发射和接收脉冲信号整形滤波器。$\tilde{v}(t)=g_{rx}(t)*v(t)=\int v(\tau)g_{rx}(nT-\tau)\mathrm{d}\tau$ 为滤波后的噪声。对接收信号以符号速率抽样后,得到

$$y[n]=\sqrt{E_x}\sum_m s[m]g[(n-m)T]+\tilde{v}(n) \tag{4.1.10}$$

为使检测器从 $y[n]$ 检测出 $s[n]$,将式(4.1.10)改写为

$$y[n]=\sqrt{E_x}s[n]+\sqrt{E_x}\sum_{m\neq n}s[m]g[(n-m)T]+\tilde{v}(n) \tag{4.1.11}$$

其中,等式右边第 1 项是期望信号;第 2 项是码间干扰;第 3 项是采样噪声。

接下来,以最大化信干噪比(Signal to Interference plus Noise Ratio,SINR)设计发射脉冲信号形状和接收滤波器。由式(4.1.11)可知,信号能量为

$$\mathbb{E}[|\sqrt{E_x}s[n]|^2]=E_x|g(0)|^2 \tag{4.1.12}$$

码间干扰的能量为

$$\mathbb{E}\left[\left|\sqrt{E_x}\sum_{m,m\neq n}s[m]g[(n-m)T]\right|^2\right]=E_x\sum_{m\neq 0}|g(mT)|^2 \tag{4.1.13}$$

噪声能量为

$$\mathbb{E}[|g_{tx}(t)*v(t)|_{nT}|^2]=N_o\int|G_{rx}(f)|^2\mathrm{d}f \tag{4.1.14}$$

其中,$N_o$ 为高斯白噪声 $v(t)$ 的功率(方差)。因此,信干噪比为

$$\mathrm{SINR}=\frac{E_x|g(0)|^2}{N_o\int|G_{rx}(f)|^2\mathrm{d}f+E_x\sum_{m\neq 0}|g(mT)|^2} \tag{4.1.15}$$

从式(4.1.15)可以看出,提高信干噪比的方法之一是增大 $E_x$(发射功率)或增大 $g(0)$,但提高 $E_x$ 的同时也增加了码间干扰。减小码间干扰的唯一方法是使 $|g(mT)|$ 在 $m\neq 0$ 时尽量小。再有,匹配滤波器 $g_{rx}(t)$ 的带宽越大,噪声功率就越高,只要带宽至少与信号带宽一样大,降低带宽就会降低噪声功率。因此,使 SINR 最大化的关键是找到正确的脉冲信号

形状设计。

从 $g(t)$ 的定义即式(4.1.9)可知

$$g(0)=\int g_{\mathrm{rx}}^{*}(-t)g_{\mathrm{tx}}(t)\mathrm{d}t \tag{4.1.16}$$

由于积分很难直接求得，故而改为分析积分估值的上界。应用柯西-施瓦茨不等式，有

$$\left|\int_{-\infty}^{+\infty}a^{*}(t)b(t)\mathrm{d}t\right|^{2}\leqslant\int_{-\infty}^{+\infty}|a(t)|^{2}\mathrm{d}t\int_{-\infty}^{+\infty}|b(t)|^{2}\mathrm{d}t \tag{4.1.17}$$

其中，$a(t)$ 和 $b(t)$ 为具有有限能量的复可积函数，则可得

$$|g(0)|^{2}=\left|\int g_{\mathrm{rx}}^{*}(-t)g_{\mathrm{tx}}(t)\mathrm{d}t\right|^{2}\leqslant\int|g_{\mathrm{tx}}(t)|^{2}\mathrm{d}t\int|g_{\mathrm{rx}}(t)|^{2}\mathrm{d}t \tag{4.1.18}$$

当 $g_{\mathrm{tx}}(t)$ 具有单位能量时，式(4.1.18)可以写为

$$|g(0)|^{2}\leqslant\int|g_{\mathrm{rx}}(t)|^{2}\mathrm{d}t \tag{4.1.19}$$

不失一般性，假设 $g_{\mathrm{rx}}(t)$ 也具有单位能量，则选择

$$g_{\mathrm{rx}}(t)=g_{\mathrm{tx}}^{*}(-t) \tag{4.1.20}$$

它是使 $g(0)=1$ 的匹配滤波器。实际应用时，匹配滤波器将接收信号与发射脉冲信号形状相关以实现最大的信号能量。

接着考虑式(4.1.15)的分母以进一步最大化信干噪比。由于 $g_{\mathrm{rx}}(t)$ 和 $g_{\mathrm{tx}}(t)$ 已经确定，此时的噪声功率是确定的，不能进一步最小化，并且分母的两项都为非负，若使码间干扰等于 0，需使 $g(mT)=0$（当 $m\neq0$ 时），即

$$g(nT)=\delta[n] \tag{4.1.21}$$

式(4.1.21)表明，若使码间干扰为 0，则对 $g(t)$ 的样本有要求，但不会对 $g(t)$ 的波形产生影响。若能实现这种脉冲信号形状，最佳信干噪比变成简单的 $\mathrm{SNR}=E_x/N_o$。

在频域继续考查。设 $g_{\mathrm{d}}[n]=g(nT)$ 为一个离散时间序列，对其两边取傅里叶变换，可得

$$G_{\mathrm{d}}(\mathrm{e}^{\mathrm{j}2\pi f})=1 \tag{4.1.22}$$

即有

$$\sum_{k=-\infty}^{+\infty}G(fT+k)=1 \tag{4.1.23}$$

这表明混叠采样脉冲信号形状应是一个常数，称满足式(4.1.22)或式(4.1.23)的函数为奈奎斯特脉冲信号形状。它是以符号速率 $1/T$ 进行采样的函数，对于 $n\neq0$，$g(nT)=0$。这意味着 $g(t)$ 是非零函数，只有函数在确切的正确位置采样时，码间干扰为 0。

**【例 4.1.2】** 考虑矩形脉冲信号形状

$$g_{\mathrm{tx}}(t)=\sqrt{\frac{2}{T}}\mathrm{rect}\left(\frac{t}{T}-\frac{1}{2}\right)$$

求匹配的滤波器 $g_{\mathrm{rx}}(t)$ 和脉冲信号形状 $g(t)=\int g_{\mathrm{rx}}(\tau)g_{\mathrm{tx}}(t-\tau)\mathrm{d}\tau$，判断 $g(t)$ 是否是奈奎斯特脉冲信号波形。

解　由式(4.1.20)可得

$$g_{\mathrm{rx}}(t)=g_{\mathrm{tx}}(-t)=\sqrt{\frac{2}{T}}\mathrm{rect}\left(-\frac{t}{T}-\frac{1}{2}\right)$$

因此

$$g(t)=\int g_{\mathrm{rx}}(\tau)g_{\mathrm{tx}}(t-\tau)\mathrm{d}\tau=\Lambda\left(\frac{t}{T}\right)$$

其中，$\Lambda$ 指三角形脉冲信号，有

$$\Lambda\left(\frac{t}{T}\right)=\begin{cases}1-\dfrac{t}{T}, & |t|\leqslant T\\ 0, & 其他\end{cases}$$

因为 $g(nT)=\Lambda[n]=\delta[n]$，所以 $g(t)$ 是奈奎斯特脉冲信号波形。但它不是一个好的脉冲信号形状，因为 $g_{\mathrm{tx}}(t)$ 不是带限的。

奈奎斯特脉冲信号形状的典型代表是辛格函数(其表达式见式(2.5.3))，即

$$g_{\mathrm{sinc}}(t)=\mathrm{sinc}(t/T) \tag{4.1.24}$$

图 4.1.5 给出了矩形脉冲信号形状和辛格函数脉冲信号形状的时频响应形状。

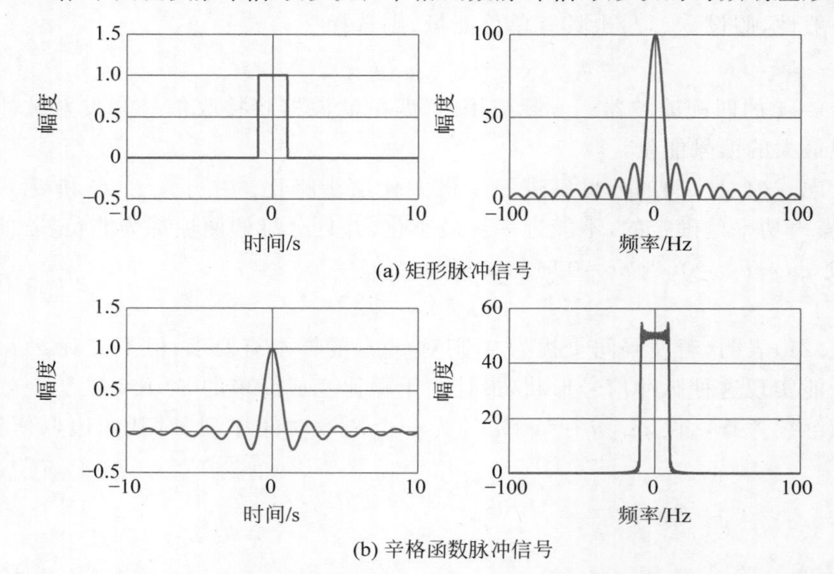


图 4.1.5 矩形脉冲信号形状与辛格函数脉冲信号形状的时频响应形状

辛格函数脉冲信号形状的基带带宽为 $1/2T$，并且 $G(f+k/T)$ 没有重叠。在数字实现辛格函数时需要截断脉冲信号形状。此外，辛格函数对抽样误差很敏感。

另一种奈奎斯特脉冲信号波形是升余弦函数，即

$$g_{\mathrm{rc}}(t)=\mathrm{sinc}\left(\frac{\pi t}{T}\right)\frac{\cos(\pi\alpha t/T)}{1-4(\alpha t/T)^2} \tag{4.1.25}$$

它具有傅里叶谱，即

$$G_{\mathrm{rc}}(f)=\begin{cases}T, & 0\leqslant|f|<\dfrac{1-\alpha}{2T}\\ \dfrac{T}{2}\left\{1+\cos\left[\dfrac{\pi T}{\alpha}\left(|f|-\dfrac{1-\alpha}{2T}\right)\right]\right\}, & \dfrac{1-\alpha}{2T}\leqslant|f|\leqslant\dfrac{1+\alpha}{2T}\\ 0, & |f|>\dfrac{1+\alpha}{2T}\end{cases} \tag{4.1.26}$$

式(4.1.25)和式(4.1.26)中,参数 $\alpha$ 为滚降系数,$0\leqslant\alpha\leqslant1$。

图 4.1.6 所示为升余弦滚降脉冲信号的时域波形和频谱。

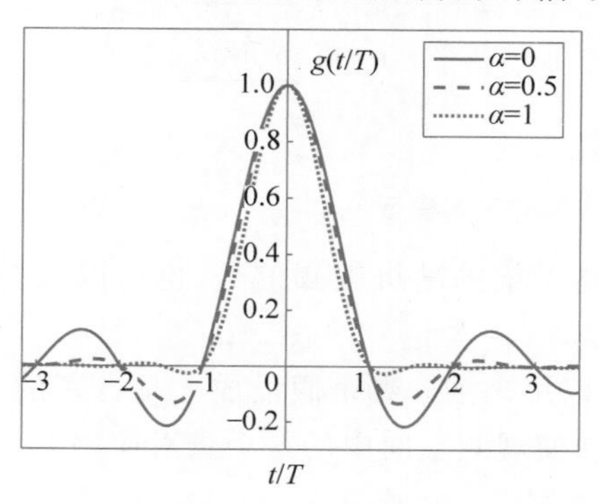


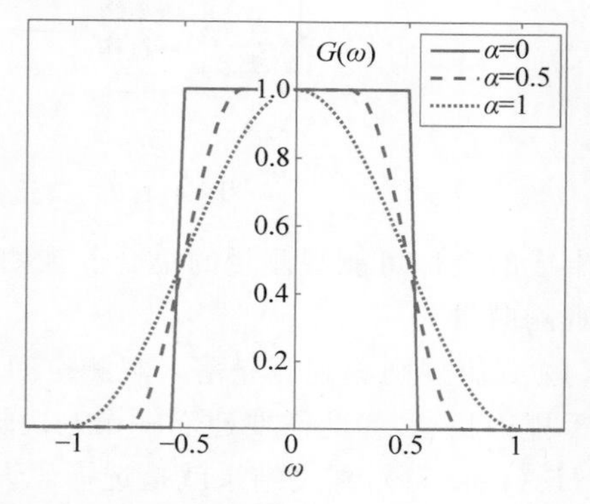


图 4.1.6 升余弦滚降脉冲信号的时域波形和频谱

升余弦滚降脉冲信号的滚降系数表示超出带宽的百分比,如 50%的过剩带宽将对应于 $\alpha=0.5$。升余弦滚降脉冲信号波形的绝对带宽为 $(1+\alpha)/2T$,频带为 $(1+\alpha)/T$。具有升余弦滚降脉冲信号形状的基带数字通信信号 $x(t)$ 的奈奎斯特速率为 $(1+\alpha)/T$。需要注意的是,$1/T$ 为 $x(t)$ 的采样速率,$x(t)$ 中存在混叠,但是零码间干扰条件确保了混叠不会导致接收信号中的码间干扰。

平方根升余弦滚降脉冲信号形状是复脉冲信号幅度调制的常见传输脉冲信号,它的时域波形为

$$g_{\text{sqrc}}(t)=\frac{4\alpha}{\pi\sqrt{T}}\,\frac{\cos[(1+\alpha)\pi t/T]+\dfrac{\sin[(1-\alpha)\pi t/T]}{4\alpha t/T}}{1-(4\alpha t/T)^2} \tag{4.1.27}$$

其频谱是式(4.1.26)的平方根。

### 4.1.2 符号检测

在接收端给出发射符号的方法称为符号检测。通信系统的接收信号模型都是受噪声干扰的模型,从随机接收信号中检测出发送符号的理论依据是统计检测理论。该理论主要研究在受噪声干扰的随机信号中,信号的有/无或信号属于哪个状态的最佳判决的概念、方法和性能等问题,又称为假设检验理论。需要注意的是,信号检测与信号估计这两个概念之间虽然有许多相似性,但也存在很多差别。本节首先给出统计检测理论的基本模型和判决准则,然后介绍常用的最大似然检测方法。

**1. 统计检测的基本模型**

以二元信号为例,对二元信号统计检测的基本模型由 4 部分组成,如图 4.1.7 所示。

(1) 信源。通常人们并不知道在某一时刻输出哪种信号,因此把信源的输出称为假设。例如,对于只有两个星座点的二进制相移键控(BPSK)调制,信源由 0 和 1 两个符号组成,当信源输出 0 时,可以用假设 $H_0$ 表示;而当信源输出 1 时,可以用假设 $H_1$ 表示。

(2) 概率转移机构。在信源输出中一个假设为真的基础上,把噪声干扰背景中的假设 $H_j\,(j=0,1)$ 为真的信号以一定的概率关系映射到观测空间。

(3) 观测空间$\mathbb{R}$。它是在信源输出不同信号状态下,在噪声干扰背景中由概率转移机

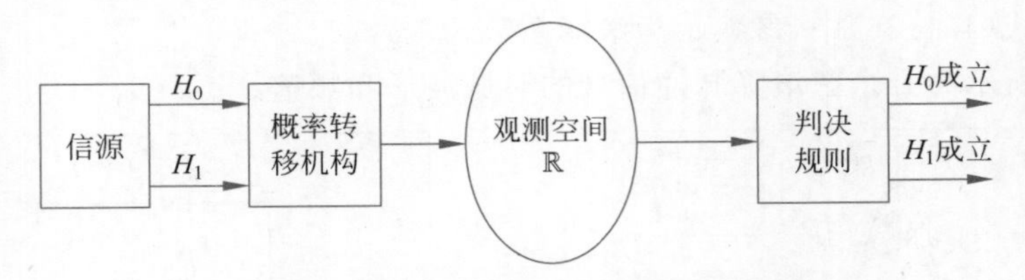


图 4.1.7 二元信号统计检测的基本模型

构所生成的全部可能观测量的集合。观测量可以是一维的随机观测信号，也可以是多维的随机观测向量。

(4) 判决规则。观测量落入观测空间后，就可以用来推断哪个假设成立是合理的，即判决属于哪种状态，为此需要建立一个判决规则，以便使观测空间中的每个点对应一个相应的假设 $H_j(j=0,1)$，判决结果就是选择假设 $H_0$ 还是假设 $H_1$ 成立。

统计检测即统计假设检验的任务就是根据观测量落在观测空间中的位置，按照某种检验规则，作出信号状态是属于哪个假设的判决。因此，统计检测问题实际上是对观测空间ℝ的划分问题。

把二元信号统计检测的模型推广到 $M$ 元信号的统计检测中。假设观测向量为随机向量 $\boldsymbol{x}$，信源有 $M$ 种可能的输出信号状态，记为假设 $H_j(j=0,1,\cdots,M-1)$。当假设 $H_j$ 为真时，判决 $H_i$ 成立的结果记为 $(H_i|H_j)$，$i,j=0,1,\cdots,M-1$，共有 $M^2$ 种判决结果，其中 $M$ 种是正确判决的结果，$M(M-1)$ 种是错误判决的结果。对应于每种判决结果有相应的判决概率，即

$$P(H_i \mid H_j)=\int_{R_i} p(\boldsymbol{x} \mid H_j)\mathrm{d}\boldsymbol{x}, \quad i,j=0,1,\cdots,M-1 \tag{4.1.28}$$

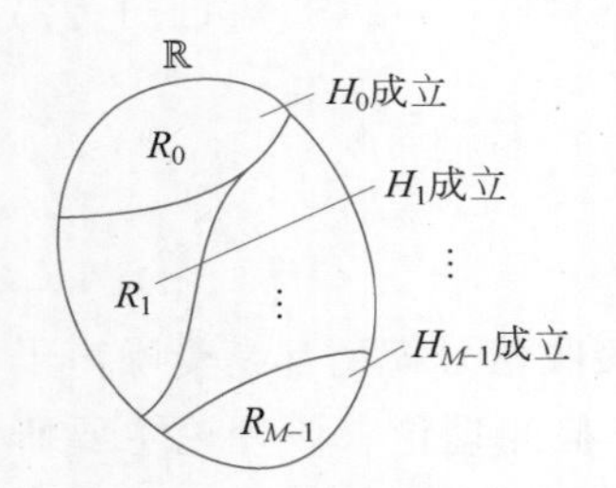


图 4.1.8 $M$ 元信号统计检测的判决域

为了获得某种意义上的最佳信号检测结果，应正确划分观测空间ℝ中的每个判决域 $R_i$，$i=0,1,\cdots,M-1$。判决域的划分与采用的最佳检测准则密切相关。图 4.1.8 所示为 $M$ 元信号统计检测的判决域。

**2. 平均代价和贝叶斯准则**

1) 二元信号情形

假设 $H_0$ 和 $H_1$ 的先验概率 $P(H_0)$ 和 $P(H_1)$ 已知，为了衡量由先验概率 $P(H_0)$ 和 $P(H_1)$ 对错误判决概率的影响，赋予每种可能的判决一个代价，即用代价因子 $c_{ij}(i,j=0,1)$ 表示假设 $H_j$ 为真时，判决假设 $H_i$ 成立所付出的代价。为了具有一般性，正确判决假定也付出代价，但满足 $c_{ij,i\neq j}>c_{jj}$。判决所付出的总平均代价为

$$C=P(H_0)C(H_0)+P(H_1)C(H_1)=\sum_{j=0}^{1}\sum_{i=0}^{1}c_{ij}P(H_j)p(H_i \mid H_j) \tag{4.1.29}$$

其中，$C(H_j)$ 表示假设 $H_j$ 为真时，判决所付出的条件平均代价。

$$C(H_j)=\sum_{i=0}^{1}c_{ij}P(H_j)p(H_i \mid H_j), \quad j=0,1 \tag{4.1.30}$$

根据信号统计检测基本原理，即式(4.1.28)，平均代价可以表示为

$$C=\sum_{j=0}^{1}\sum_{i=0}^{1}c_{ij}P(H_j)\int_{R_1}p(\boldsymbol{x}\mid H_j)\mathrm{d}\boldsymbol{x}$$
$$=c_{00}P(H_0)\int_{R_0}p(\boldsymbol{x}\mid H_0)\mathrm{d}\boldsymbol{x}+c_{10}P(H_0)\int_{R_1}p(\boldsymbol{x}\mid H_0)\mathrm{d}\boldsymbol{x}+$$
$$c_{01}P(H_1)\int_{R_0}p(\boldsymbol{x}\mid H_0)\mathrm{d}\boldsymbol{x}+c_{11}P(H_1)\int_{R_1}p(\boldsymbol{x}\mid H_1)\mathrm{d}\boldsymbol{x} \tag{4.1.31}$$

因为观测空间$\mathbb{R}$被划分为$R_0$域和$R_1$域，且满足$\mathbb{R}=R_0\cup R_1$，$R_0\cap R_1=\varnothing$；又因为对于整个观测空间，有

$$\int_{R}p(\boldsymbol{x}\mid H_j)\mathrm{d}\boldsymbol{x}=1 \tag{4.1.32}$$

所以，式(4.1.31)中$R_1$域的积分项可表示为

$$\int_{R_1}p(\boldsymbol{x}\mid H_j)\mathrm{d}\boldsymbol{x}=\int_{\mathbb{R}}p(\boldsymbol{x}\mid H_j)\mathrm{d}\boldsymbol{x}-\int_{R_0}p(\boldsymbol{x}\mid H_j)\mathrm{d}\boldsymbol{x}$$
$$=1-\int_{R_0}p(\boldsymbol{x}\mid H_j)\mathrm{d}\boldsymbol{x} \tag{4.1.33}$$

这样，平均代价$C$可表示为

$$C=c_{00}P(H_0)\int_{R_0}p(\boldsymbol{x}\mid H_0)\mathrm{d}\boldsymbol{x}+c_{10}P(H_0)-c_{10}P(H_0)\int_{R_0}p(\boldsymbol{x}\mid H_0)\mathrm{d}\boldsymbol{x}+$$
$$c_{01}P(H_1)\int_{R_0}p(\boldsymbol{x}\mid H_0)\mathrm{d}\boldsymbol{x}+c_{11}P(H_1)-c_{11}P(H_1)\int_{R_0}p(\boldsymbol{x}\mid H_1)\mathrm{d}\boldsymbol{x}$$
$$=c_{10}P(H_0)+c_{11}P(H_1)+\int_{R_0}[p(\boldsymbol{x}\mid H_1)(c_{01}-c_{11})P(H_1)-$$
$$p(\boldsymbol{x}\mid H_0)(c_{10}-c_{00})P(H_0)]\mathrm{d}\boldsymbol{x} \tag{4.1.34}$$

根据式(4.1.34)，可以得到使平均代价$C$最小的贝叶斯准则的判决表达式。式(4.1.34)中第1项和第2项是固定分量，与判决域的划分无关；由于代价因子$c_{ij,i\neq j}>c_{jj}$，概率密度函数$p(\boldsymbol{x}|H_j)\geqslant 0$，所以式(4.1.34)中的被积函数是两个正项函数之差，积分项是平均代价函数的可变部分，受积分域的控制可能取正，也可能取负。根据贝叶斯准则，应使平均代价最小。因此，把凡是使被积函数取负值的那些$\boldsymbol{x}$值划分给$R_0$域，把其余的$\boldsymbol{x}$值划分给$R_1$域，以保证平均代价最小，再把使被积函数为零的那些$\boldsymbol{x}$值划分给$R_1$域。这样，$H_0$成立的判决域$R_0$可以通过不等式以下得出。

$$P(H_1)(c_{01}-c_{11})p(\boldsymbol{x}\mid H_1)<P(H_0)(c_{10}-c_{00})p(\boldsymbol{x}\mid H_0) \tag{4.1.35}$$

把满足式(4.1.35)的$\boldsymbol{x}$值划分给$R_0$域，判决假设$P(H_0)$成立；否则，把不满足式(4.1.35)的$\boldsymbol{x}$值划分给$R_1$域，判决假设$P(H_1)$成立。

将式(4.1.35)改写后，可得到贝叶斯准则判决表示式

$$\frac{p(\boldsymbol{x}\mid H_1)}{p(\boldsymbol{x}\mid H_0)}\underset{H_2}{\overset{H_1}{\gtrless}}\frac{(c_{10}-c_{00})p(\boldsymbol{x}\mid H_0)}{(c_{01}-c_{11})p(\boldsymbol{x}\mid H_1)} \tag{4.1.36}$$

式(4.1.36)不等号左边的两个转移概率密度函数(似然函数)之比称为似然比函数，用$\lambda(\boldsymbol{x})$来表示，即

$$\lambda(\boldsymbol{x})=\frac{p(\boldsymbol{x}\mid H_1)}{p(\boldsymbol{x}\mid H_0)} \tag{4.1.37}$$

不等号右边是由先验概率$p(H_j)$和代价因子$c_{ij}$决定的常数，称为似然比检测门限，记为

$$\frac{(c_{10}-c_{00})p(\boldsymbol{x}\mid H_0)}{(c_{01}-c_{11})p(\boldsymbol{x}\mid H_1)}\triangleq\eta,\quad \eta\geqslant 0 \tag{4.1.38}$$

于是,由贝叶斯准则得到的似然比检验为

$$\lambda(\boldsymbol{x})\underset{H_0}{\overset{H_1}{\gtrless}}\eta \tag{4.1.39}$$

该检测规则在通常情况下可以简化。如果似然比函数含有指数表达式,由于自然对数是单值函数,可以对似然比检验判决式的两边分别取自然对数,即

$$\ln\lambda(\boldsymbol{x})\underset{H_0}{\overset{H_1}{\gtrless}}\ln\eta \tag{4.1.40}$$

使判决式得到简化。在求解中,还可以通过对 $\ln\lambda(\boldsymbol{x})$的简化,使判决表达式的左边是观测量 $\boldsymbol{x}$ 的最简函数 $l(\boldsymbol{x})$,判决表达式的右边是某个常数。简化后的判决表达式为

$$l(\boldsymbol{x})\underset{H_0}{\overset{H_1}{\gtrless}}\gamma \quad 或 \quad l(\boldsymbol{x})\underset{H_0}{\overset{H_1}{\lessgtr}}\gamma \tag{4.1.41}$$

其中,称 $l(\boldsymbol{x})$为检验统计量;$\gamma$ 为检测门限。

2) $M$ 元信号情形

将二元信号的平均代价推广到 $M$ 元信号,可表示为

$$C=\sum_{i=0}^{M-1}c_{ii}P(H_i)+\sum_{i=0}^{M-1}\int_{R_i}\sum_{i=0}^{M-1}P(H_i)(c_{ij}-c_{jj})p(\boldsymbol{x}\mid H_i)\mathrm{d}\boldsymbol{x},\quad j\neq i \tag{4.1.42}$$

采用类似的分析方法,式(4.1.42)中第 1 项是固定代价,与判决域的划分无关;第 2 项是 $M$ 个积分项之和,它是贝叶斯平均代价的可变项,其值与判决域 $R_i\,(i=0,1,\cdots,M-1)$ 的划分有关,按照贝叶斯准则,其要达到最小。为此,若令

$$I_i(\boldsymbol{x})=\sum_{i=0}^{M-1}\int_{R_i}\sum_{i=0}^{M-1}P(H_i)(c_{ij}-c_{jj})p(\boldsymbol{x}\mid H_i)\mathrm{d}\boldsymbol{x},\quad i=0,1,\cdots,M-1,j\neq i \tag{4.1.43}$$

则判决规则应选择使 $I_i(\boldsymbol{x})(i=0,1,\cdots,M-1)$最小的假设为判决成立的假设。

对于所有 $i$ 和 $j$,都有 $P(H_j)\geqslant 0,c_{ij}-c_{jj}\geqslant 0$ 和 $p(\boldsymbol{x}\mid H_j)\geqslant 0$,因此式(4.1.43)的 $I_i(\boldsymbol{x})\geqslant 0$。于是,应使 $I_i(\boldsymbol{x})$满足

$$I_i(\boldsymbol{x})=\min\{I_0(\boldsymbol{x}),I_1(\boldsymbol{x}),\cdots,I_{M-1}(\boldsymbol{x})\} \tag{4.1.44}$$

的 $\boldsymbol{x}$ 划归为$R_i$ 域,判决假设 $H_i$ 成立,即当满足

$$I_i(\boldsymbol{x})<I_j(\boldsymbol{x}),\quad j=0,1,\cdots,M-1,j\neq i \tag{4.1.45}$$

时,判决假设 $H_i$ 成立。

如果定义似然比函数为

$$\lambda_i(\boldsymbol{x})=\frac{p(\boldsymbol{x}\mid H_i)}{p(\boldsymbol{x}\mid H_0)},\quad i=0,1,\cdots,M-1 \tag{4.1.46}$$

并且定义

$$\begin{aligned}J_i(\boldsymbol{x})&=\frac{I_i(\boldsymbol{x})}{p(\boldsymbol{x}\mid H_0)}\\&=\sum_{i=0}^{M-1}P(H_i)(c_{ij}-c_{jj})\lambda_i(\boldsymbol{x}),\quad i=0,1,\cdots,M-1,j\neq i\end{aligned} \tag{4.1.47}$$

即利用似然比表示判决规则，那么判决规则就是使 $J_i(\boldsymbol{x})$ 为最小的对应假设成立。

3. 派生贝叶斯准则

贝叶斯准则是信号统计检测理论中的通用检测准则。在对各假设的先验概率 $P(H_i)$ 和各种判决的代价因子 $c_{ij}$ 进行某些约束的情况下，可得到几种重要的派生准则。

1）最小平均错误概率准则

在二元信号的通信系统中，通常有 $c_{00}=c_{11}=0$，$c_{10}=c_{01}=1$，即正确判决不付出代价，错误判决代价相同，这时式(4.1.29)所表示的总平均代价为

$$C=P(H_0)p(H_0 \mid H_1)+P(H_1)p(H_1 \mid H_0) \tag{4.1.48}$$

式(4.1.48)恰好是平均错误概率，用符号 $P_e$ 表示。

使用上述分析方法，将所有满足

$$P(H_1)p(\boldsymbol{x} \mid H_1)<P(H_0)p(\boldsymbol{x} \mid H_0) \tag{4.1.49}$$

的 $\boldsymbol{x}$ 值划分给 $R_0$ 域，判决假设 $P(H_0)$ 成立；把所有满足

$$P(H_1)p(\boldsymbol{x} \mid H_1) \geqslant P(H_0)p(\boldsymbol{x} \mid H_0) \tag{4.1.50}$$

的 $\boldsymbol{x}$ 值划分给 $R_1$ 域，判决假设 $P(H_1)$ 成立。

在 $M$ 元信号的统计判决中，假设 $H_j$ 的先验概率 $P(H_j)$ 已知，判决的代价因子 $c_{ii}=0$，$c_{ij}=1(i\neq j)$，则贝叶斯准则就转化为最小平均错误概率准则，此时有

$$I_i(\boldsymbol{x})=\sum_{j=0}^{M-1}P(H_j)p(\boldsymbol{x} \mid H_j),\quad i=0,1,\cdots,M-1,j\neq i \tag{4.1.51}$$

当满足

$$I_i(\boldsymbol{x})<I_j(\boldsymbol{x}),\quad j=0,1,\cdots,M-1,j\neq i \tag{4.1.52}$$

时，判决假设 $H_i$ 成立。求解每个判决成立的判决域 $R_i$，都需要解 $M-1$ 个方程构成的联立方程组。在这种情况下，最小平均错误概率为

$$P_e=\sum_{i=0}^{M-1}\sum_{j=0}^{M-1}P(H_j)p(H_i \mid H_j),\quad j\neq i \tag{4.1.53}$$

2）最大似然准则

假设先验概率 $P(H_j)$ 为等概率情况，即

$$P(H_j)=P=\frac{1}{M},\quad j=0,1,\cdots,M-1 \tag{4.1.54}$$

则式(4.1.51)可写为

$$I_i(x)=\sum_{j=0,j\neq i}^{M-1}p(\boldsymbol{x} \mid H_j)P=\Big[\sum_{j=0}^{M-1}p(\boldsymbol{x} \mid H_j)-p(\boldsymbol{x} \mid H_i)\Big]P,$$
$$i=0,1,\cdots,M-1,j\neq i \tag{4.1.55}$$

于是，判决规则就成为在 $M$ 个 $p(\boldsymbol{x}|H_i)$，$i=0,1,\cdots,M-1$ 中，选择最大的 $p(\boldsymbol{x}|H_i)$ 所对应的假设成立，称为最大似然准则。此时的最小平均错误概率为

$$P_e=\frac{1}{M}\sum_{i=0}^{M-1}\sum_{j=0}^{M-1}p(H_i \mid H_j),\quad j\neq i \tag{4.1.56}$$

【例 4.1.3】 在启闭键控(On-Off Keying，OOK)通信系统中，两个假设的观测信号模型为

$$H_0: x=n$$

$$H_1: x = A + n$$

其中，观测噪声 $n \sim \mathcal{N}(0, \sigma_n^2)$，信号 $A$ 是常数且 $A>0$。若两个假设的先验概率 $P(H_i)$ 相等，代价因子 $c_{00}=c_{11}=0, c_{01}=c_{10}=1$，采用最小平均错误概率准则，确定判决表示式，并求平均错误概率 $P_e$。

解　在两个假设下，观测量 $x$ 的概率密度函数分别为

$$p(x \mid H_0) = \frac{1}{2\pi\sigma_n^2}\exp\left(-\frac{x^2}{2\sigma_n^2}\right)$$

$$p(x \mid H_1) = \frac{1}{2\pi\sigma_n^2}\exp\left[-\frac{(x-A)^2}{2\sigma_n^2}\right]$$

由于两个假设的先验概率 $P(H_i)$ 相等，代价因子 $c_{00}=c_{11}=0, c_{01}=c_{10}=1$，所以似然比检验判决表达式为

$$\lambda(x) = \frac{p(x \mid H_1)}{p(x \mid H_0)} = \exp\left(\frac{2Ax}{2\sigma_n^2} - \frac{A^2}{2\sigma_n^2}\right) \underset{H_0}{\overset{H_1}{\gtrless}} 1$$

取对数简化后可得

$$x \underset{H_0}{\overset{H_1}{\gtrless}} \frac{A}{2}$$

由于此时的检验统计量 $l(x)=x$，又因为检测门限 $\gamma = \frac{A}{2}$，所以两种错误判决概率分别为

$$\begin{aligned}
p(H_1 \mid H_0) &= \int_{\gamma}^{\infty} p(l \mid H_0)\,\mathrm{d}l \\
&= \int_{\frac{A}{2}}^{\infty} \left(\frac{1}{2\pi\sigma_n^2}\right)^{1/2} \exp\left(-\frac{l^2}{2\sigma_n^2}\right)\mathrm{d}l \\
&= \int_{\frac{A}{2\sigma_n}}^{\infty} \left(\frac{1}{2\pi}\right)^{1/2} \exp\left(-\frac{u^2}{2}\right)\mathrm{d}u \\
&= Q\left[\frac{d}{2}\right]
\end{aligned}$$

其中，$d^2 = A^2/\sigma_n^2$。

$$\begin{aligned}
p(H_0 \mid H_1) &= \int_{-\infty}^{\gamma} p(l \mid H_1)\,\mathrm{d}l \\
&= \int_{-\infty\frac{A}{2}}^{\frac{A}{2}} \left(\frac{1}{2\pi\sigma_n^2}\right)^{1/2} \exp\left(-\frac{(l-A)^2}{2\sigma_n^2}\right)\mathrm{d}l \\
&= \int_{-\infty}^{\frac{A}{2\sigma_n}\infty} \left(\frac{1}{2\pi}\right)^{1/2} \exp\left(-\frac{u^2}{2}\right)\mathrm{d}u \\
&= Q\left[\frac{d}{2}\right]
\end{aligned}$$

平均错误概率计算为

$$\begin{aligned}
P_e &= P(H_0)p(H_0 \mid H_1) + P(H_1)p(H_1 \mid H_0) \\
&= Q\left[\frac{d}{2}\right]
\end{aligned}$$

因为 $d^2=A^2/\sigma_n^2$ 是功率信噪比，显然信噪比越高，平均错误概率越小。

3）最大后验准则

对于二元检测，在贝叶斯准则中，当代价因子满足 $c_{10}-c_{00}=c_{01}-c_{11}$ 时，判决检验就成为

$$\lambda(\boldsymbol{x})=\frac{p(\boldsymbol{x}\mid H_1)}{p(\boldsymbol{x}\mid H_0)}\underset{H_0}{\overset{H_1}{\gtrless}}\frac{p(H_0)}{p(H_1)} \tag{4.1.57}$$

根据全概率公式

$$p(\boldsymbol{x}\mid H_j)p(H_j)=p(H_j\mid \boldsymbol{x})p(\boldsymbol{x}),\quad j=0,1 \tag{4.1.58}$$

可将式(4.1.57)化为

$$p(\boldsymbol{x})p(H_1\mid \boldsymbol{x})\underset{H_0}{\overset{H_1}{\gtrless}}p(\boldsymbol{x})p(H_0\mid \boldsymbol{x}) \tag{4.1.59}$$

即

$$p(H_1\mid \boldsymbol{x})\underset{H_0}{\overset{H_1}{\gtrless}}p(H_0\mid \boldsymbol{x}) \tag{4.1.60}$$

式(4.1.60)的左边和右边分别是在已经获得观测量 $\boldsymbol{x}$ 的条件下，假设 $H_1$ 和假设 $H_0$ 为真的后验概率，该式被称为最大后验(Maximum a Posteriori，MAP)概率准则。

4）极小化极大准则

当预先无法确定各个假设的先验概率 $P(H_j)$时，无法应用上述贝叶斯准则。极小化极大准则(Minmax Criterion)是在已经给定代价因子 $c_{ij}$ 但无法确定先验概率 $P(H_j)$的条件下的一种信号检测准则。该准则的含义是：为避免可能产生的过分大的代价，使极大可能代价极小化，称为极小化极大准则。

5）奈曼-皮尔逊准则

在雷达、声呐等信号的检测问题中，既不能预知先验概率 $P(H_j)$，也无法对各种判决结果给定代价因子 $c_{ij}$。为了适应这种情况并考虑到我们最关心的是判决概率，奈曼-皮尔逊准则(Neyman-Pearson Criterion)是在错误判决概率 $P(H_1|H_0)=\alpha$ 的约束下使正确判决概率 $P(H_1|H_1)$最大的准则，常简记为N-P准则。

**4. 最大似然判决准则的应用**

应用统计检测理论，考查AWGN信道上随机观测模型的符号检测。根据式(4.1.11)，将其简写为

$$y[n]=\sqrt{E_x}\,s[n]+v[n] \tag{4.1.61}$$

其中，假设 $v[n]$是服从$\mathcal{CN}(0,N_o)$的IID复高斯噪声。符号检测器是在给定的 $y[n]$下，根据某种优化准则产生最佳 $\hat{s}[n]$的算法。

使用最大似然检测的优化准则为

$$\hat{s}[n]=\underset{s\in\mathbf{C}_\alpha}{\operatorname{argmax}}f_{y|s}(y[n]\mid s[n]=s) \tag{4.1.62}$$

其中，$f_{y|s}(\cdot)$为当给定 $s[n]$时 $y[n]$的条件概率密度函数，即似然函数。对于AWGN信道，当给定 $s[n]$时，$y[n]$的条件分布是具有均值$\sqrt{E_x}\,s$ 和方差 $\sigma_v^2$ 的高斯分布，有

$$f_{y|s}(y[n]\mid s[n]=s)=f_v(y[n]-\sqrt{E_x}\,s)$$

$$=\frac{1}{\pi\sigma_v^2}\mathrm{e}^{-\frac{|y[n]-\sqrt{E_x}s|^2}{\sigma_v^2}} \tag{4.1.63}$$

对似然函数的最大化等价于对其对数似然函数的最大化，即

$$\arg\max f_{y|s}(y[n]\mid s[n]=s)=\underset{s\in\mathbb{C}_\alpha}{\arg\max}\ln f_{y|s}(y[n]\mid s[n]=s) \tag{4.1.64a}$$

$$=\underset{s\in\mathbb{C}_\alpha}{\arg\min}(\mid y[n]-\sqrt{E_x}s\mid^2) \tag{4.1.64b}$$

式(4.1.64b)为最大似然检测器提供了一个简单的形式。当给定了一个观测值 $y[n]$ 时，就可以根据平方误差确定传输符号 $s[n]\in\mathbb{C}_\alpha$。

【例 4.1.4】 考虑使用 BPSK 的数字通信系统，设 $\sqrt{E_x}=2$。通过 AWGN 信道发送符号 $s[0]=1$ 和 $s[1]=-1$，接收信号为 $r[0]=-0.3+0.1\mathrm{j}$，$r[1]=-0.1-0.4\mathrm{j}$。设采用最大似然检测，在接收机检测到的序列 $\hat{s}[n]$ 是什么？

解 假设 $s[0]=1$，计算

$$\mid r[0]-2\mid^2=\mid-0.3+0.1\mathrm{j}-2\mid^2=5.29$$

再假设 $s[0]=-1$，计算

$$\mid r[0]+2\mid^2=\mid-0.3+0.1\mathrm{j}+2\mid^2=2.9$$

由于 $2.9<5.29$，因此 $\hat{s}[0]=-1$ 是最可能的符号。因为 $\hat{s}[0]\neq s[0]$，检测 $s[0]$ 时发生了错误。

类似地，假设 $s[1]=1$，计算

$$\mid r[1]-2\mid^2=\mid-0.1-0.4\mathrm{j}-2\mid^2=4.57$$

再假设 $s[1]=-1$，计算

$$\mid r[1]+2\mid^2=\mid-0.1-0.4\mathrm{j}+2\mid^2=3.77$$

由于 $3.77<4.57$，因此 $\hat{s}[1]=-1$ 是最可能的符号。

对于具有对称性结构的星座，如 MQAM、MPSK 等调制星座，可进一步简化检测。以 BPSK 为例，式(4.1.64b)可以进一步写为

$$\underset{s\in\mathbb{C}_\alpha}{\arg\min}\mid y[n]-\sqrt{E_x}s\mid^2=\underset{s\in\mathbb{C}_\alpha}{\arg\min}\{(y[n]-\sqrt{E_x}s)(y[n]-\sqrt{E_x}s)^*\} \tag{4.1.65a}$$

$$=\underset{s\in\mathbb{C}_\alpha}{\arg\min}\{\mid y[n]\mid^2+\mid E_xs\mid^2-2\mathrm{Re}[y^*[n]\sqrt{E_x}s]\} \tag{4.1.65b}$$

$$=\underset{s\in\mathbb{C}_\alpha}{\arg\max}\mathrm{Re}[y^*[n]s] \tag{4.1.65c}$$

考虑某个符号 $s_l\in\mathbb{C}_\alpha$，被检测为 $s_l$ 的所有可能观察到的 $y$ 的集合即 $s_l$ 的判决域，也常被称为 Voronoi 区域。

【例 4.1.5】 已知 4QAM 的星座图如图 4.1.9(a)所示，试计算并绘制 4QAM 的判决区域。

解 通过确定 $|y-\sqrt{E_x}s_k|^2-|y-\sqrt{E_x}s_l|^2>0$ 的点计算判决区域。利用 $|s_k|^2=|s_l|^2=1$，可知

$$\mid y-\sqrt{E_x}s_k\mid^2-\mid y-\sqrt{E_x}s_l\mid^2=2\mathrm{Re}[y^*[n]\sqrt{E_x}s_l]-2\mathrm{Re}[y^*[n]\sqrt{E_x}s_k]$$

系数 $2\sqrt{E_x}$ 可被消去，因此判决区域为

$$\mathcal{V}_{s_l}=\{y: \mathrm{Re}[y^*[n]s_l] > \mathrm{Re}[y^*[n]s_k]\}$$

可以通过识别归一化 4QAM 星座的 4 个星座点$(\pm1\pm\mathrm{j})/\sqrt{2}$计算出来，系数$\sqrt{2}$与判决无关也可去掉，因此，$\pm1$ 和$\pm\mathrm{j}$ 用于简化计算 $\mathrm{Re}[y^*[n]s]$。当考虑星座点$(1+\mathrm{j})/\sqrt{2}$时，为了使它大于$(1-\mathrm{j})/\sqrt{2}$、$(-1-\mathrm{j})/\sqrt{2}$和$(-1+\mathrm{j})/\sqrt{2}$，下列不等式必须成立：

$$\mathrm{Re}[y]+\mathrm{Im}[y] > \mathrm{Re}[y]-\mathrm{Im}[y]$$
$$\mathrm{Re}[y]+\mathrm{Im}[y] > -\mathrm{Re}[y]-\mathrm{Im}[y]$$
$$\mathrm{Re}[y]+\mathrm{Im}[y] > -\mathrm{Re}[y]+\mathrm{Im}[y]$$

由 3 个不等式可分别得出 $\mathrm{Im}[y]>0$、$\mathrm{Re}[y]+\mathrm{Im}[y]>0$、$\mathrm{Re}[y]>0$，其中第 2 个不等式是冗余的，如此给出$(1+\mathrm{j})/\sqrt{2}$的判决区域为

$$\mathcal{V}_{(1+\mathrm{j})/\sqrt{2}}=\{y: \mathrm{Re}[y]>0,\text{且 }\mathrm{Im}[y]>0\}$$

类似地，可以给出其余 3 个 4QAM 符号的判决区域，分别为

$$\mathcal{V}_{(1-\mathrm{j})/\sqrt{2}}=\{y: \mathrm{Re}[y]>0,\text{且 }\mathrm{Im}[y]<0\}$$
$$\mathcal{V}_{(-1+\mathrm{j})/\sqrt{2}}=\{y: \mathrm{Re}[y]<0,\text{且 }\mathrm{Im}[y]>0\}$$
$$\mathcal{V}_{(-1-\mathrm{j})/\sqrt{2}}=\{y: \mathrm{Re}[y]<0,\text{且 }\mathrm{Im}[y]<0\}$$

因此，4QAM 的判决区域为 4 个象限，如图 4.1.9(b)所示。基于这个结果，最大似然检测器可以简化为计算 $\mathrm{Re}\{y[n]\}$和 $\mathrm{Im}\{y[n]\}$的符号。

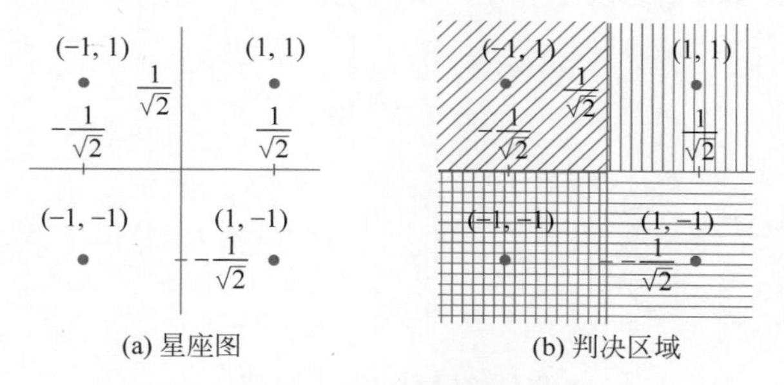


图 4.1.9　4QAM 星座图和判决区域

## 4.1.3　符号差错概率

检测器的符号差错概率(即误码率)取决于对信道作出的概率性假设。符号差错概率的理论值通常由高斯 $Q$ 函数或 Marcum $Q$ 函数推导得出。

**1. 符号差错概率的理论值**

符号差错概率是符号出错的条件概率的期望值，它是信噪比 $E_x/N_o$ 的函数。为了便于分析，记某个特定符号 $s_m$ 的差错概率为 $P_{e|s_m}(E_x/N_o)$。假设调制星座图中的 $M$ 个符号具有相等的先验概率 $1/M$，则 $M$ 个符号的总差错概率为

$$P_e\left(\frac{E_x}{N_o}\right)=\frac{1}{M}\sum_{m=0}^{M-1}P_{e|s_m}\left(\frac{E_x}{N_o}\right) \tag{4.1.66}$$

其中，符号出错的条件概率为

$$P_{e|s_m}\left(\frac{E_x}{N_o}\right)=P[s_m\text{ 没有被正确检测 }|\ s_m\text{ 被传输}] \tag{4.1.67a}$$

$$= \sum_{l=0,l\neq m}^{M-1} P[s_m \text{ 被译码成 } s_l \mid s_m \text{ 被传输}, m \neq l] \tag{4.1.67b}$$

记 $P[s_m \to s_l]$表示 $s_m$ 被译码成 $s_l$ 的概率。当星座仅由两个符号$\{s_m, s_l\}$组成时，符号差错概率为

$$P[s_m \to s_l] = P[|y - \sqrt{E_x} s_m|^2 > |y - \sqrt{E_x} s_l|^2] \tag{4.1.68}$$

对于 AWGN 信道上的调制符号，可以得到

$$P[s_m \to s_l] = Q\left(\sqrt{\frac{E_x}{N_o} \frac{|s_m - s_l|^2}{2}}\right) \tag{4.1.69}$$

其中，

$$Q(x) = \frac{1}{\sqrt{2\pi}} \int_x^\infty e^{-t^2/2} dt \tag{4.1.70}$$

是高斯 $Q$ 函数。因此，对于 $M$ 进制调制符号星座，符号差错概率为

$$P_e\left(\frac{E_x}{N_o}\right) = \frac{1}{M} \sum_{m=0}^{M-1} \sum_{l=0,l\neq m}^{M-1} Q\left(\sqrt{\frac{E_x}{N_o} \frac{|s_m - s_l|^2}{2}}\right) \tag{4.1.71}$$

可见，误码率是信噪比和星座点距离的函数，由于不同的数字调制方式具有不同的$|s_m - s_l|^2$，从而导致误码率不同。

高斯 $Q$ 函数在数字通信系统中应用广泛。它与互补误差函数

$$\text{erfc}(x) = \frac{2}{\sqrt{\pi}} \int_x^\infty e^{-t^2} dt \tag{4.1.72}$$

的关系为

$$Q(x) = \frac{1}{2} \text{erfc}\left(\frac{x}{\sqrt{2}}\right) = \frac{1}{2}\left[1 - \text{erf}\left(\frac{x}{\sqrt{2}}\right)\right], \quad x \geq 0 \tag{4.1.73}$$

其中，

$$\text{erf}(x) = \frac{2}{\sqrt{\pi}} \int_0^x e^{-t^2} dt \tag{4.1.74}$$

对于一个均值为 $m$，方差为 $\sigma^2$ 的正态变量 $y$，存在

$$P(y > z) = Q\left(\frac{z - m}{\sigma}\right) \tag{4.1.75}$$

在分析数字通信系统的符号平均错误概率时，还会使用更一般的广义 Marcum $Q$ 函数，它的定义为

$$Q_M(a, b) = \frac{1}{a^{M-1}} \int_b^a x^M \exp\left(-\frac{x^2 + a^2}{2}\right) I_{M-1}(ax) dx \tag{4.1.76}$$

其中，$I_k(\cdot)$为第一类 $k$ 阶修正贝塞尔函数，即

$$I_k(x) = \frac{1}{2\pi} \int_{-\pi}^{\pi} (-\text{j}e^{-\text{j}\theta})^k e^{-x\sin\theta} d\theta \tag{4.1.77}$$

当 $M=1$ 时，广义 Marcum $Q$ 函数的一个特例表示为

$$Q(a, b) = \int_b^a x \exp\left(-\frac{x^2 + a^2}{2}\right) I_0(ax) dx \tag{4.1.78}$$

其中，第一类零阶修正贝塞尔函数为

$$I_0(x)=\frac{1}{\pi}\int_0^{\pi}\mathrm{e}^{x\cos\theta}\,\mathrm{d}\theta \tag{4.1.79}$$

**2. 符号差错概率的上界**

运用高斯 $Q$ 函数和 Marcum $Q$ 函数可以给出一些调制方式误码率的解析表达式。由于计算积分较为困难，利用高斯 $Q$ 函数和 Marcum $Q$ 函数的上界和下界，可以给出误码率的近似表达式及误码率的界。对于沿 I 轴对称的调制星座，可由成对差错概率(Pairwise Error Probability，PEP)提供符号条件错误概率的上界，定义为

$$P[s_m\ \text{被译码成}\ s_l \mid s_m\ \text{被传输}, m\neq l]\leqslant P[s_m\rightarrow s_l] \tag{4.1.80}$$

因为用于双符号星座的判决区域大小与单符号的判决区域大小相同或更大，这是 $s_m$ 被译码成 $s_l$ 的概率的悲观评估，从而是上界的原因。

将式(4.1.80)代入式(4.1.67b)，得到

$$P_{\mathrm{e}|s_m}\left(\frac{E_x}{N_o}\right)\leqslant\sum_{l=0,l\neq m}^{M-1}P[s_m\rightarrow s_l] \tag{4.1.81}$$

在边界分析中，利用 $Q$ 函数随 $x$ 的增长呈指数下降并且它具有切尔诺夫上界(Chernoff Bound)的性质，即

$$Q(x)\leqslant\frac{1}{2}\mathrm{e}^{-x^2/2} \tag{4.1.82}$$

将式(4.1.82)和式(4.1.81)代入式(4.1.71)，可知成对差错概率为

$$P_{\mathrm{e}}\left(\frac{E_x}{N_o}\right)\leqslant\frac{1}{M}\sum_{m=0}^{M-1}\sum_{l=0,l\neq m}^{M-1}Q\left(\sqrt{\frac{E_x}{N_o}\frac{|s_m-s_l|^2}{2}}\right) \tag{4.1.83}$$

定义星座的最小距离为

$$d_{\min}^2=\min_{s_m\in\mathbb{C}_\alpha,s_l\in\mathbb{C}_\alpha,s_m\neq s_l}|s_m-s_l|^2 \tag{4.1.84}$$

这个最小距离表征了星座质量，必须用归一化星座计算。最小距离提供了星座点距离的下限，即

$$d_{\min}^2\leqslant|s_m-s_l|^2 \tag{4.1.85}$$

对于任何不同的符号 $s_m$ 和 $s_l$，由于高斯 $Q$ 函数是单调递减的，因此可以使用自变量的下限推导出符号差错概率的上界，即有

$$P_{\mathrm{e}}\left(\frac{E_x}{N_o}\right)\leqslant\frac{1}{M}\sum_{m=0}^{M-1}(M-1)Q\left(\sqrt{\frac{E_x}{N_o}\frac{d_{\min}^2}{2}}\right) \tag{4.1.86}$$

式(4.1.86)是关于星座$\mathbb{C}_\alpha$ 的符号差错概率的联合界限。可以看出，它是信噪比、星座大小和星座最小距离的函数。

以上分析表明，为了减小符号差错概率，必须增大发射功率和减小噪声。由于发射功率受到总功率的限制，并且存在信道路径损耗和衰落，信号功率随距离衰减，因此用信噪比作为适当的性能指标，以解决信号功率对通信性能的影响。同时，有效噪声功率与电子器件的温度有关，通过合理的温控措施和更高质量的元件，可以降低噪声。在固定信噪比的情况下，可以改变星座图的形式以改善符号差错概率，如 16QAM 具有比 16PSK 更大的 $d_{\min}$。通过星座点的归一化，较少的星座点数可以得到更大的间隔，但这样又减少了每个符号所包含的比特位数，降低了传输速率。在能够支持自适应调制的系统中，随着信噪比的变化自适

应地选择不同阶数的调制方式，实现特定的符号差错概率。

【例 4.1.6】 已知归一化星座 $MQAM$ 的最小距离为 $d_{\min}^2=\dfrac{6}{M-1}$ 时，给出误码率的上界。

解 将 $d_{\min}^2$ 代入式(4.1.86)，可得

$$P_{\mathrm{e}}\left(\frac{E_x}{N_{\mathrm{o}}}\right)\leqslant(M-1)Q\left(\sqrt{\frac{E_x}{N_{\mathrm{o}}}\frac{3}{M-1}}\right)$$

因此，Chernoff 上界为

$$P_{\mathrm{e}}^{\mathrm{QAM}}\left(\frac{E_x}{N_{\mathrm{o}}}\right)_{\text{Chernoff}}=(M-1)Q\left(\sqrt{\frac{E_x}{N_{\mathrm{o}}}\frac{3}{M-1}}\right)$$

【例 4.1.7】 已知 $MQAM$ 在 AWGN 信道上误码率的精确解为

$$P_{\mathrm{e}}^{\mathrm{QAM}}\left(\frac{E_x}{N_{\mathrm{o}}}\right)=4\left(1-\frac{1}{\sqrt{M}}\right)Q\left(\sqrt{\frac{E_x}{N_{\mathrm{o}}}\frac{3}{M-1}}\right)-4\left(1-\frac{1}{\sqrt{M}}\right)^2\left[Q\left(\sqrt{\frac{E_x}{N_{\mathrm{o}}}\frac{3}{M-1}}\right)\right]^2$$

绘制 $M=4,16,64$ 时误码率与信噪比的关系曲线。

解 绘制结果如图 4.1.10 所示，其中实线对应 Chernoff 界，虚线为由精确解所绘曲线。可以看出，Chernoff 界在高信噪比时与精确解较为接近，但在低信噪比时差别较大。对于较低的误码率，如 $10^{-6}$，曲线之间大约存在 6dB 的信噪比差距，这意味着要达到相同的误码率，16QAM 需要 4 倍于 4QAM 的功率，因为 $10\lg 4\approx 6\text{dB}$。对于固定的信噪比和较大的 $M$ 值，误码率较大，这是因为星座点越多，星座点之间的最小距离越小。

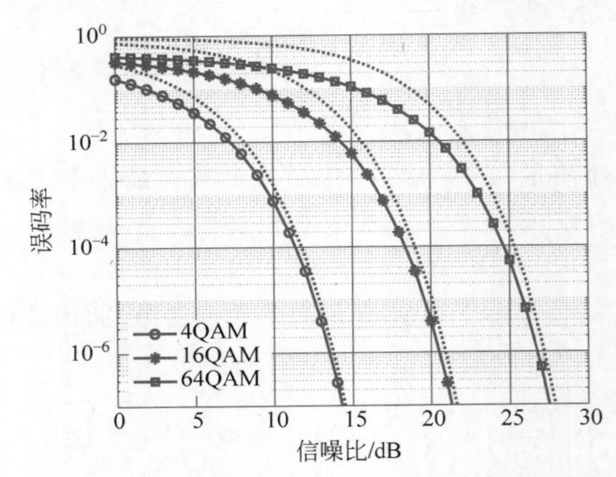


图 4.1.10 不同调制阶数的误码率与信噪比关系曲线

绘制 $M=64$ 时误码率与信噪比关系曲线的 MATLAB 程序如下。

```
clc; clf; clear
SNR = 0:1:30                                              % 信噪比范围
M = 64;                                                   % 设置调制阶数为 4,16, 64
SNR_10 = 10.^(SNR./10);                                   % 实际的信噪比
w = qfunc(sqrt(SNR_10 * 3./(M-1)));                       % 计算 Chernoff 界
w2 = 4 * (1-sqrt(1/M)) * w-4 * ((1-sqrt(1/M)) * w).^2;    % 计算精确解
p1 = semilogy(SNR,w,'k-s','linewidth',2,'markersize',6);  % 绘图
grid on; hold on;
p2 = semilogy(SNR,w2,'k:','linewidth',2);
legend([p1], '64-QAM','FontSize',14,'location','Best')
```

```
    xlabel('SNR(dB)','fontsize',14);
    ylabel('Pe','fontsize',14);
    function answer = qfunc(x)
        answer = 0.5 * erfc(x/sqrt(2));                              % Q函数
    end
```

# 4.2 分集接收

分集接收是无线移动通信中对抗信道衰落、改善通信传输质量的主要措施之一。所谓分集(Diversity)接收，是指接收端对它接收到的多个衰落特性互相独立但携带同一信息的信号进行特定的处理以降低信号电平起伏的方法。"分集"二字的含义可以理解为发送端分散地传输、接收端集中地处理。也就是说，"分集"主要包括两方面：一方面是"分"，即在发射端发送同一数据的多个副本，使接收端能够获得携带同一信息的不同支路的信号；另一方面是"集"，多个信号经过不同的衰落到达接收端，通过对接收到的多个信号进行合并，能够提高系统的性能增益以及抗衰落能力。通过分集获得的信噪比增益，通常称为分集增益。

为了获得最大的分集增益，需要不同支路传输的携带同一信息的副本之间互不相关。若支路信号的相位噪声可以忽略，即不计信号相位的相关系数的影响，则分集效果主要受信号包络的相关系数影响。设两条支路上的信号包络分别为 $x$ 和 $y$，它们之间的相关系数可以表示为

第 14 集
微课视频

$$\rho_{xy}=\frac{\mathbb{E}(x\cdot y)-\mathbb{E}(x)\cdot\mathbb{E}(y)}{\sqrt{(\mathbb{E}(x^2)-\mathbb{E}(x)^2)\cdot(\mathbb{E}(y^2)-\mathbb{E}(y)^2)}} \tag{4.2.1}$$

对于两个统计独立的信号，$\mathbb{E}(x\cdot y)=\mathbb{E}(x)\cdot\mathbb{E}(y)$成立。在实际应用中，当包络相关系数低于某一门限(典型数值为 0.5 或 0.7)时，一般认为信号已有效地去相关。

第 15 集
微课视频

## 4.2.1 分集方式

在无线或移动通信系统中用到的分集方式有两类，一类是宏分集，另一类是微分集。

宏分集主要用于蜂窝移动通信系统中，也称为多基站分集。这类分集主要是克服由周围环境的地形和地物的差别导致的阴影区大尺度衰落，是一种减少慢衰落影响的分集技术。其做法是将多个基站设置在不同的地理位置和不同的方向上，这些基站同时和小区内的多个移动台进行通信，只要在各个方向上的传播信号不是同时受到阴影效应或地形的影响而出现严重的慢衰落，就可以保证通信不会中断。

微分集是克服小尺度衰落，减小快衰落影响的分集技术，主要方式有时间分集、频率分集、空间分集、角度分集、极化分集和场分量分集等。

在微分集中，为了保证信号副本的不相关，需要确定信号副本的时间、频率和空间间隔。当信道模型是广义平稳不相关散射模型，即信道不存在 LOS 路径传播，具有指数形式的功率延迟谱且入射信号的功率各向同性分布时，设两个支路信号的时间间隔为 $\tau$，角频率间隔为 $\omega_1-\omega_2$，信号间的相关系数可以表示为

$$\rho_{xy}=\frac{J_0^2(k_0vt)}{1+\sigma_\tau^2(\omega_1-\omega_2)^2} \tag{4.2.2}$$

其中，$J_0(\cdot)$为零阶贝塞尔函数；$v$ 为移动台速度；$k_0=2\pi/\lambda$，$\lambda$ 为工作频率的波长；$\sigma_\tau^2$ 为

均方根时延扩展。

由信道的对偶性原理可知,信道的时间、频率和空间参数可以互相转化,从这种意义上来说,式(4.2.2)可用于空间分集、频率分集和时间分集。

### 1. 时间分集

时间分集是指将携带同一信息的相同信号,在时间轴上以超过信道相干时间的间隔多次重复发送,以使多次收到的信号具有独立的衰落环境,从而产生分集效果。时间分集主要用于在衰落信道中传输数字信号,有利于克服由于多普勒效应所引起的信号衰落现象。

由于信道的衰落速率与移动台的运动速度及工作波长有关,为了使重复传输的数字信号具有独立性,必须保证数字信号的重发时间间隔 $\Delta t$ 满足

$$\Delta t \geqslant \frac{1}{2f_{\mathrm{m}}} = \frac{1}{2(v/\lambda)} \tag{4.2.3}$$

其中,$f_{\mathrm{m}}$ 为多普勒频移; $v$ 为移动台速度; $\lambda$ 为工作波长。例如,当移动速度 $v=30\mathrm{km/h}$,工作频率 $f=450\mathrm{MHz}$ 时,可算得 $\Delta t \geqslant 40\mathrm{ms}$。如果移动台是静止的,则 $\Delta t$ 无穷大,这表明时间分集对于静止状态的移动台是无效的。

### 2. 频率分集

频率分集是指利用频率间隔超过相干带宽的两个或多个频率传输信号,通过不同频段上信道衰落统计特性的差异克服频率选择性衰落。发送频率的间隔应大于信道的相干带宽,即

$$\Delta f \geqslant B_{\mathrm{c}} = \frac{1}{2\pi\Delta\tau} \tag{4.2.4}$$

其中,$\Delta f$ 为载波频率间隔; $B_{\mathrm{c}}$ 为相干带宽; $\Delta\tau$ 为时延扩展。例如,在市区中 $\Delta\tau=3\mu\mathrm{s}$,相干带宽 $B_{\mathrm{c}}$ 约为 53kHz。这就是说,发送同一信号的频率间隔要达到 53kHz 以上,这时两个不同频率上的衰落可看成是相互独立的。

对于指数形式的功率时延谱,通过设置式(4.2.2)中的分子为 1,可以得到在同一时刻两个不同频率的包络相关系数,即

$$\rho_{xy} = \frac{1}{1+\sigma_{\tau}^{2}(w_1-w_2)^2} \tag{4.2.5}$$

这再次证明了两个信号之间必须至少间隔一个相干带宽。图 4.2.1 给出了包络相关系数 $\rho_{xy}$ 与两个频率间隔之间的函数关系。

直接在两个不同频率上重复传输相同信息是不常用的。这是因为不仅需要使用多个发射机在不同的频率上发送同一信号,而且需要用两部以上的独立接收机接收信号,不仅不经济,而且会大大降低频谱利用率。在实际应用中,利用频率分集的原理,将信息扩展到较大的带宽上,通过宽带信道进行传输,宽带接收机在综合不同频率分量上的信息后恢复出原始信息,如码分多址系统的扩频传输。

### 3. 空间分集

空间分集又称为天线分集(Antenna Diversity),是当前多天线通信中使用最多的分集方式之一。它的基本原理是在任意两个不同的位置上接收同一信号,只要两个位置的距离满足一定的要求,则可认为两处所收到的快衰落信号是不相关的。

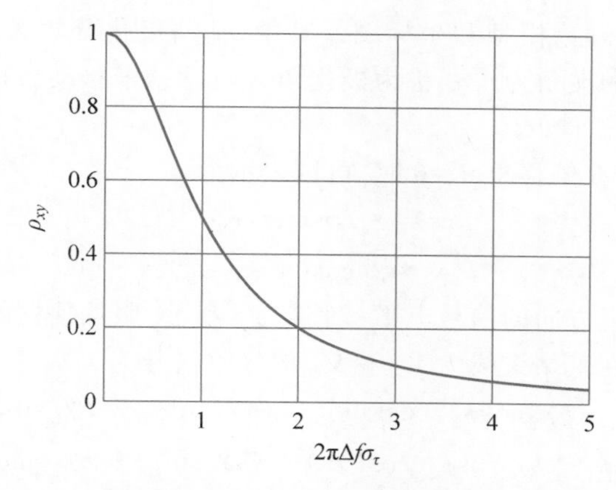


图 4.2.1　包络相关系数与归一化频率间隔的函数关系

由于电波传播的弥散性，不同天线处接收到的信号总是存在一定的相关性，其相关系数可以近似表示为

$$P_s = e^{-(d/d_0)^3} \tag{4.2.6}$$

其中，$d$ 为天线间距；$d_0$ 为与工作频率和入射波方向有关的参考距离。

由式(4.2.6)可知，$d$ 越大，各支路信号之间的相关性就越弱。在基站的设计中，为了进行分集接收，在每个小区的中心，都装备了多个基站接收天线。它们之间必须相隔很远(通常是波长的几十倍)，才能实现信号的非相关。由于移动台接近地面，容易产生严重的信号散射现象。需要注意的是，空间分集既可用于基站，也可用于移动台，还可同时用于两者，但对于基站天线与移动台天线，这种相关关系是不同的。

一般来说，空间分集天线之间的间距 $d$ 与工作波长、地物及天线高度有关。在移动通信中通常取

$$\text{市区：} d = 0.5\lambda, \quad \text{郊区：} d = 0.8\lambda \tag{4.2.7}$$

空间分集的天线数越多，性能改善越明显。但当天线数多到一定数量时，分集的复杂性也随之增加。在4G和5G移动通信系统中，采用超过4根甚至百根或千根的接收天线，将使系统性能达到理论界。空间分集已成为不可或缺的通信技术之一。

**4. 角度分集**

由于地形地貌以及建筑物等环境的不同，到达接收端的多径信号可能有不同的到达方向，角度分集是指接收端利用多个方向性天线分离出不同方向的信号分量。由于这些信号分量具有相互独立的衰落特性，因而可以实现角度分集并获得抗衰落的效果。

角度分集需要许多不同方向上的天线，每根天线都只接收从某尖锐角度传来的平面波，从而得到不相关的信号。角度分集经常与空间分集结合使用，增强距离很近的天线接收信号之间的去相关性。

**5. 极化分集**

当天线架设的场地受到限制，空间分集不易保证空间衰落独立时，可以采用极化分集替代或改进。在无线信道传输过程中，单一极化的发射电波由于传播媒质的作用会形成两个彼此正交的极化波，这两个不同极化的电波具有独立的衰落特性，利用这一特点，在收发端分别装上垂直极化天线和水平极化天线，就可以得到两路衰落特性不相关的信号。图4.2.2

给出了基站极化分集的理论模型和坐标图。其中,基站极化分集天线由两个天线元 $\boldsymbol{V}_1$ 和 $\boldsymbol{V}_2$ 组成。它们与 $y$ 轴的夹角为 $\pm\alpha$,称为极化角。假设一个移动台的多径方向与分集天线主波束方向的夹角为 $\beta$。

移动台的发射信号在偏移角 $\beta=0$ 时,可以表示为

$$x=\gamma_1\cos(wt+\phi_1) \tag{4.2.8}$$

$$y=\gamma_2\cos(wt+\phi_2) \tag{4.2.9}$$

其中,$x$ 和 $y$ 为两个垂直方向的信号电平。假定 $\gamma_1$ 和 $\gamma_2$ 服从独立的瑞利分布,而 $\phi_1$ 和 $\phi_2$ 服从独立的均匀分布,在基站天线元 $\boldsymbol{V}_1$ 和 $\boldsymbol{V}_2$ 的接收信号为

$$v_1=(a\gamma_1\cos\phi_1+b\gamma_2\cos\phi_2)\cos(wt)-(a\gamma_1\sin\phi_1+b\gamma_2\sin\phi_2)\sin(wt) \tag{4.2.10}$$

$$v_2=(-a\gamma_1\cos\phi_1+b\gamma_2\cos\phi_2)\cos(wt)+(a\gamma_1\sin\phi_1-b\gamma_2\sin\phi_2)\sin(wt) \tag{4.2.11}$$

其中,$a=\sin\alpha\cos\beta$; $b=\cos\alpha\sin\beta$。

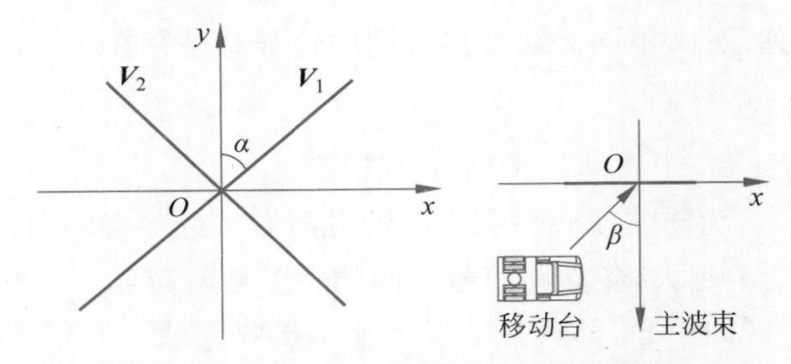


图 4.2.2 基站极化分集的理论模型和坐标图

实现这种分集只需要一副天线,对于天线间的最小距离没有任何要求,因此结构紧凑、节省空间。但由于射频功率分给两个不同的极化天线,因此发射功率要损失约 3dB。已经证明极化分集的分集重数可达到六重:电场强度 $\boldsymbol{E}$ 的 3 个分量和磁场强度 $\boldsymbol{H}$ 的 3 个分量都可以利用。

极化分集的应用范围非常广泛,可以应用于无线通信、雷达、卫星通信等领域。在无线通信领域,极化分集可以应用于 4G、5G 等无线通信系统中,提高系统的可靠性和容量;在雷达领域,极化分集可以应用于天气雷达、军用雷达等领域,提高雷达的探测能力和抗干扰能力;在卫星通信领域,极化分集可以提高卫星通信的可靠性和容量。

**6. 场分量分集**

场分量分集是指利用电场和磁场在任何一点都不相关的特性进行的分集。由电磁场理论可知,当电磁波传输时,电场 $\boldsymbol{E}$ 总是伴随着磁场 $\boldsymbol{H}$,且和磁场 $\boldsymbol{H}$ 载有相同的信息,而反射机理是不同的。若把衰落情况不同的电场 $\boldsymbol{E}$ 和磁场 $\boldsymbol{H}$ 的能量加以利用,就可以得到场分集。场分集不需要把两根天线从空间上分开,天线的尺寸也基本保持不变,对带宽无影响,但要求两根天线分别接收电场 $\boldsymbol{E}$ 和磁场 $\boldsymbol{H}$,如采用微带天线和缝隙天线。

一个散射体反射的电场 $\boldsymbol{E}$ 波和磁场 $\boldsymbol{H}$ 波的驻波图形相位相差 90°,即当电场 $\boldsymbol{E}$ 波最大时,磁场 $\boldsymbol{H}$ 波最小。在移动信道中,多个 $\boldsymbol{E}$ 波和 $\boldsymbol{H}$ 波叠加,$\boldsymbol{E}_x$、$\boldsymbol{H}_x$ 和 $\boldsymbol{H}_y$ 的分量是互相独立的,因此通过接收 3 个场分量,也可以获得分集的效果。

场分量分集不要求天线间有实体上的间隔,因此适用于较低工作频段(100MHz)。当工作频率(800~900MHz)较高时,空间分集在结构上更容易实现。

7. 其他分集

除以上分集方式外，在3G及之后的通信系统中，还使用以下分集方式。

1）多径分集

这是利用无线信道多径传输的分集，有时也称为路径分集。信号经过不同路径的传输到达接收端，在每条路径上接收信号的时延和幅度各不相同。在窄带通信中，这种多径传输通常被视为对主径信号的干扰，在可分离多径的宽带通信系统中，多径传输被视为可分集处理的信号加以利用。例如，码分多址系统的RAKE接收机对每个支路的信号分别接收，并通过延迟器提取不同时延的相关峰，进行适当的合并后再解调信息，这样既克服了多径效应问题，又等效地增大了接收功率。

2）发射分集

传统意义上的空间分集多指在发送端采用一根天线发射信号，而在接收端采用多根天线接收信号，即单输入多输出（SIMO）系统的接收分集方式；而发射分集是指在具有多根发射天线和一根接收天线的系统，即多输入单输出（Multiple-Input Single-Output，MISO）系统中，在发射机处所做的信号处理以从天线中获得最大的增益。在发射端通过多根天线发射同一信息序列的方式，统称为发射分集。发射分集使每根天线上的信号在到达接收端时经过独立的衰落，人为造成可区分的多径信号，从而使接收端增强接收效果，改进通信链路的性能。4.4节将进一步讨论SIMO和MISO系统的分集方式；采用空时编码实现MIMO完全分集的内容详见第6章。

3）多用户分集

多用户分集是指利用用户之间信道衰落的随机波动，挑选最佳的用户信道实现分集。例如，在多用户正交频分复用系统中，根据每个用户在不同载波上信道衰落的不同，给在某个载波上信道条件最好的用户分配最大的功率，达到信道容量的最大化。从分集的角度来说，这是一种多用户分集方式。实现多用户分集的功率分配方法详见10.2.3节。

### 4.2.2 合并方式

合并方式是指接收端收到$M(M\geqslant 2)$个分集信号后，利用这些信号减小衰落影响的方式。一般均使用线性合并器，把$M$个独立衰落信号相加后合并输出。假设$M$个输入信号电压为$r_1(t),r_2(t),\cdots,r_M(t)$，则合并器的输出电压$r(t)$为

$$r(t)=a_1r_1(t)+a_2r_2(t)+\cdots+a_Mr_M(t)=\sum_{k=1}^{M}a_kr_k(t) \tag{4.2.12}$$

其中，$a_k$为第$k$个信号的加权系数。

需要注意的是，经信道传输后，各支路信号的相位和载频会发生变化，在合并前往往需要同步。举例来说，假定分集传输系统中各子信道是相互独立的平坦慢衰落AWGN信道，各子信道同时基于$M$进制数字调制方式传输同一个数据符号序列$\{\boldsymbol{v}_0,\boldsymbol{v}_1,\boldsymbol{v}_2,\cdots\}$。设第$n$路发送信号的复数形式为

$$s_n(t)=a_n\mathrm{e}^{\mathrm{j}w_ct},\quad n=0,1,\cdots,L-1 \tag{4.2.13}$$

其中，$a_n$为信号的幅值；$w_\mathrm{c}$为信号的载频。经脉冲信号整形滤波器整形后的信号为

$$s_n(t)=\sum_{i=-\infty}^{+\infty}\boldsymbol{v}_ig_{\mathrm{tx}}(t-iT),\quad n=0,1,\cdots,L-1 \tag{4.2.14}$$

其中，$\boldsymbol{v}_i \in \{\boldsymbol{v}^{(m)}, m=0,1,\cdots,M-1\}$为第 $i$ 个符号的特征向量，它属于 $M$ 种符号的基准向量之一。信号经 $L$ 个信道传输到接收端，设接收到的 $L$ 个零中频复信号为

$$r_n(t) = a_n \mathrm{e}^{\mathrm{j}(\Delta w_n t + \phi_n)} s_n(t) + \eta_n(t), \quad n=0,1,\cdots,L-1 \tag{4.2.15}$$

其中，复增益因子 $G_n \triangleq a_n \mathrm{e}^{\mathrm{j}(\Delta w_n t + \phi_n)}$ 为均值非零的复高斯随机变量，代表信道对发送信号的作用；$\eta_n(t)$为第 $n$ 个信道引入的均值为 0，方差为 $\sigma^2$ 加性高斯白噪声，且复增益因子 $G_n$ 的方差明显小于噪声的方差 $\sigma^2$。假设各子信道的噪声功率 $\sigma^2$ 及发送符号向量 $\boldsymbol{v}$ 的能量 $E_s$ 都相同，则各路信号的信噪比为

$$\gamma_n = |\hat{G}_n|^2 \frac{E_s}{\sigma^2}, \quad n=0,1,\cdots,L-1 \tag{4.2.16}$$

由式(4.2.15)和式(4.2.16)可知，在合并时为了使信号同相累加，需要对各路信号进行同步，克服相位噪声和载频偏置对接收机的影响。

同步之后，对支路信号选择不同的加权系数可以构成不同的合并方式。常用的合并方式有 3 种：选择式合并、最大比合并(Maximum Ratio Combination，MRC)和等增益合并(Equal Gain Combination，EGC)。在选择式合并中，检测所有分集支路的信号并选择信噪比最高的支路信号作为合并器的输出；在最大比合并中，每一支路的加权系数与信号包络 $r_k$ 成正比，而与噪声功率成反比；在等增益合并中，简单地把各支路的信号直接相加。

**1. 选择式合并**

选择式合并选择信噪比最高的信号分支解调和解码，其余分支的信号全部丢弃。选择式合并在射频实现时高频开关的切换会引起附加的噪声，对系统的性能会有一定影响，但实现最为简单。图 4.2.3 所示为以接收信噪比为准则的选择式合并，合并器在信号解调以前，检测所有分集支路的信号，比较各支路信号中哪一路信号的信噪比最高，将信噪比最高的一路信号作为合并器的输出信号。合并器包含了一个 $M:1$ 转换开关，只要某个支路的信噪比变得较大，就可以切换到这个较好的接收链路。

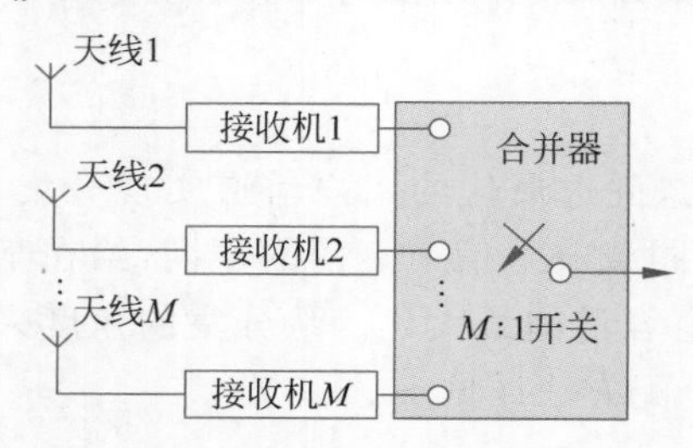


图 4.2.3　以接收信噪比为准则的选择式合并

**2. 最大比合并**

选择式分集可减小接收信号的起伏，但丢弃且浪费了 $M-1$ 个可利用的支路信号。在现代数字接收机中常采用最大比合并，根据信噪比的大小正比地加权以获得最高的信噪比。最大比合并是最佳的合并策略，最早由 Kanhn 提出，如图 4.2.4(a)所示。具体地说，在进行数据解调之前，将多个分集支路进行相位调整使各支路的接收信号同相累加，然后按照其各支路信号的强弱进行加权，再将得到的合路信号送入解调器进行检测，这种合并方法能得到最大的输出信噪比，但其实现过程比等增益合并复杂。

记每个支路的信号包络为 $r_k$。在最大比合并中，对每个支路采用的加权系数 $\alpha_k$ 与信号包络成正比，与噪声功率 $N_k$ 成反比，表示为

$$\alpha_k = \frac{r_k}{N_k} \tag{4.2.17}$$

由此可得最大比合并输出的信号包络为

$$r_{\text{MRC}}=\sum_{k=1}^{M}\alpha_k r_k=\sum_{k=1}^{M}\frac{r_k^2}{N_k} \tag{4.2.18}$$

**3. 等增益合并**

等增益合并无须对信号加权，各支路的信号是等增益相加的，如图 4.2.4(b)所示。合并后的接收信号可表示为

$$r_{\text{EGC}}=\sum_{k=1}^{M}r_k \tag{4.2.19}$$

由于等增益合并无须检测各支路的信噪比，也无须开关切换，实现比较简单，但其性能接近于最大比合并。

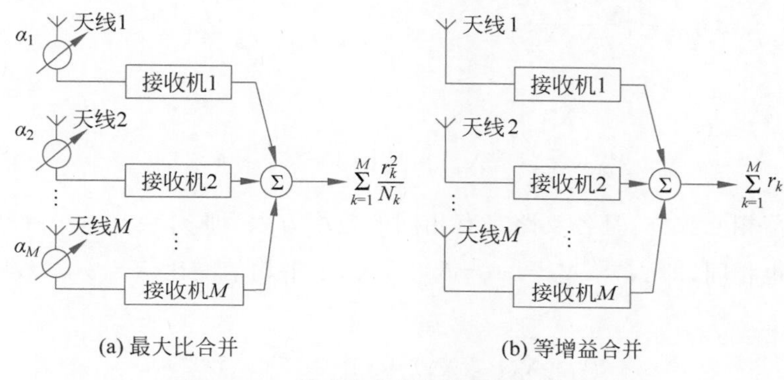


图 4.2.4　最大比合并与等增益合并原理

## 4.3　分集合并的性能分析

众所周知，信噪比决定了模拟通信系统的通信质量，也决定了数字通信系统的误码率。分集合并的性能指分集后较分集前信噪比的改善程度。在以下分析中，假设 3 个条件。

(1) 每个支路的噪声均为加性噪声且与信号不相关，噪声的均值为 0，具有恒定的均方根值。

(2) 信号幅度的衰落速率远低于信号的最低调制频率。

(3) 各支路信号的衰落互不相关，彼此独立。

### 4.3.1　中断概率的改善

先对选择式合并的接收端性能进行分析。设第 $k$ 个支路的信号功率为 $r_k^2$，噪声功率为 $N_k$，可得第 $k$ 个支路的信噪比为

$$X_k=\frac{r_k^2}{2N_k} \tag{4.3.1}$$

因此，信号的包络可写为 $r_k=\sqrt{2N_kX_k}$。根据选择式合并的基本原理，其输出信噪比 $X_{\text{S}}$ 可以表示为

$$X_{\text{S}}=\max\{X_k\} \tag{4.3.2}$$

在仅有一个接收支路时，信噪比必须达到某一门限值 $X_t$，才能保证误码率达到要求。

在有 $M$ 个接收支路的选择式合并中，只有全部 $M$ 个支路的信噪比都达不到要求，才会出现通信中断。中断概率可以表示为

$$P_M(X_S \leqslant X_t)=\prod_{k=1}^{M} P_k(X_k \leqslant X_t) \tag{4.3.3}$$

由 $X_k \leqslant X_t$ 可得信号的包络 $r_k \leqslant 2\sqrt{N_k X_t}$。设 $r_k$ 服从瑞利分布，其概率密度函数为

$$f(r_k)=\frac{r_k}{\sigma_k^2}\mathrm{e}^{-\frac{r_k^2}{2\sigma_k^2}} \tag{4.3.4}$$

其中，$\sigma_k^2$ 为第 $k$ 个接收分支上的包络方差。因此，有

$$P_k(r_k \leqslant 2\sqrt{N_k X_t})=\int_{-\infty}^{2\sqrt{N_k X_t}} P_k(r_k)\mathrm{d}r_k=1-\mathrm{e}^{-N_k X_t/\sigma_k^2} \tag{4.3.5}$$

可得

$$P_M(X_S \leqslant X_t)=\prod_{k=1}^{M}(1-\mathrm{e}^{-N_k X_t/\sigma_k^2}) \tag{4.3.6}$$

若各支路的衰落相互独立，且各支路具有相同的包络方差，即 $\sigma_1^2=\sigma_2^2=\cdots=\sigma_M^2=\sigma^2$；各支路的噪声功率也相同，即 $N_1=N_2=\cdots=N_M=N$，令平均信噪比 $\overline{X}=\sigma^2/N$，则有中断概率函数为

$$P_M(X_S \leqslant X_t)=(1-\mathrm{e}^{-X_t/\overline{X}})^M \tag{4.3.7}$$

因此，$M$ 重选择式分集的可通率为

$$T=P_M(X_S > X_t)=1-(1-\mathrm{e}^{-X_t/\overline{X}})^M \tag{4.3.8}$$

以上分析表明，若 $X_t$ 为接收机正常工作的信噪比门限值，$P_M(X_S \leqslant X_t)$ 就是通信中断的概率，也就是 $X_i(i=1,2,\cdots,M)$ 中的最大值小于给定 $X_t$ 的概率，而 $1-P_M(X_S \leqslant X_t)$ 就是系统正常通信的概率。

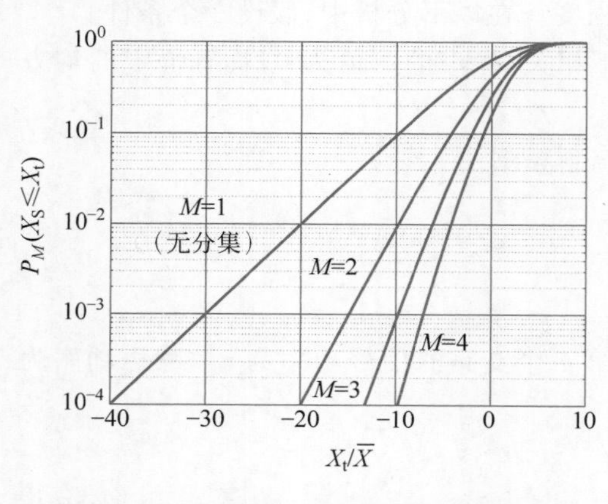


图 4.3.1 选择式合并的中断概率函数曲线

图 4.3.1 所示为选择式合并在无分集和分集重数分别为 2、3、4 时的中断概率函数曲线。可以看出，当给定一个中断概率 $P_M(X_S \leqslant X_t)$ 时，有分集和无分集对 $X_t/\overline{X}$ 的要求是不同的。随着分集支路数目的增加，所需支路接收信号的平均信噪比在下降，这意味着采用分集可以降低对接收功率的要求，而仍能保证系统所需的通信概率，这就是分集带来的好处。随着 $M$ 的增加，分集增益将逐渐减小，所有分集方式都具有这一特点。

当接收端采用最大比合并时，假设各支路的平均噪声功率是相互独立的，合并器输出的平均噪声功率是各支路的噪声功率之和，记为 $\sum_{k=1}^{M} a_k^2 N_k$。合并器的输出信噪比为

$$X_{\mathrm{MRC}}=\frac{\left(\sum_{k=1}^{M}a_k r_k/\sqrt{2}\right)^2}{\sum_{k=1}^{M}a_k^2 N_k} \tag{4.3.9}$$

将各支路信噪比 $X_k=\frac{r_k^2}{2N_k}$，即 $r_k=\sqrt{2N_k X_k}$ 代入式(4.3.9)，可得

$$X_{\mathrm{MRC}}=\frac{\left(\sum_{k=1}^{M}a_k\sqrt{N_k X_k}\right)^2}{\sum_{k=1}^{M}a_k^2 N_k} \tag{4.3.10}$$

根据柯西-施瓦茨不等式

$$\left(\sum_{k=1}^{M}pq\right)^2\leqslant\left(\sum_{k=1}^{M}p^2\right)\left(\sum_{k=1}^{M}q^2\right)$$

令 $p=a_k\sqrt{N_k}$，$q=\sqrt{X_k}$，可得

$$\left(\sum_{k=1}^{M}a_k\sqrt{N_k X_k}\right)^2\leqslant\left(\sum_{k=1}^{M}a_k^2 N_k\right)\sum_{k=1}^{M}X_k$$

因此

$$X_{\mathrm{MRC}}\leqslant\frac{\left(\sum_{k=1}^{M}a_k^2 N_k\right)\sum_{k=1}^{M}X_k}{\sum_{k=1}^{M}a_k^2 N_k}=\sum_{k=1}^{M}X_k \tag{4.3.11}$$

这表明，最大比合并的输出可能达到的最大信噪比为各支路的信噪比之和，即

$$X_{\mathrm{MRC,max}}=\sum_{k=1}^{M}X_k \tag{4.3.12}$$

最大比合并的信噪比 $X_{\mathrm{MRC}}$ 的概率密度函数为

$$p_M(X_{\mathrm{MRC}})=\frac{X_{\mathrm{MRC}}^{M-1}\exp(-X_{\mathrm{MRC}}/\overline{X})}{\overline{X}^M(M-1)!} \tag{4.3.13}$$

因此，可求得累积概率函数为

$$P_M(X_{\mathrm{MRC}}\leqslant X_{\mathrm{t}})=1-\exp\left(-\frac{X_{\mathrm{MRC}}}{\overline{X}}\right)\sum_{k=1}^{M}\frac{(X_{\mathrm{MRC}}/\overline{X})^{k-1}}{(k-1)!} \tag{4.3.14}$$

图 4.3.2 给出了 $M=1,2,3,4$ 时最大比合并的中断概率函数曲线。可以看到，最大比合并在分集支路增加时提供了相当大的平均信噪比增益。与无分集的情况相比，衰落程度明显减轻。对比图 4.3.1 可以发现，在同样的分集重数并满足一定的中断概率的条件下，最大比合并比选择式合并所需的平均信噪比更低。

若接收端采用等增益合并对各支路的信号求和输出，不进行加权，等价于各支路的加权系数 $a_k(k=1,2,\cdots,M)$ 都等于 1。等增益合并的信号包络 $r_{\mathrm{EGC}}$ 如式(4.2.19)所示，若各支路的噪声功率均等于 $N$，可得信噪比为

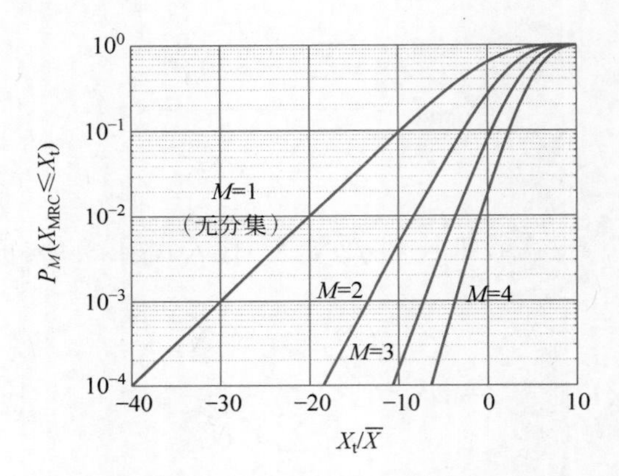


图 4.3.2 最大比合并的中断概率函数曲线

$$X_{\mathrm{EGC}}=\frac{(r_{\mathrm{EGC}}/\sqrt{2})^2}{NM}=\frac{\left(\sum_{k=1}^{M}r_k\right)^2}{NM} \tag{4.3.15}$$

## 4.3.2 平均信噪比的改善

接下来考查平均信噪比的改善程度,它是指分集接收机合并器输出的平均信噪比相较于无分集时接收机平均信噪比改善的分贝数。

在选择式合并中,由信噪比 $X_{\mathrm{S}}$ 的概率密度函数 $p(X_{\mathrm{S}})$,可求得平均信噪比为

$$\overline{X}_{\mathrm{S}}=\int_0^{+\infty}X_{\mathrm{S}}p(X_{\mathrm{S}})\mathrm{d}X_{\mathrm{S}} \tag{4.3.16}$$

其中,$p(X_{\mathrm{S}})$可由式(4.3.7)求得,即

$$p(X_{\mathrm{S}})=\frac{\mathrm{d}P_M(X_{\mathrm{S}})}{\mathrm{d}X_{\mathrm{S}}}=\frac{M}{\overline{X}}(1-\mathrm{e}^{-X_{\mathrm{S}}/\overline{X}})^{M-1}\mathrm{e}^{-X_{\mathrm{S}}/\overline{X}} \tag{4.3.17}$$

再代入式(4.3.16),可得

$$\overline{X}_{\mathrm{S}}=\overline{X}\sum_{k=1}^{M}\frac{1}{k} \tag{4.3.18}$$

因而平均信噪比的改善因子为

$$\overline{D}_{\mathrm{S}}(M)=\frac{\overline{X}_{\mathrm{S}}}{\overline{X}}=\sum_{k=1}^{M}\frac{1}{k} \tag{4.3.19}$$

其中,$\overline{X}=\sigma^2/N$。以分贝(dB)计,平均信噪比的改善因子可表示为

$$\overline{D}_{\mathrm{S,dB}}(M)=10\lg(\overline{X}_{\mathrm{S}}-\overline{X})=10\lg\left(\sum_{k=1}^{M}\frac{1}{k}\right) \tag{4.3.20}$$

若采用最大比合并,由式(4.3.11)可知

$$X_{\mathrm{MRC}}=\sum_{k=1}^{M}X_k=M\overline{X} \tag{4.3.21}$$

其中,$\overline{X}=\sigma^2/N$。可得平均信噪比的改善因子为

$$\overline{D}_{\mathrm{MRC}}(M)=\frac{\overline{X}_{\mathrm{MRC}}}{\overline{X}}=M \tag{4.3.22}$$

写成分贝形式，有

$$\overline{D}_{\mathrm{MRC,dB}}(M)=10\lg(\overline{X}_{\mathrm{MRC}}-\overline{X})=10\lg M \tag{4.3.23}$$

若采用等增益合并，由式(4.3.15)可知，平均信噪比为

$$\overline{X}_{\mathrm{EGC}}=\frac{1}{2NM}\sum_{k=1}^{M}\overline{r_k^2}+\frac{1}{2NM}\sum_{\substack{j,k=1\\ j\neq k}}^{M}\overline{r_j r_k} \tag{4.3.24}$$

假定各支路不相关，有 $\overline{r_j r_k}=\overline{r}_j\ \overline{r}_k, j\neq k$。在瑞利衰落信道中，有 $\overline{r_k^2}=2\sigma^2, \overline{r}_k=\sqrt{\pi/2}\sigma$，可得等增益合并的平均信噪比为

$$\begin{aligned}\overline{X}_{\mathrm{EGC}}&=\frac{1}{2NM}\left[2M\sigma^2+M(M-1)\frac{\pi\sigma^2}{2}\right]\\&=\overline{X}\left[1+(M-1)\frac{\pi}{4}\right]\end{aligned} \tag{4.3.25}$$

其中，$\overline{X}=\sigma^2/N$。因此，得出平均信噪比的改善因子为

$$\overline{D}_{\mathrm{EGC}}(M)=\frac{\overline{X}_{\mathrm{EGC}}}{\overline{X}}=\left[1+(M-1)\frac{\pi}{4}\right] \tag{4.3.26}$$

或

$$\overline{D}_{\mathrm{EGC,dB}}(M)=\frac{\overline{X}_{\mathrm{EGC}}}{\overline{X}}=10\lg\left[1+(M-1)\frac{\pi}{4}\right] \tag{4.3.27}$$

### 4.3.3 误码率的改善

在加性高斯白噪声情况下，采用非相干解调（包络检波）时，二进制移频键控（2FSK）的误码率公式为

$$P_{\mathrm{e}}(X)=\frac{1}{2}\mathrm{e}^{-\frac{X}{2}} \tag{4.3.28}$$

其中，$X$ 为信噪比或载噪比。

在瑞利衰落信道中，用平均误码率来表征，记作 $\overline{P}_{\mathrm{e}}$，即

$$\overline{P}_{\mathrm{e}}=\frac{1}{2}\int_0^{+\infty}\mathrm{e}^{-\frac{X}{2}}p(X)\mathrm{d}X \tag{4.3.29}$$

其中，$p(X)$为载噪比 $X$ 的概率密度函数。

在选择式合并时，$p(X)$即为 $p(X_{\mathrm{S}})$，将式(4.3.17)代入式(4.3.29)，可得

$$\begin{aligned}\overline{P}_{\mathrm{e},2}&=\frac{1}{2}\int_0^{+\infty}\mathrm{e}^{-X_{\mathrm{S}}/2}\frac{2}{\overline{X}_{\mathrm{S}}}(1-\mathrm{e}^{-X_{\mathrm{S}}/\overline{X}})\mathrm{e}^{-X_{\mathrm{S}}/\overline{X}}\mathrm{d}X_{\mathrm{S}}\\&=\frac{4}{(2+\overline{X})(4+\overline{X})}\end{aligned} \tag{4.3.30}$$

无分集，即 $M=1$ 时的平均误码率 $\overline{P}_{\mathrm{e},1}$ 为

$$\overline{P}_{\mathrm{e},1}=\frac{1}{2}\int_0^{+\infty}\mathrm{e}^{-X_{\mathrm{S}}/2}\frac{1}{\overline{X}}\mathrm{e}^{-X_{\mathrm{S}}/\overline{X}}\mathrm{d}X_{\mathrm{S}}=\frac{1}{2+\overline{X}} \tag{4.3.31}$$

如果平均载噪比 $\overline{X}\gg 1$，则可得

$$\overline{P}_{\mathrm{e},2}\approx\frac{4}{(2+\overline{X})^2}=4\overline{P}_{\mathrm{e},1}^2 \tag{4.3.32}$$

例如，无分集时，若平均误码率 $\bar{P}_{e,1}=10^{-2}$，采用二重分集后，$\bar{P}_{e,2}=4\times10^{-4}$，即平均误码率下降为无分集时的 1/25。

同理，可以求得最大比合并方式的平均误码率。当采用二重分集时，由式(4.3.13)得到载噪比 $X_{MRC}$ 的概率密度函数为

$$p(X_{MRC})=\frac{X_{MRC}e^{-X_{MRC}/\bar{X}}}{\bar{X}^2} \tag{4.3.33}$$

由此，可得平均误码率为

$$\begin{aligned}\bar{P}_{e,2}&=\frac{1}{2}\int_0^{+\infty}e^{-X_{MRC}/2}\frac{X_{MRC}e^{-X_{MRC}/\bar{X}}}{\bar{X}^2}dX_{MRC}\\&=\frac{2}{(2+\bar{X})^2}\approx2\bar{P}_{e,1}^2\end{aligned} \tag{4.3.34}$$

由上述分析可知，从平均误码率来看，最大比合并也是最佳的，在二重分集情况下，最大比合并相较于选择式合并有 3dB 的增益。

类似地，已知在恒参信道上，差分相移键控(Differential Phase Shift Keying，DPSK)的误码率为

$$P_e(X)=\frac{1}{2}e^{-X} \tag{4.3.35}$$

其中，$X$ 为信噪比或载噪比。

在瑞利衰落信道中，平均误码率为

$$\bar{P}_e=\frac{1}{2}\int_0^{+\infty}P_e(X)p(X)dX \tag{4.3.36}$$

其中，$p(X)$为载噪比 $X$ 的概率密度函数。由上述分析可知，在选择式合并时，$p(X)$即为 $p(X_S)$，且 $p(X_S)=\frac{M}{\bar{X}}(1-e^{-X_S/\bar{X}})^{M-1}e^{-X_S/\bar{X}}$。因此，当 $M=1$ 时，有

$$\begin{aligned}\bar{P}_{e,1}&=\frac{1}{2}\int_0^{+\infty}e^{-X_S}\frac{1}{\bar{X}}e^{-X_S/\bar{X}}dX_S\\&=\frac{1}{2+2\bar{X}}\end{aligned} \tag{4.3.37}$$

同理可得

$$\begin{aligned}\bar{P}_{e,2}&=\frac{1}{2}\int_0^{+\infty}e^{-X_S}\frac{2}{\bar{X}}(1-e^{-X_S/\bar{X}})e^{-X_S/\bar{X}}dX_S\\&=\frac{1}{(1+\bar{X})(2+\bar{X})}\end{aligned} \tag{4.3.38}$$

当平均载噪比 $\bar{X}\gg1$ 时，可得

$$\bar{P}_{e,2}\approx\frac{1}{\bar{X}^2}=4\frac{1}{4\bar{X}^2}\approx\bar{P}_{e,1}^2 \tag{4.3.39}$$

当 $M=3$ 时，有

$$\bar{P}_{e,3}\approx24\bar{P}_{e,1}^3 \tag{4.3.40}$$

当 $M=4$ 时，有

$$\overline{P}_{e,4} \approx 192\overline{P}_{e,1}^{4} \tag{4.3.41}$$

因此，由无分集改用分集后，误码率获得明显改善。

图 4.3.3 所示为采用二相差分相移键控(2DPSK)时，有分集和无分集时误码率的理论值和仿真值，信道分别为 AWGN 信道和瑞利衰落信道。可以看出，在 AWGN 信道上具有最佳的误码率性能，在瑞利衰落信道上无分集时具有最差的误码率性能；采用三重分集的误码率性能优于二重分集性能。

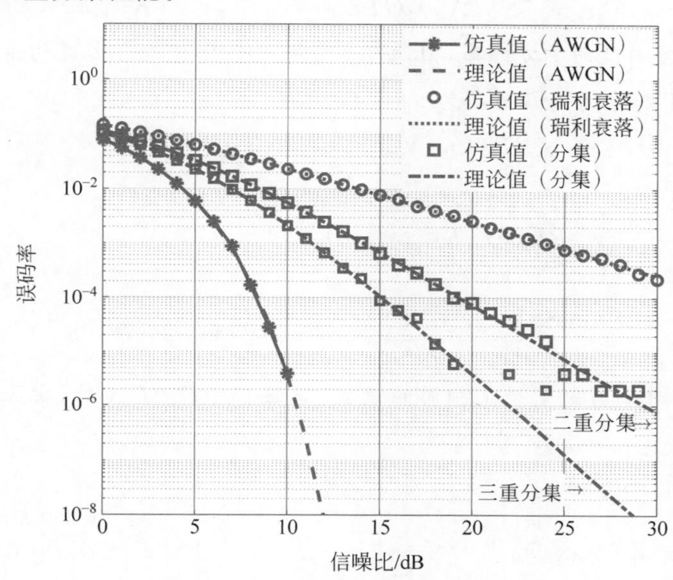


图 4.3.3 有分集和无分集时 2DPSK 的误码率

## 4.4 多天线分集

在多天线系统中，两种典型的方案分别是 SIMO 和 MISO。SIMO 方案的接收分集较为简单；而 MISO 方案使用多根发射天线将信号传输到一根接收天线，发射信号在空间信道上会叠加组合，造成信号间的干扰。一般来说，MISO 通信比 SIMO 通信更具挑战性，从空间分集中获得性能优势更加困难。在发射机侧，我们需要一些关于信道的知识，或者需要以特殊的方式在发射天线上传输信息以获得分集增益。本节首先讨论 SIMO 的分集方式，然后讨论 MISO 的分集方式。

### 4.4.1 SIMO 系统的天线选择

在 SIMO 系统中，简单的选择式合并通常被称为天线选择。通过测量每根天线的信噪比，然后选择并译码来自最高信噪比的天线信号。

考虑第 $i$ 根天线的接收信号，写为

$$y_i[n]=h_i s[n]+v_i[n] \tag{4.4.1}$$

其中，$i=1,2,\cdots,N_R$。通过选择 $y_i[n]$，使

$$i^* = \underset{i\in\{1,2,\cdots,N_R\}}{\operatorname{argmax}} |h_i|^2 \tag{4.4.2}$$

因为第 $i$ 个支路的信噪比为$|h_i|^2/N_o$，这种选择可给出最高信噪比的支路。对应于 $i^*$ 支路的信号 $y_{i^*}[n]$被选择后进行符号检测，所实现的误码率性能取决于有关衰落信道的假设。

**【例 4.4.1】** 考虑一个具有 $N_R$ 根接收天线的 SIMO 系统，假设信道系数为 $h_i, i=1, 2,\cdots,N_R$，且为 IID(独立同分布)的均值为 0，方差为 $G$ 的复高斯白噪声，计算信道系数 $|h_i|^2$ 的累积分布函数和概率密度函数。

解 由于每个信道 $h_i$ 是服从$\mathcal{CN}(0,G)$的高斯分布，已知 $K$ 个服从$\mathcal{N}(0,1)$的随机变量的平方和服从 $K$ 自由度的卡方分布，因此$|h_i|^2$ 是一个具有二自由度的卡方分布。在这种情况下，$|h_i|^2$ 的累积分布函数可写为

$$P(|h_i|^2 \leqslant x) = 1 - \mathrm{e}^{-x/G} \tag{4.4.3}$$

因此

$$P(\max|h_i|^2 \leqslant x) = (1 - \mathrm{e}^{-x/G})^{N_R} \tag{4.4.4}$$

概率密度函数计算为

$$\frac{\mathrm{d}P(\max|h_i|^2 \leqslant x)}{\mathrm{d}x} = \frac{N_R}{G}\mathrm{e}^{-x/G}(1 - \mathrm{e}^{-x/G})^{N_R-1} \tag{4.4.5}$$

**【例 4.4.2】** 对于与例 4.4.1 相同的设置，假设 $G=E_x/P_r(d)$，由$\mathbb{E}(\max\limits_i|h_i|^2)/N_o$ 确定选择后的信噪比。

解 由式(4.4.5)可知

$$\frac{1}{N_o}\mathbb{E}(\max_i|h_i|^2) = \frac{1}{N_o}\int_0^{+\infty}\frac{N_R}{G}\mathrm{e}^{-x/G}(1 - \mathrm{e}^{-x/G})^{N_R-1}\mathrm{d}x \tag{4.4.6a}$$

$$= \frac{G}{N_o}\sum_{i=1}^{N_R}\frac{1}{i} \tag{4.4.6b}$$

$$= \frac{E_x}{N_o P_r(d)}\sum_{i=1}^{N_R}\frac{1}{i} \tag{4.4.6c}$$

可以看出，增加 $N_R$ 会为平均信噪比提供一个递减增益。

## 4.4.2 SIMO 系统的最大比合并

在 SIMO 系统中，对多根接收天线的信号进行最大比合并以最大化信噪比，即确定一个加权向量 $\boldsymbol{w}$，它被称为波束成形向量，使得组合信号

$$r[n] = \boldsymbol{w}^H\boldsymbol{y}[n] = \boldsymbol{w}^H\boldsymbol{h}s[n] + \boldsymbol{w}^H\boldsymbol{v}[n] \tag{4.4.7}$$

具有最大的信噪比。

把以信道 $\boldsymbol{h}$ 为条件的信噪比写为

$$\mathrm{SNR}|_h = \frac{|\boldsymbol{w}^H\boldsymbol{h}|^2}{N_o|\boldsymbol{w}|^2} = \frac{(\boldsymbol{w}^H\boldsymbol{h})(\boldsymbol{w}^H\boldsymbol{h})^H}{N_o\boldsymbol{w}^H\boldsymbol{w}} \tag{4.4.8}$$

其中，$\boldsymbol{w}^H\boldsymbol{h}$ 为两个向量的内积。运用柯西-施瓦茨不等式，可知

$$|\boldsymbol{w}^H\boldsymbol{h}|^2 \leqslant \|\boldsymbol{w}\|_2^2\|\boldsymbol{h}\|_2^2 \tag{4.4.9}$$

若 $\boldsymbol{w}=c\boldsymbol{h}$ 且 $c$ 是一个任意的非零复数，则等式成立。这表明 $c$ 的选择是无关紧要的。

不失一般性，可设 $c=1$。直观的解释是 $\boldsymbol{w}$ 是一个与 $\boldsymbol{h}$ 相匹配的空间匹配滤波器。

最大比合并的信噪比为

$$\mathrm{SNR}\,|_{h}^{\mathrm{MRC}}=\frac{\|\boldsymbol{h}\|_2^2}{N_o}=\frac{G\|\boldsymbol{h}_s\|_2^2}{N_o} \tag{4.4.10}$$

其中，$G$ 为 SIMO 信道的大尺度衰落部分；$\boldsymbol{h}_s$ 为信道的小尺度衰落部分。

### 4.4.3　MISO 系统的发射分集

MISO 系统使用多根发射天线将信号发送到传输信道，再由一根接收天线接收。无论发射机是否已知信道状态信息（Channel State Information，CSI），利用发射分集都可以实现分集增益。

**1. 发射机未知信道状态信息**

在发射机未知信道状态信息时，一种发射分集方法是发射延迟分集。在每根发射天线上发射一个连续延迟的信号，其效果是从平坦衰落信道创建一个频率选择性信道。例如，如果延迟恰好是一个符号周期并且两根发射天线在匹配滤波、符号定时、频率偏移校正和帧同步之后，可得

$$\begin{aligned}y[n]&=h_1s_1[n]+h_2s_2[n]+v[n]\\&=h_1s[n]+h_2s[n-1]+v[n]\end{aligned} \tag{4.4.11}$$

可见 $y[n]$ 有码间干扰。但是，$s[n]$ 对 $y[n]$ 和 $y[n+1]$ 都有贡献，这被称为频率选择性分集。由于信道状态信息未知，线性均衡器通常不能从这种分集中获得很大的优势。为了获得最大的分集增益，需要使用单载波频域均衡器（SC-FDE），或者使用 OFDM 进行编码和交织，还可以使用最大似然检测器。

在发射机处不使用信道状态信息的传输方法称为空时编码，延迟分集是空时编码的一个例子。利用空时编码，在接收端使用更复杂的算法检测传输的符号。它的优点是在不需要信道状态信息的情况下获得分集增益，缺点是接收机使用更复杂的算法。若采用正交的空时分组码，则可以使用线性均衡方法，详见第 6 章。

**2. 发射机已知信道状态信息**

1）空间复用

假设发射天线距离很近，每根发射天线和接收天线间有相同的大尺度衰落，只有小尺度衰落不同，信道可以被分解为 $\boldsymbol{h}=\sqrt{G_{\mathrm{MISO}}}\,\boldsymbol{h}_s$，其中，大尺度衰落系数表示为 $G_{\mathrm{MISO}}=E_x/[P_r(d)N_T]=G/N_T$，$E_x/N_T$ 为每根发射天线的平均功率。假设每根发射天线发射相同的信号 $s[n]$，对于所有发射信号，脉冲信号整形是相同的，在完美的同步和匹配滤波后，接收到的信号为

$$\begin{aligned}y[n]&=h_1s[n]+h_2s[n]+\cdots+h_{N_T}s[n]+v[n]\\&=s[n](h_1+h_2+\cdots+h_{N_T})+v[n]\end{aligned} \tag{4.4.12}$$

由于信道系数是复数，信道并不能有效叠加。

若考虑信道为瑞利衰落信道，其中 $h_i$ 是服从 $\mathcal{CN}(0,G_{\mathrm{MIMO}})$ 的 IID 随机变量，由于高斯随机变量之和仍然服从高斯分布，故均值为

$$\mathbb{E}[h_1+h_2+\cdots+h_{N_T}]=0 \tag{4.4.13}$$

方差为

$$\mathbb{E}[(h_1+h_2+\cdots+h_{N_T})^2]=\mathbb{E}[|h_1|^2+|h_2|^2+\cdots+|h_{N_T}|^2]$$
$$=N_T G_{\text{MIMO}}=\frac{1}{N_T}GN_T=G \tag{4.4.14}$$

因此,和信道 $h_1+h_2+\cdots+h_{N_T}$ 服从$\mathcal{CN}(0,G)$,这意味着 MISO 信道等价于一个 SISO 信道。这就是说,如果一个符号被多根发射天线重复发射,则不存在分集,空间复用没有起到分集作用。

2) 发射波束成形

在发射机已知信道状态信息时,发射分集最常见的方式是发射波束成形,通过改变发送自每根天线的信号幅度和相位,使得信号在接收机处更好地合并。

定义波束成形向量 $\boldsymbol{f}=[f_1,f_2,\cdots,f_{N_T}]^{\mathrm{T}}$,接收到的信号在匹配滤波和同步之后,可写为

$$y[n]=\boldsymbol{h}^{\mathrm{H}}\boldsymbol{f}s[n]+v[n] \tag{4.4.15}$$

其中,有效接收信道 $\boldsymbol{h}^{\mathrm{H}}\boldsymbol{f}$ 是 $\boldsymbol{h}$ 和 $\boldsymbol{f}$ 的内积。为了满足发射功率约束,$\boldsymbol{f}$ 被缩放,即有

$$\sum_{m=1}^{N_T}|f_m|^2\mathbb{E}(|s[n]|^2)=N_T \tag{4.4.16}$$

通过使 $\|\boldsymbol{f}\|^2=N_T$ 限制波束成形向量的功率。与接收端的波束成形情况不同,这个发送波束成形向量的选择不会影响噪声方差。与最大比合并的情况一样,选择波束成形向量 $\boldsymbol{f}$ 以最大化接收端的信噪比,即优化问题为

$$\max\frac{|\boldsymbol{h}^{\mathrm{H}}\boldsymbol{f}|^2}{N_o} \tag{4.4.17a}$$

$$\text{s.t.}\ \|\boldsymbol{f}\|^2=N_T \tag{4.4.17b}$$

由该优化模型所得到的波束成形器称为最大比传输(Maximum Ratio Transmission, MRT)方案。与最大比合并类似,波束成形向量的形式为 $\boldsymbol{f}=a\boldsymbol{h}$,为了满足功率约束,观察

$$\boldsymbol{f}^{\mathrm{H}}\boldsymbol{f}=|a|^2\boldsymbol{h}^{\mathrm{H}}\boldsymbol{h}=N_T \tag{4.4.18}$$

因此,缩放因子 $a$ 必须满足$|a|^2=N_T/\|\boldsymbol{h}\|^2$。一种简单的解决方案是 $a=\sqrt{N_T}/\|\boldsymbol{h}\|$。此时,发射波束成形器

$$\boldsymbol{f}=\sqrt{N_T}\boldsymbol{h}/\|\boldsymbol{h}\| \tag{4.4.19}$$

是最大比传输的空间匹配滤波器。此时,信噪比为

$$\text{SNR}_{\boldsymbol{h}}^{\text{MRT}}=\frac{|\boldsymbol{h}^{\mathrm{H}}\boldsymbol{f}|^2}{N_o}=\frac{N_T|\boldsymbol{h}^{\mathrm{H}}\boldsymbol{h}|^2}{\|\boldsymbol{h}\|^2N_o}=\|\boldsymbol{h}\|^2\frac{N_T}{N_o}=\|\boldsymbol{h}_s\|^2\frac{G_{\text{MISO}}N_T}{N_o}=\|\boldsymbol{h}_s\|^2\frac{G}{N_o} \tag{4.4.20}$$

其中,$G=G_{\text{MISO}}N_T$,它是 MISO 信道的大尺度衰落部分。

比较式(4.4.10)和式(4.4.20)可知,最大比传输和最大比合并的信噪比是相同的,因此,例 4.4.1 和例 4.4.2 的性能分析也适用于最大比传输的情况。最大比传输在 IID 瑞利衰落信道上提供了 $N_T$ 重分集。

波束成形向量的另一种形式是使每个 $f_m$ 具有 $\exp(\mathrm{j}\theta_m)/N_T$ 的形式,这将产生与等增益合并等价的结果,导致相等增益上的解。

3）有限反馈波束成形

为了提高传输性能，发射机通过从接收机返回到发射机的低速（或有限）反馈信道可知信道状态信息。由于反馈信道消耗系统资源，必须传递尽可能少的信息来完成指定任务。有限反馈波束成形的思想是接收机从可能的波束成形向量的码本中选择最佳可能的波束成形向量。

定义$\mathcal{F}=\{\boldsymbol{f}_1,\boldsymbol{f}_2,\cdots,\boldsymbol{f}_N\}$为码本的波束成形向量集合，其中每个$\boldsymbol{f}_i$是一个$N_{\mathrm{T}}\times 1$向量，且满足$\|\boldsymbol{f}_i\|^2=N_{\mathrm{T}}$以满足功率约束。设$N$为码本的个数，它通常选择为2的幂次。在MISO发射波束成形的情况下，选择良好的发射波束成形向量相应的码本索引，使信噪比最大化，即

$$\begin{aligned} m^* &= \underset{m\in\{1,2,\cdots,N\}}{\operatorname{argmax}} \frac{1}{N_{\mathrm{o}}}\|\boldsymbol{h}^{\mathrm{H}}\boldsymbol{f}_m\|^2 \\ &= \underset{m\in\{1,2,\cdots,N\}}{\operatorname{argmax}} \|\boldsymbol{h}^{\mathrm{H}}\boldsymbol{f}_m\|^2 \end{aligned} \tag{4.4.21}$$

可以看出，最好的波束成形向量$\boldsymbol{f}_{m^*}$是与$\boldsymbol{h}$有最大内积的码本向量。找到索引$m^*$后，接收机通过有限反馈信道将$m^*$反馈给发射机。

4）基于互易的波束成形

假设配备有$N$根天线的用户$A$和配备单天线的用户$B$进行通信。将SIMO信道表示为$\boldsymbol{h}_{B\to A}$，MISO信道表示为$\boldsymbol{h}_{A\to B}^*$。信道的互易原理是指从$A$到$B$的传播路径与从$B$到$A$的传播路径是相同的，这意味着路径增益、相位和延迟是相同的，即$\boldsymbol{h}_{B\to A}=\boldsymbol{h}_{A\to B}^*$。使用互易原理，用户$A$可以基于从用户$B$发送的训练数据测量$\boldsymbol{h}_{B\to A}$，假设信道在传输信息的来返时间内保持不变，使用$\boldsymbol{h}_{B\to A}$设计波束成形器$\boldsymbol{f}=\boldsymbol{h}_{B\to A}^*/\|\boldsymbol{h}_{B\to A}\|$。

使用互易性的无线通信系统通常为时分双工系统，并且上下行使用相同的载频。这类波束成形的优点是不需要信道或波束成形向量的量化。由于估计来自$N_{\mathrm{T}}$根发射天线的信道比估计来自一根天线的信道多花费约$N_{\mathrm{T}}$倍的训练开销，因此这样做减少了导频开销。缺点是需要校准阶段，因为发射机和接收机之间的模拟前端存在差异，特别是功率放大器输出阻抗和本地噪声放大器输出阻抗之间的差异。

## 本章小结

本章阐述通信系统中为提高传输性能在发射端所做的脉冲信号形状设计、符号检测方法和误码率；随后介绍分集传输的基本原理、分集的种类、分集合并方式及其性能分析，还分析了多天线系统的分集方案。本章介绍的分集方式均为常见的分集方式，它们通常可以被联合起来使用，如空间分集可以与角度分集、极化分集以及场分集联合使用，空间分集也可与时间分集联合使用，从而同时获得空间和时间上的分集增益。

## 本章习题

4.1　考虑发射信号为$x(t)=\sum_n s[n]g(t-nT_s)$的一般复脉幅调制方案，其中脉冲信

号形状 $g(t)=\mathrm{e}^{-t^2/4}$，令星座为$\mathcal{C}=\{2,-2,2\mathrm{j},-2\mathrm{j},0\}$。

(1) 适用于此信号的匹配滤波器是什么？

(2) 星座的平均能量是什么？

(3) 假设分别用$\mathcal{N}(0,1)$分布生成实部和虚部来生成复高斯噪声，为了达到 10dB 的信噪比，需要多大的比例系数扩展发送星座？

4.2　考虑一个 AWGN 等效系统模型

$$y=\sqrt{E_s}s+v$$

其中，$s$ 为取自星座$\mathcal{C}=\{s_1,s_2\}$的符号，并且 $v\sim\mathcal{N}(0,N_o)$。

(1) 推导出误码率的理论公式；

(2) 假设$\mathcal{C}=\{1+\mathrm{j},-1-\mathrm{j}\}$，推导出零均值归一化星座；

(3) 使用归一化星座，绘制误码率与信噪比的关系曲线。

4.3　假设发送符号 $x[n]$通过一个标量信道 $a$ 传输，采样后的接收信号为

$$y[n]=ax[n]+v[n]$$

其中，$v[n]$为具有方差 $N_o$ 的 AWGN 信道噪声。试求 $x[n]$的最大似然检测器，写出公式并求解。

4.4　对于 DPSK 信号，采用选择式合并方式，四重分集相对于三重分集，其平均误码率可以降低多少？

4.5　考虑一个平衰落的 SIMO 系统

$$\boldsymbol{y}[n]=\boldsymbol{h}s[n]+\boldsymbol{v}[n]$$

假设$\boldsymbol{v}[n]$的均值为 0，协方差为 $\boldsymbol{R}_v$，试确定接收波束成形向量 $\boldsymbol{w}$，使

$$\mathrm{SNR}\,|_h=\frac{|\,\boldsymbol{w}^{\mathrm{H}}\boldsymbol{h}\,|^2}{\mathbb{E}\{|\,\boldsymbol{w}^{H}\boldsymbol{v}[n]\,|\}^2}$$

最大化。其中，假设 $\boldsymbol{R}_v$ 是可逆的。

4.6　考虑一个单路径信道的 SIMO 系统，$\theta=\pi/4$，$\alpha=0.25\mathrm{e}^{\mathrm{j}\pi/4}$。

(1) 确定最大比合并波束成形的解；

(2) 确定 $\boldsymbol{w}^{\mathrm{H}}\boldsymbol{h}$ 的表达式；

(3) 确定$|\boldsymbol{\alpha}(\phi)^{\mathrm{H}}\boldsymbol{h}|^2$ 的极坐标，并解释所得出的结果。

4.7　试仿真一个 OFDM 传输系统，它的子载波为 16 个，循环前缀为 4 个，信道的有限冲激响应长度为 2，且在接收端已知，信息调制方式为 QPSK。建立传输系统并对符号解码，给出信噪比为 0～15dB 时的误码率曲线。

# 第 5 章 通信接收端的自适应均衡

CHAPTER 5

通信系统和通信技术朝着从有线到无线、从模拟到数字、从固定到移动、从低数据速率到高数据速率的方向发展，特别是当代的数字蜂窝移动通信系统及所采用的技术已经成为通信发展水平的重要标志。码间干扰是影响数字通信质量的一个主要因素，产生码间干扰的主要原因是信道的非理想特性，多径传输是导致信道非理想特性的重要原因。目前，克服码间干扰的主要技术手段是均衡。均衡是指在通信系统的接收端插入滤波器，以校正和补偿信道特性并减小码间干扰的信号处理技术。在高速时变信道和短序列时隙传输中，信道均衡必须具有较强的时变适应能力。如果在均衡器的设计中加入自适应算法，使之参数可调，则称为自适应均衡器。均衡器可以分为两种：时域均衡器和频域均衡器。常规的均衡需要训练序列，而在某些缺乏训练序列的情况下可以采用盲均衡。

第 16 集

微课视频

本章从均衡器的原理入手，重点介绍几种常用的自适应均衡算法和自适应盲均衡方法的原理及其应用。

## 5.1 时域均衡器

由于接收信号是由发送信号的多条延迟分量组成，这些延时分量的和或差造成了码间干扰，并且这种码间干扰不能通过增加发射功率或降低接收机噪声来消除。一种消除码间干扰的方法就是均衡器。

### 5.1.1 均衡器的原理

考虑频率选择性衰落的离散时间接收模型。假设完美同步，在匹配滤波器之后，采样之前，接收的复基带信号可表示为

$$y(t)=g_{\mathrm{rx}}(t)*h(t)*\sqrt{E_x}\sum_{m=-\infty}^{+\infty}s(m)g_{\mathrm{tx}}(t-mT)+g_{\mathrm{rx}}(t)*v(t) \tag{5.1.1}$$

$$=\sum_{m=-\infty}^{+\infty}s(m)h_{\mathrm{eff}}(t-mT)+g_{\mathrm{rx}}(t)*v(t) \tag{5.1.2}$$

其中，$g_{\mathrm{rx}}(t)$和$g_{\mathrm{tx}}(t)$分别为发射机的脉冲信号成形滤波器和接收机的脉冲信号匹配滤波器；$h(t)$为时域信道响应；$\sqrt{E_x}$为归一化的发送能量；$s(m)$为第 $m$ 个时刻的发送符号；$v(t)$为接收噪声。考虑收发端的滤波器效应后，有效的信道模型 $h_{\mathrm{eff}}(t)=g_{\mathrm{rx}}(t)*g_{\mathrm{tx}}(t)*$

$\sqrt{E_x}h(t)$。

这个接收到的有效脉冲信号 $y(t)$ 通常不再是奈奎斯特脉冲信号波形。对式(5.1.2)按照符号速率采样,并且用 $h(n)=h_{\text{eff}}(nT)$ 表示采样的有效信道离散时间模型,则可将接收信号表示为

$$y(k)=\sum_{l=-\infty}^{+\infty}h(l)s(k-l)+v(k) \tag{5.1.3}$$

由于每个观测信号 $y(k)$ 是所有发送信号经过卷积后的线性组合,造成了码间干扰。

【例 5.1.1】 设 $h(k)=\sqrt{E_s}\delta(k)+\sqrt{E_s}h_1\delta(k-1)$,考虑码间干扰的影响,接收信号为

$$y(k)=\sqrt{E_s}s(k)+\sqrt{E_s}h_1s(k-1)+v(k)$$

在接收第 $k$ 个符号时受到了前一个符号周期发出的符号 $s(k-1)$ 的干扰。若不纠正这种干扰,则信干噪比将变为

$$\text{SINR}=\frac{E_s}{E_s|h_1|^2+N_0}$$

显然,信干噪比是 $|h_1|^2$ 的函数,$|h_1|^2$ 越大,信干噪比越小。当 $E_s=10$ 且 $|h_1|^2=1$ 时,SINR$=10/(10+1)\approx0.91$ 或 $-0.41$dB。

为了消除信道的影响即克服码间干扰,在带限数字通信系统中,在接收端采样和判决之前需要加入一个信道均衡器。加入均衡器之后的时域传输等效模型如图 5.1.1 所示。

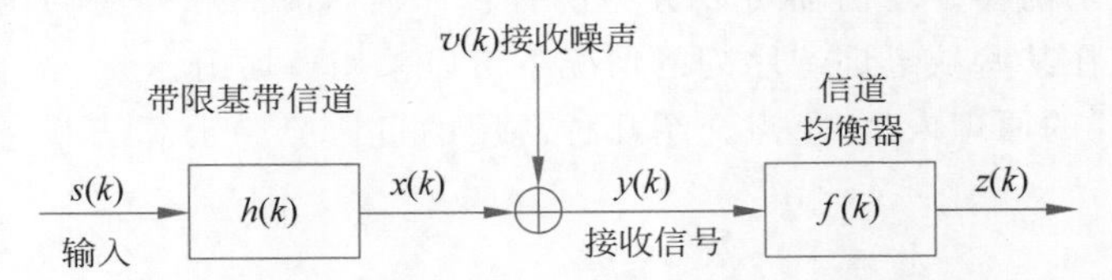


图 5.1.1 加入均衡器之后的时域传输等效模型

设输入信号 $s(k)$ 经信道传输后的输出为 $x(k)$,再加上接收端的接收噪声 $v(k)$,则未均衡前的接收信号模型为

$$y(k)=h(k)*s(k)+v(k)=\sum_{l=0}^{L}h(l)s(k-l)+v(k) \tag{5.1.4}$$

其中,$h(l)$ 为传输信道的第 $l$ 个抽头系数。

经信道均衡器作用后,若忽略接收噪声,则均衡器的输出为

$$z(k)=f(k)*y(k)=f(k)*h(k)*s(k) \tag{5.1.5}$$

其中,$f(k)$ 为均衡器在 $k$ 时刻的权系数。

通过均衡器可使 $f(k)*h(k)=\delta(k-d)e^{j\varphi}$,其中,$\delta(k)$ 为 Kronecker$\delta$ 函数,$d$ 为整数时延,$\varphi$ 为常数相移。均衡后,得到的输出为

$$z(k)=s(k-d)e^{j\varphi} \tag{5.1.6}$$

它是输入信号的整数倍时延和常数相移的信号。由于整数倍时延可以通过同步来消除,常数相移可以通过锁相环来消除,因此加入均衡器可以消除信道对输入信号的影响。

事实上,产生码间干扰的原因是信道可视作因果的有限冲激响应,信道完全由 $L+1$ 个抽头系数 $h(l)$ 确定,信道的阶数 $L$ 在很大程度上决定了码间干扰的严重程度。假设信道参

数 $h(l), l=0,1,\cdots,L$ 是接收机完全已知的，则可设计均衡器消除由于信道影响而产生的码间干扰。简单地说，均衡就是消除码间干扰的方法和实现算法，均衡器是消除码间干扰的滤波器。

### 5.1.2 迫零均衡器

均衡的方法有很多种。例如最大似然估计均衡器，它可以在加性高斯白噪声环境下对发送序列检测，但当信道的冲激响应长度 $L$ 很大时，检测器的实现变得复杂。再如判决反馈均衡器，这类均衡器将检出的符号从接收信号中排除掉，使接收信号不包含已检出符号所造成的干扰，从而减小码间干扰对符号检测的影响。

一种简单的适用于时域信号均衡的滤波器是迫零均衡器。设 $\{f(l)\}_{l=0}^{L_f}$ 是一个阶数为 $L_f$ 的有限冲激响应(Finite Impulse Response, FIR)均衡器。忽略接收噪声，在 $k=0,1,\cdots, L_f+L$ 时刻，一个理想的均衡器应满足

$$\sum_{l=0}^{L_f} f(l)h(k-l)=\delta(k-n_{\mathrm{d}}) \tag{5.1.7}$$

为求解 $L_f+1$ 个未知的均衡器参数，将式(5.1.7)表示为线性方程

$$\boldsymbol{H}\boldsymbol{f}_{n_{\mathrm{d}}}=\boldsymbol{e}_{n_{\mathrm{d}}} \tag{5.1.8}$$

其中，矩阵 $\boldsymbol{H}$ 为托普利兹(Toeplitz)矩阵，即有

$$\boldsymbol{H}=\begin{bmatrix} h(0) & 0 & 0 & 0 \\ \vdots & h(0) & 0 & 0 \\ h(L) & \vdots & \ddots & 0 \\ 0 & h(L) & \vdots & h(0) \\ 0 & 0 & \ddots & \vdots \\ 0 & 0 & 0 & h(L) \end{bmatrix}, \quad \boldsymbol{f}=\begin{bmatrix} f(0) \\ f(1) \\ \vdots \\ f(L_f) \end{bmatrix} \tag{5.1.9}$$

$\boldsymbol{e}_{n_{\mathrm{d}}}$ 为理想的响应向量，它在 $n_{\mathrm{d}}+1$ 位置的元素是 1，其余位置的元素都是 0。

因此，在噪声为 0 时求解 $\boldsymbol{f}_{n_{\mathrm{d}}}$，可得

$$\boldsymbol{f}_{\mathrm{LS},n_{\mathrm{d}}}=(\boldsymbol{H}^{\mathrm{H}}\boldsymbol{H})^{-1}\boldsymbol{H}^{\mathrm{H}}\boldsymbol{e}_{n_{\mathrm{d}}} \tag{5.1.10}$$

它是常用的最小二乘估计解，该解也被称为迫零(Zero Forcing, ZF)解。此时的均方误差最小，且最小值为

$$J(n_{\mathrm{d}})=\boldsymbol{e}_{n_{\mathrm{d}}}^{\mathrm{H}}[\boldsymbol{I}-\boldsymbol{H}(\boldsymbol{H}^{\mathrm{H}}\boldsymbol{H})^{-1}\boldsymbol{H}^{\mathrm{H}}]\boldsymbol{e}_{n_{\mathrm{d}}} \tag{5.1.11}$$

均衡器的延迟 $n_{\mathrm{d}}$ 也是一个设计参数，最好的均衡器考虑若干 $n_{\mathrm{d}}$ 的取值并选择最好的一个，因此，进一步选择 $n_{\mathrm{d}}$ 使 $J(n_{\mathrm{d}})$ 最小。称这种方法为最小均方最优均衡器，也称为迫零均衡器。

**【例 5.1.2】** 设信道的冲激响应为 $h(0)=0.5, h(1)=\frac{1}{2}\mathrm{j}, h(2)=0.4\mathrm{e}^{\mathrm{j}\frac{\pi}{5}}$，设计长度为 $L_f=6$ 的最小均方最优均衡器。

解 首先构造卷积矩阵

$$\boldsymbol{H}=\begin{bmatrix} 0.5 & 0 & 0 & 0 & 0 & 0 & 0 \\ \frac{1}{2}\mathrm{j} & 0.5 & 0 & 0 & 0 & 0 & 0 \\ 0.4\mathrm{e}^{\mathrm{j}\frac{\pi}{5}} & \frac{1}{2}\mathrm{j} & 0.5 & 0 & 0 & 0 & 0 \\ 0 & 0.4\mathrm{e}^{\mathrm{j}\frac{\pi}{5}} & \frac{1}{2}\mathrm{j} & 0.5 & 0 & 0 & 0 \\ 0 & 0 & 0.4\mathrm{e}^{\mathrm{j}\frac{\pi}{5}} & \frac{1}{2}\mathrm{j} & 0.5 & 0 & 0 \\ 0 & 0 & 0 & 0.4\mathrm{e}^{\mathrm{j}\frac{\pi}{5}} & \frac{1}{2}\mathrm{j} & 0.5 & 0 \\ 0 & 0 & 0 & 0 & 0.4\mathrm{e}^{\mathrm{j}\frac{\pi}{5}} & \frac{1}{2}\mathrm{j} & 0.5 \\ 0 & 0 & 0 & 0 & 0 & 0.4\mathrm{e}^{\mathrm{j}\frac{\pi}{5}} & \frac{1}{2}\mathrm{j} \\ 0 & 0 & 0 & 0 & 0 & 0 & 0.4\mathrm{e}^{\mathrm{j}\frac{\pi}{5}} \end{bmatrix}$$

然后利用矩阵 $\boldsymbol{H}$，由式(5.1.10)计算 $\boldsymbol{f}_{\mathrm{LS},n_{\mathrm{d}}}$，确定最佳均衡器的长度。如图 5.1.2(a)所示的均衡器均方误差，可得 $n_{\mathrm{d}}=5$，且 $J(5)=0.0266$。此时最佳均衡器为

$$\boldsymbol{f}_{\mathrm{LS},5}=\begin{bmatrix} -0.1051-\mathrm{j}0.1054 \\ -0.1848+\mathrm{j}0.1665 \\ 0.2100+\mathrm{j}0.3607 \\ 0.6065-\mathrm{j}0.2521 \\ -0.2146-\mathrm{j}0.9521 \\ 0.4835+\mathrm{j}0.0926 \\ -0.1907-\mathrm{j}0.1905 \end{bmatrix}$$

均衡后信道的冲激响应如图 5.1.2(b)所示。

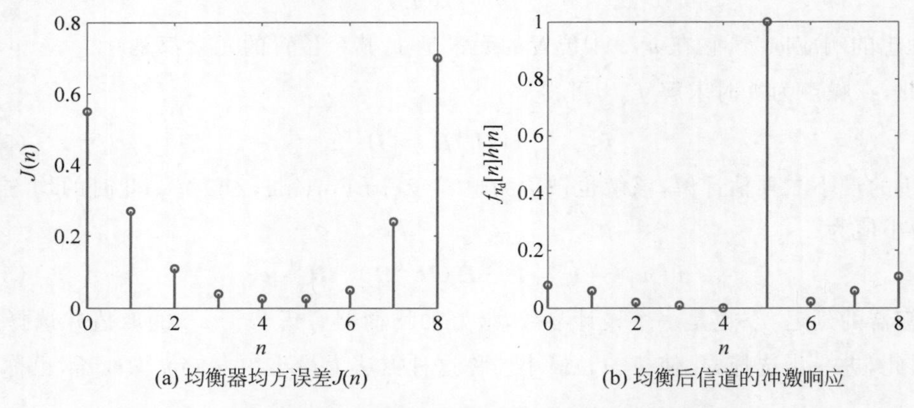


图 5.1.2 均衡器的均方误差和均衡后信道的冲激响应(例 5.1.2)

### 5.1.3 最小均方误差均衡器

把均衡器用于采样信号上，可以得到输出信号即输入信号的估计值为

$$\hat{s}(k-n_{\mathrm{d}})=\sum_{l=0}^{L_f} f_{n_{\mathrm{d}}}(l)y(k-l) \tag{5.1.12}$$

由于 $n_{\mathrm{d}}$ 已知，因此对输出信号用相应数量的样值纠正。将均衡器参数表示为向量，则式(5.1.12)可以表示为

$$\hat{s}(k-n_{\mathrm{d}})=\boldsymbol{f}_{n_{\mathrm{d}}}^{\mathrm{T}}\boldsymbol{y}(k) \tag{5.1.13}$$

其中，$\boldsymbol{y}(k)=[y(k),y(k-1),\cdots,y(k-L)]^{\mathrm{T}}$，且有

$$\boldsymbol{y}(k)=\boldsymbol{H}^{\mathrm{T}}\boldsymbol{s}(k)+\boldsymbol{v}(k) \tag{5.1.14}$$

其中，$\boldsymbol{s}(k)=[s(k),s(k-1),\cdots,s(k-L)]^{\mathrm{T}}$；$\boldsymbol{H}$ 如式(5.1.9)所示。最小均方误差均衡器寻找使均方误差

$$\mathbb{E}[|s(k-n_{\mathrm{d}})-\boldsymbol{f}_{n_{\mathrm{d}}}^{\mathrm{T}}\boldsymbol{y}(k)|^2] \tag{5.1.15}$$

最小的 $\boldsymbol{f}_{n_{\mathrm{d}}}$。假设 $s(k)$ 是零均值单位方差的 IID，$v(k)$ 是方差为 $\sigma_v^2$ 的 IID，$s(k)$ 与 $v(k)$ 相互独立，则

$$\boldsymbol{C}_{yy}=\mathbb{E}[\boldsymbol{y}(k)\boldsymbol{y}^{\mathrm{H}}(k)]=\boldsymbol{H}^{\mathrm{H}}\boldsymbol{H}+\sigma_v^2\boldsymbol{I} \tag{5.1.16}$$

并且

$$\boldsymbol{C}_{ys}=\mathbb{E}[\boldsymbol{y}(k)s^*(k-n_{\mathrm{d}})]=\boldsymbol{H}^{\mathrm{H}}\boldsymbol{e}_{n_{\mathrm{d}}} \tag{5.1.17}$$

因此，可得最小均方误差(Minimum Mean-Square Error，MMSE)均衡器为

$$\begin{aligned}\boldsymbol{f}_{\mathrm{MMSE},n_{\mathrm{d}}}&=\boldsymbol{C}_{yy}^{-1}\boldsymbol{C}_{ys}\\&=(\boldsymbol{H}^{\mathrm{H}}\boldsymbol{H}+\sigma_v^2\boldsymbol{I})^{-1}\boldsymbol{H}^{\mathrm{H}}\boldsymbol{e}_{n_{\mathrm{d}}}\end{aligned} \tag{5.1.18}$$

最小均方误差均衡器在信噪比较低时能增强均衡性能。它具有渐进特性，即当 $\sigma_v^2\to 0$ 时，$\boldsymbol{f}_{\mathrm{MMSE},n_{\mathrm{d}}}\to\boldsymbol{f}_{\mathrm{LS},n_{\mathrm{d}}}$。也就是说，没有噪声时，最小均方误差均衡就是迫零均衡。当 $\sigma_v^2\to\infty$ 时，$\boldsymbol{f}_{\mathrm{MMSE},n_{\mathrm{d}}}\to\frac{1}{\sigma_v^2}\boldsymbol{H}^{\mathrm{H}}\boldsymbol{e}_{n_{\mathrm{d}}}$，最小均方误差均衡器可被视为一个空间匹配滤波器。

## 5.2 自适应均衡

若信道是时变的，则需用自适应均衡器消除码间干扰。自适应均衡器是一种时变滤波器，它按照某种优化准则动态地调整其特性和参数，使其能够跟踪信道的变化，从而达到最佳均衡的目的。各种调整均衡器权系数的方法被称为自适应均衡方法，其中，最小均方(Least Mean Square，LMS)算法一直是自适应均衡和滤波的经典有效算法之一，并且 LMS 算法是统计梯度算法类的很重要的成员之一。它的运算量小，应用广泛并且易于实现。LMS 算法建立在维纳(Wiener)滤波的基础上。维纳滤波是在最小均方误差优化准则下的最优滤波，它基于横向滤波器的结构，被广泛应用于雷达、通信、声呐、系统辨识及信号处理等领域，可以有效地滤除平稳随机信号中的噪声，获得很好的信号质量。

### 5.2.1 横向滤波器

横向滤波器也称为抽头延迟线滤波器或有限冲激响应滤波器。它是自适应滤波器最常用的结构，包括 3 个基本单元：单位延迟单元($z^{-1}$)、乘法器和加法器。图 5.2.1 所示为有 $M$ 个权系数(抽头)的横向滤波器结构，其中复数 $w_i^*$ 是滤波器的权系数。设输入信号

$u(n)$是随机过程(在实际系统中,每次处理的输入是随机过程的一个样本函数),不难发现,滤波器在$n$时刻的输出不仅与$n$时刻的输入信号有关,还与$n$时刻之前的$M-1$个时刻的输入信号有关。

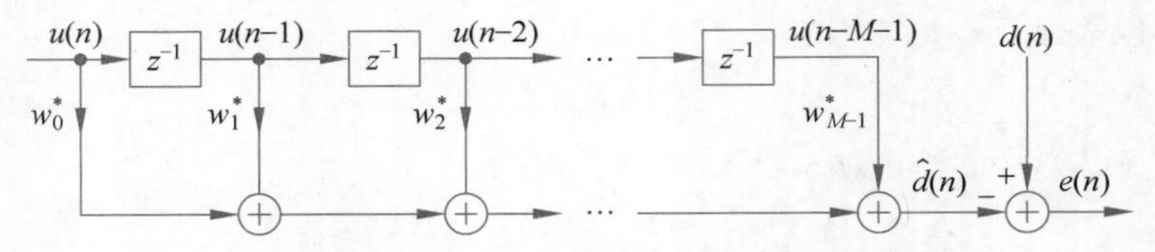


图 5.2.1 有 $M$ 个权系数的横向滤波器结构

记$n$时刻的输入信号为$u(n)$,横向滤波器的输出信号$\hat{d}(n)$为

$$\hat{d}(n)=\sum_{i=0}^{M-1} w_i^* u(n-i) \tag{5.2.1}$$

如果将式(5.2.1)写成向量形式,那么有

$$\hat{d}(n)=\boldsymbol{w}^{\mathrm{H}}\boldsymbol{u}(n)=\boldsymbol{u}^{\mathrm{T}}(n)\boldsymbol{w}^* \tag{5.2.2}$$

其中,滤波器权向量$\boldsymbol{w}$和$n$时刻的输入信号向量$\boldsymbol{u}(n)$分别为

$$\boldsymbol{w}=[w_0\ w_1\ \cdots\ w_{M-1}]^{\mathrm{T}} \tag{5.2.3}$$

$$\boldsymbol{u}(n)=[\boldsymbol{u}(n)\ \boldsymbol{u}(n-1)\ \cdots\ \boldsymbol{u}(n-M+1)]^{\mathrm{T}} \tag{5.2.4}$$

在图5.2.1中,信号$d(n)$称为期望响应,滤波器的输出$\hat{d}(n)$称为对期望响应$d(n)$的估计。定义估计误差$e(n)$为

$$e(n)=d(n)-\hat{d}(n) \tag{5.2.5}$$

在自适应信号处理中,通过设计横向滤波器的权向量$\boldsymbol{w}$,使滤波器的输出$\hat{d}(n)$在某种意义上逼近期望响应$d(n)$,使估计误差$e(n)$在某种意义上最小。需要指出的是,由于滤波器的输入是随机过程,期望响应$d(n)$和估计误差$e(n)$也都是随机过程,因此在实际应用中,使估计误差$e(n)$等于零是不现实的,只能使“估计误差$e(n)$在某种意义上最小”。

图5.2.2所示为常用的自适应横向滤波器结构,其中,滤波器的权向量$\boldsymbol{w}(n)$不是固定的,而是根据估计误差$e(n)$,利用自适应算法自动修正,使$e(n)$在某种意义上达到最小。

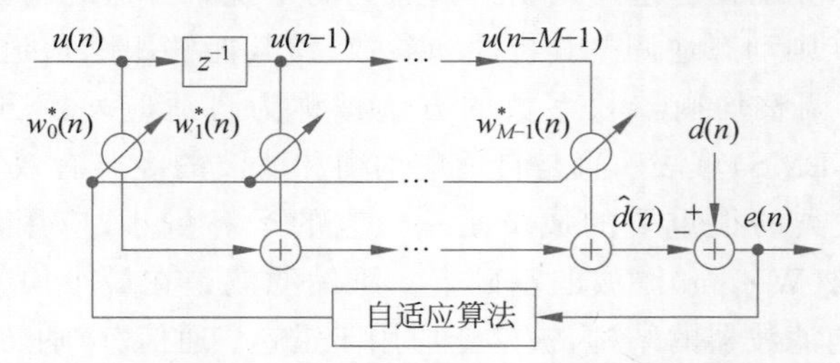


图 5.2.2 自适应横向滤波器结构

## 5.2.2 维纳滤波

维纳滤波(Wiener Filtering)是一种常用的降噪方法,它能够把信号从含有噪声的观测量中提取出来,在通信中的自适应均衡以及语音和图像的信号处理中有着重要的应用。它是一种基于线性最小均方误差准则的最优估计器,适用于对连续的或离散的、标量的或向量

的平稳随机信号的处理。

**1. 均方误差准则及误差性能面**

由式(5.2.2)和式(5.2.5)，可以得到估计误差为

$$e(n)=d(n)-\boldsymbol{w}^{\mathrm{H}}\boldsymbol{u}(n) \tag{5.2.6}$$

定义均方误差(Mean Square Error，MSE)为

$$J(\boldsymbol{w})=\mathbb{E}[|e(n)|^2]=\mathbb{E}[e(n)e^*(n)] \tag{5.2.7}$$

并称$J(\boldsymbol{w})$为代价函数。

将式(5.2.6)代入式(5.2.7)，得到均方误差为

$$\begin{aligned}J(\boldsymbol{w})&=\mathbb{E}\{[d(n)-\boldsymbol{w}^{\mathrm{H}}\boldsymbol{u}(n)][d^*(n)-\boldsymbol{u}^{\mathrm{H}}(n)\boldsymbol{w}]\}\\&=\mathbb{E}[|d(n)|^2]-\mathbb{E}[d(n)\boldsymbol{u}^{\mathrm{H}}(n)]\boldsymbol{w}-\boldsymbol{w}^{\mathrm{H}}\mathbb{E}[\boldsymbol{u}(n)d^*(n)]+\boldsymbol{w}^{\mathrm{H}}\mathbb{E}[\boldsymbol{u}(n)\boldsymbol{u}^{\mathrm{H}}(n)]\boldsymbol{w}\end{aligned} \tag{5.2.8}$$

其中，滤波器权向量$\boldsymbol{w}$是一个确定量，因此可以将其放到数学期望运算符号之外。假设期望响应$d(n)$的均值为0，那么式(5.2.8)中的第1项为期望响应的方差，记为$\sigma_d^2=\mathbb{E}[|d(n)|^2]$。

定义互相关向量$\boldsymbol{p}$为

$$\boldsymbol{p}\triangleq\mathbb{E}[\boldsymbol{u}(n)d^*(n)]=\begin{bmatrix}\mathbb{E}[u(n)d^*(n)]\\\mathbb{E}[u(n-1)d^*(n)]\\\vdots\\\mathbb{E}[u(n-M+1)d^*(n)]\end{bmatrix}=\begin{bmatrix}p(0)\\p(-1)\\\vdots\\p(-M+1)\end{bmatrix} \tag{5.2.9}$$

其中，$p(-m)$为输入$u(n-m)$与期望响应$d(n)$的互相关函数，即$p(-m)=\mathbb{E}[u(n-m)d^*(n)]$。

定义输入信号向量$\boldsymbol{u}(n)$的自相关矩阵为

$$\boldsymbol{R}\triangleq\mathbb{E}[\boldsymbol{u}(n)\boldsymbol{u}^{\mathrm{H}}(n)]=\begin{bmatrix}r(0)&r(1)&\cdots&r(M-1)\\r(-1)&r(0)&\cdots&r(M-2)\\\vdots&\vdots&\ddots&\vdots\\r(-M+1)&\cdots&\cdots&r(0)\end{bmatrix} \tag{5.2.10}$$

其中，自相关矩阵的元素$r(i-k)=\mathbb{E}[u(n-k)u^*(n-i)]$。

根据$\sigma_d^2$、$\boldsymbol{p}$和$\boldsymbol{R}$的定义，均方误差式(5.2.8)可以表示为

$$J(\boldsymbol{w})=\sigma_d^2-\boldsymbol{p}^{\mathrm{H}}\boldsymbol{w}-\boldsymbol{w}^{\mathrm{H}}\boldsymbol{p}+\boldsymbol{w}^{\mathrm{H}}\boldsymbol{R}\boldsymbol{w} \tag{5.2.11}$$

可以看出，$J(\boldsymbol{w})$是滤波器权向量$\boldsymbol{w}$的二次函数。

特别地，如果滤波器仅有一个抽头，即$M=1$，则有$\boldsymbol{p}=p(0)$，$\boldsymbol{R}=r(0)$，可得

$$\begin{aligned}J(\boldsymbol{w})&=J(w_0)\\&=\sigma_d^2-p(0)w_0-p(0)w_0+r(0)w_0^2\\&=\sigma_d^2-2p(0)w_0+r(0)w_0^2\end{aligned} \tag{5.2.12}$$

这是平面上开口向上的抛物线方程，它具有一个全局极小点值。在该极小点处，估计的均方误差达到最小。如果滤波器有两个实值权系数，即$M=2$，则$J(\boldsymbol{w})$在三维空间中构成了一个开口向上的抛物面，也称为碗形面，它也有一个全局极小值。

事实上，可以把具有$M$个自变量$w_0,w_1,\cdots,w_{M-1}$的函数$J(\boldsymbol{w})$看成一个在$M+1$维

空间中具有 $M$ 个自由度的抛物面，而这个抛物面具有唯一的全局极小值点（估计的均方误差最小）。经常把 $J(\boldsymbol{w})$ 构成的这样一个多维空间的曲面称为误差性能面。误差性能面的极小值点可以通过维纳-霍夫方程（Wiener-Holf Equation）获得。

**2. 维纳-霍夫方程**

根据矩阵理论，如果多元函数 $J(\boldsymbol{w})$ 在点 $\boldsymbol{w}=[w_0 \quad w_1 \quad \cdots \quad w_{M-1}]^{\mathrm{T}}$ 处存在偏导数 $\partial J/\partial w_i^*$，$i=0,1,\cdots,M-1$，那么 $J(\boldsymbol{w})$ 在点 $\boldsymbol{w}$ 处取得极值的必要条件是 $\partial J/\partial w_i^*=0$（称点 $\boldsymbol{w}$ 为函数 $J(\boldsymbol{w})$ 的驻点）。利用标量函数关于向量的微分运算，可以用梯度表示标量函数关于多个自变量的偏导数。因此，令代价函数的梯度为 0，即

$$\nabla J(\boldsymbol{w})=2\frac{\partial}{\partial \boldsymbol{w}^*}[J(\boldsymbol{w})]=-2\boldsymbol{p}+2\boldsymbol{R}\boldsymbol{w}=0 \tag{5.2.13}$$

则得到著名的维纳-霍夫方程

$$\boldsymbol{R}\boldsymbol{w}_0=\boldsymbol{p} \tag{5.2.14}$$

由于 $\boldsymbol{R}$ 总是非奇异的，用 $\boldsymbol{R}^{-1}$ 左乘式(5.2.14)，得到

$$\boldsymbol{w}_0=\boldsymbol{R}^{-1}\boldsymbol{p} \tag{5.2.15}$$

因此，要使均方误差 $J(\boldsymbol{w})$ 最小，滤波器权向量 $\boldsymbol{w}$ 应满足 $\boldsymbol{R}\boldsymbol{w}_0=\boldsymbol{p}$ 或 $\boldsymbol{w}_0=\boldsymbol{R}^{-1}\boldsymbol{p}$，此时的权向量称为最优权向量，记为 $\boldsymbol{w}_0$。上述使均方误差最小的优化准则，在信号处理中经常称为 MMSE 准则。

**3. 最小均方误差**

将维纳-霍夫方程（式(5.2.14)）代入均方误差方程（式(5.2.11)），可以得到均方误差的最小值

$$J_{\min}=J(\boldsymbol{w}_0)=\sigma_d^2-\boldsymbol{p}^{\mathrm{H}}\boldsymbol{w}_0-\boldsymbol{w}_0^{\mathrm{H}}\boldsymbol{p}+\boldsymbol{w}_0^{\mathrm{H}}\boldsymbol{R}\boldsymbol{w}_0=\sigma_d^2-\boldsymbol{p}^{\mathrm{H}}\boldsymbol{w}_0 \tag{5.2.16}$$

其中，$\sigma_d^2$ 为给出的期望响应信号 $d(n)$ 的方差。

利用自相关矩阵的 Hermite 对称性，即 $\boldsymbol{R}^{\mathrm{H}}=\boldsymbol{R}$，结合维纳-霍夫方程，则均方误差的最小值可以改写为

$$J_{\min}=\sigma_d^2-\boldsymbol{w}_0^{\mathrm{H}}\boldsymbol{R}\boldsymbol{w}_0 \tag{5.2.17}$$

由于 $\boldsymbol{R}=\mathbb{E}[\boldsymbol{u}(n)\boldsymbol{u}^{\mathrm{H}}(n)]$，$\boldsymbol{w}_0^{\mathrm{H}}\boldsymbol{R}\boldsymbol{w}_0$ 可以表示为

$$\boldsymbol{w}_0^{\mathrm{H}}\boldsymbol{R}\boldsymbol{w}_0=\boldsymbol{w}_0^{\mathrm{H}}\mathbb{E}[\boldsymbol{u}(n)\boldsymbol{u}^{\mathrm{H}}(n)]\boldsymbol{w}_0 \tag{5.2.18a}$$

$$=\mathbb{E}\{[\boldsymbol{w}_0^{\mathrm{H}}\boldsymbol{u}(n)][\boldsymbol{w}_0^{\mathrm{H}}\boldsymbol{u}(n)]^*\} \tag{5.2.18b}$$

$$=\mathbb{E}[|\hat{d}(n)|^2] \tag{5.2.18c}$$

令 $\sigma_{\hat{d}}^2=\mathbb{E}\{|\hat{d}(n)|^2\}$，则均方误差的最小值可以写为

$$J_{\min}=\sigma_d^2-\sigma_{\hat{d}}^2 \tag{5.2.19}$$

因此，最小均方误差 $J_{\min}$ 就是期望响应的均方误差与最优滤波时滤波器输出的估计信号的均方误差之差。

**4. 维纳滤波的最陡下降算法**

假设在 $n$ 时刻，已得到滤波器的权向量 $\boldsymbol{w}(n)$，则 $n+1$ 时刻的权向量可表示为 $\boldsymbol{w}(n)$ 与修正量 $\Delta\boldsymbol{w}$ 之和，即

$$\boldsymbol{w}(n+1)=\boldsymbol{w}(n)+\Delta\boldsymbol{w} \tag{5.2.20}$$

如图 5.2.3 所示，用迭代方法求最佳权向量时权向量的位置，第 $n+1$ 时刻的权向量 $\boldsymbol{w}(n+1)$ 应较 $\boldsymbol{w}(n)$ 更接近均方误差 $J[\boldsymbol{w}(n)]$ 的极小值点。由于沿曲面不同方向，函数值下降的速度有快有慢，最陡的下降方向是负梯度方向。在这个方向上，在点 $\boldsymbol{w}(n)$ 的邻域内，函数值 $J[\boldsymbol{w}(n)]$ 下降最多。

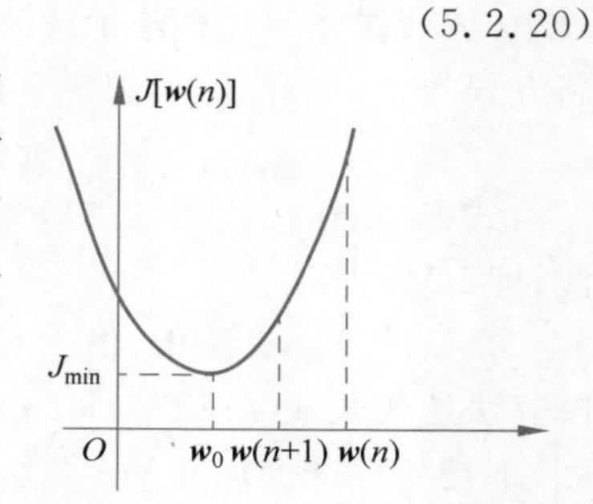

图 5.2.3　用迭代方法求最佳权向量时权向量的位置

修正量 $\Delta\boldsymbol{w}$ 可表示为

$$\Delta\boldsymbol{w}=-\frac{1}{2}\mu\nabla J[\boldsymbol{w}(n)] \tag{5.2.21}$$

其中，$\nabla J[\boldsymbol{w}(n)]$ 为均方误差的梯度；$\mu$ 为步长，$0<\mu<1$，它控制着自适应算法的迭代速度。所以有

$$\boldsymbol{w}(n+1)=\boldsymbol{w}(n)-\frac{1}{2}\mu\nabla J[\boldsymbol{w}(n)] \tag{5.2.22}$$

由于 $n$ 时刻的均方误差为

$$J[\boldsymbol{w}(n)]=\sigma_d^2-\boldsymbol{p}^{\mathrm{H}}\boldsymbol{w}(n)-\boldsymbol{w}^{\mathrm{H}}(n)\boldsymbol{p}+\boldsymbol{w}^{\mathrm{H}}(n)\boldsymbol{R}\boldsymbol{w}(n)$$

可得

$$\nabla J[\boldsymbol{w}(n)]=-2\boldsymbol{p}+2\boldsymbol{R}\boldsymbol{w}(n) \tag{5.2.23}$$

因此，最陡下降算法的迭代式可表示为

$$\boldsymbol{w}(n+1)=\boldsymbol{w}(n)+\mu[\boldsymbol{p}-\boldsymbol{R}\boldsymbol{w}(n)] \tag{5.2.24}$$

由于梯度向量 $\nabla J(\boldsymbol{w})$ 是指向均方误差极小值点的最陡方向，所以式(5.2.24)称为最陡下降算法。需要注意的是，最陡下降算法只是维纳滤波的递归求解方法。

### 5.2.3　LMS 算法原理

在最陡下降算法中，必须事先估计出互相关向量 $\boldsymbol{p}=\mathbb{E}[\boldsymbol{u}(n)d^*(n)]$ 和自相关矩阵 $\boldsymbol{R}=\mathbb{E}[\boldsymbol{u}(n)\boldsymbol{u}^{\mathrm{H}}(n)]$，如果假设输入信号 $\boldsymbol{u}(n)$ 与期望响应 $d(n)$ 是联合各态历经的平稳过程，那么可以用有限观测样本的时间平均逼近统计平均，即

$$\hat{\boldsymbol{R}}=\frac{1}{N}\sum_{i=1}^{N}\boldsymbol{u}(i)\boldsymbol{u}^{\mathrm{H}}(i) \tag{5.2.25}$$

$$\hat{\boldsymbol{p}}=\frac{1}{N}\sum_{i=1}^{N}\boldsymbol{u}(i)d^*(i) \tag{5.2.26}$$

其中，$\hat{\boldsymbol{R}}$ 和 $\hat{\boldsymbol{p}}$ 分别为 $\boldsymbol{R}$ 和 $\boldsymbol{p}$ 的估计；$N$ 为观测样本数。$\boldsymbol{R}$ 和 $\boldsymbol{p}$ 在 $n$ 时刻的瞬时估计值为

$$\hat{\boldsymbol{R}}=\boldsymbol{u}(n)\boldsymbol{u}^{\mathrm{H}}(n) \tag{5.2.27}$$

$$\hat{\boldsymbol{p}}=\boldsymbol{u}(n)d^*(n) \tag{5.2.28}$$

将式(5.2.27)和式(5.2.28)代入最陡下降算法的迭代式(5.2.24)，得到

$$\hat{\boldsymbol{w}}(n+1)=\hat{\boldsymbol{w}}(n)+\mu\boldsymbol{u}(n)[d^*(n)-\boldsymbol{u}^{\mathrm{H}}(n)\hat{\boldsymbol{w}}(n)] \tag{5.2.29}$$

并且，滤波器输出 $\hat{d}(n)$ 和估计误差 $e(n)$ 可分别写为

$$\hat{d}(n)=\hat{\boldsymbol{w}}^{\mathrm{H}}(n)\boldsymbol{u}(n) \tag{5.2.30}$$

$$e(n)=d(n)-\hat{d}(n) \tag{5.2.31}$$

其中，估计误差的计算基于滤波器权向量当前时刻的估计 $\hat{\boldsymbol{w}}(n)$。因此，滤波器权向量的更新方程为

$$\hat{\boldsymbol{w}}(n+1)=\hat{\boldsymbol{w}}(n)+\mu\boldsymbol{u}(n)e^{*}(n) \tag{5.2.32}$$

式(5.2.30)、式(5.2.31)和式(5.2.32)就是由 Widrow 等在 1975 年提出的最小均方算法，即 LMS 算法。

在最陡下降算法中，由于互相关向量 $\boldsymbol{p}$ 和自相关矩阵 $\boldsymbol{R}$ 都是确定量，所以，根据最陡下降算法迭代式 $\boldsymbol{w}(n+1)=\boldsymbol{w}(n)+\mu[\boldsymbol{p}-\boldsymbol{R}\boldsymbol{w}(n)]$ 得到的权向量 $\boldsymbol{w}(n)$ 是一个确定的向量序列(不是随机过程)。LMS 算法是一种梯度下降算法，由于它的 $\boldsymbol{u}(n)$ 和 $e(n)$ 都是随机过程，因此根据迭代式(5.2.32)得到的权向量 $\hat{\boldsymbol{w}}(n)$ 也是一个随机过程向量。LMS 算法使用瞬时梯度估计值(随机梯度)代替最陡下降法中的梯度 $\nabla J(n)$，实现了权向量的自适应估计。

瞬时梯度估计值可表示为

$$\hat{\nabla} J(n)=-2\hat{\boldsymbol{p}}+2\hat{\boldsymbol{R}}\boldsymbol{w}(n) \tag{5.2.33a}$$

$$=-2\boldsymbol{u}(n)d^{*}(n)+2\boldsymbol{u}(n)\boldsymbol{u}^{\mathrm{H}}(n)\boldsymbol{w}(n) \tag{5.2.33b}$$

$$=-2\boldsymbol{u}(n)[d^{*}(n)-\boldsymbol{u}^{\mathrm{H}}(n)\boldsymbol{w}(n)] \tag{5.2.33c}$$

$$=-2\boldsymbol{u}(n)e^{*}(n) \tag{5.2.33d}$$

一个标准的 LMS 算法的计算过程如算法 5.2.1 所示。

[**算法 5.2.1**] LMS 算法

输入：$\boldsymbol{u}(n)=[u(n)\quad u(n-1)\quad \cdots\quad u(n-M+1)]^{\mathrm{T}}$

输出：$\hat{\boldsymbol{w}}(n+1)$

步骤 1：初始化

$n=0$

权向量 $\hat{\boldsymbol{w}}(0)=0$

估计误差 $e(0)=d(0)-\hat{d}(0)=d(0)$

输入向量 $\boldsymbol{u}(0)=[u(0)\quad u(-1)\quad \cdots\quad u(-M+1)]^{\mathrm{T}}=[u(0)\quad 0\quad \cdots\quad 0]^{\mathrm{T}}$

步骤 2：当 $n=1,2,\cdots$ 时

更新权向量 $\hat{\boldsymbol{w}}(n+1)=\hat{\boldsymbol{w}}(n)+\mu\boldsymbol{u}(n)e^{*}(n)$

估计期望信号 $\hat{d}(n+1)=\hat{\boldsymbol{w}}^{\mathrm{H}}(n+1)\boldsymbol{u}(n+1)$

计算估计误差 $e(n+1)=d(n+1)-\hat{d}(n+1)$

步骤 3：令 $n=n+1$，转到步骤 2。

## 5.2.4 性能测度

在自适应均衡中，所采用的性能测度准则有均方误差准则、最大信噪比准则、最大似然准则、最小噪声方差准则等。

**1. 均方误差准则**

均方误差准则适用于总的系统输出为期望响应 $d(k)$，自适应系统的实际输出为 $y(k)$ 的系统。如图 5.2.4 所示的自适应系统，它由一个自适应线性组合器和一个相减器组成。

在 $k$ 时刻，输出误差为

$$e(k)=d(k)-y(k) \tag{5.2.34}$$

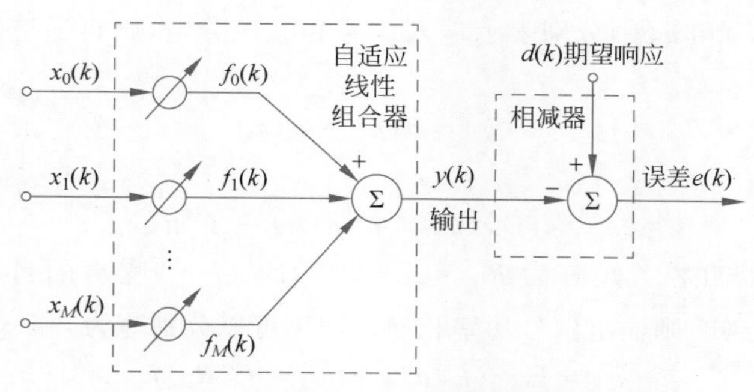


图 5.2.4 利用均方误差准则的自适应系统

其中，$y(k)$为线性组合器的输出，写为

$$y(k)=\boldsymbol{f}^{\mathrm{H}}(k)\boldsymbol{x}(k) \tag{5.2.35}$$

其中，$\boldsymbol{x}(k)=[x_0(k),x_1(k),\cdots,x_M(k)]^{\mathrm{T}}$ 和 $\boldsymbol{f}(k)=[f_0(k),f_1(k),\cdots,f_M(k)]^{\mathrm{T}}$ 分别为自适应系统在 $k$ 时刻的输入向量和权向量。定义均方误差为

$$J(\boldsymbol{f})=\mathbb{E}[|e(k)|^2]=\mathbb{E}\{[d(k)-\boldsymbol{f}^{\mathrm{H}}(k)\boldsymbol{x}(k)][d(k)-\boldsymbol{f}^{\mathrm{H}}(k)\boldsymbol{x}(k)]^{\mathrm{H}}\} \tag{5.2.36}$$

为了求权向量的最优值，对权向量 $\boldsymbol{f}$ 求偏导，得到

$$\begin{aligned}\frac{\partial}{\partial \boldsymbol{f}}J(\boldsymbol{f})&=2\mathbb{E}[\boldsymbol{x}(k)\boldsymbol{x}^{\mathrm{H}}(k)]\boldsymbol{f}-2\mathbb{E}[\boldsymbol{x}(k)d^*(k)]\\&=2\boldsymbol{R}_{xx}\boldsymbol{f}-2\boldsymbol{R}_{xd}\end{aligned} \tag{5.2.37}$$

其中，$\boldsymbol{R}_{xx}=\mathbb{E}[\boldsymbol{x}(k)\boldsymbol{x}^{\mathrm{H}}(k)]$为接收信号向量 $\boldsymbol{x}(k)$的自相关矩阵；$\boldsymbol{R}_{xd}=\mathbb{E}[\boldsymbol{x}(k)d^*(k)]$为数据向量 $\boldsymbol{x}(k)$与期望信号 $d(k)$的互相关向量。

令$\dfrac{\partial J(\boldsymbol{f})}{\partial \boldsymbol{f}}=0$，可得

$$\boldsymbol{R}_{xx}\boldsymbol{f}=\boldsymbol{R}_{xd} \tag{5.2.38}$$

此式是维纳-霍夫方程。若 $\boldsymbol{R}_{xx}$ 是满秩的，则可得到在最小均方误差(MMSE)意义上的最佳权向量

$$\boldsymbol{f}_{\mathrm{opt}}=\boldsymbol{R}_{xx}^{-1}\boldsymbol{R}_{xd} \tag{5.2.39}$$

这个最佳权向量是维纳滤波理论中最佳滤波器的标准形式。此时，系统的代价函数可以改写为

$$J(\boldsymbol{f})=\mathbb{E}[|e(k)|^2] \tag{5.2.40a}$$

$$\begin{aligned}&=\mathbb{E}[d(k)d^*(k)]-\mathbb{E}[d(k)\boldsymbol{x}^{\mathrm{H}}(k)]\boldsymbol{f}-\boldsymbol{f}^{\mathrm{H}}\mathbb{E}[\boldsymbol{x}(k)d^*(k)]+\\&\quad\ \boldsymbol{f}^{\mathrm{H}}\mathbb{E}[\boldsymbol{x}(k)\boldsymbol{x}^{\mathrm{H}}(k)]\end{aligned} \tag{5.2.40b}$$

$$=\mathbb{E}[|d(k)|^2]-2\mathrm{Re}[\boldsymbol{f}^{\mathrm{H}}\boldsymbol{R}_{xd}]+\boldsymbol{f}^{\mathrm{H}}\boldsymbol{R}_{xx}\boldsymbol{f} \tag{5.2.40c}$$

将维纳-霍夫方程代入系统代价函数，得到

$$\begin{aligned}J_{\min}(f)&=\mathbb{E}[|d(k)|^2]+\boldsymbol{R}_{xd}^{\mathrm{H}}\boldsymbol{R}_{xx}^{-1}\boldsymbol{R}_{xx}\boldsymbol{f}_{\mathrm{opt}}-2\boldsymbol{f}_{\mathrm{opt}}^{\mathrm{H}}\boldsymbol{R}_{xd}\\&=\mathbb{E}[|d(k)|^2]-\boldsymbol{R}_{xd}^{\mathrm{H}}\boldsymbol{f}_{\mathrm{opt}}\end{aligned} \tag{5.2.41}$$

在理想情况下，输入无噪声，此时系统的代价函数 $J_{\min}(\boldsymbol{f})$趋于 0；而通常是输入有噪声的情况，则 $J_{\min}(\boldsymbol{f})$不为 0。

**2. 最大信噪比准则**

在最大信噪比(Maximum Signal-to-Noise Ratio，MSNR)准则中，选择使信号噪声比最

大的权向量。设 $\boldsymbol{a}(k)$ 和 $\boldsymbol{n}(k)$ 分别表示输入信号和噪声分量，则自适应滤波器的输入向量可以表示为

$$\boldsymbol{x}(k)=\boldsymbol{a}(k)+\boldsymbol{n}(k) \tag{5.2.42}$$

相应的输出信号为

$$y(k)=\boldsymbol{f}^{\mathrm{H}}\boldsymbol{x}(k)=\boldsymbol{f}^{\mathrm{H}}\boldsymbol{a}(k)+\boldsymbol{f}^{\mathrm{H}}\boldsymbol{n}(k) \tag{5.2.43}$$

假设输入信号的自相关矩阵为 $\boldsymbol{R}_{aa}=\mathbb{E}[\boldsymbol{a}(k)\boldsymbol{a}^{\mathrm{H}}(k)]$，噪声的自相关矩阵为 $\boldsymbol{R}_{nn}=\mathbb{E}[\boldsymbol{n}(k)\boldsymbol{n}^{\mathrm{H}}(k)]$ 且已知，则输出信号功率和噪声功率可以分别写为

$$\sigma_a^2=\mathbb{E}[|\boldsymbol{f}^{\mathrm{H}}\boldsymbol{a}(k)|^2]=\boldsymbol{f}^{\mathrm{H}}\boldsymbol{R}_{aa}\boldsymbol{f} \tag{5.2.44}$$

$$\sigma_n^2=\mathbb{E}[|\boldsymbol{f}^{\mathrm{H}}\boldsymbol{n}(k)|^2]=\boldsymbol{f}^{\mathrm{H}}\boldsymbol{R}_{nn}\boldsymbol{f} \tag{5.2.45}$$

由于 $\boldsymbol{R}_{nn}$ 为正定的 Hermitian 矩阵，所以 $\boldsymbol{R}_{nn}=(\boldsymbol{R}_{nn}^{1/2})^{\mathrm{H}}\boldsymbol{R}_{nn}^{1/2}=\boldsymbol{R}_{nn}^{\mathrm{H}/2}\boldsymbol{R}_{nn}^{1/2}$。令 $\boldsymbol{z}=\boldsymbol{R}_{nn}^{1/2}\boldsymbol{f}$，输出信噪比为

$$\mathrm{SNR}_{\mathrm{out}}=\frac{\sigma_a^2}{\sigma_n^2}=\frac{\boldsymbol{f}^{\mathrm{H}}\boldsymbol{R}_{aa}\boldsymbol{f}}{\boldsymbol{f}^{\mathrm{H}}\boldsymbol{R}_{nn}\boldsymbol{f}}=\frac{(\boldsymbol{R}_{nn}^{-1/2}\boldsymbol{z})^{\mathrm{H}}\boldsymbol{R}_{aa}(\boldsymbol{R}_{nn}^{1/2}\boldsymbol{z})}{\boldsymbol{z}^{\mathrm{H}}\boldsymbol{z}}=\frac{\boldsymbol{z}^{\mathrm{H}}\boldsymbol{R}\boldsymbol{z}}{\boldsymbol{z}^{\mathrm{H}}\boldsymbol{z}} \tag{5.2.46}$$

其中，$\boldsymbol{R}=\boldsymbol{R}_{nn}^{-\mathrm{H}/2}\boldsymbol{R}_{aa}\boldsymbol{R}_{nn}^{-1/2}$。

可以证明，对应于 $\boldsymbol{R}$ 的最大特征值 $\lambda_{\max}$ 的特征向量，即 $\boldsymbol{R}\boldsymbol{z}_{\mathrm{opt}}=\lambda_{\max}\boldsymbol{z}_{\mathrm{opt}}$ 时的 $\boldsymbol{z}=\boldsymbol{z}_{\mathrm{opt}}$，使 $\mathrm{SNR}_{\mathrm{out}}$ 取得最大值，并有 $\mathrm{SNR}_{\mathrm{out}}^{\max}=\lambda_{\max}$。因此，可以得到

$$\boldsymbol{R}_{aa}\boldsymbol{f}_{\mathrm{opt}}=\lambda_{\max}\boldsymbol{R}_{nn}\boldsymbol{f}_{\mathrm{opt}} \tag{5.2.47}$$

若用 $\boldsymbol{a}$ 表示一个固定向量，输入信号向量可表示为 $\boldsymbol{a}(k)=a(k)\boldsymbol{a}$，对于平面波 $\boldsymbol{a}$ 相当于方向向量，由于

$$\boldsymbol{R}_{aa}=\mathbb{E}[\boldsymbol{a}(k)\boldsymbol{a}^{\mathrm{H}}(k)]=\mathbb{E}[|a(k)|^2]\boldsymbol{a}\boldsymbol{a}^{\mathrm{H}}=P_a\boldsymbol{a}\boldsymbol{a}^{\mathrm{H}} \tag{5.2.48}$$

其中，$P_a=\mathbb{E}[|a(k)|^2]$ 为输入信号功率，因而可以得到

$$P_a\boldsymbol{a}\boldsymbol{a}^{\mathrm{H}}\boldsymbol{f}_{\mathrm{opt}}=\lambda_{\max}\boldsymbol{R}_{nn}\boldsymbol{f}_{\mathrm{opt}} \tag{5.2.49}$$

又因为 $\boldsymbol{a}^{\mathrm{H}}\boldsymbol{f}_{\mathrm{opt}}$ 为标量，所以得 $\boldsymbol{R}_{aa}\boldsymbol{f}_{\mathrm{opt}}=\alpha\boldsymbol{a}$，其中 $\alpha=\lambda_{\max}^{-1}(P_a\boldsymbol{a}^{\mathrm{H}}\boldsymbol{f}_{\mathrm{opt}})$。因此最佳权向量为

$$\boldsymbol{f}_{\mathrm{SNR}}=\alpha\boldsymbol{R}_{nn}^{-1}\boldsymbol{a} \tag{5.2.50}$$

此准则的优点是可以使信噪比最大化，缺点是必须知道噪声的统计量和信号的波达方向，还要处理特征分量的问题。

**3. 最大似然准则**

在有用信号是完全先验未知的情况下，无法设置参考信号，最小均方误差准则不再适用。这时，在干扰噪声背景下，对有用信号的波形可作最(极)大似然(Maximum Likelihood,ML)估计。假设自适应系统的输入为

$$\boldsymbol{x}(k)=\boldsymbol{a}(k)+\boldsymbol{n}(k) \tag{5.2.51}$$

输入信号向量 $\boldsymbol{x}(k)$ 的对数似然函数为

$$L(x)=\ln p[\boldsymbol{x}(k)\mid\boldsymbol{a}(k)] \tag{5.2.52}$$

其中，$p[\boldsymbol{x}(k)|\boldsymbol{a}(k)]$ 为在给定 $\boldsymbol{a}(k)$ 的条件下 $\boldsymbol{x}(k)$ 出现的条件概率。假设噪声 $\boldsymbol{n}(k)$ 为零均值平稳高斯随机过程，其自相关矩阵为 $\boldsymbol{R}_{nn}$，而 $\boldsymbol{a}(k)=a(k)\boldsymbol{a}$。这时，对数似然函数可以写为

$$L(x)=\alpha[\boldsymbol{x}(k)-a(k)\boldsymbol{a}]^{\mathrm{H}}\boldsymbol{R}_{nn}^{-1}[\boldsymbol{x}(k)-a(k)\boldsymbol{a}] \tag{5.2.53}$$

其中，$\alpha$ 为一个与 $\boldsymbol{x}(k)$ 与 $\boldsymbol{a}(k)$ 无关的常数。现在需要求使似然函数最大的 $a(k)$，称为

$a(k)$的最大似然估计，记作$\hat{a}(k)$。即$\hat{a}(k)=y(k)=\boldsymbol{f}^{\mathrm{H}}\boldsymbol{x}(k)$。将对数似然函数对$a(k)$求偏导数，并令其为0，可以得到$a(k)$的最大似然估计为

$$\hat{a}(k)=\frac{\boldsymbol{a}^{\mathrm{H}}\boldsymbol{R}_{nn}^{-1}}{\boldsymbol{a}^{\mathrm{H}}\boldsymbol{R}_{nn}^{-1}\boldsymbol{a}}\boldsymbol{x}(k) \tag{5.2.54}$$

考虑$\boldsymbol{R}_{nn}^{-1}$的厄米特特性，则最佳权向量可以表示为

$$\boldsymbol{f}_{\mathrm{ML}}=\frac{1}{\boldsymbol{a}^{\mathrm{H}}\boldsymbol{R}_{nn}^{-1}\boldsymbol{a}}\boldsymbol{R}_{nn}^{-1}\boldsymbol{a}=\gamma\boldsymbol{R}_{nn}^{-1}\boldsymbol{a} \tag{5.2.55}$$

其中，$\gamma=\frac{1}{\boldsymbol{a}^{\mathrm{H}}\boldsymbol{R}_{nn}^{-1}\boldsymbol{a}}$。

对照最大信噪比准则和最大似然准则的最佳权向量可以发现，在高斯噪声情况下，二者并没有本质上的区别。

**4. 最小噪声方差准则**

当有用信号及其方向均已知时，为了更好地接收和检测有用信号而消除干扰，可以采用最小噪声方差(Minimum Noise Variance，MNV)准则。自适应滤波器输出为

$$y(k)=\boldsymbol{f}^{\mathrm{H}}\boldsymbol{x}(k)=\boldsymbol{f}^{\mathrm{H}}\boldsymbol{a}(k)+\boldsymbol{f}^{\mathrm{H}}\boldsymbol{n}(k) \tag{5.2.56}$$

在实际应用中，希望自适应均衡只对干扰起作用。令$\boldsymbol{f}^{\mathrm{H}}\boldsymbol{a}(k)=a(k)$，自适应滤波器的输出表示为

$$y(k)=a(k)+\boldsymbol{f}^{\mathrm{H}}\boldsymbol{n}(k) \tag{5.2.57}$$

$y(k)$的方差表示为

$$D[y(k)]=D[a(k)+\boldsymbol{f}^{\mathrm{H}}\boldsymbol{n}(k)] \tag{5.2.58}$$

假定$\mathbb{E}[y(k)]=\mathbb{E}[a(k)+\boldsymbol{f}^{\mathrm{H}}\boldsymbol{n}(k)]=a(k)$，可以得到

$$D[y(k)]=\boldsymbol{f}^{\mathrm{H}}\boldsymbol{R}_{nn}^{-1}\boldsymbol{f} \tag{5.2.59}$$

用式(5.2.46)对$\boldsymbol{f}$求导，并令其为0，求解方差最小时的近似向量，则$\boldsymbol{f}=0$，也就是说，这种方法无法求出最佳权向量。

为此，应用拉格朗日乘子法，首先引入约束条件$\boldsymbol{f}^{\mathrm{H}}\boldsymbol{1}=\boldsymbol{1}$，其中，$\boldsymbol{1}=[1,1,\cdots,1]^{\mathrm{T}}$。令

$$D[y(k)]=\boldsymbol{f}^{\mathrm{H}}\boldsymbol{R}_{nn}^{-1}\boldsymbol{f}+2\lambda[1-\boldsymbol{f}^{\mathrm{H}}\boldsymbol{1}] \tag{5.2.60}$$

再对$\boldsymbol{f}$求导并令其为0，得到$\boldsymbol{f}=\lambda\boldsymbol{R}_{nn}^{-1}\boldsymbol{1}$，从而得到$\lambda=\frac{1}{\boldsymbol{1}^{\mathrm{T}}\boldsymbol{R}_{nn}^{-1}\boldsymbol{1}}$。因此，最佳权向量为

$$\boldsymbol{f}_{\mathrm{MNV}}=\frac{1}{\boldsymbol{1}^{\mathrm{T}}\boldsymbol{R}_{nn}^{-1}\boldsymbol{1}}\boldsymbol{R}_{nn}^{-1}\boldsymbol{1} \tag{5.2.61}$$

如果将$\boldsymbol{1}$用$\boldsymbol{a}$替换，就变成了最大似然准则，因此最大似然准则和最小噪声方差准则也没有本质区别。

最优化准则可以写成通式

$$\boldsymbol{f}_{\mathrm{opt}}=\alpha\boldsymbol{R}_{xx}^{-1}\boldsymbol{R}_{xd} \tag{5.2.62a}$$

或

$$\boldsymbol{f}_{\mathrm{opt}}=\beta\boldsymbol{R}_{xx}^{-1}\boldsymbol{a} \tag{5.2.62b}$$

其中，$\alpha$和$\beta$为系数。以上表达式称为维纳-霍夫方程或维纳解，这是维纳滤波理论的结果。

设一个信道的有限冲激响应长度为$L=3$，使用$L_f=12$的LMS均衡器，其MATLAB程序如下。

```
clc; clear all; close all;
h = [0.9 0.3 0.5 -0.1];                              % 信道
SNRr = 30;                                           % 信噪比
                                                     % LMS 的参数
runs = 100;                                          % 独立的运行次数
eta = 5e-3;                                          % 学习率/步长
order = 12;                                          % 均衡器的阶数
fsize = 14; lw = 2;                                  % 可视化图形的字体大小和图形的线宽
% LMS 算法
for run = 1 : runs
                                                     % 初始化权值
    U = zeros(1,order);                              % 输入的帧
    W = randn(1,order);                              % 权值
    % 输入/输出数据
    N = 5000;                                        % 采样数
    Bits = 2;                                        % 调制的比特数（二进制调制）
    data = randi([0 1],1,N);                         % 随机输入信号
    d = real(pskmod(data,Bits));                     % BPSK 调制信号(期望的输出)
    r = filter(h,1,d);                               % 通过信道的接收信号
    x = awgn(r, SNRr);                               % 通过信道的噪声(给定的输入信号)
    for n = 1 : N
        U(1,2:end) = U(1,1:end-1);                   % 滑动窗
        U(1,1) = x(n);                               % 当前的输入
        y = (W) * U';                                % 计算 LMS 的输出
        e = d(n) - y;                                % 瞬时的误差
        W = W + eta * e * U ;                        % LMS 的权重更新
        J(run,n) = e * e';                           % 瞬时的平方误差
    end
end
%计算性能参数
MJ = mean(J,1);                                      % 均方误差
CS = freqz(h);                                       % 信道的频谱
NF = (0:length(CS)-1)./(length(CS));                 % 归一化的频率
IMR = -10 * log10(real(CS).^2 + imag(CS).^2);        % 信道幅值响应的逆（期望的）
IPR = -imag(CS)./real(CS);                           % 信道相位响应的逆（期望的）
ES = freqz(W);                                       % 均衡器的频谱
EMR = 10 * log10(real(ES).^2 + imag(ES).^2);         % 均衡器的幅频响应
EPR = imag(ES)./real(ES);                            % 均衡器的相频响应
% 画图
figure
plot(10 * log10(MJ),'-.g','linewidth',lw)           % 绘制 MSE 图
trendMJ = polyval(polyfit((0:N),[0 10 * log10(MJ)],7),(1:N));
hold on
plot(trendMJ,'k','linewidth',lw)
hg = legend('MSE{瞬时值}','MSE{拟合值}','Location','Best','fontsize',fsize);
grid minor
xlabel('迭代次数','FontSize',fsize);
ylabel('均方误差/dB','FontSize',fsize);
figure
subplot(2,1,1)                                       % 幅频响应
plot(NF,IMR,'k','linewidth',lw)
hold on
plot(NF,EMR,'--b','linewidth',lw)
legend('信道的逆','均衡器','Location','Best','fontsize',fsize);
grid minor
xlabel('归一化频率','FontSize',fsize);
ylabel('幅值/dB','FontSize',fsize);
subplot(2,1,2)                                       % 相频响应
plot(NF, IPR,'k','linewidth',lw)
hold on
```

```
plot(NF, EPR,'-- b','linewidth',lw)
legend('信道的逆','均衡器','Location','Best','fontsize',fsize);
grid minor
xlabel('归一化频率','FontSize',fsize);
ylabel('相移/rad','FontSize',fsize);
```

上述代码的仿真结果为 LMS 均衡器随迭代次数的均方误差以及 LMS 均衡器的幅频响应和相频响应，分别如图 5.2.5 和图 5.2.6 所示。

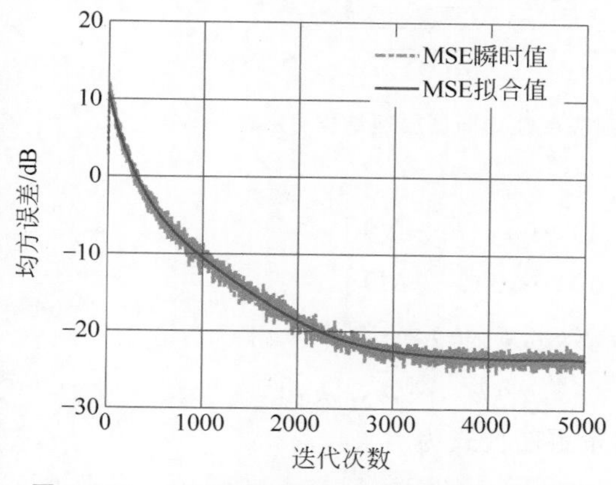


图 5.2.5 LMS 均衡器随迭代次数的均方误差

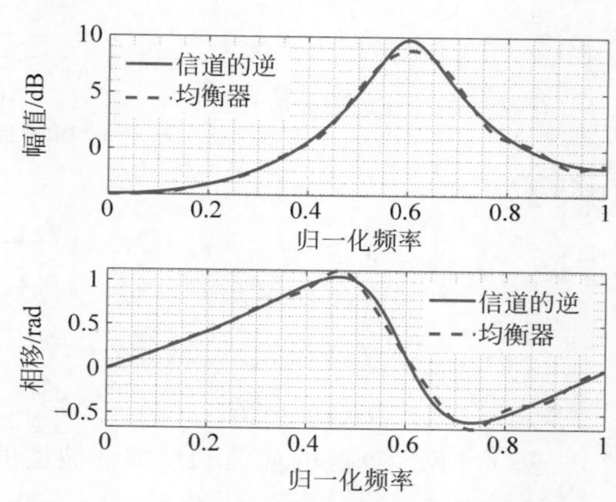


图 5.2.6 LMS 均衡器的幅频响应和相频响应

## 5.2.5 基于 LMS 的判决反馈均衡算法

判决反馈均衡器(Decision Feedback Equalizer，DFE)的基本结构如图 5.2.7 所示。

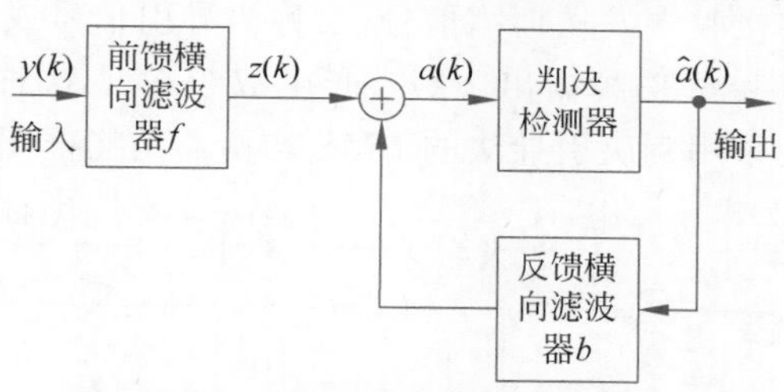


图 5.2.7 判决反馈均衡器的基本结构

这种均衡器包括两个横向滤波器：前馈横向滤波器和反馈横向滤波器。两个滤波器的抽头延时均等于输入符号的采样间隔 $T$，前馈横向滤波器是均衡器，反馈横向滤波器用于进一步抑制当前时刻之前的信息符号所产生的码间干扰。虽然两个均衡器均采用线性横向滤波器的结构，但反馈滤波器的输入取自判决检测器，而且判决检测器是非线性结构，也就是说，判决反馈均衡器是非线性均衡器。

判决反馈均衡器是一种应用广泛的均衡器。自适应判决反馈均衡器(Automatic Decision Feedback Equalizer，ADFE)有各种自适应算法。基于 LMS 的自适应判决反馈均衡器原理结构如图 5.2.8 所示。

由图 5.2.8 可知，均衡器的输出为

$$\begin{aligned}\tilde{a}(k) &= \boldsymbol{f}(k)\boldsymbol{y}(k) - \boldsymbol{b}(k)\hat{\boldsymbol{a}}(k) \\ &= \sum_{i=-N}^{N} f_i(k)y(k-i) - \sum_{i=-M}^{M} b_i(k)\hat{a}(k-i)\end{aligned} \tag{5.2.63}$$

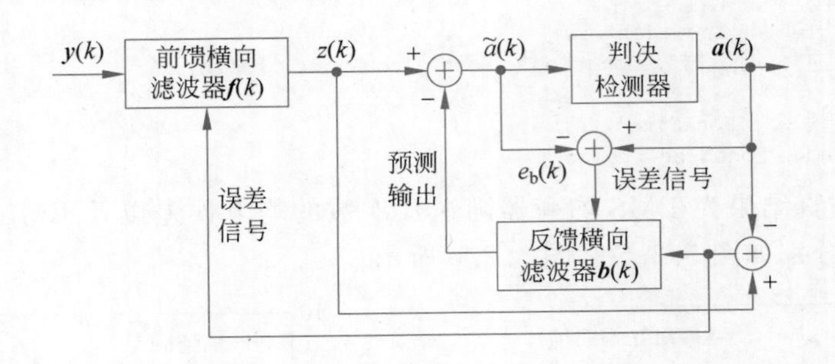


图 5.2.8 基于 LMS 的自适应判决反馈均衡器原理结构

其中，

$$\begin{cases} \boldsymbol{y}(k)=[y(k+N),y(k+N-1),\cdots,y(k-N)]^{\mathrm{T}} \\ \hat{\boldsymbol{a}}(k)=[\hat{a}(k+M),\hat{a}(k+M-1),\cdots,\hat{a}(k-M)]^{\mathrm{T}} \\ \boldsymbol{f}(k)=[f_{-N}(k),\cdots,f_{-1}(k),f_0(k),f_1(k),\cdots,f_N(k)]^{\mathrm{T}} \\ \boldsymbol{b}(k)=[b_{-M}(k),\cdots,b_{-1}(k),b_0(k),b_1(k),\cdots,b_M(k)]^{\mathrm{T}} \end{cases} \tag{5.2.64}$$

基于 LMS 算法的前馈和反馈滤波器的权向量更新公式为

$$\boldsymbol{f}(k+1)=\boldsymbol{f}(k)+2\mu e_{\mathrm{f}}(k)\boldsymbol{y}^*(k) \tag{5.2.65}$$

$$\boldsymbol{b}(k+1)=\boldsymbol{b}(k)+2\mu e_{\mathrm{b}}(k)\hat{\boldsymbol{a}}^*(k) \tag{5.2.66}$$

其中，$e_{\mathrm{f}}(k)=z(k)-\hat{a}(k)$为前馈误差；$e_{\mathrm{b}}(k)=\tilde{a}(k)-\hat{a}(k)$为反馈误差。

采用 LMS 及其他自适应算法均要求知道期望信号 $d(k)$。为了得到期望信号 $d(k)$，一种方法是发送端定期向接收端发送训练信号(又称为导引信号或导频信号)；另一种方法是采用判决检测器，直接由滤波器输出 $y(k)$产生 $d(k)$。这种方法称为判决引导法。图 5.2.9 给出了更详细的采用判决引导法的 LMS 均衡器结构框图。

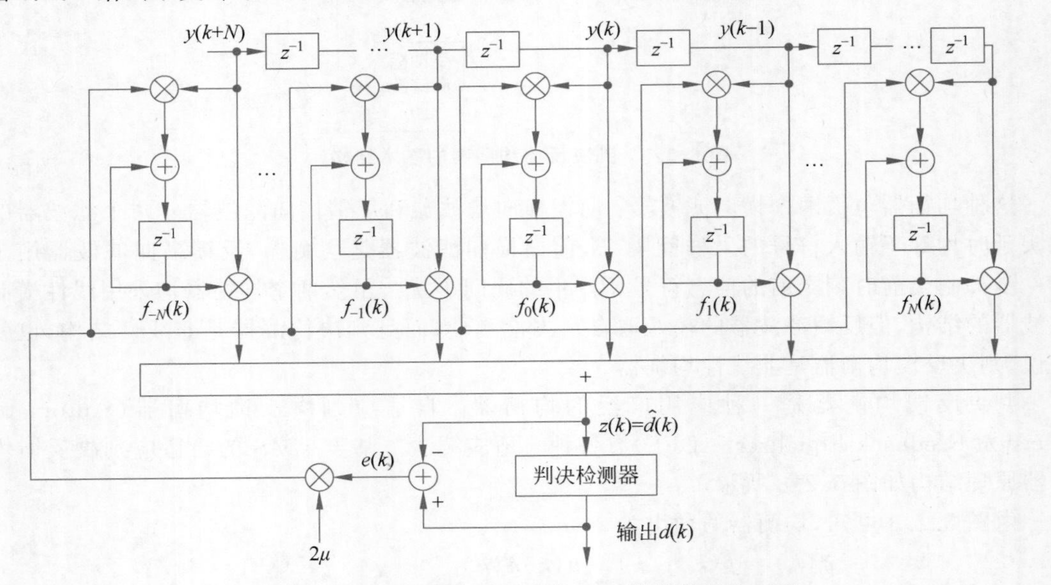


图 5.2.9 采用判决引导法的 LMS 均衡器结构框图

这种结构为前馈式结构，相应的均衡器为线性自适应均衡器。设

$$\boldsymbol{f}(k)=[f_{-N}(k),\cdots,f_{-1}(k),f_0(k),f_1(k),\cdots,f_N(k)]^{\mathrm{T}} \tag{5.2.67}$$

$$\boldsymbol{y}(k)=[y(k+N),\cdots,y(k+1),y(k),y(k-1),\cdots,y(k-N)]^{\mathrm{T}} \tag{5.2.68}$$

则基于 LMS 算法的均衡器权向量为

$$\boldsymbol{f}(k+1)=\boldsymbol{f}(k)+2\mu e(k)\boldsymbol{y}(k) \tag{5.2.69}$$

它的第 $i$ 支路的权向量为

$$\boldsymbol{f}_i(k+1)=\boldsymbol{f}_i(k)+2\mu e(k)\boldsymbol{y}(k-i) \tag{5.2.70}$$

因为自适应调整方向取决于 $e(k)\boldsymbol{y}(k-i)$的符号，所以第 $i$ 支路的更新公式可简化为以下几种形式。

$$f_i(k+1)=f_i(k)+2\mu\,\mathrm{sgn}[e(k)]y(k-i) \tag{5.2.71a}$$

$$f_i(k+1)=f_i(k)+2\mu e(k)\mathrm{sgn}[y(k-i)] \tag{5.2.71b}$$

$$f_i(k+1)=f_i(k)+2\mu\,\mathrm{sgn}[e(k)]\mathrm{sgn}[y(k-i)] \tag{5.2.71c}$$

权向量可采用中心抽头初始化，即 $\boldsymbol{f}(0)=[0,\cdots,0,1,0,\cdots,0]^{\mathrm{T}}$。此时均衡器具有单位增益。随着自适应调整的进行，$\boldsymbol{f}$ 将在一定条件范围内逐渐收敛到最佳解。

### 5.2.6 基于 LMS 的正交小波均衡算法

根据均衡器输入信号的自相关矩阵，可得出其特征值的分散程度，用比值 $\lambda_{\max}/\lambda_{\min}$ 表示，其中 $\lambda_{\max}$ 和 $\lambda_{\min}$ 分别为自相关矩阵的最大特征值和最小特征值。该比值是影响 LMS 自适应算法收敛速度的主要因素，$\lambda_{\max}/\lambda_{\min}$ 越大，收敛速度越慢，否则正好相反。通过对信号进行归一化的正交小波变换，使其自相关矩阵接近对角阵，即降低输入信号的自相关，可在一定程度上加快 LMS 自适应算法的收敛速度。

**1. 均衡器的正交小波表示**

根据马拉特(Mallat)塔形算法思想，在有限尺度下，有限冲激响应均衡器的权系数 $f(k)$可由一簇正交小波函数 $\varphi_{j,l}(k)$，$j=1,2,\cdots,J$，$l=1,2,\cdots,k_j$ 及尺度函数 $\phi_{J,l}(k)$，$l=1,2,\cdots,k_j$ 来表示，有

$$f(k)=\sum_{j=1}^{J}\sum_{l=0}^{k_j}d_{j,l}\varphi_{j,l}(k)+\sum_{l=0}^{k_J}v_{J,l}\phi_{J,l}(k) \tag{5.2.72}$$

其中，$k=0,1,\cdots,N-1$；$N$ 为均衡器的长度；$J$ 为最大尺度；$k_j=N/2^j-1$ 为尺度 $j$ 下小波函数的最大平移；$d_{j,l}$ 和 $v_{J,l}$ 分别为

$$\begin{cases} d_{j,l}=<f(k),\quad \varphi_{j,l}(k)> \\ v_{J,l}=<f(k),\quad \phi_{J,l}(k)> \end{cases} \tag{5.2.73}$$

由于 $f(k)$的特性可由 $d_{j,l}$ 和 $v_{J,l}$ 反映出来，故称 $d_{j,l}$ 和 $v_{J,l}$ 为均衡器的权系数。根据信号传输理论，对输入 $y(k)$作离散正交小波变换，均衡器的输出 $z(k)$为

$$\begin{aligned} z(k)&=\sum_{i=0}^{N-1}f_i(k)y(k-i) \\ &=\sum_{i=0}^{N-1}y(k-i)\Big[\sum_{j=1}^{J}\sum_{l=0}^{k_j}d_{j,l}\varphi_{j,l}(i)+\sum_{k=0}^{k_J}v_{J,l}\phi_{J,l}(i)\Big] \end{aligned}$$

$$
\begin{aligned}
&= \sum_{j=1}^{J} \sum_{l=0}^{k_j} d_{j,l}(k) \Big[\sum_{i=0}^{N-1} y(k-i)\varphi_{j,l}(i)\Big] + \\
&\quad \sum_{l=0}^{k_J} v_{J,l}(k) \Big[\sum_{i=0}^{N-1} y(k-i)\phi_{J,l}(i)\Big] \\
&= \sum_{j=1}^{J} \sum_{l=0}^{k_j} d_{j,l}(k) r_{j,l}(k) + \sum_{l=0}^{k_J} v_{J,l}(k) s_{J,l}(k)
\end{aligned}
\tag{5.2.74}
$$

其中，$r_{j,l}(k)$为尺度为$j$，平移为$l$的小波变换系数；$s_{J,l}(k)$是尺度为$J$、平移为$l$的尺度变换系数，进一步表示为

$$
\begin{cases}
r_{j,l}(k) = \sum\limits_{i} y(k-i)\varphi_{j,l}(i) \\
s_{J,l}(k) = \sum\limits_{i} y(k-i)\phi_{J,l}(i)
\end{cases}
\tag{5.2.75}
$$

采用正交小波变换后，均衡器在$k$时刻的输出$z(k)$等于输入$y(k)$经小波变换后的相应变换系数$r_{j,l}(k)$和$s_{J,l}(k)$与均衡器系数$d_{j,l}(k)$和$v_{J,l}(k)$的加权和。也就是说，将小波引入均衡器的实质是将输入信号进行正交变换，从而改变均衡器的结构。小波系数$r_{j,l}(k)$与尺度系数$s_{J,l}(k)$的值依赖于小波函数$\varphi(k)$与尺度函数$\phi(k)$，而实际上除了Harr小波外，小波函数$\varphi(k)$与尺度函数$\varphi(k)$并没有明确的表达式，利用Mallat算法则能够解决这一问题。

Mallat算法于1986年由S. Mallat等提出。这种算法利用小波的多分辨率特性，在多个尺度上观测信号的不同特征：在大尺度下可得到信号的粗粒度特征，在小尺度下可得到信号的细粒度特征。

**2. 算法原理**

如果采用LMS算法更新权向量并对权系数引入正交小波变换，则构成基于LMS的正交小波变换均衡算法，采用该算法的自适应均衡原理如图5.2.10所示。

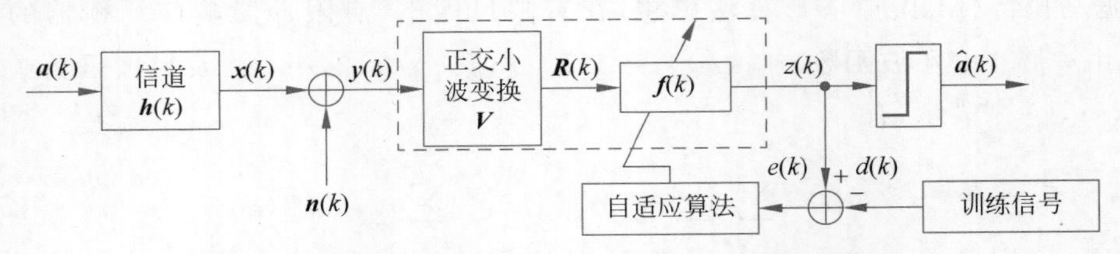


图5.2.10 基于LMS的正交小波变换自适应均衡原理

由图5.2.10可知，均衡器的输入信号$\boldsymbol{R}(k)$、均衡器的输出信号$z(k)$和误差信号$e(k)$可以分别表示为

$$
\boldsymbol{R}(k) = \boldsymbol{V}\boldsymbol{y}(k) \tag{5.2.76}
$$

$$
z(k) = \boldsymbol{R}^{\mathrm{T}}(k)\boldsymbol{f}(k) \tag{5.2.77}
$$

$$
e(k) = z(k) - d(k) \tag{5.2.78}
$$

代价函数为

$$
J(k) = \mathbb{E}[e^2(k)] \tag{5.2.79}
$$

均衡器权向量的迭代公式为

$$
\boldsymbol{f}(k+1) = \boldsymbol{f}(k) + \frac{\mu}{2}\frac{\partial J(k)}{\partial \boldsymbol{f}(k)} \tag{5.2.80}
$$

其中，$\mu$ 为迭代步长；$\dfrac{\partial J(k)}{\partial \boldsymbol{f}(k)}$为代价函数对权向量的梯度，而

$$\begin{aligned}\frac{\partial J(k)}{\partial \boldsymbol{f}(k)} &= \mathbb{E}\left[2e(k)\frac{\partial e(k)}{\partial \boldsymbol{f}(k)}\right] \\ &= \mathbb{E}\left[2e(k)\frac{\partial[\boldsymbol{R}^{\mathrm{T}}(k)\boldsymbol{f}(k)-d(k)]}{\partial \boldsymbol{f}(k)}\right] \\ &= \mathbb{E}[2e(k)\boldsymbol{R}(k)]\end{aligned} \tag{5.2.81}$$

由于在同一尺度下，对不同的平移 $l$，$r_{j,l}(k)$间的相关性很小，$s_{J,l}(k)$间的相关性也很小。取瞬时值后，对$\dfrac{\partial J(k)}{\partial \boldsymbol{f}(k)}$变换后的信号能量作归一化处理，均衡器权向量的迭代公式可以更新为

$$\begin{aligned}\boldsymbol{f}(k+1) &= \boldsymbol{f}(k) - \mu(k)\boldsymbol{R}(k) \\ &= \boldsymbol{f}(k) - \mu\hat{\boldsymbol{R}}^{-1}(k)e(k)\boldsymbol{R}(k)\end{aligned} \tag{5.2.82}$$

其中，$\hat{\boldsymbol{R}}^{-1}(k)=\mathrm{diag}[\hat{\sigma}_{j,0}^2(k),\hat{\sigma}_{j,1}^2(k),\cdots,\hat{\sigma}_{J,k_J}^2(k),\hat{\sigma}_{J+1,0}^2(k),\cdots,\hat{\sigma}_{J+1,k_J}^2(k)]$，$\hat{\sigma}_{j,l}^2(k)$与$\hat{\sigma}_{J+1,l_j}^2(k)$分别表示对 $r_{j,l}(k)$和 $s_{J,l}(k)$的平均功率估计。其递推估计公式为

$$\hat{\sigma}_{j,l}^2(k+1) = \beta_\sigma\hat{\sigma}_{j,l}^2(k) + (1-\beta_\sigma)\,|\,r_{j,l}(k)\,|^2 \tag{5.2.83a}$$

$$\hat{\sigma}_{J+1,l}^2(k+1) = \beta_\sigma\hat{\sigma}_{J+1,l}^2(k) + (1-\beta_\sigma)\,|\,s_{J,l}(k)\,|^2 \tag{5.2.83b}$$

其中，$\beta_\sigma$ 为平滑因子，且 $0<\beta_\sigma<1$，一般取 $\beta_\sigma$ 接近于 1。$R^2=\mathbb{E}[|a(k)|^4]/\mathbb{E}[|a(k)|^2]$，以上公式构成了基于 LMS 的正交小波均衡算法。

**3. 性能分析**

如前所述，LMS 算法的收敛速度取决于输入信号自相关矩阵最大特征值与最小特征值的比值，即矩阵 $\boldsymbol{R}$ 的条件数 $\mathrm{cond}(\boldsymbol{R})=\lambda_{\max}/\lambda_{\min}$。该值越小，收敛越快，因此引入小波变换可以加快算法收敛速度。假设输入信号为实信号 $\boldsymbol{y}(k)$，其输入自相关矩阵为 $\boldsymbol{R}_{yy}$；设信号经小波变换后的自相关矩阵为 $\boldsymbol{R}_{rr}$，则 $\boldsymbol{R}_{yy}$ 和 $\boldsymbol{R}_{rr}$ 均为实对称矩阵，因而存在正交阵 $\boldsymbol{Q}_y$ 和 $\boldsymbol{Q}_r$，满足

$$\begin{cases}\boldsymbol{R}_{yy} = \boldsymbol{Q}_y\boldsymbol{\Lambda}_y\boldsymbol{Q}_y^{-1} \\ \boldsymbol{R}_{rr} = \boldsymbol{Q}_r\boldsymbol{\Lambda}_r\boldsymbol{Q}_r^{-1}\end{cases} \tag{5.2.84}$$

其中，$\boldsymbol{\Lambda}_y$ 和 $\boldsymbol{\Lambda}_r$ 分别为 $\boldsymbol{R}_{yy}$ 和 $\boldsymbol{R}_{rr}$ 的特征值对角阵，且其特征值均为正数，即

$$\begin{cases}\boldsymbol{\Lambda}_y = \mathrm{diag}[\lambda_1^y \quad \lambda_2^y \quad \cdots \quad \lambda_N^y] \\ \boldsymbol{\Lambda}_r = \mathrm{diag}[\lambda_1^r \quad \lambda_2^r \quad \cdots \quad \lambda_N^r]\end{cases} \tag{5.2.85}$$

信号经小波变换后的自相关矩阵 $\boldsymbol{R}_{rr}$ 为

$$\begin{aligned}\boldsymbol{R}_{rr} &= \boldsymbol{Q}_r\boldsymbol{\Lambda}_r\boldsymbol{Q}_r^{-1} \\ &= \mathbb{E}[\boldsymbol{R}(k)\boldsymbol{R}^{\mathrm{T}}(k)] \\ &= \mathbb{E}\{\mathbf{V}\boldsymbol{y}(k)[\mathbf{V}\boldsymbol{y}(k)]^{\mathrm{T}}\} \\ &= \mathbb{E}\{\mathbf{V}\boldsymbol{y}(k)\boldsymbol{y}(k)^{\mathrm{T}}\mathbf{V}^{\mathrm{T}}\} \\ &= \mathbf{V}\boldsymbol{R}_{yy}\mathbf{V}^{\mathrm{T}}\end{aligned}$$

$$=\boldsymbol{V}\boldsymbol{Q}_y\boldsymbol{\Lambda}_y\boldsymbol{Q}_y^{-1}\boldsymbol{V}^{\mathrm{T}} \tag{5.2.86}$$

其中，$\boldsymbol{\Lambda}_r=\boldsymbol{Q}_r^{\mathrm{T}}\boldsymbol{V}\boldsymbol{Q}_y\boldsymbol{\Lambda}_y\boldsymbol{Q}_y^{-1}\boldsymbol{V}^{\mathrm{T}}\boldsymbol{Q}_r=\boldsymbol{P}\boldsymbol{\Lambda}_y\boldsymbol{P}^{\mathrm{T}}$，$\boldsymbol{P}=\boldsymbol{Q}_r^{\mathrm{T}}\boldsymbol{V}\boldsymbol{Q}_y$。矩阵 $\boldsymbol{P}$ 的元素可以表示为

$$\lambda_l^r=\sum_{i=1}^{M}p_{li}^2\lambda_l^y,\quad l=1,2,\cdots,M \tag{5.2.87}$$

其中，$p_{li}$ 为矩阵 $\boldsymbol{P}$ 中的第$(l,i)$个元素。

因各特征值均为正数，即 $0<\lambda_{\min}^y\min\limits_l\left(\sum\limits_{i=1}^{M}p_{li}^2\right)\leqslant\lambda_{\min}^r\leqslant\lambda_{\max}^r\leqslant\lambda_{\max}^r\max\limits_l\left(\sum\limits_{i=1}^{M}p_{li}^2\right)$，一般情况下，有

$$\min_l\left(\sum_{i=1}^{M}p_{li}^2\right)\approx\max_l\left(\sum_{i=1}^{M}p_{li}^2\right) \tag{5.2.88}$$

因此，$\lambda_{\max}^r/\lambda_{\min}^r\leqslant\lambda_{\max}^y/\lambda_{\min}^y$。由此可见，经小波变换后矩阵 $\boldsymbol{R}_{rr}$ 的最大特征值与最小特征值之比小于 $\boldsymbol{R}_{yy}$ 的最大特征值与最小特征值之比，即引入小波变换后，收敛性能得到改善。

## 5.3 频域均衡器

时域均衡器的一种替代方案是完全在频域中进行的均衡。频域均衡的优点是可以计算理想的信道逆函数，但频域均衡需要发射波形具有额外的数学结构。

考虑有码间干扰但没有噪声的接收信号，在频域有

$$y(\mathrm{e}^{\mathrm{j}2\pi f})=h(\mathrm{e}^{\mathrm{j}2\pi f})a(\mathrm{e}^{\mathrm{j}2\pi f}) \tag{5.3.1}$$

理想的迫零均衡器可以表示为

$$\mathcal{F}(\mathrm{e}^{\mathrm{j}2\pi f})=\frac{1}{h(\mathrm{e}^{\mathrm{j}2\pi f})} \tag{5.3.2}$$

但是，在频域上不可能实现理想的迫零均衡器。因为均衡器不存在于 $h(\mathrm{e}^{\mathrm{j}2\pi f})$ 取零的频率值上，这个问题可以通过使用伪逆均衡器而不是逆均衡器来解决。在应用中也无法计算理想的发送信号频域数值 $a(\mathrm{e}^{\mathrm{j}2\pi f})$，因为通常只有有限个发送符号 $a(k)$ 的样本，而且 $h(l)$ 仅在短时间窗口上是时不变的。

解决这个问题的方法是专门设计 $a(k)$ 并利用离散傅里叶变换。将发送信号 $a$ 设计为具有适当保护间隔的信号，常用的方法是采用循环前缀或补零。考虑长度为 $K$ 的一组符号 $\{a(k)\}_{k=0}^{K-1}$，$K>L$，它与信道 $\{h(l)\}_{l=0}^{L}$ 作循环卷积时，对信道 $\{h(l)\}_{l=0}^{L}$ 补零以具有长度 $K$，即 $h(k)=0$，$k\in[L+1,K-1]$。此时，循环卷积的输出为

$$\begin{aligned}
y(k)&=\sum_{l=0}^{N-1}h(l)a(k-l)\\
&=\sum_{l=0}^{L}h(l)a(k-l)\\
&=\begin{cases}\sum\limits_{l=0}^{k}h(l)a(k-l)+\sum\limits_{l=N+1}^{L}h(l)a(k+k-l), & 0\leqslant k<L\\ \sum\limits_{l=0}^{L}h(l)a(k-l), & k\geqslant L\end{cases}
\end{aligned} \tag{5.3.3}$$

其中，$k \geqslant L$ 类似于线性卷积，而循环回绕只出现在最前面的 $L$ 个样值。

我们还可以在发送序列中插入循环前缀，此时循环前缀是 $K$ 个数据符号的最后 $L_c$ 个符号，如图 5.3.1 所示。

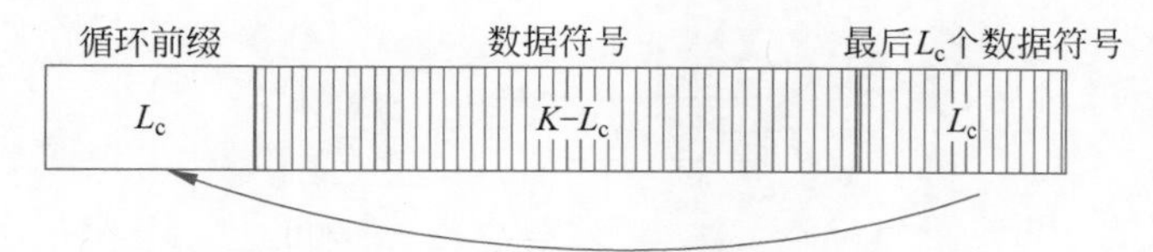


图 5.3.1 在发送序列中插入循环前缀

设 $L_c \geqslant L$ 为循环前缀的长度，形成信号 $\{w(k)\}_{k=0}^{K+L_c-1}$，其中，循环前缀为

$$w(k)=a(k+K-L_c), \quad k=0,1,\cdots,L_c-1 \tag{5.3.4}$$

数据为

$$w(k)=a(k-L_c), \quad k=L_c,L_c+1,\cdots,L_c+K-1 \tag{5.3.5}$$

它与 $L+1$ 个抽头的信道卷积后，可得

$$y(k)=\sum_{l=0}^{L} h(l)w(k-l) \tag{5.3.6}$$

忽略卷积后 $y(k)$ 的前 $L_c$ 项，或称为丢弃循环前缀，形成新的信号

$$\begin{aligned}\bar{y}(k)&=y(k+L_c)\\&=\sum_{l=0}^{L} h(l)w(k+L_c-l), \quad k=0,1,\cdots,K-1\end{aligned} \tag{5.3.7}$$

也就是说，通过填充循环前缀，对于 $k \geqslant L$ 的取值，循环卷积变成了线性卷积，因此实现频域均衡只需要计算 $\bar{y}(n)=\mathcal{F}_K[y(k)]$，$\bar{a}(n)=\mathcal{F}_K[a(k)]$，那么

$$\hat{a}(k)=\mathcal{F}_K^{-1}\left[\frac{\bar{y}(n)}{h(n)}\right]=\mathcal{F}_K^{-1}\left\{\frac{\mathcal{F}_K[y(k)]}{\mathcal{F}_K[h(k)]}\right\} \tag{5.3.8}$$

### 5.3.1 基于 LMS 的频域均衡器

基于 LMS 的频域自适应均衡器原理如图 5.3.2 所示。

在该滤波器中，输入信号 $x(k)$ 和期望响应 $d(k)$ 分别形成 $N$ 点数据块，然后作 $N$ 点快速傅里叶变换(Fast Fourier Transform，FFT)，每个 FFT 的输出组成 $N$ 个复数点 $\boldsymbol{X}(n)$ 和 $\boldsymbol{D}(n)$，具有权向量 $\boldsymbol{F}(n)$ 的均衡器输出 $\boldsymbol{Y}(n)$ 为

$$\boldsymbol{Y}(n)=\boldsymbol{X}(n)\boldsymbol{F}(n) \tag{5.3.9}$$

这表明时域上信号的卷积等于其频域变换信号的乘积。第 $n$ 个数据块的频域权向量 $\boldsymbol{F}(n)$ 和输入信号的傅里叶变换系数对角矩阵 $\boldsymbol{X}(n)$ 分别为

$$\boldsymbol{F}^{\mathrm{T}}(n)=[F_1(n),F_2(n),\cdots,F_N(n)] \tag{5.3.10}$$

$$\boldsymbol{X}(n)=\begin{bmatrix}X_1(n) & 0 & \cdots & 0\\ 0 & X_2(n) & \cdots & 0\\ \vdots & \vdots & \ddots & \vdots\\ 0 & 0 & \cdots & X_N(n)\end{bmatrix} \tag{5.3.11}$$

频域自适应滤波器的计算误差 $\boldsymbol{E}(n)$ 为

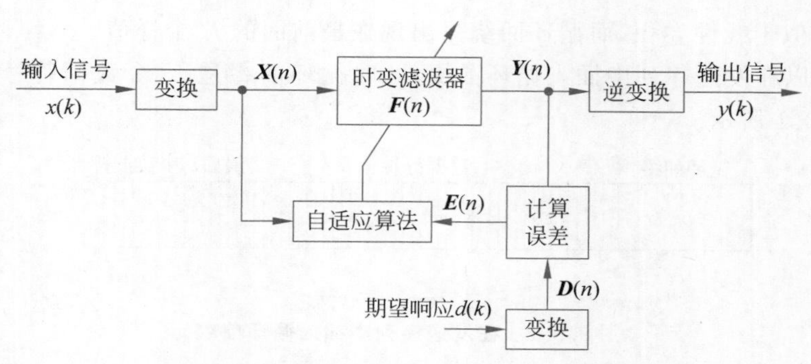


图 5.3.2 基于 LMS 的频域自适应均衡器原理

$$\boldsymbol{E}(n)=\boldsymbol{D}(n)-\boldsymbol{Y}(n) \tag{5.3.12}$$

频域 LMS 自适应均衡器的权向量为

$$\boldsymbol{F}(n+1)=\boldsymbol{F}(n)+\mu[\boldsymbol{X}^{*}(n)\boldsymbol{D}(n)-\boldsymbol{X}^{*}(n)\boldsymbol{X}(n)\boldsymbol{F}(n)] \tag{5.3.13}$$

频域自相关矩阵 $\boldsymbol{R}_{XX}$ 与互相关矩阵 $\boldsymbol{R}_{XD}$ 分别为

$$\boldsymbol{R}_{XX}=\mathbb{E}[\boldsymbol{X}^{*}(n)\boldsymbol{X}(n)] \tag{5.3.14}$$

$$\boldsymbol{R}_{XD}=\mathbb{E}[\boldsymbol{X}^{*}(n)\boldsymbol{D}(n)] \tag{5.3.15}$$

这里自相关矩阵 $\boldsymbol{R}_{XX}$ 是对角矩阵，它的第 $i$ 个对角元素为$\mathbb{E}[\boldsymbol{X}_i^{*}(n)\boldsymbol{X}_i(n)]$。互相关矩阵 $\boldsymbol{R}_{XD}$ 的第 $i$ 个元素为$\mathbb{E}[\boldsymbol{X}_i^{*}(n)\boldsymbol{D}_i(n)]$，权向量的最优解为

$$\boldsymbol{F}_{\text{opt}}=\boldsymbol{R}_{XX}^{-1}\boldsymbol{R}_{XD} \tag{5.3.16}$$

与频域 LMS 算法等价的时域权向量可表示为

$$\boldsymbol{f}(k+1)=\boldsymbol{f}(k)+\mu[\boldsymbol{x}_{\mathrm{c}}^{\mathrm{T}}(k)\boldsymbol{d}(k)-\boldsymbol{x}_{\mathrm{c}}^{\mathrm{T}}(k)\boldsymbol{x}_{\mathrm{c}}(k)\boldsymbol{f}(k)] \tag{5.3.17}$$

其中，$\boldsymbol{f}(k)=\mathcal{F}^{-1}\boldsymbol{F}(n)$；$\boldsymbol{d}(k)=\mathcal{F}^{-1}\boldsymbol{D}(n)$，$\mathcal{F}$是离散傅里叶变换(DFT)矩阵，$\mathcal{F}^{-1}$是 DFT 的逆矩阵；$\boldsymbol{x}_{\mathrm{c}}(n)$为一个循环矩阵，且 $\boldsymbol{x}_{\mathrm{c}}(k)=\mathcal{F}^{-1}\boldsymbol{X}(n)\mathcal{F}$，$\boldsymbol{x}_{\mathrm{c}}(k)$的第 1 列就是频域自适应均衡器的输入信号向量 $\boldsymbol{x}(k)$，因为它是 $\boldsymbol{X}(n)$对角线元素的离散傅里叶逆变换，循环矩阵 $\boldsymbol{x}_{\mathrm{c}}(k)$为

$$\boldsymbol{x}_{\mathrm{c}}(k)=\begin{bmatrix} x(k) & x(k+N-1) & \cdots & x(k+1) \\ x(k+1) & x(k) & \cdots & x(k+2) \\ \vdots & \vdots & \ddots & \vdots \\ x(k+N-1) & x(k+N-2) & \cdots & x(k) \end{bmatrix} \tag{5.3.18}$$

用 $\boldsymbol{x}_i^{\mathrm{T}}(k)$表示 $\boldsymbol{x}_{\mathrm{c}}(k)$的第 $i$ 行，$y_i(k)$表示输出向量 $\boldsymbol{y}(k)$的第 $i$ 个元素，有 $\boldsymbol{y}(k)=\boldsymbol{x}_{\mathrm{c}}(k)\boldsymbol{f}(k)$。时域输出向量 $\boldsymbol{y}(k)$的元素等于滤波器冲激响应 $\boldsymbol{f}(k)$与输入信号 $\boldsymbol{x}(k)$的循环卷积。等价的时域权向量更新公式为

$$\begin{aligned} \boldsymbol{f}(k+1) &= \boldsymbol{f}(k)+\mu\sum_{i=1}^{N}[d_i(k)\boldsymbol{x}_i(k)-y_i(k)\boldsymbol{x}_i(k)] \\ &= \boldsymbol{f}(k)+\mu\sum_{i=1}^{N}e_i(k)x_i(k) \end{aligned} \tag{5.3.19}$$

样本误差计算为

$$e_i(k)=\mathcal{F}^{-1}[E_i(n)]=d_i(k)-y_i(k) \tag{5.3.20}$$

频域 LMS 算法与时域 LMS 算法的区别在于：前者对每块数据只进行一次自适应调整，在被用来修正权向量之前，整个数据块上的梯度由各样本梯度 $e_i(k)x_i(k)$ 相加得到，样本数为 $i=1,2,\cdots,N$；时域样本的计算误差 $e_i(k)$ 等于频域期望响应与频域输出之间误差的离散傅里叶逆变换。

同理，循环卷积滤波器的最佳时域权向量为

$$\boldsymbol{f}_{\text{opt}}=\mathcal{F}^{-1}[\boldsymbol{F}_{\text{opt}}]=\boldsymbol{r}_{XX}^{-1}\boldsymbol{r}_{XD} \tag{5.3.21}$$

$$\boldsymbol{r}_{XX}=\mathcal{F}^{-1}\boldsymbol{R}_{XX}\mathcal{F} \tag{5.3.22a}$$

$$\boldsymbol{r}_{XD}=\mathcal{F}^{-1}\boldsymbol{R}_{XD}\mathcal{F} \tag{5.3.22b}$$

其中，$\boldsymbol{r}_{XX}$ 为循环矩阵；$\boldsymbol{R}_{XX}$ 为对角线矩阵。$\boldsymbol{r}_{XX}$ 的第1行元素由输入 $\boldsymbol{x}(k)$ 滞后 $0\sim N-1$ 的循环自相关函数给出。此算法的稳定条件为 $0<\mu<2/\lambda_{\max}$，其中 $\lambda_{\max}$ 为自相关矩阵 $\boldsymbol{R}_{XX}$ 的最大特征值。这与最陡下降法的稳定条件一致。

## 5.3.2 基于 LMS 的 OFDM 系统均衡算法

信道的时域表示可以等效为一个抽头延时线模型，而 OFDM 系统通过接收端的傅里叶变换将这种横向模型变换为频域上一个个相互独立的并行子信道，将每个子信道简化为单抽头模型。所以，将 LMS 算法与 OFDM 系统相结合以后，每个子信道完全可以通过一个单抽头滤波器完成对信号的恢复。当然，多抽头滤波器结构也同样有效，但计算复杂度较高。目前自适应算法在 OFDM 系统中大都采用单抽头滤波器结构。图 5.3.3 给出了一个 OFDM 子载波采用 LMS 滤波的系统框图，其中，$f_l(k)$ 为 $k$ 时刻的均衡器权系数，$E_l(k)$ 为均衡器的输出 $Z_l(k)$ 与原始的发送信号 $X_l(k)$ 的差值。

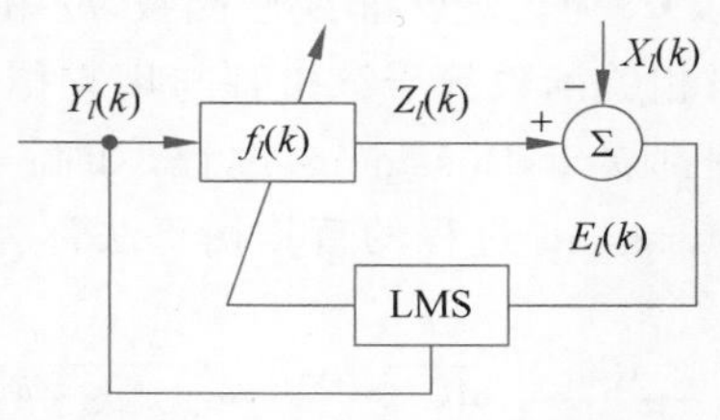


图 5.3.3　一个 OFDM 子载波采用 LMS 滤波的系统框图

均衡器的输出 $Z_l(k)$ 与误差 $E_l(k)$ 可以分别表示为

$$Z_l(k)=f_l^*(k)Y_l(k) \tag{5.3.23}$$

$$E_l(k)=Z_l(k)-X_l(k)=f_l^*(k)Y_l(k)-X_l(k) \tag{5.3.24}$$

在单载波系统中，自适应均衡算法的性能一般都是从收敛速度和均方误差两方面来考查。而对于多载波系统，由于每个子载波均采用一个均衡器，单一地考查某个子载波均衡算法的性能则显得有失合理，故这里重新定义系统性能测度方法，将均方误差性能测度定义为

$$\text{MSE}(k)=\frac{1}{N}\sum_{l=0}^{N-1}\text{MSE}_l(k)=\frac{1}{N}\sum_{l=0}^{N-1}10\lg[E_l^2(k)] \tag{5.3.25}$$

LMS 算法的性能由所有子载波的 LMS 算法性能共同决定，其均方误差收敛曲线为每个子载波信道均衡器收敛曲线的数学平均。为了获得最优性能，需要代价函数 $J_l(k)$ 收敛到一个最小值。当均衡器无噪声输入时，$J_l(k)$ 的最小值趋于零；而当输入含有噪声时，$J_l(k)$ 的最小值趋于一个非零常数。

求出 $J_l(k)$ 对 $f_l$ 的梯度后，可得 $f_l(k)$ 的迭代公式为

$$f_l(k)=f_l(k-1)-\mu e^*(k)Y_l(k) \tag{5.3.26}$$

# 5.4 自适应盲均衡

传统的自适应均衡器或均衡方法及算法需要外部提供期望信号，即需要发射端发送一段接收端已知的训练序列估计信道，再通过自适应算法调节均衡器的权向量，最终达到反卷积的目的。训练序列的使用不仅占用了大量的信道带宽，而且在载波恢复过程中，一旦训练序列中断，将直接导致均衡失败，盲均衡为解决这一问题提供了有效途径。

盲均衡是无须训练序列的自适应均衡算法的总称，它们不需要外部提供期望响应，能够产生与待估计输入信号在某种意义上最逼近的滤波器输出，算法对期望响应而言是“盲”的，但算法本身在自适应过程中需要通过一个非线性变换估计出期望响应。

## 5.4.1 Bussgang 均衡

Bussgang 均衡器在自适应均衡器的基础上发展起来。它的一个重要概念是 Bussgang 过程。若随机过程$\{z(k)\}$满足条件$\mathbb{E}[z(k)z(k+m)]=\mathbb{E}\{g[z(k)]z(k+m)\}$，其中$g(\cdot)$为无记忆非线性函数，$m$ 和 $k$ 为整数，则称 $z(k)$为 Bussgang 过程。Bussgang 过程的自相关函数等于该过程与用它作自变量的无记忆非线性函数之间的互相关。大量的随机过程都属于 Bussgang 过程，如高斯过程、具有指数衰减自相关函数的随机过程等。基于 Bussgang 过程的盲均衡算法称为 Bussgang 算法。

### 1. 实基带信道的 Bussgang 算法

为避免使用训练序列，Bussgang 盲均衡算法采用非线性估计器 $g(\cdot)$对均衡器的输出信号 $z(k)$进行非线性变换，并构造误差信号 $e(k)=g[z(k)]-z(k)$，采用自适应算法对均衡器权向量 $\boldsymbol{f}(k)$进行调整，通过对 $z(k)$进行判决，获得输入信号 $a(k)$的估计值 $\hat{a}(k)$。Bussgang 盲均衡结构如图 5.4.1 所示。

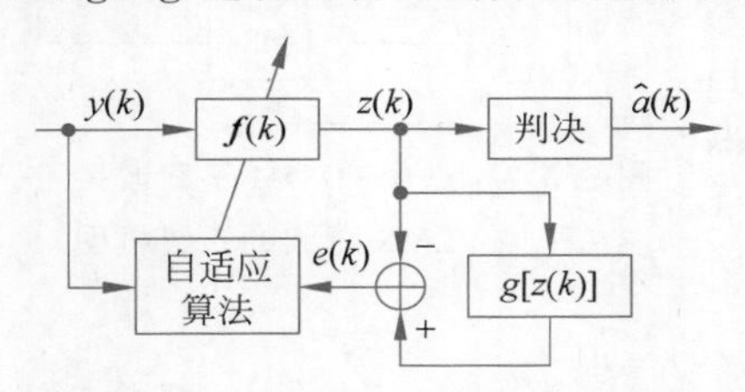


图 5.4.1 Bussgang 盲均衡结构

Bussgang 盲均衡算法可描述为

$$e(k)=g[z(k)]-z(k) \tag{5.4.1a}$$

$$f_i(k+1)=f_i(k)+\mu e(k)y(k-i) \tag{5.4.1b}$$

令$\{\boldsymbol{f}(k)\}$表示理想逆滤波器的权系数序列，它与信道冲激响应序列$\{\boldsymbol{c}(k)\}$之间满足理想逆关系，即

$$\boldsymbol{f}(k)*\boldsymbol{c}(k)=\delta(k),\quad \forall k \tag{5.4.2}$$

用$\{f_i(k)\}$对接收信号 $y(k)$进行滤波，有

$$\begin{aligned}\sum_{i=-\infty}^{+\infty}\sum_{m=-\infty}^{+\infty} f_i(k)c_m(k)a(k-i-m) &= \sum_{l=-\infty}^{+\infty} a(k-l)\sum_{i=-\infty}^{+\infty} f_i(k)c_{l-i}(k)\\ &= \sum_{l=-\infty}^{+\infty}\delta(l)a(k-l)\\ &= a(k)\end{aligned} \tag{5.4.3}$$

因此，由式(5.4.2)定义的逆滤波器可以正确恢复发射端的数据序列$\{a(k)\}$。从这个意义上讲，它是理想的逆滤波器。然而，这个理想的逆滤波器具有无穷多个抽头，这在实际

使用中是不现实的。若用一个长度为 $2N+1$ 的逆滤波器$\{f(k)\}$表示截尾的理想逆滤波器，则此滤波器的输出为

$$z(k)=\sum_{i=-N}^{N} f_i(k)y(k-i) \tag{5.4.4}$$

这样就得到近似实现逆滤波器的横向滤波器，其结构如图 5.4.2 所示，但这种近似将导致一部分残余的码间干扰。

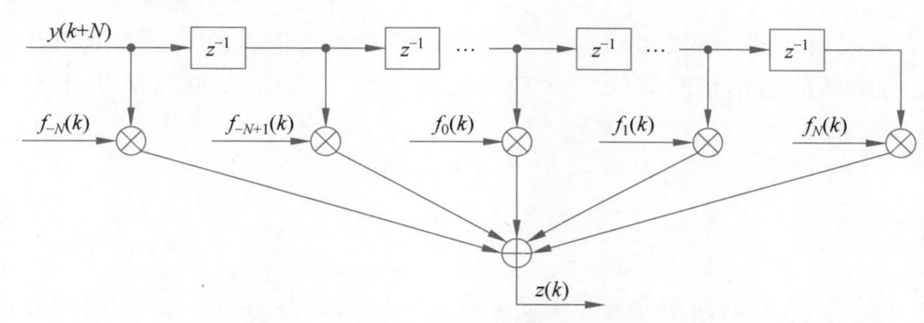


图 5.4.2 近似实现逆滤波器的横向滤波器结构

由式(5.4.1)可知，当$\mathbb{E}[e(k)y(k-i)]=\mathbb{E}\{[g[z(k)]-z(k)]y(k-i)\}=0$ 时，横向滤波器的权向量 $\boldsymbol{f}(k)$趋于收敛。因此，算法的收敛条件可以表示为

$$\mathbb{E}\{[g[z(k)]-z(k)]y(k-i)\}=\mathbb{E}[z(k)y(k-i)],$$
$$\text{对于大的 } k, i=-N,-(N-1),\cdots,N \tag{5.4.5}$$

$$\mathbb{E}\left\{g[z(k)]\sum_{i=-N}^{N} f_i(k)y(k-i)\right\}=\mathbb{E}\left[z(k)\sum_{i=-N}^{N} f_i(k)y(k-i)\right],$$
$$\text{对于大的 } N \tag{5.4.6}$$

根据式(5.4.4)，滤波器的输出更新可写为

$$z(k-m)=\sum_{i=-N}^{N} f_i(k-m)y(k-m-i), \quad \text{对于大的 } N \tag{5.4.7}$$

因此，有

$$\mathbb{E}[z(k)z(k+m)]=\mathbb{E}\{g[z(k)]z(k+m)\}, \quad \text{对于大的 } k \tag{5.4.8}$$

由于采用 $g[z(k)]$作为期望信号，均方误差性能函数可以表示为

$$J(k)=\mathbb{E}[e^2(k)]=\mathbb{E}\{|g[z(k)]-z(k)|^2\} \tag{5.4.9}$$

权向量的更新为

$$\boldsymbol{f}(k+1)=\boldsymbol{f}(k)+\mu\hat{\nabla}_f J \tag{5.4.10}$$

其中，$\hat{\nabla}_f J$ 为 $J(k)$的梯度估计值；$\mu$ 为一个步长常数，通常 $0<\mu<1$。

当 $g[z(k)]$取不同的形式时，就可以得到不同的 Bussgang 算法。Bussgang 算法的收敛性可由 Benveniste-Goursat-Ruget 定理判断。该定理可表述如下：若待估计的序列$\{a(k)\}$是亚高斯的，并且 $\psi(z)=g(z)-z$ 的二阶导数为负值，即$\frac{\partial^2\psi}{\partial z^2}<0$，$0<z<\infty$，则 Bussgang 算法是收敛的。

需要注意的是，以上讨论的 Bussgang 自适应均衡算法只适用于由实基带描述的 $M$ 进制脉冲信号幅度调制(MPAM)系统。

**2. 复基带信道的 Bussgang 算法**

由于正交幅度调制(QAM)混合了幅度调制和相位调制，这类调制系统的自适应均衡需要由复基带信道描述。在复基带信道中，发送数据、信道冲激响应和接收信号可分别表示为

$$a(k)=a_{\mathrm{Re}}(k)+\mathrm{j}a_{\mathrm{Im}}(k) \tag{5.4.11}$$

$$h(k)=h_{\mathrm{Re}}(k)+\mathrm{j}h_{\mathrm{Im}}(k) \tag{5.4.12}$$

$$y(k)=y_{\mathrm{Re}}(k)+\mathrm{j}y_{\mathrm{Im}}(k) \tag{5.4.13}$$

其中，Re 表示同相分量；Im 表示正交分量。当同相和正交信道的发射数据相互统计独立时，若给定均衡器的输出信号 $z(k)$，并且复数据序列 $a(k)$ 的条件均值估计为 $\hat{a}(k)$，则 $\hat{a}(k)$ 的复基带形式为

$$\hat{a}(k)=\mathbb{E}[a(k)\mid z(k)] \tag{5.4.14a}$$

$$=\hat{a}_{\mathrm{Re}}(k)+\mathrm{j}\hat{a}_{\mathrm{Im}}(k) \tag{5.4.14b}$$

$$=\mathrm{g}[z_{\mathrm{Re}}(k)]+\mathrm{jg}[z_{\mathrm{Im}}(k)] \tag{5.4.14c}$$

这表明，发送数据 $a(k)$ 的同相分量和正交分量可以由均衡器输出 $z(k)$ 的同相分量和正交分量分别估计。复基带信道的 Bussgang 算法过程如算法 5.4.1 所示。

[**算法 5.4.1**] 复基带信道的 Bussgang 算法

输入：$y(k)$

输出：$f_i(k+1)$

步骤 1：参数选取

选取滤波器的长度 $M$、步长因子 $\mu(0<\mu<1)$ 和信噪比

步骤 2：初始化

令 $k=0, f_i(0)=\begin{cases}1, & i=0\\0, & i=\pm1,\pm2,\cdots,\pm L\end{cases}$

步骤 3：当 $k\geqslant1$ 时，获取数据 $y(k)$

计算 $z(k)=z_{\mathrm{Re}}(k)+\mathrm{j}z_{\mathrm{Im}}(k)=\sum\limits_{i=-L}^{l}f_i(k)y(k-i)$

计算 $\hat{a}(k)=\hat{a}_{\mathrm{Re}}(k)+\mathrm{j}\hat{a}_{\mathrm{Im}}(k)=\mathrm{g}[z_{\mathrm{Re}}(k)]+\mathrm{jg}[z_{\mathrm{Im}}(k)]$

计算 $e(k)=\hat{a}(k)-z(k)$

计算 $f_i(k+1)=f_i(k)+\mu e(k)y^*(k-i)$

## 5.4.2 基于倒三谱的自适应盲均衡算法

基于倒三谱的自适应盲均衡算法(Tricepstrum Equalization Algorithm，TEA)利用接收信号序列的四阶累积量的复倒谱估计信道特性，重构信道的最小相位特性和最大相位特性，根据估计重构的信道特性计算均衡器参数。

**1. 倒三谱**

当信道有限冲激响应的传递函数 $H(z)$ 为慢时变时，可分解为最小和最大相位分量

$$H(z)=AI(z)O(z^{-1}) \tag{5.4.15}$$

其中，$I(z)=\prod\limits_{k=1}^{N_1}[1-a(k)z^{-1}]$，$|a(k)|<1$ 为最小相位分量；$O(z^{-1})=\prod\limits_{k=1}^{N_2}[1-b(k)z]$，

$|b(k)|<1$ 为最大相位分量；参数 $A$ 为比例因子。

倒三谱可以写为

$$\kappa_{4y}(\tau_1,\tau_2,\tau_3)=\begin{cases}\log(\gamma_{4y}^3 A), & \tau_1=\tau_2=\tau_3=0\\ -\dfrac{A(\tau_1)}{\tau_1}, & \tau_1>0,\tau_2=\tau_3=0\\ -\dfrac{A(\tau_2)}{\tau_2}, & \tau_2>0,\tau_1=\tau_3=0\\ -\dfrac{A(\tau_3)}{\tau_3}, & \tau_3<0,\tau_1=\tau_2=0\\ \dfrac{B(-\tau_1)}{\tau_1}, & \tau_1<0,\tau_2=\tau_3=0\\ \dfrac{B(-\tau_2)}{\tau_2}, & \tau_2<0,\tau_1=\tau_3=0\\ \dfrac{B(-\tau_3)}{\tau_3}, & \tau_3>0,\tau_1=\tau_2=0\\ -\dfrac{B(\tau_2)}{\tau_2}, & \tau_1=\tau_2=\tau_3>0\\ \dfrac{A(\tau_2)}{\tau_2}, & \tau_1=\tau_2=\tau_3<0\\ 0, & \text{其他}\end{cases} \tag{5.4.16}$$

其中，$A(\tau)$、$B(\tau)$分别对应于因子 $I(z)$和 $O(z^{-1})$的最小、最大差分倒谱参数，定义为 $A(\tau)=\sum_{k=0}^{N_1}a^{\tau}(k)$，$B(\tau)=\sum_{k=0}^{N_2}b^{\tau}(k)$，并满足倒谱-累积量方程，即

$$\begin{aligned}&\sum_{k=1}^{M_1}A(k)[c_{4y}(\tau_1-k,\tau_2,\tau_3)-c_{4y}(\tau_1+k,\tau_2+k,\tau_3+k)]+\\&\sum_{k=1}^{M_2}B(k)[c_{4y}(\tau_1-k,\tau_2-k,\tau_3-k)-c_{4y}(\tau_1+k,\tau_2,\tau_3)]\\&=-\tau_1 c_{4y}(\tau_1,\tau_2,\tau_3)\end{aligned} \tag{5.4.17}$$

理论上，参数 $M_1$ 和 $M_2$ 为无穷大，实际可取为有限值，$A(k)$和 $B(k)$随 $k$ 的增大而指数衰减，倒谱-累积量方程的向量方程形式为

$$\boldsymbol{HE}=\boldsymbol{F} \tag{5.4.18}$$

其中，$\boldsymbol{E}=[A(1),A(2),\cdots,A(M_1),B(1),B(2),\cdots,B(M_2)]^{\mathrm{T}}$。为求解 $A(k)$和 $B(k)$，将误差函数定义为

$$e(k)=\hat{\boldsymbol{F}}(k)-\hat{\boldsymbol{H}}(k)\hat{\boldsymbol{E}}(k) \tag{5.4.19}$$

用 LMS 算法更新 $\hat{\boldsymbol{E}}(k)$，则

$$\hat{\boldsymbol{E}}(k+1)=\hat{\boldsymbol{E}}(k)+\mu(k)\hat{\boldsymbol{H}}^{\mathrm{H}}(k)\hat{\boldsymbol{E}}(k) \tag{5.4.20}$$

其中，$0<\mu(k)<\dfrac{2}{\mathrm{tr}[\boldsymbol{H}^{\mathrm{H}}(k)\boldsymbol{H}(k)]}$，tr[·]表示取矩阵的迹。求出信道的最大和最小相位分

量后，便完成了信道辨识。

2. 线性均衡器权向量估计算法

在信道估计后，设无激励条件下的均衡器传递函数为 $F(z)$，采用自适应倒三谱盲均衡算法的线性均衡器结构如图 5.4.3 所示。它的权向量计算过程如算法 5.4.2 所示。

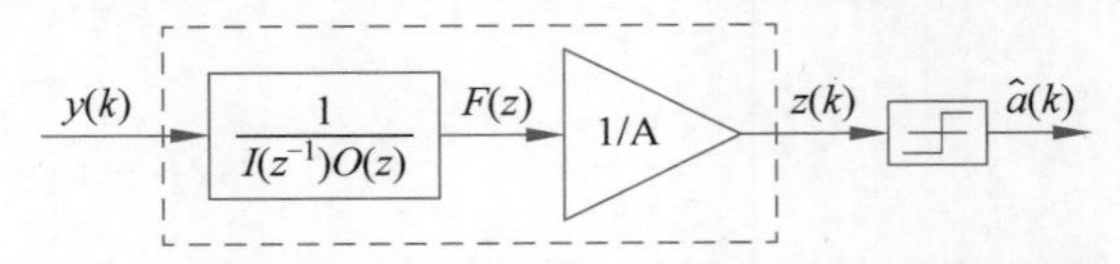


图 5.4.3 采用自适应倒三谱盲均衡算法的线性均衡器结构

[算法 5.4.2] 自适应倒三谱盲均衡算法的线性均衡器权向量估计算法

输入：$y(k)$

输出：$\hat{a}(k)$

步骤 1：参数选取

选取 $N_1$ 和 $N_2$ 使 $N_1+N_2+1=N_f$（$N_f$ 为均衡器的抽头数）

步骤 2：初始化

$\hat{i}_{\text{inv}}(q,0)=\hat{o}_{\text{inv}}(q,0)=1$，迭代求解过渡参数

步骤 3：计算 $\hat{i}_{\text{inv}}(m,k)=-\frac{1}{k}\sum_{q=2}^{k+1}[-\hat{A}^{(m)}(q-1)]\hat{i}_{\text{inv}}(m,k-q+1), k=1,2,\cdots,N_1$

第 17 集
微课视频

计算 $\hat{o}_{\text{inv}}(m,k)=-\frac{1}{k}\sum_{q=k+1}^{0}[-\hat{B}^{(k)}(1-q)]\cdot\hat{o}_{\text{inv}}(m,k-q+1), k=-1,-2,\cdots,-N_2$

计算 $h(m,k)=\hat{i}_{\text{inv}}(m,k)\otimes\hat{o}_{\text{inv}}(m,k), k=-N_2,\cdots,-N_1$

（其中，$\hat{i}_{\text{inv}}(q,k)$ 和 $\hat{o}_{\text{inv}}(q,k)$ 分别代表逆滤波器 $1/I(z^{-1})$ 和 $1/O(z)$ 的冲激响应）。

## 5.5 智能盲均衡

随着深度学习在人工智能和大数据上的应用成果不断涌现，智能算法在通信系统中的应用方兴未艾。将计算智能的有关方法应用到通信系统，特别是对接收端的信号进行智能的均衡处理，旨在得到性能更加优良的接收机和通信系统，一直是一个有待开拓的前沿领域。计算智能包含诸多的方法，如遗传算法、粒子群算法、人工神经网络、模糊逻辑、模式识别、数据挖掘等。将这些方法应用于盲均衡，就可以得到智能化的盲均衡算法。

### 5.5.1 基于遗传算法优化的常模盲均衡算法

在盲均衡方法中，传统的常模盲均衡算法（Constant Modulus Blind Equalization Algorithm，CMA）利用代价函数对均衡器权向量的梯度确定均衡器权向量的迭代方程。这种方法只考虑局部区域的梯度下降搜索，缺乏全局搜索能力，构造的代价函数需满足可导要求。

遗传算法是一种群体搜索方法，它将一组问题的解用种群来表示，通过对当前种群进行选择、交叉和变异等进化操作产生新一代种群，逐步使种群进化到近似最优解。它不依赖梯度信息，也不需要代价函数可微，是一种具有全局性和强鲁棒性的随机搜索方法。

将遗传算法引入常模盲均衡算法中，可得到基于遗传算法优化的常模盲均衡算法(Genetic Algorithm Based CMA，GACMA)，采用该算法的均衡器结构如图5.5.1所示。其中，$\boldsymbol{a}(k)$为输入信号向量；$\boldsymbol{h}(k)$为信道冲激响应向量；$\boldsymbol{v}(k)$为干扰噪声向量，一般为加性高斯白噪声；$\boldsymbol{y}(k)$为均衡器输入信号向量或信道输出含噪向量；$\boldsymbol{f}(k)$为均衡器权向量；$z(k)$为最接近输入信号$\boldsymbol{a}(k)$的均衡器输出信号，均衡后的$z(k)$和$\boldsymbol{a}(k)$之间误差非常小，$z(k)$经过判决后就能够准确地表示输入信号$\boldsymbol{a}(k)$；$\Psi(\cdot)$为误差生成函数；$e(k)$为误差。

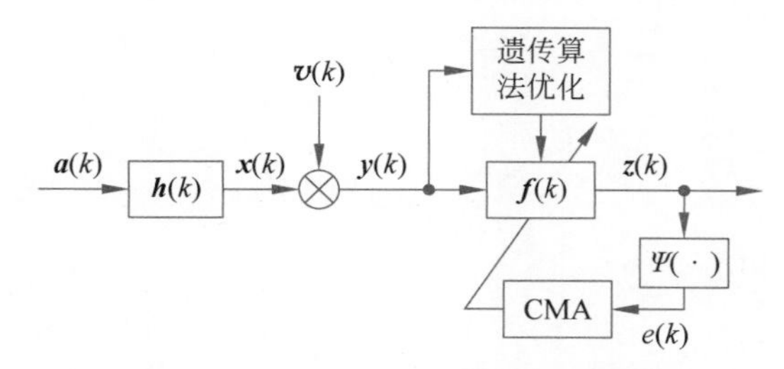


图5.5.1　基于GACMA的均衡器结构

接收端的接收信号$\boldsymbol{y}(k)$可以表示为

$$\boldsymbol{y}(k)=\boldsymbol{h}^{\mathrm{T}}(k)\boldsymbol{a}(k)+\boldsymbol{v}(k) \tag{5.5.1}$$

均衡器的输出信号为

$$z(k)=\boldsymbol{f}^{\mathrm{T}}(k)\boldsymbol{y}(k)=\boldsymbol{y}^{\mathrm{T}}(k)\boldsymbol{f}(k) \tag{5.5.2}$$

输入常模盲均衡算法的误差函数为

$$e(k)=|z(k)|^2-R^2 \tag{5.5.3}$$

其中，$R^2$为常模盲均衡算法的模值。常模盲均衡算法权向量的迭代公式为

$$\boldsymbol{f}(k+1)=\boldsymbol{f}(k)-2\mu e(k)z(k)\boldsymbol{y}^*(k) \tag{5.5.4}$$

在基于遗传算法优化的常模盲均衡算法中，利用遗传算法寻找均衡器最优权向量的基本思想是把均衡器的权向量作为遗传算法的决策变量，把均衡器的输入信号作为遗传算法的输入，由CMA代价函数定义遗传算法的适应度函数，利用遗传算法求解均衡器代价函数全局最小值，得到均衡器权向量最优值。均衡器的代价函数由均衡器误差的时间平均表示，假设接收信号序列的长度为$N$，其代价函数定义为

$$J_{\mathrm{CMA}}(n)=\sum_{k=-N-n-1}^{n}(|z(k)|^2-R^2)^2/N \tag{5.5.5}$$

其中，$z(k)$为均衡器的输出；$R^2$为均衡器的模值。遗传算法在进化中的每代都将依次接收$N$个输入信号，每代中这$N$个信号利用常模盲均衡算法来实现均衡，再进行遗传算法的进化操作，并将进化产生的新种群作为下一代进化的初始种群。具体优化过程如下。

(1) 初始化种群。随机产生一定数目的个体构成初始种群$f=[f_1,f_2,\cdots,f_M]$，每个个体$f_i(0<i\leqslant M)$对应均衡器的一个权向量，设编码方式为实数编码，编码值为$[-1,1]$内的一个随机数。

(2) 确定适应度函数。遗传算法求解的目标是得到适应度值最大的个体，但盲均衡算

法的目标是使代价函数最小。为了解决这个矛盾，可以将均衡器代价函数的倒数作为遗传算法的适应度函数，即

$$\mathrm{Fit}(f)=\frac{1}{J(f)} \tag{5.5.6}$$

其中，$\mathrm{Fit}(f)$为遗传算法的适应度函数；$J(f)$为均衡器的代价函数。

(3) 设计遗传算子。遗传操作利用个体的适应度函数进行。它包括选择、运算和变异算子。选择算子利用群体中个体的适应度值，通过选择概率决定其遗传到下一代的可能性。常用的选择算子为轮盘选择。轮盘选择法使用与适应度成比例的方法计算选择概率，再按照选择概率挑选个体。假设第 $i$ 个权向量个体 $f_i$ 的适应度值为 $\mathrm{Fit}(f_i)$，其被选择的概率为

$$p(f_i)=\frac{\mathrm{Fit}(f_i)}{\sum_{i=1}^{K}\mathrm{Fit}(f_i)} \tag{5.5.7}$$

第 $n$ 个权向量个体的累积概率为

$$q_n=\sum_{i=1}^{n}\mathrm{Fit}(f_i),\quad 1\leqslant n\leqslant K \tag{5.5.8}$$

轮盘选择法是一种单指针选择法。它用 $K$ 个权向量个体的累积概率依次在累积概率为 1 的圆盘上画出扇形，然后用随机生成的 $K$ 个[0,1]间的随机数代表转动圆盘所得到的指针位置，选择出相应的个体。

为了使选择的个体具有遍历性，随机遍历采样法使用 $K$ 个相等距离的指针，其中 $K$ 为要选择的权向量个体数目，使选择指针的距离为 $1/K$，第 1 个指针的位置由$[0,1/K]$区间的均匀随机数决定，这样 $K$ 个个体就由相隔一个指针距离的 $K$ 个指针选择，选择累积概率离指针位置近的权向量个体。

交叉算子在遗传操作中起核心作用，它是产生新的权向量个体的主要方法。考虑到权向量个体采用了实数编码，为保证交叉后产生新的个体值并开辟出新的搜索空间，交叉操作采用两点交叉和线性组合的方法，对相互配对的两个权向量个体的二进制编码串随机设置一个交叉点，再对交叉后的二进制编码串所对应的实数个体进行线性组合，生成新的权向量个体。

设进行交叉的两个父代个体分别为 $f_i$ 和 $f_{i+1}$，线性组合后得到子代个体 $f'_i$和 $f'_{i+1}$，分别为

$$f'_i=f_i+\alpha(f_{i+1}-f_i) \tag{5.5.9a}$$

$$f'_{i+1}=f_{i+1}+\alpha(f_i-f_{i+1}) \tag{5.5.9b}$$

其中，$\alpha$ 为比例因子，可由[0,1]均匀分布的随机数产生。

变异算子在遗传操作中属于辅助性的搜索操作，它从局部的角度出发使个体更加逼近最优解。对实数编码的权向量个体采用实值变异的方法如下。设 $f_i(m)$是变异前的第 $i$ 个权向量个体的第 $m$ 个抽头值，$f'_m(m)$为变异后的第 $i$ 个权向量个体的第 $m$ 个抽头值。则有

$$f'_i(m)=f_i(m)\pm 0.5L\Delta \tag{5.5.10}$$

其中，$\Delta=\sum_{t=0}^{m-1}\frac{B(t)}{2^t}$，$B(t)$以概率$1/m$取值1，以概率$1-1/m$取值0；$L$为权值的取值范围。

(4) 判断是否达到终止条件。终止条件可设置为最大进化代数，当进化代数不大于最大进化代数时，则返回(2)，否则进入(5)。

(5) 输出最佳的权向量个体。考虑到算法在抽取最佳个体时的实时性和盲均衡算法需要满足迫零条件，抽取最佳权向量个体时将本代的最佳权向量个体作为下一代的最佳权向量个体输出，在算法结束时输出适应度值最大的权向量个体作为均衡器的权值。

## 5.5.2 基于遗传算法优化的正交小波常模盲均衡算法

盲均衡算法的性能与均衡器输入信号的自相关性有着一定的关系，自相关性越小，收敛速度越快。利用正交小波基函数对均衡器输入信号进行正交小波变换并作能量归一化处理后，会使信号与噪声的相关性得到一定程度的降低，因而能有效地加快收敛速度。基于正交小波变换的常模盲均衡算法(Orthogonal Wavelet Transform Based Constant Modulus Blind Equalization Algorithm，WTCMA)对均衡器权向量进行更新时，先构造一个代价函数，然后利用局部区域的梯度下降搜索法确定均衡器权值的迭代方程。该算法全局搜索能力较差，易陷入局部收敛。为了克服该缺陷，将遗传算法引入WTCMA中，便得到基于遗传算法的正交小波常模盲均衡算法(Genetic Optimization Algorithm Based WTCMA，GA-WTCMA)。

基于GA-WTCMA的均衡器结构如图5.5.2所示。其中，$\boldsymbol{a}(k)$为发射信号；$\boldsymbol{h}(k)$为信道脉冲信号响应向量；$\boldsymbol{n}(k)$为高斯白噪声向量；$\boldsymbol{y}(k)$为均衡器的接收信号向量；WT表示正交小波变换；$\Psi(\cdot)$为误差生成函数；$e(k)$为误差函数；$\boldsymbol{f}(k)$为均衡器权向量；$z(k)$为均衡器输出信号。

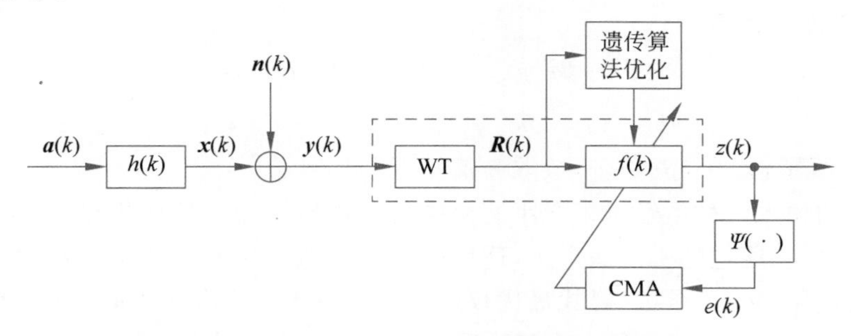


图5.5.2　基于GA-WTCMA的均衡器结构

由小波分析理论可知，当均衡器权向量$\boldsymbol{f}(k)$为有限冲激响应时，$\boldsymbol{f}(k)$可用一组正交小波基函数来表示。

$$\boldsymbol{f}(k)=\sum_{j=1}^{J}\sum_{l=0}^{k_j}d_{jl}\varphi_{jl}(k)+\sum_{l=0}^{k_j}v_{jl}\phi_{jl}(k) \tag{5.5.11}$$

其中，$l=0,1,\cdots,N-1$；$J$为小波分解的最大尺度；$k_j=N/2^j$，$j=1,2,\cdots,J$为尺度$j$下小波函数的最大平移；$d_{jl}$和$v_{jl}$为均衡器的权系数；$\varphi_{jl}(k)$和$\phi_{jl}(k)$分别为小波函数和尺度函数。

根据信号传输理论，均衡器输出为

$$z(k)=\sum_{l=0}^{N-1}f_l(k)y(k-l)$$

$$=\sum_{j=1}^{J}\sum_{l=0}^{k_j}d_{jl}u_{jl}(k)+\sum_{l=0}^{k_J}v_{jl}s_{jl}(k) \tag{5.5.12}$$

其中，$u_{jl}(k)$为尺度为 $j$ 平移 $l$ 的小波变换系数；$v_{jl}$ 为尺度 $J$ 平移 $l$ 的尺度变换系数。$\boldsymbol{f}(k)$用小波基函数表示的实质是对均衡器的输入信号进行正交小波变换，从而改变了均衡器的结构。

将均衡器的正交小波变换系数记为

$$\boldsymbol{R}(k)=[u_{J,0}(k),u_{J,1}(k),\cdots,u_{J,k_J}(k),s_{J,0}(k),s_{J,1}(k),\cdots,s_{J,k_J}(k)]^{\mathrm{T}} \tag{5.5.13}$$

均衡器未知权向量记为

$$\boldsymbol{f}(k)=[d_{J,0}(k),d_{J,1}(k),\cdots,d_{J,k_J}(k),v_{J,0}(k),v_{J,1}(k),\cdots,v_{J,k_J}(k)]^{\mathrm{T}} \tag{5.5.14}$$

假设 $\boldsymbol{V}$ 为正交小波变换矩阵，经过正交小波变换后均衡器的输入为

$$\boldsymbol{R}(k)=\boldsymbol{V}\boldsymbol{y}(k) \tag{5.5.15}$$

均衡器的输出为

$$z(k)=\boldsymbol{f}^{\mathrm{T}}(k)\boldsymbol{R}(k) \tag{5.5.16}$$

均衡器的误差为

$$e(k)=R^2-|z(k)|^2 \tag{5.5.17}$$

均衡器权向量的更新为

$$\boldsymbol{f}(k+1)=\boldsymbol{f}(k)-\mu\hat{\boldsymbol{R}}^{-1}(k)e(k)\boldsymbol{R}^*(k) \tag{5.5.18}$$

其中，$\hat{\boldsymbol{R}}(k)=\mathrm{diag}[\hat{\sigma}_{j,0}^2(k),\hat{\sigma}_{j,1}^2(k),\cdots,\hat{\sigma}_{J,k_J}^2(k),\hat{\sigma}_{J+1,0}^2(k),\cdots,\hat{\sigma}_{J+1,k_J}^2(k)]$；$\mu$ 为迭代步长；$\hat{\sigma}_{j,l}^2(k)$和 $\hat{\sigma}_{J+1,l}^2(k)$分别表示对小波变换系数 $u_{j,l}(k)$和尺度变换系数 $s_{J,l}(k)$的平均功率估计，其递推公式为

$$\hat{\sigma}_{j,l}^2(k+1)=\beta\hat{\sigma}_{j,l}^2(k)+(1-\beta)\,|\,u_{j,l}(k)\,|^2 \tag{5.5.19}$$

$$\hat{\sigma}_{J+1,l}^2(k+1)=\beta\hat{\sigma}_{J+1,l}^2(k)+(1-\beta)\,|\,s_{J,l}(k)\,|^2 \tag{5.5.20}$$

其中，$\beta$ 为平滑因子，且 $0<\beta<1$，一般取 $\beta$ 值接近于 1。

遗传算法的输入信号由经过正交小波交换后均衡器的输入信号提供，决策变量对应于均衡器的权向量，它通过随机方法产生，适应度函数对应于 CMA 代价函数的倒数，利用遗传算法求解均衡器的代价函数，寻找最优权向量。将每代中适应度值最大的权向量个体(称为最佳个体)选择出来，考虑到算法在抽取最佳个体时的实时性和盲均衡算法要满足迫零条件，抽取最佳权向量个体时将本代的最佳权向量个体作为下一代的最佳权向量个体输出。优化过程类似基于遗传算法优化的常模盲均衡算法的内容，此处不再赘述。

### 5.5.3 基于粒子群优化的正交小波常模盲均衡算法

在盲均衡算法中，影响盲均衡算法收敛速度的主要因素是输入信号的自相关矩阵。利用小波变换理论降低输入信号的自相关性，改善了常模盲均衡算法结构，在一定程度上可以加快收敛速度。但是，基于正交小波变换的常模盲均衡算法用代价函数对均衡器权向量求梯度的方法，所得到的权向量迭代方程缺乏全局搜索能力。

粒子群优化(Particle Swarm Optimization,PSO)算法的基本思想是通过群体中个体之间的协作与信息共享寻找种群最优解。该类算法利用粒子的自身经验并共享其他个体信息搜索全局最优解,通过线性调整惯性权重保持粒子的惯性运动,使搜索空间不断扩展,可保证收敛到最优位置。在粒子群优化算法中,所有粒子都以它们自身的位置和速度决定它们各自飞行的距离和方向,并用被优化的目标函数决定粒子的适应度值,粒子的搜索轨迹由当前最优粒子的位置和速度向量来引导,通过不断更新粒子的位置和速度进化到全局最优。与传统的种群进化算法相比,粒子群优化操作简单、实现容易,避免了遗传算法等其他进化算法对个体进行交叉、变异、选择等操作,可调参数少,无需梯度信息且运行效率高。

通过粒子群优化算法的寻优迭代,可以快速找到适应度最大值所对应的权向量个体(即粒子全局最优位置向量),作为基于粒子群优化的正交小波常模盲均衡算法(Orthogonal Wavelet Transform Constant Modulus Blind Equalization Algorithm Based on Particle Swarm Optimization,PSO-WTCMA)的初始化权向量,并通过迭代寻找均衡器的最优权向量。

粒子 $i$ 在寻优过程中记录其当前的个体极值 $p_i=(p_{i1},p_{i2},\cdots,p_{iD})$(个体极值 $p_i$ 指个体所经历位置中计算得到的适应度最大的位置向量)和整个粒子群当前的全局极值 $p_g=(p_{g1},p_{g2},\cdots,p_{gD})$(全局极值 $p_g$ 是指种群中所有粒子搜索到的适应度最大的位置向量)。迭代到 $t+1$ 次时,第 $i$ 个粒子的第 $d$ 维速度和位置可表示为

$$v_{id}(t+1)=jv_{id}(t)+c_1r_1[p_{id}(t)-x_{id}(t)]+c_2r_2[p_{gd}(t)-x_{id}(t)] \tag{5.5.21}$$

$$x_{id}(t+1)=x_{id}(t)+v_{id}(t+1) \tag{5.5.22}$$

$$j=j_{\max}-(j_{\max}-j_{\min})t/N \tag{5.5.23}$$

其中,$i=1,2,\cdots,N$;$d=1,2,\cdots,D$;$t$ 为迭代次数;$x_{id}(t)$为第 $t$ 次迭代时第 $i$ 个粒子的第 $d$ 维位置;$v_{id}(t)$为第 $t$ 次迭代时第 $i$ 个粒子的第 $d$ 维速度;$p_{id}(t)$为第 $t$ 次迭代时第 $i$ 个粒子的第 $d$ 维个体极值;$p_{gd}(t)$为第 $t$ 次迭代时第 $i$ 个粒子的第 $d$ 维全局极值;$c_1$ 和 $c_2$ 为加速因子,用来调节最大的学习步长;$r_1$ 和 $r_2$ 为在[0,1]内变化的随机数,用来增加搜索的随机性;$j$ 为惯性权重,用来调节解空间的搜索范围;$j_{\max}$ 和 $j_{\min}$ 分别为最大和最小的惯性权重;$N$ 为粒子群优化算法的最大迭代次数。

在粒子群优化算法中,较大的惯性权重有利于在更大空间范围内进行搜索,而相对较小的惯性权重则可以保证粒子群体收敛到最优位置,所以线性调整惯性权重值可以加快收敛速度。

基于粒子群优化的正交小波常模盲均衡算法(PSO-WTCMA)的均衡器结构如图 5.5.3 所示。

由图 5.5.3 可知

$$\boldsymbol{y}(k)=\boldsymbol{h}^{\mathrm{T}}\boldsymbol{a}(k)+\boldsymbol{v}(k) \tag{5.5.24}$$

$$\boldsymbol{R}(k)=\boldsymbol{V}\boldsymbol{y}(k) \tag{5.5.25}$$

$$z(k)=\boldsymbol{f}^{\mathrm{T}}(k)\boldsymbol{R}(k) \tag{5.5.26}$$

$$e(k)=R^2-|z(k)|^2 \tag{5.5.27}$$

$$\boldsymbol{f}(k+1)=\boldsymbol{f}(k)+\mu\hat{\boldsymbol{R}}^{-1}(k)z(k)(|z(k)|^2-R^2)\boldsymbol{R}^*(k) \tag{5.5.28}$$

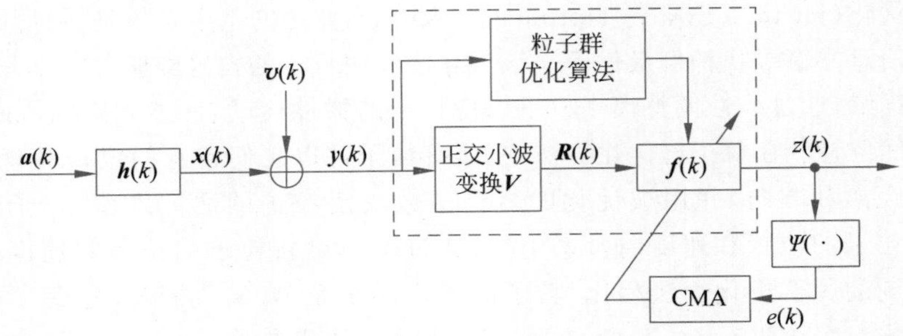

图 5.5.3 基于 PSO-WTCMA 的均衡器结构

其中，$\boldsymbol{y}(k)$为经过正交小波变换后的信号向量；$\boldsymbol{V}$ 为正交小波变换矩阵；$\mu$ 为步长；$\hat{\boldsymbol{R}}^{-1}(k)=\mathrm{diag}[\hat{\sigma}_{1,0}^2(k),\hat{\sigma}_{1,1}^2(k),\cdots,\hat{\sigma}_{1,k_J-1}^2(k),\hat{\sigma}_{J+1,0}^2(k),\cdots,\hat{\sigma}_{J+1,k_J-1}^2(k)]$，且 $\hat{\sigma}_{j,l}^2(k)$ 与 $\hat{\sigma}_{J+1,l}^2(k)$分别表示对小波变换系数 $u_{j,l}(k)$与尺度变换系数 $s_{J,l}(k)$的平均功率估计，其迭代公式为

$$\hat{\sigma}_{j,l}^2(k+1)=\beta\hat{\sigma}_{j,l}^2(k)+(1-\beta)\mid u_{j,l}(k)\mid^2 \tag{5.5.29}$$

$$\hat{\sigma}_{J+1,l}^2(k+1)=\beta\hat{\sigma}_{J+1,l}^2(k)+(1-\beta)\mid s_{J,l}(k)\mid^2 \tag{5.5.30}$$

其中，$\beta$ 为平滑因子，且 $0<\beta<1$。

## 本章小结

均衡是通信接收机克服码间干扰的重要手段。本章阐述了均衡器的原理，介绍了维纳滤波和 LMS 算法的原理、性能测度和几种常用的基于 LMS 方法的自适应均衡算法，然后给出盲均衡的概念，介绍了 Bussgang 类盲均衡算法和基于倒三谱的自适应盲均衡算法，最后介绍了基于遗传算法和粒子群优化算法的常模盲均衡算法。

## 本章习题

5.1 试设计一个三抽头的迫零均衡器。已知输入信号 $x(t)$在各抽样点的值依次为 $x_{-2}=0,x_{-1}=0.2,x_0=1,x_1=-0.3,x_2=0.1,\cdots$。

5.2 考虑系统

$$y(n)=hs(n)+v(n)$$

其中，$s(n)$为零均值 WSS 随机过程，相关函数为 $r_{ss}(n)$，$s(n)$和 $v(n)$不相关。确定线性 MMSE 均衡器 $g$ 以最小化如下的均方误差。

$$\mathbb{E}[\mid e(n)\mid^2]=\mathbb{E}[\mid s(n)-g^* y(n)\mid^2]$$

(1) 求 MMSE 均衡器 $g$ 的方程式。

(2) 求均方误差的方程式。

(3) 假设已知 $r_{ss}(n)$，且可从收到的数据估计 $r_{yy}(n)$，说明如何从 $r_{ss}(n)$和 $r_{yy}(n)$中获得 $r_{vv}(n)$。

(4) 假设利用过程的遍历性通过 $N$ 个样本的样本平均估计 $r_{yy}(n)$。用这个函数形式

重写 $g$ 的方程式。

(5) 比较迫零均衡器和 MMSE 均衡器。

5.3 有一个三抽头的横向滤波器，设抽头系数分别为：$C_{-1}=-1/4$，$C_0=1$，$C_{+1}=-1/2$；均衡器输入 $x(t)$ 在各抽样点上的取值分别为：$x_{-1}=1/4$，$x_0=1$，$x_{+1}=1/2$，其余都为 0。试求均衡器输出 $y(t)$ 在各抽样点上的值。

# 第6章 多天线传输系统的符号检测与信道估计

CHAPTER 6

在收发端配置多根天线的多输入多输出(MIMO)系统在发送端将数据流分成若干子流,使符号在空时多径的无线信道上传输。在采用空时编码的MIMO传输系统的接收端只需要进行线性均衡,就可以有效地利用多径效应成倍地提高信道容量和频谱利用率。

本章介绍空时编码MIMO传输系统与MIMO信道估计的原理和方法,首先给出空时编码的MIMO系统和MIMO-OFDM系统的传输框架,通过成对符号差错概率分析,阐述MIMO系统空时编码的设计准则和线性均衡方法;接着介绍最小二乘(Least Squared,LS)估计和最小均方误差(MMSE)估计原理,阐述它们在信道估计中的应用;随后讨论基于最小均方误差准则的最佳导频设计方法;最后给出一种基于子空间跟踪的低复杂度MMSE估计算法及其应用效果。

第18集
微课视频

## 6.1 MIMO传输系统

假设点到点时分双工(Time Division Duplexing,TDD)模式下的MIMO传输系统有$N_T$根发射天线和$N_R$根接收天线,在上行链路传输时,可由$N_T$根单天线用户构成虚拟MIMO传输方案。如图6.1.1所示的一个MIMO传输系统,在$n$时刻,对信源的一组二进制流码$s(n)$进行调制,然后由串/并变换得到$N_T$个并行的符号序列,再从$N_T$根天线上发射出去。多路信号经空时信道传输后,在接收端合并前首先通过信道估计获取信道状态信息,再通过最大比合并和均衡检测出$N_T$个数据子流,最后经并/串变换和解调恢复出信源信息。

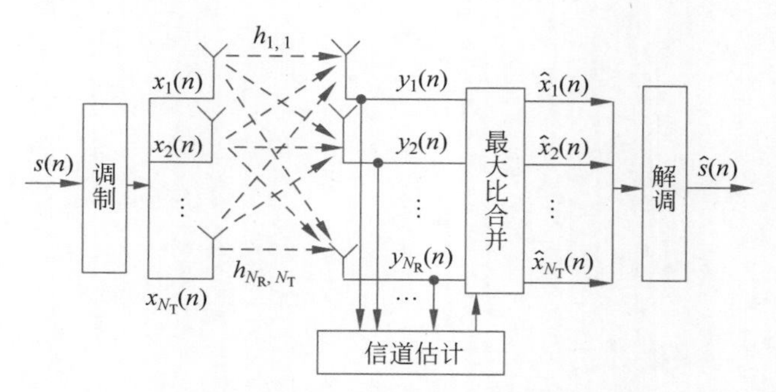


图6.1.1 MIMO传输系统

在 MIMO 系统中，设在时刻 $n$ 的发射信号向量为 $\boldsymbol{x}(n)$，记为

$$\boldsymbol{x}(n)=[x_1(n),x_2(n),\cdots,x_{N_T}(n)]^T=[x_1^n,x_2^n,\cdots,x_{N_T}^n]^T \tag{6.1.1}$$

其中，$x_t(n),t=1,2,\cdots,N_T$ 为第 $t$ 根发射天线在时刻 $n$ 的发射符号。因 $x_t(n)$ 对应于时刻 $n$ 和发射天线 $t$，故称为空时符号，并假设所有空时符号都具有相同的持续周期。

设在时刻 $n$，$N_R\times N_T$ 维 MIMO 信道响应矩阵为

$$\boldsymbol{H}(n)=\begin{bmatrix} h_{1,1}^n & h_{1,2}^n & \cdots & h_{1,N_T}^n \\ h_{2,1}^n & h_{2,2}^n & \cdots & h_{2,N_T}^n \\ \vdots & \vdots & \ddots & \vdots \\ h_{N_R,1}^n & h_{N_R,2}^n & \cdots & h_{N_R,N_T}^n \end{bmatrix} \tag{6.1.2}$$

其中，$h_{r,t}^n$ 表示第 $t$ 根发射天线与第 $r$ 根接收天线间子信道路的复衰落系数，设其是均值为 $\mu_{r,t}$，实部和虚部的方差各为 $\sigma^2/2$ 的独立复高斯随机变量。假设 MIMO 信道为慢衰落信道时，$h_{r,t}^n$ 在一个数据帧周期(包含多个符号周期)保持不变，而在不同的数据帧可以是变化的，此时 MIMO 信道是准静态衰落信道；当 MIMO 信道为快衰落信道时，$h_{r,t}^n$ 在每个符号周期内是固定的，而在不同的符号周期是变化的。

在接收端，假设每根接收天线上的接收噪声为加性高斯白噪声，将 $n$ 时刻的噪声向量记为 $\boldsymbol{w}(n)$，表示为

$$\begin{aligned}\boldsymbol{w}(n)&=\boldsymbol{w}^n\\&=[w_1(n),w_2(n),\cdots,w_{N_R}(n)]^T\\&=[w_1^n,w_2^n,\cdots,w_{N_R}^n]^T\end{aligned} \tag{6.1.3}$$

接收信号向量可表示为

$$\begin{aligned}\boldsymbol{y}(n)&=\boldsymbol{y}^n\\&=[y_1(n),y_2(n),\cdots,y_{N_R}(n)]^T\\&=[y_1^n,y_2^n,\cdots,y_{N_R}^n]^T\\&=\boldsymbol{H}(n)\boldsymbol{x}(n)+\boldsymbol{w}(n)\end{aligned} \tag{6.1.4}$$

# 6.2 MIMO 系统的符号检测

## 6.2.1 最优检测准则

若接收端已经通过信道估计准确得到了信道状态信息，则可通过最大似然检测方法检出发送符号。根据真实的接收序列和假设接收序列之间的平方欧氏距离作为判决度量，选择具有最小判决度量的符号(码字)作为输出，即定义最优检测的性能指标为

$$J=\sum_n\sum_{r=1}^{N_R}\left|y_r^n-\sum_{t=1}^{N_T}h_{r,t}^n x_t^n\right|^2 \tag{6.2.1}$$

最大似然检测选择使 $J$ 最小的符号序列作为对发送符号的估计。

最大似然检测可以获得最小的误码率和最大的接收分集增益，但其计算复杂度与发送天线数以及调制星座点数呈指数关系。在实际应用中，通常把它作为性能界，用以衡量其他

检测方法的性能。

### 6.2.2 MIMO传输的符号检测性能

假设每根天线上的发射数据帧长为 $L$ 个符号。将发射序列按矩阵排列为 $N_T \times L$ 维的空时码字矩阵

$$\boldsymbol{X}=[\boldsymbol{x}_1,\boldsymbol{x}_2,\cdots,\boldsymbol{x}_L]=\begin{bmatrix} x_1^1 & x_1^2 & \cdots & x_1^L \\ x_2^1 & x_2^2 & \cdots & x_2^L \\ \vdots & \vdots & \ddots & \vdots \\ x_{N_T}^1 & x_{N_T}^2 & \cdots & x_{N_T}^L \end{bmatrix} \tag{6.2.2}$$

其中,第 $t$ 行可写为 $\boldsymbol{x}_t=[x_t^1,x_t^2,\cdots,x_t^L]$,它是从第 $t$ 根发射天线发射的数据序列;第 $l$ 列可写为 $\boldsymbol{x}_l=[x_1^l,x_2^l,\cdots,x_{N_T}^l]^T$,它是时刻 $l$ 的空时符号。

MIMO传输的误码率性能用成对差错概率 $P(\boldsymbol{X},\hat{\boldsymbol{X}})$ 来衡量,当实际发射序列为 $\boldsymbol{X}=[\boldsymbol{x}_1,\boldsymbol{x}_2,\cdots,\boldsymbol{x}_L]$,而译码器选择了错误的估计序列 $\hat{\boldsymbol{X}}=[\hat{\boldsymbol{x}}_1,\hat{\boldsymbol{x}}_2,\cdots,\hat{\boldsymbol{x}}_L]$ 作为输出序列时,发生误码。对于最大似然符号检测,当

$$J=\sum_n\sum_{r=1}^{N_R}\left|y_r^n-\sum_{t=1}^{N_T}h_{r,t}^n x_t^n\right|^2 \geqslant \sum_n\sum_{r=1}^{N_R}\left|y_r^n-\sum_{t=1}^{N_T}h_{r,t}^n \hat{x}_t^n\right|^2 \tag{6.2.3}$$

第19集
微课视频

时,会发生符号差错。

式(6.2.3)可进一步写为

$$J=\sum_{n=1}^{L}\sum_{r=1}^{N_R}2\mathrm{Re}[(w_r^n)^*\sum_{t=1}^{N_T}h_{r,t}^n(x_t^n-\hat{x}_t^n)] \geqslant \sum_{n=1}^{L}\sum_{r=1}^{N_R}\sum_{t=1}^{N_T}|h_{r,t}^n(x_t^n-\hat{x}_t^n)|^2 \tag{6.2.4}$$

其中,Re(·)表示取复数的实数部分;$w_r^n$ 为接收天线 $r$ 在时刻 $n$ 的噪声。

对于信道衰落矩阵序列的一个特定实现 $\boldsymbol{H}=(\boldsymbol{H}_1,\boldsymbol{H}_2,\cdots,\boldsymbol{H}_L)$,假定接收机已知信道状态信息,不等式(6.2.4)的右边部分等于常量,记为 $d_h^2(\boldsymbol{X},\hat{\boldsymbol{X}})$,即

$$d_h^2(\boldsymbol{X},\hat{\boldsymbol{X}})=\|\boldsymbol{H}(\boldsymbol{X}-\hat{\boldsymbol{X}})\|^2=\sum_{n=1}^{L}\sum_{r=1}^{N_R}\sum_{t=1}^{N_T}|h_{r,t}^n(x_t^n-\hat{x}_t^n)|^2 \tag{6.2.5}$$

而不等式(6.2.4)的左边部分可视为零均值高斯随机变量。

基于信道 $\boldsymbol{H}$ 的条件成对差错概率为

$$P(\boldsymbol{X},\hat{\boldsymbol{X}}\mid\boldsymbol{H})=Q\left(\sqrt{\frac{E_s}{2N_o}d_h^2(\boldsymbol{X},\hat{\boldsymbol{X}})}\right) \tag{6.2.6}$$

其中,$E_s$ 为各发射天线上每个符号的能量;$N_o$ 为接收噪声方差;$Q(x)$ 为由式(6.2.7)定义的辅助差错函数(即高斯 $Q$ 函数)。

$$Q(x)=\frac{1}{\sqrt{2\pi}}\int_x^{+\infty}\exp\left(-\frac{t^2}{2}\right)\mathrm{d}t \tag{6.2.7}$$

利用Chernoff上界不等式

$$Q(x)\leqslant\frac{1}{2}\exp\left(\frac{-x^2}{2}\right),\quad x\geqslant 0 \tag{6.2.8}$$

可以得到式(6.2.6)的条件成对差错概率的上界值为

$$P(\boldsymbol{X},\hat{\boldsymbol{X}}\mid\boldsymbol{H})\leqslant\frac{1}{2}\exp\left[-\frac{E_{\mathrm{s}}}{4N_{\mathrm{o}}}d_{\mathrm{h}}^{2}(\boldsymbol{X},\hat{\boldsymbol{X}})\right] \tag{6.2.9}$$

**1. 慢衰落信道上的成对差错概率**

对于慢衰落信道，衰落系数在每个数据帧内固定不变。因此可以省略衰落系数的上标，记为

$$h_{r,t}^{1}=h_{r,t}^{2}=\cdots=h_{r,t}^{L}=h_{r,t},\quad r=1,2,\cdots,N_{\mathrm{R}},t=1,2,\cdots,N_{\mathrm{T}} \tag{6.2.10}$$

定义码字差别矩阵$\boldsymbol{B}(\boldsymbol{X},\hat{\boldsymbol{X}})$为

$$\boldsymbol{B}(\boldsymbol{X},\hat{\boldsymbol{X}})=\boldsymbol{X}-\hat{\boldsymbol{X}}=\begin{bmatrix}x_{1}^{1}-\hat{x}_{1}^{1} & x_{1}^{2}-\hat{x}_{1}^{2} & \cdots & x_{1}^{L}-\hat{x}_{1}^{L}\\ x_{2}^{1}-\hat{x}_{2}^{1} & x_{2}^{2}-\hat{x}_{2}^{2} & \cdots & x_{2}^{L}-\hat{x}_{2}^{L}\\ \vdots & \vdots & \ddots & \vdots\\ x_{N_{\mathrm{T}}}^{1}-\hat{x}_{N_{\mathrm{T}}}^{1} & x_{N_{\mathrm{T}}}^{2}-\hat{x}_{N_{\mathrm{T}}}^{2} & \cdots & x_{N_{\mathrm{T}}}^{L}-\hat{x}_{N_{\mathrm{T}}}^{L}\end{bmatrix} \tag{6.2.11}$$

再定义$N_{\mathrm{T}}\times N_{\mathrm{T}}$维的码字距离矩阵$\boldsymbol{A}(\boldsymbol{X},\hat{\boldsymbol{X}})$为

$$\boldsymbol{A}(\boldsymbol{X},\hat{\boldsymbol{X}})=\boldsymbol{B}(\boldsymbol{X},\hat{\boldsymbol{X}})\boldsymbol{B}^{\mathrm{H}}(\boldsymbol{X},\hat{\boldsymbol{X}}) \tag{6.2.12}$$

可知$\boldsymbol{A}(\boldsymbol{X},\hat{\boldsymbol{X}})$是 Hermitian 非负定矩阵，有$\boldsymbol{A}(\boldsymbol{X},\hat{\boldsymbol{X}})=\boldsymbol{A}^{\mathrm{H}}(\boldsymbol{X},\hat{\boldsymbol{X}})$，并存在酉矩阵$\boldsymbol{V}$和实对角矩阵$\boldsymbol{\Delta}$，使得$\boldsymbol{V}\boldsymbol{A}(\boldsymbol{X},\hat{\boldsymbol{X}})\boldsymbol{V}^{\mathrm{H}}=\boldsymbol{\Delta}$。其中，矩阵$\boldsymbol{V}$的列$\{\boldsymbol{v}_{1},\boldsymbol{v}_{2},\cdots,\boldsymbol{v}_{N_{\mathrm{T}}}\}$是$\boldsymbol{A}(\boldsymbol{X},\hat{\boldsymbol{X}})$的特征向量，矩阵$\boldsymbol{\Delta}$的对角元素是$\boldsymbol{A}(\boldsymbol{X},\hat{\boldsymbol{X}})$的非负实数特征值，设$k$个正特征值为$\lambda_{i}(i=1,2,\cdots,k)$。为简单起见，再设$\lambda_{1}\geqslant\lambda_{2}\geqslant\cdots\geqslant\lambda_{N_{\mathrm{T}}}\geqslant0$。

用$\boldsymbol{h}_{r}=[h_{r,1},h_{r,2},\cdots,h_{r,N_{\mathrm{T}}}]$表示$\boldsymbol{H}$的第$r$行，它对应于第$r$根接收天线与所有发送天线之间的信道系数，那么，式(6.2.5)可写为

$$d_{\mathrm{h}}^{2}(\boldsymbol{X},\hat{\boldsymbol{X}})=\sum_{r=1}^{N_{\mathrm{R}}}\boldsymbol{h}_{r}\boldsymbol{A}(\boldsymbol{X},\hat{\boldsymbol{X}})\boldsymbol{h}_{r}^{\mathrm{H}}=\sum_{r=1}^{N_{\mathrm{R}}}\sum_{t=1}^{N_{\mathrm{T}}}\lambda_{i}\mid\beta_{r,t}\mid^{2} \tag{6.2.13}$$

其中，$\beta_{r,t}$为两个向量$\boldsymbol{h}_{r}$和$\boldsymbol{v}_{t}$的内积，即$\beta_{r,t}=\boldsymbol{h}_{r}\cdot\boldsymbol{v}_{t}$，$\boldsymbol{v}_{t}$为矩阵$\boldsymbol{A}$的正交基向量。再根据式(6.2.9)，条件成对差错概率的上界值可写为

$$P(\boldsymbol{X},\hat{\boldsymbol{X}}\mid\boldsymbol{H})\leqslant\frac{1}{2}\exp\left(-\frac{E_{\mathrm{s}}}{4N_{\mathrm{o}}}\sum_{r=1}^{N_{\mathrm{R}}}\sum_{t=1}^{N_{\mathrm{T}}}\lambda_{i}\mid\beta_{r,t}\mid^{2}\right) \tag{6.2.14}$$

由于$|\beta_{r,t}|$随$\boldsymbol{h}_{r}$变化，$\boldsymbol{h}_{r}$中的一个元素$h_{r,t}$是均值为$\mu_{h}^{r,t}$，方差为1/2的复高斯随机变量，因此$\beta_{r,t}$也是均值为$\mu_{h}^{r,t}$，方差为1/2的独立复高斯随机变量，其模$|\beta_{r,t}|$服从莱斯分布，$|\beta_{r,t}|^{2}$是具有二维自由度和非中心参数$S=|\mu_{\beta_{r,t}}|^{2}=K^{r,t}$的卡方分布，即

$$\mu_{|\beta_{r,t}|^{2}}=1+K^{r,t} \tag{6.2.15}$$

$$\sigma_{|\beta_{r,t}|^{2}}^{2}=1+2K^{r,t} \tag{6.2.16}$$

在式(6.2.14)中，有$kN_{\mathrm{R}}$个独立的非中心卡方分布随机变量，$k$对应于独立的子信道的个数。

(1) 当$kN_{\mathrm{R}}$较大($kN_{\mathrm{R}}\geqslant4$)时，根据中心极限定理，求和部分

$$\sum_{r=1}^{N_{\mathrm{R}}}\sum_{t=1}^{N_{\mathrm{T}}}\lambda_{i}\mid\beta_{r,t}\mid^{2}$$

接近于高斯随机变量 $D$,其均值和方差分别为

$$\mu_D = \sum_{r=1}^{N_R} \sum_{t=1}^{N_T} \lambda_i (1 + K^{r,t}) \tag{6.2.17}$$

$$\sigma_D^2 = \sum_{r=1}^{N_R} \sum_{t=1}^{N_T} \lambda_i^2 (1 + 2K^{r,t}) \tag{6.2.18}$$

成对差错概率的 Chernoff 上界值可以表示为

$$P(\boldsymbol{X}, \hat{\boldsymbol{X}}) \leqslant \int_{D=0}^{+\infty} \frac{1}{2} \exp\left(-\frac{E_s}{4N_o} D\right) p(D) \mathrm{d}D \tag{6.2.19}$$

利用

$$\int_{D=0}^{+\infty} \exp(-\gamma D) p(D) \mathrm{d}D = \exp\left(\frac{1}{2}\gamma^2 \sigma_D^2\right) Q\left(\frac{\gamma \sigma_D^2 - \mu_D}{\sigma_D}\right), \quad \gamma > 0 \tag{6.2.20}$$

则上界表达式可以进一步表示为

$$P(\boldsymbol{X}, \hat{\boldsymbol{X}}) \leqslant \frac{1}{2} \exp\left[\frac{1}{2}\left(\frac{E_s}{4N_o}\right)^2 \sigma_D^2 - \frac{E_s}{4N_o}\mu_D\right] Q\left(\frac{E_s}{4N_o}\sigma_D - \frac{\mu_D}{\sigma_D}\right) \tag{6.2.21}$$

特别地,在瑞利衰落的特殊情况下,$\mu_h^{r,t} = 0$,因此 $K^{r,t} = 0$,此时

$$\mu_D = N_R \sum_{r=1}^{N_R} \lambda_i \tag{6.2.22}$$

$$\sigma_D^2 = N_R \sum_{r=1}^{N_R} \lambda_i^2 \tag{6.2.23}$$

故可得瑞利衰落信道上的成对差错概率的上界值为

$$P(\boldsymbol{X}, \hat{\boldsymbol{X}}) \leqslant \frac{1}{2} \exp\left[\frac{1}{2}\left(\frac{E_s}{4N_o}\right)^2 N_R \sum_{i=1}^{k} \lambda_i^2 - \frac{E_s}{4N_o} N_R \sum_{i=1}^{k} \lambda_i\right] \cdot$$

$$Q\left(\frac{E_s}{4N_o}\sqrt{N_R \sum_{i=1}^{k} \lambda_i^2} - \frac{\sqrt{N_R} \sum_{i=1}^{k} \lambda_i}{\sum_{i=1}^{k} \lambda_i^2}\right) \tag{6.2.24}$$

当信噪比很大且满足

$$\frac{E_s}{4N_o} \geqslant \frac{\sum_{i=1}^{k} \lambda_i}{\sum_{i=1}^{k} \lambda_i^2} \tag{6.2.25}$$

时,利用不等式(6.2.8),可进一步得到

$$P(\boldsymbol{X}, \hat{\boldsymbol{X}}) \leqslant \frac{1}{4} \exp\left(-N_R \frac{E_s}{4N_o} \sum_{i=1}^{k} \lambda_i\right) \tag{6.2.26}$$

(2) 当 $kN_R$ 较小($kN_R < 4$)时,求和部分为高斯变量的假设不再成立,成对差错概率需要对各个服从莱斯分布的 $|\beta_{r,t}|$ 随机变量积分获得。此时慢衰落信道上的成对差错概率的上界值为

$$P(\boldsymbol{X},\hat{\boldsymbol{X}}) \leqslant \prod_{r=1}^{N_{\mathrm{R}}}\left[\prod_{t=1}^{N_{\mathrm{T}}}\frac{1}{1+\frac{E_{\mathrm{s}}}{4N_{\mathrm{o}}}\lambda_t}\exp\left(-\frac{K^{r,t}\frac{E_{\mathrm{s}}}{4N_{\mathrm{o}}}\lambda_t}{1+\frac{E_{\mathrm{s}}}{4N_{\mathrm{o}}}\lambda_t}\right)\right] \tag{6.2.27}$$

在瑞利衰落时,可简化为

$$P(\boldsymbol{X},\hat{\boldsymbol{X}}) \leqslant \left(\prod_{t=1}^{N_{\mathrm{T}}}\frac{1}{1+\frac{E_{\mathrm{s}}}{4N_{\mathrm{o}}}\lambda_t}\right)^{N_{\mathrm{R}}} \tag{6.2.28}$$

大信噪比时,该上界可进一步简化为

$$P(\boldsymbol{X},\hat{\boldsymbol{X}}) \leqslant \left(\prod_{i=1}^{k}\lambda_i\right)^{-N_{\mathrm{R}}}\left(\frac{E_{\mathrm{s}}}{4N_{\mathrm{o}}}\right)^{-kN_{\mathrm{R}}} \tag{6.2.29}$$

**2. 快衰落信道上的成对差错概率**

对于慢衰落信道的分析方法可以直接应用于快衰落信道。为了给出快衰落信道中的成对差错概率,定义 $V(\boldsymbol{X},\hat{\boldsymbol{X}})$ 为使 $|\boldsymbol{X}_t-\hat{\boldsymbol{X}}_t|\neq 0$ 时 $t(0\leqslant t\leqslant L)$ 的集合。设 $V(\boldsymbol{X},\hat{\boldsymbol{X}})$ 的元素总数为 $\delta$,它是向量化 $\boldsymbol{X}$ 和向量化 $\hat{\boldsymbol{X}}$ 的汉明(Hamming)距离。

(1) 当 $\delta N_{\mathrm{R}}$ 较大($\delta N_{\mathrm{R}}\geqslant 4$)时,在快衰落信道上,可以得到成对差错概率的上界值为

$$P(\boldsymbol{X},\hat{\boldsymbol{X}}) \leqslant \frac{1}{2}\exp\left[\frac{1}{2}\left(\frac{E_{\mathrm{s}}}{4N_{\mathrm{o}}}\right)^2 N_{\mathrm{R}}D^4-\frac{E_{\mathrm{s}}}{4N_{\mathrm{o}}}N_{\mathrm{R}}d_{\mathrm{E}}^2\right]\cdot$$

$$Q\left(\frac{E_{\mathrm{s}}}{4N_{\mathrm{o}}}\sqrt{N_{\mathrm{R}}D^4}-\frac{\sqrt{N_{\mathrm{R}}}d_{\mathrm{E}}^2}{\sqrt{D^4}}\right) \tag{6.2.30}$$

其中,$d_{\mathrm{E}}^2$ 为两个空时符号序列之间的累积平方欧氏距离,即

$$d_{\mathrm{E}}^2=\sum_{t\in V(\boldsymbol{X},\hat{\boldsymbol{X}})}|\boldsymbol{x}_t-\hat{\boldsymbol{x}}_t|^2 \tag{6.2.31}$$

$D^4$ 为

$$D^4=\sum_{t\in V(\boldsymbol{X},\hat{\boldsymbol{X}})}|\boldsymbol{x}_t-\hat{\boldsymbol{x}}_t|^4 \tag{6.2.32}$$

当信噪比很大且满足 $E_{\mathrm{s}}/4N_{\mathrm{o}}\geqslant d_{\mathrm{E}}^2/D^4$,利用不等式(6.2.8)和式(6.2.19),式(6.2.30)可进一步简化为

$$P(\boldsymbol{X},\hat{\boldsymbol{X}}) \leqslant \frac{1}{4}\exp\left(-N_{\mathrm{R}}\frac{E_{\mathrm{s}}}{4N_{\mathrm{o}}}d_{\mathrm{E}}^2\right) \tag{6.2.33}$$

(2) 当 $\delta N_{\mathrm{R}}$ 较小($\delta N_{\mathrm{R}}<4$)时,成对差错概率的上界为

$$P(\boldsymbol{X},\hat{\boldsymbol{X}}) \leqslant \prod_{t\in V(\boldsymbol{X},\hat{\boldsymbol{X}})}\left(\frac{1}{1+\frac{E_{\mathrm{s}}}{4N_{\mathrm{o}}}|x_t-\hat{x}_t|^2}\right)^{N_{\mathrm{R}}} \tag{6.2.34}$$

在大信噪比时,该上界可近似为

$$P(\boldsymbol{X},\hat{\boldsymbol{X}}) \leqslant (d_{\mathrm{p}}^2)^{-N_{\mathrm{R}}}\left(\frac{E_{\mathrm{s}}}{4N_{\mathrm{o}}}\right)^{-\delta N_{\mathrm{R}}} \tag{6.2.35}$$

其中,$d_{\mathrm{p}}^2$ 为两个空时符号序列之间的平方欧氏距离的乘积,即

$$d_{\mathrm{p}}^{2}=\prod_{t\in V(\boldsymbol{X},\hat{\boldsymbol{X}})}|\boldsymbol{x}_{t}-\hat{\boldsymbol{x}}_{t}|^{2} \tag{6.2.36}$$

### 6.2.3 编码增益和分集增益

在式(6.2.29)和式(6.2.35)中,$E_{\mathrm{s}}/4N_{\mathrm{o}}$ 的指数部分 $kN_{\mathrm{R}}$ 和 $\delta N_{\mathrm{R}}$ 称为分集增益。它决定了差错概率曲线随信噪比变化的斜率。

定义编码增益为

$$G_{\mathrm{c}}=\frac{\left(\prod_{i=1}^{k}\lambda_{i}\right)^{1/k}}{d_{\mathrm{u}}^{2}} \tag{6.2.37}$$

或

$$G_{\mathrm{c}}=\frac{(d_{\mathrm{p}}^{2})^{1/\delta}}{d_{\mathrm{u}}^{2}} \tag{6.2.38}$$

其中,$d_{\mathrm{u}}^{2}$ 为无编码系统的码字平方欧氏距离。编码增益决定了具有相同分集增益时,由空时编码得到的差错概率相对于无编码系统差错概率的水平偏移程度。

## 6.3 MIMO 系统的空时编码

为获得性能增益减小误码,将发送符号进行空时编码(Space-Time Coding,STC)是达到或接近 MIMO 无线信道容量的一种可行、有效的方法。空时编码属于信道编码。该编码在多根发射天线和各时刻的发射信号之间产生空域和时域的相关性,使接收机能够克服 MIMO 信道衰落和减少误码。空时编码可以在不牺牲带宽的情况下起到发射分集和功率增益的作用。采用空时编码的 MIMO 传输系统如图 6.3.1 所示。

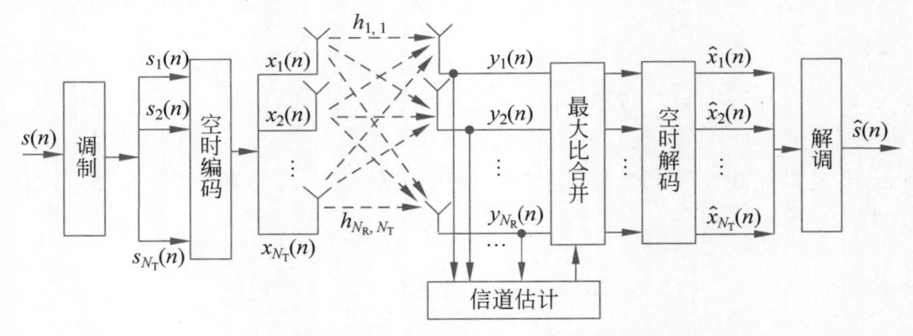


图 6.3.1 采用空时编码的 MIMO 传输系统

### 6.3.1 空时编码的设计准则

空时编码在编码结构上有多种方法,包括空时分组码(Space-Time Block Coding,STBC)、空时网格码(Space-Time Trellis Coding,STTC)、空时 Turbo 网格码和分层空时码(Layered Space-Time Coding,LSTC)。所有这些编码方案的核心思想是利用多径效应获得较高的频谱利用率和性能增益。

**1. 慢衰落信道上的编码设计准则**

由差错性能上界的式(6.2.26)和式(6.2.28)可以看出,慢衰落信道的设计准则取决于 $kN_R$ 的值,并可知 $kN_R$ 的最大值为 $N_TN_R$。当 $N_TN_R$ 值较小时,对应的独立子信道数较小;信噪比较大时,差错概率主要由码字距离矩阵 $\boldsymbol{A}(\boldsymbol{X},\hat{\boldsymbol{X}})$的最小秩数 $k$ 决定。最小秩数和接收天线数的乘积 $kN_R$ 称为最小分集。为了使差错概率最小,具有最小秩数的码字距离矩阵 $\boldsymbol{A}(\boldsymbol{X},\hat{\boldsymbol{X}})$ 的最小非零特征值乘积 $\prod_{i=1}^{k}\lambda_i$ 应取最大值。

当 $N_TN_R$ 的值比较小时,慢衰落信道的空时编码设计准则可以总结为:

(1) 使 $\boldsymbol{A}(\boldsymbol{X},\hat{\boldsymbol{X}})$的最小秩数最大;

(2) 使 $\boldsymbol{A}(\boldsymbol{X},\hat{\boldsymbol{X}})$ 的最小非零特征值乘积 $\prod_{i=1}^{k}\lambda_i$ 最大。

由于 $\prod_{i=1}^{k}\lambda_i$ 等于矩阵 $\boldsymbol{A}(\boldsymbol{X},\hat{\boldsymbol{X}})$ 的所有 $k\times k$ 主余子式的行列式的和,因此该准则称为秩与行列式准则。

当 $N_TN_R$ 较大时,所能得到的独立子信道数目较多,大信噪比时的差错概率的上界由式(6.2.26)给出。从中可以看出,空时编码的差错性能与 $\boldsymbol{A}(\boldsymbol{X},\hat{\boldsymbol{X}})$特征值的和有关。为了得到最小的差错概率,$\boldsymbol{A}(\boldsymbol{X},\hat{\boldsymbol{X}})$的最小特征值之和应最大。因此,可以得到这种情况下空时编码的设计准则为

(1) 使 $\boldsymbol{A}(\boldsymbol{X},\hat{\boldsymbol{X}})$的最小秩 $k$ 满足 $kN_R\geqslant 4$;

(2) 使 $\boldsymbol{A}(\boldsymbol{X},\hat{\boldsymbol{X}})$ 的最小特征值之和 $\sum_{i=1}^{k}\lambda_i$ 最大。

由于 $\sum_{i=1}^{k}\lambda_i$ 等于矩阵 $\boldsymbol{A}(\boldsymbol{X},\hat{\boldsymbol{X}})$ 的迹或对角元素之和,因此该准则也称为迹准则。

**2. 快衰落信道上的编码设计准则**

由差错性能上界的式(6.2.30)和式(6.2.35)可以看出,快衰落信道的编码设计准则依赖于 $\delta N_R$ 的值。当 $\delta N_R$ 值较小时,由所有不同码字对的最小空时逐符号汉明距离 $\delta$ 决定较大信噪比时的差错概率。此外,为了使差错概率最小,沿着具有最小逐符号汉明距离 $\delta$ 的码字对路径的最小积距离 $d_p^2$ 应最大。

因此,$\delta N_R$ 值较小时,快衰落信道的空时编码设计准则可以总结为:

(1) 使所有不同码字对的最小空时逐符号汉明距离 $\delta$ 最大;

(2) 使所有最小 $\delta$ 值的码字对路径的最小积距离最大。

通过类似的分析可以得到,当 $\delta N_R$ 较大时,空时编码的设计准则可以总结为:

(1) 使最小逐符号汉明距离和接收天线数目的乘积 $\delta N_R$ 足够大($\delta N_R\geqslant 4$);

(2) 使所有不同码字对的最小累积平方欧氏距离 $d_E^2$ 最大。

综合以上的分析可知,如何选择空时编码的设计准则有赖于空时编码系统可能提供的分集增益。如果分集增益较小,在慢衰落信道中的空时编码设计应选择秩与行列式准则,从而得到最大的分集增益和编码增益;在快衰落信道中应选择具有最大的最小逐符号汉明距离和乘积距离的空时编码方案。如果分集增益较大,慢衰落信道上的空时编码应选择迹准

则；而快衰落信道上的空时编码应选择最大化最小欧氏距离作为设计准则。

## 6.3.2 空时分组码

在空时编码方案中，空时分组码是相对空时网格码而言简单的正交编码方案。本节首先介绍用于双路分集传输结构的 Alamouti 编码，通过线性译码算法可以实现充分的分集增益；随后介绍基于正交设计的空时分组码。

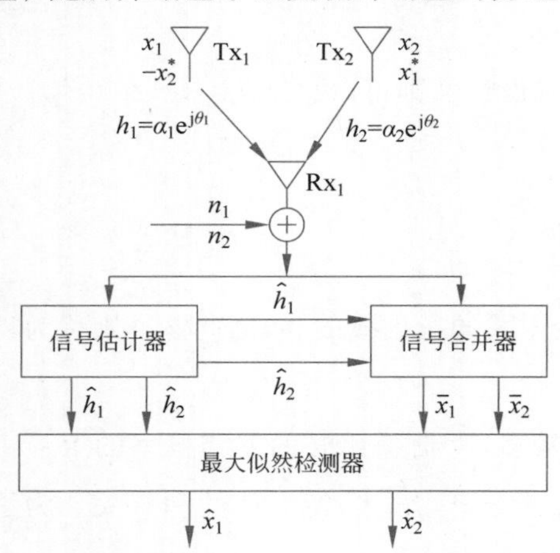


图 6.3.2 Alamouti 发射分集方案

**1. Alamouti 空时编码**

Alamouti 于 1998 年提出了一种简单的发射分集方案，如图 6.3.2 所示。该方案采用了两根发射天线，两根发射天线上的发射序列正交，可以实现完全分集。虽然该方案的性能相比于空时网格码略有下降，但是其译码复杂度比空时网格码要小得多。在 Alamouti 方案的基础上，根据广义正交设计原理设计的空时分组码可以应用到具有更多发射天线的无线通信系统中。

Alamouti 发射分集方案将符号传输分为两个时隙。在传输开始前，发送端对信息进行调制，编码器选取两个连续的已调符号 $x_1$ 和 $x_2$，并把这两个符号映射到两根发射天线上。

$$\boldsymbol{M}=\begin{bmatrix} x_1 & -x_2^* \\ x_2 & x_1^* \end{bmatrix} \tag{6.3.1}$$

其中符号 * 表示共轭操作。矩阵 $\boldsymbol{M}$ 的行对应的是不同的天线，列对应的是不同的符号周期。在第 1 个符号周期，天线 $\mathrm{Tx}_1$ 和天线 $\mathrm{Tx}_2$ 分别发送符号 $x_1$ 和 $x_2$；然后在第 2 个符号周期，天线 $\mathrm{Tx}_1$ 和天线 $\mathrm{Tx}_2$ 分别发送符号 $-x_2^*$ 和 $x_1^*$，即两根天线发送的符号向量分别为

$$\boldsymbol{x}^1=[x_1 \quad -x_2^*],\quad \boldsymbol{x}^2=[x_2 \quad x_1^*] \tag{6.3.2}$$

显然，两根天线上的发射符号向量 $\boldsymbol{x}^1$ 和 $\boldsymbol{x}^2$ 是正交的，即 $\boldsymbol{x}^1$ 和 $\boldsymbol{x}^2$ 的内积等于 0。

假设信道衰落系数在两个连续的发射周期内保持不变，接收端采用一根天线，设两根发射天线到接收天线的信道衰落系数分别为 $h_1$ 和 $h_2$。在两个符号接收时刻接收到的信号分别为

$$r_1=h_1x_1+h_2x_2+n_1 \tag{6.3.3}$$

$$r_2=-h_1x_2^*+h_2x_1^*+n_2 \tag{6.3.4}$$

其中，$n_1$ 和 $n_2$ 分别为均值为零，方差为 $N_o/2$ 的加性高斯白噪声。

最大似然译码器从调制星座图中选择使平方欧氏距离（见式(6.3.5)）最小的一对符号 $(\hat{x}_1,\hat{x}_2)$ 作为输出。

$$\begin{aligned} & d^2(r_1,h_1\hat{x}_1+h_2\hat{x}_2)+d^2(r_2,-h_1\hat{x}_2^*+h_2\hat{x}_1^*) \\ &=|r_1-h_1\hat{x}_1-h_2\hat{x}_2|^2+|r_2+h_1\hat{x}_2^*-h_2\hat{x}_1^*|^2 \end{aligned} \tag{6.3.5}$$

将式(6.3.3)和式(6.3.4)代入式(6.3.5)，可得

$$(\hat{x}_1,\hat{x}_2)=\underset{(\hat{x}_1,\hat{x}_2)\in\mathbf{C}_\alpha}{\operatorname{argmin}}(|h_1|^2+|h_2|^2-1)(|\hat{x}_1|^2+|\hat{x}_2|^2)+d^2(\bar{x}_1,\hat{x}_1)+d^2(\bar{x}_2,\hat{x}_2)$$
(6.3.6)

其中，$\mathbb{C}_\alpha$ 为所有可能发送符号对的集合；$\bar{x}_1$ 和 $\bar{x}_2$ 为两个判决统计，分别表示为

$$\bar{x}_1=h_1^*r_1+h_2r_2^*=(|h_1|^2+|h_2|^2)x_1+h_1^*n_1+h_2n_2^* \tag{6.3.7}$$

$$\bar{x}_2=h_1r_2^*-h_2^*r_1=(|h_1|^2+|h_2|^2)x_2-h_1n_2^*+h_2^*n_1 \tag{6.3.8}$$

从式(6.3.7)和式(6.3.8)可以看出，$\bar{x}_1$ 和 $\bar{x}_2$ 分别是 $x_1$ 和 $x_2$ 的函数。因此，若已知信道衰落系数，就可以从式(6.3.6)中得到两个独立的译码准则，即

$$\hat{x}_1=\underset{\hat{x}_1\in\mathbf{C}_\alpha}{\operatorname{argmin}}(|h_1|^2+|h_2|^2-1)|\hat{x}_1|^2+d^2(\bar{x}_1,\hat{x}_1) \tag{6.3.9}$$

$$\hat{x}_2=\underset{\hat{x}_2\in\mathbf{C}_\alpha}{\operatorname{argmin}}(|h_1|^2+|h_2|^2-1)|\hat{x}_2|^2+d^2(\bar{x}_2,\hat{x}_2) \tag{6.3.10}$$

对于 MPSK 信号星座图，在已知信道衰落系数的情况下，$(|h_1|^2+|h_2|^2-1)|\hat{x}_i|^2(i=1,2)$ 对于所有发射信号都是恒定的。因此，式(6.3.9)和式(6.3.10)可进一步简化为

$$\hat{x}_1=\underset{\hat{x}_1\in\mathbf{C}_\alpha}{\operatorname{argmin}}d^2(\bar{x}_1,\hat{x}_1) \tag{6.3.11}$$

$$\hat{x}_2=\underset{\hat{x}_2\in\mathbf{C}_\alpha}{\operatorname{argmin}}d^2(\bar{x}_2,\hat{x}_2) \tag{6.3.12}$$

**2. 多根接收天线时的 Alamouti 编码方案**

Alamouti 方案可以扩展到具有两根发射天线和多根接收天线的系统中。信号发射仍然采用图 6.3.2 的方案。设 $h_{j,t}(j=1,2,\cdots,N_\mathrm{R};\ t=1,2)$ 为发射天线 $t$ 到接收天线 $j$ 的信道衰落系数，$n_1^j$ 和 $n_2^j$ 分别为接收天线 $j$ 在两个连续的发射周期上的接收噪声。那么，接收天线 $j$ 在对应的两个连续发射周期上的接收信号可表示为

$$r_1^j=h_{j,1}x_1+h_{j,2}x_2+n_1^j \tag{6.3.13}$$

$$r_2^j=-h_{j,1}x_2^*+h_{j,2}x_1^*+n_2^j \tag{6.3.14}$$

类似前面的分析，可得此时的最大似然译码准则为

$$\hat{x}_1=\underset{\hat{x}_1\in\mathbf{C}_\alpha}{\operatorname{argmin}}\sum_{j=1}^{N_\mathrm{R}}(|h_{j,1}|^2+|h_{j,2}|^2-1)|\hat{x}_1|^2+d^2(\bar{x}_1,\hat{x}_1) \tag{6.3.15}$$

$$\hat{x}_2=\underset{\hat{x}_2\in\mathbf{C}_\alpha}{\operatorname{argmin}}\sum_{j=1}^{N_\mathrm{R}}(|h_{j,1}|^2+|h_{j,2}|^2-1)|\hat{x}_2|^2+d^2(\bar{x}_2,\hat{x}_2) \tag{6.3.16}$$

其中，判决统计量 $\bar{x}_1$ 和 $\bar{x}_2$ 分别为

$$\begin{aligned}\bar{x}_1&=\sum_{j=1}^{N_\mathrm{R}}[h_{j,1}^*r_1^j+h_{j,2}(r_2^j)^*]\\&=\sum_{t=1}^{2}\sum_{j=1}^{N_\mathrm{R}}(|h_{j,t}|^2)x_1+\sum_{j=1}^{N_\mathrm{R}}[h_{j,1}^*n_1^j+h_{j,2}(n_2^j)^*]\end{aligned} \tag{6.3.17}$$

$$\bar{x}_2=\sum_{j=1}^{N_\mathrm{R}}[h_{j,2}^*r_1^j-h_{j,1}(r_2^j)^*]$$

$$=\sum_{t=1}^{2}\sum_{j=1}^{N_R}(|h_{j,t}|^2)x_2+\sum_{j=1}^{N_R}[h_{j,2}^*n_1^j-h_{j,1}(n_2^j)^*] \tag{6.3.18}$$

**3. Alamouti 方案的传输性能**

Alamouti 方案能够实现满分集增益 $2N_R$，这是发送序列的正交性所带来的好处。设两个不同的正交码字矩阵 $\boldsymbol{X}$ 和 $\hat{\boldsymbol{X}}$ 分别由发送符号对 $(x_1,x_2)$ 和 $(\hat{x}_1,\hat{x}_2)$ 产生，$(x_1,x_2)\neq(\hat{x}_1,\hat{x}_2)$，那么码字差别矩阵为

$$\boldsymbol{B}(\boldsymbol{X},\hat{\boldsymbol{X}})=\boldsymbol{X}-\hat{\boldsymbol{X}}=\begin{bmatrix}x_1-\hat{x}_1 & -x_2^*+\hat{x}_2^*\\ x_2-\hat{x}_2 & x_1^*-\hat{x}_1^*\end{bmatrix} \tag{6.3.19}$$

由于码字矩阵是正交的，所以码字差别矩阵也满足正交性。那么，码字距离矩阵为对角矩阵，可表示为

$$\begin{aligned}\boldsymbol{A}(\boldsymbol{X},\hat{\boldsymbol{X}})&=\boldsymbol{B}(\boldsymbol{X},\hat{\boldsymbol{X}})\boldsymbol{B}^{\mathrm{H}}(\boldsymbol{X},\hat{\boldsymbol{X}})\\&=\begin{bmatrix}|x_1-\hat{x}_1|^2+|x_2-\hat{x}_2|^2 & 0\\ 0 & |x_1-\hat{x}_1|^2+|x_2-\hat{x}_2|^2\end{bmatrix}\end{aligned} \tag{6.3.20}$$

对于不同的发送符号对，以上矩阵的对角元素不等于零。因此，码字距离始终是满秩矩阵，Alamouti 方案实现了完全发射分集。

【例 6.3.1】 使用成对差错概率的方法，确定 Alamouti 空时编码的分集特性。

解 使用成对差错概率评估分集特性需要计算误差协方差矩阵。码字差别矩阵如式(6.3.19)所示，协方差矩阵为如式(6.3.20)所示的码字距离矩阵，即 $\boldsymbol{R}_{kl}=\boldsymbol{A}(\boldsymbol{X},\hat{\boldsymbol{X}})$，因为它的秩等于 2，只要至少有一个错误的区别，误差协方差矩阵就始终是满秩的，Alamouti 就能实现二重分集。

【例 6.3.2】 确定使用 BPSK 符号时 Alamouti 码的码本。

解 已知 Alamouti 码字的一般形式为

$$\boldsymbol{S}=\begin{bmatrix}s_1 & -s_2^*\\ s_2 & s_1^*\end{bmatrix}$$

其中，$s_1$ 和 $s_2$ 是星座点，如果采用 BPSK 星座，总共有 4 种可能的码字，枚举出 4 种可能的码字，并且可推导出码本为

$$S=\left\{\begin{bmatrix}1 & -1\\ 1 & 1\end{bmatrix},\begin{bmatrix}1 & 1\\ -1 & 1\end{bmatrix},\begin{bmatrix}-1 & -1\\ 1 & -1\end{bmatrix},\begin{bmatrix}-1 & 1\\ -1 & -1\end{bmatrix}\right\}$$

【例 6.3.3】 试分析接收天线 $N_R=1$ 时，接收端的信噪比性能。

解 由式(6.3.13)和式(6.3.14)，可得输入输出的关系为

$$\begin{bmatrix}r_1\\ r_2^*\end{bmatrix}=\begin{bmatrix}h_1 & h_2\\ h_2^* & -h_1^*\end{bmatrix}\begin{bmatrix}x_1\\ x_2\end{bmatrix}+\begin{bmatrix}n_1\\ n_2^*\end{bmatrix}$$

写成矩阵形式为

$$\boldsymbol{r}=\boldsymbol{H}\boldsymbol{x}+\boldsymbol{n}$$

将等式两边同时左乘 $\boldsymbol{H}^{\mathrm{H}}$

$$\boldsymbol{H}^{\mathrm{H}}\boldsymbol{r}=\boldsymbol{H}^{\mathrm{H}}\boldsymbol{H}\boldsymbol{x}+\boldsymbol{H}^{\mathrm{H}}\boldsymbol{n}$$

矩阵 $\boldsymbol{H}^{\mathrm{H}}\boldsymbol{H}$ 具有特殊的结构，即

$$\begin{aligned}\boldsymbol{H}^{\mathrm{H}}\boldsymbol{H} &= \begin{bmatrix} h_1^* & h_2 \\ h_2^* & -h_1 \end{bmatrix} \begin{bmatrix} h_1 & h_2 \\ h_2^* & -h_1^* \end{bmatrix} \\ &= \begin{bmatrix} |h_1|^2+|h_2|^2 & h_1^*h_2-h_1^*h_2 \\ h_1h_2^*-h_1h_2^* & |h_1|^2+|h_2|^2 \end{bmatrix} \\ &= \begin{bmatrix} |h_1|^2+|h_2|^2 & 0 \\ 0 & |h_1|^2+|h_2|^2 \end{bmatrix}\end{aligned}$$

滤波后的噪声项 $\boldsymbol{H}^{\mathrm{H}}\boldsymbol{n}$ 也具有特殊的结构，它的均值为 $\mathbb{E}(\boldsymbol{H}^{\mathrm{H}}\boldsymbol{n})=\boldsymbol{0}$，协方差为

$$\begin{aligned}\mathbb{E}(\boldsymbol{H}^{\mathrm{H}}\boldsymbol{n}\boldsymbol{n}^{\mathrm{H}}\boldsymbol{H}) &= \boldsymbol{H}^{\mathrm{H}}\mathbb{E}(\boldsymbol{n}\boldsymbol{n}^{\mathrm{H}})\boldsymbol{H} \\ &= N_{\mathrm{o}}\boldsymbol{H}^{\mathrm{H}}\boldsymbol{H} \\ &= N_{\mathrm{o}}(|h_1|^2+|h_2|^2)\boldsymbol{I}\end{aligned}$$

故 $\boldsymbol{H}^{\mathrm{H}}\boldsymbol{n}$ 是服从 $\mathcal{CN}(0, N_{\mathrm{o}}(|h_1|^2+|h_2|^2)\boldsymbol{I})$ 的 IID 随机向量。由此可知

$$\boldsymbol{H}^{\mathrm{H}}\boldsymbol{r} = (|h_1|^2+|h_2|^2)\boldsymbol{x} + \boldsymbol{H}^{\mathrm{H}}\boldsymbol{n}$$

因此，经滤波处理后的信噪比为

$$\begin{aligned}\mathrm{SNR} &= \frac{(|h_1|^2+|h_2|^2)^2}{N_{\mathrm{o}}(|h_1|^2+|h_2|^2)} \\ &= \frac{|h_1|^2+|h_2|^2}{N_{\mathrm{o}}}\end{aligned}$$

接下来通过仿真考查 Alamouti 编码的性能。仿真中采用 BPSK 调制，将 Alamouti 方案与无分集方案以及采用最大比合并接收分集方案进行比较，假设各方案的发射总功率相等，并且都归一化为 1，每根发射天线到接收天线的信道衰落系数独立。在最大比合并中，还假设接收机对信道进行了准确的信道估计，而 Alamouti 编码并不需要信道状态信息。瑞利衰落信道上的误比特率性能比较如图 6.3.3 所示。

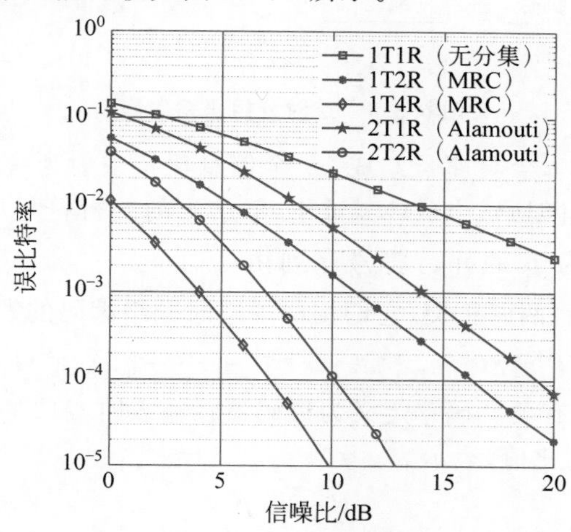


图 6.3.3　瑞利衰落信道上的误比特率性能比较

可以看出，两发一收(2T1R)的 Alamouti 方案和一发两收(1T2R)的双分支最大比合并接收分集方案实现了同样的分集数，两条曲线的斜率是相同的。然而，Alamouti 方案的性能降低了 3dB。这个性能损失是由于 Alamouti 方案中每根发射天线的辐射能量是最大比合并接收分集方案中的单根天线辐射能量的一半，两种方案的总发射功率相同。如果 Alamouti 方案中每根发射天线的能量和最大比合并接收分集方案中单根发射天线的能量相等，那么 Alamouti 方案将等价于最大比合并接收分集方案。一般来说，发射天线数为 2、接收天线数为 $N_R$ 的 Alamouti 方案与发射天线数为 1、接收天线数为 $2N_R$ 的最大比合并接收分集方案具有相同的分集增益。

Alamouti 方案可以实现满分集增益，却不产生任何编码增益。这是由于码字距离矩阵具有两个相同的特征值 $\lambda_1=\lambda_2=|x_1-\hat{x}_1|^2+|x_2-\hat{x}_2|^2$，由此得到的最小特征值与信号星座图中的最小平方欧氏距离相等，即与非编码系统中信号星座图的最小平方欧氏距离相同。根据编码增益的定义式(6.2.38)可知，Alamouti 方案获得的编码增益等于 1。

**4. 空时分组码的编码**

Alamouti 方案通过一种非常简单的最大似然译码算法实现了完全分集。该方案的关键特性是两根发射天线产生的两个序列之间的正交性。通过运用正交设计理论，可得到适用于任意数量的发射天线的正交编码，称为空时分组码。空时分组码可以实现由发射天线数 $N_T$ 确定的完全发射分集，且仅仅基于对接收信号进行线性处理的最大似然译码算法。

1) 空时分组编码器

基于正交设计思想，将 Alamouti 发射分集方案推广到具有多于两根发射天线的无线系统中，就得到了空时分组码。而 Alamouti 方案可以看成是空时分组码在两根发射天线时的特例。图 6.3.4 给出了空时分组码编码器示意图。

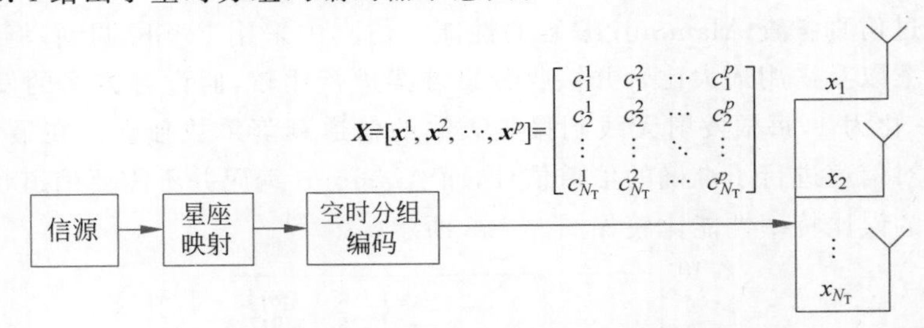


图 6.3.4 空时分组码编码器

假设符号星座图由 $2^m$ 个星座点组成，$m$ 个信息比特映射为一个星座点。选择 $k$ 个调制符号对其进行空时分组编码，生成 $N_T$ 个长度为 $p$ 的并行符号序列，并按行分别由 $N_T$ 根发射天线发送。长度为 $p$ 的并行符号序列由$(x_1,x_2,\cdots,x_k)$及其共轭$(x_1^*,x_2^*,\cdots,x_k^*)$的线性组合构成，并且两两正交，它们构成了空时分组编码的发送码字矩阵 $\boldsymbol{X}$，因此有

$$\boldsymbol{X}\boldsymbol{X}^{\mathrm{H}}=c(|x_1|^2+|x_2|^2+\cdots+|x_k|^2)\boldsymbol{I}_{N_T} \tag{6.3.21}$$

其中，$c$ 为常量，它与码率有关。码率定义为编码器在输入时提取的符号数与每根天线发送的空时编码符号数之间的比值，表示为

$$R=k/p \tag{6.3.22}$$

空时分组码的频谱利用率(单位为 b/(s · Hz))可由 $km/p$ 算出。Tarokh 等的研究表明，只有当码率 $R$ 小于或等于 1 时才能实现满发射分集。当 $R=1$ 时没有带宽损失，在获得

满分集增益的同时还可以获得 $m$b/(s·Hz)的频谱利用率。当 $R<1$ 时,要获得 $m$b/(s·Hz)的频谱利用率,必须有 $1/R$ 的带宽扩展。

通过正交性设计,可以使具有特定数量发射天线的空时分组码实现满发射分集。由于调制星座有实信号和复信号星座之分,因此下面对这两种情况下的空时分组编码分别进行讨论。

2) 实信号星座的空时分组码

实信号星座的空时编码设计实际上是实正交矩阵的设计问题。如果对 $k$ 个实信号 $(x_1,x_2,\cdots,x_k)$ 进行编码,那么所构造的 $N_T\times p$ 维发送码字矩阵 $\boldsymbol{X}$ 应满足式(6.3.21)。此时,空时分组码能够以码率 $R=k/p$ 提供满发射分集。

首先讨论发送码字矩阵为 $N_T\times N_T$ 阶方阵的情况,要求 $R=1$(即 $k=p=N_T$)并且可以实现满发射分集。当 $N_T\leqslant 8$ 时,这样的正交方阵只有在 $N_T=2,4,8$ 时才存在。相应的发送码字矩阵可以采用以下形式。

$$\boldsymbol{X}_2=\begin{bmatrix} x_1 & -x_2 \\ x_2 & x_1 \end{bmatrix} \tag{6.3.23}$$

$$\boldsymbol{X}_4=\begin{bmatrix} x_1 & x_2 & x_3 & x_4 \\ x_2 & x_1 & x_4 & -x_3 \\ x_3 & -x_4 & x_1 & x_2 \\ x_4 & x_3 & -x_2 & x_1 \end{bmatrix} \tag{6.3.24}$$

$$\boldsymbol{X}_8=\begin{bmatrix} x_1 & -x_2 & -x_3 & -x_4 & -x_5 & -x_5 & -x_7 & -x_8 \\ x_2 & x_1 & -x_4 & x_3 & -x_6 & x_5 & x_8 & -x_7 \\ x_3 & x_4 & x_1 & -x_2 & -x_7 & -x_8 & x_5 & x_6 \\ x_4 & -x_3 & x_2 & x_1 & -x_8 & x_7 & -x_6 & x_5 \\ x_5 & x_6 & x_7 & x_8 & x_1 & -x_2 & -x_3 & -x_4 \\ x_6 & -x_5 & x_8 & -x_7 & x_2 & x_1 & x_4 & -x_3 \\ x_7 & -x_8 & -x_5 & x_6 & x_3 & -x_4 & x_1 & x_2 \\ x_8 & x_7 & -x_6 & -x_5 & x_4 & x_3 & -x_2 & x_1 \end{bmatrix} \tag{6.3.25}$$

显然,这 3 个编码矩阵都具有全速率 $R=1$。采用与 Alamouti 方案性能分析相同的方法可知,这 3 个编码矩阵都能实现相应的满发射分集增益 $N_T$。对于全速率空时分组码,也可以构造非方形码字矩阵。例如,在 $\boldsymbol{X}_4$ 中,所有行向量两两正交,可以从中任取两行构成 $N_T=2$ 的发送码字矩阵 $\boldsymbol{X}_2$,也可以从中任取 3 行构成 $N_T=3$ 的发送码字矩阵 $\boldsymbol{X}_3$。同样,从 $\boldsymbol{X}_8$ 中也可以提取出 $N_T=5,6,7$ 的发送码字矩阵 $\boldsymbol{X}_5$、$\boldsymbol{X}_6$ 和 $\boldsymbol{X}_7$。

3) 复信号星座的空时分组码

对复信号 $(x_1,x_2,\cdots,x_k)$ 进行空时分组码设计时,同样应使发送码字矩阵 $\boldsymbol{X}$ 为复正交矩阵并满足式(6.3.21)。Tarokh 证明,只有 Alamouti 方案是唯一能以码率 $R=1$ 实现满发射分集的空时编码。对于发射天线数 $N_T>2$ 的空时分组码设计,其目标是以较低的译码复杂度构造高速率的发送码字矩阵,并实现满发射分集。将实信号星座的发送码字矩阵与共轭矩阵进行组合,可以得到码率为 $R=1/2$ 的复信号星座的发送码字矩阵。这种构造方

法对任意发射天线数目都是可行的。例如，$N_T=3,4$ 时，相应的发送码字矩阵可以构造为

$$\boldsymbol{X}_3^c=\begin{bmatrix} x_1 & -x_2 & -x_3 & -x_4 & x_1^* & -x_2^* & -x_3^* & -x_4^* \\ x_2 & x_1 & x_4 & -x_3 & x_2^* & x_1^* & x_4^* & -x_3^* \\ x_3 & -x_4 & x_1 & x_2 & x_3^* & -x_4^* & x_1^* & x_2^* \end{bmatrix} \tag{6.3.26}$$

$$\boldsymbol{X}_4^c=\begin{bmatrix} x_1 & -x_2 & -x_3 & -x_4 & x_1^* & -x_2^* & -x_3^* & -x_4^* \\ x_2 & x_1 & x_4 & -x_3 & x_2^* & x_1^* & x_4^* & -x_3^* \\ x_3 & -x_4 & x_1 & x_2 & x_3^* & -x_4^* & x_1^* & x_2^* \\ x_4 & x_3 & -x_2 & x_1 & x_4^* & x_3^* & -x_2^* & x_1^* \end{bmatrix} \tag{6.3.27}$$

分析可知，$\boldsymbol{X}_3^c$ 和 $\boldsymbol{X}_4^c$ 都是复正交矩阵，并且都是将 4 个符号在 8 个符号周期内发送出去，因此码率 $R=1/2$。对于 $N_T=3,4$ 的情况，码率 $R=3/4$ 的发送码字结构分别为

$$\boldsymbol{X}_3^h=\begin{bmatrix} x_1 & -x_2^* & \dfrac{x_3^*}{\sqrt{2}} & \dfrac{x_3^*}{\sqrt{2}} \\ x_2 & x_1^* & \dfrac{x_3^*}{\sqrt{2}} & -\dfrac{x_3^*}{\sqrt{2}} \\ \dfrac{x_3}{\sqrt{2}} & \dfrac{x_3}{\sqrt{2}} & \dfrac{-x_1-x_1^*+x_2-x_2^*}{2} & \dfrac{x_1-x_1^*+x_2+x_2^*}{2} \end{bmatrix} \tag{6.3.28}$$

$$\boldsymbol{X}_4^h=\begin{bmatrix} x_1 & -x_2 & \dfrac{x_3^*}{\sqrt{2}} & \dfrac{x_3^*}{\sqrt{2}} \\ x_2 & x_1 & \dfrac{x_3^*}{\sqrt{2}} & -\dfrac{x_3^*}{\sqrt{2}} \\ \dfrac{x_3}{\sqrt{2}} & \dfrac{x_3}{\sqrt{2}} & \dfrac{-x_1-x_1^*+x_2-x_2^*}{2} & \dfrac{x_1-x_1^*+x_2+x_2^*}{2} \\ \dfrac{x_3}{\sqrt{2}} & -\dfrac{x_3^*}{\sqrt{2}} & \dfrac{x_1-x_1^*-x_2-x_2^*}{2} & \dfrac{-(x_1+x_1^*+x_2-x_2^*)}{2} \end{bmatrix} \tag{6.3.29}$$

对于发射天线数 $N_T>2$ 的情况，很难构造码率 $R=1$ 的复信号发送码字矩阵，然而通过合理的设计可以实现满分集增益。

5. 空时分组码的译码

从实信号星座为方阵的传输矩阵（如 $\boldsymbol{X}_2$、$\boldsymbol{X}_4$ 和 $\boldsymbol{X}_8$）所描述的空时分组码入手。这种情况下，传输矩阵的第 1 列为 $[x_1,x_2,\cdots,x_{N_T}]^T$，其他列均为具有不同符号的第 1 列的所有排列。用 $\epsilon_t$ 表示从第 1 列到第 $t$ 列的符号排列。第 $t$ 列中 $x_i$ 所在的行由 $\epsilon_t(i)$ 表示，第 $t$ 列中 $x_i$ 的符号用 $\mathrm{sgn}_t(i)$ 表示。

假定信道衰落系数在 $p$ 个符号周期内恒定。在推导最大似然译码（与 Alamouti 方案中的译码相似）时，为传输信号 $x_i$ 构造判决统计，即

$$\bar{x}_i=\sum_{t=1}^{N_T}\sum_{j=1}^{N_R}\operatorname{sgn}_t(i)r_i^j h_{j,\epsilon_t(i)}^*,\quad i=1,2,\cdots,N_T \tag{6.3.30}$$

由于传输矩阵的各行具有正交性，使最大似然

$$\sum_{t=1}^{N_T}\sum_{j=1}^{N_R}\left|r_t^j-\sum_{i=1}^{N_T}h_{j,i}x_t^i\right|^2$$

最小等效于使联合判决度量

$$\sum_{i=1}^{N_T}\left[|\bar{x}_i-x_i|^2+(\sum_{t=1}^{N_T}\sum_{j=1}^{N_R}|h_{j,t}|^2-1)|x_i|^2\right]$$

最小。由于 $\bar{x}_i$ 的值仅依赖于符号 $x_i$，因此对于给定的接收信号、信道衰落系数和正交传输矩阵的结构，使联合判决度量最小可以等效为使每个独立判决度量

$$|\bar{x}_i-x_i|^2+(\sum_{t=1}^{N_T}\sum_{j=1}^{N_R}|h_{j,t}|^2-1)|x_i|^2$$

最小。

该算法通过对每个传输信号各自独立的译码，大大简化了联合译码。根据正交性，理想传输信号 $x_i$ 的判决统计独立于其他传输信号 $x_j,j=1,2,\cdots,N_T,j\neq i$，每个信号 $x_i$ 的译码度量都基于对其判决统计 $\bar{x}_i$ 的线性处理。

对于实信号星座上的传输矩阵不是方阵的空时分组码(如 $\boldsymbol{X}_3$、$\boldsymbol{X}_5$、$\boldsymbol{X}_6$ 和 $\boldsymbol{X}_7$)，接收机的判决统计为

$$\bar{x}_i=\sum_{t\in\eta(i)}\sum_{j=1}^{N_R}\operatorname{sgn}_t(i)r_t^j h_{j,\epsilon_t(i)}^* \tag{6.3.31}$$

其中，$i=1,2,\cdots,p$；$\eta(i)$为传输矩阵中 $x_i$ 出现的列集合。

对于有复信号星座的空时分组码，可以得到相似的译码算法。对于1/2速率的 $\boldsymbol{X}_3^c$ 和 $\boldsymbol{X}_4^c$，判决统计 $\bar{x}_i$ 可以表示为

$$\bar{x}_i=\sum_{t\in\eta(i)}\sum_{j=1}^{N_R}\operatorname{sgn}_t(i)\bar{r}_t^j\bar{h}_{j,\epsilon_t(i)}^* \tag{6.3.32}$$

其中，

$$\bar{r}_t^j(i)=\begin{cases}r_t^j, & x_i\ \text{属于}\ \boldsymbol{X}_{N_T}^c\ \text{的第}\ t\ \text{列}\\ (r_t^j)^*, & x_i^*\ \text{属于}\ \boldsymbol{X}_{N_T}^c\ \text{的第}\ t\ \text{列}\end{cases} \tag{6.3.33a}$$

$$\bar{h}_{j,\epsilon_t(i)}^*=\begin{cases}h_{j,\epsilon_t(i)}^*, & x_i\ \text{属于}\ \boldsymbol{X}_{N_T}^c\ \text{的第}\ t\ \text{列}\\ h_{j,\epsilon_t(i)}, & x_i^*\ \text{属于}\ \boldsymbol{X}_{N_T}^c\ \text{的第}\ t\ \text{列}\end{cases} \tag{6.3.33b}$$

则判决度量为

$$|\bar{x}_i-x_i|^2+\left(2\sum_{t=1}^{N_T}\sum_{j=1}^{N_R}|h_{j,t}|^2-1\right)|x_i|^2$$

【例 6.3.4】 设4个发送符号 $\boldsymbol{s}=\{s_1,s_2,s_3,s_4\}$ 从4根发射天线在8个符号周期内发送，其复信号星座编码为

$$
\boldsymbol{X}_4^{\mathrm{c}}=\begin{bmatrix} s_1 & -s_2 & -s_3 & -s_4 & s_1^* & -s_2^* & -s_3^* & -s_4^* \\ s_2 & s_1 & s_4 & -s_3 & s_2^* & s_1^* & s_4^* & -s_3^* \\ s_3 & -s_4 & s_1 & s_2 & s_3^* & -s_4^* & s_1^* & s_2^* \\ s_4 & s_3 & -s_2 & s_1 & s_4^* & s_3^* & -s_2^* & s_1^* \end{bmatrix}
$$

其中,第1列为待求的符号,试写出其符号判决方法。

解　设信道系数 $h_{j,i}, i=1,2,\cdots,N_{\mathrm{T}}, j=1,2,\cdots,N_{\mathrm{R}}$ 在多个符号周期内恒定。由复数相乘定理 $ab^*=(a^*b)^*$,可将第 $j$ 根接收天线在8个时刻的接收信号写为

$$
\begin{bmatrix} r_1^j \\ r_2^j \\ r_3^j \\ r_4^j \\ r_5^{j\,*} \\ r_6^{j\,*} \\ r_7^{j\,*} \\ r_8^{j\,*} \end{bmatrix}=\begin{bmatrix} h_{1,j} & h_{2,j} & h_{3,j} & h_{4,j} \\ h_{2,j} & -h_{1,j} & h_{4,j} & -h_{3,j} \\ h_{3,j} & -h_{4,j} & -h_{1,j} & h_{2,j} \\ h_{4,j} & h_{3,j} & -h_{2,j} & -h_{1,j} \\ h_{1,j}^* & h_{2,j}^* & h_{3,j}^* & h_{4,j}^* \\ h_{2,j}^* & -h_{1,j}^* & h_{4,j}^* & -h_{3,j}^* \\ h_{3,j}^* & -h_{4,j}^* & -h_{1,j}^* & h_{2,j}^* \\ h_{4,j}^* & h_{3,j}^* & -h_{2,j}^* & -h_{1,j}^* \end{bmatrix}\begin{bmatrix} s_1 \\ s_2 \\ s_3 \\ s_4 \end{bmatrix}+\begin{bmatrix} n_1^j \\ n_2^j \\ n_3^j \\ n_4^j \\ n_5^j \\ n_6^j \\ n_7^j \\ n_8^j \end{bmatrix}
$$

记接收信号为向量 $\boldsymbol{r}$,信道组成的系数矩阵为 $\boldsymbol{A}$,待定符号为向量 $\boldsymbol{s}$,接收噪声为向量 $\boldsymbol{n}$,有

$$
\boldsymbol{r}=\boldsymbol{A}\boldsymbol{s}+\boldsymbol{n}
$$

在第 $j$ 根接收天线处,符号的最大似然判决可表示为

$$
\hat{\boldsymbol{s}}=(\boldsymbol{A}^{\mathrm{H}}\boldsymbol{A})^{-1}\boldsymbol{A}^{\mathrm{H}}\boldsymbol{r}
$$

令 $\alpha_j=\sum_{i=1}^{N_{\mathrm{T}}}|h_{j,i}|^2, i=1,2,\cdots,N_{\mathrm{T}}$,则 $\boldsymbol{A}^{\mathrm{H}}\boldsymbol{A}=(2\alpha_j)\boldsymbol{I}_4$,故在采用等增益合并时,各符号可进一步写成接收信号的线性组合,有

$$
\hat{s}_1=\sum_{j=1}^{N_{\mathrm{R}}}\left[(r_1^j h_{j,1}^*+r_2^j h_{j,2}^*+r_3^j h_{j,3}^*+r_4^j h_{j,4}^*+r_5^{j\,*} h_{j,1}+r_6^{j\,*} h_{j,2}+r_7^{j\,*} h_{j,3}+r_8^j h_{j,4})/(2\alpha_j)\right]
$$

$$
\hat{s}_2=\sum_{j=1}^{N_{\mathrm{R}}}\left[(r_1^j h_{j,2}^*-r_2^j h_{j,1}^*+r_3^j h_{j,4}^*-r_4^j h_{j,3}^*+r_5^{j\,*} h_{j,2}-r_6^{j\,*} h_{j,1}+r_7^{j\,*} h_{j,4}-r_8^{j\,*} h_{j,3})/(2\alpha_j)\right]
$$

$$
\hat{s}_3=\sum_{j=1}^{N_{\mathrm{R}}}\left[(r_1^j h_{j,3}^*-r_2^j h_{j,4}^*-r_3^j h_{j,1}^*+r_4^j h_{j,2}^*+r_5^{j\,*} h_{j,3}-r_6^{j\,*} h_{j,4}-r_7^{j\,*} h_{j,1}+r_8^{j\,*} h_{j,2})/(2\alpha_j)\right]
$$

$$
\hat{s}_4=\sum_{j=1}^{N_{\mathrm{R}}}\left[(r_1^j h_{j,4}^*+r_2^j h_{j,3}^*-r_3^j h_{j,2}^*-r_4^j h_{j,1}^*+r_5^{j\,*} h_{j,4}+r_6^{j\,*} h_{j,3}-r_7^{j\,*} h_{j,2}-r_8^{j\,*} h_{j,1})/(2\alpha_j)\right]
$$

## 6.4 MIMO 信道估计

在上述符号检测中,通过已知的信道状态信息判决符号。本节介绍 MIMO 信道估计方法。准确的信道估计不仅是接收端通过均衡正确地判决符号的前提,也是 MIMO 达到容量

性能界、预编码和波束成形的依据。

MIMO 系统或基站处配置几十根甚至上百根天线的大规模 MIMO 系统通常采用 TDD 或频分双工(Frequency-Division Duplex，FDD)模式传输信息。在 TDD 模式下，上行链路和下行链路采用相同的频段，一般认为上下行信道具有互易性。小区用户通过上行链路发送导频序列给基站，基站处理后获知上行信道状态信息，然后由下行链路传输信道状态信息给小区用户。在 FDD 模式下，上行链路和下行链路分别采用不同的频段，因此不具有互易性。为获取信道状态信息，基站通过下行链路发送导频序列给本小区内的用户，用户收到导频序列后进行处理，得到下行链路的信道状态信息并反馈给基站，基站获知信道状态信息后，再通过下行链路发送数据给用户。对上行链路的信道估计与此时序类似。

在对信道模型参数进行估计的参数化方法中，需要建立信道参数模型，对路径衰落的幅值、时延、相位、频率偏置、信道的阶数、波束离开角和到达角等影响传输的一个或两个乃至3个参数同时或分步骤进行估计。在同时估计路径的复衰落和时延时，一般归入时间同步的联合估计范畴；在同时估计路径复衰落和频偏以及相位时，一般归入频率同步的联合估计范畴。

在非参数化估计方法中，通常假设信道复衰落服从瑞利分布或莱斯分布，或者假设为具有指数延迟功率谱的有限冲激响应(FIR)，仅对复衰落作出估计。该类估计包括基于导频的信道估计方法和盲/半盲信道估计方法。基于导频的信道估计需要通过将导频插入数据帧中，采用合适的算法估计复衰落，对此类方法的研究主要集中在导频设计和复杂度低的估计方法上；在不需要导频的盲估计和仅需要极少量导频的半盲估计方法中，通常利用信道的二阶统计量和高阶统计量，对信道的阶和复衰落进行辨识。这类方法虽然计算复杂度高，但随着计算性能的提高也得到较多研究。

在基于导频的信道估计方法中，主要有最小二乘(LS)估计、递推最小二乘(Recursive Least Squared，RLS)估计、最小二乘估计的自适应方式及迭代方式、最小均方误差估计、线性最小均方误差(Linear MMSE，LMMSE)估计等。除 LS 估计外，其他估计方法均考虑信道在多个符号内不变。LS 估计不需要信道的任何统计信息，估计复杂度较低，但精度也较低；LMMSE 估计需要已知信噪比和信道冲激响应的自协方差矩阵，估计精度较高，但计算复杂度也较高，往往需要设计复杂度低的自适应 MMSE 估计算法。

本节阐述基于导频的信道估计方法。首先介绍常见的 LS 和 MMSE 估计方法的原理，然后给出它们在 MIMO 信道估计中的应用方法。

## 6.4.1 估计原理

考虑线性观测方程

$$\boldsymbol{y}=\boldsymbol{A}\boldsymbol{x}+\boldsymbol{n} \tag{6.4.1}$$

其中，$\boldsymbol{x}$ 为 $M$ 维被估计向量；$\boldsymbol{y}$ 为 $N$ 维观测向量；$\boldsymbol{A}$ 为 $N\times M$ 维观测矩阵；$\boldsymbol{n}$ 为 $N$ 维观测噪声向量。

**1. 最小二乘估计**

当 $N>M$ 时，未知变量的个数小于独立的方程数，式(6.4.1)为超定方程，方程组无解。但在未知任何先验信息时，可找到一个估计值，使性能指标

$$J(\hat{\boldsymbol{x}})=\boldsymbol{e}^{\mathrm{H}}\boldsymbol{e}$$

$$=(\boldsymbol{y}-\boldsymbol{A}\hat{\boldsymbol{x}})^{\mathrm{H}}(\boldsymbol{y}-\boldsymbol{A}\hat{\boldsymbol{x}}) \tag{6.4.2}$$

取得最小值。其中，估计误差向量为

$$\boldsymbol{e}=\boldsymbol{y}-\boldsymbol{A}\hat{\boldsymbol{x}} \tag{6.4.3}$$

将式(6.4.2)展开，得

$$\begin{aligned} J(\hat{\boldsymbol{x}}) &= \boldsymbol{e}^{\mathrm{H}}\boldsymbol{e} \\ &= \boldsymbol{y}^{\mathrm{H}}\boldsymbol{y}-\boldsymbol{y}^{\mathrm{H}}\boldsymbol{A}\hat{\boldsymbol{x}}-\hat{\boldsymbol{x}}^{\mathrm{H}}\boldsymbol{A}^{\mathrm{H}}\boldsymbol{y}+\hat{\boldsymbol{x}}^{\mathrm{H}}\boldsymbol{A}^{\mathrm{H}}\boldsymbol{A}\hat{\boldsymbol{x}} \end{aligned} \tag{6.4.4}$$

求 $J$ 关于 $\boldsymbol{x}$ 的一阶偏导并令偏导为 0，有

$$\begin{aligned} \frac{\partial J}{\partial \hat{\boldsymbol{x}}} &= -2\boldsymbol{A}^{\mathrm{H}}\boldsymbol{y}+2\boldsymbol{A}^{\mathrm{H}}\boldsymbol{A}\hat{\boldsymbol{x}} \\ &= 0 \end{aligned} \tag{6.4.5}$$

并且可得使 $J(\hat{\boldsymbol{x}})$ 取得最小值必须满足的条件是

$$\begin{aligned} \boldsymbol{A}^{\mathrm{H}}\boldsymbol{y}-\boldsymbol{A}^{\mathrm{H}}\boldsymbol{A}\hat{\boldsymbol{x}} &= \boldsymbol{A}^{\mathrm{H}}(\boldsymbol{y}-\boldsymbol{A}\hat{\boldsymbol{x}}) \\ &= \boldsymbol{A}^{\mathrm{H}}\boldsymbol{e}_{\min} \\ &= 0 \end{aligned} \tag{6.4.6}$$

因此，可得到估计值为

$$\begin{aligned} \hat{\boldsymbol{x}}_{\mathrm{LS}} &= (\boldsymbol{A}^{\mathrm{H}}\boldsymbol{A})^{-1}\boldsymbol{A}^{\mathrm{H}}\boldsymbol{y} \\ &= \boldsymbol{A}^{\dagger}\boldsymbol{y} \end{aligned} \tag{6.4.7}$$

该解称为最小二乘估计解，记作 $\hat{\boldsymbol{x}}_{\mathrm{LS}}$。$(\boldsymbol{A}^{\mathrm{H}}\boldsymbol{A})^{-1}\boldsymbol{A}^{\mathrm{H}}$ 为 $\boldsymbol{A}$ 的 Moore-Penrose 逆，记作 $\boldsymbol{A}^{\dagger}$。

因为

$$\frac{\partial^2 J}{\partial \boldsymbol{x}^2}=2\boldsymbol{A}^{\mathrm{H}}\boldsymbol{A} \tag{6.4.8}$$

是非负定矩阵，所以 $\hat{\boldsymbol{x}}_{\mathrm{LS}}$ 是使 $J(\hat{\boldsymbol{x}})$ 取得最小的估计量。

接着得到性能指标的最小值。将式(6.4.5)代入式(6.4.4)，可得式(6.4.4)后面两项的和为 0，因此有

$$\begin{aligned} J_{\min}(\hat{\boldsymbol{x}}) &= \boldsymbol{y}^{\mathrm{H}}(\boldsymbol{y}-\boldsymbol{A}\hat{\boldsymbol{x}}) \\ &= \boldsymbol{y}^{\mathrm{H}}\boldsymbol{e}_{\min} \end{aligned} \tag{6.4.9}$$

事实上，式(6.4.9)和式(6.4.2)是等价的。因为

$$\begin{aligned} \boldsymbol{y} &= \hat{\boldsymbol{y}}+\boldsymbol{e}_{\min} \\ &= \boldsymbol{A}\hat{\boldsymbol{x}}+\boldsymbol{e}_{\min} \end{aligned} \tag{6.4.10}$$

所以

$$\begin{aligned} \boldsymbol{y}^{\mathrm{H}}\boldsymbol{e}_{\min} &= (\hat{\boldsymbol{y}}+\boldsymbol{e}_{\min})^{\mathrm{H}}\boldsymbol{e}_{\min} \\ &= \hat{\boldsymbol{y}}^{\mathrm{H}}\boldsymbol{e}_{\min}+\boldsymbol{e}_{\min}^{\mathrm{H}}\boldsymbol{e}_{\min} \\ &= \boldsymbol{e}_{\min}^{\mathrm{H}}\boldsymbol{e}_{\min} \end{aligned} \tag{6.4.11}$$

其中，由式(6.4.6)可知

$$\begin{aligned} \hat{\boldsymbol{y}}^{\mathrm{H}}\boldsymbol{e}_{\min} &= \hat{\boldsymbol{x}}^{\mathrm{H}}\boldsymbol{A}^{\mathrm{H}}\boldsymbol{e}_{\min} \\ &= 0 \end{aligned} \tag{6.4.12}$$

式(6.4.12)表明，估计向量 $\hat{\boldsymbol{y}}$ 与 $\boldsymbol{e}_{\min}$ 是相互正交的，这就是最小二乘(LS)估计的正交原理。

我们还可以这样推导性能指标的最小值。由观测方程式(6.4.1)，可得

$$(\boldsymbol{A}^{\mathrm{H}}\boldsymbol{A})^{-1}\boldsymbol{A}^{\mathrm{H}}\boldsymbol{y}=(\boldsymbol{A}^{\mathrm{H}}\boldsymbol{A})^{-1}(\boldsymbol{A}^{\mathrm{H}}\boldsymbol{A})\boldsymbol{x}+(\boldsymbol{A}^{\mathrm{H}}\boldsymbol{A})^{-1}\boldsymbol{A}^{\mathrm{H}}\boldsymbol{e} \tag{6.4.13}$$

因此可得

$$\hat{\boldsymbol{x}}=\boldsymbol{x}+\boldsymbol{\varepsilon} \tag{6.4.14}$$

其中，$\boldsymbol{\varepsilon}=\boldsymbol{A}^{\dagger}\boldsymbol{e}$。

由于$(\boldsymbol{A}^{\mathrm{H}}\boldsymbol{A})^{\mathrm{H}}=\boldsymbol{A}^{\mathrm{H}}\boldsymbol{A}$，$[(\boldsymbol{A}^{\mathrm{H}}\boldsymbol{A})^{-1}]^{\mathrm{H}}=(\boldsymbol{A}^{\mathrm{H}}\boldsymbol{A})^{-1}$，故 $\hat{\boldsymbol{x}}$ 的估计均方误差为

$$\begin{aligned}\mathrm{MSE}&=\mathrm{tr}[\mathbb{E}(\boldsymbol{\varepsilon}\boldsymbol{\varepsilon}^{\mathrm{H}})]\\&=\mathrm{tr}[(\boldsymbol{A}^{\mathrm{H}}\boldsymbol{A})^{-1}\boldsymbol{A}^{\mathrm{H}}\mathbb{E}(\boldsymbol{e}\boldsymbol{e}^{\mathrm{H}})\boldsymbol{A}(\boldsymbol{A}^{\mathrm{H}}\boldsymbol{A})^{-1}]\end{aligned} \tag{6.4.15}$$

若假定$\mathbb{E}(\boldsymbol{e}\boldsymbol{e}^{\mathrm{H}})=\boldsymbol{I}_N\sigma^2$，则估计量的均方误差为

$$\boldsymbol{\varepsilon}_{\mathrm{LS}}=\mathrm{tr}(\boldsymbol{A}^{\mathrm{H}}\boldsymbol{A})^{-1}\sigma^2 \tag{6.4.16}$$

当且仅当

$$\boldsymbol{A}^{\mathrm{H}}\boldsymbol{A}=E_{\mathrm{av}}\boldsymbol{I}_M \tag{6.4.17}$$

时，均方误差最小，其中 $E_{\mathrm{av}}$ 为一个常数。

当未知参数为 $M\times L$ 维矩阵 $\boldsymbol{X}=[\boldsymbol{x}_1,\boldsymbol{x}_2,\cdots,\boldsymbol{x}_L]$时，在一次观测中，得到观测方程

$$\boldsymbol{Y}=\boldsymbol{A}\boldsymbol{X}+\boldsymbol{W} \tag{6.4.18}$$

其中，$\boldsymbol{Y}=[\boldsymbol{y}_1,\boldsymbol{y}_2,\cdots,\boldsymbol{y}_L]$；$\boldsymbol{W}=[\boldsymbol{w}_1,\boldsymbol{w}_2,\cdots,\boldsymbol{w}_L]$。则 $\boldsymbol{X}$ 的最小二乘估计解为

$$\hat{\boldsymbol{X}}_{\mathrm{LS}}=\boldsymbol{A}^{\dagger}\boldsymbol{Y} \tag{6.4.19}$$

对于矩阵表示的观测方程式(6.4.18)，还可以将其向量化为

$$\mathrm{vec}(\boldsymbol{Y})=(\boldsymbol{A}\otimes\boldsymbol{I}_L)\mathrm{vec}(\boldsymbol{X})+\mathrm{vec}(\boldsymbol{W}) \tag{6.4.20}$$

其中，vec(·)表示按列将矩阵的元素排列成向量；$\boldsymbol{I}_L$ 表示 $L$ 维的单位矩阵；$\otimes$表示Kronecker 积。对向量化的测量方程用式(6.4.7)估计后，再进行矩阵化，可得到与用式(6.4.19)直接估计完全相等的估计结果。

**2. 线性最小二乘加权估计**

在式(6.4.2)的性能指标中，对每次观测量是同等处理的。如果对每次观测量赋予不同的权重，使观测误差较小的观测值有较大的权重，而使观测误差较大的观测值有较小的权值甚至为零，就可以得到更优的估计效果。

线性加权最小二乘估计的性能指标为

$$J(\boldsymbol{x})=(\boldsymbol{y}-\boldsymbol{A}\boldsymbol{x})^{\mathrm{H}}\boldsymbol{\Upsilon}(\boldsymbol{y}-\boldsymbol{A}\boldsymbol{x}) \tag{6.4.21}$$

其中，$\boldsymbol{\Upsilon}$ 为加权矩阵，它是 $M\times M$ 对称正定阵。当$\boldsymbol{\Upsilon}$ 为单位阵时，就退化为非加权的线性最小二乘估计。

用式(6.4.21)对 $\boldsymbol{x}$ 求偏导，然后令结果等于0，得到线性加权最小二乘估计解为

$$\hat{\boldsymbol{x}}_{\mathrm{LSW}}=(\boldsymbol{A}^{\mathrm{H}}\boldsymbol{\Upsilon}\boldsymbol{A})^{-1}\boldsymbol{A}^{\mathrm{H}}\boldsymbol{\Upsilon}\boldsymbol{y} \tag{6.4.22}$$

将式(6.4.22)代入式(6.4.21)，可得估计误差向量的均方误差阵为

$$J(\hat{\boldsymbol{x}}_{\mathrm{LSW}})=\boldsymbol{y}^{\mathrm{H}}[\boldsymbol{\Upsilon}-\boldsymbol{\Upsilon}\boldsymbol{A}(\boldsymbol{A}^{\mathrm{H}}\boldsymbol{\Upsilon}\boldsymbol{A})^{-1}\boldsymbol{A}^{\mathrm{H}}\boldsymbol{\Upsilon}]\boldsymbol{y} \tag{6.4.23}$$

对式(6.4.22)和式(6.4.23)的证明见本章习题6.1。

特别地，如果观测噪声向量 $\boldsymbol{n}$ 的均值向量为$\mathbb{E}(\boldsymbol{n})=0$，方差为$\mathbb{E}(\boldsymbol{n}\boldsymbol{n}^{\mathrm{T}})=\boldsymbol{C}_n$，则估计误差向量的均方误差矩阵为

$$\begin{aligned}\boldsymbol{\varepsilon}_{\hat{x}_{\mathrm{LSW}}}&=\mathbb{E}[(\boldsymbol{x}-\hat{\boldsymbol{x}})(\boldsymbol{x}-\hat{\boldsymbol{x}})^{\mathrm{H}}]\\&=(\boldsymbol{A}^{\mathrm{H}}\boldsymbol{\Upsilon}\boldsymbol{A})^{-1}\boldsymbol{A}^{\mathrm{H}}\boldsymbol{\Upsilon}\mathbb{E}(\boldsymbol{n}\boldsymbol{n}^{\mathrm{H}})\boldsymbol{\Upsilon}\boldsymbol{A}(\boldsymbol{A}^{\mathrm{H}}\boldsymbol{\Upsilon}\boldsymbol{A})^{-1}\\&=(\boldsymbol{A}^{\mathrm{H}}\boldsymbol{\Upsilon}\boldsymbol{A})^{-1}\boldsymbol{A}^{\mathrm{H}}\boldsymbol{\Upsilon}\boldsymbol{C}_n\boldsymbol{\Upsilon}\boldsymbol{A}(\boldsymbol{A}^{\mathrm{H}}\boldsymbol{\Upsilon}\boldsymbol{A})^{-1}\end{aligned} \tag{6.4.24}$$

当$\boldsymbol{\Upsilon}=\boldsymbol{C}_n^{-1}$时，$\boldsymbol{\varepsilon}_{\hat{x}_{\text{LSW}}}$是最小的。此时最佳线性最小二乘加权估计向量为

$$\hat{\boldsymbol{x}}_{\text{LSW,opt}}=(\boldsymbol{A}^{\text{H}}\boldsymbol{C}_n^{-1}\boldsymbol{A})^{-1}\boldsymbol{A}^{\text{H}}\boldsymbol{C}_n^{-1}\boldsymbol{y} \tag{6.4.25}$$

并且估计向量的均方误差矩阵为

$$\boldsymbol{\varepsilon}_{\hat{x}_{\text{LSW,opt}}}=(\boldsymbol{A}^{\text{H}}\boldsymbol{C}_n^{-1}\boldsymbol{A})^{-1} \tag{6.4.26}$$

对式(6.4.26)证明如下。

根据矩阵不等式

$$\boldsymbol{V}^{\text{H}}\boldsymbol{V}\geqslant(\boldsymbol{U}\boldsymbol{V})^{\text{H}}(\boldsymbol{U}\boldsymbol{U}^{\text{H}})^{-1}\boldsymbol{U}\boldsymbol{V} \tag{6.4.27}$$

其中，$\boldsymbol{U}$和$\boldsymbol{V}$分别为$M\times N$维和$N\times K$维的任意两个矩阵，且$\boldsymbol{U}\boldsymbol{U}^{\text{H}}$的逆矩阵存在。

令$\boldsymbol{U}=\boldsymbol{A}^{\text{H}}\boldsymbol{C}_n^{-1/2}$，$\boldsymbol{V}=\boldsymbol{C}_n^{1/2}\boldsymbol{C}^{\text{H}}$，$\boldsymbol{C}=(\boldsymbol{A}^{\text{H}}\boldsymbol{\Upsilon}\boldsymbol{A})^{-1}\boldsymbol{A}^{\text{H}}\boldsymbol{\Upsilon}$，则由不等式(6.4.27)得

$$\begin{aligned}\boldsymbol{C}\boldsymbol{C}_n\boldsymbol{C}^{\text{H}}&\geqslant(\boldsymbol{A}^{\text{H}}\boldsymbol{C}^{\text{H}})^{\text{H}}(\boldsymbol{A}^{\text{H}}\boldsymbol{C}_n^{-1}\boldsymbol{A})^{-1}(\boldsymbol{A}^{\text{H}}\boldsymbol{C}^{\text{H}})\\&=\boldsymbol{C}\boldsymbol{A}(\boldsymbol{A}^{\text{H}}\boldsymbol{C}_n^{-1}\boldsymbol{A})^{-1}(\boldsymbol{C}\boldsymbol{A})^{\text{H}}\\&=(\boldsymbol{A}^{\text{H}}\boldsymbol{C}_n^{-1}\boldsymbol{A})^{-1}\end{aligned} \tag{6.4.28}$$

观察式(6.4.28)，其不等式左端为式(6.4.24)，而其右端恰为式(6.4.26)，即式(6.4.26)是式(6.4.24)的下界，故得证。

**3. 线性最小二乘递推估计**

基于完全观测值的最小二乘估计具有两个缺点：一是每进行一次观测，需要利用过去的全部观测数据重新计算，比较麻烦；二是在估计量的计算中需要完成矩阵求逆，且矩阵的维数随观测次数的增加而提高，会遇到高阶矩阵求逆的困难。因此，可采用递推估计方式，利用前一次的估计结果和本次的观测量，通过适当计算，就可以获得当前的估计量。

考虑观测方程

$$\boldsymbol{y}_k=\boldsymbol{A}_k\boldsymbol{x}+\boldsymbol{w}_k \tag{6.4.29}$$

其中，下标$k$代表观测时刻，$k=1,2,\cdots,K$。

如果已经进行了$k-1$次观测，记为

$$\boldsymbol{x}(k-1)=\begin{bmatrix}\boldsymbol{x}_1\\\boldsymbol{x}_2\\\vdots\\\boldsymbol{x}_{k-1}\end{bmatrix},\quad \boldsymbol{A}(k-1)=\begin{bmatrix}\boldsymbol{A}_1\\\boldsymbol{A}_2\\\vdots\\\boldsymbol{A}_{k-1}\end{bmatrix},\quad \boldsymbol{w}(k-1)=\begin{bmatrix}\boldsymbol{w}_1\\\boldsymbol{w}_2\\\vdots\\\boldsymbol{w}_{k-1}\end{bmatrix} \tag{6.4.30}$$

这样，将观测方程写为

$$\boldsymbol{y}(k-1)=\boldsymbol{A}(k-1)\boldsymbol{x}+\boldsymbol{w}(k-1) \tag{6.4.31}$$

设加权矩阵为

$$\boldsymbol{\Upsilon}(k-1)=\begin{bmatrix}\boldsymbol{\Upsilon}_1\\\boldsymbol{\Upsilon}_2\\\vdots\\\boldsymbol{\Upsilon}_{k-1}\end{bmatrix} \tag{6.4.32}$$

则由式(6.4.31)得到线性最小二乘加权估计向量为

$$\hat{\boldsymbol{x}}_{k-1}=\boldsymbol{P}_{k-1}\boldsymbol{A}^{\text{H}}(k-1)\boldsymbol{\Upsilon}(k-1)\boldsymbol{y}(k-1) \tag{6.4.33}$$

其中，$\boldsymbol{P}_{k-1}=[\boldsymbol{A}^{\text{H}}(k-1)\boldsymbol{\Upsilon}(k-1)\boldsymbol{A}(k-1)]^{-1}$。

若又有第 $k$ 次观测

$$\boldsymbol{y}_k=\boldsymbol{A}_k\boldsymbol{x}+\boldsymbol{w}_k \tag{6.4.34}$$

则可构造观测方程为

$$\boldsymbol{x}(k)=\begin{bmatrix}\boldsymbol{x}(k-1)\\ \boldsymbol{x}_k\end{bmatrix},\quad \boldsymbol{A}(k)=\begin{bmatrix}\boldsymbol{A}(k-1)\\ \boldsymbol{A}_k\end{bmatrix},\quad \boldsymbol{w}(k)=\begin{bmatrix}\boldsymbol{w}(k-1)\\ \boldsymbol{w}_k\end{bmatrix} \tag{6.4.35}$$

设加权矩阵为

$$\boldsymbol{\Upsilon}(k)=\begin{bmatrix}\boldsymbol{\Upsilon}(k-1) & 0\\ 0 & \boldsymbol{\Upsilon}_k\end{bmatrix} \tag{6.4.36}$$

得到 $k$ 次观测的估计值为

$$\hat{\boldsymbol{x}}_k=[\boldsymbol{A}^{\mathrm{H}}(k)\boldsymbol{\Upsilon}(k)\boldsymbol{A}(k)]^{-1}\boldsymbol{A}^{\mathrm{H}}(k)\boldsymbol{\Upsilon}(k)\boldsymbol{y}(k) \tag{6.4.37}$$

为得到递推算法，设在前 $k-1$ 次观测中已得到估计值 $\hat{\boldsymbol{x}}_{k-1}$ 并计算出 $\boldsymbol{P}_{k-1}$，则有

$$\begin{aligned}\boldsymbol{P}_k&=[\boldsymbol{A}^{\mathrm{H}}(k)\boldsymbol{\Upsilon}(k)\boldsymbol{A}(k)]^{-1}\\&=\left([\boldsymbol{A}^{\mathrm{H}}(k-1)\quad \boldsymbol{A}_k^{\mathrm{H}}]\begin{bmatrix}\boldsymbol{\Upsilon}(k-1) & 0\\ 0 & \boldsymbol{\Upsilon}_k\end{bmatrix}\begin{bmatrix}\boldsymbol{A}(k-1)\\ \boldsymbol{A}_k\end{bmatrix}\right)^{-1}\\&=[\boldsymbol{A}^{\mathrm{H}}(k-1)\boldsymbol{\Upsilon}(k-1)\boldsymbol{A}(k-1)+\boldsymbol{A}_k^{\mathrm{H}}\boldsymbol{\Upsilon}_k\boldsymbol{A}_k]^{-1}\\&=(\boldsymbol{P}_{k-1}^{-1}+\boldsymbol{A}_k^{\mathrm{H}}\boldsymbol{\Upsilon}_k\boldsymbol{A}_k)^{-1}\end{aligned} \tag{6.4.38}$$

按照矩阵求逆引理 $(\boldsymbol{B}-\boldsymbol{U}\boldsymbol{C}^{-1}\boldsymbol{V})^{-1}=\boldsymbol{B}^{-1}+\boldsymbol{B}^{-1}\boldsymbol{U}(\boldsymbol{C}-\boldsymbol{V}\boldsymbol{B}^{-1}\boldsymbol{U})\boldsymbol{V}\boldsymbol{B}^{-1}$，式(6.4.38)可进一步表示为

$$\boldsymbol{P}_k=\boldsymbol{P}_{k-1}-\boldsymbol{P}_{k-1}\boldsymbol{A}_k^{\mathrm{H}}(\boldsymbol{\Upsilon}_k^{-1}+\boldsymbol{A}_k\boldsymbol{P}_{k-1}\boldsymbol{A}_k^{\mathrm{H}})^{-1}\boldsymbol{A}_k\boldsymbol{P}_{k-1} \tag{6.4.39}$$

我们可以利用 $k-1$ 次的估计向量 $\hat{\boldsymbol{x}}_{k-1}$ 和第 $k$ 次的观测向量 $\boldsymbol{y}_k$，获得第 $k$ 次的估计向量 $\hat{\boldsymbol{x}}_k$。因此，将式(6.4.37)写为

$$\begin{aligned}\hat{\boldsymbol{x}}_k&=\boldsymbol{P}_k\boldsymbol{A}^{\mathrm{H}}(k)\boldsymbol{\Upsilon}(k)\boldsymbol{y}(k)\\&=\boldsymbol{P}_k[\boldsymbol{A}^{\mathrm{H}}(k-1)\quad \boldsymbol{A}_k^{\mathrm{H}}]\begin{bmatrix}\boldsymbol{\Upsilon}(k-1) & 0\\ 0 & \boldsymbol{\Upsilon}_k\end{bmatrix}\begin{bmatrix}\boldsymbol{y}(k-1)\\ \boldsymbol{y}_k\end{bmatrix}\\&=\boldsymbol{P}_k[\boldsymbol{A}^{\mathrm{H}}(k-1)\boldsymbol{\Upsilon}(k-1)\boldsymbol{y}(k-1)+\boldsymbol{A}_k^{\mathrm{H}}\boldsymbol{\Upsilon}_k\boldsymbol{y}_k]\end{aligned} \tag{6.4.40}$$

对式(6.4.40)的第1项进行简化，使它与 $\hat{\boldsymbol{x}}_{k-1}$ 关联起来。首先对式(6.4.33)的两端同乘 $\boldsymbol{P}_k\boldsymbol{P}_{k-1}^{-1}$，得到

$$\boldsymbol{P}_k\boldsymbol{A}^{\mathrm{H}}(k-1)\boldsymbol{\Upsilon}(k-1)\boldsymbol{y}(k-1)=\boldsymbol{P}_k\boldsymbol{P}_{k-1}^{-1}\hat{\boldsymbol{x}}_{k-1} \tag{6.4.41}$$

再由式(6.4.38)，可得 $\boldsymbol{P}_{k-1}^{-1}=\boldsymbol{P}_k^{-1}-\boldsymbol{A}_k^{\mathrm{H}}\boldsymbol{\Upsilon}_k\boldsymbol{A}_k$。将其代入式(6.4.41)，得到

$$\begin{aligned}\boldsymbol{P}_k\boldsymbol{A}^{\mathrm{H}}(k-1)\boldsymbol{\Upsilon}(k-1)\boldsymbol{y}(k-1)&=\boldsymbol{P}_k(\boldsymbol{P}_k^{-1}-\boldsymbol{A}_k^{\mathrm{H}}\boldsymbol{\Upsilon}_k\boldsymbol{A}_k)\hat{\boldsymbol{x}}_{k-1}\\&=\hat{\boldsymbol{x}}_{k-1}-\boldsymbol{P}_k\boldsymbol{A}_k^{\mathrm{H}}\boldsymbol{\Upsilon}_k\boldsymbol{A}_k\hat{\boldsymbol{x}}_{k-1}\end{aligned} \tag{6.4.42}$$

然后把式(6.4.42)代入式(6.4.40)，得到

$$\begin{aligned}\hat{\boldsymbol{x}}_k&=\hat{\boldsymbol{x}}_{k-1}+\boldsymbol{P}_k\boldsymbol{A}_k^{\mathrm{H}}\boldsymbol{\Upsilon}_k(\boldsymbol{y}_k-\boldsymbol{A}_k\hat{\boldsymbol{x}}_{k-1})\\&=\hat{\boldsymbol{x}}_{k-1}+\boldsymbol{K}_k(\boldsymbol{y}_k-\boldsymbol{A}_k\hat{\boldsymbol{x}}_{k-1})\end{aligned} \tag{6.4.43}$$

其中，$\boldsymbol{K}_k$ 称为增益矩阵，具有

$$\boldsymbol{K}_k=\boldsymbol{P}_k\boldsymbol{A}_k^{\mathrm{H}}\boldsymbol{\Upsilon}_k \tag{6.4.44}$$

式(6.4.43)即为加权递推最小二乘公式。

**4. 渐消记忆的最小二乘递推算法**

带有遗忘因子的递推最小二乘估计是一种指数加权的最小二乘估计方法，它使用指数加权的误差平方和作为代价函数，即

$$J(k)=\sum_{i=0}^{k}\lambda^{k-i}\boldsymbol{e}(i)^{\mathrm{H}}\boldsymbol{e}(i) \tag{6.4.45}$$

其中，加权因子 $\lambda(0<\lambda<1)$ 称作遗忘因子，它的作用是对离当前时刻 $n$ 越近的误差加比较大的权重，而对离当前时刻 $n$ 较远的误差加比较小的权重，逐渐遗忘掉旧数据，突出当前新数据的作用。

将 $k$ 时刻的误差定义为

$$\boldsymbol{e}(k)=\boldsymbol{y}(k)-\boldsymbol{A}(k)\hat{\boldsymbol{x}}(k) \tag{6.4.46}$$

得到 $k-1$ 时刻的估计值

$$\hat{\boldsymbol{x}}_{k-1}=\boldsymbol{P}_{k-1}\boldsymbol{A}^{\mathrm{H}}(k-1)\boldsymbol{y}(k-1) \tag{6.4.47}$$

其中，$\boldsymbol{P}_{k-1}=[\boldsymbol{A}^{\mathrm{H}}(k-1)\boldsymbol{A}(k-1)]^{-1}$。然后，在构造 $k$ 时刻的观测值时，令

$$\boldsymbol{A}(k)=\begin{bmatrix}\sqrt{\lambda}\boldsymbol{A}(k-1)\\ \boldsymbol{A}_k\end{bmatrix},\quad \boldsymbol{y}(k)=\begin{bmatrix}\sqrt{\lambda}\boldsymbol{y}(k-1)\\ \boldsymbol{y}_k\end{bmatrix} \tag{6.4.48}$$

可得

$$\boldsymbol{P}_k=[\boldsymbol{A}^{\mathrm{H}}(k)\boldsymbol{A}(k)]^{-1}=(\lambda\boldsymbol{P}_{k-1}^{-1}+\boldsymbol{A}_k^{\mathrm{H}}\boldsymbol{A}_k)^{-1} \tag{6.4.49}$$

再用类似的矩阵求逆引理公式 $(\boldsymbol{B}-\boldsymbol{UV})^{-1}=\boldsymbol{B}^{-1}+\boldsymbol{B}^{-1}\boldsymbol{U}(\boldsymbol{I}-\boldsymbol{VB}^{-1}\boldsymbol{U})\boldsymbol{VB}^{-1}$，可得

$$\begin{aligned}\boldsymbol{P}_k&=\frac{1}{\lambda}\boldsymbol{P}_{k-1}-\frac{1}{\lambda}\boldsymbol{P}_{k-1}\boldsymbol{A}_k^{\mathrm{H}}\left(\boldsymbol{I}+\boldsymbol{A}_k\frac{1}{\lambda}\boldsymbol{P}_{k-1}\boldsymbol{A}_k^{\mathrm{H}}\right)^{-1}\boldsymbol{A}_k\frac{1}{\lambda}\boldsymbol{P}_{k-1}\\&=\frac{1}{\lambda}\boldsymbol{P}_{k-1}-\frac{1}{\lambda}\boldsymbol{P}_{k-1}\boldsymbol{A}_k^{\mathrm{H}}(\lambda\boldsymbol{I}+\boldsymbol{A}_k\boldsymbol{P}_{k-1}\boldsymbol{A}_k^{\mathrm{H}})^{-1}\boldsymbol{A}_k\boldsymbol{P}_{k-1}\end{aligned} \tag{6.4.50}$$

令

$$\boldsymbol{K}_k=\boldsymbol{P}_{k-1}\boldsymbol{A}_k^{\mathrm{H}}(\lambda\boldsymbol{I}+\boldsymbol{A}_k\boldsymbol{P}_{k-1}\boldsymbol{A}_k^{\mathrm{H}})^{-1} \tag{6.4.51}$$

将 $\boldsymbol{P}_k$ 表示为

$$\boldsymbol{P}_k=\frac{1}{\lambda}(\boldsymbol{P}_{k-1}-\boldsymbol{K}_k\boldsymbol{A}_k\boldsymbol{P}_{k-1}) \tag{6.4.52}$$

并可得

$$\begin{aligned}\hat{\boldsymbol{x}}_k&=\boldsymbol{P}_k\boldsymbol{A}^{\mathrm{H}}(k)\boldsymbol{y}(k)\\&=\boldsymbol{P}_k[\sqrt{\lambda}\boldsymbol{A}^{\mathrm{H}}(k-1)\quad \boldsymbol{A}_k^{\mathrm{H}}]\begin{bmatrix}\sqrt{\lambda}\boldsymbol{y}(k-1)\\ \boldsymbol{y}_k\end{bmatrix}\\&=\sqrt{\lambda}\boldsymbol{P}_k\boldsymbol{A}^{\mathrm{H}}(k-1)\boldsymbol{y}(k-1)+\boldsymbol{A}_k^{\mathrm{H}}\boldsymbol{y}_k\end{aligned} \tag{6.4.53}$$

同样地，将式(6.4.52)右边的第1项与 $\hat{\boldsymbol{x}}_{k-1}$ 关联起来。因此，对式(6.4.47)两边同乘以 $\boldsymbol{P}_k\boldsymbol{P}_{k-1}^{-1}$，然后由式(6.4.52)，可得

$$\boldsymbol{P}_{k-1}^{-1}=\frac{1}{\lambda}(\boldsymbol{P}_k^{-1}-\boldsymbol{A}_k^{\mathrm{H}}\boldsymbol{A}_k) \tag{6.4.54}$$

因此有

$$\begin{aligned}\boldsymbol{P}_k\boldsymbol{A}^{\mathrm{H}}(k-1)\boldsymbol{y}(k-1)&=\boldsymbol{P}_k\boldsymbol{P}_{k-1}^{-1}\hat{\boldsymbol{x}}_{k-1}\\&=\frac{1}{\lambda}\boldsymbol{P}_k(\boldsymbol{P}_k^{-1}-\boldsymbol{A}_k^{\mathrm{H}}\boldsymbol{A}_k)\hat{\boldsymbol{x}}_{k-1}\\&=\frac{1}{\lambda}(\hat{\boldsymbol{x}}_{k-1}-\boldsymbol{P}_k\boldsymbol{A}_k^{\mathrm{H}}\boldsymbol{A}_k\hat{\boldsymbol{x}}_{k-1})\end{aligned}\tag{6.4.55}$$

再由式(6.4.53),得到

$$\hat{\boldsymbol{x}}_k=\hat{\boldsymbol{x}}_{k-1}+\boldsymbol{P}_k\boldsymbol{A}_k^{\mathrm{H}}(\boldsymbol{y}_k-\boldsymbol{A}_k\hat{\boldsymbol{x}}_{k-1})\tag{6.4.56}$$

接着由式(6.4.50)和式(6.4.51),可得

$$\begin{aligned}\boldsymbol{P}_k\boldsymbol{A}_k^{\mathrm{H}}&=\frac{1}{\lambda}(\boldsymbol{P}_{k-1}\boldsymbol{A}_k^{\mathrm{H}}-\boldsymbol{K}_k\boldsymbol{A}_k\boldsymbol{P}_{k-1}\boldsymbol{A}_k^{\mathrm{H}})\\&=\frac{1}{\lambda}[\boldsymbol{K}_k(\lambda\boldsymbol{I}+\boldsymbol{A}_k\boldsymbol{P}_{k-1}\boldsymbol{A}_k^{\mathrm{H}})-\boldsymbol{K}_k\boldsymbol{A}_k\boldsymbol{P}_{k-1}\boldsymbol{A}_k^{\mathrm{H}}]\\&=\boldsymbol{K}_k\end{aligned}\tag{6.4.57}$$

即 $\boldsymbol{K}_k=\boldsymbol{P}_k\boldsymbol{A}_k^{\mathrm{H}}$,故得

$$\hat{\boldsymbol{x}}_k=\hat{\boldsymbol{x}}_{k-1}+\boldsymbol{K}_k(\boldsymbol{y}_k-\boldsymbol{A}_k\hat{\boldsymbol{x}}_{k-1})\tag{6.4.58}$$

[算法 6.4.1] 渐消记忆的最小二乘递推算法

输入:测量矩阵 $\boldsymbol{A}_k$,观测向量 $\boldsymbol{y}_k$

输出:信号估计值 $\hat{\boldsymbol{x}}_k$

步骤 1:初始化

$k=0,\hat{\boldsymbol{x}}_0=\boldsymbol{0},\boldsymbol{P}_0=\delta^{-1}\boldsymbol{I}_N$,$\delta$ 为小的正数,设置遗忘因子 $\lambda$

步骤 2:$k=k+1$

步骤 3:由式(6.4.51)计算 $\boldsymbol{K}_k$

步骤 4:由式(6.4.58)计算 $\hat{\boldsymbol{x}}_k$

步骤 5:由式(6.4.52)计算 $\boldsymbol{P}_k$

步骤 6:是否所有测量已用完,若是,则结束,否则转向步骤 2

**5. 最小均方误差估计**

如果关于观测向量 $\boldsymbol{y}$ 和被估计向量 $\boldsymbol{x}$ 的先验概率密度函数 $p(\boldsymbol{y})$ 和 $p(\boldsymbol{x})$ 未知,而仅知道观测向量 $\boldsymbol{y}$ 和被估计向量 $\boldsymbol{x}$ 的前二阶矩知识:均值向量 $\boldsymbol{\mu}_y$ 和 $\boldsymbol{\mu}_x$ 以及协方差矩阵 $\boldsymbol{C}_{yy}$ 和互协方差矩阵 $\boldsymbol{C}_{xy}$,则采用最小均方误差估计准则

$$J=\min\mathbb{E}[(\boldsymbol{x}-\hat{\boldsymbol{x}})(\boldsymbol{x}-\hat{\boldsymbol{x}})^{\mathrm{H}}]\tag{6.4.59}$$

可得到 $\boldsymbol{x}$ 的线性最小均方误差估计为

$$\hat{\boldsymbol{x}}_{\mathrm{MMSE}}=\boldsymbol{\mu}_x+\boldsymbol{C}_{xy}\boldsymbol{C}_{yy}^{-1}(\boldsymbol{y}-\boldsymbol{\mu}_y)\tag{6.4.60}$$

该估计量的均方误差具有最小性,并且为

$$\begin{aligned}\boldsymbol{\varepsilon}_{\hat{x}_{\mathrm{MMSE}}}&=\mathbb{E}[(\boldsymbol{x}-\hat{\boldsymbol{x}})(\boldsymbol{x}-\hat{\boldsymbol{x}})^{\mathrm{H}}]\\&=\mathrm{tr}\{\mathbb{E}[(\boldsymbol{x}-\hat{\boldsymbol{x}})(\boldsymbol{x}-\hat{\boldsymbol{x}})^{\mathrm{H}}]\}\\&=\mathrm{tr}\{\boldsymbol{C}_{xx}-\boldsymbol{C}_{xy}\boldsymbol{C}_{yy}^{-1}\boldsymbol{C}_{xy}^{\mathrm{H}}\}\end{aligned}\tag{6.4.61}$$

【例 6.4.1】 设 $M$ 维被估计随机向量 $\boldsymbol{x}$ 的均值向量和协方差矩阵分别为 $\boldsymbol{\mu}_x$ 和 $\boldsymbol{C}_x$,观测方程为 $\boldsymbol{y}=\boldsymbol{A}\boldsymbol{x}+\boldsymbol{n}$,且已知 $\mathbb{E}(\boldsymbol{n})=\boldsymbol{0},\mathbb{E}(\boldsymbol{n}\boldsymbol{n}^{\mathrm{H}})=\boldsymbol{C}_n,\mathbb{E}(\boldsymbol{x}\boldsymbol{n}^{\mathrm{H}})=\boldsymbol{0}$,求 $\boldsymbol{x}$ 的线性最小均方误

差估计向量 $\hat{\boldsymbol{x}}_{\text{MMSE}}$ 和估计向量的均方误差矩阵 $\boldsymbol{\varepsilon}_{\hat{x}_{\text{MMSE}}}$。

解　由已知的观测方程可得,观测向量 $\boldsymbol{y}$ 的均值向量 $\boldsymbol{\mu}_y$ 和协方差矩阵 $\boldsymbol{C}_{yy}$ 分别为

$$\boldsymbol{\mu}_y = \mathbb{E}(\boldsymbol{y}) = \mathbb{E}(\boldsymbol{Ax}+\boldsymbol{n}) = \boldsymbol{A\mu}_x$$

$$\begin{aligned}\boldsymbol{C}_{yy} &= \mathbb{E}[(\boldsymbol{y}-\boldsymbol{\mu}_y)(\boldsymbol{y}-\boldsymbol{\mu}_y)^{\mathrm{H}}] \\ &= \mathbb{E}[(\boldsymbol{Ax}+\boldsymbol{n}-\boldsymbol{A\mu}_x)(\boldsymbol{Ax}+\boldsymbol{n}-\boldsymbol{A\mu}_x)^{\mathrm{H}}] \\ &= \boldsymbol{A\mu}_x\boldsymbol{A}^{\mathrm{H}} + \boldsymbol{C}_n\end{aligned}$$

因而,被估计随机向量 $\boldsymbol{x}$ 与观测向量 $\boldsymbol{y}$ 的互协方差矩阵 $\boldsymbol{C}_{xy}$ 为

$$\begin{aligned}\boldsymbol{C}_{xy} &= \mathbb{E}[(\boldsymbol{x}-\boldsymbol{\mu}_x)(\boldsymbol{y}-\boldsymbol{\mu}_y)^{\mathrm{H}}] \\ &= \mathbb{E}[(\boldsymbol{x}-\boldsymbol{\mu}_x)(\boldsymbol{Ax}+\boldsymbol{n}-\boldsymbol{A\mu}_x)^{\mathrm{H}}] \\ &= \boldsymbol{C}_{xx}\boldsymbol{A}^{\mathrm{H}}\end{aligned}$$

于是,由式(6.4.60)和式(6.4.61),可得估计向量和估计向量的方差矩阵分别为

$$\hat{\boldsymbol{x}}_{\text{MMSE}} = \boldsymbol{\mu}_x + \boldsymbol{C}_{xx}\boldsymbol{A}^{\mathrm{H}}(\boldsymbol{AC}_{xx}\boldsymbol{A}^{\mathrm{H}}+\boldsymbol{C}_n)^{-1}(\boldsymbol{y}-\boldsymbol{A\mu}_x)$$

$$\boldsymbol{\varepsilon}_{\hat{x}_{\text{MMSE}}} = \mathrm{tr}[\boldsymbol{C}_{xx}-\boldsymbol{C}_{xx}\boldsymbol{A}^{\mathrm{H}}(\boldsymbol{AC}_{xx}\boldsymbol{A}^{\mathrm{H}}+\boldsymbol{C}_n)^{-1}\boldsymbol{AC}_{xx}]$$

特别地,当 $\boldsymbol{\mu}_x=\boldsymbol{0}$,则可得

$$\hat{\boldsymbol{x}}'_{\text{MMSE}} = \boldsymbol{C}_{xx}\boldsymbol{C}_{xy}^{-1}\boldsymbol{y} = \boldsymbol{C}_{xx}\boldsymbol{A}^{\mathrm{H}}(\boldsymbol{AC}_{xx}\boldsymbol{A}^{\mathrm{H}}+\boldsymbol{C}_n)^{-1}\boldsymbol{y}$$

在实际的 MMSE 估计中,为计算式(6.4.60)和式(6.4.61),被估计向量的均值 $\boldsymbol{\mu}_x$ 可通过最小二乘估计值的平均值来近似,即

$$\boldsymbol{\mu}_x = \mathbb{E}(\boldsymbol{x}) \approx \frac{1}{N}\sum_{k=1}^{N}\hat{\boldsymbol{x}}_{k,\text{LS}} \tag{6.4.62}$$

协方差矩阵 $\boldsymbol{C}_{xx}$ 可近似为

$$\boldsymbol{C}_{xx} = \mathbb{E}[(\boldsymbol{x}-\hat{\boldsymbol{x}})(\boldsymbol{x}-\hat{\boldsymbol{x}})^{\mathrm{H}}] \approx \mathbb{E}(\hat{\boldsymbol{x}}\hat{\boldsymbol{x}}^{\mathrm{H}}) = \frac{1}{N}\sum_{k=1}^{N}(\hat{\boldsymbol{x}}_{k,\text{LS}}\hat{\boldsymbol{x}}_{k,\text{LS}}^{\mathrm{H}}) \tag{6.4.63}$$

## 6.4.2 MIMO 系统信道估计方法

本节运用上述估计原理分析 MIMO 信道估计方法。设 MIMO 平坦准静态衰落信道矩阵 $\boldsymbol{H}\in\mathbb{C}^{N_{\mathrm{R}}\times N_{\mathrm{T}}}$ 的任意元素服从瑞利分布或莱斯分布,在信道估计阶段,在时刻 $n$ 发射的导频向量为 $\boldsymbol{s}(n)\in\mathbb{C}^{N_{\mathrm{T}}}$,则对应于该发送时刻的接收信号为

$$\boldsymbol{y}(n) = \boldsymbol{Hs}(n) + \boldsymbol{w}(n) \tag{6.4.64}$$

其中,$\boldsymbol{w}(n)$ 为接收噪声向量,$\boldsymbol{w}(n)\sim\mathcal{CN}(0,\boldsymbol{R})$。

设在 $n=1,2,\cdots,N_{\mathrm{P}}$ 个时刻共发射 $N_{\mathrm{P}}$ 个导频向量,则对应的接收信号矩阵为

$$\boldsymbol{Y} = \boldsymbol{HS} + \boldsymbol{W} \tag{6.4.65}$$

其中,$\boldsymbol{Y}\in\mathbb{C}^{N_{\mathrm{R}}\times N_{\mathrm{P}}}$,$\boldsymbol{S}\in\mathbb{C}^{N_{\mathrm{T}}\times N_{\mathrm{P}}}$,$\boldsymbol{W}\in\mathbb{C}^{N_{\mathrm{R}}\times N_{\mathrm{P}}}$,并设不同接收时刻的 $\boldsymbol{w}(n)$ 与 $\boldsymbol{w}(k)$ 不相关。

### 1. 测量方程的向量化

为后续表达清晰,将信道矩阵向量化为 $\boldsymbol{h}=\mathrm{vec}(\boldsymbol{H})\in\mathbb{C}^{N_{\mathrm{R}}N_{\mathrm{T}}}$,接收矩阵向量化为 $\boldsymbol{y}=\mathrm{vec}(\boldsymbol{Y})\in\mathbb{C}^{N_{\mathrm{R}}N_{\mathrm{P}}}$,接收噪声矩阵向量化为 $\boldsymbol{w}=\mathrm{vec}(\boldsymbol{W})\in\mathbb{C}^{N_{\mathrm{R}}N_{\mathrm{P}}}$,然后得到向量化后的接收信号为

$$\boldsymbol{y}=\bar{\boldsymbol{S}}\boldsymbol{h}+\boldsymbol{w} \tag{6.4.66}$$

其中，$\bar{\boldsymbol{S}}=\boldsymbol{I}_{N_R}\otimes\mathrm{vec}(\boldsymbol{S})\in\mathbb{C}^{N_RN_P\times N_RN_T}$。

【例 6.4.2】 根据式(6.4.66)，写出 3 发 2 收 MIMO 信道估计按列向量化的观测方程。设

$$\boldsymbol{H}=\begin{bmatrix}h_{11} & h_{12} & h_{13}\\ h_{21} & h_{22} & h_{23}\end{bmatrix}$$

3 根天线在 $n=1,2,3,4$ 时刻发送的空时导频符号为

$$\boldsymbol{S}=\begin{bmatrix}s_{11} & s_{12} & s_{13} & s_{14}\\ s_{21} & s_{22} & s_{23} & s_{24}\\ s_{31} & s_{32} & s_{33} & s_{34}\end{bmatrix}=[\boldsymbol{s}_1 \quad \boldsymbol{s}_2 \quad \boldsymbol{s}_3 \quad \boldsymbol{s}_4]$$

设两根接收天线在相应的 4 个观测时刻的观测噪声为

$$\boldsymbol{W}=\begin{bmatrix}w_{11} & w_{12} & w_{13} & w_{14}\\ w_{21} & w_{22} & w_{23} & w_{24}\end{bmatrix}。$$

解 由

$$\begin{aligned}\boldsymbol{Y}&=\begin{bmatrix}y_{11} & y_{12} & y_{13} & y_{14}\\ y_{21} & y_{22} & y_{23} & y_{24}\end{bmatrix}\\ &=\begin{bmatrix}h_{11} & h_{12} & h_{13}\\ h_{21} & h_{22} & h_{23}\end{bmatrix}\begin{bmatrix}s_{11} & s_{12} & s_{13} & s_{14}\\ s_{21} & s_{22} & s_{23} & s_{24}\\ s_{31} & s_{32} & s_{33} & s_{34}\end{bmatrix}+\begin{bmatrix}w_{11} & w_{12} & w_{13} & w_{14}\\ w_{21} & w_{22} & w_{23} & w_{24}\end{bmatrix}\end{aligned}$$

可得

$$\begin{bmatrix}y_{11}\\ y_{21}\\ y_{12}\\ y_{22}\\ y_{13}\\ y_{23}\\ y_{14}\\ y_{24}\end{bmatrix}=\begin{bmatrix}s_{11} & 0 & s_{21} & 0 & s_{31} & 0\\ 0 & s_{11} & 0 & s_{21} & 0 & s_{31}\\ s_{12} & 0 & s_{22} & 0 & s_{32} & 0\\ 0 & s_{12} & 0 & s_{22} & 0 & s_{32}\\ s_{13} & 0 & s_{23} & 0 & s_{33} & 0\\ 0 & s_{13} & 0 & s_{23} & 0 & s_{33}\\ s_{14} & 0 & s_{24} & 0 & s_{34} & 0\\ 0 & s_{14} & 0 & s_{24} & 0 & s_{34}\end{bmatrix}\begin{bmatrix}h_{11}\\ h_{21}\\ h_{12}\\ h_{22}\\ h_{13}\\ h_{23}\end{bmatrix}+\begin{bmatrix}w_{11}\\ w_{21}\\ w_{12}\\ w_{22}\\ w_{13}\\ w_{23}\\ w_{14}\\ w_{24}\end{bmatrix}$$

其中，$8\times6$ 维的导频矩阵可以写为

$$\bar{\boldsymbol{S}}=\boldsymbol{I}_2\otimes\mathrm{vec}(\boldsymbol{S})=\boldsymbol{I}_2\otimes\begin{bmatrix}\boldsymbol{s}_1\\ \boldsymbol{s}_2\\ \boldsymbol{s}_3\\ \boldsymbol{s}_4\end{bmatrix}$$

**2. MIMO 信道的最小二乘估计解**

利用式(6.4.66)进行信道估计，可得最小二乘估计的结果为

$$\hat{\boldsymbol{h}}_{\mathrm{LS}}=\bar{\boldsymbol{S}}^{\dagger}\boldsymbol{y} \tag{6.4.67}$$

式(6.4.67)中包含了导频矩阵的伪逆运算。该估计方法未利用信道的先验信息,并且没有考虑噪声带来的影响,估计的精确度较差,但因该方法计算相对简单,在大规模 MIMO 信道估计领域应用广泛。

我们可以将该算法得到的信道衰落参数估计值作为初值,进一步获得精度改善的 MMSE 信道估计结果。

**3. MIMO 信道的最小均方误差估计**

为了获取更加精确的信道估计值,且克服噪声带来的估计性能较差问题,可采用 MMSE 算法。根据式(6.4.60),可得

$$\hat{\boldsymbol{h}}_{\mathrm{MMSE}}=\boldsymbol{\mu}_h+\boldsymbol{C}_{hh}\bar{\boldsymbol{S}}^{\mathrm{H}}(\bar{\boldsymbol{S}}\boldsymbol{C}_{hh}\bar{\boldsymbol{S}}^{\mathrm{H}}+\boldsymbol{C}_w)^{-1}(\boldsymbol{y}-\bar{\boldsymbol{S}}\boldsymbol{\mu}_h) \tag{6.4.68}$$

其中,$\boldsymbol{\mu}_h$ 为信道向量的均值向量;$\boldsymbol{C}_h$ 和 $\boldsymbol{C}_w$ 分别为信道向量和噪声向量的协方差矩阵。

对于快衰落估计,可令 $\boldsymbol{\mu}_h=\boldsymbol{0}$,则可得

$$\hat{\boldsymbol{h}}'_{\mathrm{MMSE}}=\boldsymbol{C}_{hh}\bar{\boldsymbol{S}}^{\mathrm{H}}(\bar{\boldsymbol{S}}\boldsymbol{C}_{hh}\bar{\boldsymbol{S}}^{\mathrm{H}}+\boldsymbol{C}_w)^{-1}\boldsymbol{y} \tag{6.4.69}$$

采用 MMSE 估计方法的均方误差为

$$\begin{aligned}\varepsilon_{\hat{h}_{\mathrm{MMSE}}}&=\mathrm{tr}[\mathbb{E}(\|\boldsymbol{H}-\boldsymbol{H}_{\mathrm{MMSE}}\|_{\mathrm{F}}^{2})]\\&=\mathrm{tr}[\boldsymbol{C}_{hh}-\boldsymbol{C}_{hh}\bar{\boldsymbol{S}}^{\mathrm{H}}(\bar{\boldsymbol{S}}\boldsymbol{C}_{hh}\bar{\boldsymbol{S}}^{\mathrm{H}}+\boldsymbol{C}_w)^{-1}\bar{\boldsymbol{S}}\boldsymbol{C}_{hh}]\end{aligned} \tag{6.4.70}$$

**4. 低复杂度的 MIMO 信道估计**

当信道向量的维数较大时,可使用类似于 OFDM 系统信道估计方法,利用 LS 估计构造低复杂度的 MMSE 估计为

$$\begin{aligned}\hat{\boldsymbol{h}}''_{\mathrm{MMSE}}&=\boldsymbol{C}_{hh_{\mathrm{LS}}}\boldsymbol{C}_{h_{\mathrm{LS}}h_{\mathrm{LS}}}^{-1}\hat{\boldsymbol{h}}_{\mathrm{LS}}\\&=\boldsymbol{C}_{hh}[\boldsymbol{C}_{hh}+\sigma_w^2(\bar{\boldsymbol{S}}\bar{\boldsymbol{S}}^{\mathrm{H}})^{-1}]^{-1}\hat{\boldsymbol{h}}_{\mathrm{LS}}\end{aligned} \tag{6.4.71}$$

假定 $\boldsymbol{h}$ 的每个元素具有单位模,即 $\mathbb{E}\{|h_k|^2\}=1$,导频点可使 $\mathbb{E}\{(\bar{\boldsymbol{S}}\bar{\boldsymbol{S}}^{\mathrm{H}})^{-1}\}=\mathbb{E}(|1/s_k|^2)\boldsymbol{I}$,其中 $s_k$ 代表任意发射天线在任意时刻的发送导频,信噪比为 $\mathrm{SNR}=\mathbb{E}(|s_k|^2)/\sigma_w^2$,则可得到一个简单的 MMSE 估计

$$\hat{\boldsymbol{h}}'''_{\mathrm{MMSE}}=\boldsymbol{C}_{hh}\left[\boldsymbol{C}_{hh}+\frac{\beta}{\mathrm{SNR}}\boldsymbol{I}\right]^{-1}\hat{\boldsymbol{h}}_{\mathrm{LS}} \tag{6.4.72}$$

其中,$\beta=\mathbb{E}(|s_k|^2)\mathbb{E}(|1/s_k|^2)$。

由于计算逆矩阵时有较高的计算复杂度,对协方差矩阵 $\boldsymbol{C}_{hh}$ 作特征值分解,可得

$$\boldsymbol{C}_{hh}=\boldsymbol{U}\boldsymbol{\Delta}\boldsymbol{U}^{\mathrm{H}} \tag{6.4.73}$$

其中,$\boldsymbol{U}$ 为由 $\boldsymbol{C}_{hh}$ 的特征向量矩阵所构成的酉矩阵;$\boldsymbol{\Delta}$ 为对角矩阵,其对角元素为 $\boldsymbol{C}$ 的特征值,记为 $\lambda_i,i=1,2,\cdots,N_{\mathrm{R}}N_{\mathrm{P}}$,并设 $\lambda_1\geqslant\lambda_2\geqslant\cdots\geqslant\lambda_{N_{\mathrm{R}}N_{\mathrm{P}}}$。取 $p$ 个最大的主特征值构成对角矩阵$\boldsymbol{\Delta}_p$,并有和特征值相应的特征向量所构成的酉矩阵 $\boldsymbol{U}_p$,则 MMSE 估计可简化为

$$\hat{\boldsymbol{h}}'''_{\mathrm{MMSE}}=\boldsymbol{U}_p\boldsymbol{\Delta}_p\boldsymbol{U}_p^{\mathrm{H}}\hat{\boldsymbol{h}}_{\mathrm{LS}} \tag{6.4.74}$$

## 6.5　MIMO-OFDM 系统衰落信道估计

由于 MIMO-OFDM 的多载波传输将宽带信道变为多个并行的窄带信道，它们不仅具有空间相关性，而且各窄带子信道的传输时延相同，这可使信道估计的复杂度大大降低，若采用奇异值分解(SVD)降低 MIMO 信道的阶数，可获得低复杂度的 LMMSE 算法。本节应用实例结合 MIMO-OFDM 系统传输框架，将时域信道考虑为有限冲激响应模型，介绍了最优的导频设计方法，以及相位噪声和频率偏置对接收信号的影响；然后采用最小二乘估计，仿真比较等间隔、等功率的随机序列导频、对角正交序列导频、相移正交序列导频的估计均方误差以及有频偏和相位噪声时导频序列的鲁棒性能；最后针对梳状导频运用子空间跟踪技术在线获得时域信道自相关矩阵，包括信道阶的确定以及初值对算法性能的影响，仿真对比它与其他常规方法的均方误差性能和误码率性能。

考虑如图 6.5.1 所示的 MIMO-OFDM 传输系统，其导频结构如图 6.5.2 所示。

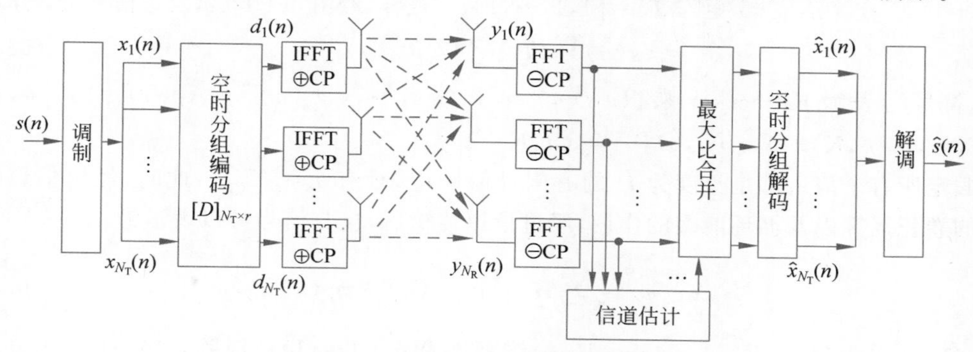


图 6.5.1　MIMO-OFDM 传输系统

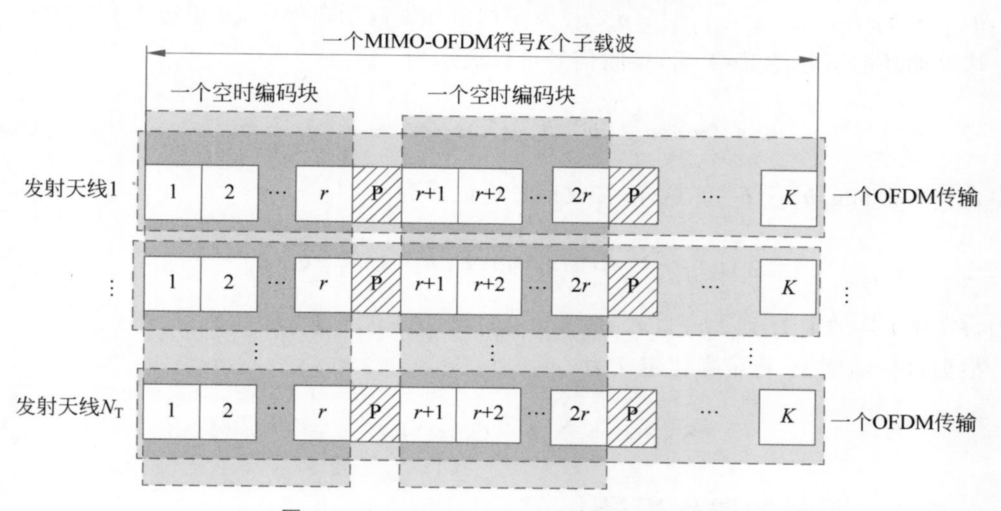


图 6.5.2　MIMO-OFDM 系统的导频结构

一个用户或多个用户的已调制高速数据符号被拆分成 $N_{\mathrm{T}}$ 个低速的符号子块，经过空时编码后，构成在时刻 $n$ 的频域信号 $\{d_t(k)\}$，其中，$t\in\{1,2,\cdots,N_{\mathrm{T}}\}$ 为对应发射天线的下标，$k\in\{1,2,\cdots,K\}$ 为对应子载波，同时在子块中等间隔插入导频 P，由快速傅里叶逆变换

(IFFT)转换信号后，经并/串转换，插入循环前缀，也即保护间隔，再经数模转换从对应的天线发射出去，经过无线信道传输后，经由模数转换、去 CP、串/并转换和快速傅里叶变换，导频点的响应被用于信道估计，再经过空时解码后恢复出用户符号。

假设 $\boldsymbol{d}(n)=[\boldsymbol{d}_1(n),\boldsymbol{d}_2(n),\cdots,\boldsymbol{d}_{N_T}(n)]^T$ 是经空时编码后的发送符号，其中每个 $\boldsymbol{d}_t(n)$是 $K$ 维的子串，$\boldsymbol{d}_t(n)=[d_t(n,0),d_t(n,1),\cdots,d_t(n,K-1)]^T$，$t=1,2,\cdots,N_T$，这些符号的采样间隔需满足 $T=1/\Delta f$，$\Delta f=B/K$（$B$ 为系统带宽，$K$ 为子载波个数）。发射天线上的符号构成子块$\{d_1(n,k),\cdots,d_{N_T}(n,k),\cdots,d_1(n,k+r),\cdots,d_{N_T}(n,k+r)\}$，其中 $r$ 与空时编码率有关，导频以频率间隔 $n_f<1/(\tau_{\max}\Delta f)$和时间间隔 $n_t<1/(2f_{\max}T)$插入，$\tau_{\max}$ 和 $f_{\max}$ 分别表示最大多径时延和最大多普勒频移。

将快速逆傅里叶变换(IFFT)写成矩阵形式，即 $\boldsymbol{F}=[\boldsymbol{\Omega}(0),\boldsymbol{\Omega}(1),\cdots,\boldsymbol{\Omega}(K-1)]$，其中，$\boldsymbol{\Omega}(i)=1/K[\omega_K^{i0},\omega_K^{i1},\cdots,\omega_K^{i(K-1)}]^T$，$\omega_K^{ik}=e^{j2\pi ik/K}$，且 $i,k\in\{0,1,\cdots,K-1\}$，当加入长度为 $K_{CP}$ 循环前缀后，IFFT 矩阵写为 $\boldsymbol{W}=[\boldsymbol{\Omega}(K-K_{CP}),\cdots,\boldsymbol{\Omega}(K-1),\boldsymbol{\Omega}(0),\cdots,\boldsymbol{\Omega}(K-1)]$。定义 $N_T\times 1$ 矩阵 $\boldsymbol{T}_x=[1,1,\cdots,1]^T$。这样，经由 IFFT 后，发送信号可表示为

$$\boldsymbol{s}(n)=(\boldsymbol{T}_x\otimes\boldsymbol{W})\boldsymbol{d}^T(n) \tag{6.5.1}$$

其中，符号$\otimes$表示 Kronecker 乘积；$\boldsymbol{s}(n)=[\boldsymbol{s}_1(n),\cdots,\boldsymbol{s}_{N_T}(n)]^T$；$\boldsymbol{s}_t(n)=[s_t(n,K-K_{CP}),\cdots,s_t(n,K-1),s_t(n,0),\cdots,s_t(n,K-1)]$。

假定所有子信道都是长度为 $L$ 的有限冲激响应，且有 $L\leqslant K_{CP}$。此时，经由信道时域传输的卷积运算以及循环前缀的作用，经过信道传输后，接收信号可以表示为

$$\boldsymbol{Y}_r(n)=\sum_{t=1}^{N_T}\boldsymbol{H}_{r,t}(n)\boldsymbol{s}_t(n)+\boldsymbol{\eta}_r(n) \tag{6.5.2}$$

其中，$\boldsymbol{H}_{r,t}(n)$为$(K+K_{CP})\times(K+K_{CP})$维托普利兹(Toeplitz)矩阵，其第 1 列为 $\tilde{\boldsymbol{h}}_{r,t}=[\boldsymbol{h}_1,\boldsymbol{h}_2,\cdots,\boldsymbol{h}_L,0_{1\times(K+K_{CP}-L)}]^T$；$\boldsymbol{\eta}_r(n)$为零均值加性高斯白噪声，其单边功率谱为 $\sigma^2/2$。

移除循环前缀并经 FFT 后，接收信号可以表示为

$$\boldsymbol{y}_r(n)=\sum_{t=1}^{N_T}\boldsymbol{F}^H\hbar_{r,t}(n)\boldsymbol{s}_t(n)+\boldsymbol{F}^H\boldsymbol{\eta}_r(n) \tag{6.5.3}$$

其中，$\hbar_{r,t}=\boldsymbol{F}\operatorname{diag}(\tilde{\boldsymbol{h}}_{r,t})\boldsymbol{F}^H$。这样，接收信号可以写为

$$\boldsymbol{y}(n)=\sum_{t=1}^{N_T}\operatorname{diag}\{\boldsymbol{s}_t(n)\}\boldsymbol{F}_L^H\boldsymbol{h}_{r,t}(n)+\boldsymbol{\xi}_r(n) \tag{6.5.4}$$

其中，$\boldsymbol{F}_L^H$是 $\boldsymbol{F}^H$ 的前 $L$ 列；$\boldsymbol{h}_{r,t}(n)$ 是 $L\times 1$ 向量；$\boldsymbol{\xi}_r(n)=\boldsymbol{F}^H\boldsymbol{\eta}_r(n)$。

根据该传输框架，将信噪比定义为

$$\mathrm{SNR}=\left\|\sum_{t=1}^{N_T}\boldsymbol{h}_{r,t}(n)\boldsymbol{s}_t(n)\right\|^2/\sigma^2 \tag{6.5.5}$$

### 6.5.1 导频的最优设计

信号的估计理论告诉我们，为获得最小的均方误差性能，信道估计的最佳训练导频应满足正交条件，使导频的自相关矩阵为对角阵，对角线上的元素为发射天线的平均功率；且通过导频分配，可使不同的发射天线上具有不同个数的导频。最优的导频序列是相等间隔、相

等功率和相移正交的，这样的正交序列在采用最小二乘估计时具有最小的估计均方误差，优于等间隔、等功率的正交序列和随机序列。当存在频率偏置和相位噪声时，可采用鲁棒的导频设计方法；还可采用频域分集时域合并的方法，使导频值均布于发射天线的所有发射时段。

最优导频主要有两种，分别是对角正交导频序列和相移正交导频序列，如图 6.5.3 和图 6.5.4 所示。

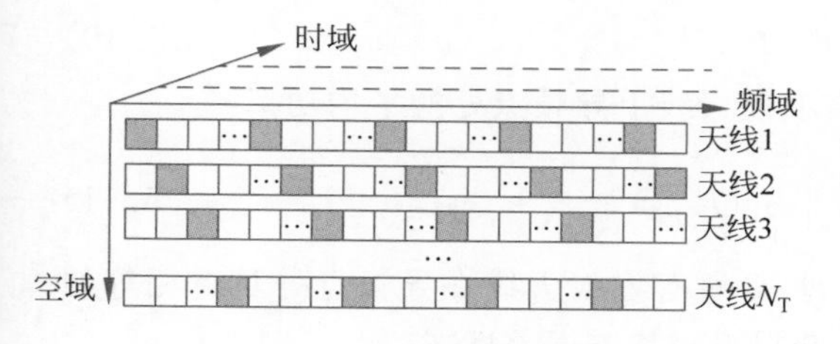

图 6.5.3 对角正交导频序列

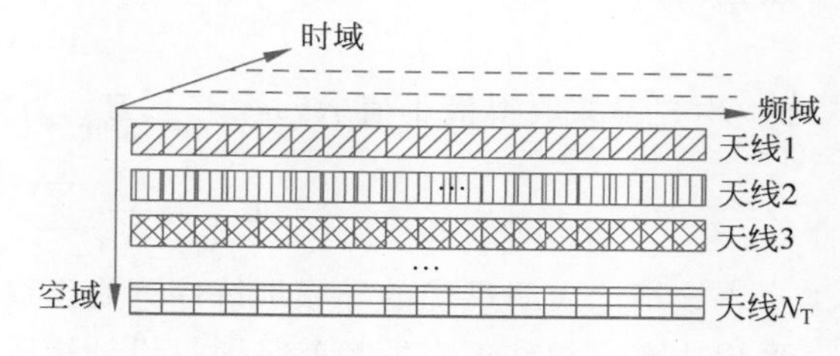

图 6.5.4 相移正交导频序列

对角正交导频是各天线导频在频率方向正交的导频方案，即每根天线的导频符号以一定时间间隔周期发送，在一根天线发射导频符号的子载波处，其他天线发射零信号，避免对其产生干扰。这种方案类似于单天线 OFDM 的导频方案，避免了矩阵的求逆运算，接收端的信道估计复杂度降低，但这种方法让发射分集编码的部分时段响应替代整个时段的频域冲激响应，对移动时变信道估计精度较低。

相移正交导频均匀分布于整个发射时段，因此对时变信道估计效果较好，能用于较大移动速度的情况。在同一时刻，各发射天线的导频序列正交，而在不同时刻各发射天线的导频在频域上存在固定的相位偏差。当一个 OFDM 符号上信道的有限冲激响应长度大于 1 时，则相移正交序列能得到最优结果，它考虑了在不同的冲激响应长度所对应的时刻上，在导频点处存在相位差，此时，应满足在所有冲激响应长度范围内导频序列是正交的并且是等功率的。

1. 相移正交导频

对接收信号式(6.5.2)，在对应的导频子载波上提取采样，设每根发射天线的导频子载波共有 $P$ 个，等间距排列，其序号为$\{K_{P(0)},K_{P(1)},\cdots,K_{P(P-1)}\}$，将在第 $r$ 根接收天线导频处的接收信号简写为

$$\boldsymbol{y}_r(n)=\boldsymbol{A}(n)\boldsymbol{h}(n)+\boldsymbol{\xi}(n) \tag{6.5.6}$$

其中，$\boldsymbol{y}_r(n)=[\boldsymbol{y}_r(n,K_{P(0)}),\boldsymbol{y}_r(n,K_{P(1)}),\cdots,\boldsymbol{y}_r(n,K_{P(P-1)})]^{\mathrm{T}}$；$\boldsymbol{A}(n)=[\boldsymbol{A}_1(n),\boldsymbol{A}_2(n),\cdots,\boldsymbol{A}_{N_{\mathrm{T}}}(n)]$为 $P\times N_{\mathrm{T}}L$ 维的矩阵；$\boldsymbol{A}_t(n)=[\boldsymbol{d}_t(n,K_{P(0)})\boldsymbol{\Omega}(K_{P(0)}),\boldsymbol{d}_t(n,K_{P(1)})\boldsymbol{\Omega}(K_{P(1)}),\cdots,\boldsymbol{d}_t(n,K_{P(P-1)})\boldsymbol{\Omega}(K_{P(P-1)})]$，$t\in\{1,2,\cdots,N_{\mathrm{T}}\}$；$\boldsymbol{\Omega}(K_{P(i)})=[1,\mathrm{e}^{-\mathrm{j}2\pi K_{P(i)}/K},\cdots,\mathrm{e}^{-\mathrm{j}2\pi(L-1)K_{P(i)}/K}]$；$\boldsymbol{h}(n)=[h_{(r,1)_1},\cdots,h_{(r,1)_L},\cdots,h_{(r,N_{\mathrm{T}})_1},\cdots,h_{(r,N_{\mathrm{T}})_L}]^{\mathrm{T}}$；$\boldsymbol{\xi}(n)=[\xi_r(n,K_{P(0)}),\xi_r(n,K_{P(1)}),\cdots,\xi_r(n,K_{P(P-1)})]^{\mathrm{T}}$。

这样，信道 $\boldsymbol{h}(n)$的最小二乘估计为

$$\hat{\boldsymbol{h}}_{\mathrm{LS}}(n)=\boldsymbol{A}^{\dagger}(n)\boldsymbol{y}(n) \tag{6.5.7}$$

其中，$\boldsymbol{A}^{\dagger}(n)=[\boldsymbol{A}^{\mathrm{H}}(n)\boldsymbol{A}(n)]^{-1}\boldsymbol{A}^{\mathrm{H}}(n)$。

事实上，最小二乘估计是迫零方法，即令噪声为零时的估计解，此时，可将真值写为

$$\boldsymbol{h}(n)=\hat{\boldsymbol{h}}(n)+\boldsymbol{\varepsilon}(n) \tag{6.5.8}$$

其中，$\boldsymbol{\varepsilon}(n)=\boldsymbol{A}^{\dagger}(n)\boldsymbol{\xi}(n)$。

当传输噪声向量$\boldsymbol{\xi}(n)$的各元素互不相关时，估计均方误差为

$$\begin{aligned}\mathrm{MSE}&=\mathbb{E}(\boldsymbol{\varepsilon\varepsilon}^{\mathrm{H}})\\&=\mathrm{tr}[(\boldsymbol{A}^{\mathrm{H}}\boldsymbol{A})^{-1}\boldsymbol{A}^{\mathrm{H}}]\mathbb{E}(\boldsymbol{\varepsilon\varepsilon}^{\mathrm{H}})\boldsymbol{A}(\boldsymbol{A}^{\mathrm{H}}\boldsymbol{A})^{-1}\\&=\mathrm{tr}[(\boldsymbol{A}^{\mathrm{H}}\boldsymbol{A})^{-1}]\sigma^2\boldsymbol{I}\end{aligned}\tag{6.5.9}$$

当且仅当

$$\boldsymbol{A}^{\mathrm{H}}\boldsymbol{A}=\boldsymbol{E}_{\mathrm{av}}\boldsymbol{I}\tag{6.5.10}$$

时，均方误差取得最小值 $N_{\mathrm{T}}\sigma^2/E_{\mathrm{av}}$，$E_{\mathrm{av}}$ 为所有发射天线上导频点处的平均功率。

$$E_{\mathrm{av}}=\frac{1}{N_{\mathrm{T}}}\sum_{t=1}^{N_{\mathrm{T}}}\sum_{p=0}^{P-1}|S_t(K_{P_i})|^2\tag{6.5.11}$$

该结论表明最优的导频训练序列是正交序列，且所有发射天线在导频点处具有相等的平均功率。相移正交导频就是通过设计矩阵 $\boldsymbol{A}$ 获得最小均方误差性能。

考虑一个 OFDM 符号($n=0$ 时)的导频序列用于 MIMO-OFDM 信道估计的情况，有

$$\boldsymbol{A}^{\mathrm{H}}\boldsymbol{A}=\begin{bmatrix}\boldsymbol{A}_1^{\mathrm{H}}(0)\boldsymbol{A}_1(0) & \cdots & \boldsymbol{A}_1^{\mathrm{H}}(0)\boldsymbol{A}_{N_{\mathrm{T}}}(0)\\ \vdots & \ddots & \vdots\\ \boldsymbol{A}_{N_{\mathrm{T}}}^{\mathrm{H}}(0)\boldsymbol{A}_1(0) & \cdots & \boldsymbol{A}_{N_{\mathrm{T}}}^{\mathrm{H}}(0)^{\mathrm{H}}\boldsymbol{A}_{N_{\mathrm{T}}}(0)\end{bmatrix}\tag{6.5.12}$$

其中，每个子块 $\boldsymbol{A}_i^{\mathrm{H}}\boldsymbol{A}_j$ 为 $L\times L$ 维的矩阵

$$\boldsymbol{A}_i^{\mathrm{H}}\boldsymbol{A}_j=\boldsymbol{\Omega}_{jp}^{\mathrm{H}}\begin{bmatrix}d_{iK_P(0)}^{\mathrm{H}}d_{jK_P(0)} & 0 & 0\\ 0 & \ddots & 0\\ 0 & 0 & d_{iK_P(P-1)}^{\mathrm{H}}d_{jK_P(P-1)}\end{bmatrix}\boldsymbol{\Omega}_{ip}\tag{6.5.13}$$

其中，$\boldsymbol{\Omega}_{jp}$ 和$\boldsymbol{\Omega}_{ip}$ 分别为天线 $j$ 和 $i$ 的变换矩阵。

$$\boldsymbol{\Omega}_{jp}=\begin{bmatrix}1 & \mathrm{e}^{-\mathrm{j}2\pi K_{P(0)}/K} & \cdots & \mathrm{e}^{-\mathrm{j}2\pi(L-1)K_{P(0)}/K}\\ 1 & \mathrm{e}^{-\mathrm{j}2\pi K_{P(1)}/K} & \cdots & \mathrm{e}^{-\mathrm{j}2\pi(L-1)K_{P(1)}/K}\\ \vdots & \vdots & \ddots & \vdots\\ 1 & \mathrm{e}^{-\mathrm{j}2\pi K_{P(P-1)}/K} & \cdots & \mathrm{e}^{-\mathrm{j}2\pi(L-1)K_{P(P-1)}/K}\end{bmatrix}$$

$\boldsymbol{\Omega}_{ip}$ 和$\boldsymbol{\Omega}_{jp}$ 有相同的形式。

按照最优导频的条件即式(6.5.10)，式(6.5.13)应满足

$$\boldsymbol{A}_i^{\mathrm{H}}\boldsymbol{A}_j=\begin{cases}\boldsymbol{E}_{\mathrm{av}}\boldsymbol{I}, & i=j\\ 0, & i\neq j\end{cases}\tag{6.5.14}$$

为满足式(6.5.14)的第 1 个条件，应使同一根天线上 $l_1$、$l_2$ 两个不同导频点处的导频满足

$$\boldsymbol{A}_i^{\mathrm{H}}(l_1)\boldsymbol{A}_i(l_2)=\sum_{p=0}^{P-1}d_{ip}^2\mathrm{e}^{\mathrm{j}2\pi(l_1-l_2)p/K}=E_{\mathrm{av}}\delta(l_1-l_2)\tag{6.5.15}$$

为满足式(6.5.14)第 2 个条件，应使不同天线上 $l_1$、$l_2$ 不同导频点处的导频满足

$$\boldsymbol{A}_i^{\mathrm{H}}(l_1)\boldsymbol{A}_j(l_2)=\mathrm{e}^{\mathrm{j}2\pi K_{P(0)}(i-j)/K}\sum_{p=0}^{P-1}[(\boldsymbol{d}_{ip}^{\mathrm{H}})_{\mathrm{diag}}\boldsymbol{D}_{\phi}(\boldsymbol{d}_{jp})_{\mathrm{diag}}]=0\tag{6.5.16}$$

式(6.5.15)和式(6.5.16)中,$l_1,l_2\in\{0,1,\cdots,P-1\}$,相移矩阵为

$$\boldsymbol{D}_{\phi}=\mathrm{diag}(1,\mathrm{e}^{-\mathrm{j}2\pi\phi/P},\cdots,\mathrm{e}^{-\mathrm{j}2\pi\phi(P-1)/P}) \tag{6.5.17}$$

其中,$\phi\in[-L+1,\cdots,L-1]$代表各拍冲激响应在导频处的相差。

根据式(6.5.15)和式(6.5.16),相移正交序列可设计为

$$d_p^i=E_{\mathrm{av}}/P\mathrm{e}^{-\mathrm{j}2\pi n_i p/P} \tag{6.5.18}$$

其中,$n_i$ 可取为 $n_i=(i-1)L$,$\forall i\in(1,2,\cdots,N_{\mathrm{T}})$,$\forall p\in(0,1,\cdots,P-1)$。

当有 $h$ 个 OFDM 符号用于训练时,可将式(6.5.18)结论进行推广,把对一个 OFDM 符号设计的相移正交序列分为 $P/h$ 个,并分别用于不同的符号上。

相移导频的设计需使 $P\geqslant LN_{\mathrm{T}}$。当 $L$ 和 $N_{\mathrm{T}}$ 均为 2 的整数倍时,可使 $P=2^{\mathrm{lb}(LN_{\mathrm{T}})}$。

**2. 存在频率偏置和相位噪声时的导频设计**

由于不理想的晶振以及多普勒频移的影响,在接收端总会出现频率偏置和相位噪声,它们影响了各子载波的正交性,即使对相位噪声和频率偏置进行估计和补偿,也总是会有残余误差。当相位噪声和频率偏置已知时,仍可利用式(6.5.14)使均方误差取得最小。

假设各收/发天线共用一个晶振。当存在频率偏置 $\gamma$ 时,在序号为$\{K_{P(0)},K_{P(1)},\cdots,K_{P(P-1)}\}$的导频点上,其频偏矩阵可写为

$$\boldsymbol{W}(\gamma)=\mathrm{diag}\left(\mathrm{e}^{\frac{\mathrm{j}2\pi k_{P(0)}\gamma}{K}},\mathrm{e}^{\frac{\mathrm{j}2\pi k_{P(1)}\gamma}{K}},\cdots,\mathrm{e}^{\frac{\mathrm{j}2\pi(k_{P(P-1)})\gamma}{K}}\right) \tag{6.5.19}$$

当存在相位噪声时,在序号为$\{K_{P(0)},K_{P(1)},\cdots,K_{P(P-1)}\}$的导频点上,噪声矩阵可写为

$$\boldsymbol{\Psi}=\mathrm{diag}(\mathrm{e}^{\mathrm{j}\phi_0},\mathrm{e}^{\mathrm{j}\phi_1},\cdots,\mathrm{e}^{\mathrm{j}\phi_{P-1}}) \tag{6.5.20}$$

其中,$\{\phi_0,\phi_1,\cdots,\phi_{P-1}\}$为各导频点上的相位噪声,一般可设 $\phi_0=0$,$\phi_p=\phi_{p-1}+\Delta\phi$,$\Delta\phi$ 为高斯白噪声。

当同时有频偏和相位噪声时,式(6.5.6)的接收信号方程可写为

$$\boldsymbol{y}(n)=\boldsymbol{A}(n)\boldsymbol{W}(\gamma)\boldsymbol{\Psi}\boldsymbol{h}(n)+\boldsymbol{F}^{\mathrm{H}}\boldsymbol{\eta}(n) \tag{6.5.21}$$

记$\mathbb{A}=\boldsymbol{A}(n)\boldsymbol{W}(\gamma)\boldsymbol{\Psi}$,当满足$\mathbb{A}\mathbb{A}^{\mathrm{H}}=\boldsymbol{I}$ 时,可达到最小的均方误差。

**3. 性能评价**

对 MIMO-OFDM 系统的导频序列进行仿真,考查性能。考虑 2×2 和 4×2 天线的 MIMO-OFDM 基带系统,子载波个数 $K=256$,信道 FIR 长度为 16,假设各拍为[0,1]的复高斯随机变量,设计导频个数分别为 32 和 64,导频以等间隔 8 和 4 分别插入子载波中,并在接收端产生 IID 的高斯白噪声,采用归一化均方误差(Normalized Mean Squared Error, NMSE)作为评价指标。

对一个 OFDM 符号在没有频率偏置和有 $\gamma=0.25$ 的频偏(记为-F)时,用等间隔、等功率的随机导频序列(标示为 R)、对角正交序列(标示为 D)和相移正交序列(标示为 P)分别进行信道参数估计,所得到的 NMSE 随信噪比的变化曲线如图 6.5.5 所示。可以看出,相移正交导频优于对角导频和随机导频,且在频率偏置下性能基本保持不变。

### 6.5.2 自适应的子空间跟踪

对某个信息矩阵的正交子空间进行跟踪是数学分支领域的一个经典问题,可用于数据压缩、数据滤波、参数估计、模式识别等,广泛使用的有投影近似子空间跟踪(Projection

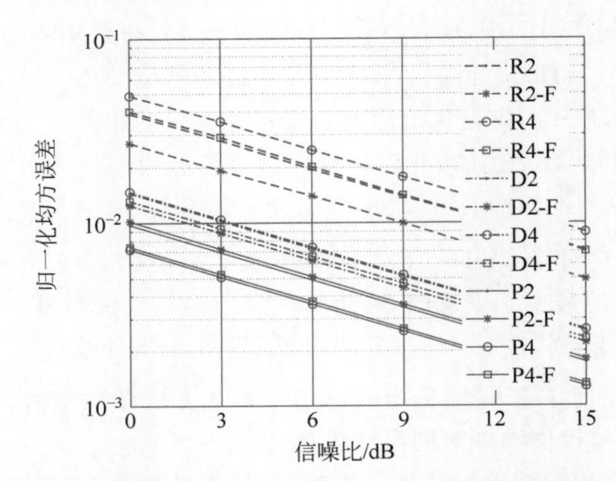


图 6.5.5 有频率偏置和无频率偏置时信道估计的 NMSE 随信噪比的变化曲线

Approximation Subspace Tracking，PAST）、紧缩近似投影子空间跟踪（PAST with Deflation，PASTd）和正交投影近似子空间跟踪（Orthogonal PAST，OPAST）等。

由于 OFDM 将宽带频率选择性信道分成若干窄带信道，每个窄带信道可视为平坦衰落信道，因此 OFDM 系统的信道估计，通常对频域的随机信道衰落采用 LS 估计，估计精度不高，但由于缺乏信道相关矩阵，同时 OFDM 子载波个数较多，造成频域相关矩阵的维数较大，MMSE 估计在实用上还比较困难。此外，采用阵列天线技术构成的 MIMO 系统，由于天线间距在移动通信中难以做得较大，造成 MIMO 系统天线间存在空间相关性，但很多 MIMO-OFDM 系统的信道估计中，都只是将单天线 OFDM 的信道估计推广到 MIMO-OFDM 系统，很少考虑空间相关性，且在时域进行信道估计将显著降低估计参数的个数。基于上述考虑，从自适应估计及信号处理的角度，考查一种子空间跟踪算法在线获得时域信道相关矩阵，进而获得最小均方误差估计的算法。它的主要思想是：用有限的 LS 估计构成测量矩阵，再对测量矩阵进行奇异值分解，在递推计算中，跟踪与较大奇异值对应的特征向量所构成的信号子空间，并构成次优相关矩阵，由此获得次优最小均方误差估计。

**1. 测量矩阵构成**

考虑 MIMO 信道各子信道在时域上均为长度 $L$ 的有限冲激响应，同时考虑发送和接收天线间存在空间相关性，对所有天线对间的信道状态信息一步获取。首先采用渐消记忆的最小二乘递推方法获取信道矩阵，其估计方法为

$$\hat{\boldsymbol{h}}(n+1)=\hat{\boldsymbol{h}}(n)+\boldsymbol{K}(n)[\boldsymbol{y}(n)-\boldsymbol{A}(n)\hat{\boldsymbol{h}}(n)] \tag{6.5.22}$$

其中，增益矩阵 $\boldsymbol{K}(n)$ 为

$$\boldsymbol{K}(n)=\boldsymbol{P}(n-1)\boldsymbol{A}^{\mathrm{H}}(n)[\lambda\boldsymbol{I}-\boldsymbol{A}(n)\boldsymbol{P}(n-1)\boldsymbol{A}^{\mathrm{H}}(n)]^{-1} \tag{6.5.23}$$

估计误差协方差 $\boldsymbol{P}(n)$ 为

$$\boldsymbol{P}(n)=\frac{1}{\lambda}[\boldsymbol{I}-\boldsymbol{K}(n)\boldsymbol{A}(n)]\boldsymbol{P}(n-1) \tag{6.5.24}$$

其中，$\lambda$ 为遗忘因子。

为了获得更高精度的信道估计结果，从序列获得的 RLS 估计向量中，构成 $N_{\mathrm{T}}N_{\mathrm{R}}L\times b$ 维测量矩阵

$$\boldsymbol{M}(n)=[\boldsymbol{m}(n-b+1),\boldsymbol{m}(n-b+2),\cdots,\boldsymbol{m}(n)] \tag{6.5.25}$$

其中，每列 $\boldsymbol{m}(j)=\hat{\boldsymbol{h}}(j)$，$\boldsymbol{m}(n)$为当前更新。为了后续处理，需使测量矩阵的列数 $b$ 大于预先设定的信道阶数。

**2. 子空间跟踪算法**

信道的自相关矩阵 $\boldsymbol{R}_h=\mathbb{E}\{\boldsymbol{h}\boldsymbol{h}^{\mathrm{H}}\}$可由测量矩阵估计为

$$\hat{\boldsymbol{R}}_h=\frac{1}{b}\sum_{i=n-b+1}^{n}\boldsymbol{m}_i\boldsymbol{m}_i^{\mathrm{H}} \tag{6.5.26}$$

在递推方式中，当获得一个新的 RLS 估计时，就将最先的 RLS 估计值从 $\boldsymbol{M}(n)$中移掉，以保持测量矩阵 $\boldsymbol{M}(n)$的行和列恒定，将该方法记为 RMMSE1。

直接跟踪 $\boldsymbol{M}(n)$的信号子空间可改善相关矩阵估计精度，采用奇异值分解可得

$$\boldsymbol{M}(n)=[\boldsymbol{U}_s\quad \boldsymbol{U}_n]\begin{bmatrix}\boldsymbol{\Sigma}_s & 0\\ 0 & \boldsymbol{\Sigma}_n\end{bmatrix}\begin{bmatrix}\boldsymbol{V}_s^{\mathrm{H}}\\ \boldsymbol{V}_n^{\mathrm{H}}\end{bmatrix} \tag{6.5.27}$$

其中，$\boldsymbol{U}_s$ 为与主奇异值$\boldsymbol{\Sigma}_s$ 对应的特征向量，代表信号子空间；$\boldsymbol{U}_n$ 为与较小奇异值$\boldsymbol{\Sigma}_n$ 对应的特征向量，代表噪声子空间。

经奇异值分解后，可估计相关矩阵为

$$\hat{\boldsymbol{R}}_h=\boldsymbol{U}_s\boldsymbol{\Sigma}_s\boldsymbol{\Sigma}_s\boldsymbol{U}_s^{\mathrm{H}} \tag{6.5.28}$$

将该方法记为 RMMSE2。

由于 RMMSE2 没有以递推的方式利用测量更新，因此它的子空间跟踪能力有限。一种改善方法是利用递推的子空间跟踪技术。为了有效地从迭代数据中获取信号子空间，这里采用优化准则①更新信号子空间，式中，$\boldsymbol{M}(n)$代表 $n$ 时刻的测量矩阵，$\boldsymbol{D}(n)$代表近似信号子空间。

$$\|\boldsymbol{M}(n)-\boldsymbol{D}(n)\|_{\mathrm{F}}^2<\kappa(n-1) \tag{6.5.29}$$

其中，

$$\kappa(n-1)=\|\boldsymbol{M}(n-1)-\boldsymbol{U}_s(n-1)\boldsymbol{U}_s(n-1)^{\mathrm{H}}\boldsymbol{M}(n-1)\|_{\mathrm{F}}^2 \tag{6.5.30}$$

$\boldsymbol{U}_s(n-1)$为 $n-1$ 时刻测量矩阵 $\boldsymbol{M}(n-1)$的信号子空间。

该准则通过控制近似误差 $\kappa(n-1)$（它为测量矩阵和它的近似信号子空间之间的误差矩阵的平方 Frobenious 范数）使当前时刻信号子空间的近似误差不大于上一时刻的近似误差。当新的测量更新可用时，它将信号子空间扩大一维，然后将该测量投影到上一时刻的信号子空间，将投影误差用于构建一个新的特征向量，再更新当前时刻的信号子空间，经奇异值分解后，与主奇异值对应的特征向量被重新选择，构成当前时刻的信号子空间。

**3. 信道阶的选择**

在构造测量矩阵时，信道信号子空间的最大阶数被预先设定为 $b$。在奇异值分解中，若各奇异值比较接近，则难以区分信号子空间和噪声子空间。较大的阶数将意味着信号中混杂着噪声，估计精度不高；较小的阶数则意味着信号丢失，估计精度也不高。因此，在递推计算中，需要采用自适应的信道阶调整算法，以适应不同的传输信噪比情况。

---

① 根据文献[49]中的方法。

为了获得较低复杂度的高精度信道估计算法，采用如下方法确定信道阶。假定传输信噪比和信道的功率延迟谱已知，预先确定门限区分信号子空间和噪声子空间，若奇异值比该门限大，则该分量视为信号；若奇异值比该门限小，则该分量视为噪声。

获取自相关矩阵 $\hat{\boldsymbol{R}}_h$ 后，可计算 MMSE 估计为

$$\hat{\boldsymbol{h}}=\hat{\boldsymbol{R}}_h\boldsymbol{A}^{\mathrm{H}}(n)[\boldsymbol{A}(n)\hat{\boldsymbol{R}}_h\boldsymbol{A}^{\mathrm{H}}(n)+\sigma^2\boldsymbol{I}]^{-1}\boldsymbol{y}(n) \tag{6.5.31}$$

为衡量算法性能，定义归一化均方误差为

$$\mathrm{NMSE}=\frac{\mathbb{E}[\|\boldsymbol{h}(n)-\hat{\boldsymbol{h}}(n)\|_2^2]}{\|\boldsymbol{h}(n)\|_2^2} \tag{6.5.32}$$

采用子空间跟踪和自适应阶数调整的次优 RMMSE3 算法如算法 6.5.1 所示。

[算法 6.5.1]　子空间跟踪和自适应阶数调整的 RMMSE3 算法

输入：测量矩阵 $\boldsymbol{A}$，观测向量 $\boldsymbol{y}$

输出：信号估计值 $\hat{\boldsymbol{h}}$

步骤 1：初始化

由式(6.5.7)获取 $\hat{\boldsymbol{h}}(0)$，然后由式(6.5.22)依次计算 $\hat{\boldsymbol{h}}(1),\hat{\boldsymbol{h}}(2),\cdots,\hat{\boldsymbol{h}}(b-1)$ 填入测量矩阵 $\boldsymbol{M}(n)$，对其进行奇异值分解 $\boldsymbol{M}(n)=\boldsymbol{U}(n)\boldsymbol{\Sigma}(n)\boldsymbol{V}^{\mathrm{H}}(n)$，选择信号子空间 $\boldsymbol{U}_s(n)$ 和对应的主奇异值 $\boldsymbol{\Sigma}_s(n)$

步骤 2：当新的测量值到来时，由式(6.5.22)计算 $\boldsymbol{m}(n+1)$

步骤 3：计算 $\boldsymbol{\chi}_i(i)=\boldsymbol{U}_s^{\mathrm{H}}(n)\boldsymbol{m}(i), i=n-b+2,\cdots,n+1$

步骤 4：计算 $\boldsymbol{z}=\boldsymbol{m}(n+1)-\boldsymbol{U}_s(n)\boldsymbol{\chi}_i(n+1)$

步骤 5：计算 $\theta=\|\boldsymbol{z}\|_2$

步骤 6：计算 $\boldsymbol{q}=\boldsymbol{z}/\theta$

步骤 7：计算 $\boldsymbol{\beta}=\begin{bmatrix}\boldsymbol{\chi}(n-b+2) & \boldsymbol{\chi}(n-b+1) & \cdots & \boldsymbol{\chi}(n) & \boldsymbol{\chi}(n+1)\\ 0 & 0 & \cdots & 0 & \theta\end{bmatrix}$

步骤 8：计算 $\boldsymbol{F}=\boldsymbol{\beta\beta}^{\mathrm{H}}, \boldsymbol{F}=\boldsymbol{U}_F(n+1)\boldsymbol{\Sigma}_F(n+1)\boldsymbol{U}_F^{\mathrm{H}}(n+1)$

步骤 9：计算奇异向量 $\boldsymbol{U}_w=[\boldsymbol{U}_s(n)\quad \boldsymbol{q}]\boldsymbol{U}_F(n+1)$，奇异值 $\zeta_i(i=1,2,\cdots,b)$ 为 $\boldsymbol{\Sigma}_F(n+1)$ 的对角元素

步骤 10：调整信号子空间的阶数为 $N_{\mathrm{rank}}$，它为比门槛值大的特征值的个数，然后构造信号子空间 $\boldsymbol{U}_s(n+1)$ 为 $\boldsymbol{U}_w$ 的前 $N_{\mathrm{rank}}$ 列，$\boldsymbol{\Sigma}_s(n+1)$ 为 $\boldsymbol{\Sigma}_F(n+1)$ 主奇异值对应的 $N_{\mathrm{rank}}$ 列

步骤 11：利用式(6.5.28)计算相关矩阵，再利用式(6.5.30)获得当前信道估计值

步骤 12：更新 $\boldsymbol{m}(i)=\boldsymbol{m}(i+1), i=n-b+2,\cdots,n+1$，转向步骤 2

**4. 计算复杂度**

设导频个数为 $P$，信道有限冲激响应长度为 $L$，在子空间跟踪中测量矩阵信号子空间的阶数为 $k$，在跟踪中奇异值分解的维数为 $(k+1)\times(k+1)$，其计算复杂度为 $O\{(k+1)^3\}$。

在该算法中，包含 RLS、子空间跟踪和 MMSE 这 3 种算法，各部分的计算复杂度如表 6.5.1 所示，整个算法的计算复杂度为三者的总和。

表 6.5.1 算法的计算复杂度

| 算 法 | 乘和加次数 | 求 逆 |
|---|---|---|
| RLS | $O(4N_T^3N_R^3P^3L)$ | $O(P^3N_R^3)$ |
| 子空间跟踪 | $O(N_TN_RLk^3)+O\{(k+1)^3\}$ | — |
| MMSE | $O(N_T^2N_R^3P^2L)$ | $O(P^3N_R^3)$ |

5. 性能评价

采用如下 4×2 天线的 MIMO-OFDM 系统仿真参数。系统带宽为 20MHz，分成 256 个子载波，子载波间隔为 78.125kHz，总的符号周期为 13.6μs，其中 0.8μs 被长度为 16 的循环前缀占用，采样周期为 50ns，调制方式为 16QAM，空时分组码的码率为 1/2。MIMO 信道的时域参数参考 COST-207 多径信道，并采用指数功率延迟谱，4 根发射天线的谱衰落因子分别为 0.2，0.3，0.2，0.3，并设第 1 拍的功率分别为 0dB，−2dB，−10dB，−20dB。设每个天线对之间的多径信道有限冲激响应在时域上不相关，两根接收天线的自相关系数为 1，互相关系数为 0.5。设导频子载波为 9，18，…，252。采用等间隔、等功率的随机训练导频，待估计参数为 4×2×16 个。最大的信道阶分别设为 $b=10$ 和 $b=128$。递推最小二乘估计的初值设为 $\boldsymbol{P}(0)=0.1\boldsymbol{I}$，遗忘因子设为 0.8。

图 6.5.6 所示为仿真的发射天线 Tx1 和 Tx2 与接收天线 Rx1 和 Rx2 之间的信道有限冲激响应示例，未在图例中出现的其余天线对间的信道与此类似。图 6.5.7 所示为在信噪比为 −3dB 时，信道子空间阶的调整曲线，其初始信道阶设定为 3，在表 6.5.2 的门槛值的限制下，当 $b=10$ 时依次调整为 4，2，1；当 $b=128$ 时依次调整为 3，2，1；在稳态时，信道阶为 1。

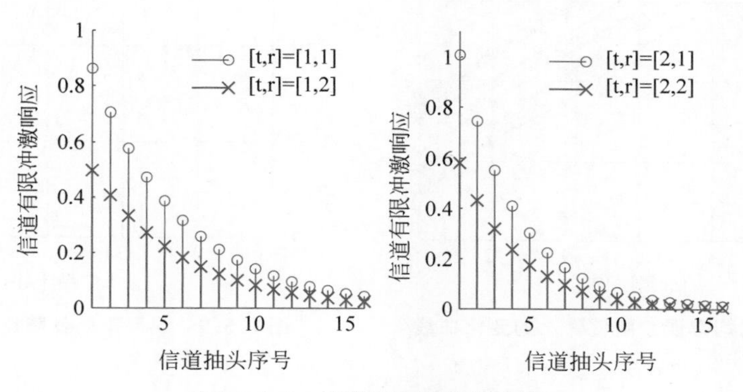


图 6.5.6 信道的有限冲激响应

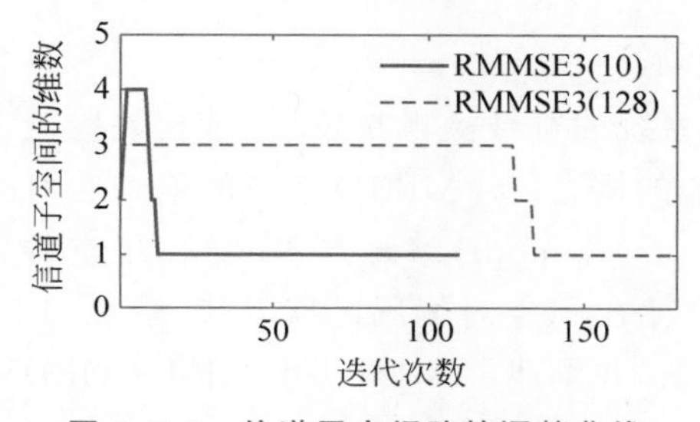


图 6.5.7 信道子空间阶的调整曲线

图 6.5.8 所示为各算法的归一化均方误差(NMSE)随信噪比的变化曲线，并用精确相

关矩阵计算得到的最小均方误差(MMSE)估计性能作为参考。由于有限测量使 RMMSE1 中对自相关矩阵的近似性能丧失,性能较差,而 RMMSE2 和 RMMSE3 比 RLS 性能好,RMMSE3 具有最好的归一化均方误差性能,即使可供计算自相关矩阵的测量矩阵列数只有 10,RMMSE3 仍然可获得优于 RLS 和 RMMSE2 的性能。随着矩阵列数的增加,RMMSE3 接近最优的 MMSE。因此,可以得出,带有子空间跟踪的 RMMSE3 算法能跟踪信号子空间。

图 6.5.9 所示为误码率随信噪比的变化曲线,可以看到,RMMSE3 算法具有最佳传输性能。

**表 6.5.2 确定信道阶的门槛值**

| 信噪比/dB | −3 | 0 | 3 | 6 | 9 | 12 | 15 |
| --- | --- | --- | --- | --- | --- | --- | --- |
| 门槛值 | 0.5 | 0.4 | 0.1 | 0.01 | 0.008 | 0.0008 | 0.0002 |

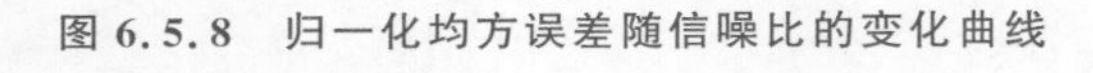

图 6.5.8 归一化均方误差随信噪比的变化曲线

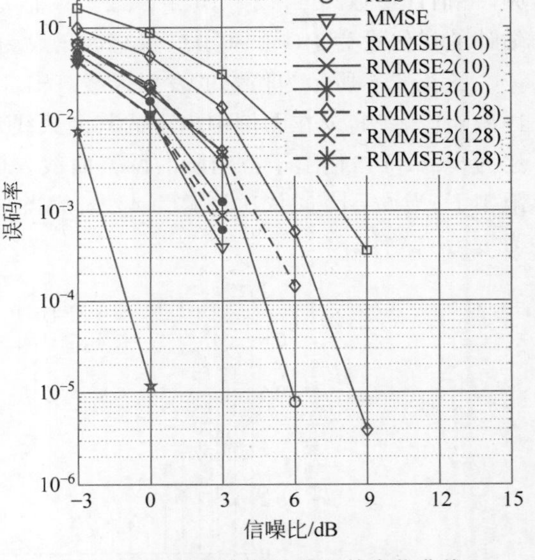


图 6.5.9 误码率随信噪比的变化曲线

## 本章小结

本章介绍 MIMO 传输系统的符号检测方法;对成对差错概率性能给出了详细的分析;阐述了编码增益和分集增益的概念;对 MIMO 系统的编码准则进行了讨论;给出了空时分组码的编码方法;详细分析了 Alamouti 编码方案;给出了空时分组码编码后 MIMO 接收端的线性均衡方法。本章还给出了空时编码的 MIMO 系统和 MIMO-OFDM 系统的传输框架,讨论了常用的估计方法,并阐述了 MIMO 和 MIMO-OFDM 信道的估计方法,给出了仿真实例。

## 本章习题

6.1　在线性最小二乘加权估计中，试证明式(6.4.22)和式(6.4.23)。

6.2　试用行向量化写出例6.4.2的按行向量化的观测方程。

6.3　推导出具有 $N_R$ 根接收天线的空时编码的成对差错概率。

6.4　考虑BPSK调制符号的传输，利用蒙特卡洛仿真，将下列传输策略的符号差错概率绘制成曲线。

(1) 高斯信道；

(2) 瑞利信道；

(3) 有两根天线进行天线选择的SIMO瑞利衰落信道；

(4) 有2、3和4根天线进行最大比合并的SIMO瑞利衰落信道；

(5) 有Alamouti编码的MISO瑞利衰落信道。

根据仿真结果，请回答以下问题。

(1) 在相等的符号差错概率下，哪种策略所需的信噪比最高？哪种最低？

(2) 最大比合并和天线选择相比，哪种性能更优？

(3) 天线选择和Alamouti编码相比，哪种性能更优？

(4) 增加接收天线的数量，对系统的传输性能有何影响？

# 第7章 多天线传输系统的时间与频率同步

CHAPTER 7

由于通信收发机的硬件损伤和无线信道的影响，接收端与发送端在时间、载频上都不相同，接收端需要通过定时、频率偏移估计和信道参数获取完成同步。例如，在单天线时分多址系统中需要对码时延进行估计，在频分多址系统中需要对频偏进行估计，在码分多址系统的多用户检测中需要对异步多用户扩频码的时延进行估计。对于正交频分复用(OFDM)系统，其正交子载波会受到本地晶振和多普勒频移的影响，丧失正交性导致地板效应，需要对频偏进行估计并消除频偏的影响。相比于单天线系统的频率同步和定时同步，多输入多输出(MIMO)系统的同步问题可以转化为多个单天线对的同步问题，或者转化为多变量参数的联合估计问题。同步可以利用导频、短或长的前导序列，也可采用盲估计方法。

第20集

微课视频

本章主要从参数估计的角度，分析总结MIMO系统的定时和频率同步方法，首先给出时频同步的分析模型，接着介绍MIMO系统的传输模型和多频偏多信道复衰落估计的克拉美-罗下界，然后阐述多变量耦合的最大似然估计、简化的期望最大化估计算法等，最后给出实例的仿真结果。

## 7.1 单天线系统的时频同步参数模型

在连续时间衰落信道上进行数字通信时，基带等效传输信号 $s(t)$ 由发射机脉冲信号整形滤波器 $g_{\mathrm{T}}(t-kT)$ 和已调数据符号 $a_k$ 组成，表示为

$$s(t)=\sum_k a_k g_{\mathrm{T}}(t-kT) \tag{7.1.1}$$

由于物理衰落信道可以通过信道脉冲信号响应(Channel Impulse Response, CIR)$h(t;\tau)$ 表征，传输信号通过物理衰落信道后，在没有被阻挡的情况下，视距(LOS)信号总是最先到达接收机，而其他信号经过反射、散射等才能到达，从每条路径接收到的信号都有明显的衰减(或称为幅度增益)、相移和传播延迟。对于第 $n$ 条路径，接收信号的衰减和相移可以用复增益因子 $c_n(t)$ 来表示，其模 $\alpha_n(t)=|c_n(t)|$ 表示幅度增益，其辐角 $\varphi_n(t)=\arg[c_n(t)]$ 表示随机相移。传播延迟与发射机和接收机之间的传播距离 $d_{\mathrm{p}}$ 有关，为 $\tau_{\mathrm{p}}=d_{\mathrm{p}}/c$，其中 $c$ 为光速。通常，相对于最先到达接收机的第1条路径，其他路径的相对瞬时延迟 $\tau_n(t)$ 只随时间缓慢变化，因此在相当短的时间范围内可以假设相对瞬时延迟保持不变，即 $\tau_n(t)=\tau_n$。依据时延在 $N$ 条路径的大小进行排序，$0=\tau_0\leqslant\tau_1\leqslant\cdots\leqslant\tau_{N-1}=\tau_{\max}$，可将包括传播时延 $\tau_{\mathrm{p}}$ 在内的物理信道冲激响应表示为

$$c_{\mathrm{p}}(\tau;t)=\sum_{n=0}^{N-1}c_n(t)\delta[\tau-(\tau_{\mathrm{p}}+\tau_n)] \tag{7.1.2}$$

由于发射机和接收机的时钟可能相位不同步，所以必须将接收机时钟延迟 $\tau_c=\varepsilon_c T$ 加到物理延迟路径上，其值固定并且 $-0.5<\varepsilon_c\leqslant 0.5$。传播延迟 $\tau_{\mathrm{p}}$ 可以用符号周期 $T$ 的整数倍和分数倍表示，即

$$\tau_{\mathrm{p}}=[L_{\mathrm{p}}+\varepsilon+\varepsilon_c]T \tag{7.1.3}$$

其中，$L_{\mathrm{p}}$ 为整数。

为了确定接收机的定时基准，需要引入信道脉冲信号响应

$$\begin{aligned}c_{\varepsilon}(\tau;t)&=c_{\mathrm{p}}[(\tau+L_{\mathrm{p}}+\varepsilon_c)T;t]\\&=\sum_{n=0}^{N-1}c_n(t)\delta[\tau-(\varepsilon T+\tau_n)]\end{aligned} \tag{7.1.4}$$

由于传播延迟 $\tau_{\mathrm{p}}$ 通常是符号周期 $T$ 的非整数倍，所以即使在发射机和接收机时钟之间完美匹配($\varepsilon_c=0$)的情况下，定时延迟也可以是 $-0.5<\varepsilon\leqslant 0.5$ 的任何值。

从式(7.1.4)的信道模型可以看出，接收机在相干接收时，由于随机变化的复路径衰落 $c_n(t)$的存在需要某种载波恢复，如进行载波相位同步，差分多径延迟 $\tau_n$ 和时序延迟 $\varepsilon$ 则要求定时同步，而且相位和时序延迟是同时存在的，因此必须通过同步技术同时补偿 $c_n(t)$和延迟的影响。图 7.1.1 所示为发射机和接收机的时间刻度。

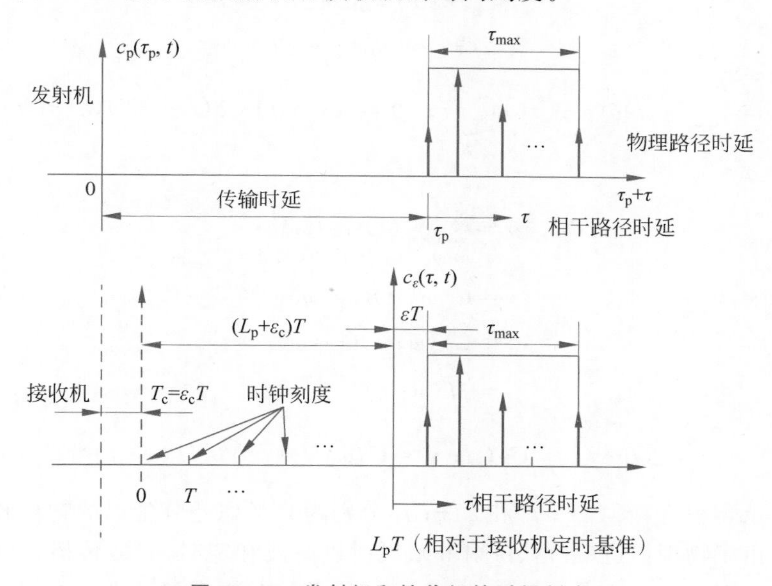


图 7.1.1　发射机和接收机的时间刻度

除了由信道本身引入的随机相移外，发射机的误差和接收机振荡器可能会产生相当大的未知频移。若假设发生了超过码元速率 $1/T$ 的非常大的偏移量，则通过接收机前端的粗略的频率同步器来处理。经过粗略同步后，余下的中小等级的频移范围一般为 0.1～0.15，即接收信号的载波频率偏移最高为码元速率的 10%～15%。

将恒定载波相移 $\theta$ 并入传输的复值路径衰落 $c_n(t)$，信息承载信号 $s(t)$通过多径信道并发生载波频率频移(Carrier Frequency Offset，CFO)后，接收信号可以表示为

$$\begin{aligned} r(t) &= \mathrm{e}^{\mathrm{j}\Omega t}\sum_{n=0}^{N-1}c_n(t)s(t-\varepsilon T-\tau_n)+n(t) \\ &= \mathrm{e}^{\mathrm{j}\Omega t}\sum_{n=0}^{N-1}c_n(t)\sum_k a_k g_{\mathrm{T}}(t-\varepsilon T-\tau_n-kT)+n(t) \\ &= \mathrm{e}^{\mathrm{j}\Omega t}\sum_k a_k \underbrace{\sum_{n=0}^{N-1}c_n(t)g_{\mathrm{T}}[t-kT-(\varepsilon T-\tau_n)]}_{h_\varepsilon(\tau=t-kT;\,t)}+n(t) \\ &= \mathrm{e}^{\mathrm{j}\Omega t}\sum_k a_k h_\varepsilon(\tau=t-kT;\,t)+n(t) \end{aligned} \tag{7.1.5}$$

其中,$\Omega$ 为频率偏移量;$\mathrm{e}^{\mathrm{j}\Omega t}$ 为由于频偏所发生的相位旋转;$g_{\mathrm{T}}(\cdot)$为发射机的限带脉冲信号整形滤波器响应;$h_\varepsilon(\tau;\,t)$为等效信道脉冲信号响应,包括发射机滤波和分数定时延迟;$n(t)$为功率谱密度为 $N_0$ 的加性高斯白噪声。

有效的 $h_\varepsilon(\tau;\,t)$和它的传递函数 $H_\varepsilon(\omega;\,t)$可以分别表示为

$$\begin{aligned} h_\varepsilon(\tau;\,t) &= \sum_{n=0}^{N-1}c_n(t)g_{\mathrm{T}}[\tau-(\varepsilon T-\tau_n)] \\ &= c(\tau;\,t) * g_{\mathrm{T}}(\tau) * \delta(t-\varepsilon T) \\ &= c_\varepsilon(\tau;\,t) * g_{\mathrm{T}}(\tau) \\ &= h(\tau;\,t) * \delta(\tau-\varepsilon T) \end{aligned} \tag{7.1.6}$$

其中,$c(\tau;\,t)=\sum_{n=0}^{N-1}c_n(t)\delta(\tau-\tau_n)$,$c_\varepsilon(\tau;\,t)=c(\tau;\,t)*\delta(t-\varepsilon T)$,$h(\tau;\,t)=c(\tau;\,t)*g_{\mathrm{T}}(\tau)$。

$$\begin{aligned} H_\varepsilon(\omega;\,t) &= \sum_{n=0}^{N-1}c_n(t)G_{\mathrm{T}}(\omega)\mathrm{e}^{-\mathrm{j}\omega(\varepsilon T+\tau_n)} \\ &= C(\omega;\,t)G_{\mathrm{T}}(\omega)\mathrm{e}^{-\mathrm{j}\omega\varepsilon T} \\ &= C_\varepsilon(\omega;\,t)G_{\mathrm{T}}(\omega) \\ &= H(\omega;\,t)\mathrm{e}^{-\mathrm{j}\omega\varepsilon T} \end{aligned} \tag{7.1.7}$$

其中,$C(\omega;\,t)=\sum_{n=0}^{N-1}c_n(t)\mathrm{e}^{-\mathrm{j}\omega\tau_n}$,$C_\varepsilon(\omega;\,t)=C(\omega;\,t)\mathrm{e}^{-\mathrm{j}\omega\varepsilon T}$,$H(\omega;\,t)=C(\omega;\,t)G_{\mathrm{T}}(\omega)$。

符号 $*$ 表示卷积运算;$c(\tau;\,t)$和 $h(\tau;\,t)$分别为只考虑差分延迟的物理和有效信道脉冲信号响应。由于物理信道(衰落、散射等)、发射机滤波和定时偏移(传播、接收机时钟)的影响可分别归因于 $c(\tau;\,t)$,$g_{\mathrm{T}}(\tau)$和 $\delta(\tau-\varepsilon T)$,因此该分析模型可进一步用于信道建模和仿真,并且传递函数为升余弦的发射机脉冲信号成形滤波器是一个常见的选择。

在接收机滤波后,信号经发射端脉冲信号成形滤波器、物理信道传输与接收端脉冲信号成形滤波器的级联过程。假设脉冲信号成形滤波器 $g_{\mathrm{T}}(\tau)$,也即 $G_{\mathrm{T}}(\omega)$可以用足够的估计精度将频带严格地限制为(双侧)射频带宽 $B$,使得有效信道 $H_\varepsilon(\omega;\,t)$的带宽也被严格限制为 $B$。由于本地振荡器的误差,接收信号 $r(t)$的频谱的最大允许偏移为 $\Omega_{\max}$,在下变频之后,数模转换器之前的抗混叠接收滤波器必须使输入信号的无失真频率范围为$|\omega|<(2\pi B+\Omega_{\max})/2$。

对于平坦衰落信道，时域接收信号可以表示为

$$\begin{aligned} r(t) &= \mathrm{e}^{\mathrm{j}\Omega t} \sum_k a_k c(t) g_{\mathrm{T}}(t-\varepsilon T-kT)+n(t) \\ &= \underbrace{\mathrm{e}^{\mathrm{j}\Omega t} c(t)}_{c_\Omega(t)} \sum_k a_k g_{\mathrm{T}}(t-\varepsilon T-kT)+n(t) \end{aligned} \tag{7.1.8}$$

如果事先知道所有同步参数$(\Omega,\varepsilon,c(t))$，就可以使用理想的能量归一化信道匹配滤波器处理接收信号。也就是说，在接收机上通过$\mathrm{e}^{-\mathrm{j}\Omega t}$进行频率补偿，通过$c^*(t)$进行相位校正，通过$g_{\mathrm{MF}}(\tau)=(1/T)g_{\mathrm{T}}^*(-\tau)$进行脉冲信号匹配滤波，并通过$\delta(\tau+\varepsilon T)$进行定时延迟补偿。

## 7.1.1 多速率信号处理

多速率信号处理是使信号的采样速率不断变化，以便在发射机和接收机处灵活地使用数字信号处理技术，方便实现。在同步中，为了获得整数倍和分数倍的时间延迟以及载波频率偏移，需要改变采样信号的速率。

1. 降采样

降采样又称为抽样，是降低离散时间序列采样速率的方法。设$M$为正整数，对信号进行$M$倍降采样是指将原序列每$M-1$个采样值丢弃，形成一个新序列，用符号$\downarrow M$表示。

令$z[n]$表示输入，$y[n]$表示输出，降采样的输入-输出关系可以表示为

$$y[n]=z[nM] \tag{7.1.9}$$

在降采样中，由于信息丢失，信息的减少造成了频域的混叠效应，即

$$y(\mathrm{e}^{\mathrm{j}2\pi f})=\frac{1}{M}\sum_{m=0}^{M-1} z(\mathrm{e}^{\mathrm{j}2\pi f/M-\mathrm{j}2\pi m/M}) \tag{7.1.10}$$

由于混叠的存在，通常不可能直接通过$z(\mathrm{e}^{\mathrm{j}2\pi f})$恢复出$y(\mathrm{e}^{\mathrm{j}2\pi f})$，可在降采样之前将$z[n]$滤波以消除混叠。

2. 升采样

升采样是在离散时间序列的每个采样值后插入零值的一种变换。设$L$为正整数，对信号进行$L$倍升采样是指在原序列每个采样值后插入$L-1$个零值，形成一个新序列，用符号$\uparrow L$表示。

令$z[n]$表示升采样的输入，$y[n]$表示输出，升采样的输入-输出关系可以表示为

$$y[n]=\sum_k z[k]\delta[n-kL] \tag{7.1.11}$$

由傅里叶变换可知，在频域中升采样的输入-输出关系为

$$y(\mathrm{e}^{\mathrm{j}2\pi f})=z(\mathrm{e}^{\mathrm{j}2\pi fL}) \tag{7.1.12}$$

在频域，升采样造成的影响是压缩频谱。信息在升采样中没有丢失，不会发生混叠。

3. 降/升采样中的滤波不变性

多速率信号处理经常伴随着滤波操作。多抽样滤波不变性用于交换升采样或降采样操作与滤波(卷积)操作的顺序，对多抽样滤波不变性的灵活应用可以降低复杂性。

1) 降采样滤波不变性

降采样滤波不变性是指用降采样前置滤波器去交换降采样后置滤波器。在时域，等效关系为

$$\begin{aligned} y[n] &= z[nM] * g[n] \\ &= \sum_k z[kM] g[n-k] \\ &= \sum_k z[k] \bar{g}[nM-k] \end{aligned} \tag{7.1.13}$$

对滤波器 $g[n]$ 进行 $M$ 倍升采样可以构建出 $\bar{g}[n]$，则卷积可以在降采样操作之前进行。

2）升采样滤波不变性

升采样滤波不变性是指用升采样后置滤波器去交换升采样前置滤波器。在时域，等效关系为

$$\begin{aligned} y[n] &= \sum_k \sum_m z[m] g[k-m] \delta[n-kL] \\ &= \sum_m \left(\sum_k z[k]\delta[m-kL]\right)\left(\sum_p g[p]\delta[n-m-pL]\right) \\ &= \sum_m z[m]\bar{g}[n-m] \end{aligned} \tag{7.1.14}$$

升采样等效的本质是可以对滤波信号进行升采样，或者对信号升采样之后与升采样滤波器卷积。

降采样和升采样的滤波不变性即等效方法分别如图 7.1.2 和图 7.1.3 所示。

第 21 集
微课视频

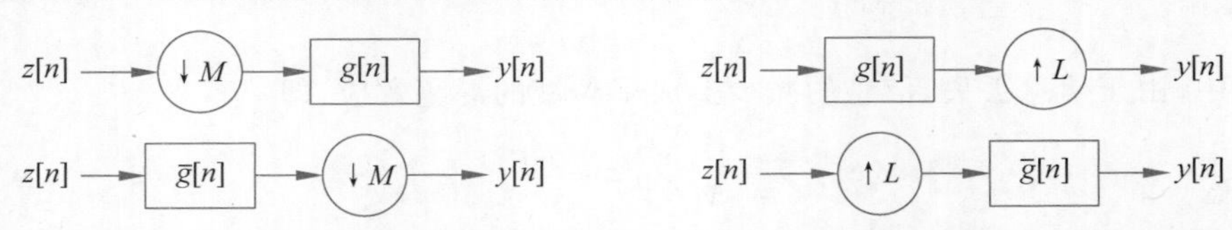


图 7.1.2　降采样的滤波不变性(等效)　　图 7.1.3　升采样的滤波不变性(等效)

## 7.1.2　符号同步

符号同步或定时恢复的目的是估计和去除未知延迟 $\tau_{\mathrm{p}}$ 的分数部分，它对应$[0,T]$这部分误差。在数字符号同步策略中有两种方法：第 1 种是相关法，通过连续到离散(Continuous-to-Discrete，C/D)转换器和过采样器或内插器创建有效采样周期为 $T/M_{\mathrm{rx}}$($M_{\mathrm{rx}}$ 通常为 2 的倍数)的过采样信号，它必须满足奈奎斯特采样频率，然后估计 $T/M_{\mathrm{rx}}$ 的最佳倍数，再在降采样之前添加一个合适的整数延迟 $k^*$；第 2 种是运用估计理论进行时延估计，如采用最大似然估计。

在相关法中，常见的做法是基于最大输出能量(Maximum Output Energy，MOE)准则估计时延。忽略式(7.1.8)中频偏的影响，那么匹配滤波器的连续时间输出信号可以改写为

$$y(t) = h\sum_{m=-\infty}^{+\infty} s(m) g(t-mT-\tau_d) + v(t) \tag{7.1.15}$$

其中，$h$ 为信道衰落；$\tau_d$ 为时延；$v(t)$为接收噪声。按照 $nT+\tau$ 的时刻采样，输出能量为

$$J_{\mathrm{MOE}}(\tau) = \mathbb{E}\left[\,|\,y(nT+\tau)\,|^2\right]$$

$$= |h|^2 \sum_{k=-\infty}^{+\infty} |g(mT+\tau-\tau_d)|^2 + N_o \tag{7.1.16}$$

假设 $\tau_d = dT + \tau_{fac}$ 且 $\hat{\tau} = \hat{d}T + \hat{\tau}_{fac}$，那么

$$\mathbb{E}[|y(nT+\tau)|^2] = |h|^2 \sum_{k=-\infty}^{+\infty} |g(mT+dT+\tau_{fac}-\hat{d}T-\hat{\tau}_{fac})|^2 + N_o$$

$$= |h|^2 \sum_{k=-\infty}^{+\infty} |g(mT+\tau_{fac}-\hat{\tau}_{fac})|^2 + N_o \tag{7.1.17}$$

因此，当延迟 $\tau$ 可以取任意整数时，只有对应分数部分的延迟偏移对输出有影响。

符号同步的最大输出能量法试图找到能够使 $J_{MOE}(\tau)$ 取得最大值的 $\tau, \tau \in [0, T]$，取得最大输出能量的解即为延迟估计值

$$\hat{\tau}_d = \underset{\tau \in [0,T]}{\operatorname{argmax}} J_{MOE}(\tau) \tag{7.1.18}$$

找到相关值最大的延迟点，即有

$$\mathbb{E}[|y(nT+\tau)|^2] \leqslant |h|^2 |g(0)|^2 + N_o \tag{7.1.19}$$

将该定时同步原理用于过采样或重采样方案中。记接收信号为 $r(n)$，假设每个符号周期有 $M_{rx}$ 个采样值，接收机按照符号速率降采样之前，匹配滤波器的输出为

$$y(n) = \sum_{m=-\infty}^{+\infty} r(m) g_{rx}(n-m) \tag{7.1.20}$$

采用这个采样信号可以计算离散时间的最大输出能量，即

$$J_{MOE,d}(k) = \mathbb{E}[|y(nM_{rx}+k)|^2] \tag{7.1.21}$$

其中，$k=0,1,\cdots,M_{rx}-1$，对应根据 $kT/M_{rx}$ 确定的定时偏移的分数部分的估计值。在实用中，用 $P$ 个符号周期上的平均值替代期望

$$J_{MOE,d}(k) = \frac{1}{P} \sum_{p=0}^{P-1} |r(pM_{rx}+k)|^2 \tag{7.1.22}$$

在 $k=0,1,\cdots,M_{rx}-1$ 中确定 $J_{MOE,d}(k)$ 的最大值，得到最佳样值 $k^*$，然后得到符号定时偏移的估计值 $k^* T/M_{rx}$。

最佳校正包括在降采样之前将接收信号向前移动 $k^*$ 个样值。信号也可以推迟 $k^*-M_{rx}$ 个样值，它们仅相差一个符号周期，在符号同步后，通过帧同步对准。

## 7.1.3 帧同步

帧同步的目的是解决多个符号周期延迟，用于重建已发送的比特序列，使接收机知晓符号流从哪里开始，类似于符号同步。一个针对平坦信道的帧同步方法是通过一个已知的帧同步序列，通常被称为训练子帧或导频信号。训练子帧有长有短，它可以插在一个帧的开始，也可以插在一个帧的中间，或周期地在帧中插入。图 7.1.4 所示为周期插入训练序列的帧结构。

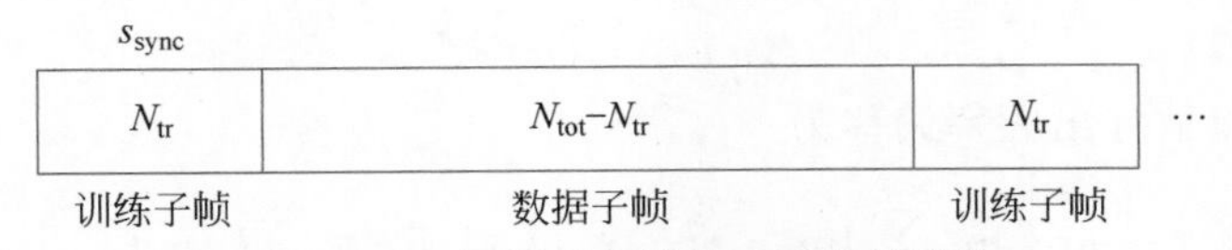


图 7.1.4 周期插入训练序列的帧结构

假设一个帧的长度为 $N_{tot}$，包括长度为 $N_{tr}$ 的训练子帧和长度为 $N_{tot}-N_{tr}$ 的数据子帧。训练子帧在离散时间 $n=0$ 开始，并假设接收机已知了训练序列 $t(n), n=0,1,\cdots,N_{tr}-1$。

帧同步也可以采用相关法，将接收信号与接收端已知的训练序列关联起来。通过计算

$$R(n)=\sum_{k=0}^{N_{tr}-1} t^*(k)y(n+k) \tag{7.1.23}$$

得到

$$d^*=\underset{n}{\arg\max} R(n) \tag{7.1.24}$$

如果信息数据与训练数据相同，那么采用相关法的帧同步算法可能会发现错误的峰值。为避免这个现象，可以选择具有良好相关特性的训练序列，如伪随机噪声码或周期性自相关序列，也可以使用长的训练序列以减少误报的可能性，训练序列还可以使用与信息数据不同的调制星座图。为了得到更高的性能，可以使用与符号同步类似的方法，如在大量数据上取平均值。

一个基于过采样的符号同步、帧同步和信道估计的接收机信号处理过程如图 7.1.5 所示。接收信号 $r(t)$ 由采样周期为 $T/M_{rx}$（$M_{rx}$ 为正整数）的抽样离散化，经过脉冲信号整形滤波器 $g_{rx}(n)$ 整形后，先进行符号同步，获得一个符号周期内的分数倍时延偏移 $\hat{k}$，用合适的整数延迟补偿，再进行降采样，将原序列每 $M_{rx}-1$ 个采样值丢弃后生成一个新信号，接着进行帧同步，获得整数倍符号周期上的延迟 $\hat{d}$ 并补偿，进行信道估计，最后将均衡后的信号送给符号检测器得到符号。

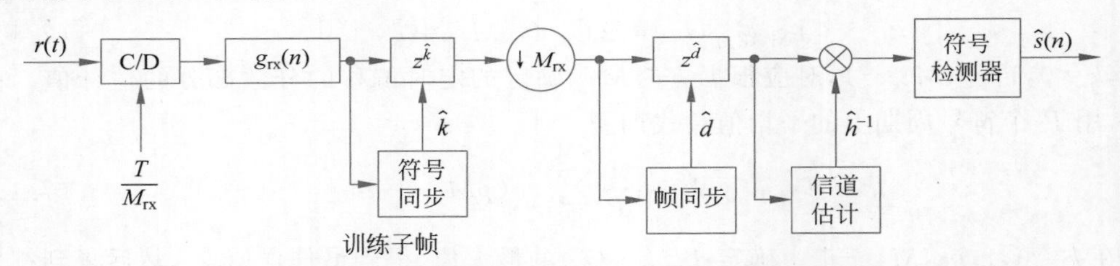


图 7.1.5　基于过采样的符号同步、帧同步和信道估计的接收机信号处理过程

## 7.1.4　载波频率偏移同步

纠正载波频率偏移 $\Omega$ 的过程称为频率偏移同步。典型的频率偏移同步方法需要首先估计偏移 $\hat{\Omega}$，然后形成新序列 $\exp(-j\Omega n)r(n)$，频移同步后再进行相位纠正。盲频移同步器通过接收信号的统计特征进行频移估计，非盲的估计器则采用训练序列的更多具体特征估计频偏。

在单载波系统中，载波频率的偏移只会对接收信号造成一定的幅度衰减和相位旋转，这可以通过均衡等方法加以克服。而对于多载波系统，载波频率的偏移会导致子信道之间产生干扰。

如果连续发射两个相同的训练符号，那么在频率偏移大小为 $\Omega$ 的情况下，相应的两个接收信号之间的关系为

$$r_2(n)=r_1(n)e^{j\Omega t} \tag{7.1.25}$$

利用这个关系，可以估计出频率偏移为

$$\hat{\Omega}=\frac{1}{2\pi}\arctan\left\{\sum_{k=0}^{N-1}\mathrm{Im}[r_1^*(k)r_2(k)]/\mathrm{Re}[r_1^*(k)r_2(k)]\right\} \tag{7.1.26}$$

这种方法称为Moose法，它能估计出的归一化频率偏移范围为$|\Omega|\leqslant 0.5$。这种估计技术需要一个特定周期提供连续的训练符号。

在OFDM频率偏移同步技术中，允许在估计载波频率偏移的同时传输数据符号。它在频域上插入导频，并且在每个OFDM符号中发射，这样可以跟踪载波频率偏置。图7.1.6给出了OFDM系统利用导频信号进行频率同步的方案框图。首先，在粗定时同步之后，将两个OFDM符号$y_l(n)$和$y_{l+D}(n)$保存在存储器中；然后，通过快速傅里叶变换(FFT)将时域信号变换成频域信号$\{Y_l(k)\}_{k=0}^{N-1}$和$\{Y_{l+D}(k)\}_{k=0}^{N-1}$，用于提取导频；最后由频域导频估计出载波频率偏置，通过估计出的频偏在时域对接收信号进行补偿。

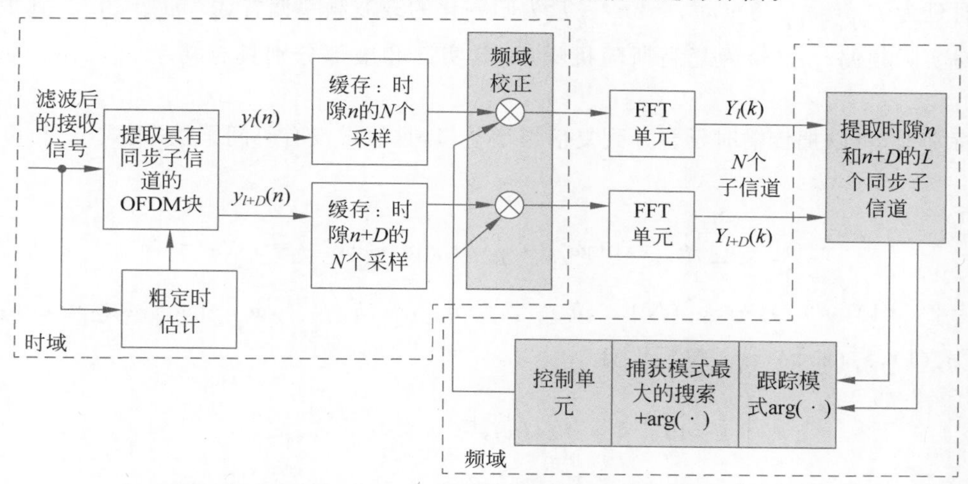


图7.1.6 OFDM系统利用导频信号进行频率同步的方案框图

在这个过程中，实施两种不同的载波频偏估计模式：捕获模式和跟踪模式。在捕获模式中，估计包括整数频偏(Integer Frequency Offset，IFO)在内的大范围载波频率偏移。在跟踪模式中，只进行分数的细载波频偏估计。对整数频偏的估计为

$$\hat{\Omega}_{\mathrm{I}}=\frac{1}{2\pi T}\max\left\{\sum_{j=0}^{L-1}Y_{l+D}[p(j),\epsilon]Y_l^*[p(j),\varepsilon]Y_{l+D}^*[p(j)]Y_l[p(j)]\right\} \tag{7.1.27}$$

其中，$L$、$p(j)$和$Y_l[p(j)]$分别表示导频数、第$j$个导频的位置和第$l$个符号周期中位于$p(j)$处的导频；$\epsilon$表示导频的整数偏移。

细载波频偏估计为

$$\hat{\Omega}_{\mathrm{fac}}=\frac{1}{2\pi TD}\arg\left\{\sum_{l=0}^{L-1}Y_{l+D}[p(j),\hat{\Omega}_{\mathrm{I}}]Y_l^*[p(j),\hat{\Omega}_{\mathrm{I}}]Y_{l+D}^*[p(j)]Y_l[p(j)]\right\} \tag{7.1.28}$$

在捕获模式中，估计$\hat{\Omega}_{\mathrm{I}}$和$\hat{\Omega}_{\mathrm{fac}}$，然后通过它们的总和补偿载波频偏。在跟踪模式中，只估计$\hat{\Omega}_{\mathrm{fac}}$，然后通过它补偿载波频偏。

## 7.2 MIMO传输同步模型

接下来我们考查$N_{\mathrm{R}}\times N_{\mathrm{T}}$维的MIMO系统同步模型，假设其传输系统如图6.3.1所示。它将高速已调符号平均分配到$N_{\mathrm{T}}$根发射天线上，经空时分组编码后，通过无线信道传输，在接收端经同步和信道估计后，通过最大比合并、空时分组解码和解调后，恢复出基带

信息。

在第 $r$ 根接收天线上的接收信号为

$$y_r(t)=\sum_{n=0}^{N-1}\sum_{p=1}^{N_T}h_{rp}(n)s_p(n)(t-nT-\tau_{rp})\exp(\mathrm{j}\omega_{rp}t)+\eta_r(t) \tag{7.2.1}$$

其中，$h_{rp}(n)$为第 $p$ 根发射天线和第 $r$ 根接收天线间在第 $n$ 个符号的信道复增益；$s_p(n)$为第 $p$ 根发射天线在第 $n$ 个发送时刻的发送符号，设发送符号比特能量为 $E_s=\mathbb{E}[|s_p(n)|^2]$；$T$ 为符号周期；$\tau_{rp}$ 为第 $p$ 根发射天线和第 $r$ 根接收天线间的时延，$0<\tau_{rp}<T$，并定义归一化时延为 $\Gamma_{rp}=\tau_{rp}/T$；$\omega_{rp}=2\pi f_{rp}T$ 为归一化的载波频率偏置，$0<\omega_{rp}<1/2$，其中 $f_{rp}$ 为绝对实际频偏；$\eta_r(t)$为复高斯随机噪声，其实部和虚部分别具有功率 $\sigma_0^2/2$，$\sigma_0^2$ 为噪声功率。

特别地，可以把传输时延合并到复信道增益里，且假设没有码间干扰，则式(7.2.1)可简写为

$$y_r(t)=\sum_{p=1}^{N_T}h_{rp}\exp(\mathrm{j}\omega_{rp}t)s_p(t)+\eta_r(t),\quad t=1,2,\cdots,N \tag{7.2.2}$$

记 $\boldsymbol{y}_r=[y_r(1),y_r(2),\cdots,y_r(N)]^{\mathrm{T}}$，$\boldsymbol{h}_r=[h_{r1},h_{r2},\cdots,h_{rN_T}]^{\mathrm{T}}$，$\boldsymbol{\omega}_r=[\omega_{r1},\omega_{r2},\cdots,\omega_{rN_T}]^{\mathrm{T}}$，$\boldsymbol{\eta}_r=[\eta_r(1),\eta_r(2),\cdots,\eta_r(N)]^{\mathrm{T}}$，且

$$\boldsymbol{S}_{\omega_r}=\begin{bmatrix} s_1(1)\mathrm{e}^{\mathrm{j}\omega_{r1}} & s_2(1)\mathrm{e}^{\mathrm{j}\omega_{r2}} & \cdots & s_{N_T}(1)\mathrm{e}^{\mathrm{j}\omega_{rN_T}} \\ s_1(2)\mathrm{e}^{\mathrm{j}2\omega_{r1}} & s_2(2)\mathrm{e}^{\mathrm{j}2\omega_{r2}} & \cdots & s_{N_T}(2)\mathrm{e}^{\mathrm{j}2\omega_{rN_T}} \\ \vdots & \vdots & \ddots & \vdots \\ s_1(N)\mathrm{e}^{\mathrm{j}N\omega_{r1}} & s_2(N)\mathrm{e}^{\mathrm{j}N\omega_{r2}} & \cdots & s_{N_T}(N)\mathrm{e}^{\mathrm{j}N\omega_{rV_T}} \end{bmatrix} \tag{7.2.3}$$

将式(7.2.2)写成矩阵方程的形式，可得

$$\boldsymbol{y}_r=\boldsymbol{S}_{\omega_r}\boldsymbol{h}_r+\boldsymbol{\eta}_r \tag{7.2.4}$$

从式(7.2.4)可以看出，频偏参数和复信道增益参数同时出现在观测模型中，在同步中需要同时获取。

## 7.3 MIMO 同步参数的估计下界

从参数估计的角度，同步就是估计式(7.2.2)中的未知复信道衰落 $h_{rp}$ 和频率偏置 $\omega_{rp}$，$p=1,2,\cdots,N_T$。当它们均为时不变参数时，从均方误差的角度进行分析，可以获知其估计下界，作为同步中估计方法性能的评判指标。

### 7.3.1 克拉美-罗下界原理

检测与估计理论指出，在按照某种准则获得估计量时，评价估计量质量的主要指标有无偏性、有效性、一致性和充分性。在有效性中，如果参数 $\theta$ 的无偏估计量 $\hat{\theta}$ 的均方误差小于其他任一个无偏估计量的均方误差，则该估计量为最小均方误差无偏估计量。这个最小均

方误差被称为克拉美-罗下界(Cramer-Rao Lower Bound,CRB),简称克拉美-罗界,被估计量 $\theta$ 的任意无偏估计量 $\hat{\theta}$ 的均方误差不小于克拉美-罗界。

考虑线性观测方程

$$\boldsymbol{x}=\boldsymbol{H\theta}+\boldsymbol{n} \tag{7.3.1}$$

其中,$\boldsymbol{x}$ 为 $N$ 维观测向量;$\boldsymbol{H}$ 为已知的 $N\times M$ 维观测矩阵;$\boldsymbol{\theta}$ 为 $M$ 维被估计向量;$\boldsymbol{n}$ 为 $N$ 维噪声向量。假定 $\boldsymbol{n}$ 是均值为零,协方差矩阵为 $\boldsymbol{C}_n$ 的高斯随机噪声向量,则其概率密度函数为

$$p(\boldsymbol{n})=\frac{1}{(2\pi)^{N/2}\mid \boldsymbol{C}_n\mid^{N/2}}\exp\left(-\frac{1}{2}\boldsymbol{n}^{\mathrm{T}}\boldsymbol{C}_n^{-1}\boldsymbol{n}\right) \tag{7.3.2}$$

可得观测似然函数为

$$p(\boldsymbol{x}\mid\boldsymbol{\theta})=\frac{1}{(2\pi)^{N/2}\mid \boldsymbol{C}_n\mid^{N/2}}\exp\left[-\frac{1}{2}(\boldsymbol{x}-\boldsymbol{H\theta})^{\mathrm{T}}\boldsymbol{C}_n^{-1}(\boldsymbol{x}-\boldsymbol{H\theta})\right] \tag{7.3.3}$$

接下来分 $\boldsymbol{\theta}$ 是非随机向量和随机向量两种情况分别进行讨论。

1. 非随机向量情况

如果 $\hat{\theta}_i$ 是被估计的 $M$ 维非随机向量 $\boldsymbol{\theta}$ 的第 $i$ 个分量的任意无偏估计量,则估计量的均方误差即为估计量的方差,记为

$$\mathbb{E}[(\theta_i-\hat{\theta}_i)^2]\triangleq\varepsilon_i^2=\mathrm{Var}(\hat{\theta}_i)=\sigma_i^2 \tag{7.3.4}$$

该估计量的均方误差满足

$$\varepsilon_i^2\geqslant\psi_{ii},\quad i=1,2,\cdots,M \tag{7.3.5}$$

其中,$\psi_{ii}$ 为 $M\times M$ 矩阵 $\boldsymbol{\psi}=\boldsymbol{J}^{-1}$ 的第 $i$ 行第 $i$ 列元素,而矩阵 $\boldsymbol{J}$ 的元素为

$$\begin{aligned}J_{ij}&=\mathbb{E}\left[\frac{\partial\ln p(\boldsymbol{x}\mid\boldsymbol{\theta})}{\partial\theta_i}\frac{\partial\ln p(\boldsymbol{x}\mid\boldsymbol{\theta})}{\partial\theta_j}\right]\\&=-\mathbb{E}\left[\frac{\partial^2\ln p(\boldsymbol{x}\mid\boldsymbol{\theta})}{\partial\theta_i\partial\theta_j}\right],\quad i,j=1,2,\cdots,M\end{aligned} \tag{7.3.6}$$

矩阵 $\boldsymbol{J}$ 通常称为费希尔(Fisher)信息矩阵,它表示从观测数据中获得的信息。对所有 $\boldsymbol{x}$ 和 $\boldsymbol{\theta}$,当且仅当

$$\frac{\partial\ln p(\boldsymbol{x}\mid\boldsymbol{\theta})}{\partial\boldsymbol{\theta}}=-\boldsymbol{J}(\boldsymbol{\theta}-\hat{\boldsymbol{\theta}}) \tag{7.3.7}$$

成立时,式(7.3.5)取等号成立。

如果对于 $M$ 维随机向量 $\boldsymbol{\theta}$ 的任意无偏估计向量 $\hat{\boldsymbol{\theta}}$ 中的每个参量 $\hat{\theta}_i$,式(7.3.7)的等号均成立,那么这种估计称为联合有效估计,所以 $\psi_{ii}$ 是估计量 $\hat{\theta}_i$ 的均方误差下界,即克拉美-罗下界。

【例 7.3.1】 同时对两个参数 $\theta_1$ 和 $\theta_2$ 进行估计是二维向量 $\boldsymbol{\theta}=[\theta_1\quad\theta_2]^{\mathrm{T}}$ 的估计问题。费希尔信息矩阵 $\boldsymbol{J}$ 的元素为

$$J_{11}=-\mathbb{E}\left[\frac{\partial^2\ln p(\boldsymbol{x}\mid\boldsymbol{\theta})}{\partial\theta_1^2}\right]$$

$$J_{12}=J_{21}=-\mathbb{E}\left[\frac{\partial^2\ln p(\boldsymbol{x}\mid\boldsymbol{\theta})}{\partial\theta_i\partial\theta_j}\right]$$

$$J_{22}=-\mathbb{E}\left[\frac{\partial^2 \ln p(\boldsymbol{x}\mid\boldsymbol{\theta})}{\partial\theta_2^2}\right]$$

费希尔信息矩阵 $\boldsymbol{J}$ 为

$$\boldsymbol{J}=\begin{bmatrix}J_{11} & J_{12}\\ J_{21} & J_{22}\end{bmatrix}$$

假定估计向量$\hat{\boldsymbol{\theta}}$ 是联合有效的，求估计量 $\hat{\theta}_1$ 和 $\hat{\theta}_2$ 的均方误差表达式。

解　费希尔信息矩阵 $\boldsymbol{J}$ 的逆矩阵$\boldsymbol{\psi}$ 为

$$\boldsymbol{\psi}=\boldsymbol{J}^{-1}=\begin{bmatrix}J_{11} & J_{12}\\ J_{21} & J_{22}\end{bmatrix}^{-1}=\frac{1}{|\boldsymbol{J}|}\begin{bmatrix}J_{22} & -J_{12}\\ -J_{21} & J_{11}\end{bmatrix}$$

其中，$|\boldsymbol{J}|=J_{11}J_{22}-J_{12}J_{21}$ 是矩阵 $\boldsymbol{J}$ 的行列式。

因为 $\hat{\theta}_1$ 和 $\hat{\theta}_2$ 是联合有效的估计量，所以，估计量 $\hat{\theta}_1$ 的均方误差为

$$\begin{aligned}\varepsilon_{\hat{\theta}_1}^2&=\psi_{11}=\frac{J_{22}}{|\boldsymbol{J}|}=\frac{J_{22}}{J_{11}J_{22}-J_{12}J_{21}}\\&=\frac{J_{22}}{J_{11}J_{22}-J_{12}^2}=\frac{1}{J_{11}(1-J_{12}^2/J_{11}J_{22})}\end{aligned}$$

令估计量 $\hat{\theta}_1$ 和 $\hat{\theta}_2$ 之间的相关系数为 $\rho(\hat{\theta}_1,\hat{\theta}_2)$，则

$$\rho(\hat{\theta}_1,\hat{\theta}_2)=\frac{J_{12}}{(J_{11}J_{22})^{1/2}}$$

从而得估计量 $\hat{\theta}_1$ 的均方误差为

$$\varepsilon_{\hat{\theta}_1}^2=\frac{-1}{\mathbb{E}\left[\frac{\partial^2 \ln p(\boldsymbol{x}\mid\boldsymbol{\theta})}{\partial\theta_1^2}\right]}\cdot\frac{1}{1-\rho^2(\hat{\theta}_1,\hat{\theta}_2)}$$

类似地，可得估计量 $\hat{\theta}_2$ 的均方误差为

$$\varepsilon_{\hat{\theta}_2}^2=\frac{-1}{\mathbb{E}\left[\frac{\partial^2 \ln p(\boldsymbol{x}\mid\boldsymbol{\theta})}{\partial\theta_2^2}\right]}\cdot\frac{1}{1-\rho^2(\hat{\theta}_1,\hat{\theta}_2)}$$

**2. 随机向量情况**

如果被估计向量$\boldsymbol{\theta}$ 是 $M$ 维随机向量，则构造的估计向量$\hat{\boldsymbol{\theta}}$ 是观测向量 $\boldsymbol{x}$ 的函数，为了研究估计向量的性质，需要 $\boldsymbol{x}$ 和 $\boldsymbol{\theta}$ 的联合概率密度函数 $p(\boldsymbol{x},\boldsymbol{\theta})$。

根据估计向量无偏性的定义，如果满足

$$\mathbb{E}(\hat{\boldsymbol{\theta}})=\mathbb{E}(\boldsymbol{\theta})\tag{7.3.8}$$

则称 $\hat{\boldsymbol{\theta}}$ 是 $\boldsymbol{\theta}$ 的无偏估计量。估计向量的均方误差阵为

$$\boldsymbol{M}_{\hat{\theta}}=\mathbb{E}[(\boldsymbol{\theta}-\hat{\boldsymbol{\theta}})(\boldsymbol{\theta}-\hat{\boldsymbol{\theta}})^{\mathrm{T}}]\tag{7.3.9}$$

如果 $\hat{\boldsymbol{\theta}}$ 是 $\boldsymbol{\theta}$ 的任意无偏估计向量，那么估计向量的均方误差阵满足

$$\boldsymbol{M}_{\hat{\theta}}\geqslant\boldsymbol{J}_{\mathrm{T}}^{-1}\tag{7.3.10}$$

其中，$\boldsymbol{J}_{\mathrm{T}}=\boldsymbol{J}_{\mathrm{D}}+\boldsymbol{J}_{\mathrm{P}}$ 为费希尔信息矩阵，矩阵 $\boldsymbol{J}_{\mathrm{D}}$ 是数据信息矩阵，它表示从观测数据中获得的信息，它的元素为

$$\boldsymbol{J}_{\mathrm{D}_{ij}}=-\mathbb{E}\left[\frac{\partial^2 \ln p(\boldsymbol{x}\mid\boldsymbol{\theta})}{\partial\theta_i\partial\theta_j}\right],\quad i,j=1,2,\cdots,M \tag{7.3.11}$$

矩阵 $\boldsymbol{J}_{\mathrm{P}}$ 是先验信息矩阵，表示从先验知识中获得的信息，它的元素为

$$J_{\mathrm{P}_{ij}}=-\mathbb{E}\left[\frac{\partial^2 \ln p(\boldsymbol{\theta})}{\partial\theta_i\partial\theta_j}\right],\quad i,j=1,2,\cdots,M \tag{7.3.12}$$

如果 $\boldsymbol{J}_{\mathrm{T}}$ 的逆矩阵为$\boldsymbol{\Psi}_{\mathrm{T}}=\boldsymbol{J}_{\mathrm{T}}^{-1}$，则$\boldsymbol{\theta}$ 的任意无偏估计量$\hat{\boldsymbol{\theta}}$ 的第 $i$ 个分量 $\hat{\theta}_i$ 的均方误差满足

$$\varepsilon_{\hat{\theta}_i}^2=\mathbb{E}[(\theta_i-\hat{\theta}_i)^2]\geqslant\Psi_{\mathrm{T}_{ii}}=\frac{J_{\mathrm{T}_{ii}}\text{ 的代数余子式}}{|\boldsymbol{J}_{\mathrm{T}}|},\quad i=1,2,\cdots,M \tag{7.3.13}$$

式(7.3.10)或式(7.3.13)就是随机向量情况下的克拉美-罗不等式，不等式的右边就是克拉美-罗界。

根据柯西-施瓦茨不等式取等号的条件，当且仅当对所有 $\boldsymbol{x}$ 和$\boldsymbol{\theta}$ 满足

$$\frac{\partial \ln p(\boldsymbol{x},\boldsymbol{\theta})}{\partial\boldsymbol{\theta}}=-\boldsymbol{J}_{\mathrm{T}}(\boldsymbol{\theta}-\hat{\boldsymbol{\theta}}) \tag{7.3.14}$$

时，克拉美-罗不等式取等号成立。

【例 7.3.2】 假定信号 $s(t;\boldsymbol{\theta})$是由两个独立的高斯随机变量 $a$ 和 $b$ 同时对一个正弦波的频率和振幅进行调制而产生的，即

$$s(t;\boldsymbol{\theta})=\sqrt{\frac{2E_s}{T}}b\sin(\omega_0 t+\beta a t)$$

设 $a$ 和 $b$ 分别服从 $a\sim\mathcal{N}(0,\sigma_a^2)$和 $b\sim\mathcal{N}(0,\sigma_b^2)$，观测是在功率谱密度为 $P_n(\omega)=N_{\mathrm{o}}/2$ 的零均值高斯加性白噪声 $n(t)$中完成的，即

$$x(t)=s(t;\boldsymbol{\theta})+n(t),\quad 0\leqslant t\leqslant T$$

求同时估计 $a$ 和 $b$ 的均方误差下界。

解　首先对观测信号 $x(t)$进行正交级数展开表示，其展开系数为 $x_k(k=1,2,\cdots)$，先取前 $N$ 个展开系数，并表示成如下向量形式。

$$\boldsymbol{x}_N=(x_1,x_2,\cdots,x_N)^{\mathrm{T}}$$

其中，

$$x_k=s_{k|\theta}+n_k,\quad k=1,2,\cdots,N$$

而 $s_{k|\theta}$ 是以某$\boldsymbol{\theta}$ 为条件的信号 $s(t;\boldsymbol{\theta})$的第 $k$ 个展开系数。

由于$n(t)$是均值为 0，功率谱密度为 $N_{\mathrm{o}}/2$ 的高斯白噪声，所以 $x_k$ 服从高斯分布，其均值为 $s_{k|\theta}$，方差为 $N_{\mathrm{o}}/2$，且相互统计独立，于是有

$$\begin{aligned}p(\boldsymbol{x}_N\mid\boldsymbol{\theta})&=\prod_{k=1}^{N}p(x_k\mid\theta)\\&=\left(\frac{1}{\pi N_{\mathrm{o}}}\right)^{N/2}\exp\left[-\sum_{k=1}^{N}\frac{(x_k-s_{k|\theta})^2}{N_{\mathrm{o}}}\right]\end{aligned}$$

对该式两边取自然对数,然后对 $\theta_i$ 求偏导,则得

$$\frac{\partial \ln p(\boldsymbol{x}_N \mid \boldsymbol{\theta})}{\partial \theta_i} = \frac{2}{N_o} \sum_{k=1}^{N} (x_k - s_{k|\theta}) \frac{\partial s_{k|\theta}}{\partial \theta_i}$$

求 $N \to \infty$ 的极限,得

$$\frac{\partial \ln p(\boldsymbol{x}_N \mid \boldsymbol{\theta})}{\partial \theta_i} = \frac{2}{N_o} \int_0^T [x(t) - s(t;\boldsymbol{\theta})] \frac{\partial s(t;\boldsymbol{\theta})}{\partial \theta_i} \mathrm{d}t$$

现在分别求数据信息矩阵 $\boldsymbol{J}_\mathrm{D}$ 和先验信息矩阵 $\boldsymbol{J}_\mathrm{P}$,因为数据信息矩阵的元素为

$$J_{\mathrm{D}_{ij}} = -\mathbb{E}\left[\frac{\partial^2 \ln p(\boldsymbol{x} \mid \boldsymbol{\theta})}{\partial \theta_i \partial \theta_j}\right] = -\mathbb{E}\left[\frac{\partial \ln p(\boldsymbol{x} \mid \boldsymbol{\theta})}{\partial \theta_i} \frac{\partial \ln p(\boldsymbol{x} \mid \boldsymbol{\theta})}{\partial \theta_j}\right]$$

又因为 $x(t) - s(t;\boldsymbol{\theta}) = n(t)$,而 $n(t)$ 为高斯白噪声,与信号 $s(t;\boldsymbol{\theta})$ 无关,所以

$$J_{\mathrm{D}_{ij}} = \frac{4}{N_o^2} \int_0^T \int_0^T \mathbb{E}[n(t)n(u)] \frac{s(t;\boldsymbol{\theta})}{\partial \theta_i} \frac{s(u;\boldsymbol{\theta})}{\partial \theta_j} \mathrm{d}t\,\mathrm{d}u$$

由于 $n(t)$ 是功率谱密度为 $P_n(\omega) = N_o/2$ 的高斯白噪声,所以

$$\mathbb{E}[n(t)n(u)] = \frac{N_o}{2} \delta(t-u)$$

这样,$J_{\mathrm{D}_{ij}}$ 为

$$J_{\mathrm{D}_{ij}} = \frac{2}{N_o} \mathbb{E}\left[\int_0^T \frac{\partial s(t;\boldsymbol{\theta})}{\partial \theta_i} \frac{\partial s(t;\boldsymbol{\theta})}{\partial \theta_j} \mathrm{d}t\right]$$

而 $J_{\mathrm{D}_{ii}}$ 为

$$J_{\mathrm{D}_{ii}} = \frac{2}{N_o} \mathbb{E}\left\{\int_0^T \left[\frac{\partial s(t;\boldsymbol{\theta})}{\partial \theta_i}\right]^2 \mathrm{d}t\right\}$$

结合本例,令

$$\boldsymbol{\theta} = \begin{bmatrix} \theta_1 \\ \theta_1 \end{bmatrix} = \begin{bmatrix} a \\ b \end{bmatrix}$$

并将 $s(t;\boldsymbol{\theta}) = \sqrt{\frac{2E_s}{T}} b \sin(\omega_0 t + \beta a t)$ 代入 $J_{\mathrm{D}_{ij}}$ 式,即得

$$\begin{aligned} J_{\mathrm{D}_{11}} &= \frac{2}{N_o} \mathbb{E}\left[\int_0^T \frac{2E_s}{T} b^2 \beta^2 t^2 \cos^2(\omega_0 t + \beta a t) \mathrm{d}t\right] \\ &= \frac{2}{N_o} \mathbb{E}\left[\int_0^T \frac{2E_s}{T} b^2 \beta^2 t^2 \, \frac{1 + \cos 2(\omega_0 t + \beta a t)}{2} \mathrm{d}t\right] \\ &\approx \frac{2E_s}{N_o} \beta^2 \, \frac{T^2}{3} \sigma_b^2 = \frac{2E_s T^2}{3N_o} \beta^2 \sigma_b^2 \end{aligned}$$

$$\begin{aligned} J_{\mathrm{D}_{22}} &= \frac{2}{N_o} \mathbb{E}\left[\int_0^T \frac{2E_s}{T} \sin^2(\omega_0 t + \beta a t) \mathrm{d}t\right] \\ &= \frac{2}{N_o} \mathbb{E}\left[\int_0^T \frac{2E_s}{T} \, \frac{1 - \cos 2(\omega_0 t + \beta a t)}{2} \mathrm{d}t\right] \\ &\approx \frac{2E_s}{N_o} \end{aligned}$$

$$J_{\mathrm{D}_{12}}=J_{\mathrm{D}_{21}}=\frac{2}{N_{\mathrm{o}}}\mathbb{E}\left[\int_0^T\frac{2E_s}{T}b\beta t\cos(\omega_0 t+\beta at)\sin(\omega_0 t+\beta at)\mathrm{d}t\right]$$
$$\approx 0$$

因此,数据信息矩阵 $\boldsymbol{J}_{\mathrm{D}}$ 为

$$\boldsymbol{J}_{\mathrm{D}}=\begin{bmatrix}\frac{2E_sT^2}{3N_{\mathrm{o}}}\beta^2\sigma_b^2 & 0\\ 0 & \frac{2E_s}{N_{\mathrm{o}}}\end{bmatrix}$$

接下来求先验信息矩阵 $\boldsymbol{J}_{\mathrm{P}}$。因为 $a$ 和 $b$ 是相互统计独立的高斯随机变量,所以 $a$ 和 $b$ 的联合概率密度函数为

$$p(a,b)=\left(\frac{1}{4\pi^2\sigma_a^2\sigma_b^2}\right)^{1/2}\exp\left(-\frac{a^2}{2\sigma_a^2}-\frac{b^2}{2\sigma_b^2}\right)$$

因此,先验信息矩阵 $\boldsymbol{J}_{\mathrm{P}}$ 的元素为

$$J_{\mathrm{P}_{11}}=-\mathbb{E}\left[\frac{\partial^2\ln p(a,b)}{\partial a^2}\right]=\frac{1}{\sigma_a^2}$$

$$J_{\mathrm{P}_{22}}=-\mathbb{E}\left[\frac{\partial^2\ln p(a,b)}{\partial b^2}\right]=\frac{1}{\sigma_b^2}$$

$$J_{\mathrm{P}_{12}}=J_{\mathrm{P}_{21}}=-\mathbb{E}\left[\frac{\partial^2\ln p(a,b)}{\partial a\partial b}\right]=0$$

故先验信息矩阵 $\boldsymbol{J}_{\mathrm{P}}$ 为

$$\boldsymbol{J}_{\mathrm{P}}=\begin{bmatrix}\frac{1}{\sigma_a^2} & 0\\ 0 & \frac{1}{\sigma_b^2}\end{bmatrix}$$

因此,同时估计 $a$ 和 $b$ 的信息矩阵 $\boldsymbol{J}_{\mathrm{T}}$ 为

$$\boldsymbol{J}_{\mathrm{T}}=\begin{bmatrix}\frac{2E_sT^2}{3N_{\mathrm{o}}}\beta^2\sigma_b^2+\frac{1}{\sigma_a^2} & 0\\ 0 & \frac{2E_s}{N_{\mathrm{o}}}+\frac{1}{\sigma_b^2}\end{bmatrix}$$

其逆矩阵 $\boldsymbol{\psi}_{\mathrm{T}}$ 为

$$\boldsymbol{\psi}_{\mathrm{T}}=\boldsymbol{J}_{\mathrm{T}}^{-1}=\begin{bmatrix}\left(\frac{2E_sT^2}{3N_{\mathrm{o}}}\beta^2\sigma_b^2+\frac{1}{\sigma_a^2}\right)^{-1} & 0\\ 0 & \left(\frac{2E_s}{N_{\mathrm{o}}}+\frac{1}{\sigma_b^2}\right)^{-1}\end{bmatrix}$$

于是,同时估计 $a$ 和 $b$,若其估计量 $\hat{a}$ 和 $\hat{b}$ 分别是 $a$ 和 $b$ 的任意无偏估计量,则估计量的均方误差分别为

$$\mathbb{E}[(a-\hat{a})^2] \geqslant \psi_{T_{11}} = \left(\frac{2E_s T^2}{3N_o}\beta^2\sigma_b^2 + \frac{1}{\sigma_a^2}\right)^{-1}$$

$$\mathbb{E}[(b-\hat{b})^2] \geqslant \psi_{T_{22}} = \left(\frac{2E_s}{N_o} + \frac{1}{\sigma_b^2}\right)^{-1}$$

其中，$\boldsymbol{\psi}_{T_{11}}$ 和 $\boldsymbol{\psi}_{T_{22}}$ 为同时估计 $a$ 和 $b$ 时的估计量的克拉美-罗下界。

### 7.3.2 小样本下的克拉美-罗界

对式(7.2.2)的模型做如下假设。

(1) 信道复增益 $h_{rp}$ 是未知的常数，它们在时刻 $t=1,2,\cdots,N$ 恒定。

(2) $s_p(t)$ 是已知的第 $p$ 根发射天线在 $t$ 时刻的符号，对这些符号序列仅在得出渐近克拉美-罗界时做了假设，而在其他推导中不做任何假设。

(3) 每对收发天线的频率偏移量 $\omega_{rp}$ 可能不同，同步需要估计频率偏移量，与单纯的信道估计不同。

(4) $\eta_r(t)$ 是一个均值为 0，独立同分布的高斯随机过程。

在同步参数为非随机向量时，关于其估计参数的克拉美-罗界的分析结果如下。记

$$\boldsymbol{y}_r(t) = \bar{\boldsymbol{y}}_r(t) + \boldsymbol{\eta}(t) \tag{7.3.15}$$

其中，$\bar{\boldsymbol{y}}_r(t)$ 为无噪时的接收信号。将待估计参数写成向量形式

$$\boldsymbol{x} = \begin{bmatrix} \boldsymbol{x}_1 \\ \vdots \\ \boldsymbol{x}_{N_R} \end{bmatrix} \tag{7.3.16}$$

其中，$\boldsymbol{x}_r = [\mathrm{Re}(\boldsymbol{h}_r)^T, \mathrm{Im}(\boldsymbol{h}_r)^T, \boldsymbol{\omega}_r]^T$，$\boldsymbol{h}_r = [h_{r1}, h_{r2}, \cdots, h_{rN_T}]^T$，$\boldsymbol{\omega}_r = [\omega_{r1} \quad \omega_{r2} \quad \cdots \quad \omega_{rN_T}]^T$，$r=1,2,\cdots,N_R$。

假定各参数间互不相关，则数据信息矩阵为块对角矩阵，即

$$\boldsymbol{J}_D = \begin{bmatrix} \boldsymbol{J}_{D_1} & & \\ & \ddots & \\ & & \boldsymbol{J}_{D_{N_R}} \end{bmatrix} \tag{7.3.17}$$

对任一根接收天线 $r$，可推导出数据信息矩阵

$$\boldsymbol{J}_{D_r} = \frac{2}{\sigma^2}\begin{bmatrix} \mathrm{Re}(\boldsymbol{U}_r) & -\mathrm{Im}(\boldsymbol{U}_r) & -\mathrm{Im}(\boldsymbol{T}_r) \\ \mathrm{Im}(\boldsymbol{U}_r) & \mathrm{Re}(\boldsymbol{U}_r) & \mathrm{Re}(\boldsymbol{T}_r) \\ -\mathrm{Im}(\boldsymbol{T}_r)^T & \mathrm{Re}(\boldsymbol{T}_r)^T & \mathrm{Re}(\boldsymbol{V}_r) \end{bmatrix} \tag{7.3.18}$$

其中，$\boldsymbol{U}_r = \boldsymbol{S}_{\omega_r}^H \boldsymbol{S}_{\omega_r}$，$\boldsymbol{T}_r = \boldsymbol{S}_{\omega_r}^H \boldsymbol{D}_N \boldsymbol{S}_{\omega_r} \boldsymbol{D}(\boldsymbol{h}_r)$，$\boldsymbol{V}_r = \boldsymbol{D}^H(\boldsymbol{h}_r)\boldsymbol{S}_{\omega_r}^H \boldsymbol{D}_N^2 \boldsymbol{S}_{\omega_r} \boldsymbol{D}(\boldsymbol{h}_r)$，其中，$\boldsymbol{D}(\boldsymbol{h}_r) = \mathrm{diag}(h_r)$，$\boldsymbol{D}_N = \mathrm{diag}\{1,2,\cdots,M\}$。

令先验信息矩阵 $\boldsymbol{J}_P = \boldsymbol{0}$，此时 $\boldsymbol{x}_r$ 的克拉美-罗界为

$$\mathrm{CRB}(\boldsymbol{x}_r) = \frac{\sigma^2}{2}\begin{bmatrix} \mathrm{Re}(\boldsymbol{U}_r^{-1}) & -\mathrm{Im}(\boldsymbol{U}_r^{-1}) & 0 \\ \mathrm{Im}(\boldsymbol{U}_r^{-1}) & \mathrm{Re}(\boldsymbol{U}_r^{-1}) & 0 \\ 0 & 0 & 0 \end{bmatrix} + \frac{\sigma^2}{2}\begin{bmatrix} \mathrm{Im}(\boldsymbol{U}_r^{-1}\boldsymbol{T}_r) \\ -\mathrm{Re}(\boldsymbol{U}_r^{-1}\boldsymbol{T}_r) \\ \boldsymbol{I} \end{bmatrix} \times \mathrm{Re}(\boldsymbol{W}_r^{-1})$$

$$[\mathrm{Im}(\boldsymbol{U}_r^{-1}\boldsymbol{T}_r)^{\mathrm{T}} \quad -\mathrm{Re}(\boldsymbol{U}_r^{-1}\boldsymbol{T}_r)^{\mathrm{T}} \quad \boldsymbol{I}] \tag{7.3.19}$$

其中，$\boldsymbol{W}_r=\boldsymbol{V}_r-\boldsymbol{T}_r^{-1}\boldsymbol{U}_r^{-1}\boldsymbol{T}_r$。

由式(7.3.19)可得

$$\mathrm{CRB}(\boldsymbol{h}_r)=\frac{\sigma^2}{2}\{2\boldsymbol{U}_r^{-1}+\boldsymbol{U}_r^{-1}\boldsymbol{T}_r[\mathrm{Re}(\boldsymbol{W}_r)]^{-1}\boldsymbol{T}_r^{\mathrm{H}}\boldsymbol{U}_r^{-1}\} \tag{7.3.20}$$

$$\mathrm{CRB}(\boldsymbol{\omega}_r)=\frac{\sigma^2}{2}[\mathrm{Re}(\boldsymbol{V}_r-\boldsymbol{T}_r^{\mathrm{H}}\boldsymbol{U}_r^{-1}\boldsymbol{T}_r)]^{-1} \tag{7.3.21}$$

从式(7.3.20)和式(7.3.21)可以看出，$\mathrm{CRB}(\boldsymbol{h}_r)$和$\mathrm{CRB}(\boldsymbol{\omega}_r)$不仅与信道系数$h_{rp}(p=1,2,\cdots,N_{\mathrm{T}})$有关，而且与所有频偏$\omega_{rp}(p=1,2,\cdots,N_{\mathrm{T}})$有关。更进一步地说，它依赖于$\omega_{rp}-\omega_{rq}$，也即不同发送天线与一根接收天线间频偏的差异量。

### 7.3.3 渐近克拉美-罗界

小样本下的克拉美-罗下界的封闭式以极其复杂的形式依赖于信道增益和频偏，它不能直观地显示信道复增益对估计精度的影响，因此有必要研究大样本情形下的渐近克拉美-罗下界，它能够直观地显示出信道复增益对估计精度的影响，而且通过后面的仿真可以看到，即使在小样本情形下，渐近克拉美-罗界也能够很好地逼近克拉美-罗界，它提供了一种评价信道参数和训练序列对估计精度影响程度的工具，可以用它来设计训练序列的结构。

假设训练序列$\boldsymbol{S}_p(t),p=1,2,\cdots,N_{\mathrm{T}}$满足均值为零的平稳随机过程，通过研究训练序列长度趋于无穷时费希尔信息矩阵的极限，可以得到渐近克拉美-罗下界的极限，有

$$\begin{aligned}&\lim_{N\to\infty}\boldsymbol{J}_N\mathrm{CRB}(\boldsymbol{h}_r,\boldsymbol{\omega}_r)\boldsymbol{J}_N^{\mathrm{T}}\\&=\frac{\sigma^2}{2}\begin{bmatrix}2\boldsymbol{R}_r^{-1}+3\boldsymbol{D}(\boldsymbol{h}_r)\boldsymbol{\Gamma}_r^{-1}\boldsymbol{D}^{\mathrm{H}}(\boldsymbol{h}_r) & -6\mathrm{j}\boldsymbol{D}(\boldsymbol{h}_r)\boldsymbol{\Gamma}_r^{-1}\\ -6\mathrm{j}\boldsymbol{\Gamma}_r^{-1}\boldsymbol{D}^{\mathrm{H}}(\boldsymbol{h}_r) & 12\boldsymbol{\Gamma}_r^{-1}\end{bmatrix}\end{aligned} \tag{7.3.22}$$

其中，$\boldsymbol{J}_N=\begin{bmatrix}N^{1/2}\boldsymbol{I}_{N_{\mathrm{T}}} & \boldsymbol{0}\\ \boldsymbol{0} & N^{3/2}\boldsymbol{I}_{N_{\mathrm{T}}}\end{bmatrix}$；$[\boldsymbol{R}_r]_{pq}=\mathbb{E}[\boldsymbol{S}_p^*(t)\boldsymbol{S}_q(t)]\delta(\omega_{rp},\omega_{rq})$；$\boldsymbol{\Gamma}_r=\mathrm{Re}[\boldsymbol{D}^{\mathrm{H}}(\boldsymbol{h}_r)\boldsymbol{R}_r\boldsymbol{D}(\boldsymbol{h}_r)]$。

从式(7.3.22)可以看到，渐近克拉美-罗下界不再依赖于$\omega_{rp},p=1,2,\cdots,N_{\mathrm{T}}$，仅仅和它们是否相等有关。当不同发射天线上的数据序列为不相关的随机序列，即$\mathbb{E}\{\boldsymbol{Z}_p^*(t)\boldsymbol{Z}_q(t)\}=0$（当$p\neq q$或当$\omega_{rp}\neq\omega_{rq},\forall p\neq q$）时，使渐近克拉美-罗下界有非常简单的形式，即

$$\begin{aligned}\boldsymbol{C}_r&=\lim_{N\to\infty}\boldsymbol{J}_N\mathrm{CRB}(\boldsymbol{h}_r,\boldsymbol{\omega}_r)\boldsymbol{J}_N^{\mathrm{T}}\\&=\frac{\sigma^2}{2}\begin{bmatrix}5\boldsymbol{R}_r^{-1} & -6\mathrm{j}\boldsymbol{R}_r^{-1}\boldsymbol{D}^{-\mathrm{H}}(\boldsymbol{h}_r)\\ -6\mathrm{j}\boldsymbol{D}^{-1}(\boldsymbol{h}_r)\boldsymbol{R}_r^{-1} & 12\boldsymbol{D}^{-1}(\boldsymbol{h}_r)\boldsymbol{R}_r^{-1}\boldsymbol{D}^{-\mathrm{H}}(\boldsymbol{h}_r)\end{bmatrix}\end{aligned} \tag{7.3.23}$$

其中，$\boldsymbol{R}_r=\mathrm{diag}(P_1,P_2,\cdots,P_{N_{\mathrm{T}}}),P_p=\mathbb{E}[|s_p(t)|^2],p=1,2,\cdots,N_{\mathrm{T}}$。

这个结果意味着渐近稳态结果为

$$\mathrm{CRB}(h_{rp})=\frac{5\sigma^2}{2NP_p} \tag{7.3.24}$$

$$\mathrm{CRB}(\omega_{rp})=\frac{6\sigma^2}{N^3P_p\mid h_{rp}\mid^2} \tag{7.3.25}$$

可见，渐近克拉美-罗界与训练序列的长度 $N$ 和导频符号的功率 $P_p$ 有关，而与训练序列的实现形式无关。

### 7.3.4 仿真比较

以 2×2 的 MIMO 系统为例，通过 MATLAB 仿真研究估计下界。仿真中取两根发射天线与第 1 根接收天线间信道增益为 $\boldsymbol{h}_1=[h_{11},h_{12}]^{\mathrm{T}}=[0.2929+0.5169\mathrm{j},0.1074-0.9303\mathrm{j}]^{\mathrm{T}}$，频偏为 $\boldsymbol{\omega}_1=[\omega_{11},\omega_{12}]^{\mathrm{T}}=2\pi[0.01,0.0205]^{\mathrm{T}}$。不失一般性，给出第 1 根接收天线的同步参数仿真比较结果。图 7.3.1 分别给出了第 1 根接收天线上的 4 个同步参数 $\omega_{11}$、$\omega_{12}$、$h_{11}$ 和 $h_{12}$ 在 SNR=20dB 时，不同训练序列长度 $N$ 对克拉美-罗界(CRB)的影响。

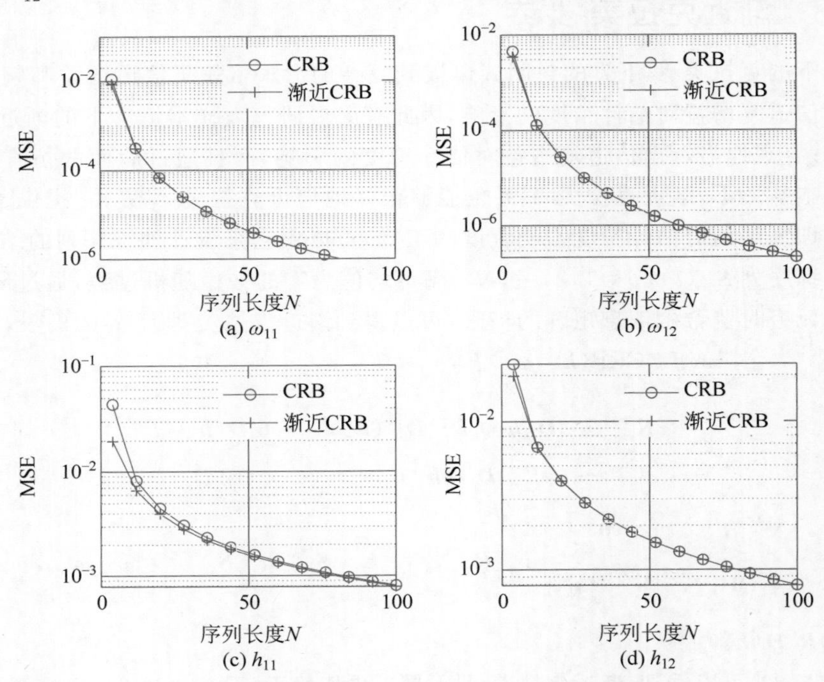


图 7.3.1 不同训练序列长度 $N$ 对克拉美-罗界的影响

从图 7.3.1 可以看到，即使在训练序列 $N$ 非常小的情况下，渐近克拉美-罗界也能非常接近克拉美-罗界，只是接收天线上的两个信道参数的克拉美-罗界在 $N$ 较小时有些许差异，当 $N>10$ 时，此差异接近 0。从式(7.3.24)和式(7.3.25)可知，渐近克拉美-罗界仅依赖于训练序列的能量，且能非常接近克拉美-罗界，由此可以分析得出克拉美-罗界对训练序列的实现形式并不敏感，能量相同的训练序列即使结构不同也会有相近的克拉美-罗界。

图 7.3.2 分别给出了第 1 根接收天线上的 4 个同步参数 $\omega_{11}$、$\omega_{12}$、$h_{11}$ 和 $h_{12}$ 在训练序列长度 $N=16$ 时，不同信噪比对克拉美-罗界的影响。可以看到，渐近克拉美-罗界与克拉美-罗界基本重合。

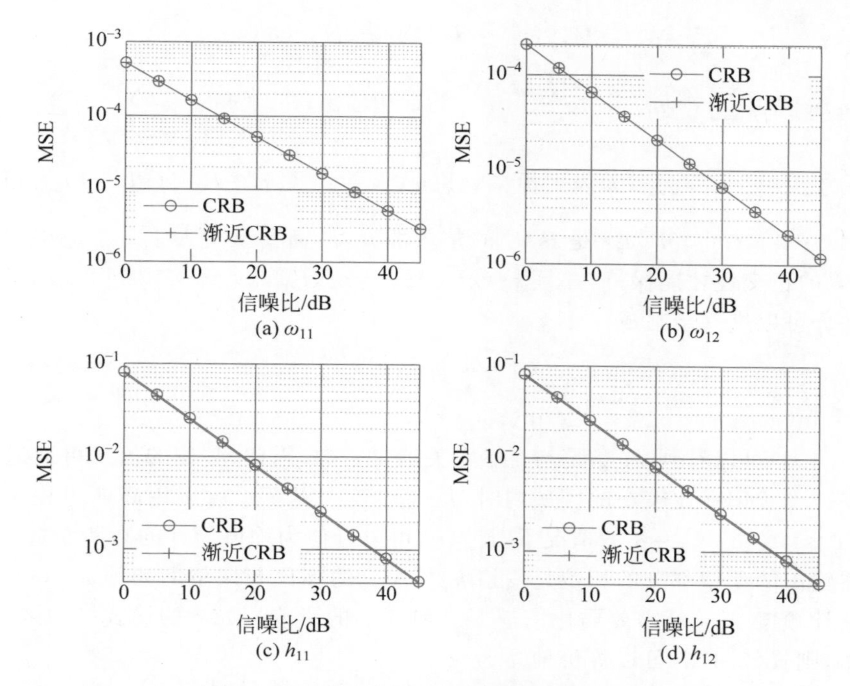


图 7.3.2 不同信噪比对克拉美-罗界的影响

## 7.4 MIMO 频偏参数估计的相关法

MIMO 系统的频率同步可以看成 $N_R$ 个 MISO 系统的频偏估计问题。在任一接收天线 $r$ 处需获取 $N_T$ 个频偏参数和 $N_T$ 个复信道增益，当从第 1 根到第 $N_R$ 根接收天线分别获取了频偏参数和复信道增益，就完成了 MIMO 系统的频率同步。

由于 MIMO 系统的接收信号是所有发送天线经信道传输的信号之和，当只考虑一根接收天线与多根发射天线间的频偏时，通过正交码导频和多天线之间的相关处理，可以获取频偏参数。

分析式(7.2.2)，接收信号 $y_r(t)$ 可以分解成 3 项，即

$$y_r(t)=h_{rp}s_p(t)\mathrm{e}^{\mathrm{j}2\pi f_{rp}t}+\sum_{l=1,l\neq p}^{N_T}h_{rl}s_l(t)\mathrm{e}^{\mathrm{j}2\pi f_{rl}t}+\eta_r(t) \tag{7.4.1}$$

其中，等号右侧的第 1 项是期望接收的第 $p$ 根发送天线上的信号；第 2 项是其他天线的干扰；第 3 项是第 $r$ 根接收天线上的噪声。很显然，要精确地估计第 $p$ 根发送天线上的频偏，第 2 项要尽可能地小甚至为 0。

借助沃尔什(Walsh)码的正交性，采用相关法来降低多天线干扰。为此，将接收信号分解成与发射天线数相同的 $N_T$ 个相关信号，同时选择相关长度 $P$，使得在一个训练序列周期 $L$ 中至少有一个相关最大值。将接收信号与第 $p$ 根发射天线上的训练序列 $s_p(t)$ 进行相关处理，相关器的输出可以写为

$$R_{rp}(n)=\sum_{l=0}^{L-1}y_r(nL+l)s_p(l)$$

$$=\mathbb{E}_{rp}(n)+I_{rp}(n)+N_{rp}(n) \tag{7.4.2}$$

其中，$\mathbb{E}_{rp}(n)=h_{rp}\sum_{l=1}^{L}s_l^2(nL+l)\mathrm{e}^{\mathrm{j}\omega_{rp}(nL+l)T}$ 为期望输出；$I_{rp}(n)=\sum_{m=1,m\neq p}^{N_\mathrm{T}}\sum_{l=1}^{L}h_{rl}s_p(nL+l)s_m(nL+l)\mathrm{e}^{\mathrm{j}\omega_{rp}(nL+l)T}$ 为多天线干扰；$N_{rp}(n)=\sum_{l=1}^{L}\eta_r(nL+l)s_p(nL+l)$ 为相干接收噪声；$n=0,1,\cdots,\lfloor P/L\rfloor$，$\lfloor P/L\rfloor$ 是 $P/L$ 的整数部分，$P$ 需要至少大于一个最小训练序列周期，沃尔什码的正交性才能保持，并且 $s_p(nL+l)=s_p(l)$。

期望部分可以进一步写成

$$E_{rp}(n)=h_{rp}A_{rp}\mathrm{e}^{\mathrm{j}\omega_{rl}(nL+l)T} \tag{7.4.3}$$

其中，$A_{rp}=\sin(\pi\omega_{rp}P)\mathrm{e}^{\mathrm{j}\pi\omega_{rp}(P+1)}/\sin(\pi\omega_{rp})$。

从式(7.4.3)可以看到，$A_{rp}$ 是与 $h_{rp}$ 无关的复常数，因此，频偏的信息可以通过相关输出提取出来。当频偏在比较小的区域内时，$I_{rp}(n)$较小以至于可以用高斯过程来近似。例如，当$|f_{rp}T|\leqslant 0.05$，$N_\mathrm{T}=4$ 的情况下，$I_{rp}(n)$可以近似为均值为 0 的高斯变量。

相关器输出的期望部分的相位是信道 $h_{rp}$、$A_{rp}$ 的相位与期望的频偏 $\omega_{rp}(nL+l)T$ 之和。为了估计频偏 $\omega_{rp}$，就需要弱化信道 $h_{rp}$ 和 $A_{rp}$ 的影响。如果假设式(7.4.2)的后两项为高斯分布，则式(7.4.3)可以等价地写为

$$C_{rp}(n)=|h_{rp}A_{rp}|\mathrm{e}^{\mathrm{j}\omega_{rp}TP} \tag{7.4.4}$$

在多个训练周期时，估计的 $C_{rp}$ 为

$$\hat{C}_{rp}=\frac{1}{\lfloor P/L\rfloor-1}\sum_{k=0}^{\lfloor P/L\rfloor-1}C_{rp}(k)C_{rp}^{*}(k-1) \tag{7.4.5}$$

然后，频偏 $\omega_{rp}$ 可以通过 $\hat{C}_{rp}$ 提取出来，写为

$$\omega_{rp}=\frac{1}{PT}\arg(\hat{C}_{rp}) \tag{7.4.6}$$

在实际系统中，频偏在数据块与数据块之间的变化很小，频偏估计可以通过大样本求均值的方法来提高精度。将观测到的 $B$ 个数据块的 $\hat{C}_{rp}$ 求平均后，可以得到具有更高精度的频偏估计为

$$\hat{\omega}_{rp}=\frac{1}{PT}\arg\left(\sum_{b=1}^{B}\hat{C}_{rp}\right) \tag{7.4.7}$$

## 7.5 MIMO 同步的最大似然估计法

采用估计方法进行同步时，可依据优化准则对频偏和复信道增益联合估计。本节首先介绍最大似然估计的基本原理，以及优化过程中所用到的牛顿迭代法和期望最大化算法，随后给出 MIMO 同步的具体应用方法。

### 7.5.1 估计原理

对于未知非随机向量$\boldsymbol{\theta}$，考虑式(7.3.1)的线性观测方程 $\boldsymbol{x}=\boldsymbol{H}\boldsymbol{\theta}+\boldsymbol{n}$，观测向量 $\boldsymbol{x}$ 的概率密度函数 $f(\boldsymbol{x}|\boldsymbol{\theta})$为似然函数。使似然函数最大的估计量，就是最大似然估计量$\hat{\boldsymbol{\theta}}_{\mathrm{ML}}$，

即有

$$\hat{\boldsymbol{\theta}}_{\mathrm{ML}}=\underset{\boldsymbol{\theta}}{\arg\max} f(\boldsymbol{x} \mid \boldsymbol{\theta}) \tag{7.5.1}$$

如果已知似然函数 $f(\boldsymbol{x} \mid \boldsymbol{\theta})$，那么$\hat{\boldsymbol{\theta}}_{\mathrm{ML}}$ 可由方程

$$\left.\frac{\partial f(\boldsymbol{x} \mid \boldsymbol{\theta})}{\partial \boldsymbol{\theta}}\right|_{\hat{\boldsymbol{\theta}}=\boldsymbol{\theta}_{\mathrm{ML}}}=\mathbf{0} \tag{7.5.2}$$

或

$$\left.\frac{\partial \ln f(\boldsymbol{x} \mid \boldsymbol{\theta})}{\partial \boldsymbol{\theta}}\right|_{\hat{\boldsymbol{\theta}}=\boldsymbol{\theta}_{\mathrm{ML}}}=\mathbf{0} \tag{7.5.3}$$

解得。称式(7.5.3)为最大似然方程。

最大似然估计是在已知观测向量的分布函数和若干观测样本值的情况下对未知参数的一种后验概率估计。假设 $N$ 个观测向量$\{\boldsymbol{x}_1,\boldsymbol{x}_2,\cdots,\boldsymbol{x}_N\}$是 IID 的，可以得到似然函数为

$$\mathcal{L}(\boldsymbol{\theta})=f(\boldsymbol{x} \mid \boldsymbol{\theta})=\prod_{i=1}^{N} f(\boldsymbol{x}_i \mid \boldsymbol{\theta}) \tag{7.5.4}$$

为了计算和分析的简便，由对数函数的性质及式(7.5.4)的连乘特征，常常取对数似然函数的最大化求得估计值。求最大值的方法一种是解析法，即计算似然函数并令导数为零；有时还使用牛顿迭代法；再有一种方法是期望最大化(Expectation Maximization，EM)法，将高维的参数估计问题进行简化，借助数值计算方法和一定的近似来求得数值解。

【例 7.5.1】 对于在加性噪声中单随机参量的估计问题，观测方程为

$$x_k=\theta+n_k,\quad k=1,2,\cdots,N$$

其中，$n_k$ 是均值为 0，方差为 $\sigma^2$ 的独立同分布高斯随机噪声，求 $\theta$ 的最大似然估计。

解 以 $\theta$ 为条件的观测向量 $\boldsymbol{x}=(x_1,x_2,\cdots,x_N)$的条件概率密度函数为

$$f(\boldsymbol{x} \mid \theta)=\left(\frac{1}{2\pi\sigma^2}\right)^{\frac{N}{2}} \exp\left[-\sum_{k=1}^{N}\frac{(x_k-\theta)^2}{2\sigma^2}\right]$$

求取其自然对数

$$\ln f(\boldsymbol{x} \mid \theta)=\frac{N}{2}\ln\left(\frac{1}{2\pi\sigma^2}\right)+\left[-\sum_{k=1}^{N}\frac{(x_k-\theta)^2}{2\sigma^2}\right]$$

再对 $\theta$ 求偏导，可得

$$\sum_{k=1}^{N}\frac{2(x_k-\theta)}{2\sigma^2}=0$$

故

$$\hat{\theta}_{\mathrm{ML}}=\frac{1}{N}\sum_{k=1}^{N}x_k$$

**1. 高斯噪声下非随机向量的最大似然估计**

同式(7.3.2)和式(7.3.3)，令 $g(\boldsymbol{\theta})=-\frac{1}{2}(\boldsymbol{x}-\boldsymbol{H\theta})^{\mathrm{T}}\boldsymbol{C}_n^{-1}(\boldsymbol{x}-\boldsymbol{H\theta})$，对式(7.3.3)两边取对数，得到

$$\ln p(\boldsymbol{x} \mid \boldsymbol{\theta})=-\ln(2\pi)^{N/2}-\ln|\boldsymbol{C}_n|^{N/2}+g(\boldsymbol{\theta}) \tag{7.5.5}$$

再令对数似然函数的偏导数为 0，即

$$\frac{\partial g(\boldsymbol{\theta})}{\partial \boldsymbol{\theta}} = \boldsymbol{H}^{\mathrm{T}} \boldsymbol{C}_n^{-1} (\boldsymbol{x} - \boldsymbol{H}\boldsymbol{\theta}) = 0 \tag{7.5.6}$$

因此,$\boldsymbol{\theta}$ 的最大似然估计向量为

$$\hat{\boldsymbol{\theta}}_{\mathrm{ML}} = (\boldsymbol{H}^{\mathrm{T}} \boldsymbol{C}_n^{-1} \boldsymbol{H})^{-1} \boldsymbol{H}^{\mathrm{T}} \boldsymbol{C}_n^{-1} \boldsymbol{x} \tag{7.5.7}$$

**2. 牛顿迭代法**

当求似然函数的极值困难时可采用牛顿迭代法。牛顿迭代法是一种通过数值迭代近似求解方程的方法,它使用函数 $f(x)$的泰勒级数展开式的前面几项寻找方程 $f(x)=0$ 的根。

在最大似然估计中,为了求得似然函数 $l(\theta)$的极值,有时需要求 $l'(\theta)=0$ 的根。将对数似然函数的导数 $l'(\theta)$在 $\theta^t$ 处进行泰勒级数展开,并令其等于 0,有

$$l'(\hat{\theta}) = l'(\theta^t) + (\hat{\theta} - \theta^t) l''(\theta^t) + \mathcal{O}(\hat{\theta} - \theta^t) = 0 \tag{7.5.8}$$

从而得到

$$\hat{\theta} \approx \theta^t + \frac{l'(\theta^t)}{l''(\theta^t)} \tag{7.5.9}$$

因此迭代机制为

$$\hat{\theta}^{t+1} \approx \theta^t + \frac{l'(\theta^t)}{l''(\theta^t)} \tag{7.5.10}$$

当未知向量 $\boldsymbol{\theta}$ 包含多个参数时,如 $\boldsymbol{\theta} = [\theta_1, \theta_2, \cdots, \theta_K]^{\mathrm{T}}$,迭代机制为

$$\hat{\boldsymbol{\theta}}^{t+1} \approx \boldsymbol{\theta}^t + \boldsymbol{H}^{-1} l'(\boldsymbol{\theta}^t) \tag{7.5.11}$$

其中,$l'(\boldsymbol{\theta}^t)$为对数似然函数 $l'(\boldsymbol{\theta})$的一阶偏导数向量; $\boldsymbol{H}$ 为二阶偏导数矩阵,它的元素为 $h_{ik} = \dfrac{\partial^2 l(\boldsymbol{\theta})}{\partial \theta_i \partial \theta_k}$。

**3. 期望最大化估计**

由于最大似然估计需要计算逆矩阵,在参数是高维时计算复杂度较高,可通过迭代的期望最大化算法简化估计。期望最大化算法实际上是对观测数据的似然函数 $L(x,\theta)$进行优化,这里观测量 $x$ 为不完全数据,因为还有一些没有观测到的缺失变量,或称为隐含变量 $z$。通过寻找隐含变量 $z$,再定义一个概率模型,把 $x$ 与 $z$ 联系起来,然后求取完整数据的似然函数 $f(x,z|\theta)$并使之最大化。期望最大化算法主要应用在两种场合,一种是由于观测过程或观测条件的限制,造成观测数据的缺失;另一种是获得最大似然估计的解析解困难,但是似然函数却可以通过假设存在额外的隐含参数而简化。例如,聚类问题中对参数做最大似然估计时的求解,由于观测过程的限制,似然函数解析式的极值很难求解,但若假设缺失数据即隐含变量的值已知,则似然函数形式将变得十分简单。

期望最大化算法的每次迭代有两个步骤,在 E 步,在给定观测数据的条件下,计算完整数据的似然函数 $f(x,z|\theta)$的数学期望,其中隐含变量 $z$ 为随机变量,该步骤需要利用参数的当前估计值计算缺失数据的条件期望;在 M 步,对该期望值进行最大化以得到当前迭代的参数估计。将该过程用公式表示如下。

在 E 步,求似然函数的数学期望,有

$$Q(\theta, \hat{\theta}^t) = \mathbb{E}\{\ln f(x, z \mid \theta) \mid x, \hat{\theta}^t\} = \int [\ln f(x, z \mid \theta) \mid x, \hat{\theta}^t] \mathrm{d}z \tag{7.5.12}$$

在 M 步,使似然函数最大,得到估计量的更新为

$$\hat{\theta}^{t+1}=\underset{\theta}{\operatorname{argmax}} \boldsymbol{Q}(\theta,\hat{\theta}^{t}) \tag{7.5.13}$$

在期望最大化算法中，E 步和 M 步循环不断地重复，直到达到要求的精度为止。在每次迭代中，均能保证似然函数值的增大，从而收敛到似然函数的局部最优值。

**4. 高斯混合模型中的期望最大化估计**

期望最大化估计算法的一个典型应用是高斯混合模型(Gaussian Mixed Model，GMM)。它是指由 $K$ 个高斯随机变量所组成的高斯变量，且每个高斯变量成分的权系数和为 1。例如，设一个班级每位学生的身高为随机变量 $x$，假设该班级中男生身高为随机变量 $x_1$，女生身高为随机变量 $x_2$，分别服从高斯分布，记为 $x_1\sim\mathcal{N}(\mu_1,\sigma_1^2)$ 和 $x_2\sim\mathcal{N}(\mu_2,\sigma_2^2)$，则高斯混合随机变量 $x=px_1+(1-0)x_2$ 也为高斯分布，且服从分布 $p\,\mathcal{N}(\mu_1,\sigma_1^2)+(1-p)\mathcal{N}(\mu_2,\sigma_2^2)$，其中 $p$ 为男生的比例，该模型即为高斯混合模型。

现考虑高斯混合模型的一般形式。设 $x$ 为高斯混合模型随机变量，表示为

$$x=\sum_{k=1}^{K}\alpha_k\theta_k \quad \text{s.t.} \sum_{k=1}^{K}\alpha_k=1 \tag{7.5.14}$$

其中，$\theta_k\sim\mathcal{N}(\mu_k,\sigma_k^2)$；权系数 $\alpha_k=f(x=k)>0$。

对于高斯混合模型，有如下表述成立。

(1) $f(x\mid\theta)=\sum_{k=1}^{K}\alpha_k f_k(x\mid\theta_k)$，其中，$\theta=(\alpha_1,\alpha_2,\cdots,\alpha_K,\theta_1,\theta_2,\cdots,\theta_K)$，满足 $\sum_{k=1}^{K}\alpha_k=1$，$f_k(x\mid\theta_k)$ 的权重为 $\alpha_k$。

(2) $\alpha_k=f(Y=k)$，$\sum_{k}\alpha_k=1$。

(3) $f_k(x)=f(x\mid Y=k)\sim\mathcal{N}(\mu_k,\Sigma_k)=\phi(x;\mu_k,\Sigma_k)$。

(4) $f(x;\mu,\Sigma)=\sum_{k=1}^{K}\alpha_k f_k(x)=\sum_{k=1}^{K}\alpha_k\phi(x;\mu_k,\Sigma_k)$。

当给定来自高斯混合模型的 IID 数据$(x_1,x_2,\cdots,x_n)$，需要求解参数$(\alpha_k,\mu_k,\Sigma_k)$。由于最大似然估计不能解析求得，因此通过期望最大化算法求解。将非完整数据$\{x_1,x_2,\cdots,x_n\}$转换为完整数据$(x_1,z_1),\cdots,(x_n,z_n)$，其中，$\{z_1,z_2,\cdots,z_n\}$是未观测到的隐含变量 $z$ 的值，且 $z_i$ 为 $x_i$ 所属的类别，若 $x_i$ 来自第 $k$ 个高斯变量，则 $z_i=k$。

非完整数据的对数似然函数可写为

$$\ln[\mathcal{L}(\theta\mid x)]=\ln\prod_{i=1}^{n}f(x_i\mid\theta)=\sum_{i=1}^{n}\ln\left[\sum_{k=1}^{K}\alpha_k f_k(x_i\mid\theta_k)\right] \tag{7.5.15}$$

这个对数似然包含了求和的对数运算，计算困难，为此，考虑完整似然函数，若隐含变量的值 $z=(z_1,z_2,\cdots,z_n)$ 也已知，可得到完整数据的似然函数为

$$\ln[\mathcal{L}(\theta\mid x,z)]=\ln\prod_{i=1}^{n}f(x_i,z_i\mid\theta)=\sum_{i=1}^{n}\ln(f(x_i,z_i\mid\theta)) \tag{7.5.16}$$

再由贝叶斯公式 $f(x,z|\theta)=f(x|z,\theta)f(z|\theta)$，可得

$$\ln[\mathcal{L}(\theta\mid x,z)]=\sum_{i=1}^{n}\ln[\underbrace{f(x_i\mid z_i,\theta)}_{\theta_{z_i}}\underbrace{f(z_i\mid\theta)}_{\alpha_{z_i}}]=\sum_{i=1}^{n}\ln[\alpha_{z_i}f_{z_i}(x_i\mid\theta_{z_i})] \tag{7.5.17}$$

可以看出，经由隐含变量 $z$ 后，完整数据的似然函数已变为求和的形式，明显简化。由

于 $z$ 是未知的，在计算完整似然函数时，对 $z$ 求期望，以去掉完整似然函数中的变量 $z$。

定义

$$Q(\theta,\theta^t)=\mathbb{E}\{\ln[\mathcal{L}(\theta \mid x,z)] \mid x,\theta^t\} \tag{7.5.18}$$

且 $z$ 的条件分布为

$$f(z \mid x,\theta^t)=\prod_{i=1}^{n} f(z_i \mid x_i,\theta^t) \tag{7.5.19}$$

其中，

$$f(z_i \mid x_i,\theta^t)=\frac{f(x_i \mid z_i,\theta^t)f(z_i \mid \theta^t)}{f(x_i \mid \theta^t)}=\frac{\alpha_{z_i} f_{z_i}(x_i \mid \theta_{z_i})}{\sum_{k=1}^{K}\alpha_k f_k(x_i \mid \theta_k)} \tag{7.5.20}$$

对 E 步得到的完整似然函数的期望 $Q(\theta,\theta^t)$ 求极大值，得到参数新的估计值，即

$$\theta^{t+1}=\underset{\theta}{\arg\max} Q(\theta,\theta^t) \tag{7.5.21}$$

每次参数更新会增大非完整似然函数值。反复迭代后，会收敛到似然的局部极大值。

接下来对期望最大化算法的收敛性进行分析。由式(7.5.18)，可知

$$\begin{aligned}Q(\theta,\theta^t)&=\mathbb{E}[\ln(\mathcal{L}(\theta \mid x,z)) \mid x,\theta^t]\\&=\int_{\in \Upsilon}\ln[\mathcal{L}(\theta \mid x,z)]f(z \mid x,\theta^t)\mathrm{d}z\end{aligned} \tag{7.5.22}$$

由 $\mathcal{L}(\theta|x,z)=f(x,z|\theta)=f(z|x,\theta)f(x|\theta)$，可得

$$\begin{aligned}Q(\theta,\theta^t)&=\int_{z\in \Upsilon}\ln(f(z \mid x,\theta))f(z \mid x,\theta^t)\mathrm{d}z+\int_{z\in \Upsilon}\ln(f(z \mid \theta))f(z \mid x,\theta^t)\mathrm{d}z\\&=\int_{z\in \Upsilon}\ln(f(z \mid x,\theta))f(z \mid x,\theta^t)\mathrm{d}z+\ln(f(x \mid \theta))\end{aligned} \tag{7.5.23}$$

当 $\theta=\theta^t$ 时，有

$$Q(\theta^t,\theta^t)=\int_{y\in \Upsilon}\ln(f(z \mid x,\theta^t))f(z \mid x,\theta^t)\mathrm{d}z+\ln(f(x \mid \theta^t)) \tag{7.5.24}$$

记 $l_n(\theta|x)=\ln(f(x|\theta))$，可求得相邻两次似然之差为

$$l_n(\theta^{t+1} \mid x)-l_n(\theta^t \mid x)= Q(\theta^{t+1},\theta^t)-Q(\theta^t,\theta^t)+\int_{z\in \Upsilon}\ln\frac{f(z \mid x,\theta^{t+1})}{f(z \mid x,\theta^t)}f(z \mid x,\theta^t)\mathrm{d}z \tag{7.5.25}$$

所以，根据散度定义 $D(f,g)=\int f(x)\ln\left[\frac{f(x)}{g(x)}\right]\mathrm{d}x$，式(7.5.25)可写为

$$l_n(\theta^{t+1} \mid x)-l_n(\theta^t \mid x)=Q(\theta^{t+1},\theta^t)-Q(\theta^t,\theta^t)+D(\theta^{t+1},\theta^t) \tag{7.5.26}$$

其中，

$$D(\theta^t,\theta^{t+1})=\int_{z\in \Upsilon}\ln\frac{f(z \mid x,\theta^t)}{f(z \mid x,\theta^{t+1})}f(z \mid x,\theta^t)\mathrm{d}z\geqslant 0 \tag{7.5.27}$$

为 KL 散度 (Kullack-Leibler Divergence)。

所以，如果 $Q$ 增大，则观测数据的似然增大；在 M 步，$Q$ 肯定增大；当 $Q$ 取极大值时，观测数据的似然也在相同点取极大值；期望最大化算法会收敛到似然的局部极大值。

由式(7.5.22)进一步推导完整似然函数的表达式为

$$\begin{aligned} Q(\theta,\theta^t) &= \mathbb{E}[\ln(\mathcal{L}(\theta \mid x,z)) \mid x,\theta^t] \\ &= \sum_{z\in \Upsilon} \ln \mathcal{L}(\theta \mid x,z) f(z \mid x,\theta^t) \\ &= \sum_{z\in Y} \sum_{i=1}^{n} \ln(\alpha_{z_i} f_{z_i}(x_i \mid \theta_{z_i})) \prod_{j=1}^{n} f(z_j \mid x_j,\theta^t) \\ &= \sum_{z\in Y} \sum_{i=1}^{n} \sum_{l=1}^{K} \delta_{z_i,l} \ln(\alpha_l f_l(x_i \mid \theta_l)) \prod_{i=1}^{n} f(z_i \mid x_i,\theta^t) \end{aligned} \tag{7.5.28}$$

其中，$\delta_{z_i,l}$ 为指示因子，当 $z_i \neq l$ 时为 0，否则为 1。因此可得

$$Q(\theta,\theta^t) = \sum_{l=1}^{K} \sum_{i=1}^{n} \ln(\alpha_l f_l(X_i \mid \theta_l)) \sum_{z\in \Upsilon} \delta_{z_i,l} \prod_{j=1}^{n} f(z_j \mid x_j,\theta^t) \tag{7.5.29}$$

其中，

$$\begin{aligned} \sum_{z\in \Upsilon} \delta_{z_i,l} \prod_{j=1}^{n} f(z_j \mid x_j,\theta^t) &= \sum_{z_1=1}^{K} \cdots \sum_{z_i=1}^{K} \cdots \sum_{z_n=1}^{K} \delta_{z_i,l} \prod_{j=1}^{n} f(z_j \mid x_j,\theta^t) \\ &= \left(\sum_{z_1=1}^{K} \cdots \sum_{z_{i-1}=1}^{K} \sum_{z_{i+1}=1}^{K} \cdots \sum_{z_n=1}^{K} \prod_{\substack{j=1\\ j\neq i}}^{n} f(z_j \mid x_j,\theta^t)\right) f(l \mid x_i,\theta^t) \\ &= \sum_{z\in \Upsilon} \underbrace{\delta_{z_i,l}}_{\text{当}z_i\neq l\text{时为}0} \prod_{j=1}^{n} f(z_j \mid x_j,\theta^t) \\ &= \left(\prod_{\substack{j=1\\ j\neq i}}^{n} \left[\sum_{z_j=1}^{K} f(z_i \mid x_i,\theta^t)\right]\right) f(l \mid x_i,\theta^t) \\ &= \sum_{l=1}^{K} \sum_{i=1}^{n} \ln(\alpha_l f_l(x_i \mid \theta_l)) f(l \mid x_i,\theta^t) \end{aligned} \tag{7.5.30}$$

其中，$\theta=(\alpha_1,\alpha_2,\cdots,\alpha_K,\theta_1,\theta_2,\cdots,\theta_K)$。

因此，在给定第 $t$ 次的猜测 $\theta^t$ 后，求得完整数据的似然函数为

$$Q(\theta,\theta^t) = \sum_{l=1}^{K} \sum_{i=1}^{n} \ln(\alpha_l) f(l \mid x_i,\theta^t) + \sum_{l=1}^{K} \sum_{i=1}^{n} \ln f_l(x_i \mid \theta_l) f(l \mid x_i,\theta^t) \tag{7.5.31}$$

并使得该似然函数最大化。这个过程反复迭代，直到收敛。

通过观察可以看出，式(7.5.31)右边第 1 项只与 $\alpha_l$ 有关，第 2 项只与 $\theta_l$ 有关。由于 $\alpha_l$ 有限制，引入拉格朗日乘子 $\lambda$，并求解

$$\frac{\partial}{\partial \alpha_l}\left[\sum_{l=1}^{K} \sum_{i=1}^{n} \ln(\alpha_l) f(l \mid x_i,\theta^t) + \lambda\left(\sum_{l=1}^{K} \alpha_l - 1\right)\right] = 0, \quad l=1,2,\cdots,K \tag{7.5.32}$$

可得

$$\sum_{i=1}^{n} \frac{1}{\alpha_l} f(l \mid x_i,\theta^t) + \lambda = 0, \quad l=1,2,\cdots,K \tag{7.5.33}$$

即有

$$\sum_{i=1}^{n} f(l \mid x_i, \theta^t) + \alpha_l \lambda = 0, \quad l = 1, 2, \cdots, K \tag{7.5.34}$$

可知，有

$$\sum_{l=1}^{K} \sum_{i=1}^{n} f(l \mid x_i, \theta^t) + \lambda \sum_{l=1}^{K} \alpha_l = 0 \tag{7.5.35}$$

交换第 1 项的求和位置，有

$$\underbrace{\sum_{i=1}^{n} \underbrace{\sum_{l=1}^{K} f(l \mid x_i, \theta^t)}_{1}}_{n} + \lambda \underbrace{\sum_{l=1}^{K} \alpha_l}_{1} = 0 \tag{7.5.36}$$

因而得出

$$\lambda = -n \tag{7.5.37}$$

再由式(7.5.33)，可得

$$\alpha_l = \frac{1}{n} \sum_{i=1}^{n} f(l \mid x_i, \theta^t) \tag{7.5.38}$$

同时，根据贝叶斯公式，可得

$$f(l \mid x_i, \theta^t) = \frac{\alpha_l^t f_l(x_i \mid \theta_l^t)}{\sum_{j=1}^{K} \alpha_j^t f_j(x_i \mid \theta_j^t)} \tag{7.5.39}$$

在高斯混合模型中，观测量 $\boldsymbol{x}$ 服从联合高斯分布，表示为

$$f_l(\boldsymbol{x} \mid \boldsymbol{\mu}_l, \boldsymbol{\Sigma}_l) = \frac{1}{(2\pi)^{n/2} \mid \boldsymbol{\Sigma}_l \mid^{n/2}} \exp\left[-\frac{1}{2}(\boldsymbol{x} - \boldsymbol{\mu}_l)^{\mathrm{T}} \boldsymbol{\Sigma}_l^{-1} (\boldsymbol{x} - \boldsymbol{\mu}_l)\right] \tag{7.5.40}$$

其中，$n$ 为观测值个数；$\boldsymbol{\mu}_l$ 和$\boldsymbol{\Sigma}_l$ 分别为第 $l$ 个成分的均值和方差。设$\boldsymbol{\theta}_l = (\boldsymbol{\mu}_l, \boldsymbol{\Sigma}_l)$，对$\boldsymbol{\theta}_l$ 的求取需要最大化式(7.5.40)。为此，对式(7.5.40)两边取自然对数，得到

$$\ln[f_l(\boldsymbol{x} \mid \boldsymbol{\mu}_l, \boldsymbol{\Sigma}_l)] = -\frac{n}{2}\ln 2\pi - \frac{1}{2}\ln|\boldsymbol{\Sigma}_l| - \frac{1}{2}(\boldsymbol{x} - \boldsymbol{\mu}_l)^{\mathrm{T}} \boldsymbol{\Sigma}_l^{-1} (\boldsymbol{x} - \boldsymbol{\mu}_l) \tag{7.5.41}$$

式(7.5.41)右边的第 1 项为与对数似然无关的常数项。因此，只需要最大化

$$\widetilde{Q}(\boldsymbol{\theta}, \boldsymbol{\theta}^t) = \sum_{l=1}^{K} \sum_{i=1}^{n} \left[-\frac{1}{2}\ln|\boldsymbol{\Sigma}_l| - \frac{1}{2}(\boldsymbol{x} - \boldsymbol{\mu}_l)^{\mathrm{T}} \boldsymbol{\Sigma}_l^{-1} (\boldsymbol{x} - \boldsymbol{\mu}_l)\right] f(l \mid \boldsymbol{x}_i, \boldsymbol{\theta}^t) \tag{7.5.42}$$

求其偏导数并令偏导数为 0，可得

$$\frac{\partial \widetilde{Q}}{\partial \boldsymbol{\mu}_l} = \sum_{i=1}^{n} \boldsymbol{\Sigma}^{-1} (\boldsymbol{x}_i - \boldsymbol{\mu}_l) f(l \mid \boldsymbol{x}_i, \boldsymbol{\theta}^t) = 0 \tag{7.5.43}$$

因而，有

$$\boldsymbol{\mu}_l = \frac{\sum_{i=1}^{n} f(l \mid \boldsymbol{x}_i, \boldsymbol{\theta}^t) \boldsymbol{x}_i}{\sum_{i=1}^{n} f(l \mid \boldsymbol{x}_i, \boldsymbol{\theta}^t)} \tag{7.5.44}$$

再由

$$\frac{\partial \widetilde{Q}}{\partial \boldsymbol{\Sigma}_l}=\sum_{i=1}^{n}\left[\boldsymbol{\Sigma}_l-(\boldsymbol{x}_i-\boldsymbol{\mu}_l)(\boldsymbol{x}_i-\boldsymbol{\mu}_l)^{\mathrm{T}}\right]f(l\mid \boldsymbol{x}_i,\boldsymbol{\theta}^t)=\boldsymbol{0} \tag{7.5.45}$$

得到

$$\boldsymbol{\Sigma}_l=\frac{\sum_{i=1}^{n}f(l\mid \boldsymbol{x}_i,\boldsymbol{\theta}^t)(\boldsymbol{x}_i-\boldsymbol{\mu}_l)(\boldsymbol{x}_i-\boldsymbol{\mu}_l)^{\mathrm{T}}}{\sum_{i=1}^{n}f(l\mid \boldsymbol{x}_i,\boldsymbol{\theta}^t)} \tag{7.5.46}$$

高斯混合模型的期望最大化算法步骤如算法7.5.1所示。

[算法7.5.1]　高斯混合模型的期望最大化算法

输入：$(\boldsymbol{x}_1,\boldsymbol{x}_2,\cdots,\boldsymbol{x}_n)$

输出：$(\alpha_k,\boldsymbol{\mu}_k,\boldsymbol{\Sigma}_k)$

步骤1：在$t=0$，初始化$\boldsymbol{\theta}^0=(\boldsymbol{\mu}_1^0,\boldsymbol{\mu}_2^0,\cdots,\boldsymbol{\mu}_K^0,\boldsymbol{\Sigma}_1^0,\boldsymbol{\Sigma}_2^0,\cdots,\boldsymbol{\Sigma}_K^0,\alpha_1^0,\alpha_2^0,\cdots,\alpha_K^0)$

步骤2：令$t=t+1$

　　计算式(7.2.20)，得到$f(l|\boldsymbol{x}_i,\boldsymbol{\theta}^{t+1})$

　　计算式(7.5.38)，得到$\alpha_l^{t+1}$

　　计算式(7.5.44)，得到$\boldsymbol{\mu}_l^{t+1}$

　　计算式(7.5.46)，得到$\boldsymbol{\Sigma}_l^{t+1}$

步骤3：判断是否满足收敛条件，若否，返回步骤2；若是，算法结束

## 7.5.2　期望最大化算法

要推导出MIMO频偏估计的最大似然估计算法，就必须知道接收信号的分布情况，由式(7.2.4)可知，$\boldsymbol{y}_r\sim\mathcal{CN}(\boldsymbol{S}_{\boldsymbol{\omega}_r}\boldsymbol{h}_r,\sigma^2\boldsymbol{I}_N)$，因而对数似然函数为

$$L_r(\boldsymbol{\omega}_r,\boldsymbol{h}_r)=-\left[N\ln(\pi\sigma^2)+\sigma^{-2}\|\boldsymbol{y}_r-\boldsymbol{S}_{\boldsymbol{\omega}_r}\boldsymbol{h}_r\|_2^2\right] \tag{7.5.47}$$

频偏和复信道增益在式(7.5.47)中是耦合的。若频偏已知，则可以得到信道复增益的估计值为

$$\hat{\boldsymbol{h}}_r=(\boldsymbol{S}_{\boldsymbol{\omega}_r}^{\mathrm{H}}\boldsymbol{S}_{\boldsymbol{\omega}_r})^{-1}\boldsymbol{S}_{\boldsymbol{\omega}_r}^{\mathrm{H}}\boldsymbol{y}_r \tag{7.5.48}$$

在信道复增益已知时，可估计$\boldsymbol{\omega}_r$为

$$\hat{\boldsymbol{\omega}}_r=\underset{\boldsymbol{\omega}_r}{\operatorname{argmax}}\,\boldsymbol{y}_r^{\mathrm{H}}\boldsymbol{S}_{\boldsymbol{\omega}_r}(\boldsymbol{S}_{\boldsymbol{\omega}_r}^{\mathrm{H}}\boldsymbol{S}_{\boldsymbol{\omega}_r})^{-1}\boldsymbol{S}_{\boldsymbol{\omega}_r}^{\mathrm{H}}\boldsymbol{y}_r \tag{7.5.49}$$

观察式(7.5.48)和式(7.5.49)可知，矩阵$\boldsymbol{S}_{\boldsymbol{\omega}_r}^{\mathrm{H}}\boldsymbol{S}_{\boldsymbol{\omega}_r}$必须可逆，则要求$\boldsymbol{S}_{\boldsymbol{\omega}_r}$必须列满秩，即要求$N\geqslant N_{\mathrm{T}}$；矩阵$\boldsymbol{S}_{\boldsymbol{\omega}_r}(\boldsymbol{S}_{\boldsymbol{\omega}_r}^{\mathrm{H}}\boldsymbol{S}_{\boldsymbol{\omega}_r})^{-1}\boldsymbol{S}_{\boldsymbol{\omega}_r}^{\mathrm{H}}$以极其复杂的方式依赖于$\boldsymbol{\omega}_r$；式(7.5.49)是一个多维($N_{\mathrm{T}}$维)优化问题，在多维空间中进行搜索求解的计算量将会很大。

因参数估计过程在所有的接收天线上相同，不失一般性，以下略去下标$r$。

**1. 频偏估计的最大化问题求解**

为避免复杂的矩阵运算，可将式(7.5.49)所表示的问题转换成$N_{\mathrm{T}}$个一维的最优化问题。通过选择特殊的训练序列，使矩阵$\boldsymbol{S}_{\boldsymbol{\omega}}^{\mathrm{H}}\boldsymbol{S}_{\boldsymbol{\omega}}$收敛于一个实值的对角矩阵。这样，当训练序列充分长时，有

$$\lim_{N\to\infty} \boldsymbol{y}^{\mathrm{H}}\boldsymbol{S}_{\boldsymbol{\omega}}(\boldsymbol{S}_{\boldsymbol{\omega}}^{\mathrm{H}}\boldsymbol{S}_{\boldsymbol{\omega}})^{-1}\boldsymbol{S}_{\boldsymbol{\omega}}^{\mathrm{H}}\boldsymbol{y}=\sum_{p=1}^{N_{\mathrm{T}}}\boldsymbol{P}_p^{-1}\left|\sum_{t=1}^{N}\boldsymbol{y}(t)\boldsymbol{S}_p^{\mathrm{H}}(t)\mathrm{e}^{-\mathrm{j}\omega_p t}\right|^2 \tag{7.5.50}$$

这表明，可将式(7.5.49)的问题转换成解耦的各项和，其中每项都仅依赖于一个 $\omega_p$。这样，这个最大化问题就可以通过 $\boldsymbol{y}(t)\boldsymbol{S}_p^{\mathrm{H}}(t)$ 的快速傅里叶变换得到。使 $\boldsymbol{S}_{\boldsymbol{\omega}}^{\mathrm{H}}\boldsymbol{S}_{\boldsymbol{\omega}}$ 为对角矩阵的方法是设计训练序列使任两根发送天线上的训练序列正交，即

$$\langle \boldsymbol{S}_p,\boldsymbol{S}_q\rangle=0,\quad \forall\,\omega_{rp},\omega_{rq} \tag{7.5.51}$$

问题转化为

$$\hat{\omega}_p=\underset{\omega_p}{\operatorname{argmax}}\left|\sum_{t=1}^{N/N_{\mathrm{T}}}\boldsymbol{y}(N_{\mathrm{T}}t-1)\boldsymbol{S}_p^{\mathrm{H}}(t)\mathrm{e}^{-\mathrm{j}2\omega_p t}\right|^2 \tag{7.5.52}$$

式(7.5.52)的最优点可通过快速傅里叶变换获得，参与变换的点数越多，频率的分辨率越高，频率偏置估计就越精确。

**2. 频偏的期望最大化估计**

在通过估计方法求解该问题时，用最大似然估计存在以下缺点：训练序列较长，需要用对角训练序列进行天线解耦，频率偏置的最优点由快速傅里叶变换得到，精度受限，而使用期望最大化算法对联合参数估计时不需要天线解耦，可通过多次迭代逼近真值。

为了估计各根发送天线上的频偏和复信道增益，依据克拉美-罗界与观测次数 $N$ 的关系，利用哈达玛乘积将式(7.2.1)改写。记第 $p$ 根发送天线的导频向量为

$$\boldsymbol{s}_p=[s_p(1),s_p(2),\cdots,s_p(N)]^{\mathrm{T}}$$

第 $p$ 根发射天线和第 $r$ 根接收天线间的频偏向量为

$$\boldsymbol{e}_{rp}=[\mathrm{e}^{\mathrm{j}\omega_{rp}},\mathrm{e}^{\mathrm{j}2\omega_{rp}},\cdots,\mathrm{e}^{\mathrm{j}N\omega_{rp}}]^{\mathrm{T}}$$

那么，第 $r$ 根接收天线上的接收信号向量 $\boldsymbol{y}_r$ 可以表示为

$$\boldsymbol{y}_r=\sum_{p=1}^{N_{\mathrm{T}}}(\boldsymbol{s}_p\circledast\boldsymbol{e}_{rp})h_{rp}+\boldsymbol{\eta}_r \tag{7.5.53}$$

其中，符号⊛表示哈达玛积(两个向量对应元素的乘积)；$\boldsymbol{\eta}_r\sim\mathcal{CN}(\boldsymbol{0},\sigma^2\boldsymbol{I}_N)$。

将待估计的参数记为 $\boldsymbol{\theta}=[\boldsymbol{\theta}_1^{\mathrm{T}},\cdots,\boldsymbol{\theta}_p^{\mathrm{T}},\cdots,\boldsymbol{\theta}_{N_{\mathrm{T}}}^{\mathrm{T}}]^{\mathrm{T}}$，其中 $\boldsymbol{\theta}_p^{\mathrm{T}}=[\omega_{rp},h_{rp}]^{\mathrm{T}}$ 是仅与第 $p$ 根发射天线和第 $r$ 根接收天线有关的一对参数。

观测到的信号向量为不完整数据空间，定义隐含数据空间为 $\boldsymbol{x}_r=[\boldsymbol{x}_{r1},\boldsymbol{x}_{r2},\cdots,\boldsymbol{x}_{rN_{\mathrm{T}}}]^{\mathrm{T}}$，其中的元素为

$$\boldsymbol{x}_{rp}\triangleq(\boldsymbol{s}_p\circledast\boldsymbol{e}_{rp})h_{rp}+\boldsymbol{\eta}_{rp},\quad p=1,2,\cdots,N_{\mathrm{T}} \tag{7.5.54}$$

由式(7.5.53)可以得到 $\boldsymbol{y}_r$ 与 $\boldsymbol{x}_{rp}$ 的关系为

$$\boldsymbol{y}_r=\sum_{p=1}^{N_{\mathrm{T}}}\boldsymbol{x}_{rp} \tag{7.5.55}$$

式(7.5.54)是将总的噪声向量 $\boldsymbol{\eta}_r$ 分成 $N_{\mathrm{T}}$ 个 $\boldsymbol{\eta}_{rp}$ 得到的，即满足 $\boldsymbol{\eta}_r=\sum_{p=1}^{N_{\mathrm{T}}}\boldsymbol{\eta}_{rp}$，各 $\boldsymbol{\eta}_{rp}$ 统计独立，且是均值为0，协方差矩阵为 $\alpha_p\sigma^2\boldsymbol{I}_N$ 的高斯随机向量，$\alpha_p$ 是满足 $\sum_{p=1}^{N_{\mathrm{T}}}\alpha_p=1$ 的非零正实数。最优选择 $\{\alpha_p\}_{p=1}^{N_{\mathrm{T}}}$ 的方法还无法找到，在实际应用时，可选择为使所有 $\alpha_p$ 相等，即

取 $\alpha_p=1/N_{\mathrm{T}}, p=1,2,\cdots,N_{\mathrm{T}}$。

为了分析求解的需要，定义$\boldsymbol{\theta}^{[m]}=[\boldsymbol{\theta}_1^{[m]},\cdots,\boldsymbol{\theta}_p^{[m]},\cdots,\boldsymbol{\theta}_{N_{\mathrm{T}}}^{[m]}]^{\mathrm{T}}$ 为第 $m$ 次迭代后求得的$\boldsymbol{\theta}$估计值，其中$\boldsymbol{\theta}_p^{[m]}=[\omega_{rp}^{[m]},h_{rp}^{[m]}]^{\mathrm{T}}$。先求期望

$$Q(\boldsymbol{\theta}\mid\boldsymbol{\theta}^{[m]})=\mathbb{E}[\ln f(\boldsymbol{x}_r\mid\boldsymbol{\theta})\mid\boldsymbol{y}_r,\boldsymbol{\theta}^{[m]}] \tag{7.5.56}$$

它条件依赖于不完整数据空间 $\boldsymbol{y}_r$ 和当前的估计值$\boldsymbol{\theta}^{[m]}$。由于似然函数为

$$\begin{aligned}f(\boldsymbol{x}_r\mid\boldsymbol{\theta})&=\prod_{p=1}^{N_{\mathrm{T}}}f(\boldsymbol{x}_{rp}\mid\boldsymbol{\theta}_p)\\&=\prod_{p=1}^{N_{\mathrm{T}}}\frac{1}{(\alpha_l\pi\sigma^2)^N}\exp\left[-\frac{1}{\alpha_l\sigma^2}\|\boldsymbol{x}_{rp}-(\boldsymbol{s}_p\circledast\boldsymbol{e}_{rp})h_{rp}\|^2\right]\end{aligned} \tag{7.5.57}$$

所以，可得

$$\begin{aligned}Q(\boldsymbol{\theta}\mid\boldsymbol{\theta}^{[m]})&=C_1-\mathbb{E}\left[\sum_{l=1}^{N_{\mathrm{T}}}\frac{1}{\alpha_l\sigma^2}\|\boldsymbol{x}_{rp}-(\boldsymbol{s}_p\circledast\boldsymbol{e}_{rp})h_{rp}\|^2\,\middle|\,\boldsymbol{y}_r,\boldsymbol{\theta}^{[m]}\right]\\&=C_2-\sum_{l=1}^{N_{\mathrm{T}}}\frac{1}{\alpha_l\sigma^2}\|\boldsymbol{x}_{rp}^{[m]}-(\boldsymbol{s}_p\circledast\boldsymbol{e}_{rp})h_{rp}\|^2\end{aligned} \tag{7.5.58}$$

其中，$C_1$ 和 $C_2$ 为与$\boldsymbol{\theta}$ 无关的常数；$\boldsymbol{x}_{rp}$ 和 $\boldsymbol{y}_r$ 均为高斯分布，且满足关系式(7.5.55)，得到

$$\begin{aligned}\boldsymbol{x}_{rp}^{[m]}&=\mathbb{E}(\boldsymbol{x}_{rp}\mid\boldsymbol{y}_r,\boldsymbol{\theta}^{[m]})\\&=(\boldsymbol{s}_p\circledast\boldsymbol{e}_{rp}^{[m]})h_{rp}^{[m]}+\alpha_l\left[\boldsymbol{y}_r-\sum_{u=1,u\neq p}^{N_{\mathrm{T}}}(\boldsymbol{s}_u\circledast\boldsymbol{e}_{ru}^{[m]})h_{ru}^{[m]}\right]\end{aligned} \tag{7.5.59}$$

然后进行最大化，表示为

$$\begin{aligned}\boldsymbol{\theta}^{[m+1]}&=\underset{\boldsymbol{\theta}}{\operatorname{argmax}}Q(\boldsymbol{\theta}\mid\boldsymbol{\theta}^{[m]})\\&=\underset{\boldsymbol{\theta}}{\operatorname{argmin}}\sum_{p=1}^{N_{\mathrm{T}}}\|\boldsymbol{x}_{rp}^{[m]}-(\boldsymbol{s}_p\circledast\boldsymbol{e}_{rp})h_{rp}\|^2\end{aligned} \tag{7.5.60}$$

式(7.5.60)表明，$\boldsymbol{\theta}$ 的更新可以分解成 $N_{\mathrm{T}}$ 步，每步分别更新$\boldsymbol{\theta}_p, p=1,2,\cdots,N_{\mathrm{T}}$。因此，可确定 $\hat{\boldsymbol{\theta}}_p^{[m+1]}$ 为

$$\begin{aligned}\boldsymbol{\theta}_p^{[m+1]}&=\underset{\boldsymbol{\theta}_p}{\operatorname{argmin}}\|\boldsymbol{x}_{rp}^{[m]}-(\boldsymbol{x}_p\circledast\boldsymbol{e}_{rp})h_{rp}\|^2\\&=\underset{\boldsymbol{\theta}_p}{\operatorname{argmin}}\sum_{t=1}^{N}|x_{rp}^{[m]}(t)-s_p(t)\mathrm{e}^{\mathrm{j}\omega_{rp}t}h_{rp}|^2\end{aligned} \tag{7.5.61}$$

这样，顺序计算式(7.5.59)与式(7.5.61)，就完成了期望最大化算法的一次迭代，如果没有达到终止条件，就进入下一次迭代。

1) 期望条件最大化算法

期望最大化算法的全局优化能力依赖于初始值$\boldsymbol{\theta}^0$。当完整数据的维数很大时，其收敛速率非常慢。期望最大化估计中的期望条件最大化(Expectation Conditional Maximization, ECM)和空间交替广义期望最大化(Space-Alternating Generalized Expectation maximization, SAGE)算法可显著减小最大似然估计的计算复杂度。

期望条件最大化算法将 M 步分成几个低复杂度的步骤。它把估计向量$\boldsymbol{\theta}$ 分成$M$ 组参数 $\theta_l, l=1,2,\cdots,M$，在第 $m$ 次迭代中，在更新某组参数 $\theta_l$ 时，其他组的参数用最新值固

定。空间交替广义期望最大化算法序列地更新变量，当一组参数更新时，其他组参数固定，它给每组参数定义一个不完整数据。

与标准期望最大化算法相对比，期望条件最大化算法包含以下两个小步骤。

步骤1：当 $\hat{h}_{rp}^{[m]}$ 固定时，确定 $\omega_{rp}$ 的更新，即$\hat{\boldsymbol{\theta}}_p^{[m+1/2]}=[\hat{\omega}_{rp}^{[m+1]} \quad \hat{h}_{rp}^{[m]}]^{\mathrm{T}}$，其中

$$\begin{aligned}\hat{\omega}_{rp}^{[m+1]} &= \underset{\omega_{rp}}{\operatorname{argmin}} \| \boldsymbol{x}_{rp}^{[m]} - (\boldsymbol{s}_p \circledast \boldsymbol{e}_{rp}) h_{rp} \|^2 \Big|_{h_{rp}=\hat{h}_{rp}^{[m]}} \\ &= \underset{\omega_{rp}}{\operatorname{argmin}} \sum_{t=1}^{N} | \hat{x}_{rp}^{[m]}(t) - s_p(t) \mathrm{e}^{\mathrm{j}\omega_{rp}t} \hat{h}_{rp}^{[m]} |^2 \\ &= \underset{\omega_{rp}}{\operatorname{argmax}} \sum_{t=1}^{N} \operatorname{Re}\{[\hat{x}_{rp}^{[m]}(t)]^* s_p(t) \hat{h}_{rp}^{[m]} \mathrm{e}^{\mathrm{j}\omega_{rp}t}\}\end{aligned} \tag{7.5.62}$$

其中，$\hat{\boldsymbol{x}}_{rp}^{[m]}$ 为对$\boldsymbol{S}_{\boldsymbol{\omega}_r}$ 的第 $m$ 次迭代估计值$\hat{\boldsymbol{S}}_{\boldsymbol{\omega}_r}^{[m]}$ 的第 $p$ 列向量。

式(7.5.62)是非线性的，将 $\mathrm{e}^{\mathrm{j}\omega_{rp}t}$ 在 $\hat{\omega}_{rp}^{[m]}$ 进行二阶泰勒级数展开，得到

$$\mathrm{e}^{\mathrm{j}\omega_{rp}t} \approx \mathrm{e}^{\mathrm{j}\hat{\omega}_{rp}^{[m]}t} + (\omega_{rp} - \hat{\omega}_{rp}^{[m]})(\mathrm{j}t)\mathrm{e}^{\mathrm{j}\hat{\omega}_{rp}^{[m]}t} + \frac{1}{2}(\omega_{rp} - \hat{\omega}_{rp}^{[m]})^2(\mathrm{j}t)^2\mathrm{e}^{\mathrm{j}\hat{\omega}_{rp}^{[m]}t} \tag{7.5.63}$$

将式(7.5.63)代入式(7.5.62)，可得

$$\hat{\omega}_{rp}^{[m+1]} = \hat{\omega}_{rp}^{[m]} - \frac{\sum_{t=1}^{N} t \operatorname{Im}\{[\hat{\boldsymbol{x}}_{rp}^{[m]}(t)]^* s_p(t) \hat{h}_{rp}^{[m]} \mathrm{e}^{\mathrm{j}\hat{\omega}_{rp}^{[m]}t}\}}{\sum_{t=1}^{N} t^2 \operatorname{Re}\{s_p(t) \hat{h}_{rp}^{[m]} \mathrm{e}^{\mathrm{j}\hat{\omega}_{rp}^{[m]}t}\}} \tag{7.5.64}$$

式(7.5.64)仅当式(7.5.62)中 Re{ · }里的函数为凸函数时成立。虽然这个结论很难证明，但根据仿真，可以观测到该函数为凸函数。

步骤2：固定 $\omega_{rp}$ 为最新值 $\hat{\omega}_{rp}^{[m+1]}$，确定 $h_{rp}$ 的更新 $h_{rp}^{[m+1]}$ 为

$$\begin{aligned}\hat{h}_{rp}^{[m+1]} &= \underset{h_{rp}}{\operatorname{argmin}} \| \hat{\boldsymbol{x}}_{rp}^{[m]} - (s_p \circledast e_{rp}) h_{rp} \|^2 \Big|_{\omega_{rp}=\hat{\omega}_{rp}^{[m+1]}} \\ &= \underset{h_{rp}}{\operatorname{argmin}} \sum_{t=1}^{N} | \hat{\boldsymbol{x}}_{rp}^{[m]}(t) - s_p(t) \mathrm{e}^{\mathrm{j}\hat{\omega}_{rp}^{[m+1]}t} h_{rp} |^2\end{aligned} \tag{7.5.65}$$

其解为

$$\hat{h}_{rp}^{[m+1]} = \frac{1}{\sum_{t=1}^{N} | s_p(t) |^2} \sum_{t=1}^{N} \frac{\hat{\boldsymbol{x}}_{rp}^{[m]}(t) s_p^*(t)}{\mathrm{e}^{\mathrm{j}\hat{\omega}_{rp}^{[m+1]}t}} \tag{7.5.66}$$

2) 空间交替广义期望最大化算法

空间交替广义期望最大化算法同样把估计参数$\boldsymbol{\theta}$ 分解成 $N_{\mathrm{T}}$ 组，并给每组选择一个隐含空间。每组参数更新时，另外组的参数用最新的值固定。对每组参数$\boldsymbol{\theta}_p$，$p=1,2,\cdots,N_{\mathrm{T}}$，将不完整数据空间定义为

$$\boldsymbol{z}_{rp} \triangleq (\boldsymbol{s}_p \circledast \boldsymbol{e}_{rp}) \boldsymbol{h}_{rp} + \boldsymbol{\eta} \tag{7.5.67}$$

它选择的不完整数据空间与全部噪声有关，以减少费希尔信息矩阵的维数并提高收敛速度。

空间交替广义期望最大化算法在第 $m$ 次的迭代中也包括 E 步和 M 步。在 E 步，在给定参数$\boldsymbol{\theta}_p$ 并且其他组参数$\boldsymbol{\theta}_u$，$u \neq p$ 以最新值$\hat{\boldsymbol{\theta}}_u^{[m]}$ 固定，作不完整数据空间似然函数的期

望，它条件依赖于观测向量 $\boldsymbol{y}_r$ 和当前的估计值$\hat{\boldsymbol{\theta}}^{[m]}$，即

$$Q(\boldsymbol{\theta}_p \mid \hat{\boldsymbol{\theta}}^{[m]}) = \mathbb{E}[\ln f(\boldsymbol{z}_{rp} \mid \boldsymbol{\theta}_p, \{\hat{\boldsymbol{\theta}}_u^{[m]}\}_{u \neq p}) \mid \boldsymbol{y}_r, \hat{\boldsymbol{\theta}}^{[m]}] \tag{7.5.68}$$

其中，

$$f(\boldsymbol{z}_{rp} \mid \boldsymbol{\theta}_p, \{\hat{\boldsymbol{\theta}}_v^{[m]}\}_{v \neq p}) = \frac{1}{(\pi\sigma^2)^N}\exp\left[-\frac{1}{\sigma^2}\| \boldsymbol{z}_{rp} - (\boldsymbol{s}_p \circledast \boldsymbol{e}_{rp})h_{rp} \|^2\right] \tag{7.5.69}$$

将式(7.5.69)代入式(7.5.68)，可得

$$\begin{aligned} Q(\boldsymbol{\theta}_p \mid \hat{\boldsymbol{\theta}}^{[m]}) &= C_3 - \frac{1}{\sigma^2}\mathbb{E}[\| \boldsymbol{z}_{rp} - (\boldsymbol{s}_p \circledast \boldsymbol{e}_{rp})h_{rp} \|^2 \mid \boldsymbol{y}_r, \hat{\boldsymbol{\theta}}^{[m]}] \\ &= C_4 - \frac{1}{\sigma^2}\| \hat{\boldsymbol{z}}_{rp}^{[m]} - (\boldsymbol{s}_p \circledast \boldsymbol{e}_{rp})h_{rp} \|^2 \end{aligned} \tag{7.5.70}$$

其中，

$$\begin{aligned} \hat{\boldsymbol{z}}_{rp}^{[m]} &\triangleq \mathbb{E}(\boldsymbol{z}_{rp} \mid \boldsymbol{y}_r, \hat{\boldsymbol{\theta}}^{[m]}) \\ &= (\boldsymbol{s}_p \circledast \hat{\boldsymbol{e}}_{rp}^{[m]})\hat{h}_{rp}^{[m]} + \left(\boldsymbol{y}_r - \sum_{u=1}^{N_\mathrm{T}}(\boldsymbol{s}_u \circledast \hat{\boldsymbol{e}}_{ru}^{[m]})\hat{h}_{ru}^{[m]}\right) \\ &= \boldsymbol{y}_r - \sum_{u=1, u \neq p}^{N_\mathrm{T}}(\boldsymbol{s}_u \circledast \hat{\boldsymbol{e}}_{ru}^{[m]})\hat{h}_{ru}^{[m]} \end{aligned} \tag{7.5.71}$$

$C_3$ 和 $C_4$ 是与$\boldsymbol{\theta}_p$ 无关的常数。

在 M 步中，$\boldsymbol{\theta}_p$ 的更新$\hat{\boldsymbol{\theta}}_p^{[m+1]}$ 为

$$\begin{aligned} \hat{\boldsymbol{\theta}}_p^{[m+1]} &= \underset{\boldsymbol{\theta}_p}{\arg\max} Q(\boldsymbol{\theta}_p \mid \hat{\boldsymbol{\theta}}_p^{[m]}) \\ &= \underset{\boldsymbol{\theta}_p}{\arg\min}\| \hat{\boldsymbol{z}}_{rp}^{[m]} - (\boldsymbol{s}_p \circledast \boldsymbol{e}_{rp})h_{rp} \|^2 \end{aligned} \tag{7.5.72}$$

其计算过程可如期望条件最大化算法的更新过程。

### 7.5.3　算法的性能比较

本节给出所讨论的同步方法的仿真结果。仿真所用参数如7.3.4节，取数据长度 $N=32$，相关法中沃尔什码的长度 $L=4$，每个训练序列都包含 $L=4$ 个重复块，每个重复块都取自相应大小的沃尔什矩阵的行。迭代算法的终止条件设置为 $\| \boldsymbol{\theta}^{[m+1]} - \boldsymbol{\theta}^{[m]} \|_2^2 \leqslant 10^{-3}$。性能指标设置为均方误差 $\mathrm{MSE} = \frac{1}{1000}\sum_{n=1}^{1000}\| \boldsymbol{\theta} - \hat{\boldsymbol{\theta}}_n \|_2^2$，它为1000次蒙特卡洛仿真所获得的估计误差平方的平均值。迭代算法所需的频偏初值由相关估计法得到，并利用最大似然估计算法求得信道增益的初值。同时，在期望条件最大化算法和空间交替广义期望最大化算法中，还直接采用 $\boldsymbol{h}^{[m+1]} = [(\boldsymbol{S}_{\omega_r}^{[m]})^\mathrm{H}\boldsymbol{S}_{\omega_r}^{[m]}]^{-1}(\boldsymbol{S}_{\omega_r}^{[m]})^\mathrm{H}\boldsymbol{y}_r$ 改进算法性能。

与仿真克拉美-罗界类似，给出第 1 根发射天线和第 1 根接收天线间的参数估计结果。图 7.5.1(a)和图 7.5.1(b)分别示出了联合估计 $\omega_{11}$ 和信道增益 $h_{11}$ 时均方误差随信噪比的变化曲线。可以看出，采用相关法估计频率偏移的均方误差在信噪比较高时性能较佳，改进的期望条件最大化算法和空间交替广义期望最大化算法在低信噪比时性能可接近克拉美-罗界。

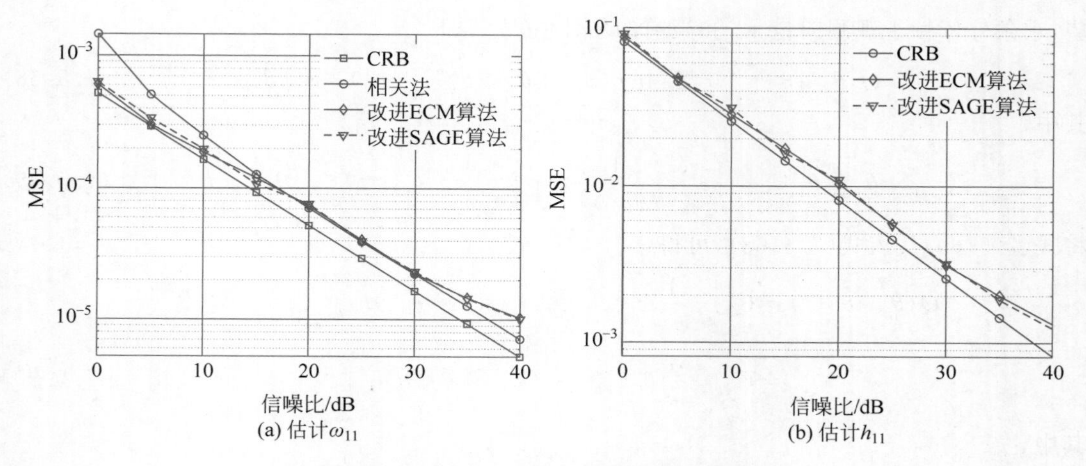


图 7.5.1　均方误差随信噪比的变化曲线

图 7.5.2 所示为误差达到允许值时所需的迭代次数随信噪比的变化曲线。可以看出，期望条件最大化算法具有较快的收敛速度，但总体的迭代次数不够平稳，其改进算法未出现不平稳的情况。改进的空间交替广义期望最大化算法的收敛速度有大幅度的提升，表明了它的优良性能。图 7.5.3 所示为在信噪比为 20dB 时，均方误差随迭代次数的变化曲线。可以看出，期望条件最大化算法与相应的改进算法以同样的速度收敛于克拉美-罗界，空间交替广义期望最大化算法的收敛速度比前两者有较大提高，在信噪比为 20dB 时，仅需 11 次迭代就可达到克拉美-罗界。

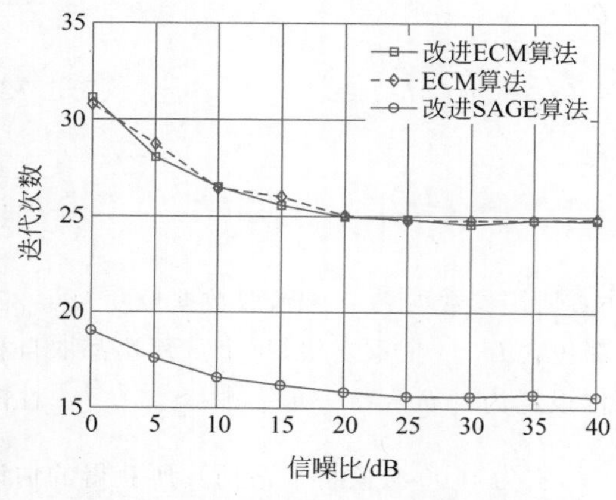


图 7.5.2　迭代次数随信噪比的变化曲线

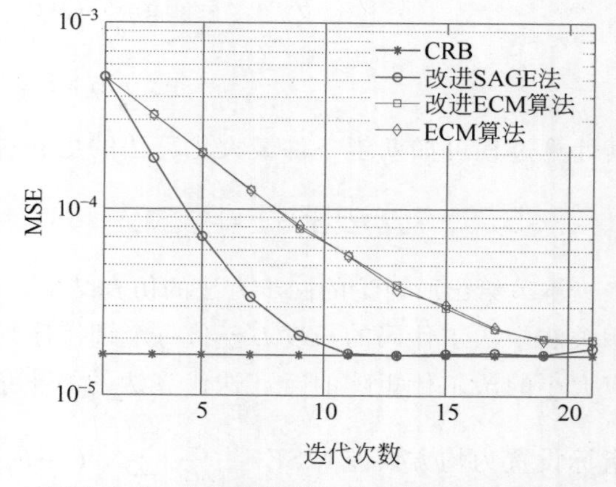


图 7.5.3　均方误差随迭代次数的变化曲线

## 本章小结

本章介绍 MIMO 传输的同步参数与同步参数的获取方法，从单天线的符号同步、帧同步和频偏同步的物理原理出发，讨论了多天线的同步参数获取方法，阐述了克拉美-罗估计下界的原理和 MIMO 同步参数的估计下界。本章对相关法和最大似然估计两种方法做了对比，在阐述高斯混合模型的期望最大化算法原理后，对同步中的期望最大化算法的迭代方式做了详细说明，最后给出了算法的性能比较。

## 本章习题

7.1　系统使用重复的4个训练子帧，帧结构如题7.1图所示。

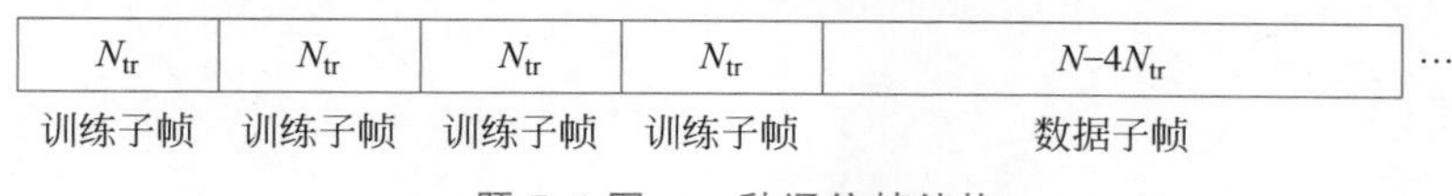


题7.1图　一种通信帧结构

(1) 假设采用帧同步、频率偏移估计和仅使用两个长度为 $N_{tr}$ 的训练序列的信道估计算法，忽略图中其余两次训练子帧的数据，请说明帧同步、频率偏移估计和信道估计如何在上述帧结构上工作。

(2) 试给出一种使用两个长度为 $2N_{tr}$ 的训练信号的基于相关的频率偏移估计量。

(3) 将帧结构中长度为 $N_{tr}$ 的训练数据重复4次，给出此时基于相关的频率偏移估计量。

(4) 在题(2)和题(3)中可以纠正的频率偏移各是多少？哪种在准确度与范围方面更好？

(5) 假设翻转了第3个训练数据的符号，训练数据从训练子帧 $T,T,T,T$ 变化为 $T,T,-T,T$，试问哪种训练符号更好？

(6) 如果训练子帧为 $T,T,-T,T$，它可以纠正哪些频率范围？这个算法与未调整前的帧结构相比，性能有何变化？

7.2　考虑如下观测信号：

$$x(t)=a\cos\omega_1 t+b\cos(\omega_2 t+\theta)+n(t),\quad 0\leqslant t\leqslant T$$

其中，$n(t)$为均值为0，功率谱密度为$N_o/2$的高斯白噪声，若信号参量$a$和$b$已知，随机相位$\theta$在$(-\pi,\pi)$上均匀分布，频率$\omega_2$是待估计量。为了获得频率$\omega_2$的最大似然估计量，请问估计频率$\omega_2$的接收机结构是怎样的？

7.3　考虑如下观测信号：

$$x(t)=a\cos(\omega_1 t+\theta_1)+b\cos(\omega_2 t+\theta_2)+n(t),\quad 0\leqslant t\leqslant T$$

其中，$n(t)$为均值为0，功率谱密度为$N_o/2$的高斯白噪声，信号参量$a$和$b$已知，随机相位相互统计独立，并在$(-\pi,\pi)$上均匀分布。设

$$\int_0^T\cos(\omega_1 t+\theta_1)\cos(\omega_2 t+\theta_2)\mathrm{d}t=0$$

为了同时获得频率$\omega_1$和$\omega_2$的最大似然估计量，请问估计频率的接收机的结构是怎样的？

7.4　考虑如下观测信号：

$$x(t)=a\cos\omega_1 t+b\cos\omega_2 t+n(t),\quad 0\leqslant t\leqslant T$$

其中，$n(t)$为均值为0，功率谱密度为$N_o/2$的高斯白噪声。若信号参量$a$和$b$未知，试写出4个参量$a$、$b$、$\omega_1$和$\omega_2$联合估计的最大似然估计公式，给出期望最大化估计法的求解过程。

# 第 8 章 时变随机通信模型中的滤波

CHAPTER 8

无线通信系统存在大量随机时变信号。这些信号主要源自复杂而开放的无线传输环境中的信道衰落和噪声，同时也受到电子设备运行和数字信号处理算法的影响。用滤波方法对时变随机模型下的通信信号进行处理，一直是通信研究领域中的一个重要方向。

本章介绍动态滤波方法及其在定位、感知和通信信号模型中的应用。首先给出横向滤波器的正交性原理，随后介绍卡尔曼滤波的原理、公式推导、实现方法和应用案例，接着阐述扩展卡尔曼滤波、无迹卡尔曼滤波和粒子滤波的原理。

## 8.1 动态滤波简介

动态滤波是对随时间变化的参量进行估计，包括连续信号情况下信号波形的估计，或离散情况下信号状态的估计，统称为信号波形的估计。滤波是从被噪声干扰的动态观测信号中按照一定的优化准则提取出有用信号的过程。观测信号可以表示为

$$y(t)=x(t)+n(t) \tag{8.1.1}$$

其中，$x(t)$为信号，$n(t)$为噪声。滤波的目标是从 $y(t)$中获得某种意义上的最优估计$\hat{x}(t)$。按照对信号波形估计的不同，可以分为滤波、预测和平滑 3 种基本波形估计。如果由 $y(t)$得到 $x(t)$的估计 $\hat{x}(t)$，则称这种估计为滤波。如果由 $y(t)$得到 $x(t+a)$，$a>0$ 的估计 $\hat{x}(t+a)$，则称这种估计为预测(外推)。如果由 $y(t)$得到 $\hat{x}(t-a)$，$a>0$ 的估计$\hat{x}(t-a)$，则称这种估计为平滑(内插)。

对于离散信号的情况，设信号在 $n$ 时刻的状态由 $M$ 维状态向量 $\boldsymbol{x}(n)$描述，则观测方程可以表示为

$$\boldsymbol{y}(n)=\boldsymbol{H}(n)\boldsymbol{x}(n)+\boldsymbol{v}(n) \tag{8.1.2}$$

其中，$\boldsymbol{y}(n)$为 $n$ 时刻的 $N$ 维观测向量；$\boldsymbol{H}(n)$为 $n$ 时刻的 $N\times M$ 观测矩阵；$\boldsymbol{v}(n)$为 $n$ 时刻的 $N$ 维观测噪声向量。信号的离散状态估计就是利用 $\boldsymbol{y}(n)$，$\boldsymbol{y}(n-1)$，…，$\boldsymbol{y}(n-k)$，若估计当前 $n$ 时刻的信号状态，则记为 $\hat{\boldsymbol{x}}(n)$，称为状态滤波；若估计未来 $n+l$ 时刻的信号状态，则记为 $\hat{\boldsymbol{x}}(n+l|n)(l>0)$，称为状态预测(外推)；若估计过去 $n-l$ 时刻的信号状态，则记为 $\hat{\boldsymbol{x}}(n-l|n)(l>0)$，称为状态平滑(内插)。

维纳滤波和卡尔曼滤波是实现从噪声中提取信号，完成信号波形估计的两种线性最优估计方法。然而，维纳滤波通常仅适用于一维平稳随机信号，局限性较大。卡尔曼滤波在维

纳滤波的基础上提出,其理论背景可以追溯到20世纪中叶。当时,美国为了实现阿波罗登月计划,需要解决如何在月球表面进行自主移动导航的问题。为此,数学家卡尔曼于1960年提出了基于最小二乘法和维纳滤波理论的优化估计算法,也就是本章将要介绍的卡尔曼滤波。卡尔曼滤波器(Kalman Filter,KF)具有一般横向滤波器的结构,但有别于维纳滤波只适用于平稳随机过程的局限,它既适用于平稳随机过程,又适用于非平稳过程,这使它具有无可比拟的优势。卡尔曼滤波从时序上不完整的和包含噪声的观测信号中对动态系统的状态进行最优估计,具有递推性、实时性和最优性等优点,在传感技术、机器人、自动驾驶、航空航天等领域有着广泛和成功的应用。

在通信技术领域,为了获得更好的传输性能,卡尔曼滤波被应用于通信信号处理中的均衡、信道估计等场合。由于通信信号还有着大量的非线性模型,在处理线性动态模型的基础上衍生出了一系列非线性滤波方法,如扩展卡尔曼滤波(Extended Kalman Filter,EKF)、无迹卡尔曼滤波(Unscented Kalman Filter,UKF)和粒子滤波(Particle Filter,PF)等。非线性滤波在通信问题中也得到了广泛应用,如采用扩展卡尔曼滤波进行MIMO-OFDM系统的频率同步和信道估计;采用粒子滤波处理扩频信号估计、码分多址系统的多用户检测及多输入多输出系统的信道估计等。随着通信技术与应用场景的深度融合,在通信信号模型和处理方法上都在不断延拓和发展,如多源无线定位系统、通信感知一体化系统、能量优化无线传感器网络、智能反射表面辅助无线通信系统中所涉及的定位、角度、时延和频偏估计、波形估计以及能量优化等,都包含着对动态随机非线性信号的处理。

## 8.2 线性预测器原理

本节通过线性预测器介绍动态滤波原理。线性预测器是一种基于维纳滤波理论的横向滤波器。在横向滤波器中引入学习机制,使滤波器在某种优化指标上工作于最佳状态,是维纳滤波的主要工作过程。线性预测器是维纳滤波的典型应用之一,用来预测离散时间平稳随机过程在未来时刻的取值。

具有 $n-1$ 个抽头的线性预测器结构如图8.2.1所示。第 $n$ 个时刻的输入信号 $z(n)$ 经 $n-1$ 个延迟抽头的线性加权求和后得到预测值 $\hat{d}(n)$,根据预测值 $\hat{d}(n)$ 与 $z(n)$ 的误差 $e(n)$ 优化权重,得到使均方误差最小的权重值。

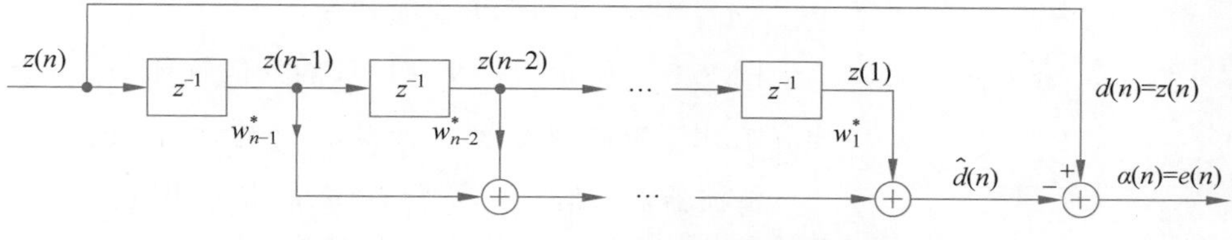


图8.2.1 具有 $n-1$ 个抽头的线性预测器结构

记线性预测器在 $n-1$ 时刻的输入信号向量 $\boldsymbol{z}_{n-1}$ 为

$$\boldsymbol{z}_{n-1}=[z(1),z(2),\cdots,z(n-1)]^{\mathrm{T}} \tag{8.2.1}$$

权向量 $\boldsymbol{w}$ 可表示为

$$\boldsymbol{w}=[w_1,w_2,\cdots,w_{n-1}]^{\mathrm{T}} \tag{8.2.2}$$

根据预测器的级联结构,可得预测输出 $\hat{d}(n)$ 为

$$\hat{d}(n)=\boldsymbol{z}_{n-1}^{\mathrm{T}}\boldsymbol{w}^{*}=\boldsymbol{w}^{\mathrm{H}}\boldsymbol{z}_{n-1} \tag{8.2.3}$$

此时的预测误差为

$$e(n)=d(n)-\hat{d}(n)=z(n)-\boldsymbol{w}^{\mathrm{H}}\boldsymbol{z}_{n-1} \tag{8.2.4}$$

在最小均方误差下，式(8.2.4)中的权向量 $\boldsymbol{w}$ 应满足维纳-霍夫方程，以达到最佳的线性预测，即

$$\boldsymbol{w}_o=\boldsymbol{R}^{-1}\boldsymbol{p} \tag{8.2.5}$$

其中，$\boldsymbol{R}$ 为输入信号向量的自相关矩阵；$\boldsymbol{p}$ 为输入信号向量与相应期望信号的互相关向量。对于滤波器输入信号向量 $\boldsymbol{u}(n)=\boldsymbol{z}_{n-1}$，自相关矩阵和互相关向量可以定义为

$$\boldsymbol{R}=\mathbb{E}[\boldsymbol{u}(n)\boldsymbol{u}^{\mathrm{H}}(n)] \tag{8.2.6}$$

$$\boldsymbol{p}=\mathbb{E}[\boldsymbol{u}(n)d^{*}(n)] \tag{8.2.7}$$

下面利用维纳-霍夫方程推导横向滤波器的正交原理。将式(8.2.6)和式(8.2.7)代入维纳-霍夫方程，有

$$\begin{aligned}\boldsymbol{R}\boldsymbol{w}_o-\boldsymbol{p}&=\mathbb{E}[\boldsymbol{u}(n)\boldsymbol{u}^{\mathrm{H}}(n)]\boldsymbol{w}_o-\mathbb{E}[\boldsymbol{u}(n)d^{*}(n)]\\&=\mathbb{E}\{\boldsymbol{u}(n)[\boldsymbol{u}^{\mathrm{H}}(n)\boldsymbol{w}_o-d^{*}(n)]\}\\&=0\end{aligned} \tag{8.2.8}$$

当 $\boldsymbol{w}=\boldsymbol{w}_o$ 时，假设估计误差信号为 $e_o(n)$，则有

$$e_o^{*}(n)=d^{*}(n)-\boldsymbol{u}^{\mathrm{H}}(n)\boldsymbol{w}_o \tag{8.2.9}$$

因此，式(8.2.8)可以改写为

$$\mathbb{E}[\boldsymbol{u}(n)e_o^{*}(n)]=0 \tag{8.2.10}$$

也就是说，当横向滤波器的权向量取最优时，其统计意义上的估计误差与滤波器抽头的输入信号是相互正交的。事实上，该结论的推导是一个可逆的过程。因此，使均方误差取极小值的充分必要条件是对应的估计误差 $e_o^{*}(n)$ 与 $n$ 时刻的每个抽头的输入样本在统计意义上相互正交。

由于滤波器输出的估计信号是权向量和输入向量的内积，即

$$\hat{d}_o(n)=\boldsymbol{w}_o^{\mathrm{H}}\boldsymbol{u}(n) \tag{8.2.11}$$

由估计误差与输入信号的正交性可知，$\hat{d}_o(n)$ 与 $e_o(n)$ 也相互正交，即

$$\mathbb{E}\{\hat{d}_o(n)e_o^{*}(n)\}=\boldsymbol{w}_o^{\mathrm{H}}\mathbb{E}[\boldsymbol{u}(n)e_o^{*}(n)]=0 \tag{8.2.12}$$

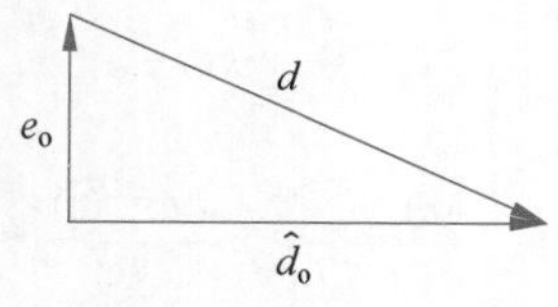


图 8.2.2 正交性原理的几何解释

图 8.2.2 所示为正交性原理的几何解释，$\hat{d}_o$ 为期望输出 $d$ 在水平方向的投影，估计误差 $e_o$ 与 $\hat{d}_o$ 正交。

滤波器输出信号 $\hat{d}(n)=\boldsymbol{w}^{\mathrm{H}}\boldsymbol{u}(n)$ 位于由观测信号 $\boldsymbol{u}(n)$ 张成的信号向量空间 $\boldsymbol{U}$ 中。由于噪声的存在，$|e(n)|\neq 0$，期望响应信号 $d(n)$ 不在 $\boldsymbol{U}$ 中。最优的滤波器输出 $\hat{d}_o(n)$ 实际上是 $d(n)$ 在信号空间 $\boldsymbol{U}$ 上的正交投影，而 $e_o(n)$ 为 $d(n)$ 的投影误差，即

$$\begin{aligned}e_o(n)&=d(n)-\hat{d}_o(n)\\&=d(n)-\boldsymbol{w}_o^{\mathrm{H}}\boldsymbol{u}(n)\end{aligned} \tag{8.2.13}$$

这说明 $e_o(n)$ 与 $\hat{d}_o(n)$ 正交。

### 8.2.1 新息过程的定义和性质

线性预测器在最小均方误差意义上的预测误差 $e(n)$ 称为新息过程(Innovation Process)或残差(Residual),可由 $\alpha(n)$ 表示,即

$$\begin{aligned}\alpha(n) &= z(n) - \hat{d}(n) \\ &= z(n) - \hat{z}(n \mid n-1)\end{aligned} \tag{8.2.14}$$

此时,对于线性预测器,$\hat{d}(n)=\hat{z}(n|n-1)$。其中,$\hat{z}(n|n-1)$ 表示用序贯观测量 $z(1),z(2),\cdots,z(n-1)$ 对信号 $z(n)$ 的最小均方误差估计。

由新息过程的定义可知,$\alpha(n)$ 就是 $z(n)$ 在最小均方意义上的一步预测误差。根据维纳滤波器的正交原理,估计误差与输入信号向量正交,$\alpha(n)$ 与输入信号 $\boldsymbol{z}_{n-1}$ 正交。因此,$\alpha(n)$ 包含了存在于当前观测样本 $z(n)$ 中的新的信息,这便是"新息"一词的含义。

根据横向滤波器的正交特性,新息过程具有如下统计特性。

(1) $\mathbb{E}[\alpha(n)z^*(k)]=0, k=1,2,\cdots,n-1$。

(2) $\mathbb{E}[\alpha(n)\alpha^*(k)]=0, k=1,2,\cdots,n-1$。

(3) 序列 $\{\alpha(1),\alpha(2),\cdots,\alpha(n)\}$ 和 $\{z(1),z(2),\cdots,z(n)\}$ 包含了相同的信息,即二者等价。具体来说,令 $\boldsymbol{\alpha}_n=[\alpha(1),\alpha(2),\cdots,\alpha(n)]^{\mathrm{T}}$,$\boldsymbol{z}_n=[z(1),z(2),\cdots,z(n)]^{\mathrm{T}}$,存在一个满秩矩阵 $\boldsymbol{L}_n\in\mathbb{C}^{n\times n}$,使得 $\boldsymbol{\alpha}_n$ 可由 $\boldsymbol{z}_n$ 线性变换而得,即

$$\boldsymbol{\alpha}_n = \boldsymbol{L}_n \boldsymbol{z}_n \tag{8.2.15}$$

### 8.2.2 最小均方误差估计的新息过程

如果将 $\boldsymbol{z}_n=[z(1),z(2),\cdots,z(n)]^{\mathrm{T}}$ 作为 $n$ 抽头的横向滤波器的输入,某信号 $x(n)$ 作为期望响应,并假设满足维纳-霍夫方程的最优权向量 $\boldsymbol{w}(n)$,则对信号 $x(n)$ 的最小均方误差估计可以写为

$$\hat{x}(n \mid n) = \boldsymbol{w}^{\mathrm{H}}(n)\boldsymbol{z}_n \tag{8.2.16}$$

基于新息过程的性质(3)即式(8.2.15),式(8.2.16)可写为

$$\begin{aligned}\hat{x}(n \mid n) &= \boldsymbol{w}^{\mathrm{H}}(n)\boldsymbol{L}_n^{-1}\boldsymbol{\alpha}_n \\ &= \boldsymbol{b}^{\mathrm{H}}(n)\boldsymbol{\alpha}_n\end{aligned} \tag{8.2.17}$$

其中,$\boldsymbol{b}^{\mathrm{H}}(n)=\boldsymbol{w}^{\mathrm{H}}(n)\boldsymbol{L}_n^{-1}$ 相当于输入为 $\boldsymbol{\alpha}_n$ 时的权向量,可表示为

$$\boldsymbol{b}_n = [b(1),b(2),\cdots,b(n)]^{\mathrm{T}} \tag{8.2.18}$$

显然,如果 $\boldsymbol{w}(n)$ 是输入为 $\boldsymbol{z}_n$ 时满足维纳-霍夫方程的最优权向量,则 $\boldsymbol{b}(n)$ 是输入为 $\boldsymbol{\alpha}_n$ 时最小均方误差准则下的最优权向量,即满足维纳-霍夫方程

$$\boldsymbol{A}(n)\boldsymbol{b}(n) = \boldsymbol{p}_a(n) \tag{8.2.19}$$

其中,矩阵 $\boldsymbol{A}(n)=\mathbb{E}[\boldsymbol{\alpha}_n\boldsymbol{\alpha}_n^{\mathrm{H}}]$ 为 $\boldsymbol{\alpha}_n$ 的自相关矩阵;$\boldsymbol{p}_a(n)=\mathbb{E}[\boldsymbol{\alpha}_n x^*(n)]$ 为互相关向量。根据新息过程的正交原理,有

$$\mathbb{E}[\alpha(i)\alpha^*(i)] = \mathbb{E}[|\alpha(i)|^2]\delta(i-j) \tag{8.2.20}$$

因此,$\boldsymbol{A}(n)$ 为对角矩阵,可写为

$$\boldsymbol{A}(n)=\operatorname{diag}\{\mathbb{E}[|\alpha(1)|^2],\mathbb{E}[|\alpha(1)|^2],\cdots,\mathbb{E}[|\alpha(n)|^2]\} \tag{8.2.21}$$

所以 $\boldsymbol{b}_n$ 的各元素可以表示为

$$b(i)=\frac{p_a(i)}{\mathbb{E}[|\alpha(i)|^2]},\quad i=1,2,\cdots,n \tag{8.2.22}$$

其中，$p_a(i)=\mathbb{E}[\alpha(i)x^*(i)]$表示 $\boldsymbol{p}_a(n)$的第 $i$ 个元素。

将式(8.2.17)展开可得

$$\begin{aligned}\hat{x}(n\mid n)&=\boldsymbol{b}^{\mathrm{H}}(n)\boldsymbol{\alpha}_n\\&=\sum_{i=1}^{n}b^*(i)\alpha(i)\\&=\sum_{i=1}^{n-1}b^*(i)\alpha(i)+b^*(n)\alpha(n)\\&=\hat{x}(n-1\mid n-1)+b^*(n)\alpha(n)\end{aligned} \tag{8.2.23}$$

式(8.2.23)表示了一种递推关系。以新息过程作为横向滤波器的输入，若 $n-1$ 时刻的估计值 $\hat{x}(n-1|n-1)$已获得，则可以递推的方式计算出 $n$ 时刻的估计值 $\hat{x}(n|n)$，从而大大简化了计算难度。

这个新息过程的推导都是基于标量类型的 $z(n)$和 $\alpha(n)$进行的，向量新息过程同样具有 8.2.1 节所列的 3 个性质，可推导出向量形式的递推公式

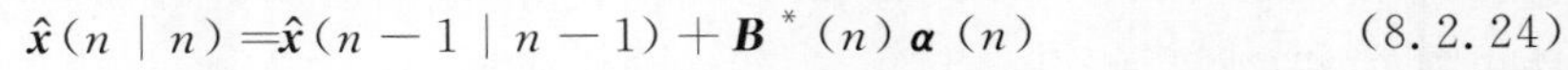

$$\hat{\boldsymbol{x}}(n\mid n)=\hat{\boldsymbol{x}}(n-1\mid n-1)+\boldsymbol{B}^*(n)\boldsymbol{\alpha}(n) \tag{8.2.24}$$

第 22 集
微课视频

## 8.3 状态空间模型

状态空间模型(State Space Model)是使用状态变量描述动态时域系统的模型。根据信号与系统相关理论，一个多输入多输出的线性时不变(Linear Time-Invariant，LTI)离散时间系统，可用状态方程和输出方程进行描述。假设系统有 $N$ 个状态变量，表示为 $x_1(n)$，$x_2(n)$，…，$x_N(n)$；有 $S$ 个输入，表示为 $f_1(n)$，$f_2(n)$，…，$f_S(n)$；有 $M$ 个输出，表示为 $z_1(n)$，$z_2(n)$，…，$z_N(n)$，则系统的状态方程为

$$\begin{bmatrix}x_1(n)\\x_2(n)\\\vdots\\x_N(n)\end{bmatrix}=\begin{bmatrix}a_{11}&a_{12}&\cdots&a_{1N}\\a_{21}&a_{22}&\cdots&a_{2N}\\\vdots&\vdots&\ddots&\vdots\\a_{N1}&a_{N2}&\cdots&a_{NN}\end{bmatrix}\begin{bmatrix}x_1(n-1)\\x_2(n-1)\\\vdots\\x_N(n-1)\end{bmatrix}+\begin{bmatrix}b_{11}&b_{12}&\cdots&b_{1S}\\b_{21}&b_{22}&\cdots&b_{2S}\\\vdots&\vdots&\ddots&\vdots\\b_{N1}&b_{N1}&\cdots&b_{NS}\end{bmatrix}\begin{bmatrix}f_1(n-1)\\f_2(n-1)\\\vdots\\f_S(n-1)\end{bmatrix} \tag{8.3.1}$$

其向量形式为

$$\boldsymbol{x}(n)=\boldsymbol{A}\boldsymbol{x}(n-1)+\boldsymbol{B}\boldsymbol{f}(n-1) \tag{8.3.2}$$

其中，$\boldsymbol{A}$ 和 $\boldsymbol{B}$ 分别为状态转移矩阵和输入控制矩阵。

系统的输出方程为

$$\begin{bmatrix} z_1(n) \\ z_2(n) \\ \vdots \\ z_M(n) \end{bmatrix} = \begin{bmatrix} c_{11} & c_{12} & \cdots & c_{1N} \\ c_{21} & c_{22} & \cdots & c_{2N} \\ \vdots & \vdots & \ddots & \vdots \\ c_{M1} & c_{M2} & \cdots & c_{MN} \end{bmatrix} \begin{bmatrix} x_1(n) \\ x_2(n) \\ \vdots \\ x_N(n) \end{bmatrix} + \begin{bmatrix} d_{11} & b_{12} & \cdots & d_{1S} \\ d_{21} & b_{22} & \cdots & b_{2S} \\ \vdots & \vdots & \ddots & \vdots \\ d_{M1} & d_{M1} & \cdots & d_{MS} \end{bmatrix} \begin{bmatrix} f_1(n-1) \\ f_2(n-1) \\ \vdots \\ f_S(n-1) \end{bmatrix} \tag{8.3.3}$$

其向量形式可以写为

$$\boldsymbol{z}(n) = \boldsymbol{C}\boldsymbol{x}(n) + \boldsymbol{D}\boldsymbol{f}(n-1) \tag{8.3.4}$$

其中，$\boldsymbol{C}$ 和 $\boldsymbol{D}$ 分别为状态输出矩阵和输出控制矩阵。

由于实际系统往往受到随机噪声的干扰，系统的状态方程和输出方程可进一步表示为

$$\boldsymbol{x}(n) = \boldsymbol{A}\boldsymbol{x}(n-1) + \boldsymbol{B}\boldsymbol{f}(n-1) + \boldsymbol{v}_1(n-1) \tag{8.3.5}$$

$$\boldsymbol{z}(n) = \boldsymbol{C}\boldsymbol{x}(n) + \boldsymbol{D}\boldsymbol{f}(n) + \boldsymbol{v}_2(n) \tag{8.3.6}$$

其中，$\boldsymbol{v}_1 \in \mathbb{C}^{N\times 1}$ 和$\boldsymbol{v}_2 \in \mathbb{C}^{M\times 1}$ 分别表示系统状态噪声和输出噪声。

注意，由于系统输出方程中的输出信号一般指的是可以直接观测的量，所以常常把系统的输出方程称为观测方程。

状态空间建模已成功应用于工程、统计学、计算机科学和经济学，以解决广泛的动态系统问题。一个简单的例子是线性高斯状态空间模型，其中状态是标量，并根据具有高斯噪声的随机游走演变，观测方程也是具有高斯噪声的线性方程。为了更方便并更直观地对卡尔曼滤波器进行后续推导，以下对有关系统状态方程和观测方程的性质分析中忽略了控制输入变量 $\boldsymbol{f}$。

## 8.3.1 状态方程

对于线性离散时间系统，其状态方程可以表示为

$$\boldsymbol{x}(n) = \boldsymbol{F}(n,n-1)\boldsymbol{x}(n-1) + \boldsymbol{w}(n-1) \tag{8.3.7}$$

该状态方程也常被称作系统的过程方程，它包括状态向量 $\boldsymbol{x}(n) \in \mathbb{C}^{N\times 1}$、状态转移矩阵 $\boldsymbol{F}(n,n-1) \in \mathbb{C}^{N\times N}$ 和系统状态噪声 $\boldsymbol{w}(n-1) \in \mathbb{C}^{N\times 1}$。其中，系统的状态转移矩阵 $\boldsymbol{F}(n,n-1)$描述了系统状态从 $n-1$ 时刻到 $n$ 时刻的转换规律，并有下面几个特点。

1. 乘积律

$$\boldsymbol{F}(n+1,n)\boldsymbol{F}(n,n-1) = \boldsymbol{F}(n+1,n-1) \tag{8.3.8}$$

也就是说，系统从 $n-1$ 时刻到 $n$ 时刻，再从 $n$ 时刻到 $n+1$ 时刻的状态转移可以直接表示为从 $n-1$ 时刻到 $n+1$ 时刻的状态转移，并可类推为

$$\boldsymbol{F}(m,n)\boldsymbol{F}(n,l) = \boldsymbol{F}(m,l) \tag{8.3.9}$$

2. 求逆律

$$\boldsymbol{F}^{-1}(m,n) = \boldsymbol{F}(n,m) \tag{8.3.10}$$

在求逆律中，$\boldsymbol{F}^{-1}(m,n)$表示从 $m$ 时刻状态转移到 $n$ 时刻的状态。

通过式(8.3.9)和式(8.3.10)可知

$$\boldsymbol{F}(n,n) = \boldsymbol{I} \tag{8.3.11}$$

系统状态噪声向量 $\boldsymbol{w}(n)$通常为随机过程向量，并假设为零均值的高斯白噪声，其自相关矩阵满足

$$\mathbb{E}[\boldsymbol{w}(n)\boldsymbol{w}^{\mathrm{H}}(k)]=\boldsymbol{Q}(n)\delta(n-k)=\begin{cases}\boldsymbol{Q}(n), & k=n\\ 0, & k\neq n\end{cases} \tag{8.3.12}$$

式(8.3.12)表明，系统在不同时刻的状态噪声是独立分布的，但对同一时刻不同子状态间的噪声独立性没有要求。如果同一时刻下不同子状态噪声也是相互独立的，那么式(8.3.12)中的 $\boldsymbol{Q}(n)$ 为对角矩阵。

## 8.3.2 观测方程

状态空间模型的观测方程可表示为

$$\boldsymbol{z}(n)=\boldsymbol{C}\boldsymbol{x}(n)+\boldsymbol{v}(n) \tag{8.3.13}$$

观测方程常被称为测量方程或量测方程。它包括观测向量 $\boldsymbol{z}(n)\in\mathbb{C}^{M\times 1}$、观测矩阵 $\boldsymbol{C}(n)\in\mathbb{C}^{M\times N}$ 和观测噪声 $\boldsymbol{v}(n)\in\mathbb{C}^{M\times 1}$。

与状态方程类似，观测噪声 $\boldsymbol{v}(n)$ 一般也被假设为均值为 0 的高斯白噪声，其自相关矩阵可以表示为

$$\mathbb{E}[\boldsymbol{v}(n)\boldsymbol{v}^{\mathrm{H}}(k)]=\boldsymbol{R}(n)\delta(n-k)=\begin{cases}\boldsymbol{R}(n), & k=n\\ 0, & k\neq n\end{cases} \tag{8.3.14}$$

类似地，系统在不同时刻的观测噪声一般假设是独立分布的；如果同一时刻不同子观测量的噪声也是相互独立的，那么式(8.3.14)中的 $\boldsymbol{R}(n)$ 为对角矩阵。

再有，由于系统的状态噪声和观测噪声是在系统不同的阶段引入的，所以两者之间是相互独立的，即

$$\mathbb{E}[\boldsymbol{w}(n)^{\mathrm{H}}\boldsymbol{v}(k)]=0,\quad \forall n,k \tag{8.3.15}$$

式(8.3.12)和式(8.3.14)所示的相关矩阵都是与时间有关的量，因此都可以用来描述非平稳的系统状态噪声和测量噪声。

系统状态方程和观测方程的结构如图 8.3.1 所示。

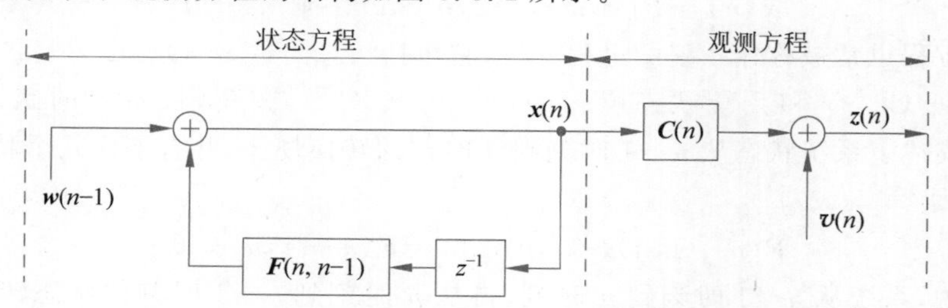


图 8.3.1 系统状态方程和观测方程的结构

系统的状态方程描述了物理系统内部状态自身的变化规律。例如，一枚飞行中的火箭，其运动方向、距离、速度和姿态等运动状态，都是按设计的运动规律变化，这些运动状态是火箭这一系统的内部状态，可用状态变量 $\boldsymbol{x}(n)$ 表示。在通常情况下，人们往往不能直接得到系统本身的内在规律和运动状态，需要用另外的物理量进行间接测量，系统的观测方程便是对系统状态 $\boldsymbol{x}(n)$ 进行直接或间接测量并输出的方程。例如，对飞行中的火箭运动方向的观测是通过雷达波束的定向得到的，对距离的观测是用雷达电磁波的传播时延测量的，而用多普勒平移可测量径向速度等。这些测量值构成的向量便是系统的观测向量 $\boldsymbol{z}(n)$。

当系统状态方程中无系统状态噪声 $\boldsymbol{w}(n-1)$ 时，式(8.3.7)是仅包含状态向量的递推公

式。已知状态向量初始值，便可推算出各时刻的系统状态。然而，实际系统在工作过程中都会受到不同程度的干扰。例如，火箭在飞行过程中会受到不稳定气流等的扰动，需要用状态噪声描述这些随机干扰。由于干扰的随机性，仅通过系统状态方程无法准确提取系统状态信息，而需根据观测向量做滤波处理，得到系统状态向量的估计。

卡尔曼滤波器便是利用系统的观测量 $\boldsymbol{z}(n)$，按照均方误差最小准则，有效地估计出系统的状态的最优估计。

# 8.4 卡尔曼滤波原理

## 8.4.1 状态向量的最小均方误差估计

由 8.2 节关于新息过程的推导可知，基于观测向量集合 $\{\boldsymbol{z}(1),\boldsymbol{z}(2),\cdots,\boldsymbol{z}(n-1)\}$，对 $i$ 时刻的状态向量 $\boldsymbol{x}(i)$ 的最小均方误差估计可以表示为新息过程的线性组合，即

$$\hat{\boldsymbol{x}}(i \mid n-1)=\sum_{k=1}^{n-1}\boldsymbol{B}_i(k)\boldsymbol{\alpha}(k) \tag{8.4.1}$$

其中，$\boldsymbol{\alpha}(k)\in\mathbb{C}^{N\times 1}$ 为新息过程向量。式(8.4.1)相较于式(8.2.4)已经从标量扩展到了 $N$ 维向量，$\boldsymbol{B}_i(k)\in\mathbb{C}^{N\times N}$ 为待求的最佳权矩阵，$\hat{\boldsymbol{x}}(i|n-1)$ 为通过观测向量集 $\{\boldsymbol{z}(1),\boldsymbol{z}(2),\cdots,\boldsymbol{z}(n-1)\}$ 对向量 $\boldsymbol{x}(i)$ 的最小均方误差估计。

基于式(8.4.1)，第 $i$ 时刻的系统状态误差向量可以表示为

$$\boldsymbol{\varepsilon}(i,n-1)=\boldsymbol{x}(i)-\hat{\boldsymbol{x}}(i \mid n-1) \tag{8.4.2}$$

则第 $i$ 时刻的状态误差向量与第 $l$ 时刻的新息向量的互相关矩阵可以表示为

$$\mathbb{E}[\boldsymbol{\varepsilon}(i,n-1)\boldsymbol{\alpha}^{\mathrm{H}}(l)]=\mathbb{E}[\boldsymbol{x}(i)\boldsymbol{\alpha}^{\mathrm{H}}(l)]-\sum_{k=1}^{n-1}\boldsymbol{B}_i(k)\mathbb{E}[\boldsymbol{\alpha}(k)\boldsymbol{\alpha}^{\mathrm{H}}(l)] \tag{8.4.3}$$

在最小均方误差的意义上，由正交原理可知，状态向量估计误差和新息向量是正交的，即满足

$$\mathbb{E}[\boldsymbol{\varepsilon}(i,n-1)\boldsymbol{\alpha}^{\mathrm{H}}(l)]=0 \tag{8.4.4}$$

由新息过程的统计特性可知

$$\mathbb{E}[\boldsymbol{\alpha}(k)\boldsymbol{\alpha}^{\mathrm{H}}(l)]=\mathbb{E}[\boldsymbol{\alpha}(k)\boldsymbol{\alpha}^{\mathrm{H}}(k)]\delta(n-l) \tag{8.4.5}$$

因此，式(8.4.3)中的 $\boldsymbol{B}_i(k)$ 可表示为

$$\begin{aligned}\boldsymbol{B}_i(k)&=\mathbb{E}[\boldsymbol{x}(i)\boldsymbol{\alpha}^{\mathrm{H}}(l)]\{\mathbb{E}[\boldsymbol{\alpha}(k)\boldsymbol{\alpha}^{\mathrm{H}}(k)]\}^{-1}\\&=\mathbb{E}[\boldsymbol{x}(i)\boldsymbol{\alpha}^{\mathrm{H}}(l)]\boldsymbol{A}^{-1}(k)\end{aligned} \tag{8.4.6}$$

其中，$\boldsymbol{A}(k)$ 为新息过程的自相关矩阵。

$$\boldsymbol{A}(k)=\mathbb{E}[\boldsymbol{\alpha}(k)\boldsymbol{\alpha}^{\mathrm{H}}(k)]\in\mathbb{C}^{N\times N} \tag{8.4.7}$$

由式(8.4.6)可以看出，$\boldsymbol{B}_i(k)$ 仅与 $k$ 时刻的新息向量 $\boldsymbol{\alpha}(k)$ 有关。

式(8.4.1)可进一步表示为

$$\begin{aligned}\hat{\boldsymbol{x}}(i \mid n-1)&=\sum_{k=1}^{n-2}\boldsymbol{B}_i(k)\boldsymbol{\alpha}(k)+\boldsymbol{B}_i(n-1)\boldsymbol{\alpha}(n-1)\\&=\hat{\boldsymbol{x}}(i \mid n-2)+\boldsymbol{B}_i(n-1)\boldsymbol{\alpha}(n-1)\end{aligned} \tag{8.4.8}$$

令 $i=n-1$，并将式(8.4.6)代入式(8.4.8)，进一步得到

$$\begin{aligned}\hat{\boldsymbol{x}}(n-1\mid n-1)&=\hat{\boldsymbol{x}}(n-1\mid n-2)+\boldsymbol{B}_{n-1}(n-1)\boldsymbol{\alpha}(n-1)\\&=\hat{\boldsymbol{x}}(n-1\mid n-2)+\mathbb{E}[\boldsymbol{x}(n-1)\boldsymbol{\alpha}^{\mathrm{H}}(n-1)]\boldsymbol{A}^{-1}(n-1)\boldsymbol{\alpha}(n-1)\end{aligned}\tag{8.4.9}$$

式(8.4.9)可进一步简化为

$$\hat{\boldsymbol{x}}(n-1\mid n-1)=\hat{\boldsymbol{x}}(n-1\mid n-2)+\boldsymbol{K}(n-1)\boldsymbol{\alpha}(n-1)\tag{8.4.10}$$

其中,$\boldsymbol{K}(n-1)$被定义为卡尔曼增益,为

$$\boldsymbol{K}(n-1)=\mathbb{E}[\boldsymbol{x}(n-1)\boldsymbol{\alpha}^{\mathrm{H}}(n-1)]\boldsymbol{A}^{-1}(n-1)\in\mathbb{C}^{N\times N}\tag{8.4.11}$$

式(8.4.10)说明,基于观测向量集合$\{\boldsymbol{z}(1),\boldsymbol{z}(2),\cdots,\boldsymbol{z}(n-1)\}$对系统状态$\boldsymbol{x}(n-1)$的估计可基于观测向量集合$\{\boldsymbol{z}(1),\boldsymbol{z}(2),\cdots,\boldsymbol{z}(n-2)\}$对$\boldsymbol{x}(n-1)$的预测$\hat{\boldsymbol{x}}(n-1|n-2)$,并利用$n-1$时刻的新息向量$\boldsymbol{\alpha}(n-1)$进行修正。

## 8.4.2 新息过程的自相关矩阵

卡尔曼滤波的目的是利用各个时刻的观测向量集合$\{\boldsymbol{z}(1),\boldsymbol{z}(2),\cdots,\boldsymbol{z}(n)\}$对状态向量$\boldsymbol{x}(n)$进行估计。观测序列的新息过程可以表示为

$$\boldsymbol{\alpha}(n)=\boldsymbol{z}(n)-\hat{\boldsymbol{z}}(n\mid n-1)\tag{8.4.12}$$

其中,$\hat{\boldsymbol{z}}(n|n-1)$表示在$n-1$时刻及以前所获得的所有观测向量$\{\boldsymbol{z}(1),\boldsymbol{z}(2),\cdots,\boldsymbol{z}(n-1)\}$都已知的情况下,对$n$时刻的观测向量进行预测。

类似地,利用观测向量集合$\{\boldsymbol{z}(1),\boldsymbol{z}(2),\cdots,\boldsymbol{z}(n)\}$对系统状态$\boldsymbol{x}(n)$和观测噪声$\boldsymbol{v}(n)$的预测值可表示为$\hat{\boldsymbol{x}}(n|n-1)$和$\hat{\boldsymbol{v}}(n|n-1)$。根据式(8.3.13),预测的观测值应该满足

$$\hat{\boldsymbol{z}}(n\mid n-1)=\boldsymbol{C}(n)\hat{\boldsymbol{x}}(n\mid n-1)+\hat{\boldsymbol{v}}(n\mid n-1)\tag{8.4.13}$$

由于$n$时刻的观测噪声向量与过去时刻的观测向量被认为是独立分布的,因此其互相关向量为

$$\mathbb{E}[\boldsymbol{v}(n)\boldsymbol{z}^{\mathrm{H}}(k)]=0,\quad k=1,2,\cdots,n-1\tag{8.4.14}$$

也就是说,维纳-霍夫方程中的互相关量为0,权向量仅有零解,所以预测向量

$$\hat{\boldsymbol{v}}(n\mid n-1)=0\tag{8.4.15}$$

因此有

$$\hat{\boldsymbol{z}}(n\mid n-1)=\boldsymbol{C}(n)\hat{\boldsymbol{x}}(n\mid n-1)\tag{8.4.16}$$

将式(8.4.14)代入式(8.4.12)可得

$$\begin{aligned}\boldsymbol{\alpha}(n)&=\boldsymbol{z}(n)-\boldsymbol{C}(n)\hat{\boldsymbol{x}}(n\mid n-1)\\&=\boldsymbol{C}(n)\boldsymbol{x}(n)+\boldsymbol{v}(n)-\boldsymbol{C}(n)\hat{\boldsymbol{x}}(n\mid n-1)\\&=\boldsymbol{C}(n)[\boldsymbol{x}(n)-\hat{\boldsymbol{x}}(n\mid n-1)]+\boldsymbol{v}(n)\end{aligned}\tag{8.4.17}$$

此时,可以定义预测状态误差向量为

$$\boldsymbol{\varepsilon}(n\mid n-1)=\boldsymbol{x}(n)-\hat{\boldsymbol{x}}(n\mid n-1)\tag{8.4.18}$$

将式(8.4.18)代入式(8.4.17),新息过程可以进一步表示为

$$\boldsymbol{\alpha}(n)=\boldsymbol{C}(n)\boldsymbol{\varepsilon}(n\mid n-1)+\boldsymbol{v}(n)\tag{8.4.19}$$

由于$\boldsymbol{\varepsilon}(n|n-1)$与$\boldsymbol{v}(n)$相互独立,于是新息过程自相关矩阵$\boldsymbol{A}(n)$可以表示为

$$\boldsymbol{A}(n)=\boldsymbol{C}(n)\,\mathbb{E}[\boldsymbol{\varepsilon}(n\mid n-1)\boldsymbol{\varepsilon}^{\mathrm{H}}(n\mid n-1)]\boldsymbol{C}^{\mathrm{H}}(n)+\boldsymbol{R}(n)\tag{8.4.20}$$

定义一步预测状态误差自相关矩阵$\boldsymbol{P}(n|n-1)$为

$$\boldsymbol{P}(n \mid n-1)=\mathbb{E}[\boldsymbol{\varepsilon}(n \mid n-1)\boldsymbol{\varepsilon}^{\mathrm{H}}(n \mid n-1)] \in \mathbb{C}^{N\times N} \tag{8.4.21}$$

则式(8.4.20)又可以表示为

$$\boldsymbol{A}(n)=\boldsymbol{C}(n)\boldsymbol{P}(n \mid n-1)\boldsymbol{C}^{\mathrm{H}}(n)+\boldsymbol{R}(n) \tag{8.4.22}$$

此时,式(8.4.22)给出了新息过程中自相关矩阵的表达式,但一步预测状态误差自相关矩阵矩阵 $\boldsymbol{P}(n|n-1)$的计算尚没有确定。

### 8.4.3 卡尔曼滤波增益

从式(8.4.10)可以看出,新的状态估计值是对相应状态预测值进行修正的结果,其中修正值为 $\boldsymbol{K}(n-1)\boldsymbol{\alpha}(n-1)$,可以通过对新息过程加权得到。然而,在式(8.4.11)中,$\boldsymbol{K}(n-1)$的表达式含有未知系统状态 $\boldsymbol{x}(n-1)$,无法直接计算。接下来对 $\boldsymbol{K}(n-1)$进行递推求解。

基于式(8.4.19),可知

$$\begin{aligned}&\mathbb{E}[\boldsymbol{x}(n-1)\boldsymbol{\alpha}^{\mathrm{H}}(n-1)]\\&=\mathbb{E}\{\boldsymbol{x}(n-1)[\boldsymbol{C}(n-1)\boldsymbol{\varepsilon}(n-1 \mid n-2)+\boldsymbol{v}(n-1)]^{\mathrm{H}}\}\end{aligned} \tag{8.4.23}$$

再由式(8.4.18)可知

$$\boldsymbol{x}(n-1)=\boldsymbol{\varepsilon}(n-1 \mid n-2)+\hat{\boldsymbol{x}}(n-1 \mid n-2) \tag{8.4.24}$$

因此有

$$\begin{aligned}&\mathbb{E}[\boldsymbol{x}(n-1)\boldsymbol{\alpha}^{\mathrm{H}}(n-1)]\\&=\mathbb{E}\{[\boldsymbol{\varepsilon}(n-1 \mid n-2)+\hat{\boldsymbol{x}}(n-1 \mid n-2)][\boldsymbol{\varepsilon}^{\mathrm{H}}(n-1 \mid n-2)\boldsymbol{C}^{\mathrm{H}}(n-1)+\boldsymbol{v}^{\mathrm{H}}(n-1)]^{\mathrm{H}}\}\end{aligned} \tag{8.4.25}$$

由于$\boldsymbol{\varepsilon}(n-1|n-2)$是根据 $n-2$ 时刻的观测信息对 $n-1$ 时刻状态的预估计误差,而$\boldsymbol{v}(n-1)$是 $n-1$ 时刻的观测噪声,所以$\boldsymbol{v}(n-1)$与$\boldsymbol{\varepsilon}(n-1|n-2)$和 $\hat{\boldsymbol{x}}(n-1|n-2)$相互独立。再由式(8.4.21)可得

$$\mathbb{E}[\boldsymbol{\varepsilon}(n-1 \mid n-2)\boldsymbol{\varepsilon}^{\mathrm{H}}(n-1 \mid n-2)]=\boldsymbol{P}(n-1 \mid n-2) \tag{8.4.26}$$

因此有

$$\begin{aligned}\mathbb{E}[\boldsymbol{x}(n-1)\boldsymbol{\alpha}^{\mathrm{H}}(n-1)]=&\boldsymbol{P}(n-1 \mid n-2)\boldsymbol{C}^{\mathrm{H}}(n-1)+\\&\mathbb{E}[\hat{\boldsymbol{x}}(n-1 \mid n-2)\boldsymbol{\varepsilon}^{\mathrm{H}}(n-1 \mid n-2)]\boldsymbol{C}^{\mathrm{H}}(n-1)\end{aligned} \tag{8.4.27}$$

由正交性讨论可知

$$\mathbb{E}[\hat{\boldsymbol{x}}(n-1 \mid n-2)\boldsymbol{\varepsilon}^{\mathrm{H}}(n-1 \mid n-2)]=0 \tag{8.4.28}$$

因此有

$$\mathbb{E}[\boldsymbol{x}(n-1)\boldsymbol{\alpha}^{\mathrm{H}}(n-1)]=\boldsymbol{P}(n-1 \mid n-2)\boldsymbol{C}^{\mathrm{H}}(n-1) \tag{8.4.29}$$

将式(8.4.29)代入式(8.4.11),可得卡尔曼滤波增益矩阵为

$$\boldsymbol{K}(n-1)=\boldsymbol{P}(n-1 \mid n-2)\boldsymbol{C}^{\mathrm{H}}(n-1)\boldsymbol{A}^{-1}(n-1) \tag{8.4.30}$$

在 $n$ 时刻,有

$$\boldsymbol{K}(n)=\boldsymbol{P}(n \mid n-1)\boldsymbol{C}^{\mathrm{H}}(n)\boldsymbol{A}^{-1}(n) \tag{8.4.31}$$

再将式(8.4.22)代入可得

$$\boldsymbol{K}(n)=\boldsymbol{P}(n \mid n-1)\boldsymbol{C}^{\mathrm{H}}(n)[\boldsymbol{C}(n)\boldsymbol{P}(n \mid n-1)\boldsymbol{C}^{\mathrm{H}}(n)+\boldsymbol{R}(n)]^{-1} \tag{8.4.32}$$

### 8.4.4 黎卡提差分方程

在上述讨论中，尽管式(8.4.31)已经给出卡尔曼滤波增益的具体表达式，但该计算还需要得到预测状态误差的自相关矩阵 $\boldsymbol{P}(n|n-1)$。接下来讨论一种 $\boldsymbol{P}(n|n-1)$的递推计算方法。

首先，状态估计误差向量在 $n-1$ 时刻的表达式为

$$\boldsymbol{\varepsilon}(n-1)=\boldsymbol{x}(n-1)-\hat{\boldsymbol{x}}(n-1\mid n-1) \tag{8.4.33}$$

定义状态误差的自相关矩阵为

$$\boldsymbol{P}(n-1)=\mathbb{E}[\boldsymbol{\varepsilon}(n-1)\boldsymbol{\varepsilon}^{\mathrm{H}}(n-1)]\in\mathbb{C}^{N\times N} \tag{8.4.34}$$

$n-1$ 时刻的状态噪声 $\boldsymbol{w}(n-1)$与 $n-1$ 时刻及以前的观测向量是彼此独立的，因此基于正交性原理，有 $\hat{\boldsymbol{w}}(n-1|n-1)=0$。得到了状态估计值 $\hat{\boldsymbol{x}}(n-1|n-1)$与状态预测值 $\hat{\boldsymbol{x}}(n|n-1)$后，代入式(8.3.7)可得

$$\hat{\boldsymbol{x}}(n\mid n-1)=\boldsymbol{F}(n,n-1)\hat{\boldsymbol{x}}(n-1\mid n-1) \tag{8.4.35}$$

因此预测状态误差可以表示为

$$\begin{aligned}\boldsymbol{\varepsilon}(n\mid n-1)&=\boldsymbol{x}(n)-\hat{\boldsymbol{x}}(n\mid n-1)\\&=\boldsymbol{F}(n,n-1)\boldsymbol{x}(n-1)+\boldsymbol{w}(n-1)-\boldsymbol{F}(n,n-1)\hat{\boldsymbol{x}}(n-1\mid n-1)\\&=\boldsymbol{F}(n,n-1)\boldsymbol{\varepsilon}(n-1)+\boldsymbol{w}(n-1)\end{aligned} \tag{8.4.36}$$

又因为$\boldsymbol{\varepsilon}(n-1)$和 $\boldsymbol{w}(n-1)$独立，则$\boldsymbol{\varepsilon}(n|n-1)$的自相关矩阵为

$$\boldsymbol{P}(n\mid n-1)=\boldsymbol{F}(n,n-1)\boldsymbol{P}(n-1)\boldsymbol{F}^{\mathrm{H}}(n,n-1)+\boldsymbol{Q}(n-1) \tag{8.4.37}$$

式(8.4.37)给出了从 $n-1$ 时刻的估计状态误差相关矩阵 $\boldsymbol{P}(n-1)$到 $n$ 时刻的一步预测误差自相关矩阵 $\boldsymbol{P}(n|n-1)$的递推方法，称为黎卡提差分方程(Riccati Difference Equation)或黎卡提方程。

同时，由式(8.4.10)和式(8.4.19)可得

$$\begin{aligned}\hat{\boldsymbol{x}}(n\mid n)&=\hat{\boldsymbol{x}}(n\mid n-1)+\boldsymbol{K}(n)\boldsymbol{\alpha}(n)\\&=\hat{\boldsymbol{x}}(n\mid n-1)+\boldsymbol{K}(n)[\boldsymbol{C}(n)\boldsymbol{\varepsilon}(n\mid n-1)+\boldsymbol{v}(n)]\end{aligned} \tag{8.4.38}$$

因此

$$\begin{aligned}\boldsymbol{\varepsilon}(n)&=\boldsymbol{x}(n)-\hat{\boldsymbol{x}}(n\mid n)\\&=\boldsymbol{x}(n)-\hat{\boldsymbol{x}}(n\mid n-1)-\boldsymbol{K}(n)[\boldsymbol{C}(n)\boldsymbol{\varepsilon}(n\mid n-1)+\boldsymbol{v}(n)]\\&=\boldsymbol{\varepsilon}(n\mid n-1)-\boldsymbol{K}(n)\boldsymbol{C}(n)\boldsymbol{\varepsilon}(n\mid n-1)-\boldsymbol{K}(n)\boldsymbol{v}(n)\end{aligned} \tag{8.4.39}$$

又因为$\boldsymbol{\varepsilon}(n|n-1)$与$\boldsymbol{v}(n)$相互独立，则式(8.4.34)的自相关矩阵可写为

$$\boldsymbol{P}(n)=[\boldsymbol{I}-\boldsymbol{K}(n)\boldsymbol{C}(n)]\boldsymbol{P}(n\mid n-1)[\boldsymbol{I}-\boldsymbol{K}(n)\boldsymbol{C}(n)]^{\mathrm{H}}+\boldsymbol{K}(n)\boldsymbol{R}(n)\boldsymbol{K}^{\mathrm{H}}(n) \tag{8.4.40}$$

由式(8.4.32)，可知

$$\boldsymbol{K}(n)[\boldsymbol{C}(n)\boldsymbol{P}(n\mid n-1)\boldsymbol{C}^{\mathrm{H}}(n)+\boldsymbol{R}(n)]=\boldsymbol{P}(n\mid n-1)\boldsymbol{C}^{\mathrm{H}}(n) \tag{8.4.41}$$

得到

$$\boldsymbol{K}(n)\boldsymbol{R}(n)=[\boldsymbol{I}-\boldsymbol{K}(n)\boldsymbol{C}(n)]\boldsymbol{P}(n\mid n-1)\boldsymbol{C}^{\mathrm{H}}(n) \tag{8.4.42}$$

因此有

$$\boldsymbol{P}(n)=[\boldsymbol{I}-\boldsymbol{K}(n)\boldsymbol{C}(n)]\boldsymbol{P}(n\mid n-1) \tag{8.4.43}$$

式(8.4.37)与式(8.4.43)分别给出了预测状态误差自相关矩阵 $\boldsymbol{P}(n|n-1)$和估计状

态误差自相关矩阵 $\boldsymbol{P}(n)$ 的递推求解过程。至此，卡尔曼滤波递推算法的所有方程都已获得。

## 8.4.5　计算流程

一个完整的卡尔曼滤波算法流程如图 8.4.1 所示。由图 8.4.1 可以看出，该算法可以被拆成两个基本流程。左半边为卡尔曼增益矩阵 $\boldsymbol{K}(n)$ 和估计误差自相关矩阵 $\boldsymbol{P}(n)$ 的运算，右半边为状态预测 $\hat{\boldsymbol{x}}(n|n-1)$ 和状态估计 $\hat{\boldsymbol{x}}(n|n)$ 的运算。两部分运算相对独立。

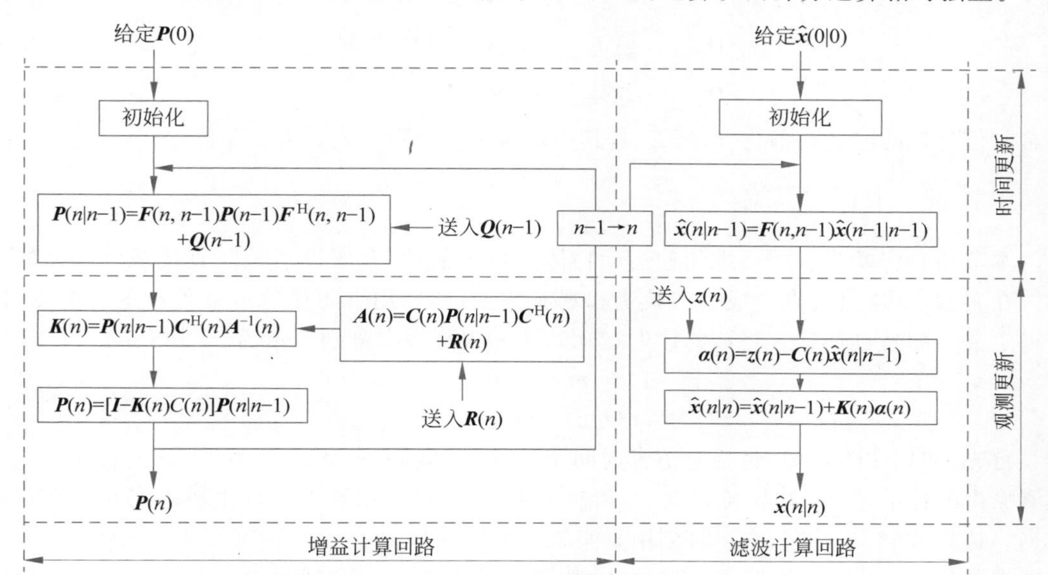


图 8.4.1　卡尔曼滤波算法流程

第 23 集
微课视频

通过该流程图可以看出，只要给定初始状态 $\hat{\boldsymbol{x}}(0|0)$ 和 $\boldsymbol{P}(0)$，以及一系列观测向量集合 $\{\boldsymbol{z}(1),\boldsymbol{z}(2),\cdots,\boldsymbol{z}(n)\}$，就可以通过递推计算获得 $n$ 时刻的状态估计 $\hat{\boldsymbol{x}}(n|n)$。状态噪声自相关矩阵 $\boldsymbol{Q}(n)$、测量噪声自相关矩阵 $\boldsymbol{R}(n)$ 和状态估计误差自相关矩阵 $\boldsymbol{P}(n)$ 都是与时间有关的量，因此，卡尔曼滤波既可以处理平稳信号，也可以处理非平稳信号。一个标准的卡尔曼滤波算法如下所示。

[算法 8.4.1]　卡尔曼滤波算法

输入：状态方程和量测方程，系统噪声方差 $\boldsymbol{Q}(n)$ 和量测噪声 $\boldsymbol{R}(n)$

输出：状态和估计状态误差自相关矩阵

步骤 1：初始化 $\hat{\boldsymbol{x}}(0|0)$ 和 $\boldsymbol{P}(0)$

步骤 2：用式(8.4.35)和式(8.4.37)分别求 $n$ 时刻的状态预测值 $\hat{\boldsymbol{x}}(n|n-1)$ 和预测状态误差的自相关矩阵 $\boldsymbol{P}(n|n-1)$，用式(8.4.16)计算量测得一步预测值 $\hat{\boldsymbol{z}}(n|n-1)$

步骤 3：用式(8.4.32)计算卡尔曼滤波增益

步骤 4：用式(8.4.10)和式(8.4.40)或式(8.4.43)分别计算下一时刻的状态估计值 $\hat{\boldsymbol{x}}(n|n)$，以及估计误差的自相关矩阵更新 $\boldsymbol{P}(n)$

步骤 5：令 $n=n+1$，再从步骤 2 开始循环计算

### 8.4.6 线性滤波的克拉美-罗界

在线性滤波模型下，参数估计的克拉美-罗界为递推费希尔信息矩阵的逆。费希尔信息矩阵 $\boldsymbol{J}_n$ 为

$$\boldsymbol{J}_n = \boldsymbol{D}_{n-1}^{22} + \boldsymbol{D}_{n-1}^{21}(\boldsymbol{J}_{n-1} + \boldsymbol{D}_{n-1}^{11})\boldsymbol{D}_{n-1}^{12} \tag{8.4.44}$$

其中，

$$\boldsymbol{D}_{n-1}^{11} = \boldsymbol{F}_{n,n-1}^{\mathrm{T}}\boldsymbol{Q}_{n-1}^{-1}\boldsymbol{F}_{n,n-1} \tag{8.4.45a}$$

$$\boldsymbol{D}_{n-1}^{21} = -\boldsymbol{F}_{n,n-1}^{\mathrm{T}}\boldsymbol{Q}_{n-1}^{-1} = (\boldsymbol{D}_{n-1}^{12})^{\mathrm{T}} \tag{8.4.45b}$$

$$\boldsymbol{D}_{n-1}^{22} = \boldsymbol{Q}_{n-1}^{-1} + \boldsymbol{C}_n^{\mathrm{T}}\boldsymbol{R}_n^{-1}\boldsymbol{C}_n \tag{8.4.45c}$$

费希尔信息矩阵的初始值为 $\boldsymbol{J}_0 = \boldsymbol{\Sigma}^{-1}$，其中$\boldsymbol{\Sigma}$ 为未知参数的先验方差矩阵。

### 8.4.7 仿真实验

本节仿真实验为一个一维匀速运动物体的位置估计，并假设系统能直接观测物体的位置。在实验中，通过仿真生成真实轨迹和观测数据，然后用卡尔曼滤波器处理这些数据，以获得更准确的轨迹估计。将该物体的运动轨迹和观测数据分别表示为

$$x(t+1) = x(t) + C \cdot \Delta t + w(t) \tag{8.4.46a}$$

$$z(t) = x(t) + v(t) \tag{8.4.46b}$$

第 24 集
微课视频

首先，初始化参数值，包括总仿真时间步数 $T$、时间间隔 $\Delta t$、运动噪声 $w$ 的标准差 $\sigma_w$、观测噪声的标准差 $\sigma_v$、初始位置 $x(0)$和初始速度 $C$，然后用这些参数生成真实轨迹和观测数据。根据式(8.4.46a)，在 $t$ 时刻用真实轨迹的前一步 $x(t-1)$、速度 $C$ 和运动噪声 $w(t)$ 更新当前位置 $x(t)$，并根据式(8.4.46b)基于当前位置 $x(t)$和观测噪声 $v(t)$得到观测数据 $z(t)$。

在滤波初始化阶段，将初始位置设置为 0，将初始位置方差设置为 1，每个时间步长内执行预测和更新两个步骤。在预测步骤，使用上一个时间步长的估计位置 $\hat{x}(t-1)$和速度 $C$ 预测当前位置 $x_{\text{predict}}(t)$，同时预测误差方差 $P_{\text{predict}}(t)$。在更新步骤，使用预测位置 $x_{\text{predict}}(t)$、预测位置估计误差方差 $P_{\text{predict}}(t)$和观测数据 $z(t)$计算卡尔曼增益 $K$，然后使用卡尔曼增益对估计位置 $\hat{x}(t)$进行更新，同时更新位置估计误差方差 $P(t)$，并在滤波过程的每步计算滤波结果与真实轨迹之间的均方根误差(Root Mean Squared Error，RMSE)。

程序如下。

```
% 参数设置
T = 50;                                    % 时间步数
dt = 1;                                    % 时间间隔
sigma_w = 1;                               % 运动噪声的标准差
sigma_v = 2;                               % 观测噪声的标准差
x_0 = 0;                                   % 初始位置
C = 1;                                     % 初始速度
% 生成真实轨迹和观测数据
x_true = zeros(T, 1);
z = zeros(T, 1);
x_true(1) = x_0;
for t = 2:T
    % 更新真实轨迹
    w = sigma_w * randn();
```

```
    x_true(t) = x_true(t-1) + C*dt + w;
    % 生成观测数据
    v = sigma_v * randn();
    z(t) = x_true(t) + v;
end
% 初始化卡尔曼滤波器
x = zeros(T, 1);                                        % 估计位置
P = zeros(T, 1);                                        % 估计位置的方差
x(1) = x_0;
P(1) = 1;
% 卡尔曼滤波
for t = 2:T
    % 预测步骤
    x_predict = x(t-1) + C*dt;
    P_predict = P(t-1) + sigma_w^2;
    % 更新步骤
    K = P_predict / (P_predict + sigma_v^2);
    x(t) = x_predict + K*(z(t) - x_predict);
    P(t) = (1 - K)*P_predict;
end
% 计算 RMSE
rmse_kf = sqrt(mean((x - x_true).^2));
rmse_z = sqrt(mean((z - x_true).^2));
fprintf('RMSE_kf = %.4f\n RMSE_z = %.4f\n', rmse_kf, rmse_z);
% 绘制结果
t_all = (1:T)*dt;
figure;
plot(t_all, x_true, 'r-', t_all, z, 'k--', t_all, x, 'b:','linewidth',2);
legend('真实轨迹', '观测数据', '卡尔曼滤波估计','FontSize',14,'location','NorthWest');
xlabel('时间','FontSize',14);
ylabel('位置','FontSize',14);
```

该仿真实验的输出结果为用卡尔曼滤波估计的运动轨迹，如图 8.4.2 所示。可以看出，由于受到过程噪声的影响，物体在一维空间进行非规则的运动，对其位置状态的观测量也因观测噪声的影响而存在一定的误差。相比于分布在真实轨迹周围的观测值，卡尔曼滤波后的预测结果明显更贴近真实的位置。

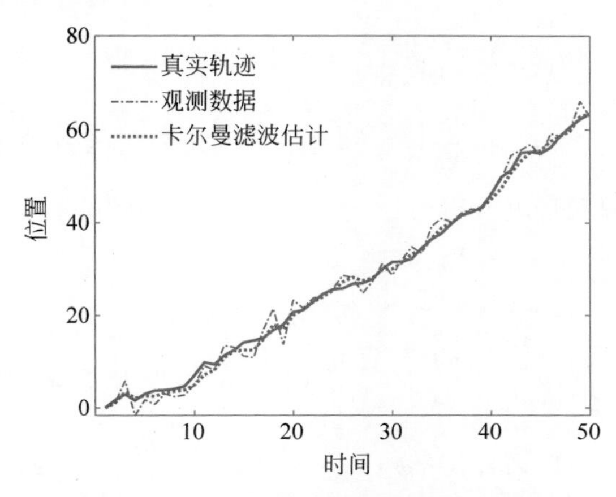


图 8.4.2　用卡尔曼滤波估计的运动轨迹

## 8.5 扩展卡尔曼滤波

扩展卡尔曼滤波是标准卡尔曼滤波在非线性情形下的一种近似形式。它通过将非线性函数进行泰勒级数展开，省略高阶项，保留展开项的一阶项，实现非线性函数线性化。然后，采用卡尔曼滤波框架对信号进行滤波，从而实现对信号的估计。因此，它是一种次优滤波。扩展卡尔曼滤波的主要应用是处理具有非线性的动态系统，如航天器的导航和控制系统、传感器数据的滤波处理等。

### 8.5.1 非线性离散时间系统模型

一般情况下，随机非线性离散系统可以用如下差分方程描述。

$$\boldsymbol{x}_n=\boldsymbol{f}(\boldsymbol{x}_{n-1},\boldsymbol{u}_{n-1})+\boldsymbol{w}_{n-1} \tag{8.5.1}$$

$$\boldsymbol{y}_n=\boldsymbol{h}(\boldsymbol{x}_n)+\boldsymbol{v}_n \tag{8.5.2}$$

其中，$\boldsymbol{f}(\cdot)$为 $n_x$ 维向量函数，$\boldsymbol{h}(\cdot)$为 $n_y$ 维向量函数，它们对于状态变量 $\boldsymbol{x}$ 是非线性的；$\boldsymbol{u}_{n-1}$ 为确定性的控制向量；$\boldsymbol{w}_{n-1}$ 和$\boldsymbol{v}_n$ 分别为$n_x$ 维系统扰动噪声向量和$n_y$ 维观测噪声向量；$n$ 代表采样时刻。

如果过程噪声向量 $\boldsymbol{w}_{n-1}$ 和观测噪声向量$\boldsymbol{v}_n$ 的统计特性是任意的，并且噪声和信号可以分离，则式(8.5.1)和式(8.5.2)描述了相当广泛的一类非线性动态系统。在这种模型下对状态的最佳估计是困难的。

### 8.5.2 线性化离散滤波

如果系统扰动噪声向量和观测噪声向量 $\boldsymbol{w}_{n-1}$ 和$\boldsymbol{v}_n$ 为零，则式(8.5.1)和式(8.5.2)的解称为理想轨迹。若把理想轨迹上的 $\boldsymbol{x}_n$ 和 $\boldsymbol{y}_n$ 分别记作 $\boldsymbol{x}_n^{\mathrm{i}}$ 和 $\boldsymbol{y}_n^{\mathrm{i}}$，忽略确定性的控制向量 $\boldsymbol{u}_{n-1}$，将非线性函数 $\boldsymbol{f}(\cdot)$和 $\boldsymbol{h}(\cdot)$在理想轨迹点处展开成泰勒级数，并略去高阶项后可得

$$\boldsymbol{x}_n=\boldsymbol{f}(\boldsymbol{x}_{n-1}^{\mathrm{i}},\boldsymbol{u}_{n-1})+\left.\frac{\partial \boldsymbol{f}}{\partial \boldsymbol{x}}\right|_{\boldsymbol{x}=\boldsymbol{x}_{n-1}^{\mathrm{i}}}(\boldsymbol{x}-\boldsymbol{x}_{n-1}^{\mathrm{i}})+\boldsymbol{w}_n \tag{8.5.3}$$

$$\boldsymbol{y}_n=\boldsymbol{h}(\boldsymbol{x}_n^{\mathrm{i}})+\left.\frac{\partial \boldsymbol{h}}{\partial \boldsymbol{x}}\right|_{\boldsymbol{x}=\boldsymbol{x}_n^{\mathrm{i}}}(\boldsymbol{x}-\boldsymbol{x}_n^{\mathrm{i}})+\boldsymbol{v}_n \tag{8.5.4}$$

令 $\boldsymbol{F}_{n,n-1}=\left.\frac{\partial \boldsymbol{f}}{\partial \boldsymbol{x}}\right|_{\boldsymbol{x}=\boldsymbol{x}_{n-1}^{\mathrm{i}}}$，$\boldsymbol{C}_n=\left.\frac{\partial \boldsymbol{h}}{\partial \boldsymbol{x}}\right|_{\boldsymbol{x}=\boldsymbol{x}_n^{\mathrm{i}}}$，它们分别是向量函数的雅可比矩阵。经泰勒级数展开后，可得状态方程和量测方程为

$$\boldsymbol{x}_n=\boldsymbol{F}_{n,n-1}\boldsymbol{x}_{n-1}+\boldsymbol{\phi}(\boldsymbol{x}_{n-1}^{\mathrm{i}})+\boldsymbol{w}_n \tag{8.5.5}$$

$$\boldsymbol{y}_n=\boldsymbol{C}_n\boldsymbol{x}_n+\boldsymbol{\psi}(\boldsymbol{x}_n^{\mathrm{i}})+\boldsymbol{v}_n \tag{8.5.6}$$

其中，$\boldsymbol{\phi}(\boldsymbol{x}_{n-1}^{\mathrm{i}})=\boldsymbol{f}(\boldsymbol{x}_{n-1}^{\mathrm{i}},\boldsymbol{u}_n)-\left.\frac{\partial \boldsymbol{f}}{\partial \boldsymbol{x}}\right|_{\boldsymbol{x}=\boldsymbol{x}_{n-1}^{\mathrm{i}}}\boldsymbol{x}_{n-1}^{\mathrm{i}}$ 是与展开点 $\boldsymbol{x}_{n-1}^{\mathrm{i}}$ 有关的常数项，由于 $\boldsymbol{x}_{n-1}^{\mathrm{i}}$ 未知，用 $\hat{\boldsymbol{x}}(n-1|n-1)$来替代；$\boldsymbol{\psi}(\boldsymbol{x}_n^{\mathrm{i}})=\boldsymbol{h}(\boldsymbol{x}_n^{\mathrm{i}})+\left.\frac{\partial \boldsymbol{h}}{\partial \boldsymbol{x}}\right|_{\boldsymbol{x}=\boldsymbol{x}_n^{\mathrm{i}}}\boldsymbol{x}_n^{\mathrm{i}}$ 是与展开点 $\boldsymbol{x}_n^{\mathrm{i}}$ 有关的常数项，由于 $\boldsymbol{x}_n^{\mathrm{i}}$ 未知，用 $\hat{\boldsymbol{x}}(n|n-1)$来替代。

根据式(8.5.5)和式(8.5.6)，可以用扩展卡尔曼滤波进行状态估计，如算法 8.5.1

所示。

[算法 8.5.1] 扩展卡尔曼滤波算法

输入：状态方程和量测方程，系统噪声方差 $\boldsymbol{Q}(n)$ 和量测噪声 $\boldsymbol{R}(n)$

输出：状态 $\hat{\boldsymbol{x}}(n)$ 和估计方差矩阵 $\boldsymbol{P}(n)$

步骤 1：初始化 $\hat{\boldsymbol{x}}(0|0)$ 和 $\boldsymbol{P}(0)$

步骤 2：计算状态预测 $\hat{\boldsymbol{x}}_{n|n-1}=\boldsymbol{f}(\hat{\boldsymbol{x}}_{n-1|n-1},n-1)$

步骤 3：计算预测误差自相关矩阵 $\boldsymbol{P}_{n|n-1}=\boldsymbol{F}_{n|n-1}\boldsymbol{P}_{n-1}\boldsymbol{F}_{n|n-1}^{\mathrm{H}}+\boldsymbol{Q}_{n-1}$

步骤 4：计算卡尔曼增益 $\boldsymbol{K}_n=\boldsymbol{P}_{n|n-1}\boldsymbol{C}_n^{\mathrm{H}}(\boldsymbol{C}_n\boldsymbol{P}_{n|n-1}\boldsymbol{C}_n^{\mathrm{H}}+\boldsymbol{R}_n)^{-1}$

步骤 5：计算状态估计 $\hat{\boldsymbol{x}}_{n|n}=\hat{\boldsymbol{x}}_{n|n-1}+\boldsymbol{K}_n[\boldsymbol{z}_n-\boldsymbol{h}(\hat{\boldsymbol{x}}_{n|n-1},n)]$

步骤 6：计算状态估计误差自相关矩阵 $\boldsymbol{P}_n=(\boldsymbol{I}-\boldsymbol{K}_n\boldsymbol{C}_n)\boldsymbol{P}_{n|n-1}$

步骤 7：重复步骤 2～步骤 6，进行递推滤波计算

在扩展卡尔曼滤波计算中虽然不需要预先计算过程轨迹，但需要计算非线性函数 $f(\cdot)$ 和 $h(\cdot)$ 分别在 $\hat{\boldsymbol{x}}(n-1|n-1)$ 和 $\hat{\boldsymbol{x}}(n|n-1)$ 处的泰勒级数展开。所以，该算法只有在上一时刻的估计误差和预测误差较小时才能保证准确性。然而，在实际应用中，有一些模型的线性化处理非常复杂，如果忽略泰勒级数高阶项，则会带来相当大的误差，从而严重影响扩展卡尔曼滤波器的准确性，它需要采用足够小的时间间隔线性化，否则会使估计均值和方差存在较大偏差。由于实际系统通常在本质上都是非线性的，且随机变量为非高斯分布，当这种非线性是强非线性难以用一阶近似，或者随机变量是有色噪声且难以精确建模时，采用扩展卡尔曼滤波进行状态估计，会使估计值严重偏离真值丧失估计能力，甚至在滤波中产生发散现象。

## 8.5.3 仿真实验

考虑如图 8.5.1 所示的雷达感知物体运动的实验示意图，物体从空中水平抛出，设初始水平速度为 $v_x(0)$，初始位置坐标为 $[x(0),y(0)]$。物体抛出后受重力 $g$ 和阻尼力影响，其中阻尼力与速度平方成正比，水平和垂直阻尼系数分别为 $k_x$ 和 $k_y$，同时还存在随机的零均值白噪声干扰 $\delta_{a_x}$ 和 $\delta_{a_y}$。假设坐标原点处有一个雷达设备，为物体在抛物线运动过程中的观测者。该雷达可实时测得两组数据，即物体作下落运动时与原点的距离 $r$ 和角度 $\alpha$，并分别受到零均值的高斯白噪声 $\delta_r$ 和 $\delta_\alpha$ 的影响。

根据雷达的观测值(物体的实时距离和角度)，并利用扩展卡尔曼滤波原理，对物体作抛物线运动时的真实位置进行估计。建立该问题的系统方程和量测方程分别为

$$f:\begin{cases}\dot{x}=v_x\\ \dot{v}_x=-k_x v_x^2+\delta a_x\\ \dot{y}=v_y\\ \dot{v}_y=k_y v_y^2-g+\delta a_y\end{cases}\tag{8.5.7a}$$

$$h:\begin{cases}r=\sqrt{x^2+y^2}+\delta r\\ \alpha=\operatorname{atan}(x/y)+\delta\alpha\end{cases}\tag{8.5.7b}$$

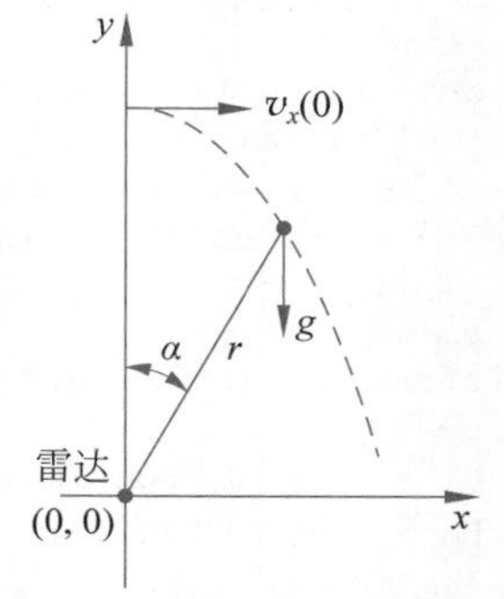


图 8.5.1 雷达感知物体运动的实验示意图

状态向量为

$$\boldsymbol{x}=[x \quad v_x \quad y \quad v_y]^{\mathrm{T}} \tag{8.5.8}$$

量测向量为

$$\boldsymbol{z}=[r \quad \alpha]^{\mathrm{T}} \tag{8.5.9}$$

系统的雅可比矩阵为

$$\frac{\partial \boldsymbol{f}}{\partial \boldsymbol{x}}=\begin{bmatrix} 0 & 1 & 0 & 0 \\ 0 & -2k_x v_x & 0 & 0 \\ 0 & 0 & 1 & 0 \\ 0 & 0 & 0 & 2k_y v_y \end{bmatrix} \tag{8.5.10}$$

量测的雅可比矩阵为

$$\frac{\partial \boldsymbol{h}}{\partial \boldsymbol{x}}=\begin{bmatrix} \dfrac{1}{\sqrt{x^2+y^2}} & 0 & \dfrac{1}{\sqrt{x^2+y^2}} & 0 \\ \dfrac{1/y}{1+(x/y)^2} & 0 & \dfrac{-x/y^2}{1+(x/y)^2} & 0 \end{bmatrix} \tag{8.5.11}$$

该仿真实验的 MATLAB 程序如下。

```
clc; clear all; clf;
kx = .01;
ky = .05;                                          % 阻尼系数
g = 9.8;                                           % 重力
t = 10;                                            % 仿真时间
Ts = 0.1;                                          % 采样周期
len = fix(t/Ts);                                   % 仿真步数
% 真实轨迹模拟
dax = 1.5; day = 1.5;                              % 系统噪声
X = zeros(len,4); X(1,:) = [0, 50, 500, 0];  % 状态模拟的初值
for k = 2:len
    x = X(k-1,1); vx = X(k-1,2); y = X(k-1,3); vy = X(k-1,4);
    x = x + vx * Ts;
    vx = vx + (-kx * vx^2 + dax * randn(1,1)) * Ts;
    y = y + vy * Ts;
    vy = vy + (ky * vy^2 - g + day * randn(1)) * Ts;
    X(k,:) = [x, vx, y, vy];
end
figure(1), hold off, plot(X(:,1),X(:,3),'-b','linewidth',2), grid on
% 构造量测量
mrad = 0.001;
dr = 10; dalfa = 10 * mrad;                        % 测量噪声
for k = 1:len
    r = sqrt(X(k,1)^2 + X(k,3)^2) + dr * randn(1,1);
    a = atan(X(k,1)/X(k,3)) + dalfa * randn(1,1);
    Z(k,:) = [r, a];
end
figure(1), hold on, plot(Z(:,1). * sin(Z(:,2)), Z(:,1). * cos(Z(:,2)),'k * ')
% EKF
Qk = diag([0; dax; 0; day])^2;
Rk = diag([dr; dalfa])^2;
Xk = zeros(4,1);
Pk = 100 * eye(4);
X_est = X;
for k = 1:len
```

```
    Ft = JacobianF(X(k,:), kx, ky, g);
    Hk = JacobianH(X(k,:));
    fX = f_fun(X(k,:), kx, ky, g, Ts);
    hfX = h_fun(fX, Ts);
    [Xk, Pk, Kk] = ekf(eye(4) + Ft * Ts, Qk, fX, Pk, Hk, Rk, Z(k,:)' - hfX);
    X_est(k,:) = Xk';
end
figure(1), plot(X_est(:,1),X_est(:,3), '.k','MarkerSize',10)
xlabel('X','FontSize',14); ylabel('Y','FontSize',14); %title(''EKF 仿真');
legend('真实轨迹', '测量值', 'EKF 估计值','FontSize',14, 'location', 'SouthWest');
function F = JacobianF(X, kx, ky, g)          % 系统状态雅可比函数
    vx = X(2); vy = X(4);
    F = zeros(4,4);
    F(1,2) = 1;
    F(2,2) = -2 * kx * vx;
    F(3,4) = 1;
    F(4,4) = 2 * ky * vy;
end
function H = JacobianH(X)                     % 量测雅可比函数
    x = X(1); y = X(3);
    H = zeros(2,4);
    r = sqrt(x^2 + y^2);
    H(1,1) = 1/r; H(1,3) = 1/r;
    xy2 = 1 + (x/y)^2;
    H(2,1) = 1/xy2 * 1/y; H(2,3) = 1/xy2 * x * ( - 1/y^2);
end
function fX = f_fun(X, kx, ky, g, Ts)         % 系统状态非线性函数
    x = X(1); vx = X(2); y = X(3); vy = X(4);
    x1 = x + vx * Ts;
    vx1 = vx + ( - kx * vx^2) * Ts;
    y1 = y + vy * Ts;
    vy1 = vy + (ky * vy^2 - g) * Ts;
    fX = [x1; vx1; y1; vy1];
end
function hfX = h_fun(fX, Ts)                  % 量测非线性函数
    x = fX(1); y = fX(3);
    r = sqrt(x^2 + y^2);
    a = atan(x/y);
    hfX = [r; a];
end
function [Xk, Pk, Kk] = ekf(Phikk_1, Qk, fXk_1, Pk_1, Hk, Rk, Zk_hfX)
                                              % EKF 滤波函数
    Pkk_1 = Phikk_1 * Pk_1 * Phikk_1' + Qk;
    Pxz = Pkk_1 * Hk';
    Pzz = Hk * Pxz + Rk;
    Kk = Pxz * Pzz^ - 1;
    Xk = fXk_1 + Kk * Zk_hfX;
    Pk = Pkk_1 - Kk * Pzz * Kk';
end
```

用雷达感知物体运动位置的扩展卡尔曼滤波结果如图 8.5.2 所示。可以看出,对抛物线运动轨迹的雷达观测值散布在真实值上下,波动性较大。通过扩展卡尔曼滤波,轨迹位置的估计值与真实位置更加吻合。

### 8.5.4 多天线信道时变参数的联合估计

针对多天线无线信道随机时变的特点,可以应用扩展卡尔曼滤波获取分布式 MIMO 系

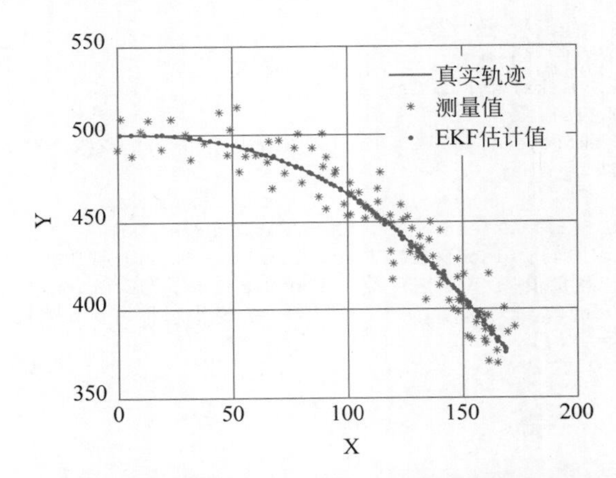


图 8.5.2 用雷达感知物体运动位置的扩展卡尔曼滤波结果

统的时变特征参数，联合估计多个复信道衰落和多个频率偏置。本节重点介绍依据无线信道的统计模型理论所建立的状态空间模型，对强非线性观测模型进行线性化处理，运用扩展卡尔曼滤波算法估计多个未知参数，并对比估计结果与克拉美-罗下界。

考虑如图 7.2.1 所示的 MIMO 传输系统，假设它配备有 $N_{\mathrm{T}}$ 根发射天线和 $N_{\mathrm{R}}$ 根接收天线，在第 $r$ 根接收天线上的接收信号可以表示为

$$y_r(k)=\sum_{p=1}^{N_{\mathrm{T}}}\sqrt{W_p}\,h_{rp}(k)s_p(k)\mathrm{e}^{\mathrm{j}\omega_{rp}(k)k}+\eta_r(k) \tag{8.5.12}$$

其中，$W_p$ 为第 $p$ 根发射天线的发射功率；$h_{rp}(k)$为第 $p$ 根发射天线和第 $r$ 根接收天线间在时刻 $k$ 的复信道衰落；$s_p(k)$为时刻 $k$ 的第 $p$ 根发射天线上的发送符号；$\omega_{rp}(k)=2\pi f_{rp}(k)T_{\mathrm{s}}$ 为归一化后的载波频率偏置，$f_{rp}(k)$为时刻 $k$ 的绝对实际频偏，$T_{\mathrm{s}}$ 为符号周期，$0<\omega_{rp}(k)<\pi$；$\eta_r(k)$为均值为 0，实部和虚部的功率各为 $N_{\mathrm{o}}^2/2$ 的复高斯观测噪声。需要注意的是，该模型为时变模型，信道复衰落和频偏都为时变随机参数。

因参数估计过程在所有接收天线上相同，不失一般性，略去下标 $r$ 并将时刻 $k$ 列入下标。记式(8.5.12)在导频点处的接收信号为

$$y_k=\sum_{p=1}^{N_{\mathrm{T}}}\sqrt{W_p}\,h_{p_k}s_{p_k}\mathrm{e}^{\mathrm{j}\omega_{p_k}k}+\eta_k \tag{8.5.13}$$

设导频序列每隔若干由发送符号构成的空时编码块后插入且接收端已知，此时式(8.5.13)包含未知参数 $\boldsymbol{h}_k=[\mathrm{Re}(h_{1_k}),\mathrm{Im}(h_{1_k}),\cdots,\mathrm{Re}(h_{N_{\mathrm{T}k}}),\mathrm{Im}(h_{N_{\mathrm{T}k}})]^{\mathrm{T}}$ 和 $\boldsymbol{\omega}_k=[\omega_{1_k},\cdots,\omega_{N_{\mathrm{T}k}}]^{\mathrm{T}}$。由于该非线性观测模型的未知参数为时变参数，且混叠在接收信号中，获得解析解困难。当采用足够小的采样间隔时，可利用扩展卡尔曼滤波进行参数获取。

将式(8.5.13)简记为

$$y_k=f(\boldsymbol{x}_k)+\eta_k \tag{8.5.14}$$

其中，$\boldsymbol{x}_k=[\mathrm{Re}(\boldsymbol{h}_k)^{\mathrm{T}},\mathrm{Im}(\boldsymbol{h}_k)^{\mathrm{T}},\boldsymbol{\omega}_k^{\mathrm{T}}]^{\mathrm{T}}$，$\boldsymbol{h}_k=[\boldsymbol{h}_1,\boldsymbol{h}_2,\cdots,\boldsymbol{h}_{N_{\mathrm{T}}}]^{\mathrm{T}}$，$\boldsymbol{\omega}_k=[\omega_1,\omega_2,\cdots,\omega_{N_{\mathrm{T}}}]^{\mathrm{T}}$。将 $y_k$ 在状态估计值 $\hat{\boldsymbol{x}}_{k|k-1}$ 附近展开成泰勒级数，并取其一次项，有

$$y_k\approx f(\hat{\boldsymbol{x}}_{k|k-1})+\left.\frac{\partial y_k}{\partial\mathrm{Re}(\boldsymbol{h}_k)^{\mathrm{T}}}\right|_{\hat{x}_{k|k-1}}[\mathrm{Re}(\boldsymbol{h}_k)-\mathrm{Re}(\hat{\boldsymbol{h}}_{k|k-1})]+$$

$$\left.\frac{\partial y_k}{\partial \operatorname{Im}(\boldsymbol{h}_k)^{\mathrm{T}}}\right|_{\hat{x}_{k|k-1}}[\operatorname{Im}(\boldsymbol{h}_k)-\operatorname{Im}(\hat{\boldsymbol{h}}_{k|k-1})]+\left.\frac{\partial y_k}{\partial \boldsymbol{\omega}_k^{\mathrm{T}}}\right|_{\hat{\boldsymbol{\omega}}_{k|k-1}}(\boldsymbol{\omega}_k-\hat{\boldsymbol{\omega}}_{k|k-1}) \tag{8.5.15}$$

其中，

$$\left.\frac{\partial y_k}{\partial \operatorname{Re}(\boldsymbol{h}_k)^{\mathrm{T}}}\right|_{\hat{x}_{k|k-1}}=\left.\left[\frac{\partial y_k}{\partial \operatorname{Re}(h_{1_k})},\frac{\partial y_k}{\partial \operatorname{Re}(h_{2_k})},\cdots,\frac{\partial y_k}{\partial \operatorname{Re}(h_{N_{\mathrm{T}k}})}\right]\right|_{\hat{x}_{k|k-1}}$$

$$=[\sqrt{W_1}\,s_{1_k}\mathrm{e}^{\mathrm{j}\hat{\omega}_{1,k|k-1}},\cdots,\sqrt{W_{N_{\mathrm{T}}}}\,s_{N_{\mathrm{T}k}}\mathrm{e}^{\mathrm{j}\hat{\omega}_{N_{\mathrm{T}},k|k-1}k}] \tag{8.5.16a}$$

$$\left.\frac{\partial y_k}{\partial \operatorname{Im}(\boldsymbol{h}_k)^{\mathrm{T}}}\right|_{\hat{x}_{k|k-1}}=\left.\left[\frac{\partial y_k}{\partial \operatorname{Im}(h_{1_k})},\frac{\partial y_k}{\partial \operatorname{Im}(h_{2_k})},\cdots,\frac{\partial y_k}{\partial \operatorname{Im}(h_{N_{\mathrm{T}k}})}\right]\right|_{\hat{x}_{k|k-1}}$$

$$=[\mathrm{j}\sqrt{W_1}\,s_{1_k}\mathrm{e}^{\mathrm{j}\hat{\omega}_{1,k|k-1}},\cdots,\mathrm{j}\sqrt{W_{N_{\mathrm{T}}}}\,s_{N_{\mathrm{T}k}}\mathrm{e}^{\mathrm{j}\hat{\omega}_{N_{\mathrm{T}},k|k-1}k}] \tag{8.5.16b}$$

$$\left.\frac{\partial y_k}{\partial \boldsymbol{\omega}_k^{\mathrm{T}}}\right|_{\hat{x}_{k|k-1}}=\left.\left[\frac{\partial y_k}{\partial \omega_{1_k}},\frac{\partial y_k}{\partial \omega_{2_k}},\cdots,\frac{\partial y_k}{\partial \omega_{N_{\mathrm{T}k}}}\right]\right|_{\hat{x}_{k|k-1}}$$

$$=[\mathrm{j}\hat{\omega}_{1,k|k-1}\sqrt{W_1}\,s_{1_k}\hat{h}_{1,k|k-1}\mathrm{e}^{\mathrm{j}\hat{\omega}_{1,k|k-1}k},\cdots,\mathrm{j}\hat{\omega}_{N_{\mathrm{T}},k|k-1}\sqrt{W_{N_{\mathrm{T}}}}\,s_{N_{\mathrm{T}k}}\hat{h}_{N_{\mathrm{T}},k|k-1}\mathrm{e}^{\mathrm{j}\hat{\omega}_{N_{\mathrm{T}},k|k-1}k}] \tag{8.5.16c}$$

令

$$\hat{\boldsymbol{C}}_k=\left.\left[\frac{\partial y_k}{\partial \operatorname{Re}(\boldsymbol{h}_k)^{\mathrm{T}}},\frac{\partial y_k}{\partial \operatorname{Im}(\boldsymbol{h}_k)^{\mathrm{T}}},\frac{\partial y_k}{\partial \boldsymbol{\omega}_k^{\mathrm{T}}}\right]\right|_{\hat{x}_{k|k-1}} \tag{8.5.17}$$

并令

$$z_k=f(\hat{\boldsymbol{x}}_{k|k-1})-\left.\frac{\partial y_k}{\partial \operatorname{Re}(\boldsymbol{h}_k)^{\mathrm{T}}}\right|_{\hat{x}_{k|k-1}}\operatorname{Re}(\hat{\boldsymbol{h}}_{k|k-1})-\left.\frac{\partial y_k}{\partial \operatorname{Im}(\boldsymbol{h}_k)^{\mathrm{T}}}\right|_{\hat{x}_{k|k-1}}\operatorname{Im}(\hat{\boldsymbol{h}}_{k|k-1})-\left.\frac{\partial y_k}{\partial \boldsymbol{\omega}_k^{\mathrm{T}}}\right|_{\hat{x}_{k|k-1}}\hat{\boldsymbol{\omega}}_{k|k-1} \tag{8.5.18}$$

则有观测方程

$$y_k=\hat{\boldsymbol{C}}_k\boldsymbol{x}_k+z_k+\eta_k \tag{8.5.19}$$

根据无线信道特性，可将每个天线对间的复信道衰落建模为二阶自回归平均滑动模型，即

$$h_{p_k}=a_{1p}h_{p_{k-1}}+a_{2p}h_{p_{k-2}}+\vartheta_{h_{k-1}} \tag{8.5.20}$$

其中，$a_{1p}=r_{\mathrm{d}}\cos(2\pi f_{\mathrm{d}}T_{\mathrm{s}})$，$a_{2p}=-r_{\mathrm{d}}^2$，$f_{\mathrm{d}}$ 是最大的多普勒频移，$r_{\mathrm{d}}$ 为信道功率时延谱的滚降系数；$\vartheta_{h_{k-1}}\sim\mathcal{CN}(0,\sigma_{h_{k-1}}^2)$。

频率偏置为慢时变参数，可建立为一阶自回归平均滑动模型

$$\omega_{p_k}=b_p\omega_{p_{k-1}}+\vartheta_{\omega_{k-1}} \tag{8.5.21}$$

其中，$b_p$ 为与移动速度有关的系数；$\vartheta_{\omega_{k-1}}\sim\mathcal{N}(0,\sigma_{\omega_{k-1}}^2)$。

将式(8.5.20)和式(8.5.21)表示成状态空间模型，有

$$\boldsymbol{x}_{p_k}=\boldsymbol{A}_p\boldsymbol{x}_{p_{k-1}}+\boldsymbol{B}_p\boldsymbol{\vartheta}_{p_{k-1}} \tag{8.5.22}$$

其中，$\boldsymbol{x}_{p_k}=\begin{bmatrix}h_{pk}\\h_{pk-1}\\\omega_{pk}\end{bmatrix}$，$\boldsymbol{A}_p=\begin{bmatrix}a_{1p}&a_{2p}&0\\1&0&0\\0&0&b_p\end{bmatrix}$，$\boldsymbol{B}_p=\begin{bmatrix}1&0&0\\0&0&0\\0&0&1\end{bmatrix}$，$\boldsymbol{\vartheta}_{p_{k-1}}=\begin{bmatrix}\vartheta_{h_{k-1}}\\0\\\vartheta_{\omega_{k-1}}\end{bmatrix}$。

将所有发射天线与任意一根接收天线间信道特征参数的状态方程表示为

$$\boldsymbol{x}_k = \boldsymbol{A}\boldsymbol{x}_{k-1} + \boldsymbol{B}\boldsymbol{\vartheta}_{k-1} \tag{8.5.23}$$

其中，$\boldsymbol{x}_k = \begin{bmatrix} \boldsymbol{x}_{1_k} \\ \vdots \\ \boldsymbol{x}_{N_{\mathrm{T}k}} \end{bmatrix}$，$\boldsymbol{A} = \begin{bmatrix} \boldsymbol{A}_1 & 0 & 0 \\ 0 & \ddots & 0 \\ 0 & 0 & \boldsymbol{A}_{N_\mathrm{T}} \end{bmatrix}$，$\boldsymbol{B} = \begin{bmatrix} \boldsymbol{B}_1 & 0 & 0 \\ 0 & \ddots & 0 \\ 0 & 0 & \boldsymbol{B}_{N_\mathrm{T}} \end{bmatrix}$，$\boldsymbol{\vartheta}_{k-1} = \begin{bmatrix} \vartheta_1 \\ \vdots \\ \vartheta_{N_\mathrm{T}} \end{bmatrix}$。

根据式(8.5.23)，仿真考查时变信道参数的联合估计性能。设置 2×1 维 MISO 传输系统的发射功率为 $W_p = 10^{(\mathrm{SNR}/10)}$ W，两个子信道的归一化频偏参数均为 $f_\mathrm{d}T = 0.15$，滚降系数均为 $r_\mathrm{d} = 0.998$，信道复衰落的二阶自回归平均滑动模型的系数均为 $a_{1p} = 1.1732$，$a_{2p} = 0.996$，频偏的系数均为 $b_p = 0.99$。设置第一子信道的参数初值为 $\mathrm{Re}(h_{1_0}) = 0.4$，$\mathrm{Im}(h_{1_0}) = 0.6$，$\omega_{1_0} = 0.25$；第二子信道的初值参数为 $\mathrm{Re}(h_{2_0}) = 0.8$，$\mathrm{Im}(h_{2_0}) = -0.4$，$\omega_{2_0} = 0.15$。初值的估计误差方差为 $\boldsymbol{P}_0 = 0.5\boldsymbol{I}_{10}$，并设系统状态噪声的初始方差为 $\sigma^2_{\vartheta_{h_0}} = 0.5^2$，$\sigma^2_{\vartheta_{\omega_0}} = 0.1^2$，过程方差为 $\sigma^2_{\vartheta_{h_k}} = \sigma^2_{\vartheta_{\omega_k}} = 0.0001^2$，观测噪声方差为 $\boldsymbol{R}_k = 0.5\boldsymbol{I}_2$。

图 8.5.3 所示为在信噪比为 0dB 时，由扩展卡尔曼滤波估计信道衰落 $h_1$ 实部的均方误差(MSE)与克拉美-罗界(CRB)随观测值个数的变化曲线，其他信道衰落参数具有与该图类似的估计情况，不再示出。图 8.5.4 所示为由扩展卡尔曼滤波估计频率偏置 $\omega_1$ 的均方误差与克拉美-罗界随观测值个数变化的曲线。这两幅仿真曲线表明，扩展卡尔曼滤波估计的均方误差与克拉美-罗界都随观测值个数的增加渐近收敛，在观测值个数达到 10 时均方误差已可进入稳态。同时，由于信道衰落模型被建立为二阶自回归平均滑动模型，导致估计值以及克拉美-罗界在稳态时呈现出波动，且卡尔曼滤波得到的均方误差接近克拉美-罗界。

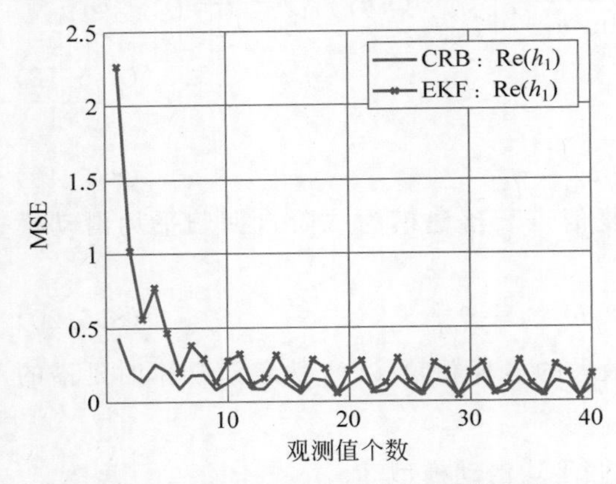


图 8.5.3 由扩展卡尔曼滤波估计信道衰落 $h_1$ 实部的均方误差与克拉美-罗界随观测值个数的变化曲线

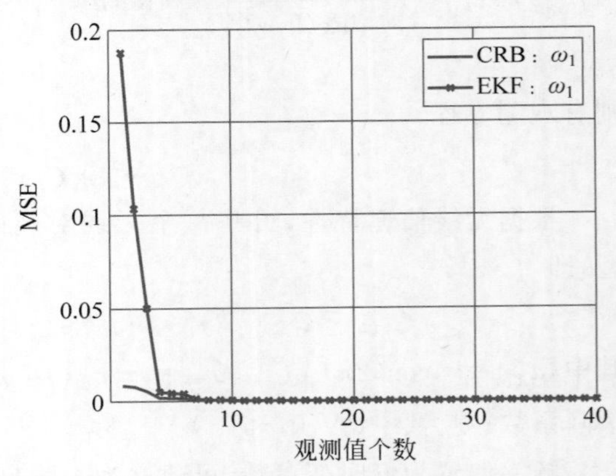


图 8.5.4 由扩展卡尔曼滤波估计频率偏置 $\omega_1$ 的均方误差与克拉美-罗界随观测值个数的变化曲线

## 8.6 无迹卡尔曼滤波

无迹卡尔曼滤波器是一种基于卡尔曼滤波框架的非线性滤波器。它通过对系统的状态进行无迹变换(Unscented Transformation，SUT)避免计算雅可比矩阵，从而高效地估计非线性系统的状态。无迹卡尔曼滤波对状态向量通过一组选定的采样点(也称为$\sigma$点)进行采样,得到一组扩展的状态向量的采样点集合,并将采样点集合通过非线性变换映射到测量空间上,得到一组观测向量的采样点集合,再根据采样点集合计算均值和方差,最后使用卡尔曼滤波的公式进行状态估计。

假设$n_x$维状态向量$\boldsymbol{x}$的均值为$\bar{\boldsymbol{x}}$,方差为$\boldsymbol{P}_x$,$\boldsymbol{x}$通过任意一个非线性函数$f:\mathbb{R}^{n_x}\to\mathbb{R}^{n_y}$变换,得到$n_y$维变量$\boldsymbol{y}$:$\boldsymbol{y}=f(\boldsymbol{x})$,$\boldsymbol{x}$的统计特性通过非线性函数$f(\cdot)$进行传播,得到$\boldsymbol{y}$的均值$\bar{\boldsymbol{y}}$和方差$\boldsymbol{P}_y$。无迹变换的思想是根据$\boldsymbol{x}$的均值和方差,选择$2n_x+1$个加权点$\boldsymbol{S}_i=\{\boldsymbol{W}_i,\boldsymbol{x}_i\}$,$i=1,2,\cdots,2n_x+1$近似随机变量$\boldsymbol{x}$的分布,称$\boldsymbol{S}_i$为$\sigma$点(即粒子);基于选定的粒子$\boldsymbol{S}_i$,计算其经过$f(\cdot)$的传播值,然后计算$\bar{\boldsymbol{y}}$和$\boldsymbol{P}_y$。

针对式(8.5.1)和式(8.5.2)所描述的动态方程,无迹卡尔曼滤波的具体过程可表示如下。在初始化状态变量的均值$\boldsymbol{x}_0$和估计误差方差$\boldsymbol{P}_0$后,将过程噪声增加进状态变量中,即

$$\boldsymbol{x}_{n-1}^{a}=[\boldsymbol{x}_{n-1}^{\mathrm{T}}\quad \boldsymbol{w}_{n-1}^{\mathrm{T}}]^{\mathrm{T}} \tag{8.6.1}$$

并记增广状态变量的方差为

$$\boldsymbol{P}_{n-1}^{a}=\begin{bmatrix}\boldsymbol{P}_{n-1|n-1} & \boldsymbol{0}\\ \boldsymbol{0} & \boldsymbol{Q}_{n-1}\end{bmatrix} \tag{8.6.2}$$

经无迹变换后,可获得$2n_x+1$个带有权重的$\sigma$点,即

$$\boldsymbol{\chi}_{n-1}^{0}=\boldsymbol{x}_{n-1} \tag{8.6.3a}$$

$$\boldsymbol{\chi}_{n-1}^{i}=\boldsymbol{x}_{n-1}^{a}+\left(\sqrt{(n_x+\lambda)\boldsymbol{P}_{n-1}^{a}}\right)_i,\quad i=1,2,\cdots,n_x \tag{8.6.3b}$$

$$\boldsymbol{\chi}_{n-1}^{i}=\boldsymbol{x}_{n-1}^{a}-\left(\sqrt{(n_x+\lambda)\boldsymbol{P}_{n-1}^{a}}\right)_{i-n_x},\quad i=n_x+1,n_x+2,\cdots,2n_x \tag{8.6.3c}$$

其中,$\sigma$点的权重分别为

$$W_{\mathrm{m}}^{0}=\frac{\lambda}{n_x+\lambda},\quad W_{\mathrm{c}}^{0}=\frac{\lambda}{n_x+\lambda}+(1+\alpha^2+\beta),\quad W_{\mathrm{m}}^{i}=W_{\mathrm{c}}^{i}=\frac{1}{2(n_x+\kappa)}$$

其中,$\lambda$为无迹变换的尺度系数,$\lambda=\alpha^2(n_x+\kappa)-n_x$;$\alpha$决定$\sigma$点的散布程度,通常取一小的正值,如$10^{-3}$;$\kappa$通常取为0;$\beta$用来描述状态的分布信息,在高斯分布时其最优值为2;$\sqrt{(n_x+\lambda)\boldsymbol{P}_{n-1}}$为矩阵$(n_x+\lambda)\boldsymbol{P}_{n-1}$的平方根,即由Cholesky分解得到的下三角阵;$W_{\mathrm{m}}^{i}$是求均值时的权系数;$W_{\mathrm{c}}^{i}$是求方差时的权系数。

计算每个$\sigma$点的一步预测与预测误差方差,即

$$\boldsymbol{\chi}_{n|n-1}^{i}=\boldsymbol{f}(\boldsymbol{\chi}_{n-1}^{i},\boldsymbol{u}_{n-1}),\quad i=0,1,\cdots,2n_x \tag{8.6.4}$$

利用各$\sigma$点的权重,得到预测状态和估计误差方差分别为

$$\hat{\boldsymbol{x}}_{n|n-1}=\sum_{i=0}^{2n_x}W_{\mathrm{m}}^{i}\boldsymbol{\chi}_{n|n-1}^{i} \tag{8.6.5}$$

$$\boldsymbol{P}_{n|n-1}=\sum_{i=0}^{2n_x}W_{\mathrm{c}}^{i}[\boldsymbol{\chi}_{n|n-1}^{i}-\hat{\boldsymbol{x}}_{n|n-1}^{i}][\boldsymbol{\chi}_{n|n-1}^{i}-\hat{\boldsymbol{x}}_{n|n-1}^{i}]^{\mathrm{T}} \tag{8.6.6}$$

类似于式(8.6.1)和式(8.6.2),再将观测噪声增加进状态$\boldsymbol{x}_{n|n-1}$中,即

$$\boldsymbol{x}_{n-1}^{b}=[\boldsymbol{x}_{n|n-1}^{\mathrm{T}}\quad v_{n}^{\mathrm{T}}]^{\mathrm{T}} \tag{8.6.7}$$

并记增广状态变量的方差为

$$\boldsymbol{P}_{n|n-1}^{b}=\begin{bmatrix}\boldsymbol{P}_{n|n-1} & \boldsymbol{0}\\ \boldsymbol{0} & \boldsymbol{R}_{n}\end{bmatrix} \tag{8.6.8}$$

经无迹变换后又获得 $2n_x+1$ 个 $\sigma$ 点，有

$$\boldsymbol{\chi}_{n|n-1}^{i}=\boldsymbol{x}_{n|n-1}^{b}\pm\left(\sqrt{(n_x+\lambda)\boldsymbol{P}_{n|n-1}^{b}}\right)_i,\quad i=0,1,\cdots,2n_x \tag{8.6.9}$$

然后计算 $\sigma$ 点上的输出估计值为

$$\boldsymbol{\Upsilon}_{n|n-1}^{i}=\boldsymbol{h}(\boldsymbol{\chi}_{n|n-1}^{i}),\quad i=0,1,\cdots,2n_x \tag{8.6.10}$$

再利用权重，得到输出估计值为

$$\hat{\boldsymbol{y}}_{n|n-1}=\sum_{i=0}^{2n_x}W_{\mathrm{m}}^{i}\boldsymbol{\Upsilon}_{n|n-1}^{i} \tag{8.6.11}$$

并得到输出误差方差为

$$\boldsymbol{P}_{y_n y_n}=\sum_{i=0}^{2n_x}W_{\mathrm{c}}^{i}[\boldsymbol{\Upsilon}_{n|n-1}^{i}-\hat{\boldsymbol{y}}_{n|n-1}][\boldsymbol{\Upsilon}_{n|n-1}^{i}-\hat{\boldsymbol{y}}_{n|n-1}]^{\mathrm{T}} \tag{8.6.12}$$

计算输出与状态的协方差为

$$\boldsymbol{P}_{x_n y_n}=\sum_{i=0}^{2n_x}W_{\mathrm{c}}^{i}[\boldsymbol{\chi}_{n|n-1}^{i}-\hat{\boldsymbol{x}}_{n|n-1}][\boldsymbol{\Upsilon}_{n|n-1}^{i}-\hat{\boldsymbol{y}}_{n|n-1}]^{\mathrm{T}} \tag{8.6.13}$$

计算增益矩阵为

$$\boldsymbol{K}_n=\boldsymbol{P}_{x_n y_n}\boldsymbol{P}_{y_n y_n}^{-1} \tag{8.6.14}$$

更新一步状态为

$$\hat{\boldsymbol{x}}_n=\boldsymbol{x}_{n|n-1}+\boldsymbol{K}_n(\boldsymbol{y}_n-\hat{\boldsymbol{y}}_{n|n-1}) \tag{8.6.15}$$

计算一步估计误差方差为

$$\boldsymbol{P}_n=\boldsymbol{P}_{n|n-1}-\boldsymbol{K}_n\boldsymbol{P}_{y_n y_n}\boldsymbol{K}_n^{\mathrm{T}} \tag{8.6.16}$$

从无迹卡尔曼滤波的计算过程可以看出，$\sigma$ 点不是随机地从给定分布中采样，而只是根据状态和噪声的统计特性获得的一种确定性采样，$\sigma$ 点的权重并不一定是正值并分布在(0,1]区间，与随机抽样有着本质的区别。由于采用确定性采样，无迹卡尔曼滤波不适用于噪声非高斯分布系统。

## 8.7 粒子滤波

粒子滤波是一种基于蒙特卡洛方法(Monte Carlo Method)的非参数滤波方法，属于贝叶斯滤波的范畴。粒子滤波的主要原理是将系统状态表示为一个由粒子(Particles)组成的集合，每个粒子代表一个可能的系统状态；根据系统的状态转移方程，对每个粒子进行随机采样，得到下一个时刻的状态粒子集合；然后根据测量方程，对每个状态粒子进行权重计算，得到粒子集合的权重；再根据粒子的权重，对粒子集合进行重采样，得到新的粒子集合，作为下一个时刻的系统状态估计。

粒子滤波的优势在于可以处理非线性和非高斯系统的状态估计问题，具有更强的适应性和灵活性。对于复杂的系统，粒子滤波的估计精度更高，可以应用于噪声非高斯分布的系统，适用于各种类型的噪声环境。

## 8.7.1　贝叶斯滤波

针对式(8.5.1)和式(8.5.2)所描述的动态方程，贝叶斯滤波的基本思想是：若已知状态的初始概率密度函数 $p(\boldsymbol{x}_0)$，则可以利用观测值 $\boldsymbol{y}_{1:n}$ 构造状态的后验分布函数 $p(\boldsymbol{x}_n \mid \boldsymbol{y}_{1:n})$，从而得到在后验分布函数最大准则下的最优滤波值。

将状态的先验分布 $p(\boldsymbol{x}_0)$ 记为 $p(\boldsymbol{x}_0 \mid \boldsymbol{y}_0)$，可将在观测值 $\boldsymbol{y}_{1:n-1}$ 下的一步预测状态的概率密度函数表示为

$$p(\boldsymbol{x}_n \mid \boldsymbol{y}_{1:n-1}) = \int p(\boldsymbol{x}_n \mid \boldsymbol{x}_{n-1}) p(\boldsymbol{x}_{n-1} \mid \boldsymbol{y}_{1:n-1}) \mathrm{d}\boldsymbol{x}_{n-1} \tag{8.7.1}$$

在得到新的观测值 $\boldsymbol{y}_n$ 后，状态 $\boldsymbol{x}_n$ 的后验概率密度函数可写为

$$p(\boldsymbol{x}_n \mid \boldsymbol{y}_{1:n}) = \frac{p(\boldsymbol{y}_n \mid \boldsymbol{x}_n) p(\boldsymbol{x}_n \mid \boldsymbol{y}_{1:n-1})}{p(\boldsymbol{y}_n \mid \boldsymbol{y}_{1:n-1})} \tag{8.7.2}$$

其中，$p(\boldsymbol{y}_n \mid \boldsymbol{y}_{1:n-1}) = \int p(\boldsymbol{y}_n \mid \boldsymbol{x}_n) p(\boldsymbol{x}_n \mid \boldsymbol{y}_{1:n-1}) \mathrm{d}\boldsymbol{x}_n$。

式(8.7.1)表明，状态的一步预测概率密度函数可以通过状态方程的状态转移函数获得；式(8.7.2)表明，一步后验概率密度函数可以经由一步预测概率密度函数和似然函数 $p(\boldsymbol{y}_n \mid \boldsymbol{x}_n)$ 获得。式(8.7.1)和式(8.7.2)构成了贝叶斯最优滤波理论的框架。

## 8.7.2　重要性抽样

在式(8.7.1)中，积分运算中的两个概率密度函数均包含有随机向量经非线性映射后的概率分布求解，一般情况下很难得到解析解，导致一步预测概率密度函数求解困难，因而对非线性非高斯分布的动态系统的估计问题往往不能求得解析解。粒子滤波依据大数定理采用蒙特卡洛方法求解贝叶斯滤波中的积分运算。

**1. 从后验分布中抽样**

若能从 $p(\boldsymbol{x}_{0:n} \mid \boldsymbol{y}_{1:n})$ 抽取 $N$ 个 IID 样本 $\{\boldsymbol{x}_{0:n}^{(i)}\}, i=1,2,\cdots,N$，则状态的后验概率密度函数可以用经验分布逼近为

$$\hat{p}(\boldsymbol{x}_{0:n} \mid \boldsymbol{y}_{1:n}) \approx \frac{1}{N} \sum_{i=1}^{N} \delta(\boldsymbol{x}_{0:n} - \boldsymbol{x}_{0:n}^{(i)}) \tag{8.7.3}$$

其中，$\delta(\cdot)$ 表示狄拉克函数，$\delta(\boldsymbol{x}_{0:n} - \boldsymbol{x}_{0:n}^{(i)})$ 表示 $\boldsymbol{x}_{0:n}^{(i)}$ 是对 $\boldsymbol{x}_{0:n}$ 抽样的第 $i$ 个样本。

为了使粒子能逼近真实的后验分布 $p(\boldsymbol{x}_{0:n} \mid \boldsymbol{y}_{1:n})$，考查经非线性映射 $f(\boldsymbol{x}_{0:n})$ 后，随机变量的数学期望为

$$\mathbb{E}[f(\boldsymbol{x}_{0:n})] = \frac{\int f(\boldsymbol{x}_{0:n}) p(\boldsymbol{x}_{0:n} \mid \boldsymbol{y}_{1:n}) \mathrm{d}\boldsymbol{x}_{0:n}}{\int p(\boldsymbol{x}_{0:n} \mid \boldsymbol{y}_{1:n}) \mathrm{d}\boldsymbol{x}_{0:n}} \tag{8.7.4}$$

其中，分母为归一化因子。

由于并不知道 $p(\boldsymbol{x}_{0:n} \mid \boldsymbol{y}_{1:n})$，需要引入建议分布函数 $q(\boldsymbol{x}_{0:n} \mid \boldsymbol{y}_{1:n})$，此时 $f(\boldsymbol{x}_{0:n})$ 的数学期望可写为

$$\mathbb{E}[f(\boldsymbol{x}_{0:n})] = \int f(\boldsymbol{x}_{0:n}) \frac{p(\boldsymbol{x}_{0:n} \mid \boldsymbol{y}_{1:n})}{q(\boldsymbol{x}_{0:n} \mid \boldsymbol{y}_{1:n})} q(\boldsymbol{x}_{0:n} \mid \boldsymbol{y}_{1:n}) \mathrm{d}\boldsymbol{x}_{0:n}$$

$$=\int f(\boldsymbol{x}_{0:n})\frac{p(\boldsymbol{y}_{1:n}\mid\boldsymbol{x}_{0:n})p(\boldsymbol{x}_{0:n})}{p(\boldsymbol{y}_{1:n})q(\boldsymbol{x}_{0:n}\mid\boldsymbol{y}_{1:n})}q(\boldsymbol{x}_{0:n}\mid\boldsymbol{y}_{1:n})\mathrm{d}\boldsymbol{x}_{0:n}$$

$$=\int f(\boldsymbol{x}_{0:n})\frac{w(\boldsymbol{x}_{0:n})}{p(\boldsymbol{y}_{1:n})}q(\boldsymbol{x}_{0:n}\mid\boldsymbol{y}_{1:n})\mathrm{d}\boldsymbol{x}_{0:n} \tag{8.7.5}$$

其中，$p(\boldsymbol{y}_{1:n})$为归一化因子；$w(\boldsymbol{x}_{0:n})$为由先验分布、似然函数和建议分布所确定的权重，即

$$w(\boldsymbol{x}_{0:n})=\frac{p(\boldsymbol{y}_{1:n}\mid\boldsymbol{x}_{0:n})p(\boldsymbol{x}_{0:n})}{q(\boldsymbol{x}_{0:n}\mid\boldsymbol{y}_{1:n})} \tag{8.7.6}$$

采用建议分布函数$q(\boldsymbol{x}_{0:n}|\boldsymbol{y}_{1:n})$后，根据式(8.7.4)，可得

$$\mathbb{E}[f(\boldsymbol{x}_{0:n})]=\frac{1}{N}\sum_{i=1}^{N}f(\boldsymbol{x}_{0:n}^{i})\omega_{n}^{i}(\boldsymbol{x}_{0:n}^{i}) \tag{8.7.7}$$

其中，$\boldsymbol{x}_{0:n}^{i}$为从建议分布$q(\boldsymbol{x}_{0:n}|\boldsymbol{y}_{1:n})$中独立采样的粒子；$\omega_{n}^{i}(\boldsymbol{x}_{0:n}^{i})$为粒子的重要性权重。

2. 序贯估计中的后验抽样

对于一个离散时间动态系统，当采用最大后验估计准则估计系统的状态序列$\{\boldsymbol{x}_{0:n},n=1,2,3,\cdots\}$时，需要通过观测值$\{\boldsymbol{y}_{1:n},n=1,2,3,\cdots\}$得到后验分布函数$p(\boldsymbol{x}_{0:n}|\boldsymbol{y}_{1:n})$，它在序贯估计中的计算为

$$p(\boldsymbol{x}_{0:n}\mid\boldsymbol{y}_{1:n})=p(\boldsymbol{x}_{0:n-1},\boldsymbol{y}_{1:n-1})\frac{p(\boldsymbol{y}_{n}\mid\boldsymbol{x}_{n})p(\boldsymbol{x}_{n}\mid\boldsymbol{x}_{n-1})}{p(\boldsymbol{y}_{n}\mid\boldsymbol{y}_{1:n-1})} \tag{8.7.8}$$

由于式(8.7.8)右边的$p(\boldsymbol{y}_{n}|\boldsymbol{x}_{n})$、$p(\boldsymbol{x}_{n}|\boldsymbol{x}_{n-1})$和$p(\boldsymbol{y}_{n}|\boldsymbol{y}_{1:n-1})$在非线性模型和非高斯噪声时一般难以计算解析表达式，得到$p(\boldsymbol{x}_{0:n}|\boldsymbol{y}_{1:n})$的解析解困难，需要通过蒙特卡洛方法用一些带权重的粒子集来表示，即

$$\hat{p}(\boldsymbol{x}_{0:n}\mid\boldsymbol{y}_{1:n})=\frac{1}{N}\sum_{i=1}^{N}\delta_{\boldsymbol{x}_{0:n}^{i}}(\mathrm{d}\boldsymbol{x}_{0:n}) \tag{8.7.9}$$

由此，关于状态序列$\boldsymbol{x}_{0:n}$的函数$g_{n}(\boldsymbol{x}_{0:n})$的期望值为

$$\mathbb{E}[g_{n}(\boldsymbol{x}_{0:n})]=\int g_{n}(\boldsymbol{x}_{0:n})p(\boldsymbol{x}_{0:n}\mid\boldsymbol{y}_{1:n})\mathrm{d}\boldsymbol{x}_{0:n} \tag{8.7.10}$$

由于无法直接从这个后验概率分布抽样，可用一个已知的、容易采样的概率分布——重要性函数$q(\boldsymbol{x}_{0:n}|\boldsymbol{y}_{1:n})$间接得到。进一步得到

$$\hat{\mathbb{E}}[g_{n}(\boldsymbol{x}_{0:n})]\approx\sum_{i=1}^{N}g_{n}(\boldsymbol{x}_{0:n}^{i})w_{n}^{i}(\boldsymbol{x}_{0:n}^{i}) \tag{8.7.11}$$

其中，$w_{n}^{i}$可作为概率密度函数的离散估计值。

$$\hat{p}(\boldsymbol{x}_{0:n}\mid\boldsymbol{y}_{1:n})=\sum_{i=1}^{N}w_{n}^{i}\delta_{x_{0:n}^{i}}(\mathrm{d}\boldsymbol{x}_{0:n}) \tag{8.7.12}$$

其中，$w_{n}^{i}$为归一化重要性权重，$w_{n}^{i}=w_{n(\mathrm{old})}^{i}/\sum_{j=1}^{N}w_{n(\mathrm{old})}^{j}$，$w_{n(\mathrm{old})}^{i}$为第$i$个粒子未归一化前的权重。

## 8.7.3 序列重要性抽样

为了序列地估计状态，需要递推地计算重要性权重。该过程通过序列重要性抽样

(Sequential Importance Sampling,SIS)来完成。将重要性函数 $q(\boldsymbol{x}_{0:n} \mid \boldsymbol{y}_{1:n})$ 写成

$$q(\boldsymbol{x}_{0:n} \mid \boldsymbol{y}_{1:n}) = q(\boldsymbol{x}_0) \prod_{j=1}^{n} q(\boldsymbol{x}_j \mid \boldsymbol{x}_{0:j-1}, \boldsymbol{y}_{1:j}) \tag{8.7.13}$$

假设状态符合马尔可夫过程,在给定状态下,观测量条件独立,则可以得出

$$p(\boldsymbol{x}_{0:n}) = p(\boldsymbol{x}_0) \prod_{j=1}^{n} p(\boldsymbol{x}_j \mid \boldsymbol{x}_{j-1}) \tag{8.7.14a}$$

$$p(\boldsymbol{y}_{1:n} \mid \boldsymbol{x}_{0:n}) = \prod_{j=1}^{n} p(\boldsymbol{y}_j \mid \boldsymbol{y}_{j-1}) \tag{8.7.14b}$$

将式(8.7.13)和式(8.7.14)代入式(8.7.6),得到权重递推公式

$$\begin{aligned}
w(\boldsymbol{x}_{0:n}) &= \frac{p(\boldsymbol{y}_{1:n} \mid \boldsymbol{x}_{0:n}) p(\boldsymbol{x}_{0:n})}{q(\boldsymbol{x}_n \mid \boldsymbol{x}_{0:n-1}, \boldsymbol{y}_{1:n}) q(\boldsymbol{x}_{0:n-1} \mid \boldsymbol{y}_{1:n})} \\
&= w_{n-1} \frac{p(\boldsymbol{y}_{1:n} \mid \boldsymbol{x}_{0:n}) p(\boldsymbol{x}_{0:n})}{p(\boldsymbol{y}_{1:n-1} \mid \boldsymbol{x}_{0:n-1}) p(\boldsymbol{x}_{0:n-1})} \frac{1}{q(\boldsymbol{x}_n \mid \boldsymbol{x}_{0:n-1}, \boldsymbol{y}_{1:n})} \\
&= w_{n-1} \frac{p(\boldsymbol{y}_n \mid \boldsymbol{x}_n) p(\boldsymbol{x}_n \mid \boldsymbol{x}_{n-1})}{q(\boldsymbol{x}_n \mid \boldsymbol{x}_{0:n-1}, \boldsymbol{y}_{1:n})}
\end{aligned} \tag{8.7.15}$$

并简化为

$$w_n = w_{n-1} \frac{p(\boldsymbol{y}_n \mid \boldsymbol{x}_n) p(\boldsymbol{x}_n \mid \boldsymbol{x}_{n-1})}{q(\boldsymbol{x}_n \mid \boldsymbol{x}_{n-1}, \boldsymbol{y}_n)} \tag{8.7.16}$$

其中,$p(\boldsymbol{y}_n \mid \boldsymbol{x}_n)$和 $p(\boldsymbol{x}_n \mid \boldsymbol{x}_{n-1})$可分别通过粒子由观测方程和状态方程得到,最优的建议分布应为

$$\begin{aligned}
q(\boldsymbol{x}_n \mid \boldsymbol{x}_{n-1}, \boldsymbol{y}_n) &= p(\boldsymbol{x}_n \mid \boldsymbol{x}_{n-1}, \boldsymbol{y}_n) \\
&= \frac{p(\boldsymbol{y}_n \mid \boldsymbol{x}_n, \boldsymbol{x}_{n-1}) p(\boldsymbol{x}_n \mid \boldsymbol{x}_{n-1})}{p(\boldsymbol{y}_n \mid \boldsymbol{x}_{n-1})}
\end{aligned} \tag{8.7.17}$$

但这个最优解很难得到,一般采用简化的方法来取代,即

$$q(\boldsymbol{x}_n \mid \boldsymbol{x}_{n-1}, \boldsymbol{y}_n) \approx p(\boldsymbol{x}_n \mid \boldsymbol{x}_{n-1}) \tag{8.7.18}$$

## 8.7.4　重要性重采样

粒子退化问题是粒子滤波中的一个普遍问题。在递推计算几次后,除一个粒子以外的所有粒子的权值都可以忽略不计,这些退化粒子已不再对式(8.7.12)的后验概率密度产生影响,并且造成很大的计算负担。这种粒子数匮乏现象造成了粒子多样性的丧失,从而很容易使 SIS 方法出现发散现象。

从粒子权重的序列更新公式

$$w_n^i = w_{n-1}^i \frac{p(\boldsymbol{y}_n \mid \boldsymbol{x}_n^i) p(\boldsymbol{x}_n^i \mid \boldsymbol{x}_{n-1}^i)}{q(\boldsymbol{x}_n^i \mid \boldsymbol{x}_{n-1}^i, \boldsymbol{y}_n)} \tag{8.7.19}$$

可以看出,当建议分布不理想时,$p(\boldsymbol{y}_n \mid \boldsymbol{x}_n^i)$的数值很小,$p(\boldsymbol{x}_n^i \mid \boldsymbol{x}_{n-1}^i)$与 $q(\boldsymbol{x}_n^i \mid \boldsymbol{x}_{n-1}^i, \boldsymbol{y}_n)$的差异很大使二者的比值很小,因而使 $w_n^i$ 的值很快变小,很容易造成粒子的退化现象。

在粒子滤波中,用权重方差所定义的有效采样尺寸衡量粒子数的匮乏程度。有效采样尺寸定义为

$$N_{\mathrm{eff}}=\frac{N}{1+\mathrm{Var}(w_n^{*i})} \tag{8.7.20}$$

其中，$w_n^{*i}=p(\boldsymbol{x}_n^i|\boldsymbol{y}_{1,n})/q(\boldsymbol{x}_n^i|\boldsymbol{x}_{n-1}^i,\boldsymbol{y}_n)$。

在实际应用中，常使用以下方法计算。

$$N_{\mathrm{eff}}=\frac{1}{\sum_{i=1}^{N}(w_n^i)^2} \tag{8.7.21}$$

其中，$w_n^i$ 为归一化权重。

为了提高滤波精度，可以选择很大数目的粒子，但这会大大增加计算量，特别是对高维状态的滤波，其粒子数以指数方式增长，造成滤波困难。因此，从重要性函数和重要性重采样(Importance Resampling，IR)方法中建立粒子群更为有效。为挑选权重大的粒子，可通过对重要性函数的近似来选择，即

$$q(\boldsymbol{x}_n\mid\boldsymbol{x}_{n-1}^i,\boldsymbol{y}_n)\approx p(\boldsymbol{x}_n\mid\boldsymbol{x}_{n-1}^i) \tag{8.7.22}$$

重要性重采样的目的是减少权值小的粒子，集中权值大的粒子。当退化现象发生时，通过重采样重新产生一组粒子近似 $p(\boldsymbol{x}_n\mid\boldsymbol{y}_n)$。重采样的方法较多，如归一化重采样、残差重采样和最小方差重采样等。在归一化重采样中，重新产生一组粒子且使每个粒子的权重为 $1/N$，即产生 $\{\boldsymbol{x}_{0:n}^j,N^{-1}\}$ 的粒子取代 $\{\boldsymbol{x}_{0:n}^i,w_n^i\}$。在残差重采样中，首先计算 $\widetilde{N}^i=[Nw_n^i]$，再计算残差 $\overline{N}_n=N-\sum_{i=1}^{N}\widetilde{N}^i$，然后计算新权重 $w_n^i=\overline{N}_n^{-1}(\omega_n^iN-\overline{N}_n)$。在最小方差重采样中，先在区间[0,1]上均匀采集 $N$ 个点 $U$，每个点的距离为 $1/N$，用这些粒子取代在 $\sum_{j=1}^{i-1}w_n^j$ 和 $\sum_{j=1}^{i}w_n^j$ 上的粒子。

## 本章小结

本章主要介绍了动态滤波的相关概念与方法。首先，基于新息过程和状态空间模型，对线性模型的卡尔曼滤波原理与步骤进行了详细的阐述和推导，并提供了相关实验和仿真代码；接着，探讨了卡尔曼滤波在非线性模型下的变体，即扩展卡尔曼滤波和无迹卡尔曼滤波；此外，还介绍了基于蒙特卡洛方法和贝叶斯理论的粒子滤波，其中涵盖了重要性抽样和重要性重采样等有关概念。

## 本章习题

8.1 设系统和量测分别为

$$x_{k+1}=x_k+w_k$$

$$z_k=x_k+v_k$$

$x_k$ 和 $z_k$ 都是标量，$w_k$ 和 $v_k$ 为互不相关的零均值白噪声系列，并有

$$Q_k=R_k=1$$

如果 $P_0=1$，求卡尔曼滤波增益 $K_k$ 和估计误差方差 $P_k$。

8.2　在卡尔曼滤波中，当系统的状态噪声和观测噪声的自相关矩阵 $\boldsymbol{Q}(n)$、$\boldsymbol{R}(n)$ 以及状态估计误差自相关矩阵的初值 $P(0)$ 同时增大 $\beta$ 倍时，试分析卡尔曼增益矩阵的变化情况。

8.3　试证明卡尔曼滤波器中的状态估计误差自相关矩阵满足下列等式。

$$\boldsymbol{P}(n)\boldsymbol{C}^{\mathrm{H}}(n)=\boldsymbol{K}(n)\boldsymbol{R}(n)$$

$$\boldsymbol{P}(n)\boldsymbol{C}^{\mathrm{H}}(n)\boldsymbol{R}^{-1}(n)=\boldsymbol{P}(n\mid n-1)\boldsymbol{C}^{\mathrm{H}}(n)\boldsymbol{A}^{-1}(n)$$

8.4　假设 $x(n)$ 是一个时不变的标量随机变量，在观测它的过程中，受到均值为 0，方差为 $\sigma_v^2$ 的加性高斯白噪声 $v(n)$ 的影响。现采用卡尔曼滤波器对 $x(n)$ 进行估计，其中，$P(0)=p_0$，试构造系统的状态方程和观测方程，并给出状态变量 $x(n)$ 的更新公式。

8.5　基于 8.4.7 节所描述的卡尔曼滤波仿真实验，通过在代码中增加 RMSE 的数值计算，比较卡尔曼滤波的输出结果与测量结果的准确性。

8.6　基于 8.5.3 节所描述的扩展卡尔曼滤波仿真实验，通过在代码中增加 RMSE 的数值计算，比较扩展卡尔曼滤波的输出结果与测量结果的准确性。

8.7　考虑随机相位调制信号的估计问题。假设离散的状态方程和观测方程分别为

$$x_k=0.8x_{k-1}+w_{k-1}$$

$$y_k=A\cos(w_0k+0.5x_k)+v_k$$

其中，$A$ 和 $w_0$ 为已知常数；$w_{k-1}$ 和 $v_k(k\geqslant 1)$ 都是均值为 0，方差为 1 的白噪声随机序列，且两者不相关。求信号的状态估计 $\hat{x}_k$。

8.8　考虑习题 8.7 中的估计问题，试编写扩展卡尔曼滤波和无迹卡尔曼滤波算法程序，并对比两者的结果。

8.9　考虑习题 8.7 中的估计问题，试编写粒子滤波程序，并对比习题 8.8 的结果。

# 第9章 压缩感知及其在无线信道估计中的应用

CHAPTER 9

运用压缩感知的相关理论和方法处理信号，是通信和信息论、计算机视觉、机器学习和模式识别等领域的研究和应用热点。根据奈奎斯特采样定理，只要采样频率达到原始信号最高频率的2倍及以上，原始信号就可以通过采样信息被准确地重构。在压缩感知理论中，当信号具有稀疏特性时，准确估计或重构的测量样本数可以更少，计算成本也可随之降低。

本章介绍压缩感知的相关概念和稀疏信号恢复方法，重点阐述交替方向乘子法(Alternating Direction Method of Multipliers，ADMM)优化 $l_1$ 范数的具体方法，随后阐述优化-最小化法的原理，给出了贪婪迭代、稀疏贝叶斯学习和原子范数最小化等方法，最后给出稀疏信道模型以及运用稀疏重构算法获取 MIMO 和 MIMO-OFDM 稀疏信道参数的性能结果。

第25集
微课视频

## 9.1 基本概念

压缩感知(Compressed Sensing，CS)理论主要包括信号的稀疏表示、字典矩阵设计和重构算法三方面的内容。

### 9.1.1 字典与稀疏表示

许多自然信号在时域并不是稀疏信号，但是在某个变换域是稀疏的，如在通信信号处理中比较典型的使用傅里叶变换后的频域信号。通常，称在某个变换域稀疏的信号为可压缩信号，可压缩信号往往可以通过稀疏向量充分逼近。

若一个 $n$ 维列向量 $\boldsymbol{x}\in\mathbb{R}^n$ 只有 $k$ 个元素是非零的，而其余 $n-k$ 个元素是零，则该向量称为 $k$ 稀疏向量，一般有 $k<\lfloor n/2\rfloor$($\lfloor\cdot\rfloor$表示向下取整)。$k$ 稀疏向量的 $l_0$ 范数为 $k$，即 $\|\boldsymbol{x}\|_0=k$。

通常，一个信号 $\boldsymbol{y}\in\mathbb{R}^m$ 最多可以分解为 $m$ 个正交基向量 $\boldsymbol{g}_i\in\mathbb{R}^m$，$i=1,2,\cdots,m$ 的线性组合，这些正交基的集合称为完备正交基。此时信号分解

$$\boldsymbol{y}=\boldsymbol{G}\boldsymbol{c}=\sum_{i=1}^{m}c_i\boldsymbol{g}_i \tag{9.1.1}$$

中的系数向量 $\boldsymbol{c}=[c_1,c_2,\cdots,c_m]^{\mathrm{T}}\in\mathbb{R}^m$ 一定是非稀疏的。

若将信号向量 $\boldsymbol{y}\in\mathbb{R}^m$ 分解为 $n$ 个 $m$ 维向量 $\boldsymbol{a}_i\in\mathbb{R}^m$，$i=1,2,\cdots,n$ 的线性组合，其中

$n>m$，则信号分解

$$\boldsymbol{y}=\boldsymbol{A}\boldsymbol{x}=\sum_{i=1}^{n}x_i\boldsymbol{a}_i \tag{9.1.2}$$

中的 $n$ 个列向量 $\boldsymbol{a}_i\in\mathbb{R}^m$，$i=1,2,\cdots,n$ 一定具有相关性。列向量$\{\boldsymbol{a}_1,\boldsymbol{a}_2,\cdots,\boldsymbol{a}_n\}$在压缩感知中称为原子(Atom)，这些原子的集合是过完备的(Overcomplete)。过完备的原子组成的矩阵 $\boldsymbol{A}=[\boldsymbol{a}_1,\boldsymbol{a}_2,\cdots,\boldsymbol{a}_n]\in\mathbb{R}^{m\times n}(n>m)$称为字典(Dictionary)或库。对应于 $x_i$ 非零项的索引集合称为 $\boldsymbol{x}$ 的支撑集，用 supp($\boldsymbol{x}$)表示。

对于一个连续时间信号 $x(t)$，在使用奈奎斯特 (Nyquist)采样频率采样后，可得到一个离散时间信号向量 $\boldsymbol{x}=[x(1),x(2),\cdots,x(n)]^{\mathrm{T}}\in\mathbb{R}^n$。若 $\boldsymbol{x}$ 是稀疏的，则可使用远低于奈奎斯特采样频率采样，得到一个低维信号 $\boldsymbol{y}=[y(1),y(2),\cdots,y(m)]^{\mathrm{T}}\in\mathbb{R}^m$，并可将 $\boldsymbol{y}$ 表示为

$$y(i)=\boldsymbol{\phi}_i^{\mathrm{T}}\boldsymbol{x},\quad i\in M \tag{9.1.3}$$

其中，$M\subset\{1,2,\cdots,n\}$是一个基数(Cardinality)远小于 $n$ 的子集；$\boldsymbol{\phi}_i\in\mathbb{R}^n$ 为感知基 $\boldsymbol{\Phi}\in\mathbb{R}^{n\times n}$ 的第 $i$ 列。信号 $\boldsymbol{y}$ 可以写成

$$\boldsymbol{y}=\boldsymbol{\Theta}\boldsymbol{x} \tag{9.1.4}$$

其中，矩阵$\boldsymbol{\Theta}$ 的 $m$ 个行向量由感知基 $\boldsymbol{\Phi}$ 的 $m$ 个列向量的转置排列组成。

若 $\boldsymbol{x}$ 本身不是稀疏的，但是可压缩信号，即 $\boldsymbol{x}$ 在某个表示域上是稀疏的，则可使用某个表示矩阵$\boldsymbol{\psi}\in\mathbb{R}^{n\times n}$，得到 $\boldsymbol{x}$ 的稀疏表示

$$\boldsymbol{x}=\boldsymbol{\psi}\boldsymbol{\alpha} \tag{9.1.5}$$

其中，$\boldsymbol{\alpha}\in\mathbb{R}^n$ 为 $\boldsymbol{x}$ 的 $k$ 稀疏表示。因此有

$$\boldsymbol{y}=\boldsymbol{\Theta}\boldsymbol{\psi}\boldsymbol{\alpha} \tag{9.1.6}$$

其中，$\boldsymbol{A}=\boldsymbol{\Theta}\boldsymbol{\psi}\in\mathbb{R}^{m\times n}$ 称为全息字典(Holographic Dictionary)或库，它包含了感知和表示的全面信息。图 9.1.1 给出了信号的压缩感知框图。

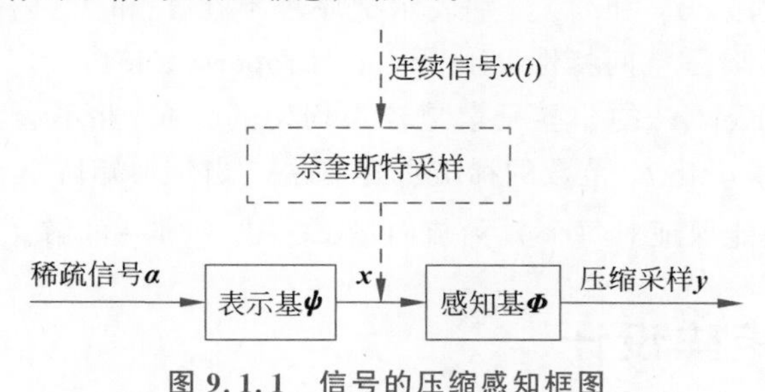


图 9.1.1　信号的压缩感知框图

## 9.1.2　约束等距性条件

已经证明，若字典矩阵 $\boldsymbol{A}$ 满足 $k$ 阶约束等距性(Restricted Isometry Property，RIP)条件，则非凸的 $l_0$ 范数最小化与凸的 $l_1$ 范数最小化等价，即

$$\|\boldsymbol{x}\|_0\leqslant k\Rightarrow(1-\delta_k)\|\boldsymbol{x}\|_2^2\leqslant\|\boldsymbol{A}_k\boldsymbol{x}\|_2^2\leqslant(1+\delta_k)\|\boldsymbol{x}\|_2^2 \tag{9.1.7}$$

其中，$0\leqslant\delta_k<1$ 为一个与稀疏度 $k$ 有关的常数；$\boldsymbol{A}_k$ 为由字典矩阵 $\boldsymbol{A}$ 的任意 $k$ 列组成的子矩阵。

具有参数 $\delta_k$ 的 $k$ 阶 RIP 条件记为 RIP($k$，$\delta_k$)，$\delta_k$ 常被称为约束等距常数，它定义为所

有使 RIP$(k,\delta_k)$成立的参数 $\delta$ 的下确界，即

$$\delta_k=\inf\{\delta \mid (1-\delta)\|z\|_2^2 \leqslant \|A_I z\|_2^2 \leqslant (1+\delta)\|z\|_2^2,\quad \forall\, |I| \leqslant k,\quad \forall z^{|I|} \in \mathbb{R}^{|I|}\} \tag{9.1.8}$$

其中，$I=\{i \mid x_i \neq 0\} \in \{1,2,\cdots,n\}$表示稀疏向量 $\boldsymbol{x}$ 的非零元素的支撑集；$|I|$表示支撑集的长度，即稀疏向量 $\boldsymbol{x}$ 的非零元素的个数。

若矩阵 $\boldsymbol{A}_k$ 为正交矩阵，则 $\delta_k=0$，因为 $\|\boldsymbol{A}_k\boldsymbol{x}\|_2=\|\boldsymbol{A}_k\|_2\|\boldsymbol{x}\|_2=0$。因此，一个矩阵的约束等距常数 $\delta_k$ 可以用来评价该矩阵的非正交程度。由于 $\boldsymbol{A}_k$ 是抽取 $\boldsymbol{A}$ 的任意 $k$ 列组成的，故要求 $\boldsymbol{x}$ 在 $\boldsymbol{A}$ 的每列上的能量投影都尽可能地均匀，这就是限制等距的物理含义。

RIP 条件与字典矩阵 $\boldsymbol{A} \in \mathbb{R}^{m\times n}$ 的列之间的相关性 $\mu(\boldsymbol{A})$（见 9.2 节）密切相关。Donoho 与 Elad 借助 Gershgorin 圆盘定理证明了 $\delta_k \leqslant \mu(k-1)$。在信号处理应用中，常取 $\mu \approx 1/\sqrt{m}$，由此得到非平凡的 RIP 临界 $k \approx \sqrt{m}$。对于某些随机矩阵，它们具有更高的 RIP 临界，如高斯随机矩阵和伯努利(Bernoulli)随机矩阵的 RIP 临界为 $k=m/\log(n/m)$。

### 9.1.3 零空间特性

由线性代数可知，解集$\{\boldsymbol{x} \in \mathbb{R}^n: \boldsymbol{y}=\boldsymbol{A}\boldsymbol{x}\}$可由原始解和字典矩阵 $\boldsymbol{A}$ 的零空间所确定。记测量矩阵 $\boldsymbol{A}$ 的零空间为 $\boldsymbol{E}$，则重构 $\boldsymbol{x}$ 的过程可分为求特解 $\boldsymbol{x}_{\mathrm{P}}$ 和字典矩阵 $\boldsymbol{A}$ 的零空间 $\boldsymbol{E}$ 下的通解 $\boldsymbol{x}_{\mathrm{N}}$ 两部分，并有 $\boldsymbol{A}\boldsymbol{x}_{\mathrm{N}}=0$。当通解和特解分别求出后，可得 $\boldsymbol{x}$ 的估计值为

$$\boldsymbol{x}=\boldsymbol{x}_{\mathrm{P}}+\boldsymbol{E}\boldsymbol{x}_{\mathrm{N}} \tag{9.1.9}$$

记

$$\mathrm{Ker}(\boldsymbol{A})=\{\boldsymbol{x} \in \mathbb{R}^n: \boldsymbol{A}\boldsymbol{x}=\boldsymbol{0}\} \tag{9.1.10}$$

若对任意的$\boldsymbol{v} \in \mathrm{Ker}(\boldsymbol{A})$，$\forall T \in \{1,2,\cdots,n\}$，$|T| \leqslant 2k$，有

$$\|\boldsymbol{v}_T\|_1 < \|\boldsymbol{v}_{Tc}\|_1 \tag{9.1.11}$$

其中，$Tc$ 表示 $T$ 的补集。$\boldsymbol{v}_T$ 和$\boldsymbol{v}_{Tc}$ 分别表示把序号不在 $T$ 和 $Tc$ 内的元素都置为零的列向量，则矩阵 $\boldsymbol{A}$ 满足 $k$ 阶零空间特性(Null Space Property，NSP)。

零空间特性要求 Ker($\boldsymbol{A}$)的非零元素是较为均匀的分布，并不会集中于某些 $k$ 个元素上。它用于分析基于最小化 $l_1$ 范数的稀疏重建算法。当字典矩阵 $\boldsymbol{A}$ 满足 $k$ 阶零空间特性的条件时，基跟踪算法能保证对每个 $k$ 稀疏向量 $\boldsymbol{x} \in \mathbb{R}^n$ 有唯一的解。

## 9.2 字典矩阵设计

应用压缩感知理论对稀疏信号估计与恢复时，通常使用特定的字典矩阵，将稀疏或是可压缩的高维信号投影到低维空间，然后根据信号本身具备的稀疏先验知识，或者在没有任何稀疏先验知识时，利用线性或非线性的恢复(重建)算法，从少量的测量值中恢复出未知的稀疏信号。当存在多个测量向量且未知信号拥有共同的支撑集时，还可利用信号的联合稀疏特性提高重构算法的性能。

### 9.2.1 非互相干性准则

重构算法的性能依赖于字典矩阵，但字典矩阵用 RIP$(k,\delta_k)$条件设计十分困难。在实

际应用中,通常采用非互相干性准则设计字典。

考虑 $m\times n$ 字典矩阵 $\boldsymbol{A}=[\boldsymbol{a}_1,\boldsymbol{a}_2,\cdots,\boldsymbol{a}_n]$,其列向量已经全部归一化,衡量这个字典矩阵质量的测度是列向量之间的相干性(Coherence),它定义为两个不同列向量之间互相关的最大绝对值,即

$$\mu(\boldsymbol{A})=\max_{i\neq j}|\langle\boldsymbol{a}_i,\boldsymbol{a}_j\rangle|=\max_{i\neq j}|\boldsymbol{a}_i^{\mathrm{H}}\boldsymbol{a}_j| \tag{9.2.1}$$

若这个相干参数 $\mu$ 大,则至少有两个列向量彼此相类似;若 $\mu$ 接近零,则字典矩阵 $\boldsymbol{A}$ 的各个列是几乎正交的。

两个 $n\times n$ 矩阵 $\boldsymbol{A}$ 和 $\boldsymbol{B}$ 之间的互相干参数(Mutual Coherence Parameter)定义为

$$\mu(\boldsymbol{A},\boldsymbol{B})=\sqrt{n}\max_{1\leqslant j,k\leqslant n}|\langle\boldsymbol{a}_j,\boldsymbol{b}_k\rangle| \tag{9.2.2}$$

类似地,这个互相干参数用来度量 $\boldsymbol{A}$ 的列向量 $\boldsymbol{a}_j$ 和 $\boldsymbol{B}$ 的列向量 $\boldsymbol{b}_k$ 之间的最大相关。如果 $\boldsymbol{A}$ 和 $\boldsymbol{B}$ 含有相关的任意两个列向量,则矩阵 $\boldsymbol{A}$ 和 $\boldsymbol{B}$ 之间的互相干参数就大;反之,若两个矩阵之间的互相关很小,则一个矩阵的所有列向量都与另一矩阵的各个列向量几乎相互正交。

对于 $m\times n$ 感知基矩阵 $\boldsymbol{\Phi}$,若

$$\max_{j\neq k}|\langle\boldsymbol{\phi}_j,\boldsymbol{\phi}_k\rangle|\leqslant\frac{1}{\sqrt{m}} \tag{9.2.3}$$

则称感知基矩阵为非相干(Incoherence)的。

对于感知基矩阵$\boldsymbol{\Phi}\in\mathbb{R}^{m\times n}$ 和表示基矩阵$\boldsymbol{\psi}\in\mathbb{R}^{n\times n}$,若

$$\max_{j\neq k}|\langle\boldsymbol{\phi}_j,\boldsymbol{\psi}_k\rangle|\leqslant 1 \tag{9.2.4}$$

则称感知基矩阵与表示基矩阵是为非相干的。

在确定的感知基矩阵和表示基矩阵下,对于 $l_1$ 范数最小化问题的稀疏重构定理如下。

**定理 9.2.1** 令 $\boldsymbol{x}\in\mathbb{R}^n$,感知矩阵 $\boldsymbol{\Theta}\in\mathbb{R}^{m\times n}$ 由感知基 $\boldsymbol{\Phi}$ 的 $m$ 个列向量转置组成,并且 $\boldsymbol{x}$ 用表示基 $\boldsymbol{\psi}$ 表示的系数向量 $\boldsymbol{\alpha}$ 是 $k$ 稀疏的。若

$$m\geqslant C\mu^2(\boldsymbol{\Phi},\boldsymbol{\psi})k\log(n/\delta) \tag{9.2.5}$$

对某个正常数 $C$ 成立,则 $l_1$ 范数最小化问题

$$\min\|\boldsymbol{\alpha}\|_1 \quad \text{s.t.}\ \boldsymbol{y}=\boldsymbol{\Theta}\boldsymbol{\psi}\boldsymbol{\alpha} \tag{9.2.6}$$

的解$\boldsymbol{\alpha}$ 能以 $1-\delta$ 的概率精确求出,从而高维离散时间向量 $\boldsymbol{x}$ 可以从低维采样向量 $\boldsymbol{y}$ 以 $1-\delta$ 的概率重构。

该定理表明,感知基 $\boldsymbol{\Phi}$ 与表示基$\boldsymbol{\psi}$ 之间的相关性越小,所需要的测量数 $m$ 就越小,如果 $\mu(\boldsymbol{\Phi},\boldsymbol{\psi})$ 等于或接近 1,则只要 $k\log(n)$ 数量级的 $m$ 个测量数据即可。在应用中,为减小观测数目并精确重构出稀疏信号,设计出满足与表示基 $\boldsymbol{\psi}$ 非相干或满足等距约束性准则的感知矩阵 $\boldsymbol{\Phi}\in\mathbb{R}^{m\times n}$,在稀疏信号估计与恢复中被广泛讨论。

特别地,在通信信号变换和图像处理中,经常遇到字典矩阵为部分正交矩阵(Partial Orthogonal Matrices)的情形。从一个 $n\times n$ 正交矩阵随机抽取 $m$ 个行向量得到的矩阵称为 $m\times n$ 维部分正交矩阵,如从小波变换、傅里叶变换等正交矩阵中抽取若干行所构成的矩阵,以及部分哈达玛矩阵等。对于部分正交的字典矩阵,由稀疏重构定理可知,其所需要的测量数相对较少。

### 9.2.2 测量模型类别

**1. 单测量向量模型**

通常，稀疏信号 $\boldsymbol{x}$ 从欠定的观测方程中求解，具体如下。

$$\boldsymbol{y}=\boldsymbol{A}\boldsymbol{x} \tag{9.2.7}$$

其中，$\boldsymbol{y}\in\mathbb{R}^m$；$\boldsymbol{A}=[\boldsymbol{a}_1,\boldsymbol{a}_2,\cdots,\boldsymbol{a}_n]\in\mathbb{R}^{m\times n}(n>m)$；$\boldsymbol{x}\in\mathbb{R}^n$。

式(9.2.7)是仅从一个观测向量恢复稀疏信号的模型，称为单测量向量(Single Measurement Vector，SMV)模型，它是最常见的一种模型。

对于式(9.2.7)表示的欠定方程，存在无穷多组解向量 $\boldsymbol{x}\in\mathbb{R}^n$。为便于求解，对于字典 $\boldsymbol{A}$，通常作如下假设。

(1) $\boldsymbol{A}$ 的行数 $m$ 小于列数 $n$。

(2) $\boldsymbol{A}$ 具有满行秩，即 $\mathrm{rank}(\boldsymbol{A})=m$。

(3) $\boldsymbol{A}$ 的列具有单位 $l_2$ 范数，即 $\|\boldsymbol{a}_j\|_2=1,j=1,2,\cdots,n$。

**2. 多测量向量模型**

若用 $\boldsymbol{X}=[\boldsymbol{x}_1,\boldsymbol{x}_2,\cdots,\boldsymbol{x}_l]\in\mathbb{R}^{n\times l}$ 表示稀疏矩阵，其中稀疏列向量 $\boldsymbol{x}_j,j=1,2,\cdots,l$ 共有 $l$ 个，定义其支撑集 $\mathrm{supp}(\boldsymbol{X})\triangleq\bigcup_i\mathrm{supp}(\boldsymbol{x}_i)$。字典矩阵不变时，观测模型可表示为

$$\boldsymbol{Y}=\boldsymbol{A}\boldsymbol{X} \tag{9.2.8}$$

第 26 集
微课视频

其中，$\boldsymbol{Y}=[\boldsymbol{y}_1,\boldsymbol{y}_2,\cdots,\boldsymbol{y}_l]\in\mathbb{R}^{m\times l}$；$\boldsymbol{A}\in\mathbb{R}^{m\times n}$。称式(9.2.8)为多测量向量(Multiple Measurement Vectors，MMV)模型。

在 MMV 模型中，从 $\boldsymbol{Y}$ 中唯一恢复 $\boldsymbol{X}$ 的充分条件为

$$|\mathrm{supp}(\boldsymbol{X})|<\frac{\mathrm{spark}(\boldsymbol{A})-1+\mathrm{rank}(\boldsymbol{X})}{2} \tag{9.2.9}$$

其中，$|\mathrm{supp}(\cdot)|$表示支撑集的长度；$\mathrm{spark}(\cdot)$表示矩阵中最小的线性相关列数。信号各列的线性无关性随着 $\mathrm{rank}(\boldsymbol{X})$的增加而增大，基于信号各分量间的差异度，信号的联合恢复得以进行。在最理想的情况下，$\mathrm{rank}(\boldsymbol{X})$取最大值 $S$(即 $\boldsymbol{X}$ 各分量互不相关)并且 $\mathrm{spark}(\boldsymbol{A})$取最大值 $n+1$ 时，可获得重构 $\boldsymbol{X}$ 的唯一解，且此时仅需要 $S+1$ 个采样数。

在有观测噪声情况下，MMV 模型可改写为

$$\boldsymbol{Y}=\boldsymbol{A}\boldsymbol{X}+\boldsymbol{W} \tag{9.2.10}$$

其中，$\boldsymbol{W}\in\mathbb{R}^{m\times l}$ 为观测噪声。

在 MMV 模型即式(9.2.8)或式(9.2.10)中，若 $\boldsymbol{X}=[\boldsymbol{x}_1,\boldsymbol{x}_2,\cdots,\boldsymbol{x}_l]$内的 $l$ 个稀疏信号具有共同的稀疏性，即 $\boldsymbol{X}$ 的每列具有相同的稀疏度。且每列非零元素所在位置相同，也就是说，$\boldsymbol{X}$ 中每列稀疏信号共享支撑集，则这种信号被称为结构化稀疏信号，如图 9.2.1 所示。

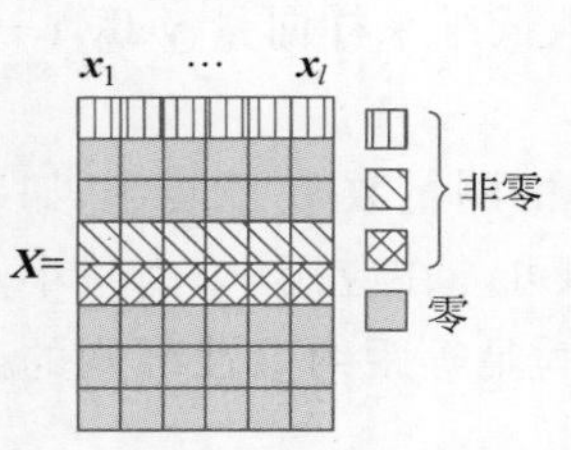
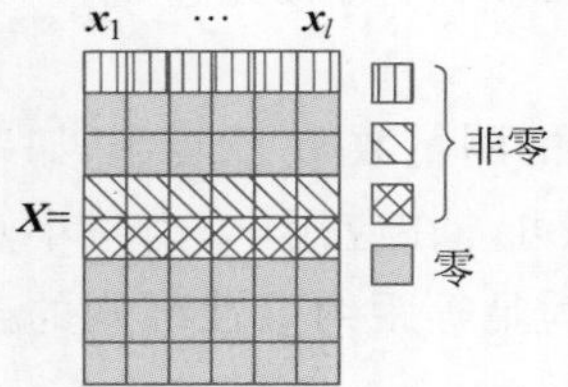

图 9.2.1 结构化稀疏信号

## 9.3 范数优化模型

范数优化模型主要有最小化 $l_2$ 范数、最小化 $l_0$ 范数和最小化 $l_1$ 范数等优化指标，也可以将范数作为限制条件进行优化。

**1. 最小化 $l_2$ 范数**

最小化 $l_2$ 范数是经典且常见的优化目标,表示为

$$\min \|\boldsymbol{x}\|_2 \quad \text{s.t. } \boldsymbol{y}=\boldsymbol{A}\boldsymbol{x} \tag{9.3.1}$$

其典型解法为最优最小二乘(Oracle LS)估计,可获得唯一的最小范数解为

$$\hat{\boldsymbol{x}}=\boldsymbol{A}^{\mathrm{H}}(\boldsymbol{A}\boldsymbol{A}^{\mathrm{H}})^{-1}\boldsymbol{y} \tag{9.3.2}$$

这个唯一解的物理解释为最小能量解。然而,这种解的每个元素通常为非零值,故在许多实际应用中,当 $\boldsymbol{x}$ 是稀疏向量时,需要通过设置阈值迫使某些元素为零。需要注意的是,当 $\boldsymbol{A}$ 的行秩亏缺时,$\boldsymbol{y}=\boldsymbol{A}\boldsymbol{x}$ 的最小二乘解 $\hat{\boldsymbol{x}}=(\boldsymbol{A}^{\mathrm{H}}\boldsymbol{A})^{-1}\boldsymbol{A}^{\mathrm{H}}\boldsymbol{y}$ 不是唯一的。

**2. 最小化 $l_0$ 范数**

这种优化目标可以表示为

$$\min \|\boldsymbol{x}\|_0 \quad \text{s.t. } \boldsymbol{y}=\boldsymbol{A}\boldsymbol{x} \tag{9.3.3}$$

这种优化的特点是:针对许多实际应用情况,只选择一个最稀疏的解向量。但是,由于 $l_0$ 拟范数的非凸性,优化困难。

在存在观测数据误差或背景噪声的情况下,该等式约束可松弛化为允许小于某个误差 $\varepsilon>0$ 的不等式约束,即建立 $l_0$ 拟范数的最小化问题为

$$\min \|\boldsymbol{x}\|_0 \quad \text{s.t. } \|\boldsymbol{y}-\boldsymbol{A}\boldsymbol{x}\|_2 \leqslant \varepsilon \tag{9.3.4}$$

通常,称式(9.3.3)是目标信号 $\boldsymbol{y}$ 相对于字典 $\boldsymbol{A}$ 的稀疏表示(Sparse Representation),满足 $\boldsymbol{y}=\boldsymbol{A}\boldsymbol{x}$ 的向量 $\boldsymbol{x}$ 若具有最小 $l_0$ 拟范数,则称 $\boldsymbol{x}$ 是目标信号 $\boldsymbol{y}$ 相对于字典 $\boldsymbol{A}$ 的最稀疏表示(Sparsest Representation)。称式(9.3.4)为目标信号 $\boldsymbol{y}$ 的稀疏逼近。

**3. 最小化 $l_1$ 范数**

由于 $\|\boldsymbol{x}\|_0$ 不具有偏导数和导数,式(9.3.3)和式(9.3.4)的优化问题都是 NP 难问题,其求解需要穷举出 $\boldsymbol{x}$ 的所有非零组合,计算量非常大。而 $l_0$ 范数与 $l_p$ 范数存在着密切的关系,有

$$\lim_{p\to 0}\|\boldsymbol{x}\|_p^p=\|\boldsymbol{x}\|_0 \tag{9.3.5}$$

对于 $p<1$ 的情形,所得的解是稀疏的,但是目标函数为非凸函数。当且仅当 $p\geqslant 1$ 时,$\|\boldsymbol{x}\|_p$ 为凸函数。$p=1$ 是产生凸问题的最小值,$l_1$ 范数是最接近于 $l_0$ 拟范数的凸目标函数。

因此,$l_0$ 拟范数最小化问题可转变为凸松弛的 $l_1$ 范数最小化问题,即

$$\min \|\boldsymbol{x}\|_1 \quad \text{s.t. } \boldsymbol{y}=\boldsymbol{A}\boldsymbol{x} \tag{9.3.6}$$

或

$$\min \|\boldsymbol{x}\|_1 \quad \text{s.t. } \|\boldsymbol{y}-\boldsymbol{A}\boldsymbol{x}\|_2 \leqslant \varepsilon \tag{9.3.7}$$

由式(9.3.7)表示的最优化问题又称为基跟踪(Base Pursuit,BP)问题,这是一个二次约束线性规划问题。

若 $\boldsymbol{x}_0$ 是式(9.3.3)的解,$\boldsymbol{x}_1$ 是式(9.3.6)的解,$\boldsymbol{x}_2$ 是式(9.3.1)的解,则有

$$\|\boldsymbol{x}_0\|_0 \leqslant \|\boldsymbol{x}_1\|_0 \leqslant \|\boldsymbol{x}_2\|_0 \tag{9.3.8}$$

在对 $l_1$ 范数优化中,还可以把测量误差的平方作为最小化目标,而把 $l_1$ 范数作为约束条件,即

$$\min \|\boldsymbol{y}-\boldsymbol{A}\boldsymbol{x}\|_2^2 \quad \text{s.t. } \|\boldsymbol{x}\|_1 \leqslant k \tag{9.3.9}$$

这是一个二次规划问题。利用拉格朗日乘子法,可将优化问题的拉格朗日优化函数写为

$$J(\lambda,\boldsymbol{x})=\min\left[\frac{1}{2}\|\boldsymbol{y}-\boldsymbol{A}\boldsymbol{x}\|_2^2+\lambda\|\boldsymbol{x}\|_1\right] \tag{9.3.10}$$

式(9.3.10)的优化问题称为基跟踪去噪问题。其中,拉格朗日乘子$\lambda>0$称为正则化参数,用于控制稀疏解的稀疏度,$\lambda$的值越大,解$\boldsymbol{x}$越稀疏,当$\lambda$的值足够大时,解向量$\boldsymbol{x}$为零向量;$\lambda$的值越小,解$\boldsymbol{x}$的稀疏程度也越小,解向量$\boldsymbol{x}$就变成使$\|\boldsymbol{y}-\boldsymbol{A}\boldsymbol{x}\|_2^2$最小化的向量。因此,$\lambda$可以平衡双重目标函数中的误差平方与$l_1$范数。

## 9.4 范数优化问题的求解

根据信号的稀疏特征以及观测模型,有效地建立优化模型和优化算法,可以高效地重构稀疏信号。当稀疏信号观测方程建立好后,如何设计出不同的重构算法以适应不同的条件,如存在环境的干扰和噪声时稀疏信号的估计和恢复,是范数优化理论的典型应用。衡量算法性能的优劣主要是根据估计值的均方误差指标。此外,算法的复杂度也是一个重要的考虑因素。

### 9.4.1 次梯度

为求解$l_1$范数优化问题,对含有$l_1$范数的优化模型,如式(9.3.10),可推导出目标函数的梯度向量为

$$\nabla_x J(\lambda,\boldsymbol{x})=\frac{\partial J(\lambda,\boldsymbol{x})}{\partial \boldsymbol{x}}=-\boldsymbol{A}^{\mathrm{T}}(\boldsymbol{y}-\boldsymbol{A}\boldsymbol{x})+\lambda\nabla_x\|\boldsymbol{x}\|_1 \tag{9.4.1}$$

其中,$\nabla_x\|\boldsymbol{x}\|_1$表示$l_1$范数的梯度向量,$\nabla_x\|\boldsymbol{x}\|_1=[\nabla_{x_1}\|\boldsymbol{x}\|_1,\cdots,\nabla_{x_n}\|\boldsymbol{x}\|_1]^{\mathrm{T}}$。当$\boldsymbol{x}\in\mathbb{R}^n$时,其第$i$个元素为

$$\nabla_{x_i}\|\boldsymbol{x}\|_1=\frac{\partial\|\boldsymbol{x}\|_1}{\partial x_i}=\begin{cases}1, & x_i>0\\ -1, & x_i<0\\ [-1,+1], & x_i=0\end{cases} \tag{9.4.2}$$

若记$\boldsymbol{c}=\boldsymbol{A}^{\mathrm{T}}(\boldsymbol{y}-\boldsymbol{A}\boldsymbol{x})$,则式(9.4.1)为零时,有

$$\boldsymbol{c}=\lambda\nabla_x\|\boldsymbol{x}\|_1 \tag{9.4.3}$$

因此,可以把式(9.4.1)的平稳点条件表示为

$$\boldsymbol{c}(I)=\lambda\,\mathrm{sgn}(\boldsymbol{x}) \quad 和 \quad \boldsymbol{c}(I^{\mathrm{c}})\leqslant\lambda \tag{9.4.4}$$

其中,$I^{\mathrm{c}}=\{1,2,\cdots,n\}-I$是支撑集$I$的补集。

特别地,当$\boldsymbol{x}\in\mathbb{C}^n$时,$\|\boldsymbol{x}\|_1=\sqrt{\boldsymbol{x}^{\mathrm{H}}\boldsymbol{x}}$。当元素$x_i\neq0$时,有

$$\nabla_{x_i}\|\boldsymbol{x}\|_1=\frac{\partial\|\boldsymbol{x}\|_1}{\partial x_i^*}=\frac{\partial\sqrt{x_i x_i^*}}{\partial x_i^*}=\frac{x_i^{\frac{1}{2}}x_i^{*\,-\frac{1}{2}}}{2} \tag{9.4.5}$$

### 9.4.2 交替方向乘子法

对于如式(9.3.6)、式(9.3.7)或式(9.3.9)的优化问题,可使用交替方向乘子法(ADMM)求解。ADMM是一种非常适合求解分布式凸优化问题的简单而有效的方法。它

采用了分解-协调(Decomposition-Coordination)过程,小的局部子问题的解被协调,以找到一个大的全局问题的解。ADMM 融合了求解优化问题的对偶分解和增广拉格朗日优化方法的优点。它等价于许多其他的优化算法或与一些优化算法密切相关,如信号处理中的布雷格曼迭代(Bregman Iteration)算法和近端方法(Proximal Method)等。

**1. ADMM 原理**

1) 对偶上升法

考虑一个受等式约束的凸优化问题

$$\min f(\boldsymbol{x}) \quad \text{s.t.}\ \boldsymbol{Ax}=\boldsymbol{b} \tag{9.4.6}$$

其中,$\boldsymbol{x}\in\mathbb{R}^n$;$\boldsymbol{A}\in\mathbb{R}^{m\times n}$;$f:\mathbb{R}^n\to\mathbb{R}$ 为凸函数。

它的拉格朗日函数可以表示为

$$L(\boldsymbol{x},\boldsymbol{y})=f(\boldsymbol{x})+\boldsymbol{y}^{\mathrm{T}}(\boldsymbol{Ax}-\boldsymbol{b}) \tag{9.4.7}$$

其中,$\boldsymbol{y}$ 为拉格朗日乘子向量。相应的对偶函数可表示为

$$g(\boldsymbol{y})=\inf_{\boldsymbol{x}}[L(\boldsymbol{x},\boldsymbol{y})]=-f^{*}(-\boldsymbol{A}^{\mathrm{T}}\boldsymbol{y})-\boldsymbol{b}^{\mathrm{T}}\boldsymbol{y} \tag{9.4.8}$$

其中,$\boldsymbol{y}$ 为对偶变量或仍称为拉格朗日乘子;inf(·)表示下确界;$f^{*}$ 是凸函数 $f$ 的共轭函数。

式(9.4.6)的对偶优化问题为

$$\max g(\boldsymbol{y}) \tag{9.4.9}$$

其优化变量为 $\boldsymbol{y}$。假定对偶关系存在,则原问题和对偶问题的解相同,就可以从一个对偶问题的最优点 $\boldsymbol{y}^{*}$ 中恢复一个原始最优点 $\boldsymbol{x}^{*}$,即

$$\boldsymbol{x}^{*}=\underset{\boldsymbol{x}}{\operatorname{argmin}}\, L(\boldsymbol{x},\boldsymbol{y}^{*}) \tag{9.4.10}$$

在对偶上升法中用梯度上升求解对偶问题。假设 $g$ 是可微的,梯度 $\nabla g(\boldsymbol{y})$ 可以计算如下。首先找到 $\boldsymbol{x}^{+}=\underset{\boldsymbol{x}}{\operatorname{argmin}}\, L(\boldsymbol{x},\boldsymbol{y})$,然后有 $\nabla g(\boldsymbol{y})=\boldsymbol{Ax}^{+}-\boldsymbol{b}$,它是等式约束的残差,再接着更新对偶变量。也就是说,对偶上升法包括以下两个迭代更新步骤。

$$\boldsymbol{x}^{k+1}=\underset{\boldsymbol{x}}{\operatorname{argmin}}\, L(\boldsymbol{x},\boldsymbol{y}^{k}) \tag{9.4.11}$$

$$\boldsymbol{y}^{k+1}=\boldsymbol{y}^{k}+\alpha^{k}(\boldsymbol{Ax}^{k+1}-\boldsymbol{b}) \tag{9.4.12}$$

其中,$\alpha^{k}$ 为迭代步长,上标表示迭代次数。式(9.4.11)是 $\boldsymbol{x}$ 的最小化步骤,式(9.4.12)是对偶变量更新步骤。这种方法之所以称为对偶上升法,是因为在选择适当的 $\alpha^{k}$ 时,对偶函数的值在每步都会增加,即 $g(\boldsymbol{y}^{k+1})>g(\boldsymbol{y}^{k})$。

2) 对偶分解

对偶上升法的主要好处是在某些情况下可以导致一个分布的算法。例如,假设目标 $f$ 是可分离的,这意味着可以将优化目标写成多个优化函数的和,即

$$f(\boldsymbol{x})=\sum_{i=1}^{N} f_i(\boldsymbol{x}_i) \tag{9.4.13}$$

其中,$\boldsymbol{x}=(\boldsymbol{x}_1,\boldsymbol{x}_2,\cdots,\boldsymbol{x}_N)$,$\boldsymbol{x}_i\in\mathbb{R}^{n_i}$ 是 $\boldsymbol{x}$ 的子向量。$\boldsymbol{A}=[\boldsymbol{A}_1,\boldsymbol{A}_2,\cdots,\boldsymbol{A}_N]$是相应的分割矩阵,并且有

$$\boldsymbol{Ax}=\sum_{i=1}^{N}\boldsymbol{A}_i\boldsymbol{x}_i \tag{9.4.14}$$

此时拉格朗日函数可以写为

$$L(\boldsymbol{x},\boldsymbol{y})=\sum_{i=1}^{N}L_i(\boldsymbol{x}_i,\boldsymbol{y})=\sum_{i=1}^{N}[f_i(\boldsymbol{x}_i)+\boldsymbol{y}^{\mathrm{T}}\boldsymbol{A}_i\boldsymbol{x}_i-(1/N)\boldsymbol{y}^{\mathrm{T}}\boldsymbol{b}] \tag{9.4.15}$$

它关于 $\boldsymbol{x}$ 也是可分离的。这意味着 $\boldsymbol{x}$ 最小化步骤可以分解为 $N$ 个单独的问题而且可以并行地求解,即

$$\boldsymbol{x}_i^{k+1}=\underset{x}{\operatorname{argmin}}\,L_i(\boldsymbol{x}_i,\boldsymbol{y}^k) \tag{9.4.16}$$

在式(9.4.16)中,$\boldsymbol{x}$ 最小化步骤对每个 $\boldsymbol{x}_i$,$i=1,2,\cdots,N$ 独立并行地进行。在这种情况下,我们将对偶上升法称为对偶分解法。

3) 增广拉格朗日函数与乘子法

为了提高对偶上升法的鲁棒性,可以使用增广的拉格朗日函数,这是为了在没有严格凸性或有限性等假设的情况下产生收敛性。式(9.4.6)的增广拉格朗日函数为

$$L_\rho(\boldsymbol{x},\boldsymbol{y})=f(\boldsymbol{x})+\boldsymbol{y}^{\mathrm{T}}(\boldsymbol{Ax}-\boldsymbol{b})+\frac{\rho}{2}\|\boldsymbol{Ax}-\boldsymbol{b}\|_2^2 \tag{9.4.17}$$

其中,$\rho>0$ 为罚参数。这个增广的拉格朗日函数可以看作与该问题相关的未增广拉格朗日函数的等价问题,即

$$\min f(\boldsymbol{x})+\frac{\rho}{2}\|\boldsymbol{Ax}-\boldsymbol{b}\|_2^2 \quad \text{s.t.}\ \boldsymbol{Ax}=\boldsymbol{b} \tag{9.4.18}$$

在式(9.4.17)中,对于任何可行的 $\boldsymbol{x}$,式(9.4.17)右边第3项加到目标上的值是零。与之相关的对偶函数为

$$g_\rho(\boldsymbol{y})=\inf_x[L_\rho(\boldsymbol{x},\boldsymbol{y})] \tag{9.4.19}$$

包含惩罚项的好处是 $g_\rho(\boldsymbol{y})$ 可以在原问题的相当温和的条件下被证明是可微的。增广对偶函数的梯度与普通的拉格朗日函数相同。通过最小化 $\boldsymbol{x}$,计算得到等式约束残差,再对修正后的问题应用对偶上升法,可得到算法

$$\boldsymbol{x}^{k+1}=\underset{x}{\operatorname{argmin}}\,L_\rho(\boldsymbol{x},\boldsymbol{y}^k) \tag{9.4.20}$$

$$\boldsymbol{y}^{k+1}=\boldsymbol{y}^k+\rho(\boldsymbol{Ax}^{k+1}-\boldsymbol{b}) \tag{9.4.21}$$

该方法被称为求解式(9.4.6)的乘子法。它与标准的对偶上升法相同,除了 $\boldsymbol{x}$ 的最小化步骤使用了增广的拉格朗日函数,并且罚参数 $\rho$ 被用作步长 $\alpha_k$。乘子法比对偶上升法在更一般的条件下收敛,包括 $f$ 取值为 $+\infty$ 或不严格凸的情况。

在对偶更新式(9.4.21)中,很容易促使用户去选择特定的步长 $\rho$。为了简单起见,在这里假设 $f$ 是可微的,式(9.4.6)的最优性条件是原始可行性和对偶可行性,即

$$\boldsymbol{Ax}-\boldsymbol{b}=0,\quad \nabla f(\boldsymbol{x})+\boldsymbol{A}^{\mathrm{T}}\boldsymbol{y}=0 \tag{9.4.22}$$

由于 $\boldsymbol{x}^{k+1}$ 是最小化 $L_\rho(\boldsymbol{x},\boldsymbol{y}^k)$ 的点,所以

$$\begin{aligned}0&=\nabla_x L_\rho(\boldsymbol{x}^{k+1},\boldsymbol{y}^k)\\&=\nabla_x f(\boldsymbol{x}^{k+1})+\boldsymbol{A}^{\mathrm{T}}[\boldsymbol{y}^k+\rho(\boldsymbol{Ax}^{k+1}-\boldsymbol{b})]\\&=\nabla_x f(\boldsymbol{x}^{k+1})+\boldsymbol{A}^{\mathrm{T}}\boldsymbol{y}^{k+1}\end{aligned} \tag{9.4.23}$$

可以看到,通过在对偶更新中使用 $\rho$ 作为步长,迭代($\boldsymbol{x}^{k+1}$,$\boldsymbol{y}^{k+1}$)是双重可行的。随着乘子法的进行,原始残差 $\boldsymbol{Ax}^{k+1}-\boldsymbol{b}$ 收敛于0,从而得到最优性。但该方法提高对偶上升法的收敛性是有代价的。当 $f$ 可分离时,增广拉格朗日函数 $L_\rho(\boldsymbol{x},\boldsymbol{y})$ 是不可分离的,因此 $\boldsymbol{x}$

的最小化步骤即式(9.4.20)不能对每个 $\boldsymbol{x}_i$ 单独并行地进行。这意味着这样的基本乘子法不能用于分解。接下来,我们将讨论如何解决这个问题。

4) ADMM

ADMM 是一种结合了对偶上升法的可分解性和乘子法的优越收敛性的算法。该算法以一种优化形式求解,即

$$\min f(\boldsymbol{x})+g(\boldsymbol{z}) \quad \text{s.t.}\ \boldsymbol{Ax}+\boldsymbol{Bz}=\boldsymbol{c} \tag{9.4.24}$$

其中,$\boldsymbol{x}\in\mathbb{R}^n$;$\boldsymbol{z}\in\mathbb{R}^m$;$\boldsymbol{A}\in\mathbb{R}^{p\times n}$;$\boldsymbol{B}\in\mathbb{R}^{p\times m}$;$\boldsymbol{c}\in\mathbb{R}^p$;$f(\cdot)$和$g(\cdot)$为凸函数。

该优化问题的最优解可以写为

$$\boldsymbol{p}^*=\inf[f(\boldsymbol{x})+g(\boldsymbol{z})\mid \boldsymbol{Ax}+\boldsymbol{Bz}=\boldsymbol{c}] \tag{9.4.25}$$

它的增广拉格朗日函数为

$$L_\rho(\boldsymbol{x},\boldsymbol{z},\boldsymbol{y})=f(\boldsymbol{x})+g(\boldsymbol{z})+\boldsymbol{y}^{\mathrm{T}}(\boldsymbol{Ax}+\boldsymbol{Bz}-\boldsymbol{c})+\frac{\rho}{2}\|\boldsymbol{Ax}+\boldsymbol{Bz}-\boldsymbol{c}\|_2^2 \tag{9.4.26}$$

其最优化条件可分为原始可行性

$$\boldsymbol{Ax}+\boldsymbol{Bz}-\boldsymbol{c}=\boldsymbol{0} \tag{9.4.27}$$

和对偶可行性

$$\boldsymbol{0}\in\partial f(\boldsymbol{x})+\boldsymbol{A}^{\mathrm{T}}\boldsymbol{x}+\rho(\boldsymbol{Ax}+\boldsymbol{Bz}-\boldsymbol{c})=\partial f(\boldsymbol{x})+\boldsymbol{A}^{\mathrm{T}}\boldsymbol{y} \tag{9.4.28}$$

$$\boldsymbol{0}\in\partial g(\boldsymbol{z})+\boldsymbol{B}^{\mathrm{T}}\boldsymbol{z}+\rho(\boldsymbol{Ax}+\boldsymbol{Bz}-\boldsymbol{c})=\partial g(\boldsymbol{z})+\boldsymbol{B}^{\mathrm{T}}\boldsymbol{y} \tag{9.4.29}$$

其中,$\partial f(\boldsymbol{x})$和$\partial g(\boldsymbol{z})$分别是子目标函数 $f(\boldsymbol{x})$和 $g(\boldsymbol{z})$的次微分。

求解优化问题 $\min L_\rho(\boldsymbol{x},\boldsymbol{z},\boldsymbol{y})$的 ADMM 更新公式如下。

$$\boldsymbol{x}^{k+1}=\underset{\boldsymbol{x}}{\operatorname{argmin}}\, L_\rho(\boldsymbol{x},\boldsymbol{z}^k,\boldsymbol{y}^k) \tag{9.4.30}$$

$$\boldsymbol{z}^{k+1}=\underset{\boldsymbol{z}}{\operatorname{argmin}}\, L_\rho(\boldsymbol{x}^{k+1},\boldsymbol{z},\boldsymbol{y}^k) \tag{9.4.31}$$

$$\boldsymbol{y}^{k+1}=\boldsymbol{y}^k+\rho(\boldsymbol{Ax}^{k+1}+\boldsymbol{Bz}^{k+1}-\boldsymbol{c}) \tag{9.4.32}$$

其中,$\rho>0$。若采用乘子法求解,则更新公式为

$$(\boldsymbol{x}^{k+1},\boldsymbol{z}^{k+1})=\underset{\boldsymbol{x},\boldsymbol{z}}{\operatorname{argmin}}\, L_\rho(\boldsymbol{x},\boldsymbol{z},\boldsymbol{y}^k) \tag{9.4.33}$$

$$\boldsymbol{y}^{k+1}=\boldsymbol{y}^k+\rho(\boldsymbol{Ax}^{k+1}+\boldsymbol{Bz}^{k+1}-\boldsymbol{c}) \tag{9.4.34}$$

可以看出,乘子法对增广拉格朗日函数两个变量 $\boldsymbol{x}$ 和 $\boldsymbol{z}$ 联合优化。而在 ADMM 中,$\boldsymbol{x}$ 和 $\boldsymbol{z}$ 以交替或顺序的方式更新,这就解释了交替方向的含义。在 ADMM 中,算法状态由 $\boldsymbol{z}^k$ 和 $\boldsymbol{y}^k$ 组成。换句话说,$(\boldsymbol{z}^{k+1},\boldsymbol{y}^{k+1})$是$(\boldsymbol{z}^k,\boldsymbol{y}^k)$的一个函数。变量 $\boldsymbol{x}^k$ 不是状态的一部分,它是从前一个状态$(\boldsymbol{z}^{k-1},\boldsymbol{y}^{k-1})$计算出来的中间结果。

如果在式(9.4.24)中替换 $\boldsymbol{x}$ 和 $\boldsymbol{z}$、$f$ 和 $g$,以及 $\boldsymbol{A}$ 和 $\boldsymbol{B}$,就得到了 ADMM 的一个变化形式,这样 $\boldsymbol{x}$ 的更新步骤即式(9.4.30)和 $\boldsymbol{z}$ 的更新步骤即式(9.4.31)的顺序是相反的。$\boldsymbol{x}$ 和 $\boldsymbol{z}$ 的角色几乎是对称的,但不是完全对称的,因为这时对偶更新是在 $\boldsymbol{z}$ 更新之后、$\boldsymbol{x}$ 更新之前完成的。

由于迭代中原始可行性不可能严格满足,设其第 $k$ 次迭代的残差为

$$\boldsymbol{r}^k=\boldsymbol{Ax}^k+\boldsymbol{Bz}^k-\boldsymbol{c} \tag{9.4.35}$$

同样地,对偶可行性也不可能严格满足,由于 $\boldsymbol{x}^{k+1}$ 是 $L_\rho(\boldsymbol{x},\boldsymbol{z}^k,\boldsymbol{y}^k)$的极小化变量,故有

$$\boldsymbol{0}\in\partial f(\boldsymbol{x}^{k+1})+\boldsymbol{A}^{\mathrm{T}}\boldsymbol{y}^k+\rho(\boldsymbol{Ax}^{k+1}+\boldsymbol{Bz}^k-\boldsymbol{c})$$

$$
\begin{aligned}
&= \partial f(\boldsymbol{x}^{k+1}) + \boldsymbol{A}^{\mathrm{T}}[\boldsymbol{y}^k + \rho \boldsymbol{r}^{k+1} + \rho \boldsymbol{B}(\boldsymbol{z}^k - \boldsymbol{z}^{k+1})] \\
&= \partial f(\boldsymbol{x}^{k+1}) + \boldsymbol{A}^{\mathrm{T}} \boldsymbol{y}^{k+1} + \rho \boldsymbol{A}^{\mathrm{T}} \boldsymbol{B}(\boldsymbol{z}^k - \boldsymbol{z}^{k+1})
\end{aligned} \tag{9.4.36}
$$

与对偶可行性公式(9.4.28)比较，可知对偶可行性的误差为

$$
\boldsymbol{s}^{k+1} = \rho \boldsymbol{A}^{\mathrm{T}} \boldsymbol{B}(\boldsymbol{z}^k - \boldsymbol{z}^{k+1}) \tag{9.4.37}
$$

ADMM 的停止准则是第 $k+1$ 次迭代的原始残差和对偶残差都非常小，即满足

$$
\| \boldsymbol{r}^{k+1} \|_2 \leqslant \varepsilon_{\mathrm{pri}}, \quad \| \boldsymbol{s}^{k+1} \|_2 \leqslant \varepsilon_{\mathrm{dual}} \tag{9.4.38}
$$

其中，$\varepsilon_{\mathrm{pri}}$ 和 $\varepsilon_{\mathrm{dual}}$ 分别为原始可行性和对偶可行性的允许扰动。

ADMM 可以写成一个稍微不同的更方便的形式。定义残差 $\boldsymbol{r} = \boldsymbol{A}\boldsymbol{x} + \boldsymbol{B}\boldsymbol{z} - \boldsymbol{c}$，结合增广拉格朗日函数中线性和二次项并缩放对偶变量，有

$$
\begin{aligned}
\boldsymbol{y}^{\mathrm{T}} \boldsymbol{r} + \frac{\rho}{2} \| \boldsymbol{r} \|_2^2 &= \frac{\rho}{2} \left\| \boldsymbol{r} + \frac{1}{\rho} \boldsymbol{y} \right\|_2^2 - \frac{1}{2\rho} \| \boldsymbol{y} \|_2^2 \\
&= \frac{\rho}{2} \| \boldsymbol{r} + \boldsymbol{u} \|_2^2 - \frac{\rho}{2} \| \boldsymbol{u} \|_2^2
\end{aligned} \tag{9.4.39}
$$

其中，$\boldsymbol{u} = (1/\rho)\boldsymbol{y}$ 是经过比例 $1/\rho$ 缩放的拉格朗日乘子向量(简称缩放对偶向量)，则式(9.4.30)、式(9.4.31)和式(9.4.32)分别转化为

$$
\boldsymbol{x}^{k+1} = \underset{\boldsymbol{x}}{\operatorname{argmin}} \left[ f(\boldsymbol{x}) + \frac{\rho}{2} \| \boldsymbol{A}\boldsymbol{x} + \boldsymbol{B}\boldsymbol{z}^k - \boldsymbol{c} + \boldsymbol{u}^k \|_2^2 \right] \tag{9.4.40}
$$

$$
\boldsymbol{z}^{k+1} = \underset{\boldsymbol{z}}{\operatorname{argmin}} \left[ g(\boldsymbol{z}) + \frac{\rho}{2} \| \boldsymbol{A}\boldsymbol{x}^{k+1} + \boldsymbol{B}\boldsymbol{z} - \boldsymbol{c} + \boldsymbol{u}^k \|_2^2 \right] \tag{9.4.41}
$$

$$
\boldsymbol{u}^{k+1} = \boldsymbol{u}^k + \boldsymbol{A}\boldsymbol{x}^{k+1} + \boldsymbol{B}\boldsymbol{z}^{k+1} - \boldsymbol{c} \tag{9.4.42}
$$

可以看出

$$
\boldsymbol{u}_k = \boldsymbol{u}_0 + \sum_{j=1}^{k} \boldsymbol{r}_j \tag{9.4.43}
$$

是各次迭代的残差和。

非缩放形式的迭代更新，如式(9.4.30)、式(9.4.31)和式(9.4.32)，与缩放形式的迭代更新，如式(9.4.40)、式(9.4.41)和式(9.4.42)等价，但是缩放形式的公式通常比未缩放形式的公式要短，所以将在后续求解中使用缩放形式。当强调对偶变量的作用或给出一个依赖于(未缩放的)对偶变量的解释时，则使用未缩放的形式。

可以证明，假设扩展实值函数 $f: \mathbb{R}^n \to \mathbb{R} \cup +\infty$ 和 $g: \mathbb{R}^m \to \mathbb{R} \cup +\infty$ 是封闭的、适当的和凸的，未增广的拉格朗日函数(式(9.4.7))有一个鞍点，则 ADMM 迭代满足以下条件。

(1) 残差收敛：当 $k \to \infty$ 时，$\boldsymbol{r}_k \to \boldsymbol{0}$，即迭代可行性。

(2) 目标收敛：当 $k \to \infty$ 时，$f(\boldsymbol{x}_k) + g(\boldsymbol{z}_k) \to p^*$，即迭代的目标函数接近最优值。

(3) 对偶变量收敛：当 $k \to \infty$ 时，$\boldsymbol{y}^k \to \boldsymbol{y}^*$，其中 $\boldsymbol{y}^*$ 是对偶变量的最优点。

通常，ADMM 可在几十次迭代中收敛到适当的精度，它的收敛情况与共轭梯度法等算法类似。在一些优化问题中，ADMM 收敛缓慢，使它区别于在较短的时间内就能收敛到较高精度的牛顿法或内点法。ADMM 还可以与其他方法相结合，在较短时间内得到高精度的解。一些应用实践表明，ADMM 非常适合仅要求中等精度时大规模问题的求解。

5) 变量的更新

通常可以利用 $f$、$g$、$\boldsymbol{A}$ 和 $\boldsymbol{B}$ 中的结构更有效地执行 $\boldsymbol{x}$ 更新和 $\boldsymbol{z}$ 更新。考虑在优化中经

常遇到的3个一般情况：二次目标函数项、可分离目标函数和其约束项，以及光滑目标函数项，以 $\boldsymbol{x}$ 更新的步骤为例进行阐述，通过对称性可得到 $\boldsymbol{z}$ 更新的步骤。

将 $\boldsymbol{x}$ 更新步骤表示为

$$\boldsymbol{x}^{k+1}=\underset{\boldsymbol{x}}{\operatorname{argmin}}\left[f(\boldsymbol{x})+\frac{\rho}{2}\|\boldsymbol{A}\boldsymbol{x}-\boldsymbol{v}\|_2^2\right] \tag{9.4.44}$$

其中，$\boldsymbol{v}=-\boldsymbol{B}\boldsymbol{z}+\boldsymbol{c}-\boldsymbol{u}$ 在 $\boldsymbol{x}$ 更新时是一个已知的常量。

对式(9.4.44)的求解，当函数 $f$ 足够简单时，可以解析地计算 $\boldsymbol{x}$ 更新。如果 $f$ 是一个封闭的非空凸集 $\mathcal{C}$ 的指示函数，则 $\boldsymbol{x}$ 更新可以表示为

$$\boldsymbol{x}^{+}=\underset{\boldsymbol{x}}{\operatorname{argmin}}\left[f(\boldsymbol{x})+\frac{\rho}{2}\|\boldsymbol{A}\boldsymbol{x}-\boldsymbol{v}\|_2^2\right]=\Pi_{\mathcal{C}}(\boldsymbol{v}) \tag{9.4.45}$$

其中，$\Pi_{\mathcal{C}}(\boldsymbol{v})$ 表示在 $\mathcal{C}$ 的投影，它与 $\rho$ 的选择无关。

又如，当假设 $f$ 是凸的二次型函数

$$f(\boldsymbol{x})=\frac{1}{2}\boldsymbol{x}^{\mathrm{T}}\boldsymbol{P}\boldsymbol{x}+\boldsymbol{q}^{\mathrm{T}}\boldsymbol{x}+\boldsymbol{r} \tag{9.4.46}$$

其中，$\boldsymbol{P}$ 为对称的 $n\times n$ 半正定矩阵。设

$$g(x)=\frac{1}{2}\boldsymbol{x}^{\mathrm{T}}\boldsymbol{P}\boldsymbol{x}+\boldsymbol{q}^{\mathrm{T}}\boldsymbol{x}+\boldsymbol{r}+\frac{\rho}{2}\|\boldsymbol{A}\boldsymbol{x}-\boldsymbol{v}\|_2^2 \tag{9.4.47}$$

则

$$\begin{aligned}\nabla g(\boldsymbol{x})&=\boldsymbol{P}\boldsymbol{x}+\boldsymbol{q}+\rho\boldsymbol{A}^{\mathrm{T}}(\boldsymbol{A}\boldsymbol{x}-\boldsymbol{v})\\&=(\boldsymbol{P}+\rho\boldsymbol{A}^{\mathrm{T}}\boldsymbol{A})\boldsymbol{x}+\boldsymbol{q}-\rho\boldsymbol{A}^{\mathrm{T}}\boldsymbol{v}\end{aligned} \tag{9.4.48}$$

假设 $\boldsymbol{P}+\rho\boldsymbol{A}^{\mathrm{T}}\boldsymbol{A}$ 是可逆的，则有 $\boldsymbol{x}^{+}$ 是 $\boldsymbol{v}$ 的仿射函数，即

$$\boldsymbol{x}^{+}=(\boldsymbol{P}+\rho\boldsymbol{A}^{\mathrm{T}}\boldsymbol{A})^{-1}(\rho\boldsymbol{A}^{\mathrm{T}}\boldsymbol{v}-\boldsymbol{q}) \tag{9.4.49}$$

式(9.4.49)包含了求逆计算，其计算复杂度较高，为了减小计算复杂度，它可由矩阵求逆公式计算为

$$(\boldsymbol{P}+\rho\boldsymbol{A}^{\mathrm{T}}\boldsymbol{A})^{-1}=\boldsymbol{P}^{-1}-\rho\boldsymbol{P}^{-1}\boldsymbol{A}^{\mathrm{T}}(\boldsymbol{I}+\rho\boldsymbol{A}\boldsymbol{P}^{-1}\boldsymbol{A}^{\mathrm{T}})^{-1}\boldsymbol{A}\boldsymbol{P}^{-1} \tag{9.4.50}$$

该方法需要 $\boldsymbol{P}^{-1}$ 存在。若记 $\boldsymbol{F}=\boldsymbol{P}+\rho\boldsymbol{A}^{\mathrm{T}}\boldsymbol{A}$ 并用 Cholesky 分解法求逆，则浮点计算数为 $O(n^3)$。

接着考虑这样一个例子：$f(\boldsymbol{x})=\lambda\|\boldsymbol{x}\|_1$，$\lambda>0$ 和 $\boldsymbol{A}=\boldsymbol{I}$。在这种情况下，更新值为

$$x_i^{+}=\underset{x_i}{\operatorname{argmin}}\left[\lambda|x_i|+\frac{\rho}{2}(x_i-v_i)^2\right] \tag{9.4.51}$$

虽然 $f(\boldsymbol{x})$ 是不可微的，也可以很容易用次微分法计算出一个简单的封闭解，即

$$x_i^{+}=S_{\lambda/\rho}(v_i) \tag{9.4.52}$$

其中，$S$ 为软阈值算子，表示为

$$S_{\kappa/a}=\begin{cases}a-\kappa, & a>\kappa\\0, & |a|\leqslant\kappa\\a+\kappa, & a<-\kappa\end{cases} \tag{9.4.53}$$

图9.4.1给出了软阈值函数的示意图。软阈值算子 $S$ 是一个收缩算子，还可记为

$$S\kappa(a)=\operatorname{sgn}(a)(|a|-\kappa)_{+},\quad\forall a\neq 0 \tag{9.4.54}$$

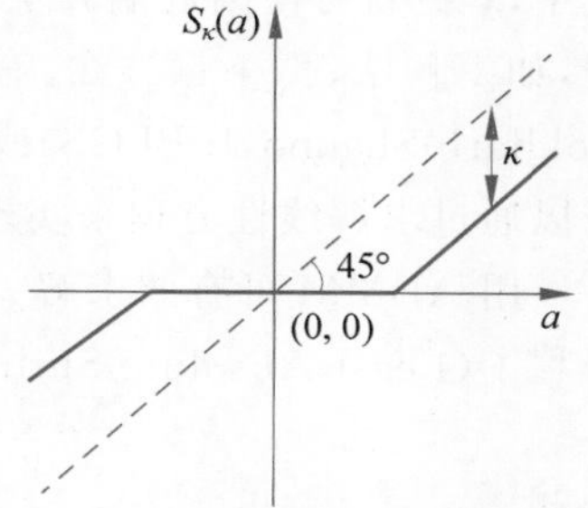

图9.4.1　软阈值函数(实线)

【例9.4.1】　用 ADMM 求解

$$\min \|\boldsymbol{z}\|_1$$
$$\text{s.t. } \boldsymbol{A}\boldsymbol{x}-\boldsymbol{z}=\boldsymbol{b}$$

其中,$f(\boldsymbol{x})=0$; $g(\boldsymbol{z})=\|\boldsymbol{z}\|_1$。

解　根据式(9.4.40)和式(9.4.42),$\boldsymbol{x}$ 更新是求

$$\boldsymbol{x}^{+}=\underset{\boldsymbol{x}}{\operatorname{argmin}}\left(\frac{\rho}{2}\|\boldsymbol{A}\boldsymbol{x}-\boldsymbol{z}^k-\boldsymbol{b}+\boldsymbol{u}^k\|_2^2\right)$$

通过求解 $F=\frac{\rho}{2}\|\boldsymbol{A}\boldsymbol{x}-\boldsymbol{z}^k-\boldsymbol{b}+\boldsymbol{u}^k\|_2^2$ 对 $\boldsymbol{x}$ 的导数并令导数等于0,可得

$$\nabla F=\rho\boldsymbol{A}^{\mathrm{T}}(\boldsymbol{A}\boldsymbol{x}-\boldsymbol{z}^k-\boldsymbol{b}+\boldsymbol{u}^k)=\boldsymbol{0}$$

故可得 $\boldsymbol{x}$ 更新公式为

$$\boldsymbol{x}^{k+1}=(\boldsymbol{A}^{\mathrm{T}}\boldsymbol{A})^{-1}\boldsymbol{A}^{\mathrm{T}}(\boldsymbol{b}+\boldsymbol{z}^k-\boldsymbol{u}^k)$$

$\boldsymbol{z}$ 更新是求

$$\boldsymbol{z}^{+}=\underset{\boldsymbol{z}}{\operatorname{argmin}}\left(\|\boldsymbol{z}\|_1+\frac{\rho}{2}\|\boldsymbol{A}\boldsymbol{x}^{k+1}-\boldsymbol{z}-\boldsymbol{b}+\boldsymbol{u}^k\|_2^2\right)$$

再通过求解 $F=\|\boldsymbol{z}\|_1+\frac{\rho}{2}\|\boldsymbol{A}\boldsymbol{x}^{k+1}-\boldsymbol{z}-\boldsymbol{b}+\boldsymbol{u}^k\|_2^2$ 对 $\boldsymbol{z}$ 的导数,可得

$$\nabla F=\nabla\|\boldsymbol{z}\|_1-\rho(\boldsymbol{A}\boldsymbol{x}^{k+1}-\boldsymbol{z}-\boldsymbol{b}+\boldsymbol{u}^k)=\boldsymbol{0}$$

因此更新公式为

$$\boldsymbol{z}^{k+1}=S_{1/\rho}(\boldsymbol{A}\boldsymbol{x}^{k+1}-\boldsymbol{b}+\boldsymbol{u}^k)$$

而 $\boldsymbol{u}$ 的更新为

$$\boldsymbol{u}^{k+1}=\boldsymbol{u}^k+\boldsymbol{A}\boldsymbol{x}^{k+1}-\boldsymbol{z}^{k+1}-\boldsymbol{b}$$

**2. 用 ADMM 求解 $l_1$ 范数优化问题**

对于一般的优化问题

$$\begin{aligned}&\min\ l(\boldsymbol{x})+\lambda\|\boldsymbol{z}\|_1\\&\text{s.t. } \boldsymbol{x}-\boldsymbol{z}=0\end{aligned}\tag{9.4.55}$$

其中,$g(\boldsymbol{z})=\lambda\|\boldsymbol{z}\|_1$。可得 ADMM 算法为

$$\boldsymbol{x}^{k+1}=\underset{\boldsymbol{x}}{\operatorname{argmin}}\left[l(\boldsymbol{x})+\frac{\rho}{2}\|\boldsymbol{x}-\boldsymbol{z}^k+\boldsymbol{u}^k\|_2^2\right]\tag{9.4.56a}$$

$$\boldsymbol{z}^{k+1}=S_{1/\rho}(\boldsymbol{x}^{k+1}+\boldsymbol{u}^k)\tag{9.4.56b}$$

$$\boldsymbol{u}^{k+1}=\boldsymbol{u}^k+\boldsymbol{x}^{k+1}-\boldsymbol{z}^{k+1}\tag{9.4.56c}$$

其中,$\boldsymbol{x}$ 更新可使用近端算子方法。如果函数 $l$ 是光滑的,则可以用任何标准的方法来实现,如牛顿法、拟牛顿方法、有限记忆逆秩 2 拟牛顿法(Limited-Memory Broyden-Fletcher-Goldfarb-Shanno,L-BFGS)或共轭梯度法等。如果函数 $l(\cdot)$是平方函数,那么 $\boldsymbol{x}$ 的最小化可以通过求解线性方程来实现。

用 ADMM 可有效求解 $l_1$ 正则化线性回归问题,也称为线性回归的最小绝对收缩与选择算子(Least Absolute Shrinkage and Selection Operator,LASSO)问题,即求解

$$\min\frac{1}{2}\|\boldsymbol{A}\boldsymbol{x}-\boldsymbol{b}\|_2^2+\lambda\|\boldsymbol{x}\|_1\tag{9.4.57}$$

其中,$\lambda>0$ 是一个通常通过交叉验证选择的标量正则化参数。LASSO 问题可写成如下标

准形式。

$$\min f(\boldsymbol{x})+g(\boldsymbol{z})$$
$$\text{s. t. } \boldsymbol{x}-\boldsymbol{z}=0 \tag{9.4.58}$$

其中，$f(\boldsymbol{x})=\frac{1}{2}\|\boldsymbol{Ax}-\boldsymbol{b}\|_2^2$；$g(\boldsymbol{z})=\lambda\|\boldsymbol{z}\|_1$。运用式(9.4.40)、式(9.4.41)和式(9.4.42)，其迭代更新公式依次为

$$\boldsymbol{x}^{k+1}=(\boldsymbol{A}^{\mathrm{T}}\boldsymbol{A}+\rho\boldsymbol{I})^{-1}[\boldsymbol{A}^{\mathrm{T}}\boldsymbol{b}+\rho(\boldsymbol{z}^k-\boldsymbol{u}^k)] \tag{9.4.59a}$$

$$\boldsymbol{z}^{k+1}=S_{\lambda/\rho}(\boldsymbol{x}^{k+1}+\boldsymbol{u}^k) \tag{9.4.59b}$$

$$\boldsymbol{u}^{k+1}=\boldsymbol{u}^k+\boldsymbol{x}^{k+1}-\boldsymbol{z}^{k+1} \tag{9.4.59c}$$

需要注意的是，$\boldsymbol{A}^{\mathrm{T}}\boldsymbol{A}+\rho\boldsymbol{I}$ 总是可逆的，因为 $\rho>0$。$\boldsymbol{x}$ 更新本质上是一种岭回归(即二次正则化最小二乘)计算，因此 ADMM 可以被解释成一种通过迭代进行岭回归解决 LASSO 问题的方法。

## 9.4.3　布雷格曼迭代算法

布雷格曼(Bregman)迭代算法是乘子法和交替方向乘子法的具体应用，这种算法在图像处理和压缩感知领域异军突起。它的迭代次数相对较多，但该算法并不需要稀疏度的先验知识，而且对测量矩阵的要求相对较低，能够较好地从观测值中恢复出真实的稀疏信号。

考虑如下优化问题。

$$\boldsymbol{u}^{k+1}=\underset{\boldsymbol{u}}{\operatorname{argmin}}\, J(\boldsymbol{u})+\lambda H(\boldsymbol{u}) \tag{9.4.60}$$

其中，$J(\cdot)$和 $H(\cdot)$均为非负的凸函数，但 $J(\cdot)$为非平滑函数，而 $H(\cdot)$可微分。

求解该模型的一种著名的迭代方法为 Bregman 迭代。它的核心原理是 Bregman 距离，定义为

$$D_J^g(\boldsymbol{u},\boldsymbol{v})=J(\boldsymbol{u})-J(\boldsymbol{v})-\langle \boldsymbol{g},\boldsymbol{u}-\boldsymbol{v}\rangle \tag{9.4.61}$$

其中，$\boldsymbol{g}\in\partial J(\boldsymbol{v})$指函数 $J$ 在点$\boldsymbol{v}$ 处的次梯度向量；$\langle\cdot\rangle$表示向量的内积。

Bregman 距离不是一种传统意义上的距离，因为 $D_J^g(\boldsymbol{u},\boldsymbol{v})\neq D_J^g(\boldsymbol{v},\boldsymbol{u})$。但它有一些很好的特性，使得它成为解决正则化问题的有效工具。Bregman 距离的性质如下。

(1) 对于所有 $\boldsymbol{u},\boldsymbol{v}\in X$ 和 $\boldsymbol{g}\in\partial J(\boldsymbol{v})$，Bregman 距离非负，即 $D_J^g(\boldsymbol{u},\boldsymbol{v})\geqslant 0$。

(2) 相同两点的 Bregman 距离为 0，即有 $D_J^g(\boldsymbol{u},\boldsymbol{u})=0$。

(3) Bregman 距离可度量两个点 $\boldsymbol{u}$ 和$\boldsymbol{v}$ 的接近程度，因为对于连接点 $\boldsymbol{u}$ 和$\boldsymbol{v}$ 的直线段内的任何点 $\boldsymbol{w}$，$D_J^g(\boldsymbol{u},\boldsymbol{v})\geqslant D_J^g(\boldsymbol{w},\boldsymbol{v})$。

特别地，非平滑函数 $J(\boldsymbol{u})$在第 $k$ 次迭代点 $\boldsymbol{u}^k$ 的一阶泰勒级数逼近可写为

$$J(\boldsymbol{u})=J(\boldsymbol{u}^k)+\langle \boldsymbol{g}^k,\boldsymbol{u}-\boldsymbol{u}^k\rangle$$

逼近误差可由 Bregman 距离度量，即

$$D_J^g(\boldsymbol{u},\boldsymbol{u}^k)=J(\boldsymbol{u})-J(\boldsymbol{u}^k)-\langle \boldsymbol{g}^k,\boldsymbol{u}-\boldsymbol{u}^k\rangle \tag{9.4.62}$$

Bregman 提出，式(9.4.60)所表示的无约束优化问题可以修正为

$$\begin{aligned}\boldsymbol{u}^{k+1}&=\underset{\boldsymbol{u}}{\operatorname{argmin}}\, D_J^g(\boldsymbol{u})+\lambda H(\boldsymbol{u})\\&=\underset{\boldsymbol{u}}{\operatorname{argmin}}\, J(\boldsymbol{u})-\langle \boldsymbol{g}^k,\boldsymbol{u}-\boldsymbol{u}^k\rangle+\lambda H(\boldsymbol{u})\end{aligned} \tag{9.4.63}$$

这就是 Bregman 迭代的一般原理。

1. 线性化 Bregman 迭代算法

记 Bregman 迭代优化问题的目标函数为 $L(\boldsymbol{u})=J(\boldsymbol{u})-\langle \boldsymbol{g}^k,\boldsymbol{u}-\boldsymbol{u}^k\rangle+\lambda H(\boldsymbol{u})$。对其求一阶导数并令导数为 0，有 $0=\partial J(\boldsymbol{u})-g^k+\lambda\nabla H(\boldsymbol{u})$。因此，在第 $k+1$ 次迭代点 $\boldsymbol{u}^{k+1}$，有

$$\boldsymbol{g}^{k+1}=\boldsymbol{g}^k-\lambda\nabla H(\boldsymbol{u}),\quad \boldsymbol{g}^{k+1}\in\partial J(\boldsymbol{u}^{k+1}) \tag{9.4.64}$$

在初始化 $k=0,\boldsymbol{u}^0=0$ 和 $\boldsymbol{g}^0=0$ 之后，就可利用式(9.4.63)和式(9.4.64)，反复迭代直至收敛。

由于该迭代方法的每步都需要进行目标函数 $D_J^g(\boldsymbol{u},\boldsymbol{u}^k)+\lambda H(\boldsymbol{u})$的最小化，所以运算比较费时。Yin 等于 2008 年提出了线性化 Bregman 迭代算法，以提高算法的计算效率。

线性化 Bregman 迭代的基本思想是：在 Bregman 迭代的基础上，再使用一阶泰勒级数展开将非线性函数 $H(\boldsymbol{u})$在点 $\boldsymbol{u}^k$ 线性化为 $H(\boldsymbol{u})=H(\boldsymbol{u}^k)+\langle\nabla H(\boldsymbol{u}^k),\boldsymbol{u}-\boldsymbol{u}^k\rangle$。于是，具有 $\lambda=1$ 的优化问题即式(9.4.63)变为

$$\boldsymbol{u}^{k+1}=\underset{\boldsymbol{u}}{\arg\min}\, D_J^{g^k}(\boldsymbol{u},\boldsymbol{u}^k)+H(\boldsymbol{u}^k)+\langle\nabla H(\boldsymbol{u}^k),\boldsymbol{u}-\boldsymbol{u}^k\rangle \tag{9.4.65}$$

注意到一阶泰勒级数展开只是在 $\boldsymbol{u}$ 位于点 $\boldsymbol{u}^k$ 的邻域时才精确，并且相对于 $\boldsymbol{u}$ 的优化，$H(\boldsymbol{u}^k)$作为相加的常数项可以略去，故对于上述优化问题，可以用

$$\boldsymbol{u}^{k+1}=\underset{\boldsymbol{u}}{\arg\min}\, D_J^{g^k}(\boldsymbol{u},\boldsymbol{u}^k)+\langle\nabla H(\boldsymbol{u}^k),\boldsymbol{u}-\boldsymbol{u}^k+\frac{1}{2\delta}\|\boldsymbol{u}-\boldsymbol{u}^k\|_2^2\rangle \tag{9.4.66}$$

来优化，它类似于运用 ADMM 中的增广拉格朗日函数。

式(9.4.66)又可等价地写为

$$\boldsymbol{u}^{k+1}=\underset{\boldsymbol{u}}{\arg\min}\, D_J^{g^k}(\boldsymbol{u},\boldsymbol{u}^k)+\frac{1}{2\delta}\|\boldsymbol{u}-[\boldsymbol{u}^k-\delta\nabla H(\boldsymbol{u}^k)]\|_2^2 \tag{9.4.67}$$

其与式(9.4.66)只相差一个与 $\boldsymbol{u}$ 无关的常数项。

若 $H(\boldsymbol{u})=\frac{1}{2}\|\boldsymbol{A}\boldsymbol{u}-\boldsymbol{b}\|_2^2$，则由$\nabla H(\boldsymbol{u})=\boldsymbol{A}^{\mathrm{T}}(\boldsymbol{A}\boldsymbol{u}-\boldsymbol{b})$，式(9.4.67)可转化为

$$\boldsymbol{u}^{k+1}=\underset{\boldsymbol{u}}{\arg\min}\, D_J^{g^k}(\boldsymbol{u},\boldsymbol{u}^k)+\frac{1}{2\delta}\|\boldsymbol{u}-\boldsymbol{u}^k-\delta\boldsymbol{A}^{\mathrm{T}}(\boldsymbol{A}\boldsymbol{u}^k-\boldsymbol{b})\|_2^2 \tag{9.4.68}$$

考查式(9.4.68)的目标函数，它可展开为

$$L(\boldsymbol{u})=J(\boldsymbol{u})-J(\boldsymbol{u}^k)-\langle\boldsymbol{g}^k,\boldsymbol{u}-\boldsymbol{u}^k\rangle+\frac{1}{2\delta}\|\boldsymbol{u}-[\boldsymbol{u}^k-\delta\boldsymbol{A}^{\mathrm{T}}(\boldsymbol{A}\boldsymbol{u}^k-\boldsymbol{b})]\|_2^2 \tag{9.4.69}$$

由平稳点的次微分条件可知，其对 $\boldsymbol{u}$ 的偏导数为

$$\partial L(\boldsymbol{u})=\partial J(\boldsymbol{u})-\boldsymbol{g}^k+\frac{1}{\delta}\{\boldsymbol{u}-[\boldsymbol{u}^k-\delta\boldsymbol{A}^{\mathrm{T}}(\boldsymbol{A}\boldsymbol{u}^k-\boldsymbol{b})]\} \tag{9.4.70}$$

记 $\boldsymbol{g}^{k+1}=\partial J(\boldsymbol{u}^{k+1})$，则由式(9.4.70)有

$$\begin{aligned}\boldsymbol{g}^{k+1}&=\boldsymbol{g}^k-\boldsymbol{A}^{\mathrm{T}}(\boldsymbol{A}\boldsymbol{u}^k-\boldsymbol{b})-\frac{\boldsymbol{u}^{k+1}-\boldsymbol{u}^k}{\delta}\\&=\sum_{i=1}^{k}\boldsymbol{A}^{\mathrm{T}}(\boldsymbol{b}-\boldsymbol{A}\boldsymbol{u}^i)-\frac{\boldsymbol{u}^{k+1}}{\delta}\end{aligned} \tag{9.4.71}$$

令

$$\boldsymbol{g}^{k+1}=\boldsymbol{g}^k-\boldsymbol{v}^k=\sum_{i=1}^{k}\boldsymbol{A}^{\mathrm{T}}(\boldsymbol{b}-\boldsymbol{A}\boldsymbol{u}^i) \tag{9.4.72}$$

可以得到两个重要的迭代公式。

首先，由式(9.4.71)和式(9.4.72)，得到变元 $\boldsymbol{u}$ 在第 $k$ 次迭代的更新公式为

$$\boldsymbol{u}^{k+1}=\delta(\boldsymbol{v}^k-\boldsymbol{g}^{k+1}) \tag{9.4.73}$$

其次，由式(9.4.72)直接得到中间变元 $\boldsymbol{v}$ 的迭代公式为

$$\boldsymbol{v}^{k+1}=\boldsymbol{v}^k+\boldsymbol{A}^{\mathrm{T}}(\boldsymbol{b}-\boldsymbol{A}\boldsymbol{u}^{k+1}) \tag{9.4.74}$$

式(9.4.73)和式(9.4.74)组成了求解式(9.4.75)优化问题的线性化 Bregman 迭代算法。

$$\min_{\boldsymbol{u}} J(\boldsymbol{u})+\frac{1}{2}\|\boldsymbol{A}\boldsymbol{u}-\boldsymbol{b}\|_2^2 \tag{9.4.75}$$

如果限定 $J(\boldsymbol{u})=\mu\|\boldsymbol{u}\|_1$，则由式(9.4.73)可得分量形式的更新公式为

$$u_i^{k+1}=\delta(v_i^k-g_i^{k+1})=\delta\cdot\mathrm{shrink}(v_i^k,\mu),\quad i=1,2,\cdots,n \tag{9.4.76}$$

其中，$\mathrm{shrink}(y,\alpha)$ 是收缩算子，即

$$\mathrm{shrink}(y,\alpha)=\mathrm{sgn}(y)\max\{|y|-\alpha,0\}=\begin{cases}y-\alpha, & y\in(\alpha,\infty)\\ 0, & y\in[-\alpha,\alpha]\\ y+\alpha, & y\in(-\infty,-\alpha)\end{cases} \tag{9.4.77}$$

线性化 Bregman 迭代算法的迭代过程如算法 9.4.1 所示。

[**算法 9.4.1**] 线性化 Bregman 迭代算法

输入：测量矩阵 $\boldsymbol{A}$，观测向量 $\boldsymbol{b}$

输出：信号估计值 $\boldsymbol{u}$

步骤 1：初始化 $k=0$，$\boldsymbol{u}^0=0$ 和 $\boldsymbol{g}^0=0$

步骤 2：用式(9.4.76)迭代，得到 $\boldsymbol{u}_i^{k+1}$

步骤 3：用式(9.4.74)迭代，得到 $\boldsymbol{v}^{k+1}$

步骤 4：判断 $\boldsymbol{u}^{k+1}$ 是否收敛，若未收敛，返回步骤 2

**2. 分割 Bregman 迭代算法**

考虑 $J(\boldsymbol{u})=\|\Phi(\boldsymbol{u})\|_1$，此时的优化问题可写为

$$\boldsymbol{u}^{k+1}=\arg\min_{\boldsymbol{u}}\|\Phi(\boldsymbol{u})\|_1+H(\boldsymbol{u}) \tag{9.4.78}$$

引入中间变量 $\boldsymbol{z}=\Phi(\boldsymbol{u})$，式(9.4.78)表示的无约束就可以写成有约束的优化问题，有

$$(\boldsymbol{u}^{k+1},\boldsymbol{z}^{k+1})=\arg\min_{\boldsymbol{u},\boldsymbol{z}}\|\boldsymbol{z}\|_1+H(\boldsymbol{u})\quad \mathrm{s.t.}\ \boldsymbol{z}=\Phi(\boldsymbol{u}) \tag{9.4.79}$$

再增加一个 $l_2$ 范数的惩罚项，可将这一有约束的优化问题转化为无约束的优化问题，即

$$(\boldsymbol{u}^{k+1},\boldsymbol{z}^{k+1})=\arg\min_{\boldsymbol{u},\boldsymbol{z}}\|\boldsymbol{z}\|_1+H(\boldsymbol{u})+\frac{\lambda}{2}\|\boldsymbol{z}-\Phi(\boldsymbol{u})\|_2^2 \tag{9.4.80}$$

Osher 等已经证明，看似比较复杂的 Bregman 迭代，等价于简化的 Bregman 迭代，有

$$\boldsymbol{u}^{k+1}=\arg\min_{\boldsymbol{u}} J(\boldsymbol{u})+\frac{\lambda}{2}\|\boldsymbol{A}\boldsymbol{u}^{k+1}-\boldsymbol{b}\|_2^2 \tag{9.4.81a}$$

$$\boldsymbol{b}^{k+1}=\boldsymbol{b}^k+\boldsymbol{b}-\boldsymbol{A}\boldsymbol{u}^k \tag{9.4.81b}$$

将这一等价关系应用于无约束的优化问题，即式(9.4.80)，可得到如下分割 Bregman 迭代方法。

$$\boldsymbol{u}^{k+1}=\arg\min_{\boldsymbol{u}} H(\boldsymbol{u})+\frac{\lambda}{2}\|\boldsymbol{z}^k-\Phi(\boldsymbol{u})-\boldsymbol{b}^k\|_2^2 \tag{9.4.82}$$

$$\boldsymbol{z}^{k+1}=\arg\min_{\boldsymbol{z}}\|\boldsymbol{z}\|_1+\frac{\lambda}{2}\|\boldsymbol{z}-\Phi(\boldsymbol{u}^{k+1})-\boldsymbol{b}^k\|_2^2 \tag{9.4.83}$$

$$\boldsymbol{b}^{k+1}=\boldsymbol{b}^{k}+[\Phi(\boldsymbol{u}^{k+1})-\boldsymbol{z}^{k+1}] \tag{9.4.84}$$

### 9.4.4 优化-最小化法

对于非凸问题的一种优化方法是优化-最小化(Majorization-Minimizatio,MM)法,也称为极小-极大化(Minorization-Maximization,MM)法。从某种意义上说,优化-最小化法是一种优化思想,当需要求解的目标函数 $J(x)$ 难以优化时,可以转而寻求另一个代理函数 $G(x)$,而 $G(x)$ 更容易优化。当 $G(x)$ 满足一定条件时,它的最优解可以不断地逼近 $J(x)$ 的最优解。除此之外,$G(x)$ 还需满足

$$G(x)\geqslant J(x),\quad \forall x \tag{9.4.85}$$

$$G(x_k)=J(x_k) \tag{9.4.86}$$

通过寻找这个新目标函数 $G(x)$ 的最小值,可以近似地估计出所要求解的 $J(x)$ 的值。我们不断地找到更小的函数 $G_k(x)$,$k=0,1,\cdots,K$,就可以最终逼近目标函数 $J(x)$ 的最小值。优化-最小化法的优化框架如图 9.4.2 所示。

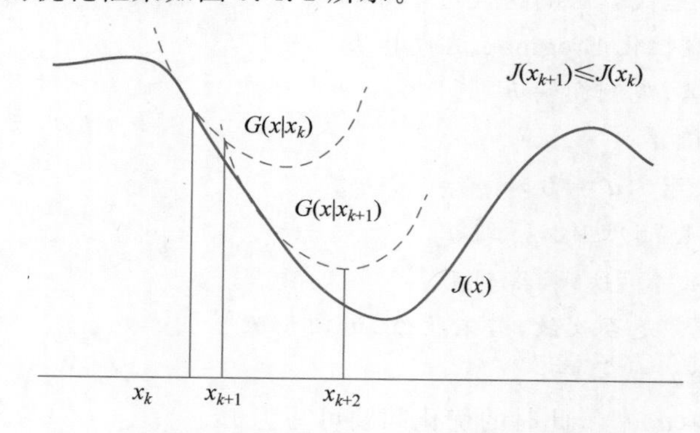


图 9.4.2 优化-最小化法的优化框架

由式(9.4.85)和式(9.4.86),可以推理出

$$J(x_{k+1})\leqslant G(x_{k+1})\leqslant\cdots\leqslant G_K(x_k)=J(x_k) \tag{9.4.87}$$

由式(9.4.87)可以看出,在不断优化代理函数 $G(x)$ 的同时,也在对目标函数 $J(x)$ 不断地优化。在迭代的过程中,新的目标函数 $G_K(x)$ 不断地随着迭代点的变化而变化。优化-最小化法的具体实现流程如图 9.4.3 所示。

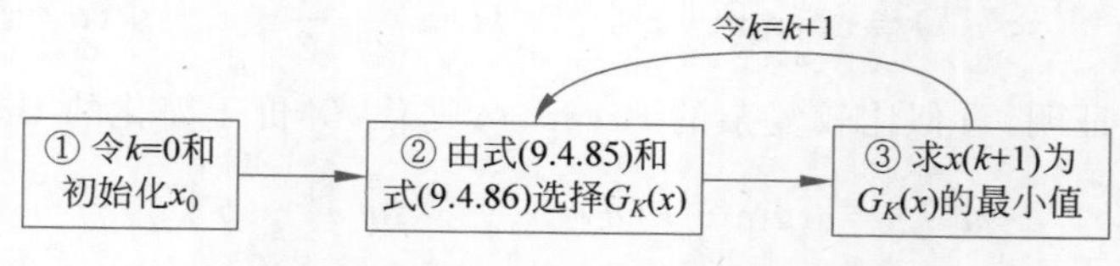


图 9.4.3 优化-最小化法的具体实现流程

1. 迭代硬阈值

迭代硬阈值(Iterative Hard Thresholding,IHT)是为了求解式(9.4.88)优化问题的迭代算法,它运用了 MM 优化框架以及硬阈值函数这两个基础知识。

$$\begin{aligned}&\min\|\boldsymbol{y}-\boldsymbol{\phi x}\|_2^2\\&\text{s.t.}\ \|\boldsymbol{x}\|_0\leqslant k\end{aligned} \tag{9.4.88}$$

硬阈值函数一般用以解决非凸优化问题,表示为

$$\eta_H(w,\lambda)=\begin{cases}w, & |w|>\lambda \\ 0, & |w|<\lambda\end{cases} \tag{9.4.89}$$

其中,$w$ 为变量;$\lambda$ 为阈值。

先考虑一个相对简单的优化问题

$$\underset{x}{\operatorname{argmin}} \|\boldsymbol{x}-\boldsymbol{b}\|_2^2+\lambda\|\boldsymbol{x}\|_0 \tag{9.4.90}$$

其中,$\boldsymbol{x}$ 和 $\boldsymbol{b}$ 均为 $m\times 1$ 维向量。将式(9.4.90)的优化问题逐项拆开,并令目标函数为 $F(\boldsymbol{x})$,可得

$$F(\boldsymbol{x})=(x_1-b_1)^2+\lambda\|x_1\|_0+\cdots+(x_m-b_m)^2+\lambda\|x_m\|_0 \tag{9.4.91}$$

其中,$\|x_i\|_0$ 的值这样确定:当 $x_i$ 为 0 时为 0,$x_i$ 不为 0 时为 1。

因此,我们可以通过求解 $m$ 个独立的最小化 $f(x_i)=(x_i-b)^2+\lambda\|x_i\|_0$ 子问题,进而求得目标函数 $F(\boldsymbol{x})$的优化值。

将子问题函数写成一般形式

$$f(x)=\begin{cases}(x-b)^2+\lambda, & x\neq 0 \\ b^2, & x=0\end{cases} \tag{9.4.92}$$

显然,当 $x=0$,其最小值为 $b^2$;当 $x\neq 0$ 时,其最小值在 $x=b$ 处取得,且最小值为 $\lambda$。比较 $b^2$ 和 $\lambda$ 的值,取其更小者为函数 $f(x)$的最小值。也即使函数 $f(x)$最小的最优值为

$$x=\begin{cases}0, & |b|<\sqrt{\lambda} \\ b, & |b|\geqslant\sqrt{\lambda}\end{cases} \tag{9.4.93}$$

因此,定义硬阈值函数为

$$H(b,\sqrt{\lambda})=\eta_H(b,\sqrt{\lambda})=\begin{cases}0, & |b|<\sqrt{\lambda} \\ b, & |b|\geqslant\sqrt{\lambda}\end{cases} \tag{9.4.94}$$

其中,$\sqrt{\lambda}$ 为硬阈值。

当 $\boldsymbol{x}$ 为向量时,对每个元素依次执行硬阈值函数,即

$$H_k(x_i)=\begin{cases}0, & |x_i|<\sqrt{\lambda_k(\boldsymbol{x})} \\ x_i, & |x_i|\geqslant\sqrt{\lambda_k(\boldsymbol{x})}\end{cases} \tag{9.4.95}$$

其中,$\sqrt{\lambda_k(\boldsymbol{x})}$ 为硬阈值,一般将其值设置为第 $n+1$ 次的迭代值 $\boldsymbol{x}^{n+1}$ 中第 $k$ 个绝对值最大的元素数值,$k$ 表示已知的 $\boldsymbol{x}$ 的稀疏度。

2. 迭代硬阈值算法实现

在实现迭代硬阈值算法时,通过持续迭代来求解式(9.4.88)的优化问题,即

$$\boldsymbol{x}^{n+1}=H_k[\boldsymbol{x}^n+\mu\boldsymbol{\phi}^{\mathrm{T}}(\boldsymbol{y}-\boldsymbol{\phi}\boldsymbol{x}^n)] \tag{9.4.96}$$

其中,$H_k(\boldsymbol{\alpha})$为非线性算子,也称为阈值函数。阈值函数在每次迭代时只将向量 $\boldsymbol{\alpha}$ 中绝对值最大的 $K$ 个元素保留下来,将剩余元素均置零处理。$\mu$ 为迭代步长,它为大于 0 的常数,通常情况下取 $\mu=1$。此为迭代硬阈值迭代的一般形式。

该算法的本质是通过每次迭代持续逼近原始信号 $\boldsymbol{x}$ 的最佳 $K$ 个支撑,记 $\boldsymbol{r}^n=\boldsymbol{y}-\boldsymbol{\phi}\boldsymbol{x}^n$

为残差，当持续更新的残差 $\boldsymbol{r}^n$ 满足迭代终止条件时，该迭代停止。

迭代硬阈值算法的计算过程如算法 9.4.2 所示。

［算法 9.4.2］ 迭代硬阈值算法

输入：测量矩阵 $\boldsymbol{\phi}$，观测向量 $\boldsymbol{y}$

输出：信号估计值 $\boldsymbol{x}$

步骤 1：初始化

令 $\boldsymbol{x}^0=0$，迭代次数 $n=1$，残差 $\boldsymbol{r}^0=\boldsymbol{y}$

步骤 2：计算式(9.4.95)

步骤 3：保留 $\boldsymbol{x}^n$ 中绝对值最大的 $K$ 个元素并将剩余元素均置零，得到新的 $\boldsymbol{x}^n$

步骤 4：更新残差 $\boldsymbol{r}^n$，判断残差是否收敛，若未收敛，返回步骤 2

迭代硬阈值算法在实际应用中比较容易实现。它在每次迭代中都使用了观测矩阵 $\boldsymbol{\phi}$ 及其转置矩阵 $\boldsymbol{\phi}^{\mathrm{T}}$ 各一次，算法的存储量也比较小，对于 $N\times M$ 维随机高斯矩阵，计算复杂度为 $O(MN)$。

Blumensath 和 Davies 对迭代硬阈值算法的收敛性进行了分析。他们指出，若观测矩阵 $\boldsymbol{\phi}$ 能够线性张成一个向量空间 $\mathbb{R}^M$，在满足 $\|\boldsymbol{\phi}\|_2<1$ 且在原始信号 $\boldsymbol{x}$ 满足 $K$ 稀疏的条件下，IHT 算法能够收敛于 $\|\boldsymbol{y}-\boldsymbol{\phi x}\|_2$ 的一个局部最小值。迭代误差会随着迭代次数的增加而降低，第 $n$ 次迭代的估计值会逐渐向某一点收敛，从而有效地确保了 IHT 算法的稳定性。

3. 正规化迭代硬阈值算法

IHT 算法虽然比较容易实现，但是其观测矩阵的选取必须要满足 $\|\boldsymbol{\phi}\|_2<1$ 的条件，否则整个迭代过程将会不稳定，甚至无法收敛而导致重构失败。此外，IHT 算法直接在每次迭代更新时改变观测矩阵，会大大增加时间复杂度。IHT 算法的步长一般都固定为 1，无法自适应地调整步长以加快算法的收敛。

在此基础上，Blumensath 和 Thomas 等提出了正规化硬阈值（Normalized Iterative Hard Thresholding，NIHT）算法。该算法引入了利普希茨连续条件，在迭代过程中增加了一个下降序列因子 $\{\mu_n\}$，原先 IHT 算法中的固定步长被规范化为下降的序列，避免了 IHT 算法中 $\|\boldsymbol{\phi}\|_2<1$ 条件的限制，使得算法的收敛性得以保证。

NIHT 算法采用了线性搜索，在近似找到使目标函数下降的方向后，计算 $\boldsymbol{x}$ 沿此方向的移动步长，通过在每次迭代中自适应地更新步长，确保迭代算法的收敛性。虽然 NIHT 算法增加了计算量，但与此同时也减少了迭代的次数，提升了收敛速度。

NIHT 算法也可以通过式(9.4.96)进行迭代。由式(9.4.88)易得优化函数对向量 $\boldsymbol{x}$ 的梯度 $\boldsymbol{g}$，表式为

$$\nabla_{\boldsymbol{x}^n}=\boldsymbol{\phi}^{\mathrm{T}}(\boldsymbol{y}-\boldsymbol{\phi x}^n) \tag{9.4.97}$$

假设 $\boldsymbol{x}^n$ 的支撑集索引为 $\Gamma^n$，通过式(9.4.96)和式(9.4.97)，可得其迭代公式 $\boldsymbol{x}_{\Gamma^n}^{n+1}$ 和 $\nabla_{\Gamma^n}$，并以此转化为求解步长 $\mu$ 的最优化问题。经过计算可求出梯度下降方向的最优步长 $\mu$ 为

$$\mu^n=\frac{\|\nabla_{\Gamma^n}\|_2^2}{\|\boldsymbol{\phi}_{\Gamma^n}\nabla_{\Gamma^n}\|_2^2} \tag{9.4.98}$$

正规化迭代硬阈值算法的计算过程如算法 9.4.3 所示。

[算法 9.4.3]　正规化迭代硬阈值算法

输入：测量矩阵$\boldsymbol{\phi}$，观测向量 $\boldsymbol{y}$，常数 $0<c<1$

输出：信号估计值 $\boldsymbol{x}$

步骤 1：初始化

$\boldsymbol{x}^0=0$，迭代次数 $n=1$，支撑集 $\Gamma^0=\mathrm{supp}(H_s(\boldsymbol{\phi x}^0))$，残差 $\boldsymbol{r}^0=\boldsymbol{y}$

步骤 2：求出 $\boldsymbol{g}^n=\boldsymbol{\phi}^{\mathrm{T}}(\boldsymbol{y}-\boldsymbol{\phi x}^n)$，$\mu^n=\dfrac{\|\nabla_{\Gamma^n}\|_2^2}{\|\phi_{\Gamma^n}\nabla_{\Gamma^n}\|_2^2}$，$\tilde{\boldsymbol{x}}^{n+1}=H_k[\boldsymbol{x}^n+\mu\boldsymbol{\phi}^{\mathrm{T}}(\boldsymbol{y}-\boldsymbol{\phi x}^n)]$

步骤 3：判断是否 $\Gamma^{n+1}=\Gamma^n$，若是，令 $\boldsymbol{x}^{n+1}=\tilde{\boldsymbol{x}}^{n+1}$，进入步骤 4；若否，判断是否满足 $\mu^n\leqslant(1-c)\dfrac{\|\tilde{\boldsymbol{x}}^n-\boldsymbol{x}^n\|_2^2}{\|\phi(\tilde{\boldsymbol{x}}^n-\boldsymbol{x}^n)\|_2^2}$，若是，令 $\boldsymbol{x}^{n+1}=\tilde{\boldsymbol{x}}^{n+1}$，进入步骤 4，否则对某个数 $b>1/(1-c)$，更新 $\mu^n\to\mu^n/(b(1-c))$，返回步骤 2

步骤 4：判断是否满足终止条件，若是，结束；否则 $n=n+1$，返回步骤 2

**4. 共轭梯度硬阈值算法**

相较于 IHT 算法，NIHT 算法在收敛速度上提高了很多。NIHT 算法使用一维搜索，即线性搜索，沿着梯度下降的反方向寻找最小的目标函数。它通过设置合适的步长令目标函数的导数为 0，寻找到目标函数的局部最优解，进而获得全局最优解。但是，由于 IHT 和 NIHT 算法均采用了梯度下降法，其自身的收敛速度都具有一定的局限性，因此 Blanchard 和 Jeffrey 等引入了共轭梯度的思想替代原算法中的梯度下降法，提出了共轭梯度硬阈值(Conjugate Gradient Iterative Hard Thresholding，CGIHT)算法。

共轭梯度法的性能介于梯度下降法和牛顿迭代法之间。它将梯度下降法与共轭性相结合，仅利用一阶梯度就能克服梯度下降法收敛速度慢的问题，从而具有良好的性能。共轭梯度法最早用来求解二次型函数的最优解，即

$$f(\boldsymbol{x})=\frac{1}{2}\boldsymbol{x}^{\mathrm{T}}\boldsymbol{Q}\boldsymbol{x}-\boldsymbol{b}^{\mathrm{T}}\boldsymbol{x} \tag{9.4.99}$$

其中，$\boldsymbol{Q}$ 为正定矩阵。若 $\boldsymbol{x}^{\mathrm{T}}\boldsymbol{Q}\boldsymbol{y}=\boldsymbol{0}$，则称 $\boldsymbol{x}$ 与 $\boldsymbol{y}$ 是关于 $\boldsymbol{Q}$ 共轭的。对于式(9.4.99)的最优解，通过求解函数 $f(\boldsymbol{x})$的导数就能够得到其最小值，它正好是线性方程组 $\boldsymbol{Qx}-\boldsymbol{b}=\boldsymbol{0}$ 的解。这样，就可以将求解线性方程组的问题转化为较容易求解的二次型函数的极小值问题。

共轭梯度法的核心是将所要求解的目标函数分为很多方向，而不是沿着某一个特定的方向移动，它在迭代中不断产生新的共轭方向，沿着共轭方向迭代搜索，最终得到函数的极小值。由梯度 $\boldsymbol{g}^n$ 可定义每次迭代的方向向量 $\boldsymbol{d}^n$ 为

$$\boldsymbol{d}^n=\boldsymbol{g}^n+\beta^n\boldsymbol{d}^{n-1} \tag{9.4.100}$$

其中，$\boldsymbol{d}^n$ 为每次迭代的搜索方向；$\beta^n$ 为正交化权重系数。

CGIHT 算法利用当前的估计值 $\boldsymbol{x}^n$ 沿着搜索方向 $\boldsymbol{d}^n$ 不断更新，使用步长 $\mu^n$ 对最多 $K$ 个非零向量空间进行硬阈值化。首先确定近似的支撑集，再将估计值投影到主支撑上，然后将残差 $\boldsymbol{r}^n$ 投影到与过去的搜索方向 $\boldsymbol{d}^{n-1}$ 正交的共轭方向上。每次迭代一般能够消除某一个方向的残差，若能够消除所有投影方向上的残差值，就相当于消除了全部残差。

## 9.4.5　贪婪迭代法

贪婪迭代法是另一类使用频率较高的稀疏重构算法。与优化类算法不同，该类算法依

照不同的贪婪准则估计更新支撑集。它们并不直接求解优化模型的解，而是使用字典矩阵 $\boldsymbol{A}$ 的少数列向量，迭代地构造一个稀疏解，实现对观测向量 $\boldsymbol{y}$ 的稀疏逼近。该类算法虽然牺牲了部分重建精度，但提高了计算效率。在贪婪迭代法中，最典型的算法是正交匹配追踪(Orthogonal Match Pursuit，OMP)算法，在此基础上衍生出了较多自适应算法，如正则化正交匹配追踪(Regularized OMP，ROMP)算法、压缩采样匹配追踪(Compressed Sampling Match Pursuit，CoSaMP)算法和稀疏度自适应匹配追踪(Sparsity Adaptive Matching Pursuit，SAMP)算法等，具有简单、易实现的优点。

**1. 正交匹配追踪算法**

正交匹配追踪算法使用内积法度量字典矩阵 $\boldsymbol{A}\in\mathbb{R}^{m\times n}$ 与残差向量 $\boldsymbol{r}$ 的相似度。当 $\boldsymbol{A}$ 的任一列 $\boldsymbol{A}_i$ 都归一化后，挑选出与残差向量 $\boldsymbol{r}$ 最相关的 $\boldsymbol{A}$ 的列 $\boldsymbol{A}_{j^*}$，即

$$\|\boldsymbol{r}-\boldsymbol{A}_{j^*}\|_2=\min_{i=1,2,\cdots,n}\|\boldsymbol{r}-\boldsymbol{A}_i\|_2 \tag{9.4.101}$$

由于

$$\begin{aligned}\|\boldsymbol{r}-\boldsymbol{A}_i\|_2&=\sqrt{(\boldsymbol{r}-\boldsymbol{A}_i)^{\mathrm{T}}(\boldsymbol{r}-\boldsymbol{A}_i)}\\&=\sqrt{\boldsymbol{r}^{\mathrm{T}}\boldsymbol{r}+\boldsymbol{A}_i^{\mathrm{T}}\boldsymbol{A}_i-2\boldsymbol{A}_i^{\mathrm{T}}\boldsymbol{r}}\\&=\sqrt{|\boldsymbol{r}|^2+1-2\boldsymbol{A}_i^{\mathrm{T}}\boldsymbol{r}}\end{aligned} \tag{9.4.102}$$

所以式(9.4.101)的优化目标可以转化为

$$\boldsymbol{A}_{j^*}=\max_{i=1,2,\cdots,n}|\boldsymbol{A}_i^{\mathrm{T}}\boldsymbol{r}| \tag{9.4.103}$$

正交匹配追踪算法能够保证每步迭代后残差向量与以前选择的所有列向量正交，从而保证了迭代的最优性。它不仅减少了迭代次数，而且性能也较其他的匹配追踪算法更加鲁棒。OMP算法的计算过程如算法9.4.4所示。

[算法 **9.4.4**]　正交匹配追踪算法

输入：测量矩阵 $\boldsymbol{A}$，观测向量 $\boldsymbol{y}$，信号的稀疏度 $s$

输出：信号估计值 $\boldsymbol{x}$

步骤1：初始化残差 $\boldsymbol{r}_0=\boldsymbol{y}$，原子支撑的索引集 $\Omega_0=\varnothing$，迭代次数 $k=1$

步骤2：计算 $u_i=|\boldsymbol{A}_i^{\mathrm{T}}\boldsymbol{r}|$，找出 $u_i$ 最大的原子，即求 $\boldsymbol{A}_{j^*}=\max\limits_{i=1,2,\cdots,N}|\boldsymbol{A}_i^{\mathrm{T}}\boldsymbol{r}|$

步骤3：将 $j^*$ 添加到支撑的索引集，$\Omega_k=\Omega_{k-1}\cup j^*$

步骤4：求解最小二乘解 $\boldsymbol{x}_k=(\boldsymbol{A}_{\Omega_k}^{\mathrm{T}}\boldsymbol{A}_{\Omega_k})^{-1}\boldsymbol{A}_{\Omega_k}^{\mathrm{T}}\boldsymbol{y}$

步骤5：更新残差 $\boldsymbol{r}_k=\boldsymbol{y}-\boldsymbol{A}_{\Omega_k}\boldsymbol{x}_k$

步骤6：令 $k\to k+1$，若 $k\leqslant s$，则返回步骤2，否则停止迭代

步骤7：输出 $x(i)=\begin{cases}x_k(i), & i\in\Omega_k\\0, & i\notin\Omega_k\end{cases}$

正交匹配追踪算法在每次迭代中只选择一个原子构造支撑集，当稀疏度较大时，迭代次数较多，会降低算法的重构速度。当存在观测噪声时，OMP算法可能会挑选出错误的原子，使重构精度变差。它需要预先设置稀疏度，在无法获知稀疏度的先验信息时，需要设置适当的终止条件来结束迭代。例如，运行到某个固定的迭代步数后停止，或残差能量小于某个预先给定值时停止，或当字典矩阵 $\boldsymbol{A}$ 的任何一列都没有残差向量的明显能量时停止。

图 9.4.4 和图 9.4.5 所示为当字典矩阵为随机矩阵、稀疏向量为 256×1 维时，重复 1000 次实验所分别得到的正交匹配追踪算法随测量数 $m$ 和稀疏度 $s$ 的正确恢复概率。

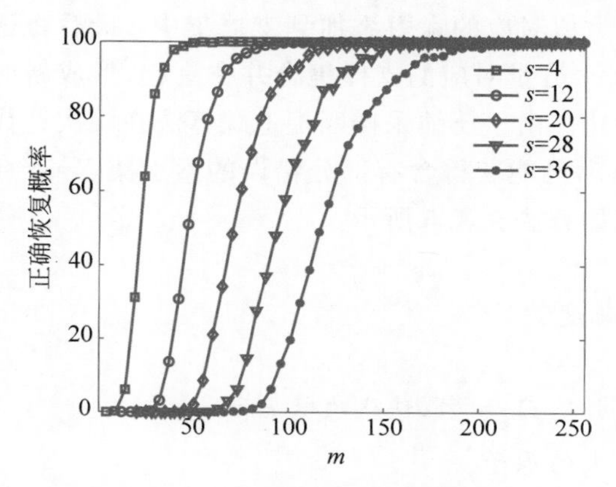


图 9.4.4　随测量数的正确恢复概率

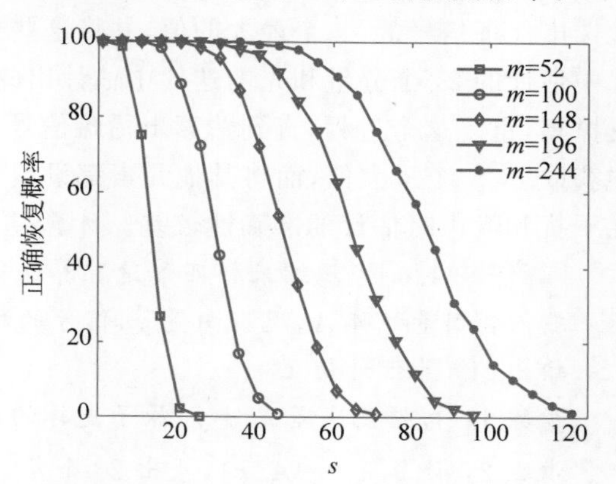


图 9.4.5　随稀疏度的正确恢复概率

**2. 正则化正交匹配追踪算法**

当稀疏度 $s$ 已知时，正则化正交匹配追踪算法一次就挑选出与残差内积绝对值最大的 $s$ 列原子。若计算的最大内积值的原子数量已不足 $s$ 个，则把内积值非零的原子全部选出，构成候选原子集，然后对候选集中的原子按照正则化方法再次选择，即再在候选集中寻找满足 $|u_i| \leqslant 2|u_j|, \forall i,j \in J_0$ 的子集，从中挑选能量最大即 $\sum_j |u_j|^2$ 最大的原子。迭代过程如算法 9.4.5 所示。

［算法 9.4.5］　正则化正交匹配追踪算法

输入：测量矩阵 $\boldsymbol{A}$，观测向量 $\boldsymbol{y}$，信号的稀疏度 $s$

输出：信号估计值 $\boldsymbol{x}$

步骤 1：初始化残差 $\boldsymbol{r}_0=\boldsymbol{y}$，原子支撑的索引集 $\Omega_0=\varnothing$，迭代次数 $k=1$

步骤 2：找出残差 $\boldsymbol{r}_k$ 与 $\boldsymbol{A}_j, \forall j$ 相似度最大的 $s$ 个原子，或全部相似度非零值的原子(当非零值的原子个数不足 $s$ 时)，用挑选出的原子的列索引 $j$ 构成候选集合 $J$

步骤 3：正则化

在候选集合 $J$ 中挑选 $|u_i| \leqslant 2|u_j|, \forall i,j \in J_0$ 的子集 $J_0$，再从中挑选能量最大，即 $\sum_j |u_j|^2$ 最大的第 $j^*$ 个原子

步骤 4：将 $j^*$ 添加到支撑的索引集 $\Omega_k=\Omega_{k-1} \cup j^*$

步骤 5：求解最小二乘解：$\boldsymbol{x}_k=(\boldsymbol{A}_{\Omega_k}^{\mathrm{T}}\boldsymbol{A}_{\Omega_k})^{-1}\boldsymbol{A}_{\Omega_k}^{\mathrm{T}}\boldsymbol{y}$

步骤 6：更新残差 $\boldsymbol{r}_k=\boldsymbol{y}-\boldsymbol{A}_{\Omega_k}\boldsymbol{x}_k$

步骤 7：令 $k \rightarrow k+1$，若 $k \leqslant s$，则返回步骤 2，否则停止迭代

步骤 8：输出 $x(i)=\begin{cases} x_k(i), & i \in \Omega_k \\ 0, & i \notin \Omega_k \end{cases}$

**3. 压缩采样匹配追踪算法**

压缩采样匹配追踪算法在一次迭代中选择出一个以上的原子更新支撑集，还可以根据

实际情况进行灵活调整，在一定程度上提升了重构的速度。首先将测量矩阵的共轭转置乘以观测向量，获得信号的一个代理，找到代理信号中最大的 $s$ 个值；然后在每次迭代中，再挑选出代理信号的 $2s$ 个最大的值，并将这些最大值对应的索引添加到支撑集中；最后将迭代中估计的 $2s$ 个分量和先前迭代中估计出的 $s$ 个分量对应的支撑集合并在一起，形成新的支撑集，重复这个过程，直到估算出稀疏信号为止。由于压缩采样匹配追踪算法在一次迭代中获取了 $2s$ 个最大值，而将其他元素都设置为 0，可能获得含有部分错误的索引集，导致存在干扰和噪声时估计的准确性较差。计算过程如算法 9.4.6 所示。

[算法 **9.4.6**]　压缩采样匹配追踪算法

输入：测量矩阵 $\boldsymbol{A}$，观测向量 $\boldsymbol{y}$，信号的稀疏度 $s$

输出：信号估计值 $\boldsymbol{x}$

步骤 1：初始化残差 $\boldsymbol{r}_0=\boldsymbol{y}$，原子支撑的索引集 $\Omega_0=\varnothing$，迭代次数 $k=1$

步骤 2：计算 $u_i=|\boldsymbol{A}_i^{\mathrm{T}}\boldsymbol{r}|$，找出 $2s$ 个 $u_i$ 最大的原子

步骤 3：将 $2s$ 个原子的索引添加到支撑的索引集 $\Omega_k=\Omega_{k-1}\cup j_{2s}$

步骤 4：求解最小二乘解 $\boldsymbol{x}_k=(\boldsymbol{A}_{\Omega_k}^{\mathrm{T}}\boldsymbol{A}_{\Omega_k})^{-1}\boldsymbol{A}_{\Omega_k}^{\mathrm{T}}\boldsymbol{y}$

步骤 5：更新残差 $\boldsymbol{r}_k=\boldsymbol{y}-\boldsymbol{A}_{\Omega_k}\boldsymbol{x}_k$

步骤 6：令 $k\rightarrow k+1$，若 $k\leqslant s$，则返回步骤 2，否则停止迭代

步骤 7：输出 $x(i)=\begin{cases}x_k(i), & i\in\Omega_k\\ 0, & i\notin\Omega_k\end{cases}$

**4.** 稀疏度自适应匹配追踪算法

大多数的贪婪迭代类重构算法都需要稀疏度这一先验信息。为了改善这一局限性，稀疏度自适应匹配追踪算法可在稀疏性未知时重构信号。在原子选择的初始阶段，使用固定步长重建信号，并将恢复过程分为多个阶段，通过步长的增长接近信号的真正稀疏度，以快速准确地估计稀疏度，且减少迭代次数，提高了算法的效率。迭代过程如算法 9.4.7 所示。

[算法 **9.4.7**]　稀疏度自适应匹配追踪算法

输入：测量矩阵 $\boldsymbol{A}$，观测向量 $\boldsymbol{y}$，信号的初始稀疏度 $s$

输出：信号估计值 $\boldsymbol{x}$

步骤 1：初始化

残差 $\boldsymbol{r}_0=\boldsymbol{y}$，原子支撑的索引集 $\Omega_0=\varnothing$，迭代次数 $k=1$，步长(Step)$s$，初始阶段数 Stage=1，初始支撑集的大小 $K=s$

步骤 2：计算 $u_i=|\boldsymbol{A}_i^{\mathrm{T}}\boldsymbol{r}|$，找出 $K$ 个 $u_i$ 最大的原子

步骤 3：将 $K$ 个原子的索引添加到支撑的索引集 $\Omega_k=\Omega_{k-1}\cup j_K$

步骤 4：求解最小二乘解 $\boldsymbol{x}_k=(\boldsymbol{A}_{\Omega_k}^{\mathrm{T}}\boldsymbol{A}_{\Omega_k})^{-1}\boldsymbol{A}_{\Omega_k}^{\mathrm{T}}\boldsymbol{y}$，求出残差 $\boldsymbol{r}_k=\boldsymbol{y}-\boldsymbol{A}_{\Omega_k}\boldsymbol{x}_k$

步骤 5：保留 $\boldsymbol{x}_k$ 中元素最大的 $K$ 项，找出对应的原子支撑集合 $\Omega_k$ 和相应的 $\boldsymbol{A}_{\Omega_k}$

步骤 6：再次求解 $\boldsymbol{x}_k=(\boldsymbol{A}_{\Omega_k}^{\mathrm{T}}\boldsymbol{A}_{\Omega_k})^{-1}\boldsymbol{A}_{\Omega_k}^{\mathrm{T}}\boldsymbol{y}$，并更新残差 $\boldsymbol{r}_{\mathrm{new}}=\boldsymbol{y}-\boldsymbol{A}_{\Omega_k}\boldsymbol{x}_k$

步骤 7：判断残差 $\|\boldsymbol{r}_{\mathrm{new}}\|_2\leqslant\epsilon\|\boldsymbol{y}\|_2$，$\epsilon\in(0,1)$，若是，则进入步骤 8；若否，则判断 $\|\boldsymbol{r}_{\mathrm{new}}\|_2\geqslant\|\boldsymbol{r}_{k-1}\|_2$ 是否满足，若是，则更新阶段数 Stage=Stage+1，并更新支撑集长度 $K=K+s$，返回步骤 2 继续迭代，否则支撑集不变，$\boldsymbol{r}_k=\boldsymbol{r}_{\mathrm{new}}$，$k=k+1$，返回步骤 2 继续迭代

步骤 8：输出 $x(i)=\begin{cases}x_k(i), & i\in\Omega_k\\ 0, & i\notin\Omega_k\end{cases}$

### 9.4.6 稀疏贝叶斯学习

稀疏贝叶斯学习(Sparse Bayesian Learning,SBL)是基于概率推断的稀疏信号恢复方法,它的基本思想是相关向量机(Relevance Vector Machine,RVM),可以克服支持向量机(Support Vector Machine,SVM)只能分成两类的局限。通过将待估计的目标参数看作符合某种带有超参数的先验分布向量,根据样本的信息和先验分布对后验分布进行计算。当迭代计算后参数向量的某些方差很大时,则该参数就被判为0,从而恢复出稀疏信号。

设观测模型为

$$\boldsymbol{t}=\boldsymbol{\phi w}+\boldsymbol{z} \tag{9.4.104}$$

其中,$\boldsymbol{t}\in\mathbb{R}^M$ 为目标向量；$\boldsymbol{w}\in\mathbb{R}^N$ 为稀疏向量；$\boldsymbol{z}$ 为观测噪声,设 $\boldsymbol{z}\sim\mathcal{N}(\boldsymbol{0},\sigma^2\boldsymbol{I})$；$\boldsymbol{\phi}\in\mathbb{R}^{M\times N}$ 是基(核)函数,即

$$\boldsymbol{\phi}=\begin{bmatrix}K(x_1,x_1) & \cdots & K(x_1,x_N)\\ \vdots & \ddots & \vdots\\ K(x_M,x_1) & \cdots & K(x_M,x_N)\end{bmatrix} \tag{9.4.105}$$

SBL 建立在贝叶斯公式的基础上。

$$p(\boldsymbol{w}\mid\boldsymbol{t})=\frac{p(\boldsymbol{t}\mid\boldsymbol{w})p(\boldsymbol{w})}{p(\boldsymbol{t})} \tag{9.4.106}$$

其中,$p(\boldsymbol{w})$为先验概率；$p(\boldsymbol{t}|\boldsymbol{w})$为条件似然概率；$p(\boldsymbol{w}|\boldsymbol{t})$为后验概率；$p(\boldsymbol{t})$则被称为证据(Evidence)或显著度。

设稀疏参数向量 $\boldsymbol{w}$ 的先验分布是均值为 $\boldsymbol{0}$,方差为$\boldsymbol{\Gamma}$ 的高斯分布,并且该方差由超参数 $\boldsymbol{\alpha}=[\alpha_1,\alpha_2,\cdots,\alpha_N]^{\mathrm{T}}$ 控制,$\boldsymbol{\Gamma}=\mathrm{diag}(\boldsymbol{\alpha})$,将先验分布表示为

$$p(\boldsymbol{w};\boldsymbol{\alpha})=(2\pi)^{-\frac{N}{2}}\mid\boldsymbol{\Gamma}\mid^{-\frac{1}{2}}\exp\left(-\frac{\boldsymbol{w}^{\mathrm{T}}\boldsymbol{\Gamma}^{-1}\boldsymbol{w}}{2}\right) \tag{9.4.107}$$

在高斯白噪声观测条件下,可知目标向量 $\boldsymbol{t}$ 服从均值为$\boldsymbol{\phi w}$,方差为 $\sigma^2\boldsymbol{I}$ 的高斯分布,有

$$p(\boldsymbol{t}\mid\boldsymbol{w})=(2\pi\sigma^2)^{-\frac{M}{2}}\exp\left[-\frac{1}{2\sigma^2}(\boldsymbol{t}-\boldsymbol{\phi w})^{\mathrm{T}}(\boldsymbol{t}-\boldsymbol{\phi w})\right] \tag{9.4.108}$$

将式(9.4.107)和式(9.4.108)代入全概率公式,可得

$$\begin{aligned}p(\boldsymbol{t})&=\int p(\boldsymbol{t}\mid\boldsymbol{w})p(\boldsymbol{w};\boldsymbol{\alpha})\mathrm{d}\boldsymbol{w}\\&=\int(2\pi\sigma^2)^{-\frac{M}{2}}(2\pi)^{-\frac{N}{2}}\mid\boldsymbol{\Gamma}\mid^{-\frac{1}{2}}\exp\left[-\frac{(\boldsymbol{t}-\boldsymbol{\phi w})^{\mathrm{T}}(\boldsymbol{t}-\boldsymbol{\phi w})}{2\sigma^2}-\frac{\boldsymbol{w}^{\mathrm{T}}\boldsymbol{\Gamma}^{-1}\boldsymbol{w}}{2}\right]\mathrm{d}\boldsymbol{w}\end{aligned} \tag{9.4.109}$$

式(9.4.109)可以看作两个高斯函数的卷积,其结果仍然是一个高斯函数。因而,只需要求解 $\boldsymbol{t}$ 的期望和方差便可获得结果。为此,取其对数并去掉常数项后,可得

$$l(\boldsymbol{w})=-\frac{M}{2}\ln\sigma^2-\frac{1}{2}\ln\mid\boldsymbol{\Gamma}\mid-\left[\frac{(\boldsymbol{t}-\boldsymbol{\phi w})^{\mathrm{T}}(\boldsymbol{t}-\boldsymbol{\phi w})}{2\sigma^2}+\frac{\boldsymbol{w}^{\mathrm{T}}\boldsymbol{\Gamma}^{-1}\boldsymbol{w}}{2}\right] \tag{9.4.110}$$

求它对 $\boldsymbol{w}$ 的导数并令导数为0,有

$$\frac{\mathrm{d}l}{\mathrm{d}\boldsymbol{w}}=\frac{1}{\sigma^2}[(\boldsymbol{\phi}^{\mathrm{T}}\boldsymbol{\phi}+\sigma^2\boldsymbol{\Gamma}^{-1})\boldsymbol{w}-\boldsymbol{\phi}^{\mathrm{T}}\boldsymbol{t}]=\mathbf{0} \tag{9.4.111}$$

可以得到

$$\boldsymbol{w}=(\boldsymbol{\phi}^{\mathrm{T}}\boldsymbol{\phi}+\sigma^2\boldsymbol{\Gamma}^{-1})^{-1}\boldsymbol{\phi}^{\mathrm{T}}\boldsymbol{t} \tag{9.4.112}$$

将式(9.4.112)代回到式(9.4.110),进一步得到

$$l=-\frac{M}{2}\ln\sigma^2-\frac{1}{2}\ln|\boldsymbol{\Gamma}|-\frac{1}{2\sigma^2}\boldsymbol{t}^{\mathrm{T}}[\boldsymbol{I}-\boldsymbol{\phi}(\boldsymbol{\phi}^{\mathrm{T}}\boldsymbol{\phi}+\sigma^2\boldsymbol{\Gamma}^{-1})^{-1}\boldsymbol{\phi}^{\mathrm{T}}]\boldsymbol{t} \tag{9.4.113}$$

从式(9.4.113)看出,证据 $\boldsymbol{t}$ 的均值为 $\mathbf{0}$,方差为

$$\boldsymbol{C}=\frac{1}{\sigma^2}[\boldsymbol{I}-\boldsymbol{\phi}(\boldsymbol{\phi}^{\mathrm{T}}\boldsymbol{\phi}+\sigma^2\boldsymbol{\Gamma}^{-1})^{-1}\boldsymbol{\phi}^{\mathrm{T}}]^{-1} \tag{9.4.114}$$

再利用矩阵求逆的 Woodbury 引理:$(\boldsymbol{A}+\boldsymbol{UBV})^{-1}=\boldsymbol{A}^{-1}-\boldsymbol{A}^{-1}\boldsymbol{UB}(\boldsymbol{I}+\boldsymbol{VA}^{-1}\boldsymbol{UB})^{-1}\boldsymbol{VA}^{-1}$,可知

$$\boldsymbol{C}=\sigma^2\boldsymbol{I}+\boldsymbol{\phi}\boldsymbol{\Gamma}^{-1}\boldsymbol{\phi}^{\mathrm{T}} \tag{9.4.115}$$

因此,有

$$p(\boldsymbol{t})=\frac{1}{(2\pi)^{M/2}|\boldsymbol{C}|^{M/2}}\exp\left(-\frac{\boldsymbol{t}^{\mathrm{T}}\boldsymbol{C}^{-1}\boldsymbol{t}}{2}\right) \tag{9.4.116}$$

在分别求得了先验、似然和证据的高斯分布函数后,接下来便是求解后验概率。将 3 个高斯分布,即式(9.4.107)、式(9.4.108)和式(9.4.116)代入式(9.4.106),参数的后验分布仍然是高斯分布,可得

$$\begin{aligned}p(\boldsymbol{w}\mid\boldsymbol{t})&=c\exp\left\{-\frac{1}{2\sigma^2}[\boldsymbol{w}^{\mathrm{T}}(\boldsymbol{\phi}^{\mathrm{T}}\boldsymbol{\phi}+\sigma^2\boldsymbol{\Gamma}^{-1})\boldsymbol{w}-\boldsymbol{t}^{\mathrm{T}}\boldsymbol{\phi}\boldsymbol{w}-\boldsymbol{w}^{\mathrm{T}}\boldsymbol{\phi}^{\mathrm{T}}\boldsymbol{t}+\boldsymbol{t}^{\mathrm{T}}\boldsymbol{t}]+\frac{1}{2}\boldsymbol{t}^{\mathrm{T}}\boldsymbol{C}^{-1}\boldsymbol{t}\right\}\\&=\mathcal{N}(\boldsymbol{w}\mid\boldsymbol{m},\boldsymbol{\Sigma})\end{aligned} \tag{9.4.117}$$

其中,$c$ 为一个常数。为了求得参数 $\boldsymbol{w}$ 的后验均值 $\boldsymbol{m}$ 与方差 $\boldsymbol{\Sigma}$,将式(9.4.117)的指数部分与高斯分布的指数部分

$$-\frac{1}{2}(\boldsymbol{w}-\boldsymbol{m})^{\mathrm{T}}\boldsymbol{\Sigma}^{-1}(\boldsymbol{w}-\boldsymbol{m})=-\frac{1}{2}\boldsymbol{w}^{\mathrm{T}}\boldsymbol{\Sigma}^{-1}\boldsymbol{w}+\boldsymbol{w}\boldsymbol{\Sigma}^{-1}\boldsymbol{m}+\text{常数} \tag{9.4.118}$$

相对照,可知后验分布的方差为式(9.4.117)中指数部分所包含的两次项中括号的部分,即

$$\boldsymbol{\Sigma}=(\boldsymbol{\Gamma}+\sigma^2\boldsymbol{\phi}^{\mathrm{T}}\boldsymbol{\phi})^{-1} \tag{9.4.119}$$

均值为式(9.4.117)中指数部分所包含的一次项部分,它恰好是 $\boldsymbol{\Sigma}^{-1}\boldsymbol{m}$。因此有

$$\boldsymbol{m}=\sigma^2\boldsymbol{\Sigma}\boldsymbol{\phi}^{\mathrm{T}}\boldsymbol{t} \tag{9.4.120}$$

再利用边际似然求解超参数,已知

$$p(\boldsymbol{t}\mid\sigma^2,\boldsymbol{\alpha})=\int p(\boldsymbol{t}\mid\boldsymbol{w},\sigma^2)p(\boldsymbol{w}\mid\boldsymbol{\alpha})\mathrm{d}\boldsymbol{w} \tag{9.4.121}$$

它的对数边际似然函数为

$$\begin{aligned}\ln p(\boldsymbol{t}\mid\sigma^2,\boldsymbol{\alpha})&=\ln\mathcal{N}(\boldsymbol{t}\mid\mathbf{0},\boldsymbol{C})\\&=-\frac{1}{2}[M\ln(2\pi)+\ln|\boldsymbol{C}|+\boldsymbol{t}^{\mathrm{T}}\boldsymbol{C}^{-1}\boldsymbol{t}]\end{aligned} \tag{9.4.122}$$

分别求取对数边际似然函数相对于 $\boldsymbol{\alpha}$ 和 $\sigma^2$ 的导数并令其最大化,可得到超参数的更新公式为

$$(\sigma^2)^+ = \frac{\| \boldsymbol{t} - \boldsymbol{\phi m} \|^2}{M - \sum_i (1 - \alpha_i \boldsymbol{\Sigma}_{ii})} \tag{9.4.123}$$

$$\alpha_i^+ = \frac{1 - \alpha_i \boldsymbol{\Sigma}_{ii}}{m_i^2} \tag{9.4.124}$$

其中，$\boldsymbol{\Sigma}_{ii}$ 为$\boldsymbol{\Sigma}$ 的第 $i$ 个对角元素。

## 9.4.7 原子范数最小化

**1. 原子范数的定义**

原子范数被定义为

$$\| \boldsymbol{x} \|_{\mathcal{A}} = \inf\{ t > 0 \mid \boldsymbol{x} \in t \cdot \operatorname{conv}(\mathcal{A}) \} \tag{9.4.125}$$

其中，原子集$\mathcal{A}$为中心对称集合(即该集合关于原点对称)，且包含 $\operatorname{conv}(\mathcal{A})$的所有极值点。

原子范数实际上是一种更一般的向量或矩阵范数，原子集$\mathcal{A}$可由稀疏向量构成；或由0-1 向量构成；或由以原点为中心，半径为 1 的 $l_2$ 范数球构成；或由归一化的秩为 1 的矩阵构成。

**2. 原子范数在波达角估计中的应用**

波达角(Direction of Arrival，DOA)估计是阵列信号处理的经典估计问题，它可等同于频率估计问题。考虑频率混叠的频域稀疏信号

$$x = \sum_{k=1}^{s} c_k \mathrm{e}^{i 2\pi f_k \mathrm{j}}, \quad i = 0, 1, \cdots, n-1 \tag{9.4.126}$$

其中，$c_k$ 为复数值；$\{f_1, f_2, \cdots, f_s\} \in [0,1]$为未知的归一化频率；$s$ 为未知频率成分的个数；$i$ 为采样数。观测到的采样是从时间序列 $T \in \{0,1,\cdots,n-1\}$中随机选取的尺寸为 $m$ 的子集，假设采样方法为复平面单位圆上独立的均匀采样，并设两个频率间的最小间隔为 $\Delta_f = \min\limits_{k \neq j} | f_k - f_j |$，如果 $\Delta_f \geqslant 4/(n-1)$，那么存在常数 $C$，使得当

$$m \geqslant C \max\left( \log^2 \frac{n}{\delta}, \log \frac{s}{\delta} \log \frac{n}{\delta} \right) \tag{9.4.127}$$

满足时，可以在随机采样和符号的情况下恢复出 $x$，并可以通过半正定规划以至少 $1-\delta$ 的概率定位频率。

将原子集合$\mathcal{A}$定义为 $a(f,\phi) \in C^{|J|}$，其中 $J$ 为$\{0,1,\cdots,n-1\}$或$\{-2m, -2m+1, \cdots, 2m\}$上的索引集，$f \in [0,1]$，$\phi \in [0, 2\pi)$，其中的原子记为$[a(f,\phi)]_i = \mathrm{e}^{\mathrm{j}(2\pi f_i + \phi)}$，$i \in J$。用原子将式(9.4.126)转换为

$$x = \sum_{k=1}^{s} | c_k | a(f_k, \phi_k) \tag{9.4.128}$$

用原子范数表达该问题为

$$\| \boldsymbol{x} \|_{\mathcal{A}} = \inf\{ t > 0 \mid \boldsymbol{x} \in t \cdot \operatorname{conv}(\mathcal{A}) \} = \inf_{\substack{c_k \geqslant 0 \\ \phi_k \in [0, 2\pi) \\ f_k \in [0,1]}} \left\{ \sum_k c_k : x = \sum_k c_k a(f_k, \phi_k) \right\} \tag{9.4.129}$$

对于常见的 $K$ 个窄带远场源信号传输场景，接收信号可表示为

$$\boldsymbol{Y}=\boldsymbol{A}(f)\boldsymbol{X}+\boldsymbol{W} \tag{9.4.130}$$

其中，$\boldsymbol{Y}\in\mathbb{C}^{M\times P}$，$P$ 为快拍数，即观测数，$M$ 为接收阵列数；$\boldsymbol{A}(f)\in\mathbb{C}^{M\times K}$ 为由 $K$ 个源的到达角所确定的天线响应矩阵，它通常为范德蒙矩阵；$\boldsymbol{X}\in\mathbb{C}^{K\times P}$ 为 $K$ 个源在 $P$ 个时刻的发射信号；$\boldsymbol{W}\in\mathbb{C}^{M\times P}$ 为加性高斯白噪声。

对于 $P=1$ 的单次快拍情形，接收信号可表示为 $\boldsymbol{y}=\boldsymbol{A}(f)\boldsymbol{x}+\boldsymbol{w}$，可建立原子范数最小化目标函数

$$\min_{\boldsymbol{x}}\|\boldsymbol{y}\|_{\mathcal{A}} \quad \text{s.t. } \|\boldsymbol{y}-\boldsymbol{A}\boldsymbol{x}\|_2\leqslant\eta \tag{9.4.131}$$

其中，$\eta$ 为考虑到测量噪声所设置的门槛值。

设有原子集合

$$\mathcal{A}=\{\mathrm{e}^{\mathrm{j}2\pi\phi}[1,\mathrm{e}^{\mathrm{j}2\pi f},\cdots,\mathrm{e}^{\mathrm{j}2\pi(n-1)f}],f\in[0,1],\phi\in[0,2\pi]\} \tag{9.4.132}$$

当 $n>s$ 时，$\mathcal{A}$是过完备字典。$\boldsymbol{y}$ 是该原子集合中 $K$ 个原子的线性组合。当 $K$ 最小时，即用最少的原子构成 $\boldsymbol{y}$，对应于 $\boldsymbol{y}$ 的 $l_0$ 原子范数，可写为

$$\begin{aligned}\|\boldsymbol{y}\|_{\mathcal{A},0}&=\inf_{c_k,f_k,\phi_k}\left\{K:y=\sum_{k=1}^{K}a(f_k,\phi_k)c_k,f_k\in T,|\phi_k|=1,c_k>0\right\}\\&=\inf_{f_k,x_k}\left\{K:y=\sum_{k=1}^{K}a(f_k)c_k,f_k\in T\right\}\end{aligned} \tag{9.4.133}$$

此时，组成 $\boldsymbol{y}$ 的原子恰好对应待恢复的 $\boldsymbol{A}(f)$。对于 $\|\boldsymbol{y}\|_{\mathcal{A},0}$ 的最小化，其可用约束条件

$$\begin{bmatrix}x & \boldsymbol{y}^{\mathrm{H}}\\ \boldsymbol{y} & \boldsymbol{T}(\boldsymbol{u})\end{bmatrix}\geq 0 \tag{9.4.134}$$

进行优化。其中，$\boldsymbol{T}(\boldsymbol{u})$为由向量 $\boldsymbol{u}$ 得到的 Teoplitz 矩阵；$x$ 为待优化的变量。由于 $\boldsymbol{T}(\boldsymbol{u})\geq 0$，$\boldsymbol{T}(\boldsymbol{u})$存在范德蒙分解

$$\boldsymbol{T}(\boldsymbol{u})=\sum_{k=1}^{r}p_k\boldsymbol{a}(f_k)\boldsymbol{a}^{\mathrm{H}}(f_k)=\boldsymbol{A}(f)\mathrm{diag}(\boldsymbol{p})\boldsymbol{A}^{\mathrm{H}}(f) \tag{9.4.135}$$

其中，$r=\mathrm{rank}[\boldsymbol{T}(\boldsymbol{u})]$。因此，只要得到了矩阵 $\boldsymbol{T}(\boldsymbol{u})$，就可以通过范德蒙分解计算 $\boldsymbol{A}(f)$，进而求解出相应的角度参数。

事实上，最小化非凸的 $l_0$ 原子范数等价于求解

$$\min_{x,\boldsymbol{u}}\mathrm{rank}[\boldsymbol{T}(\boldsymbol{u})] \tag{9.4.136}$$

但这个优化问题也不是凸优化问题，需要用最小化 $l_1$ 原子范数作凸松弛。$l_1$ 原子范数为

$$\|\boldsymbol{y}\|_{\mathcal{A},1}=\inf_{f_k,s_k}\left\{\sum_{k}|s_k|:y=\sum_{k}a(f_k)s_k,f_k\in T\right\} \tag{9.4.137}$$

这样，把最小化式(9.4.133)的非零元素个数转化为最小化非零元素绝对值的和。再次利用范德蒙分解，使最小化原子范数进一步等价于求解

$$\min_{x,\boldsymbol{u}}\frac{1}{2}x+\frac{1}{2}\mathrm{tr}[\boldsymbol{T}(\boldsymbol{u})] \tag{9.4.138a}$$

$$\text{s.t. }\begin{bmatrix}x & \boldsymbol{y}^{\mathrm{H}}\\ \boldsymbol{y} & \boldsymbol{T}(\boldsymbol{u})\end{bmatrix}\geq 0 \tag{9.4.138b}$$

在多次快拍时，凸优化问题转化为

$$\min_{\boldsymbol{X},\boldsymbol{u}} \frac{1}{2}\mathrm{tr}(\boldsymbol{X})+\frac{1}{2}\mathrm{tr}[\boldsymbol{T}(\boldsymbol{u})] \tag{9.4.139a}$$

$$\text{s. t.} \begin{pmatrix} \boldsymbol{X} & \boldsymbol{Y}^{\mathrm{H}} \\ \boldsymbol{Y} & \boldsymbol{T}(\boldsymbol{u}) \end{pmatrix} \geq 0 \tag{9.4.139b}$$

其中，$\boldsymbol{X}\in\mathbb{C}^{P\times P}$ 为待优化的矩阵。

在求解式(9.4.138)和式(9.4.139)的优化问题时，可使用凸优化工具箱 CVX。

## 9.5 动态稀疏信号恢复

在一些实际问题中，稀疏信号的支撑集可以随着时间变化，这种信号称为动态稀疏信号。如果在任意相邻两个时刻内，动态稀疏信号的支撑集具有较强的相关性，即在 $t$ 时刻和 $t-1$ 时刻，稀疏向量 $\boldsymbol{x}_t$ 和 $\boldsymbol{x}_{t-1}$ 的支撑集有较大的重叠，就可以基于扩展卡尔曼滤波准确地恢复。

将动态稀疏信号的时序递推模型和测量模型分别表示为

$$\boldsymbol{x}_t=\boldsymbol{A}_{t-1}\boldsymbol{x}_{t-1}+\boldsymbol{w}_{t-1} \tag{9.5.1}$$

$$\boldsymbol{y}_t=\boldsymbol{C}_t\boldsymbol{x}_t+\boldsymbol{v}_t \tag{9.5.2}$$

其中，$\boldsymbol{x}_t$ 为稀疏信号；$\boldsymbol{A}_{t-1}$ 为 $t-1$ 时刻的转移矩阵；$\boldsymbol{w}_{t-1}$ 为更新噪声，设 $\boldsymbol{w}_{t-1}\sim\mathcal{N}(\boldsymbol{0},\boldsymbol{Q})$；$\boldsymbol{C}_t$ 为测量矩阵；$\boldsymbol{v}_t$ 为测量噪声，设$\boldsymbol{v}_{t-1}\sim\mathcal{N}(\boldsymbol{0},\boldsymbol{R})$。

### 9.5.1 伪测量卡尔曼滤波

为恢复动态稀疏信号 $\boldsymbol{x}_t$，建立带有范数约束的优化模型，写为

$$\operatorname{argmin}\|\hat{\boldsymbol{x}}_t-\boldsymbol{x}_t\|_2^2 \quad \text{s. t.}\ \|\boldsymbol{x}_t\|_1<\epsilon \tag{9.5.3}$$

应用伪测量技术，建立增广的范数测量方程为

$$z=\|\hat{\boldsymbol{x}}_t\|_1-\epsilon=0 \tag{9.5.4}$$

其中，$\epsilon$为范数观测噪声，设$\epsilon\sim\mathcal{N}(0,\gamma)$。再对范数测量方程线性化为

$$z=\boldsymbol{h}(t)\boldsymbol{x}_t-\epsilon \tag{9.5.5}$$

其中，行向量 $\boldsymbol{h}(t)$由 $l_1$ 范数的次梯度组成，$\boldsymbol{h}(t)=\left.\left[\frac{\partial|\boldsymbol{x}_t|_1}{\partial x_1},\frac{\partial|\boldsymbol{x}_t|_1}{\partial x_2},\cdots,\frac{\partial|\boldsymbol{x}_t|_1}{\partial x_n}\right]\right|_{\boldsymbol{x}=\boldsymbol{x}_t}$。

在实施滤波算法时，需要采用如下滤波步骤。先用常规的五步滤波公式更新 $\boldsymbol{x}_t$ 的估计值 $\hat{\boldsymbol{x}}_t$ 和均方误差 $\boldsymbol{P}_t$，再采用伪测量方程更新 $\boldsymbol{x}_t$ 的 $l_1$ 范数，该过程的范数修正以迭代方式进行。为清晰起见，改记 $\hat{\boldsymbol{x}}_t$ 为 $\hat{\boldsymbol{x}}_\tau$，$\boldsymbol{P}_t$ 为 $\boldsymbol{P}_\tau$，$\boldsymbol{h}(t)$为行向量 $\boldsymbol{h}_\tau$，则范数更新的迭代方式为

$$\boldsymbol{k}_{\tau+1}=\boldsymbol{P}_\tau\boldsymbol{h}_\tau^{\mathrm{T}}(\boldsymbol{h}_\tau\boldsymbol{P}_\tau\boldsymbol{h}_\tau^{\mathrm{T}}+\gamma)^{-1} \tag{9.5.6}$$

$$\boldsymbol{x}_{\tau+1}=(\boldsymbol{I}-\boldsymbol{k}_\tau\boldsymbol{h}_\tau)\boldsymbol{x}_\tau \tag{9.5.7}$$

$$\boldsymbol{P}_{\tau+1}=(\boldsymbol{I}-\boldsymbol{k}_\tau\boldsymbol{h}_\tau)\boldsymbol{P}_\tau \tag{9.5.8}$$

其中，$\gamma$ 为范数测量方差，为了达到满意的范数修正结果，一般可取值为 $\gamma\geqslant 200$。

经多次迭代后(记为 $n$ 次)，当相邻两次的范数修正量小于一个给定的小的正数时，迭代过程结束，再令 $\hat{\boldsymbol{x}}_{\tau+n}$ 为当前的 $\hat{\boldsymbol{x}}_t$，$\boldsymbol{P}_{\tau+n}$ 为当前的 $\boldsymbol{P}_t$，然后进入下一时刻的状态更新。

### 9.5.2 范数优化卡尔曼滤波

另一种在卡尔曼滤波框架下的动态稀疏信号恢复方法应用了 ADMM。它将范数修正直接嵌入对增益矩阵 $\boldsymbol{K}_t$ 的求解中。建立如下优化模型。

$$\begin{aligned} &\min_{\boldsymbol{K}_t} f(\boldsymbol{K}_t)+\beta g(\boldsymbol{G}_t) \\ &\text{s. t.}\ \boldsymbol{K}_t=\boldsymbol{G}_t \end{aligned} \tag{9.5.9}$$

其中，$\boldsymbol{K}_t$ 为卡尔曼滤波在时刻 $t$ 的滤波增益；$f(\boldsymbol{K}_t)=\frac{1}{2}\text{tr}(\boldsymbol{P}_{t|t})$；$g(\boldsymbol{G}_t)$ 是改善稀疏度的正则化函数，既可以是 $l_1$ 范数，也可以是 $l_0$ 范数；系数 $\beta>0$ 用于控制稀疏度，$\beta$ 越大则状态向量 $\boldsymbol{x}_t$ 越稀疏。

为了求解式(9.5.9)的优化问题，应用 ADMM 建立增广的拉格朗日函数为

$$L_\rho(\boldsymbol{K}_t,\boldsymbol{G}_t)=f(\boldsymbol{K}_t)+\beta g(\boldsymbol{G}_t)+\text{tr}[\boldsymbol{\Lambda}^{\text{T}}(\boldsymbol{K}_t-\boldsymbol{G}_t)]+\frac{\rho}{2}\|\boldsymbol{K}_t-\boldsymbol{G}_t\|_{\text{F}}^2 \tag{9.5.10}$$

其中，$\boldsymbol{\Lambda}$ 为对偶变量也即拉格朗日乘子；$\rho>0$ 为罚函数因子。

根据式(9.4.30)、式(9.4.31)和式(9.4.32)，求解更新公式可写为

$$\boldsymbol{K}_t^{k+1}=\underset{\boldsymbol{K}_t}{\text{argmin}}\,L_\rho(\boldsymbol{K}_t,\boldsymbol{G}_t^k,\boldsymbol{\Lambda}^k) \tag{9.5.11}$$

$$\boldsymbol{G}_t^{k+1}=\underset{\boldsymbol{G}_t}{\text{argmin}}\,L_\rho(\boldsymbol{L}_t^{k+1},\boldsymbol{G}_t,\boldsymbol{\Lambda}^k) \tag{9.5.12}$$

$$\boldsymbol{\Lambda}^{k+1}=\boldsymbol{\Lambda}^k+\rho(\boldsymbol{L}_t^{k+1}-\boldsymbol{G}_t^{k+1}) \tag{9.5.13}$$

再根据式(9.4.33)，迭代终止条件为

$$\|\boldsymbol{K}_t^{k+1}-\boldsymbol{G}_t^{k+1}\|_{\text{F}}\leqslant\varepsilon_{\text{pri}},\quad \|\boldsymbol{G}_t^{k+1}-\boldsymbol{G}_t^k\|_{\text{F}}\leqslant\varepsilon_{\text{dual}} \tag{9.5.14}$$

然后根据式(9.4.40)、式(9.4.41)和式(9.4.42)，设$\mathcal{U}=(1/\rho)\boldsymbol{\Lambda}$ 是经过比例 $1/\rho$ 缩放的拉格朗日乘子矩阵，则式(9.5.11)、式(9.5.12)和式(9.5.13)可分别改写为

$$\boldsymbol{K}_t^{k+1}=\underset{\boldsymbol{K}_t}{\text{argmin}}\left[f(\boldsymbol{K}_t)+\frac{\rho}{2}\|\boldsymbol{K}_t-\boldsymbol{G}_t^k+\mathcal{U}^k\|_{\text{F}}^2\right] \tag{9.5.15}$$

$$\boldsymbol{G}_t^{k+1}=\underset{z}{\text{argmin}}\left[\beta g(\boldsymbol{G}_t)+\frac{\rho}{2}\|\boldsymbol{K}_t^{k+1}-\boldsymbol{G}_t+\mathcal{U}^k\|_{\text{F}}^2\right] \tag{9.5.16}$$

$$\mathcal{U}^{k+1}=\mathcal{U}^k+\boldsymbol{K}_t^{k+1}-\boldsymbol{G}_t^{k+1} \tag{9.5.17}$$

若记 $\boldsymbol{U}^k=\boldsymbol{G}_t^k-(1/\rho)\boldsymbol{\Lambda}^k$，则可将 $\boldsymbol{K}_t$ 的优化公式即式(9.5.15)写为最小化函数

$$\begin{aligned} \varphi(\boldsymbol{K}_t)&=\frac{1}{2}\text{tr}(\boldsymbol{P}_{t|t})+\frac{\rho}{2}\|\boldsymbol{K}_t-\boldsymbol{U}^k\|_{\text{F}}^2 \\ &=\frac{1}{2}\text{tr}(\boldsymbol{P}_{t|t})+\frac{\rho}{2}\text{tr}[(\boldsymbol{K}_t-\boldsymbol{U}^k)(\boldsymbol{K}_t-\boldsymbol{U}^k)^{\text{T}}] \end{aligned} \tag{9.5.18}$$

其中，

$$\boldsymbol{P}_{t|t}=(\boldsymbol{I}-\boldsymbol{K}_t\boldsymbol{C}_t)\boldsymbol{P}_{t|t-1}(\boldsymbol{I}-\boldsymbol{K}_t\boldsymbol{C}_t)^{\text{T}}+\boldsymbol{K}_t\boldsymbol{R}\boldsymbol{K}_t^{\text{T}} \tag{9.5.19}$$

求 $\varphi(\boldsymbol{K}_t)$对 $\boldsymbol{K}_t$ 的导数并令其等于 0，可得

$$-(\boldsymbol{I}-\boldsymbol{K}_t\boldsymbol{C}_t)\boldsymbol{P}_{t|t-1}\boldsymbol{C}_t^{\text{T}}+\boldsymbol{K}_t\boldsymbol{R}+\rho(\boldsymbol{K}_t-\boldsymbol{U}^k)=0 \tag{9.5.20}$$

因此，$\boldsymbol{K}_t$ 的更新公式为

$$\boldsymbol{K}_t=(\boldsymbol{P}_{t|t-1}\boldsymbol{C}_t^{\text{T}}+\rho\boldsymbol{U}^k)(\boldsymbol{C}_t\boldsymbol{P}_{t|t-1}\boldsymbol{C}_t^{\text{T}}+\boldsymbol{R}+\rho\boldsymbol{I})^{-1} \tag{9.5.21}$$

当罚函数系数 $\rho=0$ 时，则增益矩阵退化为标准的卡尔曼滤波增益。

接下来分析 $\boldsymbol{G}_t$ 的更新。当选择 $g(\boldsymbol{G}_t)$ 为 $l_1$ 范数时，有

$$g(\boldsymbol{G}_t)=\|\hat{\boldsymbol{x}}_{t|t-1}+\boldsymbol{G}_t\cdot\boldsymbol{e}_t\|_1 \tag{9.5.22}$$

其中，$\boldsymbol{e}_t=\boldsymbol{y}_t-\boldsymbol{H}_t\hat{\boldsymbol{x}}_{t|t-1}$。

为便于优化，将 $\boldsymbol{G}_t$ 拆分成行向量的形式，即

$$\boldsymbol{G}_t=[\boldsymbol{G}_{t,1}^{\mathrm{T}},\boldsymbol{G}_{t,2}^{\mathrm{T}},\cdots,\boldsymbol{G}_{t,n}^{\mathrm{T}}]^{\mathrm{T}} \tag{9.5.23}$$

则 $\boldsymbol{G}_t$ 的更新可以转化为对每个行向量 $\boldsymbol{G}_{t,i}$ 的优化更新。优化函数可以写为

$$\phi_1(\boldsymbol{G}_{t,i})=\beta\mid\boldsymbol{x}_{t|t-1,i}+\boldsymbol{G}_{t,i}\cdot\boldsymbol{e}_t\mid+\frac{\rho}{2}\|\boldsymbol{G}_{t,i}-\boldsymbol{V}_i^k\|_2^2 \tag{9.5.24}$$

其中，$\boldsymbol{V}_i^k=\boldsymbol{K}_t^{k+1}+(1/\rho)\boldsymbol{\Lambda}^k$。也就是说，$\boldsymbol{G}_t$ 的更新转变成求解

$$\boldsymbol{G}_{t,i}^{k+1}=\underset{\boldsymbol{G}_{t,i}}{\operatorname{argmin}}\,\phi_1(\boldsymbol{G}_{t,i}) \tag{9.5.25}$$

这个优化问题的解为软阈值函数

$$\boldsymbol{G}_{t,i}^{k+1}=S_{\beta/\rho}(\boldsymbol{x}_{t|t-1,i}+\boldsymbol{G}_{t,i}\cdot\boldsymbol{e}_t) \tag{9.5.26}$$

## 9.6 稀疏信道估计

压缩感知在通信系统中的典型应用包括无线信道估计、空间调制和混合预编码等。接下来，我们给出在时域和角度域上的稀疏信道模型，并给出一些稀疏恢复算法估计稀疏信道的性能结果。

### 9.6.1 时域稀疏 MIMO-OFDM 信道估计

考虑 6.5.1 节的 MIMO-OFDM 系统。设发射天线的数目为 $N_{\mathrm{G}}$，它的任意发射天线 $g$ 和任意接收天线 $q$ 之间的有限冲激响应模型为

$$h_{q,g}(t)=\sum_{l=0}^{L-1}\alpha_{q,g}^l\delta(t-\tau_{q,g}^l) \tag{9.6.1}$$

其中，$L$ 为路径总数；$\alpha_{q,g}^l$ 和 $\tau_{q,g}^l$ 分别为第 $l$ 条路径的复响应系数和相应延迟。由于多径时散等特征，记信道冲激响应在第 $n$ 个 OFDM 符号周期的抽头系数向量为

$$\boldsymbol{h}_{q,g}(n)=[h_{q,g_{(0)}}(n),h_{q,g_{(1)}}(n),\cdots,h_{q,g_{(L-1)}}(n)]^{\mathrm{T}},\quad\forall g \tag{9.6.2}$$

在时域，OFDM 信道的有限冲激响应模型可视为稀疏信号模型，它在某些抽头(可在 $K$ 个子载波所对应的时域抽头上抽取)位置上的系数为 0。当 MIMO 收发端的位置固定，可以假设信道为时不变信道，并且时域抽头位置在 $M$ 个符号周期内保持不变，各符号周期上稀疏信道向量的支撑集保持不变，表示为

$$\operatorname{supp}\{\boldsymbol{h}_{q,g}(n)\}=\operatorname{supp}\{\boldsymbol{h}_{q,g}(n+1)\}=\cdots=\operatorname{supp}\{\boldsymbol{h}_{q,g}(n-M-1)\} \tag{9.6.3}$$

若发射天线之间的间隔很小，还可设各发射天线周围有共同的散射体，发射天线共享同一个稀疏模式，表示为

$$\operatorname{supp}\{\boldsymbol{h}_{q,1}(n)\}=\operatorname{supp}\{\boldsymbol{h}_{q,2}(n)\}=\cdots=\operatorname{supp}\{\boldsymbol{h}_{q,N_{\mathrm{G}}}(n)\} \tag{9.6.4}$$

因此，所有发射天线和任意接收天线间的稀疏信道向量 $\boldsymbol{h}_q=[\boldsymbol{h}_{q,1}^{\mathrm{T}},\boldsymbol{h}_{q,2}^{\mathrm{T}},\cdots,\boldsymbol{h}_{q,N_{\mathrm{G}}}^{\mathrm{T}}]^{\mathrm{T}}$ 可以表示为

$$\boldsymbol{h}_q=[h_{q,1(0)},\cdots,h_{q,1(L-1)},0,\cdots,0,\cdots,h_{q,N_G(0)},\cdots,h_{q,N_G(L-1)},0,\cdots,0]^{\mathrm{T}} \quad (9.6.5)$$

采用如式(6.5.4)所示的接收信号模型并记为 $\boldsymbol{y}(n)=\boldsymbol{A}(n)\boldsymbol{h}(n)+\boldsymbol{\xi}(n)$，然后应用贪婪追踪类算法对时域稀疏信道进行恢复。在运用 SAMP 算法时，为了在受噪声影响下能较准确地恢复，在算法 9.4.7 的步骤 7 中，可采用如下终止条件。

$$\frac{1}{\beta\cdot\zeta}\sum_{w=0}^{\zeta-1}\|\boldsymbol{r}_{\zeta-w}-\boldsymbol{r}_{\zeta-w-1}\|_2^2\leqslant\sigma^2 \quad (9.6.6)$$

其中，$\beta$ 为一个正的比例系数；$\zeta$ 为平均计算中所用的迭代次数；$\sigma^2$ 为噪声功率。该算法在性能评估中被记为鲁棒稀疏度自适应匹配追踪(RSAMP)算法。

图 9.6.1 所示为采用步长为 1 的 RSAMP 算法对稀疏信道支撑集以及信道有限冲激响应(FIR)幅值的恢复结果。仿真参数设置为 4 根发射天线、子信道有限冲激响应有 16 个抽头(共 64 维参数)、信噪比为 6dB。图 9.6.2 所示为 RSAMP 算法与正交匹配追踪(OMP)算法的归一化均方误差(NMSE)对比结果。采用随机导频和相移正交导频的估计结果分别标记为 R 和 P，多测量向量(MMV)的向量个数为 20。在运用 MMV 获得估计结果时，将各个单测量向量(SMV)下所获得的估计结果取平均。

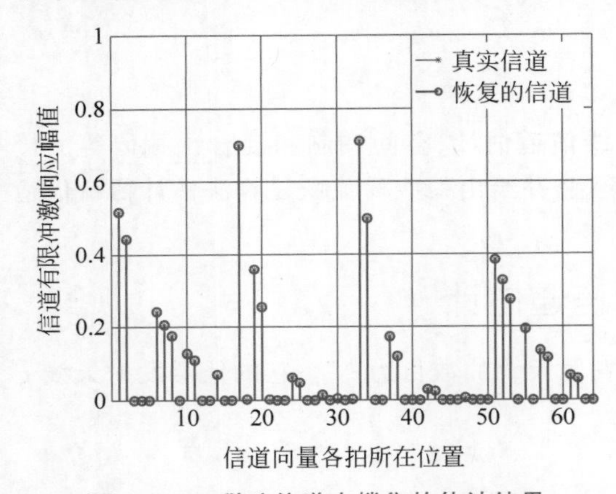


图 9.6.1 稀疏信道支撑集的估计结果

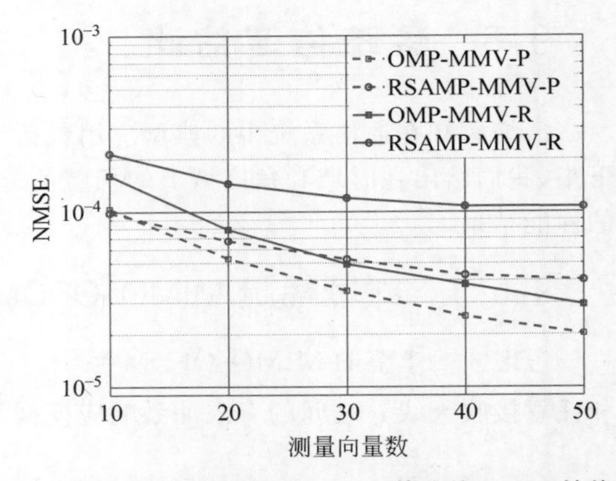


图 9.6.2 RSAMP 算法与 OMP 算法的 NMSE 性能

图 9.6.3 所示为使用两种导频时，OMP 算法和 RSAMP 算法的归一化均方误差(NMSE)性能随信噪比(SNR)变化的曲线。可见，稀疏信道恢复的上界是最优最小二乘算法(Oracle LS)，而下界是最小均方误差(MMSE)估计算法。RSAMP 算法在单测量向量下的 NMSE 性能好于 OMP 算法；在多测量向量下，当信噪比较高时与 OMP 算法相当。RSAMP 算法的初始步长对 NMSE 的影响不大。然而，如果步长设置为 4 或 8，则计算效率会高得多。

图 9.6.4 所示为使用两种导频时，OMP 算法和 RSAMP 算法的归一化均方误差随发射天线数的变化曲线。仿真参数设置如下。子信道有限冲激响应的长度为 16，多测量向量的个数为 20，信噪比为 6dB。经过对比可知，使用相移导频的 NMSE 略优于使用随机导频的 NMSE。

## 9.6.2 角度域级联稀疏信道估计

在 6G 传输方案中，可重构智慧表面(Reconfigurable Intelligent Surface，RIS)也称为智能反射表面(Intelligent Reflective Surface，IRS)，被用于增强无线覆盖范围，特别是在直射

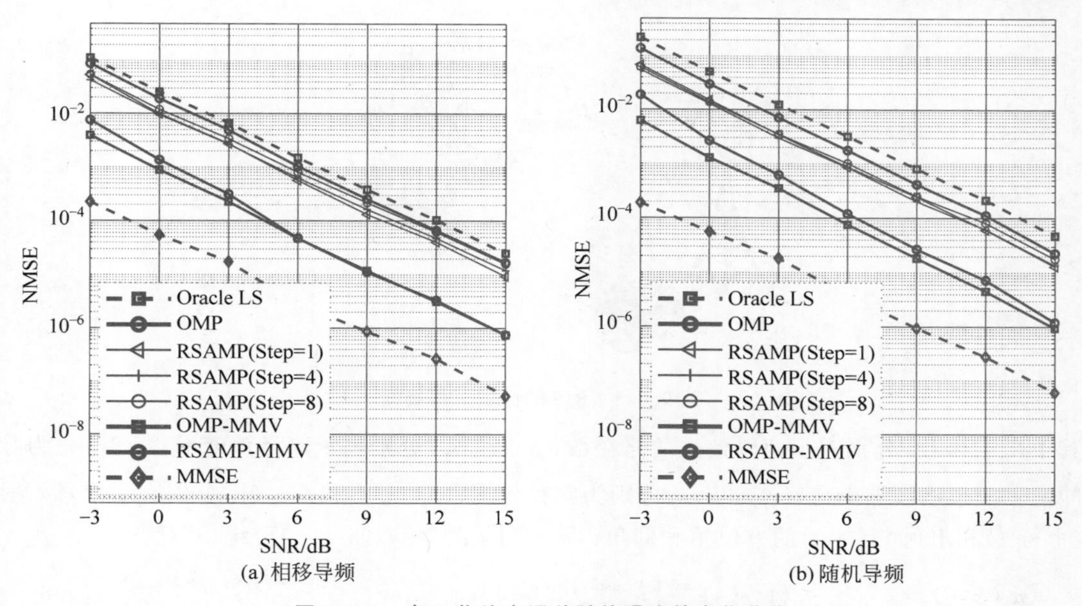

(a) 相移导频 (b) 随机导频

图 9.6.3 归一化均方误差随信噪比的变化曲线

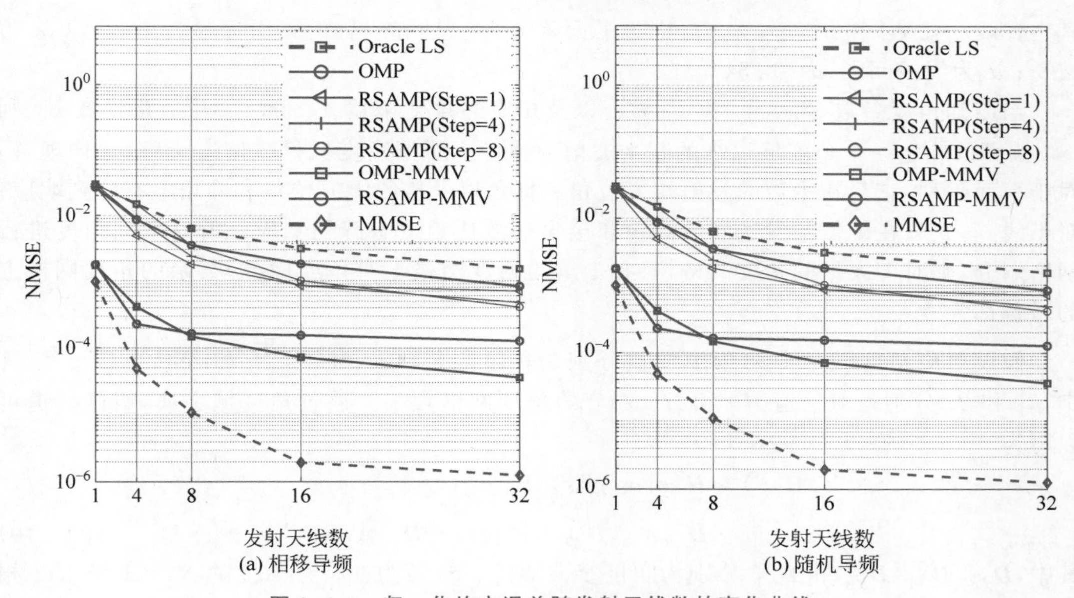

(a) 相移导频 (b) 随机导频

图 9.6.4 归一化均方误差随发射天线数的变化曲线

链路受到阻挡的情形，可通过 RIS 建立起发送端与接收端之间的反射链路。它的典型应用场景如图 9.6.5 所示。我们把这类含有 RIS 的通信系统称为 RIS 辅助通信系统。

对于工作在毫米波频段的 RIS 辅助通信系统，它的两段信道分别可建模为 Saleh-Valenzuela 模型。对于平面阵列，两段信道可分别表示为

$$\boldsymbol{H}_1=\sqrt{\frac{N_{\mathrm{T}}N_{\mathrm{I}}}{L_1}}\sum_{l_1=1}^{L_1}\rho_{l_1}\delta(dT_{\mathrm{s}}-\tau_{l_1})\boldsymbol{\alpha}_r(\varphi_{l_1}^{\mathrm{r}},\theta_{l_1}^{\mathrm{r}})\boldsymbol{\alpha}_t^{\mathrm{H}}(\varphi_{l_1}^{\mathrm{t}},\theta_{l_1}^{\mathrm{t}}) \tag{9.6.7}$$

$$\boldsymbol{H}_2=\sqrt{\frac{N_{\mathrm{R}}N_{\mathrm{I}}}{L_2}}\sum_{l_2=1}^{L_2}\rho_{l_2}\delta(dT_{\mathrm{s}}-\tau_{l_2})\boldsymbol{\alpha}_r(\varphi_{l_2}^{\mathrm{r}},\theta_{l_2}^{\mathrm{r}})\boldsymbol{\alpha}_t^{\mathrm{H}}(\varphi_{l_2}^{\mathrm{t}},\theta_{l_2}^{\mathrm{t}}) \tag{9.6.8}$$

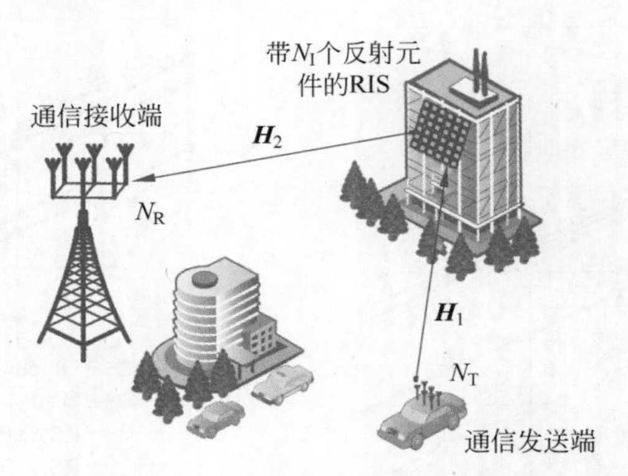


图 9.6.5 RIS 的典型应用场景

其中,$L_1$ 和 $L_2$ 分别表示两段信道的路径数;$\rho_{l_1}$ 和 $\rho_{l_2}$ 分别表示路径角度增益;$\delta(\cdot)$为脉冲信号成形滤波器响应;$\tau_{l_1}$ 和 $\tau_{l_2}$ 分别为路径延迟;$\varphi_{l_1}^{r}$,$\varphi_{l_2}^{t}$ 和 $\theta_{l_1}^{r}$,$\theta_{l_1}^{t}$ 分别表示信号入射(上标 r)和出射(上标 t)的方位角和仰角;导向向量$\boldsymbol{\alpha}_r(\cdot)$和$\boldsymbol{\alpha}_t(\cdot)$可统一写为

$$\boldsymbol{\alpha}(\varphi,\theta)=\frac{1}{\sqrt{N_y N_z}}\{1,\cdots,\mathrm{e}^{\mathrm{j}kd(m\sin\varphi\sin\theta+n\cos\theta)},\cdots,\mathrm{e}^{\mathrm{j}kd[(N_y-1)\sin\varphi\sin\theta+(N_z-1)\cos\theta]}\}^{\mathrm{T}} \tag{9.6.9}$$

其中,$0\leqslant m<N_y$ 和 $0\leqslant n<N_z$ 分别为平面阵元在 $y$ 轴和 $z$ 轴的索引序号;$k=2\pi/\lambda$,$\lambda$ 为波长;$d$ 为天线间隔,$d=0.5\lambda$。

当已知角度参数 $\varphi_{l_1}^{r}$,$\varphi_{l_2}^{t}$ 和 $\theta_{l_1}^{r}$,$\theta_{l_1}^{t}$ 以及相应的角度增益 $\rho_{l_1}$ 和 $\rho_{l_2}$ 乃至路径数 $L_1$ 和 $L_2$,就可以确定一个角度域稀疏的毫米波信道模型。所谓角度域稀疏信道,可以这样理解,对于平面阵列,它只在少数的发射端方位角和仰角以及接收端方位角和仰角上有阵列响应;对于线阵,它只在少数的发送端波离角和接收端波达角上有阵列响应。若对空间角度进行网格划分,则对于大量的角度网格,只有少量的角度网格上有角度增益,其余的角度网格上的增益都为 0。

假设对应角度域字典的角度增益分别为稀疏矩阵 $\boldsymbol{A}_{\mathrm{I,T}}\in\mathbb{C}^{\beta_1\times\beta_1}$ 和 $\boldsymbol{A}_{\mathrm{R,I}}\in\mathbb{C}^{\beta_2\times\beta_2}$,其中,$\beta_1$ 和 $\beta_2$ 分别是对信道 $\boldsymbol{H}_1$ 和 $\boldsymbol{H}_2$ 划分的角度网格大小。通过角度域字典,级联信道可以写为

$$\begin{aligned}\boldsymbol{H}(s)&=\boldsymbol{H}_2\operatorname{diag}[\boldsymbol{g}(s)]\boldsymbol{H}_1\\&=\boldsymbol{D}_{2\mathrm{R}}\boldsymbol{A}_{\mathrm{R,I}}\boldsymbol{D}_{2\mathrm{T}}^{\mathrm{H}}\operatorname{diag}[\boldsymbol{g}(s)]\boldsymbol{D}_{1\mathrm{R}}\boldsymbol{A}_{\mathrm{I,T}}\boldsymbol{D}_{1\mathrm{T}}^{\mathrm{H}}\end{aligned} \tag{9.6.10}$$

其中,$\boldsymbol{D}_{2\mathrm{R}}$、$\boldsymbol{D}_{2\mathrm{T}}$、$\boldsymbol{D}_{1\mathrm{R}}$ 和 $\boldsymbol{D}_{1\mathrm{T}}$ 分别为角度字典矩阵;$\boldsymbol{g}(s)$为在符号 $s$ 上的 $N_{\mathrm{I}}\times 1$ 维 RIS 相移向量;diag$(\cdot)$表示向量对角化算子。

根据 Kronecker 积和 Khatri-Rao 积的性质,式(9.6.10)可以写为

$$\operatorname{vec}(\boldsymbol{H})=[(\boldsymbol{D}_{2\mathrm{T}}^{*}\odot\boldsymbol{D}_{1\mathrm{R}})\boldsymbol{g}(s)]^{\mathrm{T}}\otimes(\boldsymbol{D}_{1\mathrm{T}}^{*}\otimes\boldsymbol{D}_{2\mathrm{R}})\operatorname{vec}(\boldsymbol{A}_{\mathrm{R,I}}^{*}\otimes\boldsymbol{A}_{\mathrm{I,T}}) \tag{9.6.11}$$

其中,vec$(\cdot)$表示按列将矩阵向量化的算子;$(\cdot)^*$ 表示共轭操作;$\operatorname{vec}(\boldsymbol{A}_{\mathrm{R,I}}^{*}\otimes\boldsymbol{A}_{\mathrm{I,T}})$为待求的稀疏角度增益向量,并记为 $\boldsymbol{h}=\operatorname{vec}(\boldsymbol{A}_{\mathrm{R,I}}^{*}\otimes\boldsymbol{A}_{\mathrm{I,T}})$。

采用压缩感知对角度域稀疏信道估计时,可根据角度网格估计角度增益,进而得到级联信道状态信息。举例来说,设在图 9.6.5 的 RIS 辅助毫米波上行通信系统中,发送端和接收端分别配置 4 根天线,构成 2×2 的平面阵列,RIS 有 4 个可变相移元件,也构成 2×2 的平面阵列。若用 4 个方位角网格和 4 个仰角网格对空间进行角度划分后,设信道 $\boldsymbol{H}_1$ 和 $\boldsymbol{H}_2$

分别有 2 条和 3 条可分辨的路径，并落于角度网格之上，则角度域稀疏信道的稀疏模式如图 9.6.6 所示。

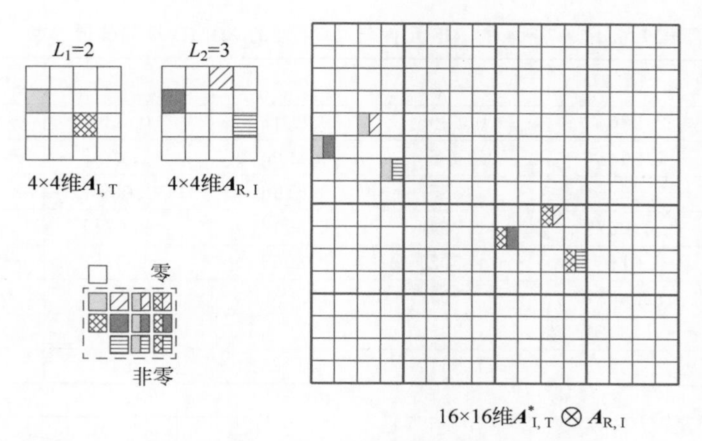


图 9.6.6 角度域稀疏信道的稀疏模式

在考虑通信发送端或接收端的移动性时，信号衰落向量 $\boldsymbol{h}$ 可建模为状态空间模型

$$\boldsymbol{h}(s)=\psi\boldsymbol{h}(s-1)+\sqrt{1-\psi^2}\ \boldsymbol{v}(s-1) \tag{9.6.12}$$

其中，$\psi$ 为角度增益向量的时域相关系数，它由 Jakes 信道模型 $\psi=J_0(2\pi f_d T_s)$ 确定，$J_0(\cdot)$表示第一类零阶贝塞尔函数，$f_d$ 为通信中的移动一方相对于 RIS 的最大多普勒频移，$T_s$ 为符号周期。当发送端和接收端都相对于 RIS 静止，则 $\psi=1$，角度增益向量的状态空间模型退化为时不变信道模型 $\boldsymbol{h}(s)=\boldsymbol{h}(s-1)$，$\boldsymbol{v}(s-1)$为更新噪声。

在这个状态空间模型中，设信道衰落向量 $\boldsymbol{h}$ 中的零元素不随符号变化，总是保持为零，也就是说，式(9.6.12)表示结构化稀疏信道模型。当 $\psi=1$ 时，式(9.6.12)为静态稀疏信道模型；当 $\psi<1$ 时，式(9.6.3)为动态稀疏信道模型。

在卡尔曼滤波框架下，利用导频音序贯测量值，用带有 $l_1$ 范数约束的卡尔曼滤波器(见 9.5.1 节)估计角度支撑集和角度增益。称直接使用 9.5.1 节的伪测量卡尔曼滤波为 O-SKF 算法。为进一步捕获支撑集和改善估计精度，再对算法改进，将优化模型修正为

$$\operatorname{argmin}\|\boldsymbol{x}_t-\boldsymbol{x}_t\|_2^2 \quad \text{s.t.}\ \|\boldsymbol{x}_t\|_1<\eta(t)\epsilon \tag{9.6.13}$$

其中，$\eta(t)$为一个自适应因子，用于自适应调整范数的减小过程。它可以设计为指数增长的函数，如设 $\eta(t)=1-\exp(-\alpha t/T)$，其中，$\alpha$ 和 $T$ 是形状参数，当 $t\to\infty$时，$\eta(t)\to 1$。这样，伪测量方程变为

$$z=\|\boldsymbol{x}_t\|_1-\eta(t)\epsilon=0 \tag{9.6.14}$$

用次梯度建立式(9.6.14)的线性化方程，有

$$z=\boldsymbol{c}_t\boldsymbol{x}_t-\eta(t)\epsilon \tag{9.6.15}$$

其中，

$$\boldsymbol{c}_t=\left[\frac{\partial\|\boldsymbol{x}\|_1}{\partial x_1},\frac{\partial\|\boldsymbol{x}\|_1}{\partial x_2},\cdots,\frac{\partial\|\boldsymbol{x}\|_1}{\partial x_{\beta_1^2\beta_2^2}}\right]\Bigg|_{\boldsymbol{x}=\boldsymbol{x}_t}$$

记这种引入了自适应因子的算法为 A-SKF 算法。

以表 9.6.1 的参数为例，当 $\psi=1$ 时，可获得角度增益幅值随导频音观测向量个数的变

化曲线，如图 9.6.7 所示；在稳态情况下对角度增益向量的支撑集估计结果如图 9.6.8 所示。

表 9.6.1 $N_1=4$ 的 RIS 元件与 4×4 维的 MIMO 级联信道参数

| 信道 | $\varphi_l^r$ | $\theta_l^r$ | $\varphi_l^t$ | $\theta_l^t$ | $h_l$ |
|---|---|---|---|---|---|
| $\boldsymbol{H}_1$ | 2.9864 | −0.4996 | 0.9045 | −0.8301 | −0.0528+4.3276j |
| | 1.5948 | 0.1456 | 1.293 | −1.2185 | −1.7249+0.9577j |
| | 2.4526 | 0.4885 | 0.6166 | 0.005 | 0 |
| | −0.0079 | −1.2644 | 2.3942 | −0.0711 | 0 |
| $\boldsymbol{H}_2$ | 0.6116 | −1.5021 | 0.3065 | −1.3788 | −1.9978+0.4179j |
| | −2.6687 | 0.3105 | −1.9356 | −0.6088 | 0.4492−1.8453j |
| | −1.3321 | 0.5235 | −2.6555 | −0.2679 | −0.0393−1.8219j |
| | 2.7529 | −1.5417 | −1.0252 | 0.547 | 0 |

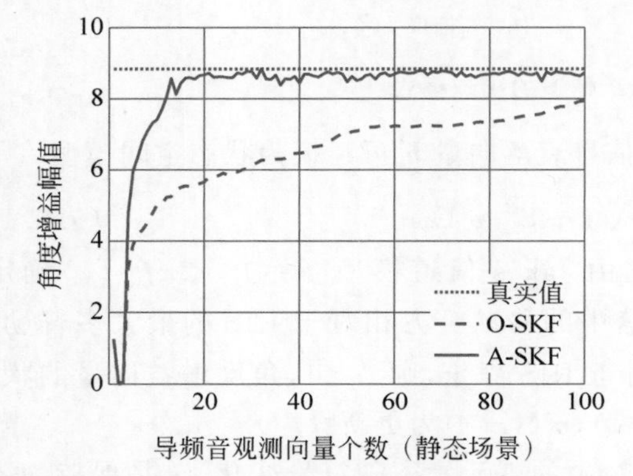


图 9.6.7 角度增益幅值随导频音观测向量个数的变化曲线

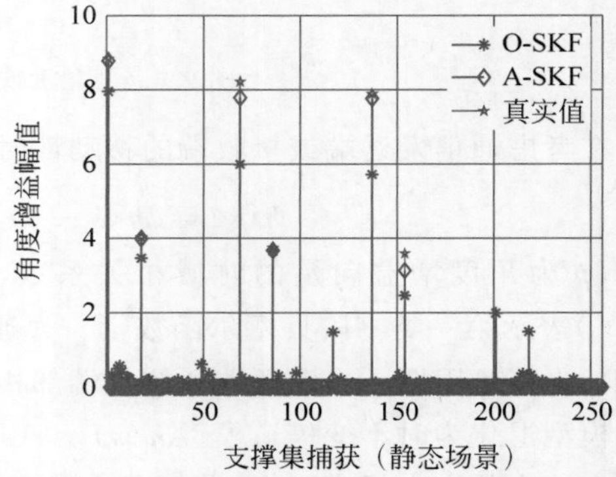

图 9.6.8 对角度增益向量的支撑集估计结果

图 9.6.9 所示为对一个非零角度增益幅值 $h_1$ 的动态跟踪曲线，仿真参数设置为 SNR=10dB，$\psi=0.9$，真实信道的初始值为表 9.6.1 的数值。图 9.6.10 所示为角度增益向量的 $l_1$ 范数变化曲线。

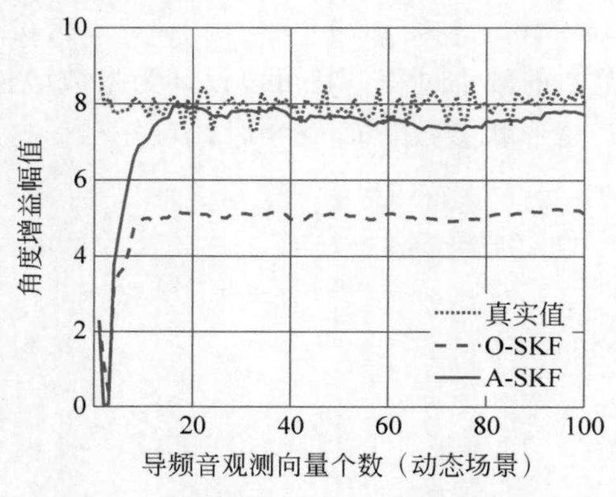


图 9.6.9 角度增益幅值的动态跟踪曲线

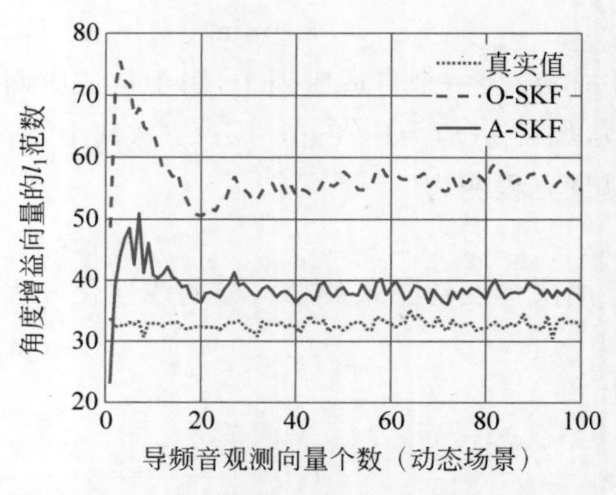


图 9.6.10 角度增益向量的 $l_1$ 范数变化曲线

## 本章小结

本章介绍压缩感知相关概念、算法原理和优化方法。以 $l_1$ 范数的优化模型为主，重点阐述了交替方向乘子法的优化方法，还介绍了优化-最小化法的原理和方法，以及贪婪迭代类算法、稀疏贝叶斯学习和原子范数最小化基本原理及其在波达角估计中的应用，讨论了动态稀疏信号恢复方法。最后以 MIMO-OFDM 时域信道的有限冲激响应稀疏模型和智慧反射表面辅助毫米波通信系统的角度域稀疏信道的获取为例，给出了一些稀疏恢复算法在通信信道估计中的性能结果。

## 本章习题

9.1　试将向量的 $l_0$ 范数推广为 $m\times n$ 维矩阵的 $l_0$ 范数。如何定义一个矩阵是 $K$ 稀疏的？

9.2　设对数据集 $\{x_i, y_i\}_{i=1}^{N}$ 作曲线拟合 $\boldsymbol{y}=\boldsymbol{\beta x}$ 时的最小化目标为 $L(\boldsymbol{x\beta}-\boldsymbol{y})$。它可以分解成 $N$ 项相加，每项对应于一个样本。若将数据集分成 $B$ 个块，第 $b$ 块上所对应的目标函数可表示为 $L_b(\boldsymbol{x}_b\boldsymbol{\beta}_b-\boldsymbol{y}_b)$，其中 $\boldsymbol{x}_b$ 和 $\boldsymbol{y}_b$ 分别对应 $\boldsymbol{x}$ 和 $\boldsymbol{y}$ 的第 $b$ 块，该问题可以重写为

$$\min\left\{\sum_{b=1}^{B} L_b(\boldsymbol{x}_b\boldsymbol{\beta}_b-\boldsymbol{y}_b)+r(\boldsymbol{\theta})\right\},\quad \boldsymbol{\beta}_b=\boldsymbol{\theta},\quad b=1,2,\cdots,B$$

(1) 试给出用 ADMM 求解该问题的迭代公式。

(2) 若采用 LASSO 的正则项 $r(\boldsymbol{\theta})=\lambda\|\boldsymbol{\theta}\|_1$，试给出 LASSO 的 ADMM 算法迭代公式。

(3) 仿真实现所得到的公式，并在相关的数据集上验证。

# 第10章 通信资源分配的优化模型与处理

CHAPTER 10

无线移动通信的资源调度与分配是组网技术中的关键部分。多载波和多天线通信将时域、频域及空域3个维度的资源合理划分，有效地提高了频谱效率和能量效率，并进一步改善了传输性能。OFDM将传输带宽划分为多个正交的频域窄带子信道，具有频谱效率高、对抗多径干扰、资源分配灵活及支持多个用户动态接入等特点，在无线通信领域得到了广泛的应用。MIMO利用发射端和接收端的多根天线，在空域中形成多个并行信道，用于传输不同的信息流，可提供更高的频谱效率。对于用OFDM和MIMO进行宽带无线接入的系统，如何合理地调度和分配无线资源和相应的参数，对提高通信系统性能和保证多用户多业务的服务质量(Quality of Service，QoS)起着至关重要的作用。

本章首先介绍无线通信资源分配的相关概念，接着阐述OFDM/MIMO系统的理论信道容量或传输速率，讨论典型的多用户资源分配问题及优化模型，并给出优化算法在无线资源分配优化问题求解中的应用方法。

## 10.1 资源分配问题概述

无线通信网络应用类型多样，主要包括蜂窝移动通信网、卫星通信网、云无线接入网(Cloud-Radio Access Network，C-RAN)、大规模多输入多输出和毫米波(Millimeter Wave，mmWave)网络、设备到设备(Device to Device，D2D)网、物联网(Internet of Things，IoT)、车联网等。

无线终端用户的高密度、高移动性(如车辆、高速铁路、无人机等)、部署不确定性、多样化服务需求以及通信缓存计算(Communication，Caching and Computing，3C)一体化的趋势，使得无线网络呈现超密集化(Hyperdense)、异构化(Heterogenous)，无线资源呈多样化特点，为了提供最优的用户服务质量和体验质量(Quality of Experience，QoE)，不可避免地给无线资源分配增加了优化分配难度和计算复杂性。

### 10.1.1 资源分配问题定义

无线通信系统中的资源，简称无线资源，是指无线通信所需的一切可管理的、与网络和用户性能密切相关的各种资源，不仅包括传输时隙、带宽、天线、发射功率等，而且还包括计算、存储、能量资源等。在大多数情况下，无线资源的分配问题多为多种资源的联合分配，属于资源调度优化问题。该问题涵盖了以下两方面的内容。

(1) 在物理条件及用户服务质量及体验质量(QoS/QoE)要求的约束下,通过合理地分配无线资源优化预先设定的目标,最大化系统的资源利用效率。

(2) 在给定通信系统资源限制的情况下,如何有效地在基站与用户之间分配无线资源,从而实现用户服务质量及体验的最大化。

从数学方法上看,这是一个优化问题,不仅需要面向具体的无线通信系统,根据优化指标写出优化目标函数,建立数学模型,还需要根据无线资源的限制或用户 QoS 的限制要求,写出约束条件,再通过合适的优化算法对优化模型进行求解,获得最优解即最优的资源分配方案,使无线通信系统性能或资源利用率达到最优。

## 10.1.2 资源分配优化目标、指标及准则

**1. 优化目标**

在无线资源分配的研究中,常使用几个广泛使用的优化目标。值得注意的是,根据不同无线通信系统的优化需求建立优化模型时,优化目标可以是其中的一个或多个目标对应指标的组合,这些目标也可以作为约束条件。

1) 保证用户的服务质量

在智能终端和新型应用需求的推动下,各种内容密集型、计算密集型和对时间延迟敏感的新兴服务蓬勃发展。与传统的通信系统相比,在当前及未来的无线通信系统中,数据和视频等多媒体业务所占的比重相当大,其服务质量要求更加多样化,包括了超低延迟、超高可靠性、更高的数据速率、计算效率等,无线资源分配方案的设计目标应根据通信的应用类型满足服务质量的特定要求。再有,边缘缓存和边缘计算(雾计算)在很大程度上被认为是缓解服务质量需求和可用无线容量之间矛盾的一种基本的补充手段。

2) 降低通信干扰

为避免用户之间产生干扰问题,需要在频域、时域、空间域、功率域等资源分配时进行干扰协调。在频域抑制干扰主要采用频域正交信道来实现,并可通过静态或动态的方式分配这些正交信道。除了适当的频谱规划有助于缓解干扰管理的难度外,在蜂窝移动网络、MIMO 网络、mmWave 网络中,预编码或波束成形被认为是利用空间域抑制干扰的有效方法。正确分配能量、存储和计算资源等则提供了另一类干扰协调方法。

3) 提升能量效率

能量效率(Energy Efficiency,EE)简称能效。通信中的能效定义为有效信息传输速率与信号发射功率的比值,单位为比特/焦耳(b/J)。质量效率描述了系统消耗单位能量时可以传输的比特数,代表了系统对能量资源的利用效率。近年来,绿色通信理念逐渐兴起,通信系统的能效越来越受到业界的重视,系统的能效最大化成为无线资源分配决策所追求的目标。从广义来讲,能量消耗不仅包括信号发射功率的消耗,根据实际通信系统情况,还可以包括设备能耗、计算能耗、移动能耗和缓存刷新能耗等。

4) 提升频谱效率

频谱效率(Spectral Efficiency,SE)简称谱效,是指在一定通信传输质量要求下,每单位带宽的有效信息传输速率,即单位带宽传输频带上每秒可传输的比特数,描述了系统对频谱资源的利用效率。通过干扰抑制、波束成形、小区密集化和多天线等技术和优化方法,可以

有效地改善频谱效率,逼近通信的理论容量。

**2. 性能优化指标**

针对上述优化目标,常使用以下性能指标作为性能优化的度量。

(1) 传输数据速率。速率指标根据优化设计需求,可以对每个用户的数据速率指标给出要求,也可考虑系统总速率,即把用户的和速率最大化作为优化指标。

(2) 总体吞吐量。

(3) 误码率或丢包率。在灾难监测的应用场景中,服务质量主要考虑此类可靠性指标。

(4) 端到端时间延迟。对在线视频和在线游戏应用,服务质量应优先考虑此指标。

(5) 能效。对一些无人机通信、物联网设备应用,往往需要考虑能量寿命及能效指标要求。

**3. 优化准则**

1) 最大化资源利用率准则

资源利用率的最大化对于提高有限资源的利用效率和降低成本来说至关重要。资源调度和优化是实现资源利用率最大化的重要手段。应根据实时的信道状态信息和用户需求动态地调整和优化资源分配策略,以保障资源的高效利用。

2) 公平性和优先级准则

在无线资源分配时,对于公平性和优先级的考虑是必不可少的。对于以用户为中心的通信,必须考虑用户之间的公平性因素,即使以耗尽无线资源为代价,个人服务也要得到保障,因此未来的网络更关心用户对性能最坏情况的容忍程度。随着以用户为中心和自定制网络的流行,优先级变得更加突出。

第 27 集
微课视频

资源分配问题中常用的公平性准则包括最大最小公平(Max-Min Fairness,MMF)、时间平均公平(Time Average Fairness,TAF)、比例公平(Proportional Fairness,PF)、自适应比例公平和 Alpha-公平性等。根据观察周期的长度,可分为长期公平和短期公平两类。而与之相反的是优先级准则,它是指对用户承诺根据其优先级类别享受相应的通信资源。虽然从物理层的角度来看,它是完全不公平的,但将优先级看作加权系数时,它在某种程度上是一种“加权”公平。

3) 低计算复杂度准则

随着终端用户密集化、无线网络异构化、无线资源多样化成为一种不可避免的趋势,无线资源分配问题及模型变得越发复杂,而且无线资源分配问题多采用基于瞬时信道状态进行动态分配的方式,因此研究低计算复杂度的资源分配方案及算法是非常必要的。通过采用凸优化、博弈论、图论、随机几何方法、随机优化、分组/聚类等方法,可以将资源分配过程分解为多个子问题,通过分布式方式进行分配,以显著降低计算复杂度。

### 10.1.3 资源分配方式分类

**1. 静态/动态资源分配**

按照资源分配与瞬时信道状态信息之间的依赖关系,可将资源分配分为静态资源分配和动态资源分配。

1) 静态资源分配方案

在静态资源分配中,子载波和发射功率等无线资源在各个用户之间的分配与各用户的瞬时信道无关。静态分配方案简单易行，但因未考虑信道的时变信息，往往很难是各个时刻的最优分配方案。

2）动态资源分配方案

在动态资源分配中，发射端根据各用户的瞬时信道状态信息自适应地在用户之间分配子载波、比特数和发射功率等无线资源，使得系统在动态条件下的某些特定的性能和资源利用率最优，因此动态资源分配又被称为自适应资源分配。用户的信道状态信息是动态资源分配方案的主要参考依据。

目前已有很多关于自适应资源分配的方法。根据优化目标及指标的不同，主要分为裕度自适应（Margin Adaptive，MA）和速率自适应（Rate Adaptive，RA）。裕度自适应是指在传输速率和误码率约束条件下达到发射功率最小；速率自适应是指在发射功率约束条件下达到传输速率最大。由于自适应资源分配的方案是由上一帧的信道估计来确定的，且资源分配时通常假设信道估计是理想的，不存在误差，并假设信道是慢时变的，即在一次分配和传输过程中信道保持不变，所以自适应资源分配的性能不一定能够保证是最优的。

**2. 确定性/非确定性信息支持下的资源分配**

按照资源分配所依赖的信息是否具有确定性，可将资源分配分为确定性方法和随机性方法（也称为非确定性方法）。

1）确定性方法

大多数资源分配算法基于确定性信息，如信道状态信息、质量保障指标（Quality of Service Index，QSI）和可用资源等分配资源。基于确定性信息的资源分配设计方案较为普遍，但这类方法对完美信道状态信息的假设过于理想化，难以在现实世界中实现，所以由于信息不完美给资源分配带来的非最优结果往往不得不被容忍和接受。

2）非确定性方法

在一些对时延要求较高的无线通信网络中，如车联网、物联网等，传统的资源分配算法所采用的高复杂度的迭代算法，因其不可忽略的时延将不再适用。在保证资源分配结果的前提下，概率信息可以取代确定性信息降低资源分配算法的复杂性。因此，一些基于概率信息的随机优化方法逐渐应用在无线资源分配问题中，如机会约束规划允许 QoS 在一定范围内波动，只要统计值满足需求。非完美信道状态信息条件下的资源分配算法研究受到了越来越多的学者的关注。

**3. 集中式/分布式/半分布式资源分配**

按照资源分配算法运行方式，可将资源分配分为集中式、半分布式和分布式的资源分配方法。

1）集中式分配

在集中式资源分配方案中，有一个基站或独立节点作为中心实体，集中负责信息收集、分配计算和操作控制。集中式方案具有网络结构易实现、利用系统全局性信息可以获得期望性能度量指标的最优或近似最优解等优点；缺点是信令传输及运算开销和复杂性增大，随着网络规模的扩大，维护和运行变得不可接受。此外，集中式方案还易受环境的影响。

2）分布式分配

在分布式资源分配方案中，每个基站或用户分别作出分配决策。分布式方案将资源分配优化问题分解为几个更简单的子问题，对这些子问题的优化通常只求解基于局部信息优化的决策变量的一个子集。与集中式方案相比，分布式方案不需要任何中心实体节点，具有更大的灵活性和鲁棒性，可以通过并行计算减少开销和延迟，如信念传播算法、交替方向乘子法等。然而，由于分布式算法仅根据部分信息，因此很难得到最优解，仅能得到次优解。此外，一些分布式算法需要在基站节点之间进行迭代，因此算法的收敛性成为影响性能的关键因素。

3）半分布式分配

半分布式资源分配方案结合了集中式和分布式方案的优点。实现半分布式资源分配方案的一种典型方法是将实体划分为小的簇群，其中簇头负责集中执行簇群内的资源分配，簇群之间的资源分配主要通过各簇头之间分布式分配方式进行。

### 10.1.4 资源分配的优化问题与方法

**1. 优化问题**

无线通信资源配置中的主要优化问题包括功率分配问题、频谱分配问题和信道分配问题。

1）功率分配问题

功率分配问题涉及如何在多载波、多用户场景中合理地分配功率，以最大化系统的总体性能。这涉及功率控制、干扰管理和能量效率等方面的优化。通常，功率分配的目标函数可以是最大化系统容量、最小化总功率或最小化干扰等。约束条件可以包括功率限制、干扰限制和 QoS 要求等。

2）频谱分配问题

频谱分配问题是指如何将有限的频谱资源分配给不同的用户或服务，以实现最佳的频谱利用率和用户体验，包括动态频谱分配、频谱共享和频谱感知等技术。频谱分配的目标函数可以是最大化系统的总容量或最小化频谱资源的使用量。约束条件可以包括频谱限制、干扰限制和用户需求等。

3）信道分配问题

信道分配问题涉及如何将有限的信道资源分配给不同的用户或服务，以实现最佳的传输性能和容量，包括静态信道分配、动态信道分配和多用户干扰管理等方法。信道分配的目标函数可以是最大化系统的容量、最小化干扰或最小化传输延迟等。约束条件可能包括信道资源限制、干扰限制和用户需求等。

**2. 优化方法**

1）线性规划

线性规划是一种常用的优化方法，广泛应用于功率分配、频谱分配和信道分配等无线通信资源配置问题的求解中。它对已建立好的数学模型，包括目标函数以及一组约束条件，应用线性规划算法求解出最优解。在功率分配问题中，线性规划可用于确定不同用户或服务之间的功率分配方案，以最大化系统的总体性能；在频谱分配问题中，线性规划可以用来分配有限的频谱资源给不同的用户或服务，以实现最佳的频谱利用率和用户体验；在信道分配问题中，线性规划可用于确定不同用户或服务之间的信道分配方案，以实现最佳的传输性能和容量。

若资源分配问题不是标准的线性规划问题的形式，则可把原问题转化为标准的线性规划问题，如采用标准型或对偶型，然后应用线性规划算法，如单纯形法、内点法等求解最优解。线性规划作为一种常用的优化方法，为功率分配、频谱分配和信道分配等无线通信资源配置问题提供了一种有效的求解框架。

2）整数规划

由于一些通信资源分配问题以比特、天线单元以及子载波的数目等作为设计（优化）变量，其取值必须为非负整数，因而这些优化问题通常属于整数规划问题。一般而言，要求设计变量的部分分量或全部分量取整数值的最优化问题称为整数规划（Integer Programming，IP）问题。

线性整数规划问题可以表示为

$$\begin{aligned} &\min \boldsymbol{cx} \\ &\text{s. t. } \boldsymbol{Ax} = \boldsymbol{b} \\ &\qquad \boldsymbol{x} \geq 0, \quad x_j \text{ 为整数}, \forall j \in \text{IN} \end{aligned} \tag{10.1.1}$$

其中，IN 是整数变量集合；$\boldsymbol{A} \in \mathbb{R}^{m \times n}$；$\boldsymbol{c} \in \mathbb{R}^{1 \times n}$；$\boldsymbol{b} \in \mathbb{R}^{1 \times m}$。

整数规划是线性规划的扩展，将它用于资源分配问题时考虑了资源的离散性。在无线通信资源配置中，整数规划被广泛应用于解决需要整数解的问题，如功率级别、频率选择和信道分配等。在无线通信系统中，往往需要将资源分配给不同的用户或服务，但资源往往是以离散的形式存在的。例如，功率分配问题中，每个用户或服务只能选择离散的功率级别；频率选择问题中，每个用户或服务只能从离散的频率集合中选择；信道分配问题中，每个用户或服务只能使用离散的信道。

整数规划通过引入整数变量处理这种离散性，即资源的选择或分配必须是整数值。它可以将问题表述为一个数学模型，其中包括线性目标函数、线性约束条件和整数变量的限制。整数规划问题通常更加复杂和困难，因为在搜索最优解的过程中，需要考虑到整数变量的限制。在无线通信资源配置中，整数规划可以用于解决诸如天线选择、子载波分配、功率级别分配以最大化系统容量，从离散的频率集合中选择最佳频率以最小化干扰，或者在有限的信道中选择最佳的信道分配方案以优化传输性能和用户体验等问题。

求解整数规划问题的常用方法包括分支定界法、整数规划算法以及混合整数规划算法等。这些方法结合了线性规划算法和离散搜索算法，通过搜索整数解的解空间找到最优解。

将整数规划方法引入资源分配问题，是线性规划求解方法的扩展，适用于需要整数解的无线通信资源配置问题。它考虑了资源的离散性，引入了整数变量处理离散的资源选择或分配。通过合适的求解算法，可以找到最佳的整数解，使无线通信系统的性能和资源利用率达到最优。

3）贪心算法

基于信息论和通信原理的特殊性，带有比特等整数设计变量的无线资源分配问题可归类为空间分支定界混合整数变量的非线性整数规划（Mixed Integer Nonlinear Programming，MINLP）问题。在早期研究中，其全局优化的一般方法有基于蒙特卡洛方法的随机算法和确定性方法等，它们往往可归结为贪心算法。贪心算法几乎可以求解所有离散问题，以逐步的局部最优达到最终的全局最优，它所做的每步都必须满足可行的、局部最优和无后向性。然而，贪心算法需要精心确定可行策略，否则在很多情形下找到的只是局部最优解，且极可能漏掉最优解。目前全局优化的主要方法有离散算法、利用填充函数的近似算法、非线性整数规划的连续化等。

4）智能优化算法

智能优化算法早已广泛应用于无线通信资源配置等问题的求解中。这些算法通过模拟自然界的优化过程，以一种自适应和并行的方式搜索可行解空间里的最优解。智能优化算法主要包括遗传算法、粒子群优化和蚁群算法等。随着计算智能技术的发展，仿生优化算法发展快速，很多新型的智能算法被应用于资源分配问题中。它们能够处理复杂的问题，对于无法通过传统优化方法求解的非线性、多变量和约束问题具有较好的适应性。例如，遗传算法可以用于优化功率分配、频谱分配和信道分配等问题；粒子群优化可以用于动态场景下的频谱分配和信道分配；蚁群算法可以用于无线传感器网络中的数据路由和拓扑优化等。

## 10.2 正交频分多址系统的资源分配

### 10.2.1 正交频分多址接入概述

**1. 正交频分多址接入简介**

正交频分多址（Orthogonal Frequency Division Multiple Access，OFDMA）是在 OFDM 技术上的多址方式。OFDM 系统将一个宽带无线信道划分为多个相互正交的并行窄带子信道，可以根据各子信道的信道特性，在各子载波上进行自适应调制，动态分配系统资源，从而有效提高频谱效率，提升系统容量。此外，OFDM 整个频率选择性衰落信道被分为多个窄的子信道，这些子信道的频率响应相对来说是平坦的。也就是说，在这些子信道上进行的是窄带传输，因此大大消除了码间干扰。

在多用户情况下的 OFDMA 系统中，利用 OFDM 将传输带宽划分为正交的互不重叠的一系列子载波集，通过给不同的用户分配对自己而言信道条件好的正交子载波集进行数据传输，从而获得多用户分集增益。相比于频分多址、时分多址和码分多址接入方式，它可使多用户接入时完全正交，减少干扰，增加系统容量，是 4G 和 5G 以及新一代移动通信系统的无线接入方式之一。

多用户 OFDM（MU-OFDM）系统通过信道状态信息反馈，可动态地把可用带宽资源分配给需要的用户，较容易实现系统资源的优化利用。由于不同用户占用互不重叠的子载波集，在理想同步情况下，系统无多用户间干扰，即无多址干扰（Multiple Access Interference，MAI），对抗窄带同频干扰性能得到改进，又进一步提升了系统的频谱效率。MU-OFDM 方案可以看作将总资源（功率、带宽、比特等）在频率上进行分割，实现多用户接入的方案。

**2. OFDMA 系统的资源分配**

当多用户共享发射功率和 OFDM 的子载波时，不仅可以将功率和载波合理地分配给每个用户，而且在支持自适应调制的系统中还可以进一步分配每个载波上的比特实现高速率的传输。图 10.2.1 所示为可支持自适应调制的 MU-OFDM 系统的资源分配与传输框图。设在传输介质层或网络层上系统已知信道的信道状态信息，或发送端已经通过接收端的信道估计获取了信道状态信息，然后通过自适应分配算法为多用户分配子载波、比特和功率。带有动态资源调度与分配的多用户 OFDM 的传输系统有以下 3 个处理过程。

(1) 发送端获取所有用户在所有载波上的频域子信道增益。

无线资源的分配通常与用户的信道状态信息紧密关联。为了在各子信道上合理地分配资源，发送端必须获取信道状态信息。信道估计既可以在发送端，也可以在接收端进行，或者通过有限反馈机制由接收端反馈给发送端。若发送端不能获得信道状态信息，则可以采用平均的资源分配策略。

(2) 选择资源调度与分配的优化模型和合理的优化方法得到资源分配方案。

利用已建立好的优化模型和优化方法得到资源分配方案并由发送端或通过上层网络实施。在 MU-OFDM 系统的资源分配中,优化变量包括分配给用户的子载波(信道)以及分配到子载波上的比特数和子载波上的功率等。对于单用户(Single-User,SU)的 OFDM 系统,则只需要考虑比特和功率的分配。

(3) 在接收端获知传输给它的信息所使用的子载波和调制方式后,在正确的子载波上以正确的解调方式解调出信息。

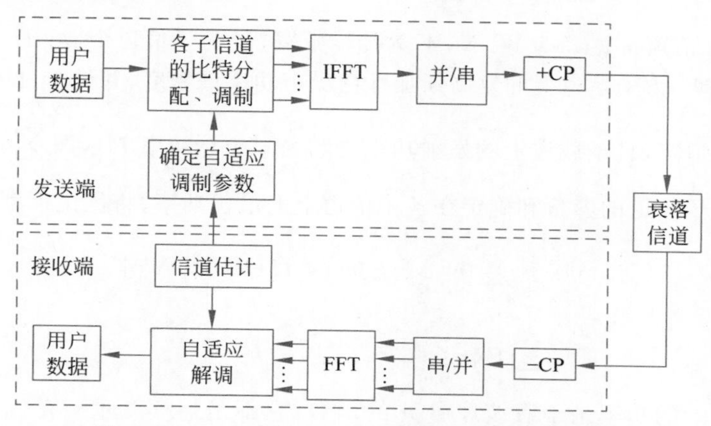


图 10.2.1 MU-OFDM 系统的资源分配与传输框图

**3. MU-OFDM 系统的多用户信道**

考虑一个单天线多用户 OFDM 通信系统,由一个基站(Base Station,BS)和多个用户设备(User Equipment,UE)组成。图 10.2.2(a)和图 10.2.2(b)分别给出了它的下行链路传输系统和上行链路传输系统,两个链路都形成了多用户信道。通常,下行多用户信道也被称为广播信道,上行多用户信道也被称为多址信道。

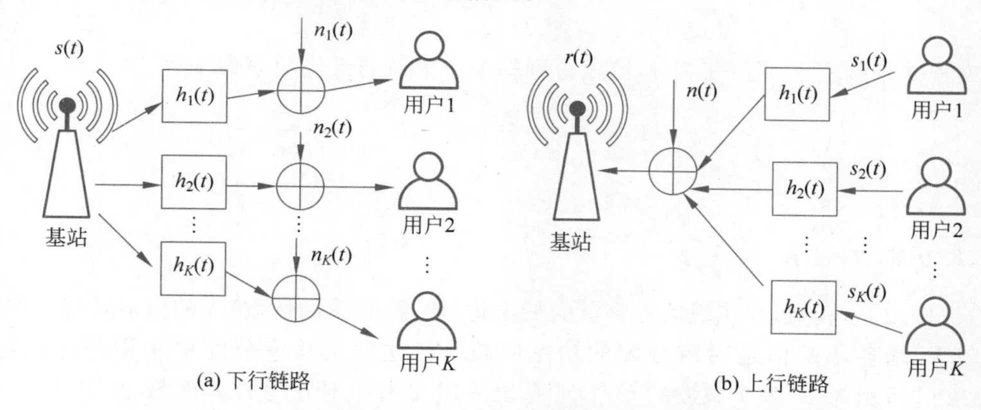


图 10.2.2 MU-OFDM 的下行链路传输系统和上行链路传输系统

下面分别考虑单用户 OFDM 系统以及上行 MU-OFDM 系统和下行 MU-OFDM 系统,假设每个用户的信道状态信息在发射端已知,通过选取不同的系统性能指标作为优化目标,阐述 MU-OFDM 的动态资源分配模型及分配算法。

### 10.2.2 单用户 OFDM 功率分配的注水法

OFDM 系统的功率分配在物理层和传输媒质层上进行，采用具有较低的计算复杂度的注水(Water Filling，WF)法将有限的功率合理地分配到正交子载波上，以获得较好的吞吐量等性能，其最终可实现信道容量的最大化。

在功率受限时，多载波系统的容量是各子信道的容量和，可表示为

$$C=\sum_{n=1}^{N}C_n=B\sum_{n=1}^{N}\mathrm{lb}[1+P(n)\mid H(n)\mid^2/N_o] \tag{10.2.1}$$

其中，$B$ 为每个子信道带宽，$B=W/N$，$W$ 为传输带宽，$N$ 为子信道个数；$H(n)$ 为第 $n$ 个子信道的复增益；$N_o$ 为子信道上的复高斯加性白噪声功率谱密度，并设 $\mid H(n)\mid^2/N_o$ 在子信道频段内近似恒定，且子载波上的发射功率之和受限于总功率 $P_T$，即 $\sum\limits_{n=1}^{N}P(n)\leqslant P_T$。

通过最大化子信道的容量和确定在各子信道上的最优功率，将优化模型表示为

$$\begin{aligned}&\max B\sum_{n=1}^{N}\mathrm{lb}[1+P(n)\mid H(n)\mid^2/N_o]\\&\text{s.t.}\sum_{n=1}^{N}P(n)\leqslant P_T\end{aligned} \tag{10.2.2}$$

第 28 集
微课视频

由于每个子载波上的功率是子载波序号 $n$ 的函数，它不是连续变量。在优化时，把子载波上的功率变量松弛化为连续变量，然后使用拉格朗日乘子法。引入拉格朗日乘子 $\lambda$，构建如下优化问题。

$$\max\left\{B\int_B\mathrm{lb}[1+P(f)\mid H(f)\mid^2/N_o]\mathrm{d}f+\lambda\left(P_T-\int_B P(f)\mathrm{d}f\right)\right\} \tag{10.2.3}$$

接着求出式(10.2.3)对 $P(f)$ 的导数并令导数为 0，即

$$\frac{\mid H(f)\mid^2/N_o}{\ln 2[1+P(f)\mid H(f)\mid^2/N_o]}-\lambda=0 \tag{10.2.4}$$

求解方程并将频率 $f$ 离散化为 $n$，可以得到每个子信道的最优功率为

$$P(n)=\begin{cases}K-\dfrac{N_o}{\mid H(n)\mid^2}, & K\geqslant\dfrac{N_o}{\mid H(n)\mid^2}\\0, & \text{其他}\end{cases} \tag{10.2.5}$$

其中，$K$ 为常数，且 $K=\dfrac{1}{\lambda\ln 2}$。

式(10.2.5)表明，为实现信道容量的最大化，增益(衰落的倒数)大的信道对应分配的功率应较大，增益小的信道对应分配的功率应较小。这就是功率分配中常用的注水法则。图 10.2.3 所示为 16 个子载波的 OFDM 系统采用注水功率分配的示意图，其中，噪声与载波功率比代表了子信道的衰落，其值越大，分配到的功率越少，处于深衰落的信道分配不到功率，如载波 4 和载波 10。

由于注水法是基于连续变量的功率分配算法，在应用到离散子载波的功率分配时还需要改进。目前已有适用于离散功率分配的注水法，如迭代注水功率分配算法、线性注水功率分配算法等。

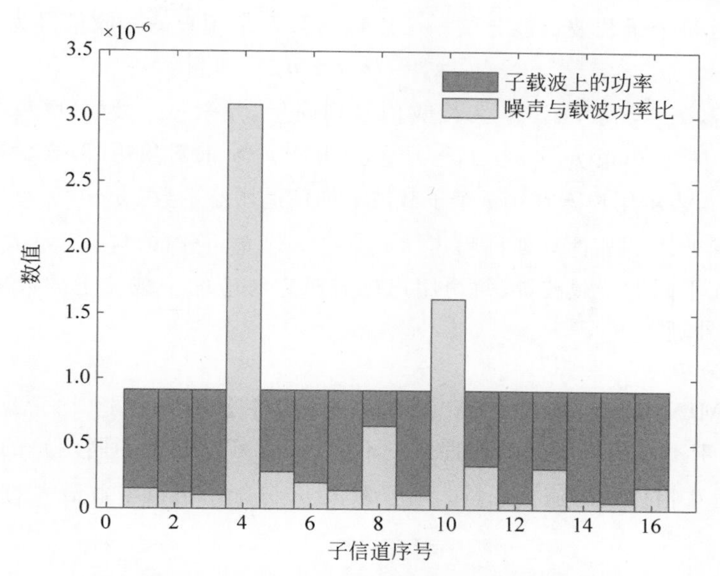


图 10.2.3 OFDM 系统采用注水功率分配的示意图

迭代注水功率分配算法是将连续的注水法改进为适用于离散信道衰落状况下的注水法，它根据子载波的信道增益大小依次进行功率分配，给信道增益大的子载波分配较多功率，给信道差的子载波少分甚至不分。线性注水功率算法为减小分配的迭代次数，根据信道状态信息对子载波的信道增益进行升序排列，先确定不分配功率的子载波，再对剩余的子载波进行功率分配，在每次迭代后不再修正信道增益小的子载波的功率，从而减少迭代次数，有效地提高系统吞吐量。

## 10.2.3 多用户 OFDM 系统模型和容量

### 1. 传输模型

OFDM 通过循环前缀和离散傅里叶变换对(IDFT/DFT)，将一个多径频率选择性衰落信道分解为多个并行的子信道。它的传输模型可以表示为

$$\boldsymbol{y}=\boldsymbol{H}\boldsymbol{s}+\boldsymbol{n} \tag{10.2.6}$$

其中，$\boldsymbol{s}=[s_1,s_2,\cdots,s_N]^{\mathrm{T}}$ 为发送信号列向量，元素 $s_i$ 为第 $i$ 个子载波上传输的数据符号，$N$ 为子载波的个数，即 IDFT/DFT 的大小；$\boldsymbol{y}=[y_1,y_2,\cdots,y_N]^{\mathrm{T}}$ 为接收信号列向量，元素 $y_i$ 为在第 $i$ 个子载波上的接收信号；$\boldsymbol{H}=\mathrm{diag}(h_1,h_2,\cdots,h_N)$为 $N\times N$ 的对角矩阵，元素 $h_i$ 表示第 $i$ 个子载波上的信道增益系数；$\boldsymbol{n}=[n_1,n_2,\cdots,n_N]^{\mathrm{T}}$ 为在各个子载波上的加性高斯白噪声，且$\{n_i\}_{i=1}^{N}$ 独立同分布，$n_i\sim\mathcal{CN}(0,\sigma^2)$。

多个用户同时接入 OFDM 系统的 MU-OFDM，常被称为 OFDMA 系统，这时，每个用户分别用不同的子载波传输数据。考虑一个有 $N$ 个子载波的下行 MU-OFDM 系统，所有子载波被分配给 $K$ 个同时工作的用户。在发送端，多用户的信号可以表示为

$$\boldsymbol{s}=\sum_{k=1}^{K}\boldsymbol{s}_k \tag{10.2.7}$$

其中，$\boldsymbol{s}_k=[s_{k,1},s_{k,2},\cdots,s_{k,N}]^{\mathrm{T}}$。若第 $m$ 个子载波分配给用户 $k$ 传输数据，则 $s_{k,m}>0$；否

则 $s_{k,m}=0$，并且每个子载波仅能分给一个用户。第 $k$ 个用户的接收信号为

$$\boldsymbol{y}_k=\boldsymbol{H}_k\boldsymbol{s}+\boldsymbol{n}_k \tag{10.2.8}$$

其中，$\boldsymbol{y}_k=[y_{k,1},y_{k,2},\cdots,y_{k,N}]^{\mathrm{T}}$ 为接收信号列向量，元素 $y_{k,i}$ 为用户 $k$ 在第 $i$ 个子载波上的接收信号；$\boldsymbol{H}_k=\mathrm{diag}(h_{k,1},h_{k,2},\cdots,h_{k,N})$ 为 $N\times N$ 的对角矩阵，表示第 $k$ 个用户的频域信道，元素 $h_{k,i}$ 表示用户 $k$ 在第 $i$ 个子载波上的信道增益系数；$\boldsymbol{n}_k=[n_{k,1},n_{k,2},\cdots,n_{k,N}]^{\mathrm{T}}$ 为第 $k$ 个用户接收端的加性高斯白噪声，$\{n_{k,i}\}_{i=1}^{N}$ 独立同分布，且 $n_{i,k}\sim\mathcal{CN}(0,\sigma^2)$。由于为每个用户分配不同的子载波，故每个用户仅需对它对应的子载波上的数据进行后续的解调、信道解码等处理。

**2. 多用户分集**

对于一个 MU-OFDM 系统的特定子载波 $m$，各个用户在这个子载波上的信道为 $\{h_{k,m}\}_{k=1}^{K}$。由于不同用户所处的地理位置不同，一般可以假设不同用户的信道是独立的，即 $\{h_{k,m}\}_{k=1}^{K}$ 是互相独立的随机变量。将子载波 $m$ 分配给信道增益最大的用户 $k^*$，表示为

$$k^*=\arg\max_{k}|h_{k,m}|^2 \tag{10.2.9}$$

这样的子载波分配可以获得最大的传输速率，此时可以获得多用户分集增益。

我们已经知道，当复值 $h_{k,m}$ 的实部和虚部都服从零均值，方差相等的高斯分布时，它的模 $r_{k,m}=|h_{k,m}|$ 服从瑞利分布，即

$$p(r_{k,m})=\frac{r_{k,m}}{\sigma_{k,m}^2}\exp\left(-\frac{r_{k,m}^2}{2\sigma_{k,m}^2}\right) \tag{10.2.10}$$

其中，$\sigma^2$ 为 $r_{k,m}$ 的实部和虚部的相等方差。再设 $K$ 个用户的信道增益具有相等的方差，即 $\sigma_{1,m}^2=\sigma_{2,m}^2=\cdots=\sigma_{K,m}^2=\sigma_m^2$，令 $r_m^{\max}=\max_{k} r_{k,m}$，则 $K$ 个用户的信道增益的最大值小于某个门槛值的累积概率可写为

$$\begin{aligned}
P(r_{m,K}^{\max}\leqslant r)&=\int\cdots\int_0^r\frac{r_{1,m}}{\sigma_m^2}\exp\left(-\frac{r_{1,m}^2}{2\sigma_{1,m}^2}\right)\mathrm{d}r_{1,m}\cdots\frac{r_{K,m}}{\sigma_m^2}\exp\left(-\frac{r_{K,m}^2}{2\sigma_{K,m}^2}\right)\mathrm{d}r_{m,K}\\
&=\left[\int_0^r\frac{r_{1,m}}{\sigma_m^2}\exp\left(-\frac{r_{1,m}^2}{2\sigma_{1,m}^2}\right)\mathrm{d}r_{1,m}\right]^K\\
&=\left[1-\exp\left(-\frac{r^2}{2\sigma^2}\right)\right]^K
\end{aligned} \tag{10.2.11}$$

对其求导后，得到 $r_{m,K}^{\max}$ 的概率分布密度为

$$p(r_{m,K}^{\max})=K\left\{1-\exp\left[-\frac{(r_{m,K}^{\max})^2}{2\sigma^2}\right]\right\}^{K-1}\frac{r_{m,K}^{\max}}{\sigma^2}\exp\left[-\frac{(r_{m,K}^{\max})^2}{2\sigma^2}\right] \tag{10.2.12}$$

从式(10.2.12)可以分析得出，随着 $K$ 的增加，$p(r_{m,K}^{\max})$ 取较大值的概率增加。若将子载波 $m$ 分配给信道增益最大的用户 $k^*$，则在该子载波上能获得的信道容量 $C_{m,K}$ 为

$$C_{m,K}=\int_0^{+\infty}B_m\,\mathrm{lb}\left(1+\frac{P_m r_{m,K}^{2\max}}{B_m\sigma^2}\right)p(r_{m,K}^{\max})\mathrm{d}r_{m,K}^{\max} \tag{10.2.13}$$

其中，$P_m$ 为子载波 $m$ 上的发射功率；$B_m$ 为子载波 $m$ 的带宽。可以通过仿真得出，随着 $K$ 的增加，$C_{m,K}$ 增加，然而 $C_{m,K}$ 的增长速率放缓。

为了获得多用户分集增益，每个用户需要将其信道状态信息反馈给发射端。发射端根据各个用户的信道状态信息，为用户分配可用的最佳子载波，从而获得数据吞吐量方面的增益。并且，在无线资源调度与分配中，总是假设每个用户的信道状态信息在接收端是已知的。

**3. 下行 MU-OFDM 容量**

多用户信道容量由一个速率区域描述。该速率区域中的每个点为一个可达速率向量，表示在一个多用户信道资源分配策略下每个用户各自获得的数据速率。

对于如图 10.2.2(a)所示的下行 MU-OFDM 系统，假设用户 $k$ 在子载波 $m$ 上的信道增益为 $|h_{k,m}|$，接收噪声的功率谱密度为 $N_o$，多用户速率区域可表示为

$$C_{\mathrm{OFDMA}}=\bigcup_{P_1,P_2,\cdots,P_N:\sum_{k=1}^{K}\sum_{m=1}^{N}P_{m,k}=P,P_{m,k}\geqslant 0}\left\{[(R_1,R_2,\cdots,R_K):R_k]=\sum_{m=1}^{N}B_m\mathrm{lb}\left(1+\frac{|h_{k,m}|^2P_{m,k}}{N_oB_m}\right)\right\} \tag{10.2.14}$$

其中，$\bigcup$ 表示所有用户在所有子载波上的总速率；$R_k,k=1,2,\cdots,K$ 为第 $k$ 个用户的速率；$B_m$ 为第 $m$ 个子载波的带宽，OFDM 系统的各子载波的带宽相同，$B_1=B_2=\cdots=B_N=B$；$P_{m,k}$ 为在子载波 $m$ 上分配给用户 $k$ 的功率，$\sum_{k=1}^{K}P_{m,k}=P_m,m=1,2,\cdots,N$ 为分配给第 $m$ 个子载波上的功率。若 $P_{m,k}=0$，表示子载波 $m$ 未分配给用户 $k$ 使用；若 $P_{m,k}>0$，则表示子载波 $m$ 被分配且仅分配给用户 $k$ 使用，即有 $\forall j\neq k,P_{j,k}=0$，发射功率需满足总功率限制，即 $\sum_{k=1}^{K}\sum_{m=1}^{N}P_{m,k}\leqslant P,P_{m,k}\geqslant 0$。

由于式(10.2.14)中 $K$ 维的速率向量难以直接用于一些分析和计算，故常采用系统的总速率，即用和速率这一标量作为在某一个资源分配策略下的系统性能评价指标，定义为各个用户数据速率的总和，即

$$R_{\mathrm{sum}}=\sum_{k=1}^{K}R_k=\sum_{k=1}^{K}\sum_{m=1}^{N}B_m\mathrm{lb}\left(1+\frac{|h_{k,m}|^2P_{m,k}}{N_oB_m}\right) \tag{10.2.15}$$

**4. 上行 MU-OFDM 容量**

对于一个如图 10.2.2(b) 所示的上行 MU-OFDM 系统，它在功率分配中对每个用户施加发射功率限制条件，即 $\sum_{m=1}^{N}P_{m,k}\leqslant P_k,k=\{1,2,\cdots,K\}$，与下行的总发射功率可以在用户间任意分配，仅有一个总功率限制条件 $\sum_{k=1}^{K}\sum_{m=1}^{N}P_{m,k}=P,P_{m,k}\geqslant 0$ 是不同的。由于上行用户不能共享或转移发射功率，因此，将每个子载波分配给该子载波上信道增益最大的用户不一定能最大化上行 MU-OFDM 系统的和速率。

上行 MU-OFDM 系统的速率区域可表示为

$$C_{\mathrm{OFDMA}}=\bigcup_{P_1,P_2,\cdots,P_N:\sum_{m=1}^{N}P_{m,k}\leqslant P_k,P_{m,k}\geqslant 0}\left\{[(R_1,R_2,\cdots,R_K):R_k]=\sum_{m=1}^{N}B_m\mathrm{lb}\left(1+\frac{|h_{m,k}|^2P_{m,k}}{N_oB_m}\right)\right\} \tag{10.2.16}$$

同样地，采用系统的和速率作为系统性能的评价指标，其表达式与(10.2.15)相同，不同之处只在于功率限制条件不同。

### 10.2.4 多用户 OFDM 系统的动态资源分配

本节介绍一些典型的 MU-OFDM 系统动态资源分配模型及算法。

**1. 下行 MU-OFDM 系统的和速率最大化**

若下行 MU-OFDM 系统的优化目标函数为和速率，并且每个子载波的带宽都为 $B$，则优化问题可以表示为

$$\max\sum_{k=1}^{K}\sum_{m=1}^{N}B\,\mathrm{lb}\left(1+\frac{|h_{m,k}|^2P_{m,k}}{N_0B}\right) \tag{10.2.17a}$$

$$\text{s.t.}\ \sum_{k=1}^{K}\sum_{m=1}^{N}P_{m,k}\leqslant P \tag{10.2.17b}$$

$$P_{m,k}\geqslant 0,\quad m=1,2,\cdots,N,k=1,2,\cdots,K \tag{10.2.17c}$$

为获得多用户分集增益，该优化问题实际上包含两个优化步骤：①子载波分配；②子载波上的功率分配。同时，为了避免用户间的干扰，总是使每个子载波仅分配给一个用户，不允许两个甚至更多的用户占用同一个子载波。因此，在求解这个和速率最大化问题时，可以首先将子载波分配给该子载波上信道增益最大的用户 $k^*$，表示为

$$k^*=\underset{k}{\arg\max}\,|h_{m,k}| \tag{10.2.18}$$

并将子载波 $m$ 上的总功率 $P_m$ 全部分配给这个用户 $k^*$，此时，若令 $r_m=|h_{m,k^*}|^2$，在子载波 $m$ 上所能获得数据速率为

$$R_m=B\,\mathrm{lb}\left(1+\frac{r_mP_m}{N_0B}\right) \tag{10.2.19}$$

当子载波的数据速率 $r_m$ 确定后，再对载波的功率 $\{P_m\}_{m=1}^N$ 进行优化，问题被简化为

$$\max\sum_{m=1}^{N}B\,\mathrm{lb}\left(1+\frac{r_mP_m}{N_0B}\right) \tag{10.2.20a}$$

$$\text{s.t.}\ \sum_{m=1}^{N}P_m\leqslant P \tag{10.2.20b}$$

$$P_m\geqslant 0,\quad m=1,2,\cdots,N \tag{10.2.20c}$$

然后，构造拉格朗日函数

$$L(P_1,P_2,\cdots,P_N,\lambda)=\sum_{m=1}^{N}B\,\mathrm{lb}\left(1+\frac{r_mP_m}{N_0B}\right)-\lambda\left(\sum_{m=1}^{N}P_m-P\right) \tag{10.2.21}$$

并令其对 $P_m$ 的导数为 0，即令

$$\frac{\partial L(P_1,P_2,\cdots,P_N,\lambda)}{\partial P_m}=0 \tag{10.2.22}$$

记 $\gamma_m=\dfrac{r_m}{N_0B}$，可得

$$B\,\frac{r_m}{1+\gamma_mP_m}\ln 2-\lambda=0 \tag{10.2.23}$$

由于 $P_m^* \geqslant 0$,有

$$P_m^* = \left(\frac{B\ln 2}{\lambda} - \frac{1}{\gamma_m}\right)^+ \tag{10.2.24}$$

其中,$\lambda$ 为一个常数;$(x)^+$ 的含义为

$$(x)^+ = \begin{cases} x, & x \geqslant 0 \\ 0, & x < 0 \end{cases} \tag{10.2.25}$$

即

$$P_m^* = \begin{cases} \dfrac{B\ln 2}{\lambda} - \dfrac{1}{\gamma_m}, & \dfrac{B\ln 2}{\lambda} \geqslant \dfrac{1}{\gamma_m} \\ 0, & \text{其他} \end{cases} \tag{10.2.26}$$

这个关于 $\{P_m\}_{m=1}^N$ 的和速率优化等同于 $N$ 个并行信道的功率优化,最优的功率分配 $\{P_m^*\}_{m=1}^N$ 满足注水法则。注水法是多信道无线通信系统中求解容量最大化问题中的一种经典算法。

综上所述,MU-OFDM 系统和速率最大化的资源分配算法如算法 10.2.1 所示。

[算法 10.2.1] 总功率受限的 MU-OFDM 系统和速率最大化的资源分配算法

输入:信道状态信息

输出:分配给用户的子载波、分配在子载波上的功率

步骤 1(子载波分配):对于每个子载波 $m$,根据信道状态信息,寻找信道增益最大的用户 $k^* = \arg\max\limits_k |h_{m,k}|$,将子载波 $m$ 分配给用户 $k^*$,得到 $r_m = |h_{m,k^*}|^2$,并计算 $\gamma_m = \dfrac{r_m}{N_0 B}$

步骤 2(功率分配):为子载波 $m$ 分配发射功率 $P_m^* = \left(\dfrac{B\ln 2}{\lambda} - \dfrac{1}{\gamma_m}\right)^+$,且满足总功率限制 $\sum\limits_{m=1}^N P_m^* = P$

**2. 下行 MU-OFDM 系统最小用户速率最大化**

上述和速率最大化的资源分配算法将每个子载波分配给该子载波上信道增益最大的用户,没有考虑用户间速率的公平性,分配的结果可能使信道条件好的用户占用了全部的子载波和发射功率,而信道条件差的用户的速率为 0。

为了兼顾公平性,除把系统的和速率作为性能指标外,考虑另一个指标——系统的最小用户速率。它表示系统对所有用户提供的最低速率保证。对于下行 MU-OFDM 系统,采用最小用户速率最大化的优化问题可以表示为

$$\max_{P_{m,k},S_k} \min_k \sum_{m \in S_k} B\,\mathrm{lb}\left(1 + \frac{|h_{m,k}|^2 P_{m,k}}{N_0 B}\right) \tag{10.2.27a}$$

$$\text{s.t.} \sum_{k=1}^K \sum_{m=1}^N P_{m,k} \leqslant P \tag{10.2.27b}$$

$$P_{m,k} \geqslant 0, \quad m = 1,2,\cdots,N, k = 1,2,\cdots,K \tag{10.2.27c}$$

$$S_i \cap S_j = \varnothing, \quad \forall i \neq j \tag{10.2.27d}$$

$$\bigcup_{k=1}^K S_k \subseteq \{1,2,\cdots,K\} \tag{10.2.27e}$$

其中，$S_k$ 表示分配给用户 $k$ 的子载波集合，且每个子载波仅分配给一个用户，因此，$S_i \cap S_j = \varnothing, \forall i \neq j$。

该优化问题涉及集合 $S_k$ 的优化，因此不是一个凸优化问题。若允许多个用户通过频分多址(Frequency Division Multiple Access，FDMA)的方式共享一个子载波，则可以引入变量 $\rho_{m,k}$，用它来表示子载波 $m$ 被用户 $k$ 占用的比例，然后将式(10.2.27)的优化问题转变为一个凸优化问题，表示为

$$\max_{P_{m,k},S_k} \min_k \sum_{m \in S_k} \rho_{m,k} B \operatorname{lb}\left(1 + \frac{|h_{m,k}|^2 P_{m,k}}{N_0 B \rho_{m,k}}\right) \tag{10.2.28a}$$

$$\text{s.t.} \sum_{k=1}^{K} \sum_{m=1}^{N} P_{m,k} \leqslant P \tag{10.2.28b}$$

$$P_{m,k} \geqslant 0, \quad m = 1,2,\cdots,N, k = 1,2,\cdots,K \tag{10.2.28c}$$

$$\sum_{k=1}^{K} \rho_{m,k} = 1, \quad m = 1,2,\cdots,N \tag{10.2.28d}$$

$$\rho_{m,k} \geqslant 0, \quad m = 1,2,\cdots,N, k = 1,2,\cdots,K \tag{10.2.28e}$$

下面证明引入 $\rho_{m,k}$ 后，

$$f(\rho_{m,k}, P_{m,k}) = \sum_{m=1}^{N} \rho_{m,k} B \operatorname{lb}\left(1 + \frac{|h_{m,k}|^2 P_{m,k}}{N_0 B \rho_{m,k}}\right) \tag{10.2.29}$$

是一个凹函数。

**证明** 令 $H_{m,k} = \dfrac{|h_{m,k}|^2}{N_0 B}$，将 $f(\rho_{m,k}, P_{m,k})$ 写为

$$f(\rho_{m,k}, P_{m,k}) = \rho_{m,k} B \operatorname{lb}\left(1 + \frac{H_{m,k} P_{m,k}}{\rho_{m,k}}\right)$$

则它的一阶导数 Jacobian 矩阵为

$$\nabla f(\rho_{m,k}, P_{m,k}) = \left[ B \operatorname{lb}\left(1 + \frac{P_{m,k} H_{m,k}}{\rho_{m,k}}\right) - \frac{B}{\ln 2} \frac{P_{m,k} H_{m,k}}{\rho_{m,k} + H_{m,k} P_{m,k}} \quad \frac{B}{\ln 2} \frac{\rho_{m,k} H_{m,k}}{\rho_{m,k} + P_{m,k} H_{m,k}} \right]$$

它的二阶导数 Hessian 矩阵为

$$\nabla^2 f(\rho_{m,k}, P_{m,k}) = \frac{1}{\ln 2} \frac{\rho_{m,k} H_{m,k}^2}{(\rho_{m,k} + P_{m,k} H_{m,k})^2} \begin{bmatrix} -\dfrac{P_{m,k}}{\rho_{m,k}} & 1 \\ 1 & -\dfrac{P_{m,k}}{\rho_{m,k}} \end{bmatrix}$$

对于任意的 $\rho_{m,k} \geqslant 0, P_{m,k} \geqslant 0, H_{m,k} \geqslant 0$，$\nabla^2 f(\rho_{m,k}, P_{m,k})$ 为半负定矩阵，所以 $f(\rho_{m,k}, P_{m,k})$ 是一个凹函数。由于

$$L(\rho_{m,k}, P_{m,k}) = \sum_{m=1}^{N} B f(\rho_{m,k}, P_{m,k})$$

是多个凹函数的线性组合，因此 $L(\rho_{m,k}, P_{m,k})$ 也是凹函数。

证毕。

此时，式(10.2.28)的优化问题可应用 1.3.3 节转化为上境图形式的标准凸优化问题，即

$$\max_{P_{m,k},\rho_{m,k}} t \tag{10.2.30a}$$

$$\text{s.t.}\ t \leqslant \sum_{m=1}^{N} \rho_{m,k} B \,\mathrm{lb}\left(1+\frac{|h_{m,k}|^2 P_{m,k}}{N_o B \rho_{m,k}}\right),\quad k=1,2,\cdots,K \tag{10.2.30b}$$

$$\sum_{k=1}^{K}\sum_{m=1}^{N} P_{m,k} \leqslant P \tag{10.2.30c}$$

$$P_{m,k} \geqslant 0,\quad m=1,2,\cdots,N, k=1,2,\cdots,K \tag{10.2.30d}$$

$$\sum_{k=1}^{K} \rho_{m,k} = 1,\quad m=1,2,\cdots,N \tag{10.2.30e}$$

$$\rho_{m,k} \geqslant 0,\quad m=1,2,\cdots,N, k=1,2,\cdots,K \tag{10.2.30f}$$

由于每个用户的速率

$$R_k = \sum_{m=1}^{N} \rho_{m,k} B \,\mathrm{lb}\left(1+\frac{|h_{m,k}|^2 P_{m,k}}{N_o B}\right)$$

是一个连续函数，若某个用户 $k'$ 的速率 $R_{k'}$ 大于其他用户速率，则可以将它的部分功率分给其他用户，使得最小用户速率进一步增大。因此，该优化问题的最优解必定是全部用户的速率相同，即 $R_1=R_2=\cdots=R_k$。

最小用户速率最大化的资源分配算法可总结为算法 10.2.2 所示过程。

[算法 **10.2.2**]　总功率受限的 MU-OFDM 系统最小用户速率最大化的资源分配算法

输入：信道状态信息

输出：分配给用户的子载波、分配在子载波上的功率

步骤 1：功率分配

将总功率平均分配到所有子载波上，即每个子载波上的发射功率为 $P_m = P/N$

步骤 2：子载波分配

① 对于所有用户 $k$，令 $R_k=0$，集合 $S_k=\varnothing$，集合 $A=\{1,2,\cdots,N\}$

② for $k=1:K$

找到子载波 $m'=\underset{m\in A}{\operatorname{argmax}}|h_{m,k}|$，将子载波 $m'$ 分配给用户 $k$，然后更新集合 $S_k=S_k\cup m'$，更新集合 $A=A-m'$，更新 $R_k=\sum_{m\in S_k}\left(1+\frac{|h_{m,k}|^2 P/N}{N_o B}\right)$

end

③ while $A\neq\varnothing$

找到用户 $k'=\underset{k}{\operatorname{argmin}} R_k$，对所找到的用户 $k'$，找到子载波 $m'=\underset{m\in A}{\operatorname{argmax}}|h_{m,k'}|$，将子载波 $m'$ 分配给用户 $k'$，即 $S_{k'}=S_{k'}\cup m'$，更新 $A=A-m'$，更新 $R_{k'}=\sum_{m\in S_{k'}} B\,\mathrm{lb}\left(1+\frac{|h_{m,k}|^2 P/N}{N_o B}\right)$

end

**3. 下行 MU-OFDM 系统按比例的和速率最大化**

由上述分析可知，和速率最大化的资源分配没有考虑用户间速率的公平性，而考虑到公平性的最小速率最大化虽然使每个用户的速率相同，但是此时大部分子载波和传输功率将

分配给平均信噪比最低的用户，资源利用率不高。为了进一步改善系统性能，可以在保证各用户速率满足一定比例的前提下最大化和速率，相应的优化问题可以表示为

$$\max_{P_{m,k},\rho_{m,k}} \sum_{k=1}^{K}\sum_{m=1}^{N}\rho_{m,k}B\,\mathrm{lb}\left(1+\frac{|h_{m,k}|^2P_{m,k}}{N_oB}\right) \tag{10.2.31a}$$

$$\text{s.t.} \sum_{k=1}^{K}\sum_{m=1}^{N}P_{m,k}\leqslant P \tag{10.2.31b}$$

$$P_{m,k}\geqslant 0,\quad m=1,2,\cdots,N,k=1,2,\cdots,K \tag{10.2.31c}$$

$$P_{m,k}\in\{0,1\},\quad m=1,2,\cdots,N,k=1,2,\cdots,K \tag{10.2.31d}$$

$$\sum_{k=1}^{K}\rho_{m,k}=1,\quad m=1,2,\cdots,N \tag{10.2.31e}$$

$$R_1:R_2:\cdots:R_K=\gamma_1:\gamma_2:\cdots:\gamma_k \tag{10.2.31f}$$

其中，第 $k$ 个用户的速率为

$$R_k=\sum_{m=1}^{N}\rho_{m,k}B\,\mathrm{lb}\left(1+\frac{|h_{m,k}|^2P_{m,k}}{N_oB}\right)$$

$\{\gamma_k\}_{k=1}^{K}$ 为预先设定的一组值，用于确定用户间速率的比例，并且确定资源分配的公平性。

在这个优化问题中，$\rho_{m,k}$ 为整数变量，$\rho_{m,k}\in\{0,1\}$，且 $\sum\limits_{k=1}^{K}\rho_{m,k}=1,m=1,2,\cdots,N$，并且等比速率的限制条件为非线性限制条件，这使得最优解非常难以获得。对于 $K$ 个用户分享 $N$ 个子载波的 OFDM 系统，存在 $K^N$ 种子载波的分配方式，其中满足等比和速率的那种分配方式即为原问题的最优值。若采用枚举法求解，计算复杂度非常高。

为了降低计算复杂度，将式(10.2.31)的原问题中的 $\rho_{m,k}$ 松弛化为(0,1]区间的连续变量，将目标函数转化为

$$\max_{P_{m,k},\rho_{m,k}} \sum_{k=1}^{K}\sum_{m=1}^{N}\rho_{m,k}B\,\mathrm{lb}\left(1+\frac{|h_{m,k}|^2P_{m,k}}{N_oB\rho_{m,k}}\right) \tag{10.2.32}$$

约束条件保持不变。需要注意的是，$\rho_{m,k}=0$ 时的优化目标没有定义，当 $\rho_{m,k}\to 0$ 时，有

$$\rho_{m,k}B\,\mathrm{lb}\left(1+\frac{|h_{m,k}|^2P_{m,k}}{N_oB\rho_{m,k}}\right)\to 0$$

即排除 $\rho_{m,k}=0$ 后，不影响优化目标的取值。

类似于对式(10.2.29)的分析，可知

$$f(\rho_{m,k},P_{m,k})=\sum_{m=1}^{N}\rho_{m,k}B\,\mathrm{lb}\left(1+\frac{|h_{m,k}|^2P_{m,k}}{N_oB\rho_{m,k}}\right)$$

是凹函数，但式(10.2.31f)的非线性等比约束条件使得可行集不是凸集，因此转化后的优化问题仍然不是一个凸优化问题。在求解中，对式(10.2.31f)进行线性逼近，使之转化为一组线性限制条件，从而使原问题转化为凸优化问题。由于线性逼近获得的最优解可能不满足原非线性等比速率的限制条件，需要根据线性逼近求解的近似最优解，对非线性等比速率限制条件重新线性化，然后再根据更新的线性逼近约束条件再次获得近似最优解，如此迭代进行。由此可见，获得等比速率最大化的资源分配需要较高的计算复杂度。

另一种降低等比和速率最大化资源分配复杂度的方式是将变量$\{\rho_{m,k}\}$和$\{P_{m,k}\}$交替

迭代优化。首先在假设每个子载波具有相同功率的条件下进行子载波分配；然后在已分配好子载波的条件下，再将发射功率在 $K$ 个用户及其分配的子载波上进行分配，使等比和速率最大。在进行子载波分配时，假设每个子载波上的功率相同。

1）等比和速率最大化的子载波分配

将该分配过程用算法 10.2.3 表示。

[算法 **10.2.3**]　总功率受限的 MU-OFDM 系统等比和速率最大化的子载波分配算法

输入：信道状态信息

输出：分配给用户的子载波、分配在子载波上的功率

步骤：子载波分配

① 对于所有用户 $k$，令 $R_k=0, S_k=\varnothing, A=\{1,2,\cdots,N\}$

② for $k=1:K$

找到子载波 $m'=\underset{m\in A}{\operatorname{argmax}}|h_{m,k}|$，将子载波 $m'$ 分配给用户 $k$，更新 $S_k=S_k\cup m'$，更新 $A=A-m'$，更新 $R_k=\sum\limits_{m\in S_k}\left(1+\dfrac{|h_{m,k}|^2P/N}{N_oB}\right)$

end

③ while $A\neq\varnothing$

找到用户 $k'=\underset{k}{\operatorname{argmin}}\dfrac{R_k}{\gamma_k}$，对所找到的用户 $k'$，找到子载波 $m'=\underset{m\in A}{\operatorname{argmax}}|h_{m,k'}|$，将子载波 $m'$ 分配给用户 $k'$，更新 $S_{k'}=S_{k'}\cup m'$，更新 $A=A-m'$，更新 $R_{k'}=\sum\limits_{m\in S_{k'}}B\operatorname{lb}\left(1+\dfrac{|h_{m,k}|^2P/N}{N_oB}\right)$

end

算法 10.2.3 所描述的等比和速率最大化子载波功率分配算法与算法 10.2.2 所描述的最小用户速率最大化的资源分配算法基本相同，主要区别是在寻找下一个待分配子载波的用户时，需要考虑用户的等比速率，即 $R_k/\gamma_k$。

算法 10.2.3 的计算复杂度为 $O(KN)$，所得到的分配结果使得用户之间的速率基本符合等比速率限制条件 $R_1:R_2:\cdots:R_K=\gamma_1:\gamma_2:\cdots:\gamma_k$，然后再通过发射功率优化，使用户之间的速率严格符合等比速率限制条件，并且进一步优化和速率。

2）等比和速率最大化的功率分配

对于每个用户已固定的子载波集合 $\{S_k\}_{k=1}^K$，相应的发射功率优化问题可以表示为

$$\max_{P_{m,k},\rho_{m,k}}\sum_{k=1}^{K}\sum_{m\in S_k}\operatorname{lb}\left(1+\frac{|h_{m,k}|^2P_{m,k}}{N_oB}\right)\tag{10.2.33a}$$

$$\text{s.t.}\sum_{k=1}^{K}\sum_{m\in S_k}P_{m,k}\leqslant P\tag{10.2.33b}$$

$$P_{m,k}\geqslant 0,\quad m=1,2,\cdots,N,k=1,2,\cdots,K\tag{10.2.33c}$$

$$S_i\cap S_j=\varnothing,\quad \forall i\neq j\tag{10.2.33d}$$

$$\bigcup_{k=1}^{K}S_k\subseteq\{1,2,\cdots,N\}\tag{10.2.33e}$$

$$R_1:R_2:\cdots:R_K=\gamma_1:\gamma_2:\cdots:\gamma_k\tag{10.2.33f}$$

利用拉格朗日乘子法求解式(10.2.33)的优化问题。令 $H_{m,k}=|h_{m,k}|^2/(N_0 B)$，构造拉格朗日函数为

$$L=\sum_{k=1}^{K}\sum_{m\in S_k}\mathrm{lb}(1+H_{m,k}P_{m,k})+\lambda_1\left(\sum_{k=1}^{K}\sum_{m\in S_k}P_{m,k}-P\right)+\sum_{k=2}^{K}\lambda_k\left[\sum_{m\in S_1}\mathrm{lb}(1+H_{m,1}P_{m,1})-\frac{\gamma_1}{\gamma_k}\sum_{m\in S_k}\mathrm{lb}(1+H_{m,k}P_{m,k})\right] \tag{10.2.34}$$

然后，求 $L$ 分别对 $P_{m,k}$ 的导数并令其为 0，可得

$$\begin{cases}\dfrac{\partial L}{\partial P_{m,1}}=\dfrac{1}{\ln 2}\dfrac{H_{m,1}}{1+H_{m,1}P_{m,1}}+\lambda_1+\sum\limits_{k=2}^{K}\lambda_k\dfrac{1}{\ln 2}\dfrac{H_{m,1}}{1+H_{m,1}P_{m,1}}=0, & k=1\\[2ex] \dfrac{\partial L}{\partial P_{m,k}}=\dfrac{1}{\ln 2}\dfrac{H_{m,k}}{1+H_{m,k}P_{m,k}}+\lambda_1-\lambda_k\dfrac{\gamma_1}{\gamma_k}\dfrac{1}{\ln 2}\dfrac{H_{m,k}}{1+H_{m,k}P_{m,k}}=0, & k\neq 1\end{cases} \tag{10.2.35}$$

对于分配给同一个用户 $k$ 的两个子载波 $i,j\in S_k$，有

$$\frac{H_{i,k}}{1+H_{i,k}P_{i,k}}=\frac{H_{j,k}}{1+H_{j,k}P_{j,k}} \tag{10.2.36}$$

即同一个用户的不同子载波之间的功率分配满足注水法则。不失一般性，可以将分配给用户 $k$ 的子载波按照 $H_{m,k}$ 进行降序排列，使得 $H_{1,k}\leqslant H_{2,k}\leqslant\cdots\leqslant H_{N_k,k}$，其中，$N_k=|S_k|$ 为分配给用户 $k$ 的子载波个数。因此，对同一个用户的不同子载波上的功率分配还可以表示为

$$P_{m,k}=P_{1,k}+\frac{H_{m,k}-H_{1,k}}{H_{m,k}H_{1,k}} \tag{10.2.37}$$

定义 $P_{\mathrm{T},k}$ 为分配给用户 $k$ 的总功率，则

$$\begin{aligned}P_{\mathrm{T},k}&=\sum_{m=1}^{N_k}P_{m,k}\\&=N_kP_{m,1}+\sum_{m=2}^{N_k}\frac{H_{m,k}-H_{1,k}}{H_{m,k}H_{1,k}}\end{aligned} \tag{10.2.38}$$

当 $\{P_{\mathrm{T},k}\}_{k=1}^{K}$ 确定后，则可以确定每个用户在其子载波上的功率分配。$\{P_{\mathrm{T},k}\}_{k=1}^{K}$ 需要满足等比速率的限制以及功率约束，即

$$\frac{1}{\gamma_1}\frac{N_1}{N}\left[\mathrm{lb}\left(1+H_{1,1}\frac{P_{\mathrm{T},1}-V_1}{N_1}\right)+\mathrm{lb}W_1\right]=\frac{1}{\gamma_k}\frac{N_k}{N}\left[\mathrm{lb}\left(1+H_{1,k}\frac{P_{\mathrm{T},k}-V_k}{N_k}\right)+\mathrm{lb}W_k\right] \tag{10.2.39}$$

其中，

$$V_k=\sum_{m=2}^{N_k}\frac{H_{m,k}-H_{1,k}}{H_{m,k}H_{1,k}},\quad W_k=\left(\prod_{m=2}^{N_k}\frac{H_{m,k}}{H_{1,k}}\right)^{\frac{1}{N_k}},\quad k=2,3,\cdots,K$$

功率等式约束条件为

$$\sum_{k=1}^{K}P_{\mathrm{T},k}=P \tag{10.2.40}$$

由此我们可以获得由 $K$ 个变量 $\{P_{\mathrm{T},k}\}_{k=1}^{K}$ 组成的 $K$ 个方程，解这 $K$ 个方程即可得到

$\{P_{\mathrm{T},k}\}_{k=1}^{K}$。由于等比速率限制对应的等式方程是非线性方程，需要使用迭代算法（如 Newton-Raphson 算法）获得$\{P_{\mathrm{tot},k}\}_{k=1}^{K}$，具体方法请参见文献[95]。

**4. 下行 MU-OFDM 系统功率最小化**

和速率最大化、最小用户速率最大化以及等比和速率最大化都是在一定的总功率限制条件下，以用户速率为优化目标。MU-OFDM 系统动态资源分配的另一类优化是在满足一定传输速率的条件下使总发射功率最小化。该类优化主要考虑在一些如视频流传输的应用中，每个用户的传输速率基本是恒定的。

令 $c_{m,k} \in \{0,1,2,\cdots,M\}$ 为用户 $k$ 在子载波 $m$ 上传输的比特数，其中 $M$ 表示在一个子载波上能传输的最大比特数，用户 $k$ 传输的总比特数为 $R_k = \sum_{m=1}^{N} c_{m,k}$。定义 $f_k(c)$ 为用户 $k$ 在满足一定服务质量的前提下，在一个子载波上接收 $c$ 个比特所需的接收功率。设 $h_{m,k}$ 为用户 $k$ 在子载波 $m$ 上的频域信道响应。为了使用户 $k$ 在子载波 $m$ 上能传输 $c$ 个比特，所需的发射功率为

$$P_{m,k} = \frac{f_k(c_{m,k})}{|h_{m,k}|^2} \tag{10.2.41}$$

其中，$f_k(c_{m,k})$一般假设为凸函数，并且 $f_k(0)=0$，表示不发送任何数据比特时相应的功率为零，具体形式可由误码率等 QoS 要求设计。

在满足用户速率的前提下，最小化传输总功率的优化问题可以表示为

$$\min_{c_{m,k} \in \{0,1,\cdots,M\}} \sum_{k=1}^{K} \sum_{m=1}^{N} \frac{f_k(c_{m,k})}{|h_{m,k}|^2} \tag{10.2.42a}$$

$$\text{s.t.} \sum_{m=1}^{N} c_{m,k} = R_k, \quad \forall k \in \{1,2,\cdots,K\} \tag{10.2.42b}$$

$$c_{m,k} \neq 0, \quad \forall k \in \{1,2,\cdots,K\}, \forall m \in \{1,2,\cdots,N\} \tag{10.2.42c}$$

在这个优化问题中，式(10.2.42a)为优化目标函数，表示使所有用户分配到的所有子载波上的总发射功率最小化；式(10.2.42b)表示分配给每个用户的所有子载波上传输的总比特数约束；式(10.2.42c)表示每个子载波最多仅传输一个用户的数据比特，不支持多个用户的数据比特在同一个子载波上传输。若所有用户在某个子载波上的信道增益都很低，则可以不使用该子载波传输任何用户的数据比特。当用户数较多时，各用户之间信道的独立性可以带来多用户分集增益。也就是说，对于任意一个子载波，总有一个用户的信道增益足够大，将载波分配给这个信道增益大的用户，就可以得到分集增益。

**5. 上行 MU-OFDM 系统和速率最大化**

上行 MU-OFDM 和速率最大化的优化问题可以表示为

$$\max \sum_{k=1}^{K} \sum_{m=1}^{N} \rho_{m,k} B \operatorname{lb}(1 + g_{m,k} P_{m,k}) \tag{10.2.43a}$$

$$\text{s.t.} \sum_{m=1}^{N} P_{m,k} \leqslant P_k, \quad k=1,2,\cdots,K \tag{10.2.43b}$$

$$\sum_{m=1}^{N} \rho_{m,k} \leqslant 1, \quad m=1,2,\cdots,N \tag{10.2.43c}$$

$$P_{m,k} \geqslant 0, \rho_{m,k} \geqslant 0, \quad m=1,2,\cdots,N, k=1,2,\cdots,K \tag{10.2.43d}$$

其中，$\rho_{m,k}$ 为子载波 $m$ 被用户 $k$ 使用的比例；$P_{m,k}$ 为用户 $k$ 分配在子载波 $m$ 上的发射功率；$P_k$ 为用户 $k$ 的总功率限制；并且 $g_{m,k}=|h_{m,k}|^2/(N_0 B)$。由于目标函数即式(10.2.43a)对于优化变量 $\rho_{m,k}$ 和 $P_{m,k}$ 不是凸函数，式(10.2.43)的优化问题为非凸优化问题，因此获得上述问题的全局最优解比较困难。

与前述处理方法类似，可先固定功率分配，然后利用拉格朗日乘子法对子载波进行优化分配，再利用注水法对子载波进行功率分配，如此反复直至所有用户的 QoS 得到满足。

**6. 能效最大化资源分配**

对于下行 MU-OFDM 系统，在满足每个用户的最低速率要求的前提下，使能效最大化的资源分配优化问题可以表示为

$$\max \frac{\sum_{k=1}^{K}\left[w_k \sum_{m=1}^{N}(\rho_{m,k} r_{m,k})\right]}{\sum_{k=1}^{K}\sum_{m=1}^{N}\zeta P_{m,k}+P_c} \tag{10.2.44a}$$

$$\text{s.t.} \sum_{k=1}^{K}\sum_{m=1}^{N} P_{m,k} \leqslant P \tag{10.2.44b}$$

$$\sum_{k=1}^{K}\rho_{m,k} \leqslant 1, \quad m=1,2,\cdots,N \tag{10.2.44c}$$

$$P_{m,k} \geqslant 0, \quad m=1,2,\cdots,N, k=1,2,\cdots,K \tag{10.2.44d}$$

$$\rho_{m,k} \in \{0,1\}, \quad m=1,2,\cdots,N, k=1,2,\cdots,K \tag{10.2.44e}$$

$$\sum_{m=1}^{N}\rho_{m,k} r_{m,k} \geqslant \hat{R}_k, \quad k=1,2,\cdots,K \tag{10.2.44f}$$

其中，$\{w_k\}_{k=1}^{K}$ 为一组给定的加权系数，使得优化目标函数的分子为加权和速率；$\rho_{m,k}$ 为指示因子，表示子载波 $m$ 是否分配给用户 $k$，并且每个子载波仅能分配给一个用户；$r_{m,k}=B\text{lb}(1+|h_{m,k}|^2 P_{m,k}/N_0 B)$为用户 $k$ 在子载波 $m$ 上的传输速率；$\sum_{k=1}^{K}\sum_{m=1}^{N}\zeta P_{m,k}+P_c$ 表示发射端所需的总功率，包括固定的电路损耗 $P_c$ 以及发射功率相关部分 $\sum_{k=1}^{K}\sum_{m=1}^{N}\zeta P_{m,k}$，系数 $\zeta$ 为功放的功率效率系数；$\hat{R}_k$ 表示用户 $k$ 的最低速率要求。

对该问题的求解，同样可采用拉格朗日乘子法或贪心算法。

## 10.3 MIMO 系统的资源分配

### 10.3.1 MIMO 系统概述

MIMO 传输提高信道容量的基本原理是：在一个带限无线信道内，发射端通过多天线将同一频带(或时隙)划分为多路独立的空间通道，将待发射的信息流分解为多路并行子流，分别对各路信号独立地编码、调制再映射到对应的发射天线上进行同步传输，接收端采用干

扰消除检测出多路子数据流。因此，MIMO 传输的本质是通过空间复用提高信道容量。MIMO 和传统的单天线系统相比，带来的好处是提高系统的数据传输速率，同时不需要消耗额外的发射功率和占用额外的频带资源。MIMO 系统的信道容量随着天线数的增加而增长，可有效地提高频谱效率。

在 MIMO 系统中，若同一时间基站仅能和一个终端通信，则称为单用户 MIMO（SU-MIMO）系统。相应地，多用户 MIMO（MU-MIMO）系统可以使基站同一时间和多个终端进行通信，允许多个终端并发传输数据，让无线网络中数据传输的效率更高，降低了终端在时序上的等待时间，因此可以更好地满足视频、音频和其他大流量、低时延应用的需求。

在 MU-MIMO 系统中，由于无线链路配置了多根天线，使得无线资源调度在空间上增加了一个维度，再结合原有的频率、时间和用户的维度，使得资源调度算法设计有了更大的自由度，但同时也使多目标多受限的动态资源分配优化模型的建立和算法求解的复杂度大幅提升。此外，多根天线在基站和移动终端的配置，带来了无线信道的复杂性，而且由于国际电信标准组织 3GPP 制定的 LTE 升级版（LTE Advanced，LTE-A）所推荐的有限反馈机制，使发送端在资源分配时难以获得完整的信道状态信息，更是对资源动态分配问题的优化模型和优化算法提出了挑战。

## 10.3.2　单用户 MIMO 系统模型和容量

**1. 系统模型**

考虑一个如图 10.3.1 所示的点到点单用户 MIMO 系统模型。设发射端有 $N_{\mathrm{T}}$ 根发射天线，接收端有 $N_{\mathrm{R}}$ 根接收天线，$x_j\ (j=1,2,\cdots,N_{\mathrm{T}})$ 表示第 $j$ 根发射天线发射的信号，$y_i\ (i=1,2,\cdots,N_{\mathrm{R}})$ 表示第 $i$ 根接收天线接收的信号，$h_{ij}$ 表示第 $j$ 根发射天线到第 $i$ 根接收天线的信道衰落系数。在接收端，噪声信号 $n_i$ 是统计独立的复零均值高斯变量，而且与发射信号独立，不同时刻的噪声信号间也相互独立，每根接收天线接收的噪声信号功率相同，都为 $\sigma^2$。

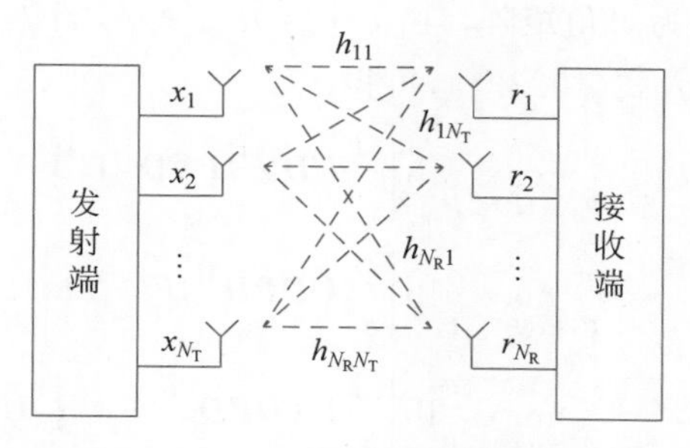


**图 10.3.1　点到点单用户 MIMO 系统模型**

MIMO 系统的信号模型可以表示为

$$\begin{bmatrix} y_1 \\ y_2 \\ \vdots \\ y_{N_{\mathrm{R}}} \end{bmatrix} = \begin{bmatrix} h_{11} & h_{12} & \cdots & h_{1N_{\mathrm{T}}} \\ h_{21} & h_{22} & \cdots & h_{2N_{\mathrm{T}}} \\ \vdots & \vdots & \ddots & \vdots \\ h_{N_{\mathrm{R}}1} & h_{N_{\mathrm{R}}2} & \cdots & h_{N_{\mathrm{R}}N_{\mathrm{T}}} \end{bmatrix} \begin{bmatrix} x_1 \\ \vdots \\ x_{N_{\mathrm{T}}} \end{bmatrix} + \begin{bmatrix} n_1 \\ \vdots \\ n_{N_{\mathrm{R}}} \end{bmatrix} \tag{10.3.1}$$

写成矩阵形式为

$$\boldsymbol{y}=\boldsymbol{H}\boldsymbol{x}+\boldsymbol{n} \tag{10.3.2}$$

其中，$\boldsymbol{y}\in\mathbb{C}^{N_R\times 1}$；$\boldsymbol{x}\in\mathbb{C}^{N_T\times 1}$，$\boldsymbol{H}\in\mathbb{C}^{N_R\times N_T}$；$\boldsymbol{n}\in\mathbb{C}^{N_R\times 1}$，$\boldsymbol{n}$ 包括 $N_R$ 个互相独立且服从高斯分布的随机变量，即 $n_i\sim\mathcal{CN}(0,\sigma^2)$。

**2. SU-MIMO 信道容量**

对于单用户 MIMO 系统，其信道容量分为确定性 MIMO 信道容量和随机性 MIMO 信道容量。

1）确定性 MIMO 信道容量

确定性 MIMO 信道容量可以表示为

$$C=\max_{\operatorname{tr}(\boldsymbol{R}_{xx})=N_T}\operatorname{lbdet}\left(\boldsymbol{I}_{N_R}+\frac{P}{N_T\sigma^2}\boldsymbol{H}\boldsymbol{R}_{xx}\boldsymbol{H}^{\mathrm{H}}\right)\quad \mathrm{b/(s\cdot Hz)} \tag{10.3.3}$$

其中，$N_T$ 为发射天线数目；$P$ 为发射机的总功率；$\boldsymbol{R}_{xx}$ 为发射信息 $\boldsymbol{x}$ 的协方差矩阵。

在确定性 MIMO 信道的情况下，MIMO 信道容量取决于发射机是否获知信道状态信息。接下来讨论不同情况下的 MIMO 信道容量计算公式。

(1) 发射机已知信道状态信息时的信道容量。

对于一个给定的 MIMO 信道 $\boldsymbol{H}$，设发射天线数为 $N_T$，接收天线数为 $N_R$，并且 $\boldsymbol{H}$ 在发射侧和接收侧均已知。根据信息论的基本概念，信道容量就是在确定性的 $\boldsymbol{H}$ 下，发射信号随机向量 $\boldsymbol{x}$ 和接收信号随机向量 $\boldsymbol{y}$ 之间的最大互信息。将信道容量表示为

$$\begin{aligned}C(\boldsymbol{H})&=\max_{\boldsymbol{P}:\operatorname{tr}(\boldsymbol{P})\leqslant P}\boldsymbol{I}(\boldsymbol{y},\boldsymbol{x}\mid\boldsymbol{H})\\&=\max_{\boldsymbol{P}:\operatorname{Tr}(\boldsymbol{P})\leqslant P}\operatorname{lb}\left|\frac{1}{\sigma^2}\boldsymbol{H}\boldsymbol{P}\boldsymbol{H}^{\mathrm{H}}+\boldsymbol{I}\right|\end{aligned} \tag{10.3.4}$$

其中，$\operatorname{tr}(\boldsymbol{P})=\sum_{i=1}^{N_T}\mathbb{E}[|x_i|^2]\leqslant P$ 表示发射信号 $\boldsymbol{x}$ 的最大功率为 $P$；$\sigma^2$ 为噪声功率。

对 $\boldsymbol{H}$ 进行奇异值分解，得到 $\boldsymbol{H}=\boldsymbol{U}\boldsymbol{D}\boldsymbol{V}^{\mathrm{H}}$，其中正交矩阵 $\boldsymbol{U}\in\mathbb{C}^{N_R\times N_R}$；正交矩阵 $\boldsymbol{V}\in\mathbb{C}^{N_T\times N_T}$；$\boldsymbol{D}\in\mathbb{C}^{N_R\times N_T}$ 为对角矩阵，且 $|d_1|\geqslant|d_2|\geqslant\cdots\geqslant|d_{\min(N_T,N_R)}|\geqslant 0$。

将 $\boldsymbol{H}$ 的奇异值分解代入式(10.3.4)，可得

$$\begin{aligned}C(\boldsymbol{H})&=\max_{\boldsymbol{P}:\operatorname{tr}(\boldsymbol{P})\leqslant P}\operatorname{lb}\left|\frac{1}{\sigma^2}\boldsymbol{U}\boldsymbol{D}\boldsymbol{V}^{\mathrm{H}}\boldsymbol{P}\boldsymbol{V}\boldsymbol{D}^{\mathrm{H}}\boldsymbol{U}^{\mathrm{H}}+\boldsymbol{I}\right|\\&=\max_{\boldsymbol{P}:\operatorname{tr}(\boldsymbol{P})\leqslant P}\operatorname{lb}\left|\frac{1}{\sigma^2}\boldsymbol{U}\boldsymbol{D}\widetilde{\boldsymbol{P}}\boldsymbol{D}^{\mathrm{H}}\boldsymbol{U}^{\mathrm{H}}+\boldsymbol{I}\right|\\&=\max_{\boldsymbol{P}:\operatorname{tr}(\boldsymbol{P})\leqslant P}\operatorname{lb}\left|\frac{1}{\sigma^2}\boldsymbol{U}(\boldsymbol{D}\widetilde{\boldsymbol{P}}\boldsymbol{D}^{\mathrm{H}}+\sigma^2\boldsymbol{I})\boldsymbol{U}^{\mathrm{H}}\right|\end{aligned} \tag{10.3.5}$$

其中，$\widetilde{\boldsymbol{P}}=\boldsymbol{V}^{\mathrm{H}}\boldsymbol{P}\boldsymbol{V}$。由于 $\boldsymbol{V}$ 为正交矩阵，可知

$$\operatorname{tr}(\widetilde{\boldsymbol{P}})=\operatorname{tr}(\boldsymbol{V}^{\mathrm{H}}\boldsymbol{P}\boldsymbol{V})=\operatorname{tr}(\boldsymbol{P}) \tag{10.3.6}$$

由于 $\boldsymbol{U}$ 也为正交矩阵，因此式(10.3.5)可写成

$$C(\boldsymbol{H})=\max_{\widetilde{\boldsymbol{P}}:\operatorname{tr}(\widetilde{\boldsymbol{P}})\leqslant P}\operatorname{lb}\left|\frac{1}{\sigma^2}\boldsymbol{D}\widetilde{\boldsymbol{P}}\boldsymbol{D}^{\mathrm{H}}+\boldsymbol{I}\right| \tag{10.3.7}$$

因 $\frac{1}{\sigma^2}\boldsymbol{D}\widetilde{\boldsymbol{P}}\boldsymbol{D}^{\mathrm{H}}+\boldsymbol{I}$ 为正定矩阵，根据 Hadamard 不等式，得到

$$\left|\frac{1}{\sigma^2}\boldsymbol{D}\widetilde{\boldsymbol{P}}\boldsymbol{D}^{\mathrm{H}}+\boldsymbol{I}\right| \leqslant \prod_{i=1}^{\min(N_{\mathrm{T}},N_{\mathrm{R}})}\left(\frac{1}{\sigma^2}|d_i|^2 p_i+1\right) \tag{10.3.8}$$

其中，$|d_i|^2$ 为 $\boldsymbol{H}^{\mathrm{H}}\boldsymbol{H}$ 的第 $i$ 个特征值，它代表第 $i$ 个正交子信道的功率增益，相应的信道幅度增益为$\sqrt{d_i}$；$p_i$ 为 $\widetilde{\boldsymbol{P}}$ 的第 $i$ 个对角元素。矩阵 $\boldsymbol{H}\boldsymbol{H}^*$ 的非零特征值的个数等于矩阵 $\boldsymbol{H}$ 的秩，用 $m$ 来表示，秩的最大值为收发天线最小一方的数量，即 $m_{\max}=\min(N_{\mathrm{T}},N_{\mathrm{R}})$，矩阵 $\boldsymbol{H}\boldsymbol{H}^{\mathrm{H}}$ 的 $m$ 个非零特征值所对应的特征向量，代表了 $m$ 个正交子信道。当 $\widetilde{\boldsymbol{P}}$ 为对角矩阵时，式(10.3.8)等号成立。

将式(10.3.8)代入式(10.3.7)，并应用矩阵行列式与矩阵的迹的关系，可以得到

$$\begin{aligned} C(\boldsymbol{H}) &= \max_{\boldsymbol{P}:\ \mathrm{tr}(\boldsymbol{P})\leqslant P} I(\boldsymbol{y},\boldsymbol{x}\mid \boldsymbol{H}) \\ &= \max_{\boldsymbol{P}:\ \mathrm{tr}(\boldsymbol{P})\leqslant P} \mathrm{lb}\left|\frac{1}{\sigma^2}\boldsymbol{D}\widetilde{\boldsymbol{P}}\boldsymbol{D}^{\mathrm{H}}+\boldsymbol{I}\right| \\ &\leqslant \max_{\sum_{i=1}^{m_{\max}} p_i\leqslant P} \mathrm{lb}\prod_{i=1}^{m_{\max}}\left(\frac{1}{\sigma^2}|d_i|^2 p_i+1\right) \\ &= \max_{\sum_{i=1}^{m_{\max}} p_i\leqslant P} \sum_{i=1}^{m_{\max}}\mathrm{lb}(1+\gamma_i p_i) \end{aligned} \tag{10.3.9}$$

其中，$\gamma_i \triangleq \dfrac{|d_i|^2}{\sigma^2}$，并且假设 $\gamma_1\geqslant\gamma_2\geqslant\cdots\geqslant\gamma_{m_{\max}}\geqslant 0$。

为了在功率限制条件下求解信道容量的极大值，构造拉格朗日函数

$$L(p_1,p_2,\cdots,p_{m_{\max}},\lambda)=\sum_{i=1}^{m_{\max}}\mathrm{lb}(1+\gamma_i p_i)-\lambda\left(\sum_{i=1}^{m_{\max}}p_i-P\right) \tag{10.3.10}$$

其中，$\lambda$ 为拉格朗日乘子，可以为事先设定的阈值常数。令 $L$ 对 $p_i$ 的导数为 0，即

$$\frac{\partial L(p_1,p_2,\cdots,p_{m_{\max}},\lambda)}{\partial p_i}=0,\quad i=1,2,\cdots,m_{\max} \tag{10.3.11}$$

可得最优的功率分配解为

$$p_i^*=\left(\frac{1}{\lambda}-\frac{1}{\gamma_i}\right)^+ \tag{10.3.12}$$

即分配给每个子信道的功率满足

$$p_1+\frac{1}{\gamma_1}=p_2+\frac{1}{\gamma_2}=\cdots=p_k+\frac{1}{\gamma_k}=\frac{1}{\lambda} \tag{10.3.13}$$

且 $\lambda$ 的取值必须满足总功率约束，即

$$\sum_{i=1}^{m_{\max}}p_i^*=\sum_{i=1}^{m_{\max}}\left(\frac{1}{\lambda}-\frac{1}{\gamma_i}\right)^+=P \tag{10.3.14}$$

由于式(10.3.13)符合 Gallage 的注水原理，当满足式(10.3.14)的约束条件时，式(10.3.10)的解可由注水功率算法得到。由式(10.3.14)可知，注水法给特征值或信道增益更大的子信道分配更多的功率。当 $\gamma_i$ 低于一个阈值 $\lambda$ 时，此时 $p_i^*$ 不满足大于 0 的要求，将不再给该子信道分配功率。图 10.3.2 所示为在瑞利衰落 MIMO 信道的情况下，基于

注水法的 MIMO 信道容量示意图。可以看出，随着收发天线数目的增多，正交子信道增多，注水功率分配可使 MIMO 系统的信道容量明显增大。

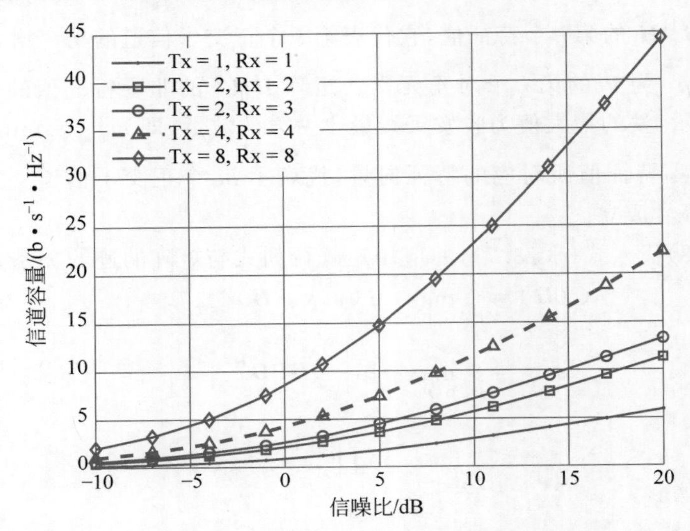


图 10.3.2 基于注水法的 MIMO 信道容量

(2) 发射机未知信道状态信息时的信道容量。

当发射机不能获得信道状态信息时，将总功率平均分配给所有发射天线。假设发射信号向量 $\boldsymbol{x}$ 的自相关函数为

$$\boldsymbol{R}_{xx}=\boldsymbol{I}_{N_{\mathrm{T}}} \tag{10.3.15}$$

在这种情况下，信道容量可以表示为

$$C=\operatorname{lbdet}\left(\boldsymbol{I}_{N_{\mathrm{R}}}+\frac{P}{N_{\mathrm{T}}\sigma^{2}}\boldsymbol{H}\boldsymbol{H}^{\mathrm{H}}\right) \tag{10.3.16}$$

利用特征值分解 $\boldsymbol{H}\boldsymbol{H}^{\mathrm{H}}=\boldsymbol{Q}\boldsymbol{\Lambda}\boldsymbol{Q}^{\mathrm{H}}$ 和恒等式 $\det(\boldsymbol{I}_{m}+\boldsymbol{A}\boldsymbol{B})=\det(\boldsymbol{I}_{n}+\boldsymbol{B}\boldsymbol{A})$，其中 $\boldsymbol{A}\in\mathbb{C}^{m\times n}$，$\boldsymbol{B}\in\mathbb{C}^{n\times m}$，式(10.3.16)中的信道容量可以表示为

$$\begin{aligned}C&=\operatorname{lbdet}\left(\boldsymbol{I}_{N_{\mathrm{R}}}+\frac{P}{N_{\mathrm{T}}\sigma^{2}}\boldsymbol{Q}\,\boldsymbol{\Lambda}\,\boldsymbol{Q}^{\mathrm{H}}\right)\\&=\operatorname{lbdet}\left(\boldsymbol{I}_{N_{\mathrm{R}}}+\frac{P}{N_{\mathrm{T}}\sigma^{2}}\boldsymbol{\Lambda}\right)\\&=\sum_{i=1}^{r}\operatorname{lb}\left(1+\frac{P}{N_{\mathrm{T}}\sigma^{2}}\lambda_{i}\right)\end{aligned} \tag{10.3.17}$$

其中，$r$ 为 $\boldsymbol{H}$ 的秩，且其最大值为收发天线数目最小一方的数量，即 $r_{\max}=\min(N_{\mathrm{T}},N_{\mathrm{R}})$。从式(10.3.17)可以看出，MIMO 信道可以转换为 $r$ 个虚拟的 SISO 信道，每个信道的发射功率为 $P/N_{\mathrm{T}}$，并且第 $i$ 个 SISO 信道的增益为 $\lambda_{i}$。需要注意的是，式(10.3.17)是式(10.3.9)在 $\gamma_{i}=1,i=1,2,\cdots,r$ 这一特殊情况下的结果。

如果总的信道增益固定不变，如 $\|\boldsymbol{H}\|_{\mathrm{F}}^{2}=\sum_{i=1}^{r}\lambda_{i}=\zeta$，并且 $N_{\mathrm{T}}=N_{\mathrm{R}}=N$，$\boldsymbol{H}$ 是满秩的，$r=N$，那么当所有 SISO 信道有相同的奇异值 $\lambda_{i}=\zeta/N,i=1,2,\cdots,N$ 时，式(10.3.17)的

信道容量最大。此时，信道具有如下特征。

$$\boldsymbol{H}\boldsymbol{H}^{\mathrm{H}}=\boldsymbol{H}^{\mathrm{H}}\boldsymbol{H}=\frac{\zeta}{N}\boldsymbol{I}_N \tag{10.3.18}$$

MIMO 信道容量是每个并行的子信道容量的 $N$ 倍，即

$$C=N\,\mathrm{lb}\left(1+\frac{\zeta P}{N\sigma^2}\right) \tag{10.3.19}$$

2）随机性 MIMO 信道容量

如果 MIMO 信道矩阵是随机的，那么所有 MIMO 信道的瞬时容量也是随机的，此时 MIMO 信道的容量可以通过它的时间平均给出。假设随机信道是遍历过程，考虑 MIMO 信道容量的统计概念

$$\bar{C}=\mathbb{E}[C(\boldsymbol{H})]=\mathbb{E}\left[\max_{\mathrm{tr}(\boldsymbol{R}_{xx})=N_{\mathrm{T}}}\mathrm{lbdet}\left(\boldsymbol{I}_{N_{\mathrm{R}}}+\frac{P}{N_{\mathrm{T}}\sigma^2}\boldsymbol{H}\boldsymbol{R}_{xx}\boldsymbol{H}^{\mathrm{H}}\right)\right] \tag{10.3.20}$$

$\bar{C}$ 通常被称为遍历信道容量（Ergodic Capacity）。例如，对于发射机未知信道状态信息的开环系统，其遍历信道容量为

$$\bar{C}_{\mathrm{OL}}=\mathbb{E}\left[\sum_{i=1}^{r}\mathrm{lb}\left(1+\frac{P}{N_{\mathrm{T}}\sigma^2}\lambda_i\right)\right] \tag{10.3.21}$$

类似地，对于发射机使用信道状态信息的闭环系统，其遍历信道容量为

$$\begin{aligned}\bar{C}_{\mathrm{CL}}&=\mathbb{E}\left[\max_{\sum_{i=1}^{r}p_i=P}\sum_{i=1}^{r}\mathrm{lb}\left(1+\frac{P}{N_{\mathrm{T}}\sigma^2}p_i\lambda_i\right)\right]\\&=\mathbb{E}\left[\sum_{i=1}^{r}\mathrm{lb}\left(1+\frac{P}{N_{\mathrm{T}}\sigma^2}p_i^{\mathrm{opt}}\lambda_i\right)\right]\end{aligned} \tag{10.3.22}$$

其中，$p_i$ 为对第 $i$ 个子信道分配的功率；$p_i^{\mathrm{opt}}$ 为分配的最优功率。

信道容量的另一个统计概念是信道的中断容量。中断容量是指确保 MIMO 系统能够可靠传输的信道容量。换句话说，在一定的概率条件下，MIMO 系统能够保证信息传输的概率是可靠的。中断概率定义为

$$P_{\mathrm{out}}(C_{\mathrm{out}})=\Pr[C(\boldsymbol{H})<C_{\mathrm{out}}] \tag{10.3.23}$$

其中，$C_{\mathrm{out}}$ 为信道的中断容量。

当中断概率 $P_{\mathrm{out}}$ 变大时，对应的中断容量 $C_{\mathrm{out}}$ 也变大。可以根据系统对中断概率的要求确定相应的 $P_{\mathrm{out}}$ 值。

### 10.3.3　多用户 MIMO 系统模型和容量

**1. 系统模型**

MU-MIMO 的下行链路传输系统和上行链路传输系统分别如图 10.3.3(a)和图 10.3.3(b)所示。以下为表述方便，记 $\boldsymbol{H}_k^{\mathrm{H,UL}}=(\boldsymbol{H}_k^{\mathrm{UL}})^{\mathrm{H}}$，$\boldsymbol{H}_k^{\mathrm{H,DL}}=(\boldsymbol{H}_k^{\mathrm{DL}})^{\mathrm{H}}$，$k=1,2,\cdots,K$。

对于一个有 $K$ 个用户的下行 MU-MIMO 系统，若基站端有 $t$ 根发射天线，用户 $k$ 有 $r_k$ 根接收天线，则基站端与第 $k$ 个用户之间的信道增益 $\boldsymbol{H}_k^{\mathrm{DL}}\in\mathbb{C}^{r_k\times t}$。设用户 $k$ 的接收机的加性噪声为 $\boldsymbol{n}_k\in\mathbb{C}^{r_k\times 1}\sim\mathcal{CN}(\boldsymbol{0},\boldsymbol{N}_k)$，下行 MU-MIMO 系统的传输模型可以表示为

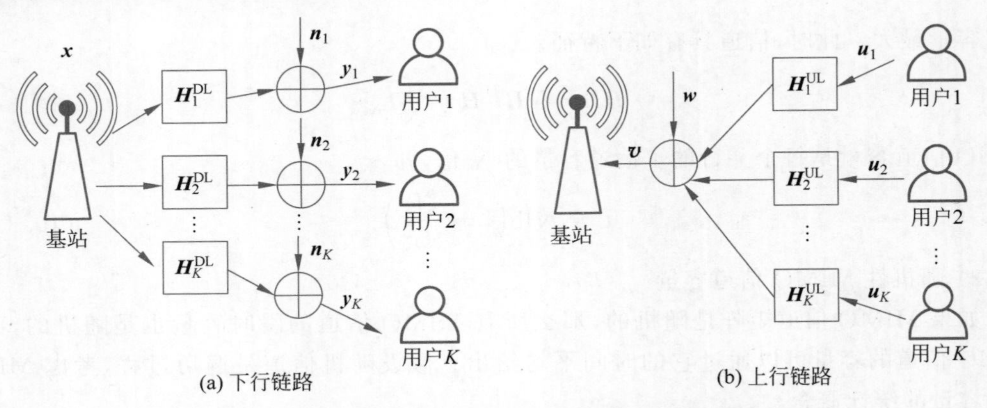


图 10.3.3 MU-MIMO 的下行链路传输系统和上行链路传输系统

$$\begin{bmatrix} \boldsymbol{y}_1 \\ \vdots \\ \boldsymbol{y}_K \end{bmatrix} = \boldsymbol{H}^{\mathrm{DL}} \boldsymbol{x} + \begin{bmatrix} \boldsymbol{n}_1 \\ \vdots \\ \boldsymbol{n}_K \end{bmatrix}, \quad \boldsymbol{H}^{\mathrm{DL}} = \begin{bmatrix} \boldsymbol{H}_1^{\mathrm{DL}} \\ \vdots \\ \boldsymbol{H}_K^{\mathrm{DL}} \end{bmatrix} \tag{10.3.24}$$

其中，$\boldsymbol{x}$ 为基站的发送信号向量，$\boldsymbol{x}=[x_1,x_2,\cdots,x_K]^{\mathrm{T}}$；$\boldsymbol{y}_k$ 为第 $k$ 个用户的接收信号，$k=1,2,\cdots,K$。

对于一个有 $K$ 个用户的上行 MU-MIMO 系统，设基站接收端有 $r$ 根接收天线，任意一个用户 $k$ 有 $r_k$ 根发射天线，则第 $k$ 个用户与接收端之间的上行信道 $\boldsymbol{H}_k^{\mathrm{UL}} \in \mathbb{C}^{r \times r_k}$，$k=1,2,\cdots,K$。接收端噪声为 $\boldsymbol{w} \in \mathbb{C}^{r \times 1} \sim \mathcal{CN}(0,N)$。上行 MU-MIMO 系统的接收信号模型可以表示为

$$\boldsymbol{v} = \boldsymbol{H}^{\mathrm{UL}} \begin{bmatrix} \boldsymbol{u}_1 \\ \vdots \\ \boldsymbol{u}_K \end{bmatrix} + \boldsymbol{w}, \quad \boldsymbol{H}^{\mathrm{UL}} = [\boldsymbol{H}_1^{\mathrm{UL}},\cdots,\boldsymbol{H}_K^{\mathrm{UL}}] \tag{10.3.25}$$

其中，$\boldsymbol{v}$ 为接收端的接收信号；$\boldsymbol{u}_k \in \mathbb{C}^{r_k \times 1}$，$k=1,2,\cdots,K$ 为第 $k$ 个用户的发送信号向量。

**2. MU-MIMO 信道容量**

多用户 MIMO 信道容量公式推导用到了信息论、矩阵分析等相关内容，本节给出多用户 MIMO 系统的下行多天线广播信道、上行多天线多址信道的容量区域。

1) 下行 MIMO 广播信道的容量区域

在下行 MU-MIMO 系统中，用户 $k$ 的接收信号为

$$\boldsymbol{y}_k = \boldsymbol{H}_k^{\mathrm{DL}} \boldsymbol{x}_k + \sum_{j=1,j\neq k}^{K} \boldsymbol{H}_k^{\mathrm{DL}} \boldsymbol{x}_j + \boldsymbol{n}_k \tag{10.3.26}$$

其中，$\sum_{j=1,j\neq k}^{K} \boldsymbol{H}_k^{\mathrm{DL}} \boldsymbol{x}_j$ 为其他用户对用户 $k$ 的干扰。令 $\boldsymbol{Q}_k = \mathbb{E}[\boldsymbol{x}_k \boldsymbol{x}_k^{\mathrm{H}}]$，若假设 $\boldsymbol{x}_j\ (j\neq k)$ 服从高斯分布且不对干扰 $\boldsymbol{H}_k^{\mathrm{DL}} \boldsymbol{x}_j$ 作任何处理，用户 $k$ 所能获得的速率为

$$\begin{aligned} R_k &= \max_{\boldsymbol{Q}_k:\ \mathrm{tr}(\boldsymbol{Q}_k)\leqslant P_k} I(\boldsymbol{y};\boldsymbol{x} \mid \boldsymbol{H}) \\ &= \max_{\boldsymbol{Q}_k:\ \mathrm{tr}(\boldsymbol{Q}_k)\leqslant P_k} \mathrm{lb} \left| \frac{\boldsymbol{N}_k + \boldsymbol{H}_k^{\mathrm{DL}} \left(\sum_{k=1}^{K} \boldsymbol{Q}_k\right) \boldsymbol{H}_k^{\mathrm{H,DL}}}{\boldsymbol{N}_k + \boldsymbol{H}_k^{\mathrm{DL}} \left(\sum_{j=1,j\neq k}^{K} \boldsymbol{Q}_j\right) \boldsymbol{H}_k^{\mathrm{H,DL}}} \right| \end{aligned} \tag{10.3.27}$$

其中，$P_k$ 为用户 $k$ 的发射功率；$\boldsymbol{Q}_k$ 为发送信号的协方差矩阵；$\boldsymbol{N}_k$ 为接收噪声的协方差矩阵。

2）上行 MIMO 多址信道的容量区域

对于一个有 $K$ 个用户的上行 MU-MIMO 系统，设各用户之间的输入信号 $x_k$ 互相独立，输入信号 $X(\Omega)$ 服从高斯分布时，上行高斯多址信道的容量区域为

$$C_{\mathrm{MAC}}(P_{1,2,\cdots,K},\boldsymbol{H}^{\mathrm{UL}},\boldsymbol{N})$$
$$\triangleq \bigcup_{\substack{\mathrm{tr}(\boldsymbol{Z}_k)\leqslant P_k\\ \boldsymbol{Z}_k\geq 0}}\left\{(R_1,R_2,\cdots,R_K)\mid \sum_{j\in\Omega}R_j\leqslant \mathrm{lb}\left|\frac{\boldsymbol{N}+\sum\limits_{j\in\Omega}\boldsymbol{H}_j^{\mathrm{UL}}\boldsymbol{Z}_j\boldsymbol{H}_j^{\mathrm{H,UL}}}{\boldsymbol{N}}\right|,\forall\Omega\subseteq\{1,2,\cdots,K\}\right\}$$

(10.3.28)

其中，$R_j$ 和 $\boldsymbol{Z}_j$ 分别为用户 $j$ 的传输速率和发送信号的协方差矩阵。MIMO 多址接入信道的容量域上的每个边界点对应着用户的一组最优协方差矩阵 $\{\boldsymbol{Z}_1,\boldsymbol{Z}_2,\cdots,\boldsymbol{Z}_K\}$。

回顾 4.4 节的分析，在发射端使用多天线通信时存在着天线之间的干扰，若不通过波束成形等加以克服，则会影响 MIMO 信道容量。在非线性编码的脏纸编码理论中，揭示了如下结论：若发射端在发射信号之前就已知干扰信号，则可以调整其发射信号，使干扰信号不对信道容量产生影响。

对于一个单用户 MIMO 系统，设其信道为 $\boldsymbol{H}$，高斯干扰的协方差矩阵为 $\boldsymbol{F}$，高斯噪声的协方差矩阵为 $\boldsymbol{N}$，则其等效信道为 $(\boldsymbol{F}+\boldsymbol{N})^{-1/2}\boldsymbol{H}$。这是因为

$$\begin{aligned}\mathrm{lb}\left|\frac{\boldsymbol{N}+\boldsymbol{F}+\boldsymbol{HQH}^{\mathrm{H}}}{\boldsymbol{N}+\boldsymbol{F}}\right| &= \mathrm{lb}\mid \boldsymbol{I}+(\boldsymbol{N}+\boldsymbol{F})^{-1}\boldsymbol{HQH}^{\mathrm{H}}\mid \\ &= \mathrm{lb}\mid \boldsymbol{I}+(\boldsymbol{N}+\boldsymbol{F})^{-1/2}\boldsymbol{HQH}^{\mathrm{H}}[(\boldsymbol{N}+\boldsymbol{F})^{-1/2}]^{\mathrm{H}}\mid\end{aligned}$$

(10.3.29)

接着考虑一个多址信道，若接收端一次解码用户 $1,2,\cdots,K$ 的信息，对于用户 $k$，其受到的干扰来自还未解码的用户 $k+1,k+2,\cdots,K$，定义

$$\boldsymbol{A}_k \triangleq \boldsymbol{I}+\boldsymbol{H}_k\left(\sum_{j=1}^{k-1}\boldsymbol{Q}_j\right)\boldsymbol{H}_k^{\mathrm{H}} \tag{10.3.30}$$

$$\boldsymbol{B}_k \triangleq \boldsymbol{I}+\sum_{j=k+1}^{K}\boldsymbol{H}_j^{\mathrm{H}}\boldsymbol{Z}_j\boldsymbol{H}_j \tag{10.3.31}$$

则用户 $k$ 的速率可以表示为

$$\begin{aligned}R_k &= \mathrm{lb}\left|\frac{\boldsymbol{I}+\sum\limits_{j=k}^{K}\boldsymbol{H}_j^{\mathrm{H}}\boldsymbol{Z}_j\boldsymbol{H}_j}{\boldsymbol{I}+\sum\limits_{j=k+1}^{K}\boldsymbol{H}_j^{\mathrm{H}}\boldsymbol{Z}_j\boldsymbol{H}_j}\right| \\ &= \mathrm{lb}\left|\left(\boldsymbol{I}+\sum_{j=k+1}^{K}\boldsymbol{H}_j^{\mathrm{H}}\boldsymbol{Z}_j\boldsymbol{H}_j\right)^{-1}\boldsymbol{H}_k^{\mathrm{H}}\boldsymbol{Z}_k\boldsymbol{H}_k\right| \\ &= \mathrm{lb}\mid \boldsymbol{I}+\boldsymbol{B}_k^{-1}\boldsymbol{H}_k^{\mathrm{H}}\boldsymbol{Z}_k\boldsymbol{H}_k\mid\end{aligned} \tag{10.3.32}$$

再考虑一个广播信道，利用脏纸编码方法依次为用户 $K,K-1,\cdots,1$ 进行编码，则用户 $k$ 的速率为

$$R_k = \mathrm{lb}\left|\frac{\boldsymbol{I}+\sum_{j=1}^{k}\boldsymbol{H}_j^{\mathrm{H}}\boldsymbol{Z}_j\boldsymbol{H}_j}{\boldsymbol{I}+\sum_{j=1}^{k-1}\boldsymbol{H}_j^{\mathrm{H}}\boldsymbol{Z}_j\boldsymbol{H}_j}\right| = \mathrm{lb}\mid \boldsymbol{I}+\boldsymbol{A}_k^{-1}\boldsymbol{H}_k\boldsymbol{Q}_k\boldsymbol{H}_k^{\mathrm{H}}\mid \tag{10.3.33}$$

## 10.3.4 多用户 MIMO 系统资源分配

多用户 MIMO 系统的无线资源调度的研究，大多以最大化系统容量为优化目标，研究特定传输技术下的天线选择、用户选择、波束成形和功率分配技术。本节介绍一些典型的 MU-MIMO 系统的资源调度优化问题模型及算法。

**1. 上行 MU-MIMO 系统和速率最大化**

本节将介绍获得最大和速率的功率分配方法，并且设上行信道的协方差矩阵表示发射信号的空间传输方向以及在该空间方向的功率分配。

考虑一个有 $K$ 个用户同时通信的上行 MU-MIMO 系统，MIMO 高斯多址信道的和速率最大化问题可以表示为

$$\max \mathrm{lb}\left|\boldsymbol{N}+\sum_{k=1}^{K}\boldsymbol{H}_k^{\mathrm{UL}}\boldsymbol{Z}_k\boldsymbol{H}_k^{\mathrm{H,UL}}\right| - \mathrm{lb}\mid\boldsymbol{N}\mid \tag{10.3.34a}$$

$$\text{s.t. } \mathrm{tr}(\boldsymbol{Z}_k)\leqslant P_k,\quad k=1,2,\cdots,K \tag{10.3.34b}$$

$$\boldsymbol{Z}_k \geq 0,\quad k=1,2,\cdots,K \tag{10.3.34c}$$

式(10.3.34)的优化问题为一个凸优化问题，其中目标函数是一个凹函数；优化变量 $\{\boldsymbol{Z}_k\}_{k=1}^{K}$ 为满足功率限制的半正定矩阵，即优化的可行集合为一个凸集。这个凸优化问题的拉格朗日函数为

$$L(\boldsymbol{Z}_k,\lambda_k,\boldsymbol{\psi}_k) = \mathrm{lb}\left|\boldsymbol{N}+\sum_{k=1}^{K}\boldsymbol{H}_k^{\mathrm{UL}}\boldsymbol{Z}_k\boldsymbol{H}_k^{\mathrm{H,UL}}\right| - \mathrm{lb}\mid\boldsymbol{N}\mid - \sum_{k=1}^{K}\lambda_k(\mathrm{tr}(\boldsymbol{Z}_k)-P_k)+\sum_{k=1}^{K}\mathrm{tr}(\boldsymbol{Z}_k\boldsymbol{\psi}_k) \tag{10.3.35}$$

其中，$\lambda_k$ 和 $\psi_k$ 分别为功率限制和半正定矩阵限制所对应的拉格朗日系数。这个拉格朗日函数的 KKT 条件为

$$\begin{cases}\lambda_k\boldsymbol{I}=\boldsymbol{H}_k^{\mathrm{H,UL}}\left(\boldsymbol{N}+\sum_{k=1}^{K}\boldsymbol{H}_k^{\mathrm{UL}}\boldsymbol{Z}_k\boldsymbol{H}_k^{\mathrm{H,UL}}\right)^{-1}\boldsymbol{H}_k^{\mathrm{UL}}+\boldsymbol{\psi}_k \\ \mathrm{tr}(\boldsymbol{Z}_k)=P_k \\ \mathrm{tr}(\boldsymbol{Z}_k\boldsymbol{\psi}_k)=0 \\ \boldsymbol{\psi}_k,\lambda_k,\boldsymbol{Z}_k\geq 0\end{cases} \tag{10.3.36}$$

若将 $\sum_{k=1,k\neq j}^{K}\boldsymbol{H}_k^{\mathrm{UL}}\boldsymbol{Z}_k\boldsymbol{H}_k^{\mathrm{H,UL}}$ 视为对用户 $j$ 的高斯干扰，当用户 $j$ 的最优协方差矩阵 $\hat{\boldsymbol{Z}}_j$ 最大化等效信道为 $\boldsymbol{H}_k^{\mathrm{H,UL}}\left(\boldsymbol{N}+\sum_{k=1,k\neq j}^{K}\boldsymbol{H}_k^{\mathrm{UL}}\boldsymbol{Z}_k\boldsymbol{H}_k^{\mathrm{H,UL}}\right)^{-1/2}$ 的单用户 MIMO 信道容量时，满足上述优化 $k=j$ 的 KKT 条件。单用户 MIMO 信道容量可由 10.3.2 节获得。其主要步骤是

对等效信道进行奇异值分解；通过发射端和接收端对信号的处理，使 MIMO 信道转变为一系列并行信道；在该并行信道上使用注水法则进行功率分配。

由此可知，对于一组$\{\hat{\boldsymbol{Z}}_k\}_{k=1}^K$，若对于任意用户 $j$，其协方差矩阵$\hat{\boldsymbol{Z}}_j$ 最大化等效信道为 $\boldsymbol{H}_k^{\mathrm{H,UL}}\left(\boldsymbol{N}+\sum\limits_{k=1,k\neq j}^{K}\boldsymbol{H}_k^{\mathrm{UL}}\boldsymbol{Z}_k\boldsymbol{H}_k^{\mathrm{H,UL}}\right)^{-1/2}$ 的单用户 MIMO 信道容量，则$\{\hat{\boldsymbol{Z}}_k\}_{k=1}^K$ 满足拉格朗日函数 $L(\boldsymbol{Z}_k,\lambda_k,\boldsymbol{\psi}_k)$ 的 KKT 条件。因此，$\{\hat{\boldsymbol{Z}}_k\}_{k=1}^K$ 可以最大化高斯多址信道的和速率。

根据这个结论，可以使用如下迭代注水算法获得高斯多址信道的最大和速率，以及一组最优的输入信号协方差矩阵$\{\hat{\boldsymbol{Z}}_k\}_{k=1}^K$。这个优化方法的具体过程如算法 10.3.1 所示。

[算法 **10.3.1**]　最大化高斯多址信道的和速率的迭代注水算法

输入：用户的信道状态信息

输出：最大和速率，最优的输入信号协方差矩阵$\{\hat{\boldsymbol{Z}}_k\}_{k=1}^K$

步骤 1：for $k=1:K$，令 $\boldsymbol{z}_k=0$

步骤 2：for $k=1:K$

令$\widetilde{\boldsymbol{H}}_k=\boldsymbol{H}_k^{\mathrm{H,UL}}\left(\boldsymbol{N}+\sum\limits_{k=1,k\neq j}^{K}\boldsymbol{H}_k^{\mathrm{UL}}\boldsymbol{Z}_k\boldsymbol{H}_k^{\mathrm{H,UL}}\right)^{-1/2}$

令 $\boldsymbol{Z}_k=\operatorname{argmax}\ \mathrm{lb}\left|\boldsymbol{I}+\sum\limits_{k=1,k\neq j}^{K}\widetilde{\boldsymbol{H}}_k^{\mathrm{UL}}\boldsymbol{Z}_k\widetilde{\boldsymbol{H}}_k^{\mathrm{H,UL}}\right|$，使用 10.3.2 节方法得到单用户 MIMO 信道容量对应的输入信号协方差矩阵

end

步骤 3：判断是否收敛，若否，返回步骤 2；若是，算法结束

该迭代注水算法对于任意的起始协方差矩阵都能收敛至最大的和速率。

**2. 下行 MU-MIMO 系统和速率最大化**

由于一个多天线高斯广播信道与一个具有总功率限制的多天线高斯多址信道的容量区域是对偶的，因此多天线高斯广播信道的和速率最大化可表示为

$$\begin{aligned}
&\max\ \mathrm{lb}\left|\boldsymbol{N}+\sum_{k=1}^{K}\boldsymbol{H}_k^{\mathrm{DL}}\boldsymbol{Z}_k\boldsymbol{H}_k^{\mathrm{H,DL}}\right|-\mathrm{lb}\mid\boldsymbol{N}\mid\\
&\text{s.t.}\sum_{k=1}^{K}\mathrm{tr}(\boldsymbol{Z}_k)\leqslant P,\quad k=1,2,\cdots,K\\
&\qquad\boldsymbol{Z}_k\geq 0,\quad k=1,2,\cdots,K
\end{aligned}\tag{10.3.37}$$

该优化问题与上行多天线高斯多址信道和速率最大化的差别仅在于功率限制条件。由于总功率限制条件的存在，不同用户之间可以共享功率，因此可在迭代注水算法的每个循环中同时对 $K$ 个用户的$\{\boldsymbol{Z}_k\}_{k=1}^K$ 进行更新。

针对式(10.3.37)的优化问题，以 $K=3$ 为例说明求解过程。定义 $\boldsymbol{A}_i,\boldsymbol{B}_i,\boldsymbol{C}_i,i=1,2,3$，此时，优化问题为

$$\max\frac{1}{3}\mathrm{lb}\mid\boldsymbol{N}+\boldsymbol{H}_1^{\mathrm{DL}}\boldsymbol{A}_1\boldsymbol{H}_1^{\mathrm{H,DL}}+\boldsymbol{H}_2^{\mathrm{DL}}\boldsymbol{B}_2\boldsymbol{H}_2^{\mathrm{H,DL}}+\boldsymbol{H}_3^{\mathrm{DL}}\boldsymbol{C}_3\boldsymbol{H}_3^{\mathrm{H,DL}}\mid+$$

$$\frac{1}{3}\mathrm{lb}\mid\boldsymbol{N}+\boldsymbol{H}_1^{\mathrm{DL}}\boldsymbol{B}_1\boldsymbol{H}_1^{\mathrm{H,DL}}+\boldsymbol{H}_2^{\mathrm{DL}}\boldsymbol{C}_2\boldsymbol{H}_2^{\mathrm{H,DL}}+\boldsymbol{H}_3^{\mathrm{DL}}\boldsymbol{A}_3\boldsymbol{H}_3^{\mathrm{H,DL}}\mid+$$

$$\frac{1}{3}\mathrm{lb}\mid \boldsymbol{N}+\boldsymbol{H}_1^{\mathrm{DL}}\boldsymbol{C}_1\boldsymbol{H}_1^{\mathrm{H,DL}}+\boldsymbol{H}_2^{\mathrm{DL}}\boldsymbol{A}_2\boldsymbol{H}_2^{\mathrm{H,DL}}+\boldsymbol{H}_3^{\mathrm{DL}}\boldsymbol{B}_3\boldsymbol{H}_3^{\mathrm{H,DL}}\mid-\mathrm{lb}\mid\boldsymbol{N}\mid \tag{10.3.38a}$$

$$\text{s.t. } \mathrm{tr}(\boldsymbol{A}_1+\boldsymbol{A}_2+\boldsymbol{A}_3)\leqslant P \tag{10.3.38b}$$

$$\mathrm{tr}(\boldsymbol{B}_1+\boldsymbol{B}_2+\boldsymbol{B}_3)\leqslant P \tag{10.3.38c}$$

$$\mathrm{tr}(\boldsymbol{C}_1+\boldsymbol{C}_2+\boldsymbol{C}_3)\leqslant P \tag{10.3.38d}$$

$$\boldsymbol{A}_1,\boldsymbol{A}_2,\boldsymbol{A}_3,\boldsymbol{B}_1,\boldsymbol{B}_2,\boldsymbol{B}_3,\boldsymbol{C}_1,\boldsymbol{C}_2,\boldsymbol{C}_3\geq 0 \tag{10.3.38e}$$

若令

$$\boldsymbol{A}_1=\boldsymbol{B}_1=\boldsymbol{C}_1=\boldsymbol{Z}_1,\quad \boldsymbol{A}_2=\boldsymbol{B}_2=\boldsymbol{C}_2=\boldsymbol{Z}_2,\quad \boldsymbol{A}_3=\boldsymbol{B}_3=\boldsymbol{C}_3=\boldsymbol{Z}_3$$

则有

$$\boldsymbol{Z}_1=(\boldsymbol{A}_1+\boldsymbol{B}_1+\boldsymbol{C}_1)/3,\quad \boldsymbol{Z}_2=(\boldsymbol{A}_2+\boldsymbol{B}_2+\boldsymbol{C}_2)/3,\quad \boldsymbol{Z}_3=(\boldsymbol{A}_3+\boldsymbol{B}_3+\boldsymbol{C}_3)/3$$

式(10.3.38)的优化问题等同于式(10.3.37)的优化问题。这是因为 lb|·|为凹函数,可得

$$\begin{aligned}
&\mathrm{lb}\mid \boldsymbol{N}+\boldsymbol{H}_1^{\mathrm{DL}}\boldsymbol{Z}_1\boldsymbol{H}_1^{\mathrm{H,DL}}+\boldsymbol{H}_2^{\mathrm{DL}}\boldsymbol{Z}_2\boldsymbol{H}_2^{\mathrm{H,DL}}+\boldsymbol{H}_3^{\mathrm{DL}}\boldsymbol{Z}_3\boldsymbol{H}_3^{\mathrm{H,DL}}\mid\geqslant\\
&\frac{1}{3}\mathrm{lb}\mid \boldsymbol{N}+\boldsymbol{H}_1^{\mathrm{DL}}\boldsymbol{A}_1\boldsymbol{H}_1^{\mathrm{H,DL}}+\boldsymbol{H}_2^{\mathrm{DL}}\boldsymbol{B}_2\boldsymbol{H}_2^{\mathrm{H,DL}}+\boldsymbol{H}_3^{\mathrm{DL}}\boldsymbol{C}_3\boldsymbol{H}_3^{\mathrm{H,DL}}\mid+\\
&\frac{1}{3}\mathrm{lb}\mid \boldsymbol{N}+\boldsymbol{H}_1^{\mathrm{DL}}\boldsymbol{B}_1\boldsymbol{H}_1^{\mathrm{H,DL}}+\boldsymbol{H}_2^{\mathrm{DL}}\boldsymbol{C}_2\boldsymbol{H}_2^{\mathrm{H,DL}}+\boldsymbol{H}_3^{\mathrm{DL}}\boldsymbol{A}_3\boldsymbol{H}_3^{\mathrm{H,DL}}\mid+\\
&\frac{1}{3}\mathrm{lb}\mid \boldsymbol{N}+\boldsymbol{H}_1^{\mathrm{DL}}\boldsymbol{C}_1\boldsymbol{H}_1^{\mathrm{H,DL}}+\boldsymbol{H}_2^{\mathrm{DL}}\boldsymbol{A}_2\boldsymbol{H}_2^{\mathrm{H,DL}}+\boldsymbol{H}_3^{\mathrm{DL}}\boldsymbol{B}_3\boldsymbol{H}_3^{\mathrm{H,DL}}\mid
\end{aligned}$$

因此,式(10.3.38)的最优值不低于式(10.3.37)的最优值。综上可得,式(10.3.37)和式(10.3.38)具有相同的最优值。

对于一定的 $\boldsymbol{B}=(\boldsymbol{B}_1,\boldsymbol{B}_2,\boldsymbol{B}_3)$ 和 $\boldsymbol{C}=(\boldsymbol{C}_1,\boldsymbol{C}_2,\boldsymbol{C}_3)$,式(10.3.38)的优化问题等价于

$$\begin{aligned}
&\max\frac{1}{3}\sum_{j=1}^{3}\mathrm{lb}\mid \boldsymbol{I}+\widetilde{\boldsymbol{H}}_j^{\mathrm{H}}\boldsymbol{A}_j\widetilde{\boldsymbol{H}}_j\mid\\
&\text{s.t. } \mathrm{tr}(\boldsymbol{A}_1+\boldsymbol{A}_2+\boldsymbol{A}_3)\leqslant \boldsymbol{P}\\
&\boldsymbol{A}_1,\boldsymbol{A}_2,\boldsymbol{A}_3\geq 0
\end{aligned}\tag{10.3.39}$$

其中,

$$\begin{aligned}
\widetilde{\boldsymbol{H}}_1&=\boldsymbol{H}_1^{\mathrm{DL}}(\boldsymbol{N}+\boldsymbol{H}_2^{\mathrm{DL}}\boldsymbol{B}_2\boldsymbol{H}_2^{\mathrm{H,DL}}+\boldsymbol{H}_3^{\mathrm{DL}}\boldsymbol{C}_3\boldsymbol{H}_3^{\mathrm{H,DL}})^{-1/2}\\
\widetilde{\boldsymbol{H}}_2&=\boldsymbol{H}_2^{\mathrm{DL}}(\boldsymbol{N}+\boldsymbol{H}_1^{\mathrm{H,DL}}\boldsymbol{C}_1\boldsymbol{H}_1^{\mathrm{DL}}+\boldsymbol{H}_3^{\mathrm{H,DL}}\boldsymbol{B}_3\boldsymbol{H}_3^{\mathrm{DL}})^{-1/2}\\
\widetilde{\boldsymbol{H}}_3&=\boldsymbol{H}_3^{\mathrm{DL}}(\boldsymbol{N}+\boldsymbol{H}_1^{\mathrm{H,DL}}\boldsymbol{B}_1\boldsymbol{H}_1^{\mathrm{DL}}+\boldsymbol{H}_2^{\mathrm{H,DL}}\boldsymbol{C}_2\boldsymbol{H}_2^{\mathrm{DL}})^{-1/2}
\end{aligned}$$

式(10.3.39)的优化问题等同于单用户 MIMO 信道 $\widetilde{\boldsymbol{H}}=\mathrm{diag}(\widetilde{\boldsymbol{H}}_1,\widetilde{\boldsymbol{H}}_2,\widetilde{\boldsymbol{H}}_3)$ 的优化问题,优化变量为 $\boldsymbol{A}=\mathrm{diag}(\boldsymbol{A}_1,\boldsymbol{A}_2,\boldsymbol{A}_3)$。因此,可以通过 10.3.2 节介绍的方法,获得最优解 $\widetilde{\widetilde{\boldsymbol{A}}}$,再令 $\boldsymbol{A}_1=\widetilde{\widetilde{\boldsymbol{A}}}_1,\boldsymbol{A}_2=\widetilde{\widetilde{\boldsymbol{A}}}_2,\boldsymbol{A}_3=\widetilde{\widetilde{\boldsymbol{A}}}_3$,固定 $\boldsymbol{A}=(\boldsymbol{A}_1,\boldsymbol{A}_2,\boldsymbol{A}_3)$ 和 $\boldsymbol{C}=(\boldsymbol{C}_1,\boldsymbol{C}_2,\boldsymbol{C}_3)$,对 $\boldsymbol{B}=(\boldsymbol{B}_1,\boldsymbol{B}_2,\boldsymbol{B}_3)$ 使用单用户 MIMO 信道进行优化,得到最优解后更新 $\boldsymbol{B}=(\boldsymbol{B}_1,\boldsymbol{B}_2,\boldsymbol{B}_3)$。同理,固定 $\boldsymbol{A}=(\boldsymbol{A}_1,\boldsymbol{A}_2,\boldsymbol{A}_3)$ 和 $\boldsymbol{B}=(\boldsymbol{B}_1,\boldsymbol{B}_2,\boldsymbol{B}_3)$,对 $\boldsymbol{C}=(\boldsymbol{C}_1,\boldsymbol{C}_2,\boldsymbol{C}_3)$ 使用单用户 MIMO 信道进行优化,得到最优解后更新 $\boldsymbol{C}=(\boldsymbol{C}_1,\boldsymbol{C}_2,\boldsymbol{C}_3)$。依次再对 $\boldsymbol{A},\boldsymbol{B},\boldsymbol{C},\boldsymbol{A},\boldsymbol{B},\boldsymbol{C},\boldsymbol{A},\boldsymbol{B},\boldsymbol{C},\cdots$ 进行更新。由于式(10.3.35)优化问题为凸优化,这个过程可以收敛至最优和速率。

将该迭代注水算法推广至任意的 $K$,即为算法 10.3.2。

[算法 10.3.2] 总功率受限的 MU-MIMO 系统功率分配(迭代注水算法 1)

输入:各用户的信道状态信息

输出:用户在天线上的发射功率

步骤 1:对于所有用户 $k$,令 $\boldsymbol{Z}_k^{(n)}=P/\sum_{j=1}^{K}r_j\boldsymbol{I},k=1,2,\cdots,K,n=-K+2,\cdots,-1,0$

步骤 2:for $k=1:K$

令 $\widetilde{\boldsymbol{H}}_k=\boldsymbol{H}_k\left(\boldsymbol{I}+\sum_{j=1,k\neq j}^{K-1}\boldsymbol{H}_{[i+j]_k}\boldsymbol{Z}_{[i+j]_k}^{(n-k+j)}\boldsymbol{H}_{[i+j]_k}^{\mathrm{H}}\right)^{-1/2}$

令 $\{\boldsymbol{Z}_k^{(n)}\}_{k=1}^{K}=\underset{\sum_{k=1}^{K}\mathrm{tr}(\boldsymbol{Z}_k)\leqslant P}{\operatorname{argmax}}\sum_{k=1}^{K}\mathrm{lb}\mid\boldsymbol{I}+(\widetilde{\boldsymbol{H}}_k)\boldsymbol{Z}_k\widetilde{\boldsymbol{H}}_k^{\mathrm{H}}\mid$,使用 10.3.2 节的方法得到

单用户 MIMO 信道 $\widetilde{\boldsymbol{H}}=\mathrm{diag}(\widetilde{\boldsymbol{H}}_1,\widetilde{\boldsymbol{H}}_2,\cdots,\widetilde{\boldsymbol{H}}_k)$容量对应的输入信号协方差矩阵

end

步骤 3:判断和速率是否收敛,若是,结束;若否,返回步骤 2。

该算法在循环 $n$ 次中,需要使用前 $K-1$ 个循环中计算得到的$\{\boldsymbol{Z}_k^{(n)}\}_{k=1}^{K}$。因此,需要存储 $K(K-1)$个矩阵。为了减少存储量,可使用如下总功率限制迭代注水算法。

[算法 10.3.3] 总功率受限的 MU-MIMO 系统功率分配(迭代注水算法 2)

输入:各用户的信道状态信息

输出:用户在天线上的发射功率

步骤 1:对于所有用户 $k$,令 $\boldsymbol{Z}_k^{(n)}=P/\sum_{j=1}^{K}r_j\boldsymbol{I},k=1,2,\cdots,K,n=-K+2,\cdots,-1,0$

步骤 2:for $k=1:K$

令 $\widetilde{\boldsymbol{H}}_k=\boldsymbol{H}_k\left(\boldsymbol{I}+\sum_{j=1,k\neq j}^{K-1}\boldsymbol{H}_{[i+j]_k}\boldsymbol{Z}_{[i+j]_k}^{(n-k+j)}\boldsymbol{H}_{[i+j]_k}^{\mathrm{H}}\right)^{-1/2}$

令 $\{\boldsymbol{W}_k^{(n)}\}_{k=1}^{K}=\underset{\sum_{k=1}^{K}\mathrm{tr}(\boldsymbol{W}_k)\leqslant P}{\operatorname{argmax}}\sum_{k=1}^{K}\mathrm{lb}\mid\boldsymbol{I}+(\widetilde{\boldsymbol{H}}_k)\boldsymbol{W}_k\widetilde{\boldsymbol{H}}_k^{\mathrm{H}}\mid$,即使用 10.3.2 节的方法得到单用户 MIMO 信道$\widetilde{\boldsymbol{H}}=\mathrm{diag}(\widetilde{\boldsymbol{H}}_1,\widetilde{\boldsymbol{H}}_2,\cdots,\widetilde{\boldsymbol{H}}_k)$容量对应的输入信号协方差矩阵

令 $\boldsymbol{Z}_k^{(n)}=\frac{1}{K}\boldsymbol{W}_k^{(n)}+\frac{K-1}{K}\boldsymbol{Z}_k^{(n-1)},k=1,2,\cdots,K$

end

步骤 3:判断和速率是否收敛,若是,结束;若否,返回步骤 2

可以证明,总功率受限的迭代注水算法 10.3.3 收敛至最优和速率,并且在每个循环的计算仅需使用上一个循环的$\{\boldsymbol{Z}_k^{(n-1)}\}_{k=1}^{K}$,即仅需存储 $K$ 个矩阵。然而,它的收敛速度慢于算法 10.3.2。

式(10.3.37)的优化问题也可以通过其对偶优化求解。若引入$\{\boldsymbol{P}_k\}_{k=1}^{K}$,则式(10.3.37)的优化问题等同于优化问题

$$\max\ \mathrm{lb}\left|\boldsymbol{N}+\sum_{k=1}^{K}\boldsymbol{H}_k^{\mathrm{DL}}\boldsymbol{Z}_k\boldsymbol{H}_k^{\mathrm{H,DL}}\right|-\mathrm{lb}\mid\boldsymbol{N}\mid$$

$$\text{s.t.} \sum_{k=1}^{K} \text{tr}(\boldsymbol{Z}_k) \leqslant P, \quad k=1,2,\cdots,K$$
$$\boldsymbol{Z}_k \succeq 0, \quad k=1,2,\cdots,K$$
$$\sum_{k=1}^{K} P_k \leqslant P \tag{10.3.40}$$

式(10.3.40)优化问题的拉格朗日函数为

$$L(\boldsymbol{Z}_{1,2,\cdots,K}, P_{1,2,\cdots,K}, \lambda) = \text{lb}\left|\boldsymbol{N} + \sum_{k=1}^{K} \boldsymbol{H}_k^{\text{DL}} \boldsymbol{Z}_k \boldsymbol{H}_k^{\text{H,DL}}\right| - \text{lb}\mid \boldsymbol{N}\mid - \lambda\left(\sum_{k=1}^{K} P_k - P\right) \tag{10.3.41}$$

其对偶优化问题为

$$\max L(\boldsymbol{Z}_{1,2,\cdots,K}, P_{1,2,\cdots,K}, \lambda)$$
$$\text{s.t.} \sum_{k=1}^{K} \text{tr}(\boldsymbol{Z}_k) \leqslant P_k, \quad k=1,2,\cdots,K$$
$$\boldsymbol{Z}_k \succeq 0, \quad k=1,2,\cdots,K \tag{10.3.42}$$

式(10.3.42)的优化问题有独立的功率限制条件,因此可以使用10.3.4节中的迭代注水算法获得最优解。若固定一个循环中的$\{(\boldsymbol{Z}_k, \boldsymbol{P}_k)\}_{k=2}^{K}$,设

$$\widetilde{\boldsymbol{H}}_1 = \boldsymbol{H}_1^{\text{H,DL}} \left(\boldsymbol{N} + \sum_{k=2}^{K} \boldsymbol{H}_k^{\text{DL}} \boldsymbol{Z}_k \boldsymbol{H}_k^{\text{H,DL}}\right)^{-1/2}$$

则式(10.3.42)的优化问题等价于

$$\max \text{lb}\mid \boldsymbol{I} + \widetilde{\boldsymbol{H}}_1 \boldsymbol{Z}_1 \widetilde{\boldsymbol{H}}_1^{\text{H}} \mid - \lambda P_1$$
$$\text{s.t.} \sum_{k=1}^{K} \text{tr}(\boldsymbol{Z}_1) \leqslant P$$
$$\boldsymbol{Z}_1 \succeq 0 \tag{10.3.43}$$

对$\widetilde{\boldsymbol{H}}_1$进行奇异值分解,得到$\widetilde{\boldsymbol{H}}_1 = \boldsymbol{U\Lambda V}^{\text{H}}$,则

$$\begin{aligned} \text{lb}\mid \boldsymbol{I} + \widetilde{\boldsymbol{H}}_1 \boldsymbol{Z}_1 \widetilde{\boldsymbol{H}}_1^{\text{H}} \mid - \lambda P_1 &= \text{lb}\mid \boldsymbol{I} + \boldsymbol{U\Lambda V}^{\text{H}} \boldsymbol{Z}_1 \boldsymbol{V\Lambda}^{\text{H}} \boldsymbol{U}^{\text{H}} \mid - \lambda \boldsymbol{P}_1 \\ &= \text{lb}\mid \boldsymbol{I} + \mid \boldsymbol{\Lambda} \mid^2 \bar{\boldsymbol{Z}}_1 \mid - \lambda P_1 \end{aligned} \tag{10.3.44}$$

其中,$\bar{\boldsymbol{Z}}_1 = \boldsymbol{V}^{\text{H}} \boldsymbol{Z}_1 \boldsymbol{V}$。令$\bar{\boldsymbol{Z}}_1$为对角矩阵$\bar{\boldsymbol{Z}}_1 = \text{diag}(z_1, z_2, \cdots, z_{r_1})$,且$\text{tr}(\bar{\boldsymbol{Z}}_1) \leqslant P_1$,则

$$\text{lb}\mid \boldsymbol{I} + \widetilde{\boldsymbol{H}}_1 \boldsymbol{Z}_1 \widetilde{\boldsymbol{H}}_1^{\text{H}} \mid - \lambda P_1 = \sum_{i=1}^{r_1} \text{lb}(1 + z_i \gamma_i) - \lambda P_1 \tag{10.3.45}$$

其中,$\mid \boldsymbol{\Lambda} \mid^2 = \text{diag}(\gamma_1, \gamma_2, \cdots, \gamma_K)$,可得最优解为

$$\tilde{z}_i = [\lambda^{-1} - \gamma_i^{-1}]^+$$

即水平线为$\lambda^{-1}$的注水法,且最优解为

$$\widetilde{P}_1 = \sum_{i=1}^{r_1} \tilde{z}_i$$

由此可以获得式(10.3.43)的最优解。

依次对$\{(\boldsymbol{Z}_k, \boldsymbol{P}_k)\}_{k=1}^{K}$进行优化,可以得到式(10.3.42)的全部最优解。然而,在对

式(10.3.42)的对偶优化中，还需要对 $\lambda$ 进行优化，可以通过二分法对 $\lambda$ 进行更新，即若 $\sum_{k=1}^{K} P_k < P$，则减小 $\lambda$；若 $\sum_{k=1}^{K} P_k > P$，则增大 $\lambda$。

综上所述，采用对偶优化计算总功率限制多址信道最大和速率的步骤如算法 10.3.4 所示。

[**算法 10.3.4**]　对偶优化计算总功率限制多址信道最大和速率算法

输入：各用户的信道状态信息

输出：最大和速率

步骤 1：初始化 $\lambda_{\min}$ 和 $\lambda_{\max}$

步骤 2：令 $\lambda=(\lambda_{\min}+\lambda_{\max})/2$，通过迭代注水法，每次迭代中解一个式(10.3.38)优化问题，依次对 $(\boldsymbol{Z}_k,\boldsymbol{P}_k)$ 进行优化，从而获得式(10.3.37)所表示的优化问题的最优解 $\{(\widetilde{\boldsymbol{Z}}_k,\widetilde{\boldsymbol{P}}_k)\}_{k=1}^{K}$

步骤 3：若 $\sum_{k=1}^{K}\widetilde{P}_k > P$，令 $\lambda_{\min}=\lambda$，否则令 $\lambda_{\max}=\lambda$

步骤 4：若 $|\lambda_{\min}-\lambda_{\max}|\leqslant\varepsilon$，则退出，否则返回步骤 2

## 10.4　MIMO-OFDM 系统的功率分配

OFDM 与 MIMO 相结合，由于多天线的引入增大了无线信道的复杂性，不仅在资源分配时多了天线这个自由度，而且使优化分配问题更加复杂。特别是 LTE 升级版标准所推荐的有限反馈机制，使发射侧获得完美的信道状态信息非常困难。MIMO-OFDM 系统在确立优化函数时，往往与天线选择和波束成形等技术相结合。

考虑如图 10.4.1 所示的带有波束成形(预加权)的 MIMO-OFDM 系统，设收发天线的数量分别为 $N_{\mathrm{R}}$ 和 $N_{\mathrm{T}}$，OFDM 的子载波个数为 $N$，发送端于时刻 $t$ 在第 $k$ 个载波上发送的符号为 $s_k(t)$，并设符号 $s_k(t),\forall t$ 为零均值 IID 并具有归一化能量符号星座的随机变量，$\mathbb{E}\{|s_k(t)|^2\}=1$。对这些符号星座用向量 $\boldsymbol{b}_k=[b_1(k),\cdots,b_{N_{\mathrm{T}}}(k)]^{\mathrm{T}}\in\mathbb{C}^{N_{\mathrm{T}}}$ 进行波束成形，它表示用于第 $k$ 个载波的发射波束向量。经快速傅里叶逆变换(IFFT)并加入长度为 $L$ 的循环前缀后，数据长度为 $N+L$ 的信号经由无线信道传输。假定信道为时不变信道，用 $h_{pq}(n)$ 代表发射天线 $q$ 和接收天线 $p$ 之间的 $M$ 拍长的信道有限冲激响应，$M<L$。在接收端，去除循环前缀并进行 FFT 后，设 $y_k^{(p)}(t)$ 是第 $p$ 根接收天线在第 $k$ 个载波的接收样本，在时刻 $t$ 获得的接收信号为 $\boldsymbol{y}_k(t)=[y_k^{(1)}(t),y_k^{(2)}(t),\cdots,y_k^{(N_{\mathrm{R}})}(t)]\in\mathbb{C}^{N_{\mathrm{R}}}$，由施加到第 $k$ 个载波上的波束成形向量 $\boldsymbol{a}_k=[a_1(k),\cdots,a_{N_{\mathrm{R}}}(k)]^{\mathrm{T}}\in\mathbb{C}^{N_{\mathrm{R}}}$ 对接收信号 $\boldsymbol{y}_k(t)$ 解加权，再对合并后的接收信号 $r_k(t)$ 进行软判决，得到在第 $k$ 个载波上的发射符号 $s_k(t)$。

接收信号可写为

$$\boldsymbol{y}_k(t)=\boldsymbol{H}(k)\boldsymbol{b}_k s_k(t)+\boldsymbol{w}_k(t),\quad 0\leqslant k<N,\forall t \tag{10.4.1}$$

其中，$\boldsymbol{H}(k)$ 为 $N_{\mathrm{R}}\times N_{\mathrm{T}}$ 信道矩阵

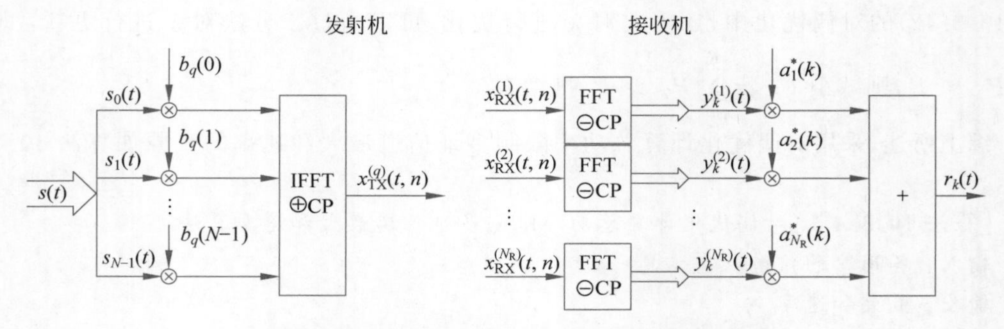


图 10.4.1　带有波束成形的 MIMO-OFDM 系统

$$\boldsymbol{H}(k)=\begin{bmatrix} H_{1,1}(k) & \cdots & H_{1,N_T}(k) \\ \vdots & \ddots & \vdots \\ H_{N_R,1}(k) & \cdots & H_{N_R,N_T} \end{bmatrix} \tag{10.4.2}$$

其元素为时域信道经傅里叶变换后的频域复数，即 $H_{p,q}=\sum_{n=0}^{N-1} h_{pq}\mathrm{e}^{-\mathrm{j}(2\pi/N)kn}$，$0\leqslant k < N-1$。

经接收端的解加权处理，在时刻 $t$ 得到的第 $k$ 个子载波上的接收信号为

$$r_k(t)=\boldsymbol{a}_k^{\mathrm{H}}\boldsymbol{y}_k(t)=\boldsymbol{a}_k^{\mathrm{H}}\boldsymbol{H}(k)\boldsymbol{b}_k s_k(t)+\boldsymbol{a}_k^{\mathrm{H}}\boldsymbol{w}_k(t) \tag{10.4.3}$$

设发送端采用 BPSK 调制，对接收信号解调并做符号判决，得到

$$\hat{s}_k(t)=\mathrm{dec}\{r_k(t)\} \tag{10.4.4}$$

当收发端都已知信道状态信息 $\boldsymbol{H}(k)$，且噪声 $\boldsymbol{w}_k(t)$ 的协方差阵 $\boldsymbol{R}_n(k)=\mathbb{E}\{\boldsymbol{w}_k(t)\boldsymbol{w}_k^{\mathrm{H}}(t)\}$ 已知，则最佳的波束成形向量可选择为使第 $k$ 个子载波上的信干噪比最大化，即

$$\mathrm{SINR}_k=\frac{\mathbb{E}[\mid \boldsymbol{a}_k^{\mathrm{H}}\boldsymbol{H}(k)\boldsymbol{b}_k s_k(t)^2\mid^2]}{\mathbb{E}[\mid \boldsymbol{a}_k^{\mathrm{H}}\boldsymbol{w}_k(t)\mid^2]}=\frac{\mid \boldsymbol{a}_k^{\mathrm{H}}\boldsymbol{H}(k)\boldsymbol{b}_k\mid^2}{\boldsymbol{a}_k^{\mathrm{H}}\boldsymbol{R}_n(k)\boldsymbol{a}_k} \tag{10.4.5}$$

当不考虑功率受限时，最佳的波束成形加权向量为白化的匹配滤波器，表示为

$$\boldsymbol{a}_k=\beta_k\boldsymbol{R}_n^{-1}(k)\boldsymbol{H}(k)\boldsymbol{b}_k \tag{10.4.6}$$

其中，系数 $\beta_k$ 不影响信干噪比，可选择为使接收机具有相等的归一化幅度值，即选择使 $\boldsymbol{a}_k^{\mathrm{H}}\boldsymbol{H}(k)\boldsymbol{b}_k=1$ 的 $\beta_k$。

当考虑功率受限时，最佳的波束成形问题转化为最大化特征向量问题。设第 $k$ 个子载波的发送功率为 $\|\boldsymbol{b}_k\|^2=p(k)$，$\lambda_{\max}(k)$ 为 $\boldsymbol{H}^{\mathrm{H}}(k)\boldsymbol{R}_n^{-1}(k)\boldsymbol{H}(k)$ 的最大特征值，其对应的单位特征向量为 $\boldsymbol{u}_k$（$\|\boldsymbol{u}_k\|=1$），有 $\lambda_{\max}(k)\boldsymbol{u}_k=\boldsymbol{H}^{\mathrm{H}}(k)\boldsymbol{R}_n^{-1}(k)\boldsymbol{H}(k)\boldsymbol{u}_k$，则可使预加权系数为

$$\boldsymbol{b}_k=\sqrt{p(k)}\,\boldsymbol{u}_k \tag{10.4.7}$$

此时，第 $k$ 个子载波上的信干噪比为

$$\mathrm{SINR}_k=\lambda_{\max}(k)p(k) \tag{10.4.8}$$

设所有子载波上的发送功率为

$$\sum_{k=1}^{N}\|\boldsymbol{b}_k\|^2=\sum_{k=1}^{N}p(k)=P_0 \tag{10.4.9}$$

在功率受限时，与注水分配原则相对比，可以采用两种功率分配方法。

1）基于和谐平均信干噪比的功率分配

基于和谐平均信干噪比（Harmonic Mean SNIR，HARM）的优化指标是使

$$H(\text{SINR})=\frac{N}{\sum_{i=0}^{N-1}\frac{1}{\text{SINR}_i}}=\frac{N}{\sum_{i=0}^{N-1}\frac{1}{\lambda_{\max}(i)p(i)}} \tag{10.4.10}$$

最大化，并满足式(10.4.9)的约束，得到最佳的功率分配为

$$p(k)_{\text{HARM}}=\frac{P_0}{\sum_{i=0}^{N-1}\lambda_{\max}^{-\frac{1}{2}}(i)}\frac{1}{\sqrt{\lambda_{\max}(k)}} \tag{10.4.11}$$

此时，第 $k$ 个子载波上的信干噪比为

$$\text{SINR}_{k,\text{HARM}}=\frac{P_0}{\sum_{i=0}^{N-1}\lambda_{\max}^{-\frac{1}{2}}(i)}\sqrt{\lambda_{\max}(k)} \tag{10.4.12}$$

由式(10.4.11)可知，这种分配会在信道呈现衰落即信干噪比低的载波中注入更多的功率，它用线性比例分配每个载波的功率。

2）基于最大化最小信干噪比的功率分配

这种优化是在载波信干噪比呈现最坏情况时，得到一个鲁棒的最大化最小信干噪比的功率分配解。假设对载波的信干噪比按升序排列，即

$$\lambda_{\max}(0)p(0)\leqslant\lambda_{\max}(1)p(1)\leqslant\cdots\leqslant\lambda_{\max}(N-1)p(N-1) \tag{10.4.13}$$

使用约束条件

$$\text{SINR}_i=\text{SINR}_j \tag{10.4.14}$$

它等价于约束条件

$$\lambda_{\max}(i)p(i)=\lambda_{\max}(j)p(j),\quad \forall i,j \tag{10.4.15}$$

在最大化最小信干噪比的优化指标下，可得功率分配结果为

$$p(k)_{\text{MAXMIN}}=\frac{P_0}{\sum_{i=0}^{N-1}\lambda_{\max}^{-1}(i)}\frac{1}{\lambda_{\max}(k)} \tag{10.4.16}$$

此时，第 $k$ 个子载波上的信干噪比为

$$\text{SINR}_{k,\text{MAXMIN}}=\frac{P_0}{\sum_{i=0}^{N-1}\lambda_{\max}^{-1}(i)} \tag{10.4.17}$$

从式(10.4.16)可以看出，基于最大化最小信干噪比的功率分配方法使得发射机在MIMO信道频率响应呈现衰落的子载波上注入更多的功率。

通过进一步的分析可以得出，当总功率受限时，基于和谐平均信干噪比的功率分配方法使得衰落和噪声高的信道得到更多功率，该方法在功率无限时，与最小均方误差的波束成形方法等价。由于总的符号差错概率总是依赖于最差子信道的符号差错概率，还可以采用基于最大化最小信干噪比的功率分配方法。它在总功率无限时与最小有效误差概率(Minimum Effective Probability of Error，MEPE)功率分配方法等价。

## 本章小结

本章首先概述了无线通信资源分配问题相关的基本概念；然后以 OFDM 系统、MIMO 系统为例，讨论了相应的无线资源分配问题建模与优化算法，给出了优化数学模型描述及算法求解步骤及方法。无线资源分配是 5G 多用户正交频分复用系统以及新一代无线通信各类网络应用所面临的关键难题。本章所介绍的方法可进一步扩展应用于设备到设备网络、车联网、超密集小区网络等各类网络应用，为无线网络性能提升提供有效的资源分配模型和优化方法。

## 本章习题

10.1　列举出无线通信系统的无线资源。

10.2　解释 OFDM 系统的子载波、比特以及功率的分配模型和拉格朗日乘子法的求解过程。

10.3　解释 MIMO 系统容量式(10.3.4)和式(10.3.17)，并说明两者之间的区别。

# 参考文献


[1] 张贤达.矩阵分析与应用[M].2版.北京：清华大学出版社，2013.

[2] 赵树杰，赵建勋.信号检测与估计理论[M].北京：清华大学出版社，2005.

[3] BOYD S，VANDENBERGHE L.凸优化[M].王书宁，许鋆，黄晓霖，译.北京：清华大学出版社，2013.

[4] PROAKIS J G，SALEHI M.数字通信[M].张力军，张宗橙，宋荣方，等译.5版.北京：电子工业出版社，2018.

[5] HEATH R W.无线数字通信：信号处理的视角[M].郭宇春，张立军，李磊，译.北京：机械工业出版社，2019.

[6] 李建东，郭梯云，邬国扬.移动通信[M].5版.西安：西安电子科技大学出版社，2021.

[7] 樊昌信，曹丽娜.通信原理[M].6版.北京：国防工业出版社，2020.

[8] BOCCUZZI J.通信信号处理[M].刘祖军，田斌，易克初，译.北京：电子工业出版社，2010.

[9] 包建荣，姜斌，许晓荣，等.通信信号处理模型方法及应用[M].北京：科学出版社，2018.

[10] 郭业才，郭燚.通信信号处理[M].北京：清华大学出版社，2019.

[11] 杜勇.数字调制解调技术的MATLAB与FPGA实现：Altera/Verilog版[M].2版.北京：电子工业出版社，2020.

[12] 孙锦华，何恒.现代调制解调技术[M].西安：西安电子科技大学出版社，2014.

[13] 张海滨.正交频分复用的基本原理与关键技术[M].北京：国防工业出版社，2006.

[14] CHENG M，WU Y Q，CHEN Y. Capacity Analysis for Non-Orthogonal Overloading Transmissions under Constellation Constraints[C]//Proceedings of 2015 International Conference on Wireless Communications & Signal Processing. 2015：1-5.

[15] BAO J C，MA Z，DING Z G，et al. On the Design of Multiuser Codebooks for Uplink SCMA Systems[J]. IEEE Communications Letters，2016，20(10)：1920-1923.

[16] DURGIN D G.空-时无线信道[M].朱世华，任品毅，王磊，等译.西安：西安交通大学出版社，2004.

[17] 沈越泓，高媛媛，魏以民.通信原理[M].北京：机械工业出版社，2004.

[18] 李东武.协作通信中的分集接收技术研究[D].西安：西安电子科技大学，2015.

[19] 王彬，邱新芸.自适应均衡器及其发展趋势[J].仪器仪表学报，2005，26(8)：426-428.

[20] 何振亚.自适应信号处理[M].北京：科学出版社，2002.

[21] SCHNITER P，JOHNSON C R. Dithered Signed-Error CMA：Robust，Computationally Efficient Blind Adaptive Equalization[J]. IEEE Transactions on Signal Processing，1999，47(6)：1592-1603.

[22] 徐明远，林华芳，邱恭安.基于LMS算法的自适应均衡系统的仿真研究[J].系统仿真学报，2003，15(2)：176-178.

[23] ANJUM M Y S，ANJUM M A R，RIAZ U. Multirate Adaptive Equalization[J]. International Journal of Innovations in Science & Technology，2022，3(5)：119-125.

[24] 张家生.智能优化判决反馈盲均衡算法研究[D].淮南：安徽理工大学，2017.

[25] 谭庆.群体智能优化算法及其若干应用研究[D].北京：中国科学院大学，2011.

[26] 朱达祥.群体智能优化算法：粒子群算法的研究和改进[D].无锡：江南大学，2017.

[27] 彭木根，王文博.下一代宽带无线通信系统：OFDM与WiMAX[M].北京：机械工业出版社，2007.

[28] TAROKH V，JAFARKHANI H，CALDERBANK A R. Space-Time Block Codes from Orthogonal Designs[J]. IEEE Transactions on Information Theory，1999，45(5)：1456-1467.

[29] TAROKH V, JAFARKHANI H, CALDERBANK A R. Space-Time Block Coding for Wireless Communications: Performance Results[J]. IEEE Journal on Selected Areas in Communications, 1999, 17(3): 451-460.

[30] ZHANG J, PIERRE J W. Fast Subspace Modal Tracking for MIMO-OFDM Channels[C]// Proceedings of 2007 International Conference on Wireless Communications, Networking and Mobile Computing. 2007: 487-490.

[31] FOSCHINI G J, GANS M J. On Limits of Wireless Communications in a Fading Environment when Using Multiple Antennas[J]. Wireless Personal Communications, 1998, 6: 311-335.

[32] TELATAR E. Capacity of Multi-Antenna Gaussian Channels[J]. European Transactions on Telecommunications, 1999, 10(6): 585-595.

[33] ZHENG L Z, TSE D N C. Diversity and Multiplexing: A Fundamental Tradeoff in Multiple-Antenna Channels[J]. IEEE Transactions on Information Theory, 2003, 49(5): 1073-1096.

[34] VUCETIC B, YUAN J H. 空时编码技术[M]. 王晓海, 等译. 北京: 机械工业出版社, 2004.

[35] 杨大成. 移动传播环境: 理论基础 · 分析方法和建模技术[M]. 北京: 机械工业出版社, 2003.

[36] SENAY S, AKAN A, CHAPARRO F L. Time-Frequency Channel Modeling and Estimation of Multi-Carrier Spread Spectrum Communication Systems[J]. Journal of the Franklin Institute, 2005, 342(7): 776-792.

[37] MOLISCH A F. A Generic Model for MIMO Wireless Propagation Channels in Macro and Microcells[J]. IEEE Transactions on Signal Processing, 2004, 52(1): 61-71.

[38] AN S J, MANTON J H, HUA Y B. A Sequential Subspace Method for BLIND Identification of General FIR MIMO Channels[J]. IEEE Transactions on Signal Processing, 2005, 53(10): 3906-3910.

[39] MINN H, AL-DHAHIR N, LI Y H. Optimal Training Signals for MIMO OFDM Channel Estimation in the Presence of Frequency Offset and Phase Noise[J]. IEEE Transactions on Communications, 2006, 54(10): 1754-1759.

[40] BARHUMI I, LEUS G, MOONEN M. Optimal Training Design for MIMO OFDM Systems in Mobile Wireless Channels[J]. IEEE Transactions on Signal Processing, 2003, 51(6): 1615-1624.

[41] LIANG Y M, LUO H W, HUANG J G. RLS Channel Estimation with Adaptive Forgetting Factor in Space-Time Coded MIMO-OFDM Systems[J]. Journal of Zhejiang University: Science A, 2006, 7(4): 507-515.

[42] 梁永明, 罗汉文, 陈国础, 等. MIMO-OFDM 系统中改进的 RLS 信道估计方法[J]. 电子科技大学学报, 2008, 37(2): 198-201.

[43] PIRAK C, WANG Z J, Liu K J R, et al. Adaptive Channel Estimation Using Pilot-Embedded Data-Bearing Approach for MIMO-OFDM Systems[J]. IEEE Transactions on Signal Processing, 2006, 54(12): 4706-4716.

[44] QIAO Y T, YU S Y, SU P C, et al. Research on an Iterative Algorithm of LS Channel Estimation in MIMO OFDM Systems[J]. IEEE Transactions on Broadcasting, 2005, 51(1): 149-153.

[45] OZDEMIR M K, ARSLAN H, ARVAS E. Toward Real-Time Adaptive Low-Rank LMMSE Channel Estimation of MIMO-OFDM Systems[J]. IEEE Transactions on Wireless Communications, 2006, 5(10): 2675-2678.

[46] CICERONE M, SIMEONE O, SPAGNOLINI U. Channel estimation for MIMO-OFDM Systems by Modal Analysis/Filtering[J]. IEEE Transactions on Communications, 2006, 54(10): 1896.

[47] CHEN R, ZHANG H B, XU Y Y, et al. On MM-Type Channel Estimation for MIMO OFDM

Systems[J]. IEEE Transactions on Wireless Communications,2007,6(3): 1046-1055.

[48] MIAO H L,JUNTTI M J. Space-Time Channel Estimation and Performance Analysis for Wireless MIMO-OFDM Systems with Spatial Correlation[J]. IEEE Transactions on Vehicular Technology, 2005,54(6): 2003-2016.

[49] REAL E C,TUFTS D W,COOLEY J W. Two Algorithms for Fast Approximate Subspace Tracking [J]. IEEE Transactions on Signal Processing,1999,47(7): 1936-1945.

[50] GUSTAFSSON T, MACINNES C S. A Class of Subspace Tracking Algorithms Based on Approximation of the Noise-Subspace[J]. IEEE Transactions on Signal Processing,2000,48(11): 3231-3235.

[51] UTSCHICK W. Tracking of Signal Subspace Projectors [J]. IEEE Transactions on Signal Processing,2002,50(4): 769-778.

[52] BADEAU R, RICHARD G, DAVID B. Sliding Window Adaptive SVD Algorithms [J]. IEEE Transactions on Signal Processing,2004,52(1): 1-10.

[53] ERBAY H. An Efficient Algorithm for Rank and Subspace Tracking[J]. Mathematical and Computer Modelling,2006,44(7-8): 742-748.

[54] BESSON O,STOICA P. On Parameter Estimation of MIMO Flat-Fading Channels with Frequency Offsets[J]. IEEE Transactions on Signal Processing,2003,51(3): 602-613.

[55] GIANNAKIS G B,STOICA P,HUA Y B,et al. Signal Processing Advances in Wireless and Mobile Communications,Volume 2: Trends in Single- and Multi-User Systems[M]. Upper Saddle River, NJ: Prentice Hall PTR,2002.

[56] 归琳,秦启波,张凌,等.稀疏信号处理在新一代无线通信中的应用[M].上海:上海科学技术出版社,2021.

[57] 戴琼海.多维信号处理:快速变换、稀疏表示与低秩分析[M].北京:清华大学出版社,2016.

[58] HASTIE T,TIBSHIRANI R,WAINWRIGHT M.稀疏统计学习及其应用[M].刘波,景鹏杰,译.北京:人民邮电出版社,2018.

[59] ELAD M.稀疏与冗余表示[M].曹铁勇,杨吉斌,赵斐,等译.北京:国防工业出版社,2015.

[60] 祁忠勇,李威锖,林家祥.信号处理与通信中的凸优化:从基础到应用[M].北京:电子工业出版社,2021.

[61] 包建荣,姜斌,许晓荣,等.通信信号处理模型方法及应用[M].北京:科学出版社,2018.

[62] MEYR H,MOENECLAEY M,FEHCHTEL A S.数字通信接收机同步、信道估计和信号处理:衰落信道通信[M].邢成文,费泽松,武楠,等译.北京:北京理工大学出版社,2020.

[63] 张静.分布式多天线信道时变特征参数的联合估计[J].通信学报,2013,34(2):186-190.

[64] LEI M,VAN WYK B J,QI Y. Online Estimation of the Approximate Posterior Cramer-Rao Lower Bound for Discrete-Time Nonlinear Filtering[J]. IEEE Transactions on Aerospace and Electronic Systems,2011,47(1): 37-57.

[65] 张颖,张静.RIS 辅助毫米波 MIMO 级联信道的角度估计[J].上海师范大学学报(自然科学版),2023,52(2):163-169.

[66] 张静,张梦雨,王栋.估计大规模 MIMO-OFDM 稀疏随机信道的卡尔曼滤波[J].无线电工程,2022,52(6):925-931.

[67] 马惠艳,张静,何文旭.大规模 MIMO-OFDM 结构化稀疏信道的重建方法[J].现代电子技术,2021,44(5):27-31.

[68] ZHANG J,LUO H W,JIN R H. Suboptimal MMSE Channel Estimation with Subspace Tracking for MIMO-OFDM Transmission[J]. Journal of Donghua University (English Edition),2010,27(1): 14-18.

[69] 张静. MIMO-OFDM 信道的低阶递推最小均方误差估计：CN101222458A[P]. 2008-07-16.
[70] ZHANG J,SU Y. A Robust Recovery of Block Sparse Channels in Massive MIMO-OFDM Systems[J]. Journal of Computers (Taiwan),2021,32(3)：14-29.
[71] 何子述,夏威. 现代数字信号处理及其应用[M]. 北京：清华大学出版社,2009.
[72] CHUI C K,CHEN G R. 卡尔曼滤波及其实时应用[M]. 戴洪德,李娟,戴邵武,等译. 5 版. 北京：清华大学出版社,2008.
[73] 刘倩芸,林敏,刘灏,等. 基于超宽带系统的双卡尔曼滤波定位算法[J]. 电子技术应用,2023,49(6)：58-62.
[74] 王学斌,徐建宏,张章. 卡尔曼滤波器参数分析与应用方法研究[J]. 计算机应用与软件,2012,29(6)：212-215.
[75] 程佩青. 数字信号处理教程：MATLAB 版[M]. 5 版. 北京：清华大学出版社,2017.
[76] 俞一彪,孙兵. 数字信号处理[M]. 南京：东南大学出版社,2021.
[77] HAYKIN S S. Adaptive Filter Theory[M]. 4th ed. Upper Saddle River,NJ：Prentice Hall,2002.
[78] 王晓宇,闫继宏,秦勇,等. 基于扩展卡尔曼滤波的两轮机器人姿态估计[J]. 哈尔滨工业大学学报,2007,39(12)：1920-1924.
[79] 彭丁聪. 卡尔曼滤波的基本原理及应用[J]. 软件导刊,2009,8(11)：32-34.
[80] 李炳荣,丁善荣,马强. 扩展卡尔曼滤波在无源定位中的应用研究[J]. 中国电子科学研究院学报,2011,6(6)：622-625.
[81] 冀振元. 数字信号处理基础及 MATLAB 实现[M]. 哈尔滨：哈尔滨工业大学出版社,2014.
[82] 秦永元,张洪钺,汪叔华. 卡尔曼滤波与组合导航原理[M]. 2 版. 西安：西北工业大学出版社,2012.
[83] 李良群,姬红兵,罗军辉. 迭代扩展卡尔曼粒子滤波器[J]. 西安电子科技大学学报(自然科学版),2007,34(2)：233-238.
[84] 胡士强,敬忠良. 粒子滤波原理及其应用[M]. 北京：科学出版社,2010.
[85] 朱志宇. 粒子滤波算法及其应用[M]. 北京：科学出版社,2010.
[86] BOYD S,PARIKH N,CHU E,et al. Distributed Optimization and Statistical Learning via the Alternating Direction Method of Multipliers[J]. Foundations and Trends in Machine Learning,2011,3(1)：1-122.
[87] BISHOP C M. Pattern Recognition and Machine Learning[M]. Berlin：Springer,2007.
[88] DAVIES M E,ELDAR Y C. Rank Awareness in Joint Sparse Recovery[J]. IEEE Transactions on Information Theory,2012,58(2)：1135-1146.
[89] SUN Y,BABU P,PALOMAR D P. Majorization-Minimization Algorithms in Signal Processing,Communications,and Machine Learning[J]. IEEE Transactions on Signal Processing,2017,65(3)：794-816.
[90] CARMI A,GURFIL P,KANEVSKY D. Methods for Sparse Signal Recovery Using Kalman Filtering with Embedded Pseudo-Measurement Norms and Quasi-Norms[J]. IEEE Transactions on Signal Processing,2010,58(4)：2405-2409.
[91] Shao T K,Luo Q. A Sparse State Kalman Filter Algorithm Based on Kalman Gain[J]. Circuits,Systems,and Signal Processing,2023,42(4)：2305-2320.
[92] Hage D A,CONDE M H,LOFFELD O. Sparse Signal Recovery via Kalman-Filter-Based $\ell 1$ Minimization[J]. Signal Processing,2020,171：107487.
[93] ZHANG J,SU Y,QIAN D J. Sparse Kalman Filter-Based Channel Estimation for RIS-Aided Millimeter Wave Multiple-Input Multiple-Output Systems[J]. IEEE Access,2023,11：78445-78456.
[94] MASAZADE E,FARDAD M,VARSHNEY P K. Sparsity-Promoting Extended Kalman Filtering for

Target Tracking in Wireless Sensor Networks[J]. IEEE Signal Processing Letters, 2012, 19(12): 845-848.

[95] 沈祖康,孙韶辉. OFDM/MIMO系统资源分配与调度[M]. 北京：人民邮电出版社,2016.

[96] SHAMS F, BACCI G, LUISE M. A Survey on Resource Allocation Techniques in OFDM(A) Networks[J]. Computer Networks, 2014, 65: 129-150.

[97] PASCUAL-ISERTE A, PEREZ-NEIRA A I, LAGUNAS M A. On Power Allocation Strategies for Maximum Signal to Noise and Interference Ratio in an OFDM-MIMO System[J]. IEEE Transactions on Wireless Communications, 2004, 3(3): 808-820.

[98] CHO Y S, KIM J, Yang W Y, et al. MIMO-OFDM无线通信技术及MATLAB实现[M]. 孙锴,黄威,译. 北京：电子工业出版社,2013.